万川 reflections

一步万里阔

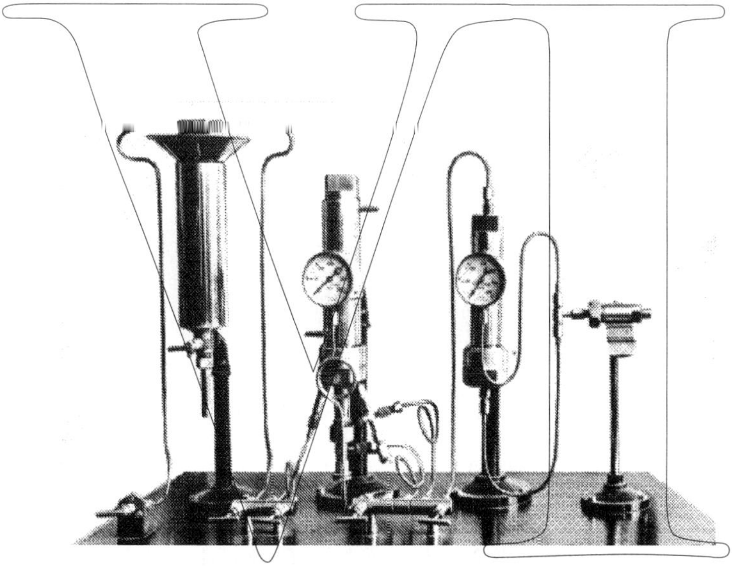

技术史

A HISTORY OF TECHNOLOGY

主 编 【英】特雷弗·I. 威廉斯
主 译 姜振寰 张秀杰 司铁岩

第Ⅵ卷

20世纪 上

c. 1900–*c.* 1950

中国工人出版社

著作权合同登记号：图字01-2018-3848

ISBN 978-7-5008-7161-3

出版人
王娇萍

策　划
董　宽

特约策划
潘　涛　姜文良

统　筹
董　虹

版　权
邢　璐

责任编辑
左　鹏　邢　璐　董　虹　罗荣波
李　丹　习艳群　宋　杨　金　伟

审　校
安　静　王学良　李素素　葛忠雨　黄冰凌
李思妍　王子杰　王晨轩　李　骁　陈晓辰

特约审订
潘　涛

第Ⅵ卷主要译校者

王　平　古大治　司铁岩　刘　贺　刘云程
刘玉生　刘劲生　关锦镗　李升平　李时彦
李金鹏　李泽民　杨　楠　杨长桂　杨嘉湜
时　宜　宋子良　张大勇　张来举　张秀杰
张承平　邵　力　郑正毅　赵毓琴　胡子雄
钟家琼　姜振寰　钱定平　徐　锋　郭长宇
黄金南　梁志达　谢邦新　濮德林
（以姓氏笔画为序）

第Ⅵ、Ⅶ卷前言

这部《技术史》的前5卷是在1954—1958年这段时间出版的。 v
在第Ⅴ卷的前言中，我与当时的共同主编辛格（Charles Singer）、霍姆亚德（E. J. Holmyard）、霍尔（A. R. Hall）一起，列举了“一系列说明为什么不可能将该技术史一直写到20世纪的理由”。而现在，读者们却读到了继前5卷之后的第Ⅵ卷和第Ⅶ卷，所以他们可能会问，到底是什么原因使主编者改变了初衷？

我们当时提出的一个理由是，如果把20世纪包括进来，那么由于篇幅的增加所需的费用将会超过我们所能负担的限度。这从当时来看，无疑是正确的。我们那时能得到的资金，编完前5卷时已经告罄；而当时也无法预测这部书中任何一卷能有个保本的销量。后来，事实证明我们原先的估计错了，对该书第一版的需求就超过一开始我们最乐观的估计印数的好几倍。不仅如此，该书除了在美国由科学书社图书馆大量印刷发行，还有意大利文版和日文版。因此，尽管我们发现，要像前5卷论述人类有史以来直到1900年的技术史那样，来论述20世纪前50年各个领域的发展情况，将需要两卷而不是一卷的篇幅，但事实说明，这样做不仅会受欢迎，而且也是可行的。

当时认为应把1900年作为技术史写作终点的另一个理由是，要对新近发生的事件作出评价，指出其中哪些具有历史意义，哪些不具有历史意义是极其困难的。而随着时间的推移，在一定程度上作出这一评价已经变得不那么困难了。假如我们在当时就试图把技术史写到1950年，那就不是写历史，而是在写时事了。而现在，到了20世纪70年代后期，我们至少具备了这样一个有利条件，即离我们将要对其进行评价的这个新时期（1900—1950年）的最后一年，也已经过去了1/4世纪。近年来，研究人类在其他领域活动的一些历史学家在记录并评价比较近期的事件，尽管这样的事例还不多，但也许可以鼓励从事技术史编写的史学工作者们，相信自己也有能力做好同样的事情。

vi 当时我们把技术史搁笔于20世纪初的第三个理由是，要用“相对来说非专业的方式，来叙述近期的技术发展是不可能的”。这一观点至今依然正确，尽管我们当时过高地估计了一些技术领域的困难。同样随着时间的推移，这一情况在某种程度上发生了变化。20世纪的技术成就，尤其是这些成就对第二次世界大战进程产生的惊人影响，使各国政府再也不怀疑科学对于促进人类物质繁荣（这种繁荣又表明了社会的进步）的潜在贡献和巨大的战略重要性。这反映在中学和大学教育的迅速发展方面。其做法是：既拓宽基础又强调培养学生在数学方面的能力和对基本科学原理的理解能力。这一活动开展已久，至今已形成了整整一代的新读者，他们能理解一定程度的专业论述，而对此他们的前辈是望尘莫及的。再者，今天读者的兴趣也发生了显著的变化。前5卷主要告诉读者，什么东西被制造了，以及是如何制造的。但是今天，由于经济、社会、政治等因素对于技术发展显而易见的影响，使得人们对这些方面的兴趣日益增长，这一点不容忽视。这些问题都很复杂且彼此相互影响，但它们是人们普遍关注和争论的题材。要把这些题材向一般读者解释清楚并不容易，但是这属于另一种类型的困难，比起叙述纯科学问题方面的困难要容易得多。

当然，这些非技术因素在多大程度上彼此相关，是一个有争议的问题。有一种极端的看法，认为基础历史著作就要面面俱到，对各方面的考虑都得与假设的情况大致相称。我不同意这种观点。我认为，进行某种程度的分类乃是不可避免的。我们可以利用由此而积累起来的知识，进行各种更广泛（但并非透彻）的综合。我也同样不赞成另一种力图将技术史完全与外界环境分割开来的狭隘观点。不能回避的事实是，技术的历史常常深受外界各种事件的影响。例如，没有人会怀疑，要是没有第二次世界大战，原子能开发的历史将会完全是另一种情况。无疑，原子能的开发也不会成为这两卷中的重要章节了。总体说来，技术史充分地影响着世界上的许多事件，同时又充分地受到这些事件的影响。毫无疑问，事件的意义，即引起这些事件的原因及其结果，难道不是与这些事件本身一样重要，一样引起人们的关注吗？假如人们相信过去的教训是将来行动的指南，那么这一观点就将适用于所有产生重大影响的事件。为了强调这一点，在这两卷的开始部分，对世界史进行了简短的历史评述，目的是让读者了解后面专业的章节的一些背景。 vii

这些就是当时的指导原则，但要把它们变成可行的计划却是一项长期的、艰巨的工作。有人天真地认为，依靠过去的经验，最终会出现一个完美的方案。在此方案中，每一个要考虑的主题都得到合理的安排，既避免了重复，也不会漫无头绪，就好像无望变成晶体的沉淀物，突然在试管里变成了一些闪闪发亮的晶体。然而，现实却完全不同。虽然有些计划确实明显优于另外一些，却没有什么计划是完全理想的。所以，某些题材可以被列在不同的标题下。例如，肥料既可列在“由化学工业生产肥料”这一标题下，也同样可以放在“肥料在农业上的应用”这一标题下。同样，对于聚合物，我们也必须既把它们当作原材料来考虑其制备，也可以按照它们后来转变成的服装、电气器材、家用设备和油漆来考虑其用途。我们到底应该把所有这些不同方面一起来考虑，还是应该把它们分列在化学、农业、纺织、电气、油漆等工业的章节里呢？另外，如果只考虑到重复会浪费宝贵的篇幅，那么从理论上讲，应该避免重复。但实际上，如果想既不破坏各个章节的统一性、完整性，又根本不出现重复，那是办不到的。最后，在安排任何一个主题时，还得考虑撰稿人方面的因素，既不能忽视他们的强项，也不能忽视他们的局限性。

此外，还有个篇幅长短的问题。例如，一种情况是根据有关技术的经济价值来分配篇幅。还有，某些基础工业（例如煤炭、玻璃、陶瓷）的技术与化学工业或者新兴的电子工业相比，相对来说比较简单。所以，我试图做到既考虑主题的重要性，也顾及把该主题论述清楚所需要的篇幅，因为在尚未收到稿件以前这些问题即已出现。

最后，还有内部的不一致性问题。当然，最理想的是对于简单的事情，例如日期、人名首字母、地名等，不应该出现不一致。避免这些混乱，本来就是主编的任务。可是，还会有较难处理的第二层面上的不一致性。例如，由于种种原因，作者获得统计资料的来源不同，这些来源之间有时会相互矛盾。还有更深一个层面上的不一致性，我们更难评定孰是孰非。这种不一致性是由于观点相左引起的。例如，在评论技术创新（technological innovation）的基本原因或者政府管理的影响时，就会产生这种不一致性。一般说来，这说明了一个事实，即该问题还在发展进程中，还大有可以争议的余地。在这种情况下，编辑不应该要求唯一的阐释。读者有权得出他们自己的结论。

考虑到所有这些局限，有必要采用一种切实可行的解决办法。我个人希望不遗漏重大题材，与此同时，我却无法对下列情况表示歉意：第一，少量的重复；第二，在论述个别题目时发生稍稍偏离上下文的现象；第三，某些撰稿人之间观点的不同。在筹划这样一部著作时，会出现无休止的争论。既然要开始做这项工作，就一定要采取一种坚定不移的态度，并且持之以恒。像前 5 卷一样，我们也不认为这两卷所述是定论的历史。编写此书的目的，只是想提供一个总的大纲，使之成为进行专业性较强的研究的基础。

从新编写这两卷的观点看来，战后科学技术的发展，并非总是有益于人类。25 年前，人们普遍认为，科学技术是不会步入歧途的。人们还认为，增进物质繁荣（这是社会赖以进步的基石）的可能性几乎是无止境的。后来的事实证明，那时的盲目乐观是没有道理的。尽管技术进步了——或如某些人所认为的是因为技术进步了，世界仍然充满了冲突与争吵。世界上维持着一种不稳定的和平，从这个意义上讲，新的世界大战还没有吞噬人类。但是，人类之间原先普遍存在的兄弟般的关系，却变得比以往任何时候都疏远了。目前，工商业衰退和通货膨胀几乎成了难以解决的全球性问题。在这种情况下，对《技术史》第Ⅵ、Ⅶ卷的资金投入，就必然要比前 5 卷更为节制。我碰到的情况是：编辑人手不足，缺少秘书帮忙，插图所需的资金短缺。经济繁荣时所能得到的出版援助在此时都是不足的。尽管如此，在我进行这项工作的过程中，朋友们、同事们给了我很多建议，他们的帮助使我克服了上述不利条件。

如上所述，我一直认为有必要强调经济、社会、政治诸因素。我要求所有的撰稿人都记住这一点。仅此还不够，我还安排了一些章节专门论述这些问题。显然，技术的历史并不仅仅取决于人类从事工作的能力。技术创新需要有利的社会环境，需要资本。它取决于掌握资 ix
本的人是否愿意将资本用于某项特定研究，还取决于公众的受教育程度等。同样，我们也不能把技术史与管理和协作的作用分割开来。在当代，“曼哈顿计划”和登月工程代表了技术成就的顶峰。但是，公正地说，这些成就既是技能精湛的科学家和工程师们的胜利，也同样是那些工作极为复杂的管理者们的胜利。

虽然角度有了这样的变化，但这两卷仍是前 5 卷的延续。尽管它们反映的是 20 世纪的技术史，但几乎 20 世纪所有的技术发展都是以先前的实践为基础的。因此，这两卷与前 5 卷有着大量的“互见”。尽管我们已告知撰稿人，应把自己的阐述限制在 1900—1950 年这段时间，但在实际处理时，我们是灵活掌握的。某些技术专题——例如计算机——在这两卷中首次出现，倘若因此就忽略了19世纪那些为现代发展奠定了基础的工作，显然是讲不通的。另一方面，如果这两卷里没有提到空间飞行，没有提到原子能的发现，读者肯定会大失所望。一般来说，每一章所涵盖的精确时段是由以下原则决定的：既要尽可能避免开篇突兀，也要尽可能避免结尾不了了之。

尽管通盘筹划这样一部著作是主编义不容辞的责任。但它的具体实施却取决于全体撰稿人。专业的技术史学家为数很少，而且他们中大部分人的兴趣主要集中在20世纪以前的那些时期。所以在开始这些工作时，有一点很清楚：我们必须在很大程度上依靠那些虽然不是专业的史学家，但对自己涉足的领域的近代发展有着真正兴趣的撰稿人。对所有这些撰稿人，我都非常感激。因为，为了能达到这部著作极其严格的总体要求，他们对自己所写的章节都做了充分的准备。既然每位撰稿人对本书都作出了极大贡献，在这里再专门提到某人，似乎会使人反感。尽管如此，在此我还是要感谢欣顿勋爵（Lord Hinton）就“原子能”这一部分给我的特殊帮助。“原子能”这一部分的准备工作真是困难重重，特别是斯彭斯（Robert Spence）在准备有
x 关化学方面的内容时不幸去世。公正地说，欣顿勋爵为原子能的历史作出了重大贡献，他不仅驱散了主编的焦虑，而且使本书比原来计划的还要好得多。

正如中国哲学家所说，任何事物都有相反相成的两个方面，正如物理学家们现在研究物质和反物质一样，这部著作的主编不仅要认真对待成功交稿的撰稿人，同样也要认真对待未能完稿的撰稿人。从统计学来看，总会有少数撰稿人无法交出他们所承诺的稿件。所幸的是，在成功交稿的撰稿人与未完稿者之间虽然有些差距必须弥补，可是对于完成本书来说，未完稿者方面的问题并不大。因为只要他们所谈论的题材是必不可少的，就有可能把这些题材合并在某些章节里。我非

常感激有关的撰稿人对我遇到的问题的理解。

因为这是一部国际性的著作，所以要求撰稿人尽可能使用公制，但是也不一定要进行像教科书要求的那样严密的换算。例如，在大多数情况下，我们认为没有必要为绘制图表、示意图或为表格确定新的数值而耗费精力和篇幅。还有，在很多场合下，重要的是相对值而不是绝对值，这时所使用的单位就无关紧要。

至少质量和长度单位是严格互相对应的，这样在某种特定情形下，任何读者想要把一种单位制换算成另一种，都无须太费劲。货币单位是一个不易解决的问题。贸易数额通常不是以重量或体积，而是以币值的形式来表示，而所使用的又是有关国家的货币。这样，我们确实面临一种很不精确又很不可靠的情况，因为随着时间的变化，不仅货币的汇率发生了很大变化，而且对于不同的交易还常常有不同的汇率。例如，一本标准参考书告诉我们，1942 年西班牙的电器设备年产值为 5 亿比塞塔 [《不列颠百科全书》(*Encyclopaedia Britannica*) 第 21 卷，146 页，1947 年]，而 1937 年德国出口等量货物的价值为 3.12 亿马克（同上，第 10 卷，251 页）。要在这些数字之间找出实际的对应关系非常困难。20 世纪前半期，美元兑英镑的汇率从 4.86 降到 2.80。在同一时期内，日元兑英镑的汇率从 10 变成了 1010。在很多情况下，货币被重新估价，而且采用了新的货币单位。我们向读者推荐比德韦尔（R. L. Bidwell）的著作《货币换算表》(*Currency conversion tables, Collings, London*, 1970)。该表包括了 1870—1970 年间的货币变化，这样，读者就可以在错综复杂的货币关系中理出个头绪来。

由于帝国化学工业公司卓有见识的赞助，提供了非常重要的、必不可少的资金来编排所有文章、实例和插图等，并编辑成适合出版的形式，这部《技术史》的前 5 卷才得以问世。新增加的这两卷，就无法得到这样的赞助了（当然，我们也确实没有去争取这样的赞助）。但是应该承认，没有前几卷的工作，这两卷就无法编纂成书。很高兴又一次与牛津大学出版社合作，尤其要感谢他们在编辑素材及有关插图方面给予我的协助。最后，对德里（T. K. Derry）博士能参加撰稿并鼓励我完成这一部著作，我感到特别高兴。尽管多年来我们在地理上被北海分开，且新的两卷共有 58 章——以他撰写的有关历史介绍为第 1 章，而以我撰写的结论为最后一章，但我常常愉快地回忆起我们密切合作撰写《技术简史》(*A Short History of Technology*) 的那些日子。他教给我很多有关专业史学家的技能。我相信，在我们合作的过程中，他也会更了解讨论工业问题应持的方法和态度。

特雷弗 · I. 威廉斯（Trevor I. Williams）

1977 年 5 月于牛津

第Ⅵ卷撰稿人

第 1 章 世界历史背景

T. K. 德里（T. K. DERRY）

英国 O. B. E. 勋衔获得者，《技术简史》两作者之一

第 2 章 创新的源泉

戴维·萨沃斯（DAVID SAWERS）

第 3 章 技术发展的经济学

F. R. 布拉德伯里（F. R. BRADBURY）

斯特灵大学管理科学和技术研究教授

第 4 章 管　理

格伦·波特（GLENN PORTER）

特拉华州格林维尔市伊留塞拉的米尔斯—哈格利基金会地区经济史研究中心主任

第 5 章 工　会

哈罗德·波林斯（HAROLD POLLINS）

牛津拉斯金学院工业关系高级导师

第 6 章 政府的作用
亚历山大·金（ALEXANDER KING）
国际高等研究院联盟主席

第 7 章 工业化社会的教育
戴维·莱顿（DAVID LAYTON）
利兹大学科学教育研究中心教育（科学）教授

第 8 章 矿物燃料
阿瑟·J. 泰勒（ARTHUR J. TAYLOR）
利兹大学现代史教授

第 9 章 自然动力资源
海雷的威尔逊勋爵（LORD WILSON OF HIGH WRAY）
水泵和水轮机制造家

第 10 章 原子能
班克赛德的欣顿勋爵（LORD HINTON OF BANKSIDE）

第 11 章 核武器的发展
E. F. 纽莱（E. F. NEWLEY）
英国 C. B. E. 勋衔获得者

第 12 章 电
布里安·鲍尔斯（BRIAN BOWERS）
伦敦科学博物馆电气工程与通信部

第 13 章 农　业

琳内特・J. 皮尔（LYNNETTE J. PEEL）

雷丁大学农业与园艺系

第 14 章 捕鱼和捕鲸

G. H. O. 伯吉斯（G. H. O. BURGESS）

J. J. 沃特曼（J. J. WATERMAN）

阿伯丁托里研究站

第 15 章 采　煤

安德鲁・布赖恩爵士（SIR ANDREW BRYAN）

格拉斯哥大学和皇家技术学院前采矿学教授，前皇家首席矿业督察员

第 16 章 石油和天然气生产

H. R. 泰恩什（H. R. TAINSH）

S. E. 丘奇菲尔德（S. E. CHURCHFIELD）

第 17 章 金属的开采

约翰・坦普尔（JOHN TEMPLE）

第 18 章 金属的利用

W. O. 亚历山大（W. O. ALEXANDER）

伯明翰阿斯顿大学冶金学系荣誉教授

第 19 章 钢和铁

M. L. 珀尔（M. L. PEARL）

伦敦英国金属学会助理秘书

第 20 章

化学工业：概况

L. F. 哈伯（L. F. HABER）

萨里大学经济学讲师

第 21 章

化学工业

弗兰克·格里纳韦（FRANK GREENAWAY）

伦敦科学博物馆化学部馆员

R. G. W. 安德森（R. G. W. ANDERSON）

伦敦科学博物馆化学部助理馆员

苏珊·E. 梅萨姆（SUSAN E. MESSHAM）

伦敦科学博物馆化学部助理研究员

安·M. 纽马克（ANN M. NEWMARK）

伦敦科学博物馆化学部助理馆员

D. A. 鲁滨逊（D. A. ROBINSON）

伦敦科学博物馆化学部助理馆员

第 22 章

玻璃制造业

R. W. 道格拉斯（R. W. DOUGLAS）

设菲尔德大学前玻璃技术教授

第 23 章

油　漆

亨利·布鲁纳（HENRY BRUNNER）

化学技术顾问

第 24 章

造　纸

埃里克·海洛克（E. HAYLOCK）

英国 J. P. 勋衔获得者，《纸》杂志主编

第 25 章 陶　瓷

W. F. 福特（W. F. FORD）

设菲尔德大学陶瓷学讲师

第 26 章 纺织工业：概况

D. T. 詹金斯（D. T. JENKINS）

约克大学经济学史讲师

第 27 章 纺织业

C. S. 休厄尔（C. S. WHEWELL）

利兹大学纺织工业教授

第 28 章 服装业

H. C. 卡尔（H. C. CARR）

伦敦时装学院服装技术系服装技术首席讲师

第VI卷目录

第 1 章　世界历史背景　001

1.1　1900 年的世界　001

1.2　国际紧张局势的加剧（1901—1914）　004

1.3　第一次世界大战及战后重建（1914—1925）　009

1.4　自由时代的结束　015

1.5　第二次世界大战　021

1.6　20 世纪 50 年代的世界　027

参考书目　030

第 2 章　创新的源泉　031

2.1　创新的特征　031

2.2　工业创新者的动力　035

2.3　发明之源　039

2.4　创新和产业结构　041

2.5　政府的影响　048

2.6　结论　051

相关文献　053

参考书目　054

第 3 章　技术发展的经济学　055
3.1　总体状况　055
3.2　技术的种类及范围　059
3.3　产业结构　061
3.4　创新的资金　063
3.5　产业集中速度随时间的变化　065
3.6　研发费用和工业增长　070
3.7　发明和创新　074
3.8　技术变革的动力学　076
3.9　技术与经济结构　084
相关文献　086
参考书目　086
第 4 章　管　理　087
4.1　泰勒理论　091
4.2　工商教育　093
4.3　工业心理学　095
4.4　大企业的出现　096
4.5　经营多元化　098
相关文献　101
参考书目　101
第 5 章　工　会　103
5.1　引言　103
5.2　20 世纪初　106
5.3　第一次世界大战及其后果　111
5.4　第二次世界大战　119
相关文献　121
参考书目　121

第 6 章　政府的作用　123

6.1　技术发展的性质及其经济意义　124

6.2　技术与战争　130

6.3　政府在技术发展中的职能　134

6.4　技术对社会的影响　141

6.5　技术与发展中国家　142

6.6　建立有利于发展新技术的环境　144

相关文献　146

第 7 章　工业化社会的教育　147

7.1　19 世纪与 20 世纪之交的教育和工业　148

7.2　第一次世界大战前的岁月　157

7.3　第一次世界大战　161

7.4　两次世界大战之间的岁月　166

7.5　第二次世界大战及战后　176

参考书目　180

第 8 章　矿物燃料　181

8.1　矿物燃料与能源供应　181

8.2　煤　186

8.3　石油　193

8.4　天然气　199

8.5　结论　200

相关文献　202

参考书目　202

第 9 章　自然动力资源　203

第 1 篇　水力　203

9.1　土木工程　203

9.2　大坝　205

9.3 隧道工程与地下水电站 208

9.4 压力水管（导水管） 209

9.5 阀门 210

9.6 水轮机 211

9.7 水轮机调速器 216

9.8 水轮机驱动的发电机 218

9.9 抽水蓄能工程 220

9.10 功率回收水轮机 222

参考书目 223

第 2 篇 其他自然动力资源 224

9.11 风力 224

9.12 潮汐动力资源 226

9.13 地热动力资源 228

9.14 太阳能 230

参考书目 233

第 10 章 原子能 234

第 1 篇 早期历史 234

10.1 原子结构 234

10.2 原子裂变：链式反应 235

10.3 原子弹 237

相关文献 240

参考书目 240

第 2 篇 铀的浓缩 241

10.4 可能的分离方法 241

10.5 气体扩散 244

相关文献 249

参考书目 249

第 3 篇　核反应堆的发展　250
10.6　第一个核反应堆　252
10.7　加拿大：乔克里弗　254
10.8　苏联　256
10.9　英国：原子能组织　258
10.10　快速增殖反应堆　260
10.11　商业发电反应堆　262
相关文献　270
参考书目　270
第 4 篇　原子能的化学工艺　271
10.12　燃料元的制造　271
10.13　化学分离　274
参考书目　282
第 11 章　核武器的发展　283
11.1　战争时期　283
11.2　战后时期　291
11.3　结论　297
相关文献　298
第 12 章　电　299
12.1　1900 年的供电　299
12.2　英国的电力供应　301
12.3　供电系统的标准化　303
12.4　其他国家的供电　305
12.5　用电　306
12.6　居民用电　308
12.7　工业用电　311
参考书目　314

第 13 章 农　业 315
第 1 篇　畜产品 315
13.1　生产的目的 315
13.2　生产方法 320
13.3　管理 329
13.4　结论 333
相关文献 334
参考书目 334
第 2 篇　食品与工业用农作物 335
13.5　人与自然对抗 335
13.6　科学与作物生产 343
13.7　机械化 349
13.8　市场影响 353
13.9　结论 355
相关文献 356
参考书目 356
第 14 章 捕鱼和捕鲸 357
14.1　动力 358
14.2　渔船及设备 360
14.3　鱼的冷藏 365
14.4　渔场维护 369
14.5　渔业机构 371
14.6　捕鲸 371
相关文献 374
参考书目 374
第 15 章 采　煤 375
15.1　截煤机 375

15.2 长壁工作面输送机：传统的机器开采 377

15.3 西欧的开采活动 378

15.4 美国的开采活动 379

15.5 英国的同步截煤与装煤 381

15.6 液压顶板支架 384

15.7 井下运输和运输工具 384

15.8 矿井提升机 386

15.9 抽水 387

15.10 通风和照明 387

15.11 安全和健康 388

参考书目 390

第 16 章 石油和天然气生产 391

16.1 钻探 392

16.2 海上钻井 402

16.3 旋转钻井液及其循环系统 405

16.4 定向钻井 406

16.5 油井注水泥 407

16.6 地层测试 408

16.7 测井 409

16.8 石油开采 410

16.9 油井增产措施 415

16.10 储油工程 417

16.11 二次采油 418

16.12 天然气和石油的处理 420

16.13 输油作业 422

参考书目 424

第 17 章 金属的开采 425

17.1 露天开采 426

17.2 淘金 429

17.3 地下开采 432

17.4 设备 434

17.5 选矿 436

相关文献 440

参考书目 440

第 18 章 金属的利用 441

18.1 汽车工程 443

18.2 航空工程 451

18.3 电力工程和发电 456

18.4 电照明和通信 460

18.5 金属的腐蚀 462

18.6 机床 465

18.7 铸铁 467

18.8 高温作业 468

18.9 制造与装配 468

相关文献 472

第 19 章 钢和铁 473

19.1 铁矿石供应 474

19.2 焦炭的消耗与生产 476

19.3 焦炭 477

19.4 炼铁 480

19.5 机械装卸 483

19.6 矿石加工处理 483

19.7 装料 486

19.8 热风炉 487
19.9 炉衬 487
19.10 铁水的运输 489
19.11 混铁炉 490
19.12 贝塞麦转炉炼钢 491
19.13 侧吹酸性转炉 495
19.14 平炉炼钢法 496
19.15 氧气炼钢 499
19.16 电炉熔炼和炼钢 500
19.17 合金钢 502
19.18 轧机 504
19.19 连续浇铸 506
参考书目 508
第 20 章 化学工业：概况 509
相关文献 524
参考书目 524
第 21 章 化学工业 525
第 1 篇 无机重化工 525
21.1 硫酸 526
21.2 电化学工业 529
21.3 固氮 532
21.4 肥料 539
相关文献 542
参考书目 543
第 2 篇 有机化工原料（包括炸药） 544
21.5 总论 544
21.6 煤焦油化工产品 547

21.7 脂族化合物 552
21.8 石油化工产品 555
21.9 炸药 559
参考书目 562
第3篇 聚合物、染料和颜料 563
21.10 使用天然材料的聚合物 564
21.11 染料和颜料 577
参考书目 582
第22章 玻璃制造业 583
22.1 玻璃配合料与原料 584
22.2 配合料原料 587
22.3 熔炉与耐火材料 588
22.4 平板玻璃 591
22.5 玻璃容器 594
22.6 电气工业 600
22.7 综合概况 602
参考书目 604
第23章 油　漆 605
23.1 油漆制造 606
23.2 油漆分类 609
23.3 油漆使用方法 621
相关文献 624
参考书目 624
第24章 造　纸 625
24.1 原材料 625
24.2 造纸机 632
24.3 高速造纸机 637

参考书目 640
第 25 章 陶　瓷 641
25.1 陶瓷学 642
25.2 白瓷 644
25.3 重黏土制品 647
25.4 耐火材料 649
25.5 绝热材料 654
参考书目 656
第 26 章 纺织工业：概况 657
26.1 世界竞争的到来 658
26.2 第一次世界大战及其后果 660
26.3 人造纤维 662
26.4 染料制造业 663
26.5 第二次世界大战及其后果 664
相关文献 666
参考书目 666
第 27 章 纺织业 667
27.1 引言 667
27.2 纤维制成纱线 670
27.3 纱线织成织物 680
27.4 染色和织物整理 690
相关文献 693
参考书目 693
第 28 章 服装业 694
28.1 统计学在开发号型规格上的应用 694
28.2 车间裁剪法 695
28.3 针尖工艺技术 697

28.4 采用其他线迹的机器 700
28.5 自动缝纫机的演变 701
28.6 熨烫作业 702
28.7 缝纫车间的生产工程 703
相关文献 707
参考书目 707

第Ⅵ卷人名索引 709
第Ⅵ卷译后记 725

第 1 章　世界历史背景

T. K. 德里（T. K. DERRY）

1.1　1900 年的世界　1

用今天的技术水平来衡量 20 世纪初期文明世界的状况，可以说还是很原始的。可是，在其他某些重要方面，倒也不见得全都一无是处。两次世界大战引起的冲突和分歧，给当今世界带来了政治、社会以及道德的困惑。处在这种种困惑之中，回顾 20 世纪初的情况，就看到了政治稳定的益处，也看到了人们广泛持有人类进步这种共同认识和理想的好处。尽管在当时，民主还几乎没触及有产阶级的权威，政府管理的方式却日益公正、合乎人道。在迅速扩大的工业区，甚至包括这些地区周围的乡村里，广大民众的生活标准不断提高。自由人士关注并对政府所采取的一些措施表示十分满意：更有组织的“扶贫”；接受初级教育更加容易；除了俄国，几乎每个重要国家都实行代议制机构的形式。即使在俄国，到了 19 世纪 90 年代，工业企业也发展起来了。这给那些无法获得土地的农民家庭带来了希望。此外，当时的整个欧洲，与美国在“移民及新定居地时期”（1861—1865 年的“南北战争”之后）发展壮大起来的自由活跃的社会团体都有接触，并受到他们的影响。

自拿破仑（Napoleon）垮台，欧洲没有进行过全面战争，在长达 30 年的时间里，欧洲各大国之间也一直没有战争。尽管如此，巴尔干半岛却一直是个危险地区，信奉基督教的各民族都极力想摆脱土耳其的统治。因为相邻的两个大国——俄国和奥匈帝国——为争夺在巴尔干地区的影响力所进行的斗争，这一本来就很危险的形势变得更为复杂。奥匈帝国是一个通过哈布斯堡君主政体将多个民族很不稳定地拼凑起来的国家，统治者与欧洲大陆上占优势的国家德国结盟。19
2 世纪 90 年代，因俄法协约形成了一个能与奥德同盟抗衡的敌对营垒。法国人由于对在 1870 年的战争中将阿尔萨斯—洛林割让给德国一事耿耿于怀，因而与俄国结盟以抗衡德国，由此而来的是日益升级的军备竞赛。沙皇曾想通过在海牙召集一个国际会议（1899 年）来制止这种军备竞赛，最后虽没能制止，却建立了海牙法庭，使各国之间的争端可以提交该法庭仲裁。但维持和平的主要机构仍然是“欧洲协调”，这是一个各大国之间的非正式协商组织。在之后几年内，这一机构居然能使各大国无须兵戎相见，便能和平地处理好诸如瓜分非洲这样一些十分棘手的问题。

当时的战事主要是在非洲及其他“殖民地”进行的有限远征战。这些地区的居民几乎无法反抗白人优越的军事技术。值得回顾的三次战争是这一时期的标志。1894—1895 年，日本开始其岛国的现代化进程还不到 30 年，就轻而易举地战胜了幅员辽阔却日益衰落的中国。这使得俄国、德国和法国联合起来，迫使日本放弃了它夺得的大部分地方。尽管如此，日本军队正是和国际联军一起镇压了 1900 年的义和团反抗外国侵略运动。从此，整个中国被各国列强看作可以划分的势力范围了。1898 年，美国人为争夺古巴，与西班牙进行了一次短暂的战争，结果之一是美国人通过占领菲律宾群岛而巩固了其在远东的利益。1899 年，英国在南非卷入了一场与荷裔非洲人的持久战，虽然最终后者被打败，可是他们一直没有屈从加入当时称雄一时的大英帝国。

帝国主义制度为各大国提供了世界范围的市场和源源不断的廉价

原材料，而这正是各大国繁荣昌盛的坚实基础。但是，各大国之间的相互贸易又使它们相互依赖。19 世纪末至 20 世纪初，世界 2/3 的贸易都掌握在欧洲人手里。当时，黄金供应大量增加，极大地促进了贸易的发展。在这一时期，金本位制传播到了中国以外的每一个大国。在寻求获利机会的过程中，资本比以往任何时候都活跃。英国所积累的财富以及长期的经商经验，使它在提供各种金融业务方面成为名副其实的主角。它的商船在当时是无与伦比的，它的纺织品供应全世界。其他国家都已经取消唯独英国仍保留的自由贸易原则，使英国人得到了廉价的食品以及其他一些好处。但是，英国已不再是近代工业享有特权的领头人，它只是整个工业社会中的重要一环。这个工业社会从格拉斯哥到都灵，从华沙到巴塞罗那，遍布整个欧洲。 3

当时，法国、意大利、瑞典、瑞士已分别在某些主要的制造业居领先地位。1871 年，德国的统一使英国在欧洲有了一个更强劲的对手。到 1900 年，德国人的严格纪律和组织、节约精神以及重视科学的态度，使其在钢铁生产方面已略胜英国一筹，而在新兴的化学工业、电气工业领域都已大大超过英国。当时美国的钢产量等于英、德两国钢产量之和。但美国人在“推进边界”（moving frontier）期间，对外贸易方面的主要兴趣是农产品出口，工业产品的出口则缓慢地增长到占总出口的 1/3。由于美国人自己领土上有着巨大的资源，所以在任何时候，他们都较少像其他国家那样靠竞争来争夺国外市场。例如，美国对中国的政策，就是主张经商机会均等的“门户开放”政策。

在欧洲，几乎没有一个国家有像美国一样的民主制度。不过，当时的欧洲已广泛采取了公民选举制度，各地自由人士都把民众的呼声作为出发点以表达对未来的希望。诚然，在奥匈帝国、巴尔干以及其他一些令人很不满意的地方，人民所要求的是对边界做大的变动来适应民族的利益。在整个欧洲大陆上，一直有应征军队在备战。难道新世纪就不能极大地丰富个人生活，让民主带来和平吗？

技术的发展在日益加速，以致武器的杀伤力及破坏性逐年增长。但高速发展的技术同时也延长了人类的平均寿命，提高了人类的平均生活水平，改善了人们的生活方式。1901年12月，人们希望通过国际合作继续增进和平的愿望得到了明显的体现，5项诺贝尔奖首次颁发给了那些在物理学、化学、生理学及医学、理想主义文学领域以及“为促进各国之间和平友好所做的工作”方面“为人类带来最大益处的人”。

1.2　国际紧张局势的加剧（1901—1914）

尽管各国之间的紧张关系日益激化，但自由人士对世界和平仍抱有很大希望。当时，世界贸易日趋繁荣，虽然由于物价上涨，许多国家人民的实际收入降低了，但是在1909—1912年，各地的工人在某种程度上受到了当时广泛流行的各种社会保险法的保护。社会保险法
4 起源于德国，是为了遏制社会主义的发展而出现的一种保护措施。正因为如此，受到工会支持的社会民主党在政治生活中被广泛接受成为现实。在俄罗斯帝国甚至在土耳其，出现了一种还不完善的议会制度。男性公民的选举权扩大到了半个哈布斯堡君主制的奥地利，同时在欧洲最小的两个国家（芬兰和挪威），自由主义潮流甚至带来了妇女的选举权。

1907年，在海牙召开的第二次国际会议，新增了包括一些拉丁美洲国家在内的许多成员国。这次会议得到了美国总统西奥多·罗斯福（Theodore Roosevelt）强有力的支持。但是，美国人对于“欧洲协调”（Concert of Europe）试图通过权力平衡来维持和平的种种努力没有任何兴趣，根本就不想介入。当时，美国人已经采用专横手段夺取了修建巴拿马运河所需的土地。不过，还没等巴拿马运河于1914年投入使用，美国人就向世界说明，他们迅速扩张海军的主要目的是维护美国在远东的势力，使其不受日本的威胁，同时也是为了维护美国

在其动乱不安的美洲各邻国内的权益。总而言之，美国人所关注的是其自身的发展。这种发展包括利用从联合收割机到 T 型福特汽车的许多新发明，为保护自然资源免遭各托拉斯滥用而进行的斗争，以及将大量欧洲移民吸引到日益城市化的美国社会。1901—1910 年，美国吸收移民的速度超过了每年 81.3 万人，其中的 70% 来自欧洲南部和东部不易被同化的民族。

在缓和日益增长的军备竞赛压力方面，第二次海牙会议跟第一次海牙会议一样，没有获得成功。由于英国不再是欧洲两大敌对阵营不受约束的观察员，因而再也不能利用其影响来反对任何一方的侵略企图，这就使军备竞赛变得更加危险。英国对外政策的这一根本变化，是由于在 1902—1907 年建立了与日本、法国以及俄国的联系而发生的。

大英帝国的发展壮大，曾引起它与法国人在对埃及和苏丹统治权问题上的激烈争吵，也导致了它与俄国人在中亚问题上的冲突，还使它与德国人在吞并热带非洲问题上产生意见分歧。然而，基于当时英国无与伦比的海军优势，它能长期毫不在乎各国对它的潜在敌意。但是，自 1900 年以来，德国人一直致力于建立一支最终会超过法国或者俄国的舰队，这支舰队有可能与法、俄联合而构成对英国海军强有力的威胁。但是，由于德国人在与法、俄结盟时要价太高，联盟没能
形成。与此同时，英国政府却通过一项与日本签订的条约，在远东得 5
到了另一种帮助。后来，日本人通过一场战争制止了俄国人在中国势力的扩张。在这场战争中，俄国的盟友法国未能参战支持俄国。因为根据英日签订的条约，如果法国人参战，英国势必将支持日本。后来，这项条约还扩展到包括下述情况：英日任何一方在中国打仗，或者英国在印度与某一强国对抗，该条约也同样有效。

1904 年，英国政府采取了更为重大的举措，即用“英法协约”来取代许多长期存在于英法之间的争执。特别是，英国人先认可了法国人企图统治与其殖民地阿尔及利亚接壤的摩洛哥苏丹王国的计划。

在这之后，法国人也认可了英国对埃及的已有统治。然而到1905年，日本人在远东的胜利暂时破坏了作为法国盟友的俄国的形象。与此同时，德国人通过故作姿态地支持摩洛哥的独立，检验了其与英国的新"谅解"的力度。法国明白在单线作战中，德国军队很快就会横行法国，所以同意将摩洛哥问题提交到国际会议解决，在会上达成一项折中协议。1911年，德国人反过来企图推翻这一协议。不过，最终德国人还是因为得到了法国人转让的西非殖民领地，而放弃了其反对立场。在第一次危机中，法国得到了英国道义上的支持，这种支持是通过军事会谈的形式进行的，内容是可能给予的援助。然而即使是这样一种姿态，内阁中也只有4个人知道，而对其他人都守口如瓶。在第二次危机中，英国本可以采用派远征军的形式给予法国帮助，且已为此做好各种准备。当时下述观点支配了英国的舆论，即一定不能让法国单独与德国议和，否则将会损害英国的切身利益。

就在这些年里，英德关系恶化了。英国人不满新兴的德国在欧洲大陆上的优势地位，尤其是在贸易方面的优势地位。当德国海军逐渐强大而威胁到英国这个岛国以及帝国内的交通联络时，这种情绪便日益强烈。由于英国人在1906—1907年技术发展上的成功，两个国家间的竞争更加激烈了。在此期间，英国人建造了一艘全身装备大炮的战舰，安装有涡轮发动机（部分用石油作燃料），能在不受到海面船只、鱼雷攻击的范围内牵制住任何敌人。由于在一个时期内垄断了设计制造皇家海军舰艇无畏级战舰的技术，英国人得到了暂时优于其他任何国家海军的地位。当德国人开始设计自己的无畏级战舰时，由于必须先拓宽基尔运河而带来一些不利，所以直到1914年夏天，他们
6 的新船才能畅通无阻地航行于波罗的海与北海之间。然而从长远来看，某种使英国在老式舰船方面的称雄地位几乎变得毫无价值的进展，加剧了德国的竞争。到1914年，英国人在无畏级战舰方面的领先地位已降低到大约50%，只有潜水艇及布雷区还具有使敌方处于危险状

态的一些优势。

英俄关系的变化，是俄国武装力量在日俄战争中遭到灾难性打击的附带产物。俄国海军被彻底击败，俄国陆军无法克服由于交通上的原因而造成的不利条件，因为当时俄国全部依靠横贯西伯利亚的铁路进行运输，这条铁路是单轨的，而且还不完整。到1905年8月，罗斯福总统为他们在新罕布什尔的朴次茅斯签订和约实现和平时，俄国人将在远东刚获得的部分土地割让给了日本，从而使日本能通过这些地方进一步吞并朝鲜，并渗入中国东北市场。同年1月，沙皇草率地镇压了和平请愿的工人在圣彼得堡举行的游行，在那次事件中至少有130人丧生。这使得沙皇的威信扫地，并几乎导致其覆灭。

1905年10月，俄国工业的动乱局面引发了一次更为令人震惊的全国性罢工。这次罢工最后使沙皇屈服，正式对人民作出了让步，答应给予人民充分的公民自由，并答应通过选举产生杜马来控制立法及行政机构。可是，温和的立宪主义者与几个不同信仰的社会主义政党——诸如布尔什维克党（该党已经在圣彼得堡和莫斯科建立了工人苏维埃）——之间的合作，还没等到从远东归来的军队恢复秩序就破裂了。到1907年，俄国的民族主义而不是任何形式的自由主义，在杜马里占了主导地位，他们赞成镇压帝国内的非俄罗斯人，诸如波兰人、芬兰人，尤其是犹太人。由于法律将广大农民从公社村庄制度的束缚中解放出来，从而出现了一个富裕的自耕农阶级，或者叫富农。而且由于新铁路的建成，西伯利亚有史以来在大范围内有了移民。这些发展反过来又促进了采矿、冶金、石油、纺织等工业的发展。1890—1910年，人均棉布消费量翻了一番。

俄国的经济长期以来一直依赖于法国的贷款，然而在1906年，沙皇政府接受了来自伦敦的大量援助。第二年，与法国的相互谅解促成了“三国协约”的诞生。因为这时英、俄之间以前关于印度边界问题的争论已经停歇，双方同意共同开发波斯，俄国人在北部开发，英

国则在东南部开发，他们在那儿获得了无畏级战舰所需的石油。这种
7 和睦状态被双方有保留地接受了，因为俄国的统治阶级发现德国的社会观点更符合自己的利益，而英国的激进分子对容忍一个实施镇压的政体深感痛惜。不过，联系仍然维持着，在决定性的1914年夏天，这种联系还促进了欧洲国家联盟的形成。

沙皇帝国以斯拉夫集团中最大国的资格认为，塞尔维亚——它构成近代南斯拉夫的核心——是其天然的卫星国。奥匈帝国亦然，在其臣民中也包括了几个斯拉夫民族，尽管这些民族的政治势力受到极大的限制，并由“欧洲协调”全权管理波斯尼亚的土耳其省份——那里的居民同样是斯拉夫人。1908年，由于一场革命，在土耳其建立了比较温和的政府，奥匈帝国抓住机会并吞了波斯尼亚，在此之前曾提议应给俄国人赔偿，可最后俄国人并未得到任何赔偿。由于德国人宣布完全支持它的盟友奥地利，再加上当时俄国还没有从远东的失利中恢复过来，所以俄国人只好被迫应允对方的拒绝赔偿。土耳其的革命还诱发了1912—1913年的两次巴尔干战争。在巴尔干战争中，土耳其在欧洲的一切利益几乎全部被巴尔干半岛上的小国瓜分一空。俄国的卫星国塞尔维亚是主要的胜利者，却没能得到沿亚得里亚海的海岸线。当时塞尔维亚的军队已经踏上了这条海岸线，但是“欧洲协调”进行了干预，调停了事态，从而避免了大国卷入这场小冲突。这次干预是“欧洲协调”最后一次行使权力。

大战之前的最后这些年里，德国、法国、俄国拼命扩大军费开支。英国在这方面也不甘落后，完善了远征军的部署，并采取了两项行动，以减少经济竞争的危险。1914年头几个月，英德就如何瓜分非洲的葡萄牙殖民地一事达成协议。英法还一起与德国就修建巴格达铁路工程事宜达成了协议，该工程的实施将把德国人的势力从君士坦丁堡（德国人在这里的势力已经很强大）扩大到中东的产油区。但是，1914年6月28日，奥匈帝国的皇位继承人在新近被该帝国吞并的波

斯尼亚首府萨拉热窝遇刺，使得巴尔干问题的政治冲突出人意料地再次爆发。奥匈帝国政府深知，斯拉夫民族主义的发展威胁着由多民族混合而成的哈布斯堡王国的存在。为了摧毁塞尔维亚，奥匈帝国独自故意冒险发动了一场全面战争。但是，德国皇帝和政府一开始就授予他们的盟友全权来处理一切。约 4 周后，塞尔维亚人顺从地接受了最后通牒，将未解决的事项提交海牙法庭仲裁。这时，德国人再想制止其盟友已为时太晚。于是，各国像一群梦游者一样，相继仓促参战。 8

奥地利政府迅速动员部分军队来对付塞尔维亚，迫使俄国人做好战斗准备，以支持其盟友塞尔维亚。与此同时，德国人也做好战斗准备，要帮助盟友奥地利。在这个阶段，军事专家们的观点战胜了政治家们的观点，因为参战总动员已经成为非常复杂的过程，目的是要按照战争的需要，将庞大的应征军和弹药及其他一切给养运往前线。俄国人意识到他们的铁路网不能适应需要，其他方面亦有不利条件，所以最早实行了全面动员。很快，欧洲大陆上其他大国也纷纷效仿。英国海军接受了在必要的时候保护英吉利海峡法国海岸线的任务。当时根据双方协议，法国舰队已在地中海地区集结达两年之久。然而促使英国人团结一致地投入战争的原因，并不是英法协约仍未被全面理解，而是德国人的军事行动计划。该计划将肆意践踏比利时的中立立场，而自 1839 年以来，这种中立立场一直得到英国和普鲁士两国的担保。

1.3 第一次世界大战及战后重建（1914—1925）

在第一次世界大战的头一个月里，长期以来一直令整个欧洲生畏的德国军队几乎获得了决定性的胜利。8 月底，德国军队击退法国军队和英国的小股远征军后，冒着被包围的危险，横扫了比利时东部，并向巴黎逼近。同时，德国的防御力量在洛林以极大的代价打退了法国的主要进攻。曾出其不意地在东部迅速穿过德军防线的俄国军队也被打退，且伤亡惨重。可是到9月初，由于德军指挥官们对是否在最后阶段向法国北部挺进犹豫不决，使得法国和英国成功地在巴黎前面的马恩河畔站住了脚。此后，双方都将自己的侧翼迅速向北推进。在西线，运动战已经结束，所以双方都建起了从瑞士前线一直延续到海边的战壕。在东线，战事一直处于运动战状态。到11月，德国人离
9 华沙不到35英里，俄国人已感到弹药短缺，这影响了他们整体的战斗力。不过，俄国军队还是超过德国和奥匈帝国军队的总人数，且他们曾深入奥地利的加利西亚。这一点说明，俄国人的总体士气高于哈布斯堡君主国士兵的士气，因为后者中有一半以上来自对政府不满的民族。

战争一开始在德国海岸线建立的长距离封锁线并未立即见效，而是逐渐才起作用。这是因为美国人坚持中立国的权利，使德国人能从荷兰以及斯堪的纳维亚地区进口所需物资，同时德国人自己也造出了技术含量很高的替代品。在1915年的头几个月里，协约国企图利用土耳其对中央政权的依附性，先是通过海军的行动强行开往君士坦丁堡，然后当舰船由于布雷区而受阻时，就在加里波利半岛强行登陆。这些努力确实有助于使意大利加入协约国，但它的失败反而强化了土耳其在中东地区的反抗，阻止了协约国企图经由巴尔干地区进攻奥匈帝国的计划，尤其严重的是，这使得俄国人根本无法得到充足的武器供应。在1915年和1916年的战役中，沙皇军队在战线南端仍连连获胜，促使罗马尼亚加入了协约国，结果是其油井和产粮地遭到了敌军侵占。然而再往北，德国军队却长驱直入占领了俄国领土。与此同时，在西线——例如在法国东北部的凡尔登和索姆河，进行着一系列血腥战斗。在这些战斗中，机关枪和铁丝刺网大大削弱了突然袭击的作战能力。由于只能求助重型炮进行轰击，这就使敌人有时间来加强后方防御。海上唯一的一次主要遭遇战也显示了防御战术的力量，因为德国的战舰在使敌人遭到两倍于自己的损失后，在夜

色的掩护下成功地逃跑了。虽然日德兰战役对于英国海军的封锁没有效果，但炮弹质量低劣，在舰船设计方面也处于劣势，却迫使英国海军谨慎行动。

假如不是两个事件打开新局面，战争也许会通过达成妥协来结束。在 1916 年后的几个月里，双方曾就有影响的问题详细讨论了用妥协来解决的办法。1917 年 2 月，德国开始实行“无限制潜艇战”，用来对付有可能接近不列颠群岛的所有商船。两年前德国就想采用这个办法，但当时美国表示了强烈抗议，认为这是非法的、不人道的，因此 10
德国才放弃了这个打算。这一次，德国想赶在美国可能进行的干涉产生效果之前，就用这一办法迫使英国人投降，他们的如意算盘差点实现了。当美国于同年 4 月对德国宣战时，英国被潜艇击沉的船只数量众多，使得海军界把 11 月 1 日视为英国所能维持的极限。协约国自战争爆发就一直从大西洋彼岸购买弹药，这时的美国不仅源源不断地增加了这种供应，美国海军和造船厂也迅速给予了援助。最终解决这种迫在眉睫危险的措施，是有系统地组织了护航队，以及在较小范围内应用新的技术装置来进行水下探测和水下攻击。在这之前，关于组织护航队的想法曾遭到英国海军部的极力反对，他们认为这是一种单纯的防御措施。但与此同时，一起政治上的变革却为德国提供了第二次机会，使其能赶在大量美国士兵训练好并调往欧洲之前，赢得陆上的战争。

从 1917 年 3 月起，俄国一直处在革命的旋涡之中。由于政府盲目地指挥战争，尤其是在供应方面的指挥失误，激起了民众广泛的不满，在首都发生了因缺少食物而引发的骚动，这导致了已经丧失民众信任的沙皇政府的倒台，而代之以临时政府。临时政府由杜马组成，得到了彼得格勒工人和士兵苏维埃名义上的支持。席卷全国的国内变革形势，要求赶快成立立宪会议，它将由男性公民选举产生。俄国这一新的执政机构继续忠实于协约国的目标，甚至还发动了一场短暂的、对抗奥地利的进攻。然而到了这时，俄国农民军队所主要关心的是返回家园去分享他们应得的土地。于是，由农民、工人和士兵自发组成的苏维埃，在列宁（Lenin）和托洛茨基（Trotsky）的领导下，发誓要为“和平、土地、改革”而战。1917 年 11 月 7 日组织的布尔什维克革命，是一场极少数人参与的行动，仅仅通过一次会议就解散了立宪会议，这标志着西方式的代议制政府在俄国的短暂经历的终结。俄国发生的这场政治革命的形式是大家熟悉的，结果则是前所未有的，即经济上的权力掌握在少数但却强有力的人手中。虽然从长远来看，俄国的这场革命改变了半个世界的政治经济制度，可当时它的作用还主要是在军事形势方面。1917 年 12 月到 1918 年 3 月间，俄国的新统治者签订了《布列斯特—利托夫斯克和约》，不仅开放了从芬兰到乌克兰的边境地区供德国人利用，而且还放走了大批德军到他处参战。

在西线，协约国发动的两次毫无意义的进攻是 1917 年的标志。
11 第一次战斗导致了法国军队的反叛，第二次战斗虽然协约国首次大规模使用了英国的新武器坦克，却没能利用这种优势，反而酿成在佛兰德泥潭中无谓的伤亡。此外，派往意大利的英军和法军，在阿尔卑斯山遭遇德国支持的奥军的打击。1918 年从东线调回有作战经验的部队，使德军能从 3 月起发动一系列的进攻，英吉利海峡港口和巴黎处于极度危险之中。不过，最后协约国终于统一了指挥，在新到的美国援军的帮助下逐渐坚持住了，直到德军给养耗尽，失去全部突围的机会，成为最后的转折点。7 月，协约国开始全线反攻。不到一个月，德国将军们就通知他们的政府仗打败了。然而，德军一直保持着严格的纪律和高昂的斗志。直到 11 月 11 日，德军才放弃在土耳其和奥匈帝国的抵抗。即使在德军放下武器之日，战线仍远离德国边界。

战争大大削弱了 4 个帝国——俄国、德国、奥匈帝国和亚洲的土耳其——的元气。大战中，至少有 1000 万参战者丧命，其中俄国和德国损失尤重，法国超过 100 万，拥有较多人口的英国则略少于 100 万，美国达 11.5 万。老百姓也吃尽了苦头，由于协约国海军的封锁，造成食物严重缺乏，疾病蔓延。幸好在战争后期迅速发展的空袭还没扩大到轰炸非军事目标，否则后果更不堪设想。4 年的激战，给比利时的很多地方以及法国北部造成了极大损失，1919 年签订的《凡尔赛和约》规定，德国人要赔偿一切损失，但金额未作具体规定。这一和约的法律根据是迫使德国承认发动战争有罪。

尽管和平解决办法里还包含了其他惩罚性措施，例如废除德国所有的殖民地等，但永久性解除德国武装这一规定可以被认为是朝着全面裁军迈出了一步。在重新瓜分敌国在欧洲的领土时，出于各民族的利益而发生了异常激烈的争执，其中最突出的因素是波兰的复苏以及捷克斯洛伐克和南斯拉夫等新成员国的建立。欧洲的重建预示着和平的另一个理由是，在德国——从原则上讲是在（俄国以外的）任何其 12
他地区内，建立了战前未有的、完全民主的政治制度。此外，国际联盟的建立促成了和平大厦的圆满建成，目的是将整个文明世界联合起来，促进和平合作——联合向侵略国实行经济制裁，在迫不得已的时候也采取军事制裁，借此迫使侵略者屈服，从而放弃战争。尽管国际联盟的主要倡导者美国总统威尔逊（Woodrow Wilson）没能说服美国加入，但是国际联盟的理想在欧洲却成为自由人士的一种信仰。

1919 年，种种迹象表明，布尔什维克形式的共产主义将从俄国发展到中欧的战败国，这导致战胜的协约国向白俄罗斯（即反革命分子）提供一定程度的援助，以支持他们进攻布尔什维克在莫斯科和彼得格勒的政权基地。协约国之所以这样做，还因为在停战协定签订之前，其部队及给养就已经运往俄国，只不过当时派出的目的是要再开辟一个对德的东部战场而已。白俄军队主要是从西伯利亚沿铁路向内挺进，但他们同时也从南部和西北部向内开进。他们失败了，因为白俄在政治上太反动，农民不同情他们。在战略上，他们又被托洛茨基击垮，后者采用的是一种让红军从内线作战中获得充分好处的办法。这段充满种种矛盾的历史时期产生的一个重要结果是，波兰人得到了住有 400 万俄国人的几个边境省份，另一个结果是俄国人对挑起内战的一切努力产生了长期的不信任。然而最为重要的现时结果是，一场自然灾难和随之而来的苦难使列宁将共产主义原则倾向于一种较温和的“新经济政策”。至此，虽然俄国仍被视为讨厌者，但是除意大利外的其他西方国家再也不把被称为第三国际的共产主义宣传机构视为威胁了。意大利的情况有所不同，在那里第三国际的存在成了反共产主义的法西斯头子墨索里尼（Benito Mussolini）于 1922 年 11 月夺取政权的借口之一。

从整体来说，世界范围的权力平衡发生了变化，这一点可以从同年签订的《华盛顿海军条约》中看出来。该条约按以下比例限制了各国主力舰吨位：美国和英国为 5，日本为 3，法国和意大利各为 1.75。英国不仅再也不能靠海军优势来与美国的财富抗衡，而且在远东为了对付日本的挑战，还需要和美国大力合作。为维护中华民国的独立及取消英日联盟而制定的种种附属条约，可以进一步说明这一事实。取
13 消英日联盟是受到了英联邦自治领愿望的影响，英联邦自治领作为完全的参战国以及和平会议的参加国，在世界事务中应该有自己独立的权益。

战争遗留下来的一个难题就是赔款问题。协约国希望战争赔款能补偿它们向美国购买军火而欠下美国人的巨额债务。但是，德国几乎立即就拒绝了。英国准备接受任何能促进世界贸易的解决办法。为了强索赔款，法国于 1923 年占领了鲁尔河，唯一效果是在德国引起无法控制的通货膨胀，这极大地打击了德国实力雄厚的中产阶级，对于那些大实业家却并无损害。1924 年，由于美国出面干预，提出一个可行的赔付办法，进而导致了《洛迦诺公约》的签订。根据这一公约，英国（但不是英联邦自治领）和意大利、法国、德国、比利时一

起负责保护法德边境和比德边境。在德国、波兰边界问题上未作出类似的保证，而这段国境线上却存在着很多争议，包括一段争议较多的“走廊”，通过这一地带，波兰人可通向海上。那时人们普遍认为，德国人民自觉地接受了欧洲战后的解决方案。因此，在1925年，欧洲大陆工业中心区的人民勇于正视他们在世界贸易中已被削弱了的地位，正视海外投资的减少以及对美国欠下的沉重债务。他们将此看成战争强加于他们的伤残，但坚信战后重建的欧洲一定能克服这些不利条件。尽管在诸如纺织、工程、造船等传统的出口工业部门存在着严重的失业现象，英国还是效仿瑞典的榜样，以战前与美元的汇率恢复了金本位制。

1.4 自由时代的结束

20世纪20年代后期是一个重新产生希望的时期。在这个时期，支持自由、向往自由的所有人都相信，文明世界将缓慢但肯定无疑地过渡到一个没有偏见、热爱和平的议会制的民主社会。美国的繁荣，就是民主胜利的很有诱惑力的例子。美国以其过剩的财富为欧洲，尤其是为德国的工业企业提供了大量贷款。汽车、各种家用电器尤其是收音机的大量生产，给人们带来了新的享受，使人们生活得更舒适。到1929年，4个主要中欧国家的钢产量平均已超过战前产量的1/3。可是英国的钢产量仅仅增长了1/4，那里仍存在着严重的失业现 14
象。1926年的全国总罢工说明英国的采煤业与其他重工业都遭到失去国外市场的损失，这种损失由于英镑的升值而更加突出。

1925—1929年这5年间，欧洲的贸易额增加了22%，世界的贸易额则增加了19%。人们自然很希望伦敦能重新具有世界金融中心的地位，并从其消费中获得利润。此外，那场全国总罢工并未造成严重的混乱，少数派的工党政府在平稳的议会制度下执政，度过了罢工时期，维持了政权。这两点似乎表明，普选是一种治理社会问题的万应灵药，至少在受到法制保护和善于折中时是如此。

1926年，德国加入国际联盟，使该组织经历了一段短暂的全盛时期，其年会起到了世界论坛的作用。虽然美国一直没有加入国际联盟，但是《凯洛格公约》强化了人们要求集体安全的希望。这一公约是美国国务卿倡导签署的，几乎所有参加国都否认“诉诸战争是国家政策的一种手段”。1925年，国际联盟委任了旨在为最终的世界裁军会议铺平道路的筹备委员会。1930年，美国、英国和日本达成协议，同意将现有海军的限制扩大到对小型舰船同样有效。此时，整个世界似乎开始趋于稳定。例如，1926年的帝国会议就具有深远意义，因为它接受了这样一种观点，即英国以及完全自治的自治领（现今包括南爱尔兰）是“出于对皇室的共同忠诚而联合起来的”。该会议提出，应该有一种帝国形式的团结、统一，而且当印度帝国以及在亚洲、非洲的殖民地建立起他们完全自治的政府（他们正逐渐朝此目标前进）时，上述规定仍然适用。中国似乎也正在从长期的内战中复苏，国民党民族主义分子于1927年赶走了俄国的共产党顾问，着手建立一个单一的政府。

最后这一事件反映了苏联内部一个具有历史意义的变化。1924年，列宁逝世，苏联经历了一场斯大林（Stalin）与托洛茨基之间的权力之争。在这场斗争中，斯大林获胜了，他提出要在农业上实行严格的集体主义，在重工业中实行集权来加强经济实力的政策。1928年，第一个五年计划的实施，宣判了已被剥夺得一无所有的富农阶级的灭亡，并开始了10年的社会大变动。这10年中，苏联的外交政策是以
15 防御为主。由于斯大林的反对者（包括军队将领）被指控的所谓“叛国罪”，以及成千上万的人成为肃清谣言的牺牲品之类事件频频发生，使人很难相信苏联因工业以每年12%—15%的速度增长而积聚起来的新力量。

1929年10月，美国股票市场前所未有的暴跌，取代了此前空前

的兴盛，其后果迅速蔓延到西欧和中欧。由于无法得到源自美国的私人贷款，这些地方刚刚出现的繁荣便受到了打击，其中尤以德国为甚。德国人无法继续偿还赔款，结果协约国也就无法按期归还它们在战争中所欠美国的债务，这大大损害了它们与美国的关系。对于当时日益加剧的失业状况，人们普遍极度恐慌。美国大约有 1200 万人失业，德国有 600 万，英国有 300 万。英国政府放弃了它传统的自由贸易制度，但是这无法扭转世界贸易衰退的局面。此时，美国为了自身利益也断然拒绝与“世界经济会议”合作。1933 年，该会议曾试图解决由于各国纷纷摒弃金本位制而造成的货币混乱状况。经济上的混乱，也使政治上的自由主义倾向倒退。诸如波兰、南斯拉夫等国，长期以来由于国内各民族四分五裂，社会分崩离析，议会制地位极不稳定，此时开始奉行一党制。比起其他地方来，法国的经济危机出现得迟一些。尽管如此，法国的各种反动组织在 1933 年已经发展成威胁共和国生存的力量。在英国和美国，选民们给执政者非同寻常的自由来对付面临的危机。1931 年，威斯敏斯特以压倒多数批准了“联合政府”所谓的“医生旨意”的要求，尽管失业问题只解决了一半，但直至战争爆发，该政府并未遇到严重挑战。在华盛顿，富兰克林·D. 罗斯福（Franklin D. Roosevelt）总统新政的政策激起了利益受损者们的强烈反对，这些政策比英国经济的规划还要彻底。罗斯福本人于 1936 年以更多的票数再次当选总统，1940 年他又一次当选，这次的票数略少一些。

当日本用武力占领了中国东北，并继续南下接近长城甚至逼近北平时，美英两国政府都无意接受远东的挑战。在世界性的经济危机中，日本的生丝和纺织品出口严重萎缩，这是日本侵华的原因之一。面对日本这种蓄意的侵略，国际联盟竟然束手无策，于是人们开始怀疑其鼓吹的集体安全原则。1937 年，日本发动了第二次进攻。在以后两 16
年的时间里，日军窜犯了直至广州的所有沿海地区。中国的内地，部分由国民党和当时还不太为人所知的、以毛泽东为领袖的共产党游击队所掌握。当日本进犯外蒙古时，遭到了苏联人的狠狠打击。不过，当时整个西方世界的注意力仍不是远东，而是其他地方。

在德国，一届届无能的内阁既未将广大群众从失业的困苦中解救出来，也未使中产阶级摆脱对再次出现通货膨胀的恐惧，通货膨胀曾于 1923 年使他们破产。正是这一年，阿道夫·希特勒（Adolf Hitler）妄图在慕尼黑夺取政权。这个蛊惑民心的天才政客利用当时那种人民纷纷失业、社会极不安定的局面，加紧扩大他的民族社会主义工人党的影响，使该党不仅在街头的骚乱中，甚至在德国国会里占据了主导地位。1933 年 1 月，希特勒被共和国总统任命为总理。他很快就找借口来取缔共产党，压制其他反对党，同时靠军服、检阅及口号的诱惑力，在全国范围内吸引民众对他的支持，更主要是靠其能使人如痴如醉的口才，煽起了反犹太主义的情绪和其他荒诞的仇恨心理。希特勒不仅有言论，还有行动，其私人军队和精锐卫队（救世军和纳粹德国党卫军）的活动，得到国家秘密警察盖世太保的支持。实际上，在战争爆发前就已经有 18 个集中营在运营。1934 年 6 月，希特勒下令彻底消灭了救世军领导人及其他潜在对手。两个月后，德国总统去世，希特勒成为国家元首，国内 90% 的选民拥护他。小规模的职业军队（这是德国政治中最后的独立因素）的军官们宣誓效忠于他。这支军队因及时对据说是救世军的野心采取行动，而赢得了民众的好感。

在慕尼黑惨败后写的《我的奋斗》（*Mein Kampf*）一书中，希特勒已经勾勒出先统一由“日耳曼人”居住的领土，然后再大大扩展这些领土的计划。在他执政的头一年，其大张旗鼓宣传的纲领促使德国退出了国际联盟和当时刚成立的“世界裁军议会”。民主国家接受了希特勒对此举的种种解释。他的解释永远高唱和平，貌似有理，实则居心叵测。1935 年年初，希特勒宣布普遍实行义务兵役制以及恢复德国空军，从而公开撕毁了《凡尔赛和约》。另一方面，苏联政府深知，希特勒想要扩张德国领土就一定会损害苏联，所以苏联政府加入国际联盟，并通过与法国缔结防御条约来保障本国安全。 17

然而，在以后大约4年时间里，希特勒主要致力于重振武装力量，这一计划的实施有助于缓和德国严重的失业问题。同时，希特勒从意大利入侵埃塞俄比亚这一事件中得到了意外的好处。当时国际联盟因最终无法成功地实施经济制裁而丧失了信誉，石油未被纳入制裁之列，结果驱使墨索里尼投入了他的独裁者同伙的怀抱。因此，在1936年3月，希特勒乘机派兵前往从1919年起就一直是非军事区的莱茵兰地区，为的是阻止法国日后可能侵入德国。此举违反了《洛迦诺公约》，也使希特勒声称其目的只是为了纠正《凡尔赛和约》的不公之处的说法不攻自破。但是，无论是法国人还是英国人，都对德国突然采取的军事行动没有任何心理准备，因为他们认为当时的形势对德国人是极其不利的，德国人必须（正如希特勒后来承认的）“夹紧尾巴做人”。从1936年夏天开始，法西斯独裁者们在西班牙佛朗哥（Franco）发动的武装叛乱中进一步联合起来，意大利派部队、德国派飞机支持了这场叛乱。英国和法国对西班牙政府方面毫无实际支持，也没有与苏联进行协调。苏联给西班牙政府送去军火，并派遣了政治顾问。

1935年，英国与德国签订了一个条约，德国人据此可以建立一支力量为英国海军力量1/3的海军。这样一来，英法关系大大疏远了。也就在这一年，英国人开始了重新武装的计划。相比之下，法国在这方面却没有任何有效措施。当时在法国国内，反动组织与左翼的反法西斯人民阵线（该阵线包括了强大的共产党）之间的冲突阻碍了工业发展。虽然在1935年，新组建的纳粹德国空军在数量上还没有超过英国皇家空军，但是英法两国的人们普遍认为，他们对于德国轰炸机的侵袭仍不具备防御能力。值得庆幸的是，这一年发明了雷达，这大大加强了处于险境之中的英国人的防御力量。英国很快就会面临德国飞机的狂轰滥炸，因为希特勒最迟在 1937 年 11 月（根据幸存的记录所知）就下了命令，要他的将军们加快战争步伐。自从德国军队进驻莱茵兰地区，德国将军们再也无法对希特勒的战略部署提出异议了。到 1945 年，由于德国的潜在敌人将能大批生产更先进的武器——这不仅需要时间，还需要创造力，德国就会丧失军备竞争的优势。为了在东欧获得垂涎已久的“生存空间”，德国必须通过吞并或其他途径迅速建立起德意志帝国，使其在整个欧洲大陆上处于绝对安全的地位。
18 人们总是不去考虑美国干预的可能性，1935 年意大利入侵埃塞俄比亚时，美国的公众舆论不支持国际联盟对其实行石油禁运制裁。从那时开始，美国的中立法就完全禁止了美国与欧洲国家在商业或金融上的联系，这种联系有可能使美国卷入类似 1914—1918 年出现过的事件之中，而那时他们据说是被诱骗参与了欧洲战争。

1938 年 2 月，德国吞并了奥地利，9 月又占领了捷克斯洛伐克的苏台德地区。在慕尼黑会议上，英法居然承认这只是有德国人居住的领土的合并，无须诉诸战争。然而到了 1939 年 3 月，当捷克斯洛伐克的其他地方也以同样的方式被占领后，英法两国共同向波兰保证他们将阻挡德国的进一步侵略，以后又陆续向东南欧其他国家作了类似的保证。这时，英国的军费开支在国民生产总值中所占的比例已超过德国。值此紧要关头，它甚至采用征兵的办法来鼓舞只知保住马其诺防线的法国人的士气。但是，没有苏联军事上的支持，英法两国政府谁也不能阻挡德军对波兰的入侵。在慕尼黑危机期间，英法曾避开了苏联，而此刻还是由于慕尼黑危机，虽经一再拖延，英法只能勉为其难地与他们极不信任的共产主义伙伴谈判。这种不信任是相互的，但是斯大林到 8 月 19 日才最终认定，苏联的优势在于与德国签订一项互不侵犯条约，这样至少可以推迟德国进犯苏联，并使苏联得到波兰和其他缓冲地带，从而加强苏联的防御。既然希特勒再也没有理由对其占领波兰的要求进行妥协，德苏条约的签订便促使他着手策划一场战争。他预期，一旦波兰从地图上被抹掉，西方联盟将会认为参战已毫无意义。

1.5 第二次世界大战

希特勒以夺取波兰为目的而开始的有限战争，由于取得胜利而势头更猛。到 1941 年夏天，希特勒实际上已经控制了整个欧洲大陆，一直到达他所憎恨的苏联盟友的边境。他明显的优势在于，德国将军们巧妙地运用了他们在技术上先进的武器，例如坦克、轰炸机以及机械化步兵运输工具等，以机械化为基础的闪击战形成绝对优势战胜了对手。“闪电战”需要使用训练有素的装甲兵团突破狭窄战线上的敌人阵地，并迅速插入敌人后方。与此同时，俯冲的轰炸机给予密切配合，使进攻顺利进行。不仅如此，轰炸还在逃难百姓中增加了恐怖气氛。德军的第一个胜利是在战争的第一个月里就占领了波兰。第二个胜利是 1940 年 5 月突破阿登高地，几乎将英国远征军围困在敦刻尔克，并导致了法国投降，尽管此时马其诺防线安然无恙。德军的第三个胜利是在 1941 年春天，占领了南斯拉夫和希腊，德国人以死伤 5000 人为代价，俘获了 37.3 万人。与此同时，英国军队不仅再次被赶出欧洲大陆，甚至被赶出了希腊的克里特岛。 19

在开始的时候，德国人还占有心理优势。6 年来，德国的青年为适应全面战争，一直在军事组织或为军事服务的各种机构接受教育和训练。所有德国人接受的都是以一位充满活力的领袖名义进行的狂热宣传，他仿佛是所向无敌的，似乎总能战胜“腐败的民主”。另一方面，对希特勒的对手来说，1939—1940 年的冬天这段时间是个“假战”时期。此时，德国与苏联对波兰的分割使双方都不能马上达到目标。苏联对芬兰的进攻（芬兰人的英勇抵抗广受称颂）被认为是在北方进行牵制，却忽略了苏联人入侵的危险。这种非现实的气氛可以帮助我们理解，为什么当德国人在1940年4月和5月突然向4个中立的民主小国丹麦、挪威、荷兰和比利时发动进攻时，这些国家丝毫没有抵抗的准备。从整体来说，法国人对于德国人的进攻亦无思想准备，这一情况也许主要可归咎于左派各政党与那些反动组织之间的激烈冲突。左派政党在人民阵线中获胜，反动组织想要统治尚未被占领的法国南部，在1940年6月停战后的两年多时间里，他们一直得到希特勒的支持。假如英国遭受到1940年那个极其残酷的夏季里德国人所发动的侵略，英国人的反应将会如何，这是谁也说不准的。第二年冬季，英国人遭受到德国人发动的夜间轰炸伦敦及其他工业中心的灾难，他们的斗志不但没有削弱，反而得以加强。一方面，5月10日开始执政的温斯顿·丘吉尔（Winston Churchill）首相利用他雄辩的才能、吸引人的手腕以及强烈的历史意识，在全国上下建立了一种团结必胜的信念。另一方面，在不列颠战役中，纳粹空军未能掌握制空权，从而使英国赢得了一次胜利，当时的每位读报者对此都会记忆犹新。英国皇家空军飞行员的勇气和自我牺牲精神固然树立了榜样，但
20 他们成功运用雷达屏幕以及装有8门炮的新型战斗机，更使那些掌握这些技术的人深信，只要假以时日，英国的军事技术可以超过敌人。

德国人保持得最久的还是经济上的优势。英国人实行海上封锁的作用，从战争一开始就由于德苏条约而削弱。1939年底，德国占领了波兰西部的工业区，1940年和1941年的战役之后，它实际上已能将苏联国境线以西的整个欧洲大陆上一切资源用于战争。当时，只有从英国发起的抵抗运动能够阻止执行希特勒的“欧洲新秩序”。英国在其被围困的岛上得到了来自大西洋彼岸的越来越多的补给。起初，他们必须付现自运。1940年夏天，美国送来了英国急需的50艘驱逐舰，其交换条件是美国人可以租用英国人在加勒比海的基地。最后，美国在1941年3月通过了异常慷慨的《租借法案》，从而排除了在接受美国援助方面的一切财政限制。可是从1940年夏天起，德国对英

国的封锁也更加严重。德国利用其占领的从北角到比斯开湾的整个海岸线，同时依靠飞机来补充潜水艇的破坏力。1941 年上半年，英国被德国炸沉的船只数目持续增加。因为得到英联邦和英帝国（爱尔兰除外）的支持，英国人减少了孤立感。加拿大帮助英国驻守岛屿，英国凭借其他三支自治领军队及印度军队的帮助，在墨索里尼看准法国将要垮台而加入德国一边时，趁机利用埃及为基地，迅速占领了意大利在北非的殖民地。即便如此，为增援残留的意大利军队而抵达的德国装甲部队以及克里特岛的丢失，仍有可能导致埃及和中东陷落。波斯当时是世界第四大产油地，伊拉克人所提供的石油通过管道输往地中海。

过了不到 6 个月的时间（1941 年 6 月 22 日—12 月 11 日），那场原本德国在西欧和地中海盆地胜券在握的战争，变成了一场德国最终必败的世界大战。希特勒认为苏联政府和人民已经陷入一片混乱，士气低落，经受不住德国人屡试不爽的“闪电战”，所以深信自己梦寐以求的“生存空间”马上就要实现了。正是基于这样一种信念，1940 年年底前，希特勒就决定了要发动其下一个主攻——进攻苏联。日本军阀也坚信，只要日本军人勇猛作战，“东南亚共荣圈”也就在股掌之中。到 1941 年夏天，日本人在亚洲大陆上控制的地区已扩及印度支那，他们这时认为自己完全有能力对付美国人。即使后来美国对日本石油与废铁禁运，战争最终不可避免时，日本人仍未丧失此信念。6 月，德军入侵苏联。12 月，日本人对美国在夏威夷珍珠港的太平洋舰队发动攻击。于是，希特勒不顾一切地对美国宣战。其实他对美国了解甚少，只是由于美国给予英国的并非中立的支持，使他非常愤怒。这样一来，两场战争迅速合二为一，使得一直主张欢迎苏联作为英国盟友的丘吉尔，在以后两年里得以对英美的全球战略施加其非同寻常的影响。美国人终于同意必须先打败德国人，再来对付日本人。

然而，直到 1942 年秋，侵略者们一直在以人类历史上前所未有的速度节节胜利。德国的装甲部队侵入苏联，在第一个冬季到来之前，德国人几乎仅一步之遥便可占领莫斯科和列宁格勒。这年的冬天异常寒冷，这大大帮助了苏联人，使他们恢复了元气。尽管如此，到第二年夏天，德国人还是逼近了高加索山脉，占领了那里的油田，还占领了伏尔加河流域的下游地区。从这里出发，德国人在9月包围了斯大林格勒。与此同时，日本人的胜利来得更迅速。美国的太平洋舰队由于遭到舰载飞机的突袭而初步丧失了战斗力，紧接着日军为其入侵菲律宾开辟道路而实施空袭，还在马来半岛北部登陆，两艘英国主力舰在这里同样被日本空军击毁。两个月后，日本的陆上进军使英国人蒙耻在新加坡投降。日本人完全的海上优势，使他们夺取了荷属东印度群岛上的资产，并统治了周围的群岛，从安达曼群岛到新几内亚的北部，以及所罗门群岛、吉尔伯特群岛和马绍尔群岛。他们还在阿留申群岛西部设立前哨基地。在短期内，印度和澳大利亚北部的安全都受到威胁。由于英国军队被从缅甸赶走，导致了香港地区的沦陷，中国的命运岌岌可危，尽管此时中国被确认为西方大国的盟国。

1942年，美国人在中途岛沿海与日本的航空母舰舰队（它妨碍了美军的前进）的战斗中取得了决定性胜利。但是，日本人在新几内亚及附近的海岛上殊死抵抗，因而直到大约一年半后，美国人才充分具备了战争必需的各种条件，并在太平洋战场上对周围岛屿发起总攻。在欧洲，英国人认为面对有充分准备的德国防御力量，直接登陆是很
22 危险的，所以在欧洲采用了一种缓慢但有益的迂回战略。对于欧洲的这种军事部署，美国人早已有所准备。

1942年11月初，在埃及的英军使用大批优质坦克，在阿拉曼取得了一次决定性的胜利。与此同时，英美联军在法属北非登陆。虽然法国南部仍被德国人占领，同盟军还是成功地从两端夹击扫清了北非海岸线。翌年7月，他们到了西西里，意大利政府随之声明与墨索里尼脱离关系，向同盟国投降。然而，德国在大陆上的防御仍

很牢固，所以盟军直到 1944 年 6 月 4 日才进入罗马。同一时期，苏联人在广大的东部战场上已经扭转了局势。1943 年 2 月，苏联人俘虏了 20 万敌军，这宣告了希特勒占领斯大林格勒这一不顾后果的企图的破灭。7 月，苏联人在一星期内阻挡住了德国人最后的主攻部队，然后以大大超过敌人的兵力和空前强大的火力节节反攻。到 1944 年初夏，侵略者几乎全部被赶出苏联国土，战线退到罗马尼亚、波兰和芬兰。

西方盟国在某种程度上帮助了苏联收复国土，将卡车、飞机和坦克运往苏联，在海上的伤亡惨重——在某种程度上，斯大林从未对此表示过感谢。到 1943 年夏天，整体而言英美的供应情况不再有危险，美国大量生产的船舶，再加上英国护航队方面的新技术装置，终于使他们赢得了大西洋战争的胜利。除此之外，美国为了配合全线作战，还试图通过空袭来削弱德国民众的士气，减少德国军事工业的产量，英国则以其有限的资源支持了美国的这一行动——英国别无其他的进攻办法。但是，美国的空袭效果一直远远低于所期望的，这种情况直到 1944 年才得以改变。然而，此后盟军的连续出击开始削弱德国的武器制造工业，同时确保了盟军在法国取得对预定进攻地区的制空权。没有这种制空权，就不可能有效地建立苏联人长期以来一直要求开辟的第二战场。

1944 年 6 月 6 日黎明，盟军在诺曼底海滩开始登陆。在开始的三个星期里，基于先进的技术和后勤准备作出的决定，使盟军的地位得到了巩固。德国企图派无人驾驶飞机到伦敦上空进行恫吓，以涣散同盟国的军心，但是幸好他们的更为致命的喷气助推火箭直到 9 月才制造出来。这时，盟军已横扫法国，挺进到了低地国家。由于西部这些战事与苏联的全线出击密切配合，所以战争的结局也就不容置疑了。尽管迟至 12 月，希特勒仍指望他在阿登高地的最后反攻能引发西方盟军与之单独议和，不料盟军在易北河上约定的军事分界线上停止了 23

进攻。与此同时，苏联人却冲进柏林，扮演了中欧和东南欧各国解放者的角色。

在1945年5月前的18个月里，由于两栖部队在太平洋上的两路进攻，美国夺回了菲律宾，并建起能飞达日本的轰炸机基地。此时，英国重新夺回缅甸，给中国人带来了救助品。这样，远东战场的形势发生了变化。可是，1945年5月，远东战场仍存在两个问题。第一个问题起因于日本人为守卫每一寸土地而出现的狂热冒险，应如何征服日本而不至于得不偿失呢？第二个问题起因于苏联人决心利用他们在共产主义利益方面的胜利，这在波兰问题上已经看得很清楚。假如苏联军队参加定于欧洲战事结束后的3个月内征服日本的战斗，波兰的情况是否会在日本重演呢？

最后，由于使用了毁灭性的新式武器，这两个问题都得到了解决。整个战争期间，英国和加拿大的科学家们一直在研究这些新式武器。但是从1942年起，由于美国优越的资源条件，这些武器一直在美国研制，仅仅试爆了一次，就将原子弹投到了广岛和长崎。第二颗原子弹投下后不久，苏联便对日宣战，很快日本就投降了。在这场战争中，苏联得到的多于他们在1904—1905年的日俄战争中之所失。然而，日本的前途却牢牢地掌握在美国手中。不仅如此，在全球范围内，美国也达到权力的顶峰。4年极其残酷的战争，使苏联遭到了惨重的破坏，土地荒芜，人员伤亡巨大。英国的资源也消耗殆尽，在具有决定意义的最后一年战争中，在每一个战场上，英国部队的战斗力都处于美国的从属地位。美国的情况又怎样呢？美国的人口数量是英国的3倍，按人口比例，美国人的伤亡少于英国人。美国的经济也没有因为他们在战争中的损失而削弱。更为重要的是，现在他们拥有了新式的毁灭性武器。

1.6 20 世纪 50 年代的世界

第二次世界大战中的死亡人数大约为第一次世界大战的 3 倍，其中约 1/3 是平民，他们之中尤以空袭死难者为主。可是与德国集中营里被害的 570 万犹太人相比，这一数字就算少了。英国和美国的死亡人数分别为 33.8 万和 29.8 万，苏联约 1800 万。从欧洲一直到远东的整个大地上，财产被破坏，自然资源被耗尽，损失的程度空前严重。所以第二次世界大战后，世界所面临的最重要的问题不是建立一个新的联合国，也不是由纽伦堡法庭来惩办欧洲的主要罪犯，甚至也不是事实上的共产主义的东方和资本主义的西方一起来分割欧洲——包括大大缩小了的德国，而是美国人将如何看待并使用他们所拥有的、在广岛显示了极大威力的原子弹技术。美国人对原子弹的垄断地位严加保护，甚至对为原子弹的成功做了大量工作的英国人也加以提防，关于原子弹的一切资料都对苏联保密。美国人一厢情愿地认为，苏联极端困难的经济状况将使其无法改变处于劣势的不利条件，从而根本不可能通过他们自己的努力得到原子弹。 24

这一事实说明了为什么战时勉强维持的合作这么快就变成了隐藏的敌意，并最终进入了时有白热化危险出现的冷战状态。欧洲战争后不到两年，杜鲁门主义支持了“所有反抗强行征服的自由民族”，接下来大规模的“马歇尔援助计划”加强了杜鲁门主义的效果。“马歇尔援助计划”拯救了面临崩溃的西欧经济，它对于西欧自由是至关重要的。到 1949 年，共产主义统治扩大到了捷克斯洛伐克，苏联还试图用封锁柏林的办法赶走在柏林的西方盟国。但是由于强大的空中补给，柏林经受住了苏联长达 8 个月之久的封锁。这使西方盟国通过北大西洋公约组织的防御条约，在东欧周围设置了一道警戒线。同年 8 月，苏联的第一颗原子弹爆炸了，这标志着美国具有绝对优势的时代行将结束。在此之前，美国由于拥有巨额财富以及一再夸耀的、无与伦比的自由制度，加之他们所拥有的非常重要的技术垄断，对世界局势有着强大的影响。3 年后，美国制造出比原子弹威力大得多的热核炸弹。仅 10 个月之后，苏联也造出了自己的热核炸弹。20 世纪 50 年代末，苏联发射了第一颗人造地球卫星。此时，苏联的技术家们在研制适于全球战争的洲际弹道导弹方面业已居领先地位。

世界事务中另外三个重大变化，也说明了 20 世纪 50 年代动荡不安的特点。第一个变化是中华人民共和国的成立。毛泽东的部队将
25 国民党赶出了大陆，中华人民共和国逐渐成了第三个世界大国。在 1950—1953 年的朝鲜战争中，中国挫败了（得到联合国支持的）美国的目标。后来，中国作为远东和其他地区那些自由民族的共产主义理论和实践的权威性发源地，还敢于与苏联进行较量。第二个变化是欧洲殖民帝国的解体，这一变化始于亚洲，其时间是从日本败退开始，并迅速扩展到了非洲。1956 年，英法在苏伊士运河问题上的失败，说明以前的帝国主义政权再也不能保护他们自己的利益了。从某些方面来说，殖民帝国的解体是自由主义原则的一个胜利，例如以色列的独立可以看成是一种补偿行为。印度一直想实施民主，此时终于有可能摆脱英国的监护，成了人口最稠密的印度共和国。然而，由于各国纷纷独立，到 1960 年，联合国的成员由初期的 50 个翻了一番，因而联合国中稳定政府与和睦团体所占的比例就大大减少了。第三个变化出现在西欧。到 1952 年，西欧国家之间因建立了煤钢共同体而战胜了战后的严重困难。10 年内，6 个成员国的钢产量在没有增加劳动力的情况下翻了一番，这促使它们在共同市场问题上更密切地合作。20 世纪 70 年代，英国打算接受新形势下的政治经济教训，也就是说，他们认识到自己这个岛国国民的前途取决于与欧洲大陆各国协调发展的良好关系，而不在于保持与美国的特殊关系或者是坚持英联邦的方向——随着英国相对实力的下降，年复一年，这成了越来越无法实现的愿望。

1963 年，西欧的国民生产总值达到了战前水平的 2.5 倍，甚至在通货膨胀已经是一个周期性问题的英国，国民也过上了“前所未有

的好日子”。在使用核能作为工业能源方面的进展虽不如预期的那么快，但是海底天然气和石油的发现和开采，却给人们带来了意外的收获。自动化和各种电子装置的使用，转变了工业的生产过程，化学研究提供了种类无穷无尽的合成材料。对于许多人来说，乘坐喷气式飞机——战时的最后一项重大创新——旅行成了一种假日冒险活动，电视机只不过是给人们带来舒适和享受的许许多多发明中的一种。在西欧各国战后重建、重新装备的住宅中，各种节省劳动力的装置得到广泛使用。无论美国人搞出什么新东西来，日本人都要效仿。苏联人在核领域的成就表明，在消费品领域苏联同样可以很快赶上来。 26

然而，当1961年第一批苏联宇航员进入太空时，他们往下看到的世界显然是一个自然资源有限的单个单位。已经为人类作了许多贡献，不久将要把美国人送上月球的技术，仍面临着一些比解决太空旅行更加困难的问题。医学知识的传播，各种新药的使用，加上不断提高的卫生水平，降低了地球上人口的死亡率（尤其是婴儿的死亡率）。与此同时，由于心理上以及其他方面的因素，许多人推迟了采纳西方工业化国家早已采用的节育措施。尽管有两次世界大战，据估计，20世纪前半期世界人口数量还是从16.10亿增加到了25.09亿。到1970年，世界人口数量接近36.50亿，而他们之中至少有一半人有着程度不同的营养不良。在联合国粮农组织（FAO）、世界卫生组织（WHO）以及联合国教科文组织（UNESCO）等的帮助下，技术家们通过改良种子品种，改良家畜品种，采用先进的农、林、渔设备，使肥料、除草剂、杀虫剂等能够适用于各种不同的土壤和气候，大大促进了原先落后国家的食品生产。即使这样，在人类经历了3/4个世纪空前的技术发展之后，我们还是不能肯定人类能否合理地安排业已查明的总资源，从而避免因人口增长快于生活资料的增长最终产生的灾难。早在巨大的工业变革刚刚萌发的时候，托马斯·马尔萨斯（Thomas Malthus）这个忧患的天才就提出了这个问题。

参考书目

Barraclough, G. *An introduction to contemporary history.* Watts, London.1964.

Mowat, C. L. (ed.) *The New Cambridge Modern History,* Vol.12 (2nd edn.). *The shifting balance of world forces1896–1945.* Cambridge University Press.1968.

Landes, D. S. *The unbound Prometheus. Technological change and industrial development in western Europe from1750to the present,* chapters 5–8. Cambridge University Press.1969.

Thomson, D. *World history from 1914 to 1961* (2nd edn.) Oxford University Press.1963.

Gatzke, H. W. *The present in perspective. A look at the world since1945* (3rd edn.) John Murray, London.1966.

Derry, T. K. and Jarman, T. L. *The European world 1870–1975* Bell, London.1977.

第 2 章　创新的源泉

戴维·萨沃斯（DAVID SAWERS）

2.1　创新的特征

20 世纪前半叶，创新的源泉发生了变化。工业部门开始成立研究机构和开发机构，为企业内部提供创新源泉，稍后又致力于发展那些工业部门本身难以开发的新产品，而各国政府慷慨投资于研究和开发，为了获得更为有效的武器。这些现象很多，但并没有取代 19 世纪已有的创新源泉（主要是指当时的个体发明家、工业企业家）。这样，创新的来源更为多样，工业部门建立研究和开发机构，使寻求技术变化机会的拿薪水的工程师、科学家阶层的人数增加，而使个体发明家、小企业家人数减少，不过后者作为一种竞争性的创新源仍然存在。

随着战争与技术创新关系的日益密切，技术创新不再只是一种商业活动（不过其目标往往是商业性质的），同样会发生于诸如医疗和战争之类的非商业性活动中。在本章中，我把技术创新定义为将新技术应用于某一实际目的，或现有技术为某一实际目的的新应用。这涵盖了技术变化的全过程，而且也不限于工业领域。它不仅包括设计中的根本改革和诸如飞机、汽车之类新产品的应用，也包括了其他小的技术革新。所以，创新是以其多样性为特征的。不同的创新形式会受到不同因素的影响，工业内部重大创新与小创新之间的区别尤为重要。

与根本性的创新相比，公司内部更多地采纳小的技术革新，它们为工业研究实验室提供了大量实践活动。军事上的创新与工业上的创新相
28 比较，前者对改进技术性能的关注甚于对成本的考虑。随着军事创新重要性的不断加强，以及政府不断加强对相关民用技术的支持，20世纪的一些工程师和科学家更倾向于优先考虑技术性能。

创新既是一个技术过程，又是一种商业（或者军事、社会）过程，它的这种双重属性导致对影响其因素的讨论变得很复杂。从最为人知的工业创新实例中可以看出，创新更受到技术因素和市场因素的影响，即技术上是否可行和商业上是否需要。这两个因素分别代表了技术（以发明的形式）可提供什么与市场需求什么这两个方面。成功的创新应该同时满足这两个因素，即技术上可行，商业上能以合适的价格满足消费者的需要。可是其中任何一个因素都根本无法事先精确估计，这就使任何创新都具有不确定性。长期以来，人们一直争论，影响成功创新的两个因素中到底哪一个更重要些，结果却莫衷一是。很明显，这是因为我们不能轻易地把它们的作用截然分开。而且情况不同，这两种因素的相对重要性也会不同。例如，在技术迅猛发展、新技术可能性层出不穷的领域，技术上的因素就会更重要一些。

一种工业技术进步的速度在一定程度上取决于企业无法控制的因素：与之相关的基础科学研究是否得到迅速发展；技术本身是否具有迅速发展的机会；外界的发明家们能否产生改变技术的思想。第一种情况不常见，基础研究中的新发现很少能被直接应用，它只能一般性地向人们提供有助于技术进步的基础知识，而不是技术进步的主要原因。科学和技术各自服从不同的规律，科学的目的是探索宇宙的规律，而技术则是寻求有实用价值的东西。科学和技术常常是以不同的速度发展，往往在不同领域取得最快的发展。一般说来，成功的科学家与成功的技术家的特征也是截然不同的。从基础研究到应用研究，再到

技术开发和实际应用，中间几乎不存在什么因果链。即使是在有联系的情况下，从科学发现到实际应用的时间间隔通常也不会很短，核裂变领域发生的情况便是如此。于是，科学的重要性因工业领域而异，因时间而异。总的说来，在决定技术变化的速度方面，科学往往是第 29
二位的、有伸缩性的因素，而不是决定性的因素。

最能决定技术变化速度的，往往是技术变革本身的机会，而技术的成熟程度又影响到改进它的机会。技术往往有其生命周期，技术起源于发明，有时也起源于科学发现，由此引出了进一步的发明和小变革。到一定时候，创新的进展会变得比以往更困难，花费的资金会更多，然而进一步的重大发明能改变局面，并降低技术进步的成本。飞机发动机的发展就是一个例子。到 20 世纪 40 年代，活塞式发动机的研制变得越来越复杂，价格越来越昂贵，这时有人觉得需要发明一种新的发动机，它在飞行高度和飞行速度方面可大大优于老式的活塞发动机，于是导致了喷气式发动机的问世，提供了加快技术进步的机会[1]。到 20 世纪 70 年代，喷气式发动机变得更复杂了，要进一步完善其性能就更困难，而且也更昂贵。在这种情况下要加快发展进程，就必须有某种新的突破。

外专业发明家是一股重要的力量，通过将全新的思想注入技术，促进了技术进步，例如发明喷气式发动机（第Ⅶ卷，边码 819）和石油的催化裂化过程。当热裂化方法似乎已经发展到尽头时，一位外专业人士将新的催化裂化技术引进了石油工业。同样，棉毛编织机是由一位个体发明家和一家对纺织业并不熟悉的工程公司首先采用的，照相排字机是在方法上作出最终的重要改革之后约七八十年由外专业人士引入的。

以上的例子都说明技术可能性在创新中起着主导作用，当然也要有商业需求。在许多情况下，技术可能性是难以预测的，对于根本性的创新尤其如此。但要使发明成为创新，技术可能性又是至关重要的事。一般说来，技术可能性对重大创新的作用比对小创新的影响更大。重大创新一般都包含技术上的根本变化。小创新产生于对已有技术的修正而不是对知识的扩充。小创新的结果以及对它的需求，要比
30 对大创新的结果和需求更容易预测。可以认为，消费者要求改进产品性能，供应商常可通过小创新来满足这种要求。但是如果消费者提出的要求是一架无声喷气式飞机、一种治愈癌症的方法或是一台热效率为 100% 的汽车发动机，那么其要求就不可能得到满足。有些要求是无论以什么代价也无法满足的。

各种工业创新之间的另一个区别，在于产品创新与工艺创新之间的差异。这种区别有时因生产者不同而异，例如一家公司的工艺创新可能就是另一家公司的新产品。但是在生产工艺的创新和产品本身的改变之间，或者与引进某种全新的产品之间，确实存在着差别。生产方法的创新，包括所使用的生产工具的创新或者可用工具的运用方式的创新。对化学工业来说，这意味着采用一种新的生产工艺，包括采用新的设备或改变原有的操作过程。虽然根据定义，产品创新不是生产公司内部的事，但方法创新却是进行创新的公司内部的事。它与评估市场需求的关系不大，其市场可能就在企业内部。外界人士提出产品创新的可能性大于提出工艺创新的可能性，因为他们对如何改进生产过程知之不多，所以工艺创新更有可能在公司内部进行。

工艺创新在相对标准化的产品生产中显得尤为重要，例如钢的生产或像乙烯、硫酸这样的基本化学制品的生产。在某些领域，通过改变生产方法有可能改善产品质量，更主要的是有可能降低生产成本。商品的价格是有一定标准的，所以利润的多少就取决于成本。钢铁工业中近来重大创新的实例，主要有吹氧法炼钢、连续浇铸等，其主要目的在于降低成本。化学工业中的工艺创新随处可见，因此显得特别重要。

不确定性是一切形式创新的共同特征。创新中的新颖性程度越高，

其结果的不确定程度也越高，所以人们对小改进的实现往往充满着信心，其销售效果或成本也容易预料。市场的不确定性可能比达到技术目标的不确定性更大。对于重大创新来说，则又是另一种情况，其开发成本往往会大大超过预计，技术失败的风险也很大。对军事项目和民用项目的调查表明，项目寻求的技术改进程度越高，实现该项目所需的开发成本也就越高。假如技术上能获得成功，商业上成功与否的不确定性将随着预测新产品需求之难度的增加而增加，还将随着一个新产品从决定开发到投入市场耗费时间的增加而增大。因为在这段时间里可能出现有竞争力的产品，从而破坏或者减少了原来预期的市场。同时，实现同样目标的其他技术途径也有可能在启动创新的组织内部或外部出现。此外，消费者对商品的兴趣也会发生变化，进而可能降低（或增加）对该产品的需求。所以，根据不断变化的技术和商业环境灵活进行调节，是一个创新组织获得成功的关键。

技术创新是非常多样化的活动，涉及面非常广，在工业领域尤其如此。在工业上，技术创新既是技术活动又是商业活动。这种双重性大大增加了人们判断影响创新速度的因素方面的困难，更增加了卓有成效地管理创新的困难。技术创新不仅适用于产品本身，也适用于生产工艺以及使用这些工艺的方式。技术创新的设想既可以来自本行业内部，也可以来自外界。一项技术创新是否成功的最后检验，是商业上的成功与否。但是，技术成功又是商业成功的先决条件。由此看来，技术创新的整个过程，是一个工程师、科学家以及商人都参与其中的过程。他们各自的能力，尤其是他们之间的有效合作，乃是取得成功所必不可少的条件。

2.2　工业创新者的动力

由于商业和技术的因素交织在一起，使得工业创新者们的创新动机复杂化了。对于公司或者个人来说，商业上的成功和经济上的利润，必须是工业创新者的（即便不是最主要的）一个重要目标。不过，我们不能由此简单地说，商业上的成功乃是唯一的目的。几乎没有人会把单纯获利作为动机。当涉及技术新颖性和技术难题时，任务本身的诱惑力是很强大的。有些创新者同时受到两种动机的驱使，他们既希望为了自己而进行技术上的改进，也希望能推销一件有利可图的新产品。任务本身的吸引力，有助于解释创新者的献身精神以及他们为实现创新而倾注的巨大努力。“变革的阻力”这一词语有些过了，不过那些想干一些与众不同的新事业的人，的确不得不耗费时间和精力去说服他人相信变革是有价值的，是值得为此动用个人或公司的钱来冒
32 险的。当要进行技术创新时，创新者必须确保新产品或新工艺的可靠性，且不超过预计的成本。说服和发展技术的任务都令人筋疲力尽，有的人不能成功地承受这种负担，或许根本就不去承受这种负担，只有那些受到强烈因素驱动的创新者才可能成功。所以要想成功，创新者就必须坚信，他们所从事的事业是值得做的。这种信念通常给创新者这样的暗示，那就是这将会产生“更好的”产品或工艺，而且在商业上也能获得成功。

伊诺斯（J. L. Enos）详细研究了 20 世纪前半叶在石油精炼工艺中的各种重大创新，最后得出结论，在每个案例中都有一个经济上的动机：“为了在每个案例中都获得更好的结果，并以此来增加利润。”[2] 可是创新者个人的目的却很难确定，只有一点是肯定的，即经济效益并不是最重要的。伊诺斯这样总结说：“至于什么是创新者的真正动力，从我们所知的证据来看，只能假定为好奇心与创造性的结合体。创新者渴望去满足他们观察到的实际需要，希望自己的技术成就和由此而产生的经济利益能得到他人的赏识和尊重。这些似乎是比贪得之心更重要的特性。”[3]

20 世纪头 30 年里，飞机工业创新者的动机同样是由经济上的要求和渴望创新的欲望共同激发的。设计师诺思罗普（J. K. Northrop）想

制造出更有效的飞机的欲望至少不亚于想赚钱，他于1927年率先制造了洛克希德Vega流线型飞机，并研制了全金属结构，从而使道格拉斯DC-2和DC-3飞机非常坚固耐用。在帮助设计这些飞机后，他继续致力于一项当时未能成功的创新，想设计一种全翼飞机，因为他认为这种全翼飞机的效果会比由机翼和机身组合而成的普通飞机更好。利皮施（Alexander Lippisch）这位三角翼飞机的先驱者，同样受到使飞机具有更好的性能和更高的效率这种愿望的激励，在20世纪30年代用滑翔机和轻型飞机来实现他的设想。飞机工业早期的先驱者，例如布莱里奥（L. Blériot）、法尔芒（H. Farman）、布雷盖兄弟（Breguet brothers）、容克（H. Junkers）以及福克（A. Fokker）等，在从事飞机研究之前不仅是工程师，更主要的还是商人。他们为了开发这项新兴的工业，为了使世界因为有了它而令人着迷，不仅花费了自己所挣的大量钱财和精力，而且有时甚至要献出自己的生命。可是他们的种种努力在开始时毫无回报，就连他们制造的飞机也直到第一次世界大战才有了广阔的市场。这一例子再次说明，人们从事创新的动机远不只是为了获利。

随着工业研究实验室的出现以及公司内部管理控制的发展，出现了较大型的创新组织，但这并没有改变创新者的动机，也就是说并未排除个体对于创新想法的支持和决策。大组织的一个共同特点是更难看出个人的作用。但是在进行重大创新时，对整个企业来说，个体的作用变得日益重要。在20世纪50年代和60年代美国的电子工业创新中，有几个关键人物的作为直接影响了公司的繁荣。对60年代的创新项目，包括对较小的创新项目的调查研究，说明了个体对于创新成功的重要性，尤其说明了公司内部高级管理者支持某个创新项目对于其成功的重要性[4]。正如伊诺斯所说，技术人员的动机与早期创新者的动机似乎并没有什么不同，不过比起过去的创新者，他们在经济上获得利益的机会更少些，除非同时有几家公司在竞相搜罗这类人才。然而，创新者的动机仍然是希望由于技术上的成就和经济上的效益而赢得人们的尊敬。

在这里值得引用国际商用机器公司（IBM）的一个例子。现代计算机的心脏部分即硬盘储存系统，是被当作不入流的项目在IBM的一个实验室里研制出来的。当时管理部门说，由于财务困难，这个项目应该下马，但研究实验室里的几个人对它信心极大，把开发坚持了下来[5]。今天的经理们也许不再像过去的经理们那样唯利是图了，创新已不仅是工程师和科学家的任务，也是经理们获得上级赏识的手段，而赏识则能带来晋升的机会。

公司作为一个整体进行创新的动机在于，一件新产品可以使其获得一时的垄断地位，提供扩大销售和增加利润的机会，不管是否有专利保护都是如此。一种新工艺同样可以在一段时间内由这家公司垄断（除非该公司决定出售专有技术或专利的许可证），并将使公司在生产成本和产品质量方面取得优势，以增加利润或降低产品的售价，从而增加销售量。垄断的程度取决于创新的新颖性。小改进很快就会被竞争对手效仿，或有另一种改进与之抗衡。重大创新则需要较长时间才能被模仿，除非竞争对手以前也在进行相同的研究。例如，波音公司在销售喷气式客机方面，比起道格拉斯公司只有1年的时间优势，因为在波音公司决定发展波音707客机之前，道格拉斯公司就着手研制自己的新式飞机了。尽管如此，这种时间上的领先地位，还是帮助波音公司获得了销售中的领先地位。

对待创新，每家公司都有不同的成功谋略。有的倾向于冒创新风险以求最先拥有新产品，从而获得领先利润。另一些则主张不必争先，甘心让利，这样可以避免风险，他们寄希望于稳定的生存条件。究竟作何选择，必将受到公司全体员工的态度和能力的影响。热衷于技术并精通技术的人，比起那些对技术不感兴趣也不掌握熟练技术的人更有可能成为创新者。事实证明，比较成功的策略有赖于工业的环境，尤其取决于是否有技术变革的机会以及变革成本的高低。但是，没有一项策略能“适合”于所有工业中的所有公司。不愿进行创新也许反映了公司对其自身局限性的认识，或者对其所在领域内通向商业成功之路的一种有力判断。创新是一家公司商业策略中的一个要素，不能把它与影响创新的所有其他因素割裂开来。

2.3 发明之源

前面已经提到，发明为技术革新提供设想，是决定创新速度的重要因素。工业研究实验室的建立，为20世纪前半期的创新提供了一个新园地。不过个体发明家仍然是发明的一个重要源泉，对于重要的、根本性的发明尤其如此。朱克斯（J. Jewkes）、萨沃斯（D. Sawers）和斯蒂勒曼（R. Stillerman）从一个由70项多半来自20世纪前半叶的发明构成的样本发现，其中半数以上出自个体发明者之手[6]。它们是空调机、气垫交通工具、自动变速装置、酚醛塑料、圆珠笔、催化裂化石油、玻璃纸、镀铬、宽银幕立体电影、摘棉机、回旋加速器、家用气体冷藏机、电沉积、电子显微镜、陀螺罗经、液体脂的硬化、直升机、胰岛素、喷气式发动机、柯达彩色胶片、磁带录音、莫尔顿自行车、青霉素、照相排版、宝利来一次成像照相机、汽车动力转向装置、速冻食品、收音机、猕因子溶血病的治疗、安全剃刀、自动手表、链霉素、苏尔泽织机、合成光偏振镜、钛、汪克尔发动机、静电复印术以及拉链等。

这一样本记载的发明中，由工业企业发明的有丙烯酸系纤维、玻璃纸胶带、氯丹与艾氏剂和狄氏剂、带材连续热轧、抗皱纤维、滴滴涕、柴油发电机车、杜科漆、浮法玻璃、荧光灯、氟利昂制冷剂、甲基丙烯酸酯聚合物、现代人工照明、氯丁橡胶、尼龙和贝纶、吹氧炼钢、聚乙烯、半合成青霉素、硅酮、合成洗涤剂、电视、涤纶、四乙基铅以及晶体管。 35

对其他一些小样本的调查分析，也得到大体相同的结论。汉堡（D. Hamberg）研究分析了 1946—1955 年的 27 项发明，发现其中有 12 项出自个体发明者[7]。对某些工业的调查，例如伊诺斯对炼油业的调查，发现很多重要的发明来自外界人士。但对另一些工业——诸如塑料工业的调查[8]却又说明，工业研究实验室在发明过程中作出了主要贡献。

缺少有力证据的一概而论是有害的，但我们从以上引用的例子的确可以看到，不少重要发明都是由外界人士实现的，甚至对于那些行业内部已在着手研究的项目亦是如此。例如，催化裂化石油、玻璃纸、电子显微镜、胰岛素、喷气式发动机、柯达彩色胶片、青霉素、照相排版、收音机、链霉素、苏尔泽织机、钛、汪克尔发动机以及静电复印术等，本来都是指望在工业研究实验室内实现的发明。不仅如此，以上发明中的大多数，还使得有关的工业研究实验室为很好地利用这些代表技术突破的发明而开展进一步的研究。下列重大进展是工业内部产生的发明：抗皱纤维、滴滴涕、浮法玻璃、尼龙、贝纶、聚乙烯、合成洗涤剂、电视以及晶体管等。不过，即使是研究力量最强的公司，其发明也远远不能自给自足。杜邦公司在 1920—1949 年采用的 25 项最重要的产品和工艺创新中，有 10 项是以杜邦公司全体职员的发明为基础的。7 项工艺创新中有 5 项是他们的成果，18 项新产品中他们搞成了 5 项。他们还与其他人合作搞了另一项发明[9]。

有组织的工业研究似乎对增加小创新的数量很有帮助，而对增加重大创新以及使工业在发明中自足均无明显作用。考察由工业所进行的研究和开发的结果表明，大多数项目是较短期的，并指望所搞的项目能在 5 年内收回成本[10]。这种考察还表明，相对来说，这些项目都不用承担技术上的风险。在曼斯菲尔德（E. Mansfield）调查的一个样本中[11]，技术上实现一个项目的平均概率大于 50 ∶ 50。同时，作为该样本的一部分，未能实现技术目标的大多数项目，都是由于商业原因而被迫放弃的。因此我们可以说，只有大约 1/4 的项目在技术上是失败的。所有公司都确信，只有那些比较安全、所需时间又短的项目，才能很快地收回研究和开发的投资。如果多数情况都是如此，那就可以说明为什么个体发明者在重大发明中继续起着重要作用了。

2.4 创新和产业结构

不论是竞争性的产业，还是少数制造商控制市场的产业，或是垄断性的产业，在该产业的结构与该产业中各公司对于创新的态度之间，都可能存在着一定的联系。20 世纪以来，经济学家们一直想弄清楚这种联系。由于某些原因，说明这种联系的证据依然缺乏说服力。一个最有影响的原因就是，产业结构只可能是影响创新速度的因素之一，创新的技术可能性则是主要因素之一（如 2.1 节所讨论的）。但实际情况甚至还要更复杂，因为产业结构可能受技术性质的很大影响。例如，如果某项技术需要极高的成本才能搞出新产品，那么成功的企业就可能成为能够统治市场甚至是垄断性的企业。反过来，如果产业结构的确压制了创新的积极性，则技术也可能受到产业结构的影响。具备鼓励创新结构的那些行业中的公司，将会在研究和开发上花更多的钱，从而加速技术的发展。

要恰当地估量产业集中程度很困难，有些大公司常常跨几个行业，要找出竞争性（如商人所注意到的）与可采用的措施之间的联系也很困难。因此，经济学家们的研究价值就受到更进一步的限制。“产业结构在多大程度上决定了创新的倾向”这一问题虽然没有很确切的答案，却有很多给人启迪的证据。

从这些证据里我们可以得出两个宽泛但推测性的结论。第一，竞争刺激了创新；第二，在很多行业中，最大的企业并不是最有成效的创新者，也不是在研究和开发上花钱最多者。以上说法成立的主要条

件包括：因为技术的性质所具有的影响，情况因行业而异；在同一行
37 业中，情况因时间而异。这种条件主要是与企业的规模而不是与竞争
相联系。最大企业的效率受到创新成本的影响，当成本高时（例如在
飞机工业和计算机工业中），大规模的企业有可能成为最有效的创新
者。原因很简单，因为只有这种企业才负担得起开发某种重要新产品
所需的费用。但是那种在很大程度上取决于技术因素的创新，所需的
成本是会随时间的推移而变化的，如同在飞机工业和计算机工业中业
已出现的情况。

人们可以预料，哪怕是几家公司之间的竞争，也会激励各企业为获得优于对手的产品或成本低于对手的工艺而努力，从而使自己获得一时的垄断权。享有这种垄断权的愿望，似乎是创新的主要动机。可以认为，垄断主义者不大有进行创新的动机，因为他们已经享有了垄断权，创新可能带来的益处就不大了。有好几个例子可以证明这一点，即竞争促进了创新。20世纪30年代，美国民用飞机的生产者与运营者之间的竞争，促进了当时技术的高速发展。在欧洲，由于没有竞争，因而基本上也没有技术进步。后来，英国人拥有了德哈维兰德飞机，美国人拥有了波音飞机，他们都急于打入客机市场，这种局面加速了喷气式客机的出现[12]。在电子工业中，也是由于激烈的竞争，尤其是美国国内激烈的竞争，加速了半导体设备的发展。倘若贝尔实验室能通过专利牢牢地控制住市场，就很难相信进展会有那么快。在最近30年里，竞争也促进了制药业的创新。美国从1941年前的独家垄断结构到战后多家共同统治市场的结构变化，加速了制铝工业中的发明和革新。两家新公司——凯泽公司和雷诺尔兹公司——进入制铝业后，都创造了与此前的垄断者阿尔科阿公司一样多的发明[13]。在计算机出现的初期，竞争相当激烈。IBM公司进入这一市场相对较迟，那时计算机已开始取代原有的办公机器[14]。

人们也许认为，集中程度比较高的产业比不集中的产业更富有创

新精神，然而统计学上的比较却说明事实并非如此——尽管这些比较的结果受到种种条件的限制。从统计学来看，创新的速度是无法直接度量的，我们很难将种种技术可能性的影响充分地引入计算中。而且通常使用的集中指数——行业销售中归属于4个、8个或20个最大企业的比例——并未考虑到新产品的潜在竞争，也未考虑到某一行业的统计学定义与企业看到的产品市场之间的微弱关系。 38

麦克劳林（W. R. Maclaurin）对1925—1950年美国的13项行业创新行为作了判断，并对1950年的垄断程度也作了判断。他对这两者进行比较时，避开了上述的某些困难，但又引出另一些问题。他发现按上述两个标准排列上述13项行业时，两个顺序并不吻合[15]。麦克劳林这种研究方法的明显弱点在于，它依靠主观判断来衡量创新行为和垄断权力，而使用不同衡量标准的其他研究也获得了大致相同的结论。谢勒（F. M. Scherer）用专利的数量作为创新行为的指标，用4家公司的集中指数作为集中的指标，结果发现并无证据说明创新行为随企业集中程度的增高而增加[16]。施蒂格勒（G. J. Stigler）用1899—1937年每单位产量所需劳动投入的减少，作为衡量这一时期技术进步的量度，发现在那些集中程度下降的行业内技术进步最快，而在整个这段时间里集中程度一直保持很高的那些行业内的进步却最慢[17]。然而，当艾伦（B. T. Allen）把调查范围延伸到1939—1964年这段时间时，却发现集中程度不同的行业的创新行为并没有显著差异[18]。专利的数量以及劳动生产率的增长，都不是技术进步的优良指标，却都产生了大致相同的结果，而且这些结果与麦克劳林的判断研究得出的结果相似，说明这些结果具有一定的可靠性。

在另一些研究中，以用于研究和开发或是雇用技术人员的开支，作为衡量创新行为的指标。但这些指标仅仅代表了创新的投入方面，所以用它们作指标甚至还不如用专利数量或用劳动生产率的增长作指标令人满意。这种研究的结果说明，研究强度随着产业集中度的升高而增大，但是当4个最大企业占了约一半的市场时，就达到了最大研究强度。集中度再升高，研究强度便开始下降。因此，能由少数几个公司支配市场的行业，似乎就是那些花得起最大本钱从事研究的行业。但是没有证据说明，这些行业一定会作出与开支相称的创新业绩来。

这些统计学研究并未得出集中度、创新率和研究强度之间的因果联系。这种联系微妙地包含于2.1节中描述的技术生命周期这一概念
39 中。20世纪以来，由于出现了与飞机、化学、电气、电子、炼油以及科学仪器等行业相关的技术，相对来说，技术变革似乎比较容易进行了，这主要是因为技术正处于易变的迅速发展阶段。1914年以前飞机工业发展很快，因为那时提高空气动力效率和改进结构效率无须花费太多。到了20世纪30年代初期，飞机技术再度迅速发展，因为这时引进了空气动力学方面更为复杂的改进，采用了金属结构以及效率较高的发动机。此后，直到40年代和50年代出现喷气式发动机和后掠翼这段时间里，技术进展的速度又慢了下来。以1976年的价格计算，生产一架新式飞机的成本，在1914年以前大约为5万—10万英镑，30年代初期上升到200万—300万英镑，到50年代又上升到3亿英镑。飞机体积增大是成本增加的原因之一。1914年以前的飞机只有2个座位，30年代初期有14个座位，50年代飞机座位增加到140个。但使飞机制造成本增加的主要因素，还是改进技术所需成本的日益增加。随着飞机制造技术日趋成熟，能用来提高效率的所有简单易行的方法已使用殆尽，设计师们觉得在技术上似乎已接近当时的极限。这种状况增加了检测的必要性，也增加了失败的风险。在这种情况下，要想获得较高的安全标准，就必须有全面彻底的检测手段，这就提高了生产一种新产品的成本。成本的增幅，反映了为安全地达到高性能所需进行的检测数量。

在其他行业内，也可以见到类似的现象。40年代和50年代比

在60年代和70年代更容易发现新的抗生素。早期电子计算机的研制成本比研制目前的计算机要低得多。20世纪头10年的伯顿热裂化工艺的开发成本，也许只是30年代霍德里催化裂化工艺开发成本的1/30。假如生产一种新产品或发明一种新工艺的成本很高，那么在一个行业里能生存下去的企业就很少。假如成本突然增加，能生存下去的企业会更少。高成本意味着几乎没有什么厂家能在某个市场获利，高昂的、不断上升的成本使得有些企业在产品失败后非停业不可。产业集中度将因此而提高，这种情况在飞机、计算机和电气工业中最为明显。

技术变革的高速度迫使企业花重金从事研究和开发，但它对集中度的影响却小于对生产新产品日益增高的成本的影响。在前一种情形 40
里，企业可通过限制产品范围来限制每年的总支出。一般来说，产品种类多的企业比起小企业来，能更好地利用对研究和开发的投资所产出的成果。不过，专门化也同样可以提高效率。获得一种产品的成本越低，进入该行业就越容易，风险也越小。1945年以来，一些新企业成功地跻身于电子工业和制药工业，飞机工业却未介入。

技术的性质可使那些能有效利用它的企业扩大规模。在某些行业内，大型企业的设备条件比小型企业的更好，从而有利于从事创新。在进展较快且对商业成功至关重要的技术正日趋成熟的行业内，这种情况尤为突出。与加尔布雷思（J. K. Galbraith）的观点[19]相反，大企业的优势不在于其一般比较适于进行创新，而在于某些时候——恰好就在近些时候形成了某些技术分支的特色。在进行根本性的创新方面，大企业也许确有某些不利因素：企业大了就需要组织，变革却会扰乱组织工作；创新要求从不确定性中作出决定，而这种决定最好是由熟悉一切可能得到的信息的一个或少数几个人作出。可是，大组织的领导者对员工们正在干什么的了解却不如小组织。在大组织中，个人之间的联系较为疏远，对创新项目投资的可能性较小，成功的动机可能也较弱。

作为开发者来说，小组织比大组织更有成效，因为在小组织内信息流通快，作出决断所需的信息依据充分，从而就能较快地作出决定，员工可以作为股东来分担财务上的义务。大企业在进行重要创新时也想效仿小企业，具体做法是建立子公司来从事创新。但这样做的结果似乎并不完全成功[20]。这也许是因为大企业没有足够的企业家，或者是因为那些子公司的负责人对母公司里的上司唯命是从。进行创新所需的巨大财政资源产生了一个管理上的问题，它触及最高管理部门的能力。美国的公司似乎最能有效地对付这个问题，飞机和核工业内的领导以其行为证明了这一点。

由于技术的性质，大公司主宰了某些行业的技术创新，尽管摊子
41 太大有着种种不利条件。统计学研究要么忽略了对技术依赖性很强的那些行业，要么就是包罗了所有的行业，因此研究结果不完全与本论题相关。曼斯菲尔德曾以美国的煤炭、石油、制药和钢铁工业为对象，研究企业的规模与其重大创新成果之间的关系。他发现在煤炭和石油工业中，最大的那些公司作出的创新比例大于其产量所占的比例，而在制药和钢铁工业中，大公司的创新成果所占的比例则比较小。在煤炭和石油工业中，最富创新成果的企业是规模居第 6 位的企业，在制药工业中是规模居第 10 位和第 12 位的企业，而在钢铁工业中竟是那些规模最小的企业[21]。所有这些行业中，从事一项重要创新的成本都没有超过多数公司所能担负的限度，因为甚至相对小的企业也比通常定义的小企业（在英国通常把雇员少于 200 人作为分界线）的规模大得多。

不管怎样定义，小企业作为创新者发挥着不同的作用。它们的重要性似乎再次取决于技术的特性，而不是其他任何因素。所以，只要创新所需的成本不是太高，小企业就可以作出很重要的贡献。在英国，自 1945 年以来，科学仪器行业、部分工程行业和造纸行业中的小企

业，在重要创新方面作出的贡献要大于产量方面的贡献。在电子、地毯、纺织、皮革、木材和家具以及建筑等行业的创新中，小企业也作了重要贡献。而在航天、化学、机动车辆、钢铁、玻璃、水泥、造船和制铝等行业的创新中，小企业的贡献就微乎其微了[22]。在以上许多行业中，没有哪种最终产品的生产者的雇员是少于 200 人的。在各行各业的所有创新项目中，小企业占了 10%，产量却占了 21%。《发明的源泉》(*The sources of invention*)一书所研究的发明样本中，各行业内较小企业所进行的创新比大企业要少得多，尽管许多大企业是依靠外界人士的思想取得成功的。

在小企业中，新企业又是最极端的实例。它们在技术灵活可变、成本低廉的情况下，充当着创新者的角色。不过，当遇到新技术时，新企业的作用就显得特别重要。在制造飞机、汽车、收音机这样一些新产品时，新企业起的作用最大。即使技术已趋成熟，小企业在上述诸行业的创新中也起不了多大作用。假如已有的产品中没有与这种新产品类似的产品，如果一件新产品已在某个企业外发明，那么一个新企业就会比已有企业更便于装备自己以生产这一新产品。在技术策略 42
和商业策略方面，新企业的员工需要抛掉的旧东西也会少一些，因而更容易采取适合于产品的新策略。为了获得新产品，也许还必须设计出新的生产方法，新企业的工作人员由于没什么可因循的，所以更容易做到这一点。新企业对管理新产品的责任心也会更强。

在 20 世纪的头 25 年里，新企业研制全新产品是常事，后来就变得反常了。除了飞机和收音机外，酚醛塑料、陀螺罗经、安全剃刀、自动手表和拉链都是 20 世纪初期新企业的创新成果。过去的 50 年内，圆珠笔、照相排版和莫尔顿自行车都是《发明的源泉》一书的发明样本中，由新企业创新成功的仅有的几个项目。在美国，从 1951 年到 1968 年，半导体工业中大约 30% 的重大创新项目是由小企业研制成功的[23]。可是在欧洲，新企业在半导体工业中一直没起过重要作用。新企业地位明显下降的原因，一是最适于它们取得成功的根本性创新的数量下降，二是大型国有公司日益增加的趋势导致产业结构日趋稳定，三是这些公司越来越希望自己的产品多样化，四是极高的个人所得税和个人财产税（尤其在英国）使一家制造新产品的新公司越来越难以冒亏损的风险。从美国的新公司在根本性创新（如半导体）中已起的作用来判断，上述第一个和最后一个原因可能是主要的。

有关技术与产业结构之间关系的证据远不是明晰的，只能说技术有着更偏重于上述原因方面的影响，技术的性质对产业结构性质的影响大于产业结构对技术的影响。认为高度集中的产业中的大型企业才是加速创新的有效工具的经济学家们，恐怕是本末倒置了。

2.5 政府的影响

20世纪前半叶，政府对创新的兴趣主要局限于武器，对工业创新的进展刚开始表现出兴趣，尤其是对那些能加强本国军事潜力的工
43 业创新。通过实施专利制度，政府对于商业上的创新具有很大的影响力。专利制度保护了创新者的利益，它对于个体的发明者、小企业或新企业最有价值。在20世纪初，专利制度可能比在近四五十年里影响更大。

两次世界大战增强了军方对技术的兴趣，也使政府更愿意将公共资金用于技术投资。技术本身的发展尽管没有立即应用于军事，影响同样是很重要的。要是没有飞机、火箭或核裂变，政府花费在武器上的经费会少一些。随着这些发明的日趋完善，政府发现它们很值得大力资助，因为它们是非常有价值的潜在武器。飞机发明后，将近10年内都没有得到军费资助。1914—1918年，军费主要用于加速发展那些已有的东西，而不是用于提高基本效率。在20年代以及30年代初期，主要由于商业上而不是军事上的原因，基本效率才得到了提

高，虽然它也受益于政府机构从事的背景研究以及政府对于空运本身的补贴。1939—1945年战争期间，军用飞机的创新主要归功于商业方面而不是军事上的资助。军事上的支持，尤其是对喷气式发动机的支持，对于加速飞机发动机的创新比对加速飞机本身的创新所起的作用更明显。喷气式发动机是一项没有得到政府基金赞助而研究成功的发明。火箭是由那些想将其发展成星际旅行交通工具的热心人开始研制的，但是他们负担不起研制费用，于是只好求助于军事资助。这样，火箭首先是作为武器，然后才发展成为空间旅行交通工具。核裂变在早期就置于军事监护之下，实际上从在实验室中发现核裂变后就开始了。为此制订的开发计划，开创了一种耗资巨大、有时发展迅速、至今一直得到政府资助的发展计划的先例。核裂变也为具有极大经济价值的核发电打下了基础。

军事对于技术的主要贡献是资金。没有这些资金，原子弹、氢弹及其运载火箭都不可能研制成功，核能带来的益处、太空旅行、喷气式客机等也可能会出现得更晚或者根本不会出现。无线电、电子学、冶金术、炸药以及军舰制造等其他技术都得到了某些军事资助。毫无疑问，这种资助加速了技术发展的进程。可是，多数技术加速发展的 44
经济效益却似乎一直很小，特别是若要考虑到许多工程师、科学家转而从事军工这一损失的话，就更谈不上什么经济效益了。如果用于技术的军费没有增加，那么军工研究和开发的总体规模以及从事研究和开发的总人数从1940年以来就会减少很多。不过从另一方面来看，要是没有军费，这些受雇于军事研究和开发的人就可能作出其他成绩来。军事研究和开发丧失了这种选择的益处，所以由此带来的任何经济所得，都要为其无法估量的损失所抵消。军事研究和开发取得的成就，是以经济损失为代价的。

政府对于非军事创新的直接支持，在1950年以前一直非常有限，因此这种支持对创新速度的影响必然很小。1950年以前，政府主要支持在政府实验室内进行的基础研究，以此为具有军事价值、战略意义或社会效益的那些行业的利益服务，航空、化学、无线电、医药和农业等行业都得到了某些支持。对创新影响最明显的例子，是美国国家航空顾问委员会和德国格丁根大学研究中心的研究工作。其他形式的政府研究无疑也有助于提高技术水平，尤其在农业产业中，由于每个企业本身规模较小，无法进行研究，所以政府研究提供的信息对于创新者是非常有用的。可是，政府对于创新的成本和水平的任何有益影响，却不可避免地或多或少被忽视了。

几个世纪以来，政府一直在利用专利带来的短期垄断权鼓励创新。1950 年以前，专利是政府采用的对创新最有影响的措施。可是，人们直到最近才有条不紊地考察了专利的种种影响。在目前的条件下，仅以专利对企业作出决策的影响而论，除了制药工业，专利对改变其他行业行为似乎并没有什么影响。在其他行业中，为顺利仿制所需的制造有关产品或实施有关工艺的知识太多，从而使仿制实际上很难进行。所以，要在一段时间内保持垄断地位，根本无须过多地强调专利保护。在制药工业中仿制比较容易，所以专利保护就很有价值，而且专利保护的存在，可能已经大大促进了制药工业内的研究和创新[24]。

专利对个体发明者或小企业的影响，与其对大公司的影响迥然不
45 同。没有法律上的专利保护，个体发明者将很难进一步开发其发明，也很难为其发明成果找到市场，除非他本人就有足够的资金从事开发和销售。专利保护了个体发明者，使他们的种种想法免遭同行剽窃，也增加了他们的赞助者渴望得到的潜在利益。小企业无力很快打开市场，需要从外界获得更多的赞助才能进行创新，他们同样能从专利保护制中获益。然而，并非所有出自个体发明者的创新都依赖于专利保护。在飞机工业中，专利从来就无关紧要。尽管莱特兄弟（Wright brothers）出售了他们的专利，专利购买者却吃了亏。专利对那个开创

时代的飞机研制没有什么影响。飞机工业的其他先驱者们很容易就发明了类似于莱特专利的方法。只有当发明飞机上某个明确规定的部件——例如机翼阻力板时，专利才有意义。飞机业的先驱者们大都能自行筹集工作所需的资金，所以他们不太需要把专利保护作为集资的手段。在任何情况下，设计一架飞机都是不可能取得专利的，因而通过改变设计而大大提高效率的重要收益就不受专利的影响。无线电的情况正好相反，专利对于马可尼（Marconi）和其他无线电先驱者的研制经费来源可能是至关重要的。例如，专利帮助马可尼在社会公众中集资以进行他的试验。

因此，专利对于个体发明者进行的重要创新来说，并不都是必不可少的。但在很多情况下，专利确实至关重要。没有专利保护制，几乎就不可能有以个体发明者的工作为基础的创新项目，创新的速度也会慢很多。20 世纪头 25 年的情况就很可能会大不相同，因为在这段时间里，大多数重要的发明家原来都是个体发明者。在近 50 年里，公司研究作用的增强减小了这种影响，但是个体发明者依然重要这一事实却表明，专利保护仍在提高创新的速度。

2.6 结论

创新是一个尚未被完全认识的过程，所以人们还无法确定影响 20 世纪创新速度和方向的因素。然而，我对已有证据的判断是，研究组织和行业管理组织工作的不断增加，不是改变而是调整了 1900 年以前曾影响过创新的各种因素。商人们要赢利、要发展的愿望与工程师和科学家要革新的愿望相结合，这是影响创新速度的根本因素。尽管 46
行业日益集中，企业之间的实际竞争或潜在竞争仍一直是影响创新的主要因素。大公司的影响更加强大，尤其是在那些由于技术的性质而使创新成本高昂的行业内。不过，它们的主导地位是出于技术的性质，而不是因为在创新中存在什么普遍的、由规模决定的经济制度。诸如战争及其导致的政府对军事技术的兴趣之类的外界因素，也未能根本改变这一局面。花费在研究和开发方面的钱多了，从事研究和开发的人也多了，但军事上的研究和开发带来的民用益处却很小。我们在20世纪中看到的变化，是以进化而不是以革命为特征的。

相关文献

[1] Schlaifer, Robert, and Heron, S. D. *Development of aircraft engines and fuels.* Division of Research, Graduate School of Business Administration, Harvard University. Cambridge, Mass.1950.

[2] Enos, J. L. *Petroleum progress and profits,* p.225. M. I. T. Press, Cambridge, Mass.1962.

[3] Enos, J. L*op. cit.*[2], p. 229.

[4] Langrish, J. *et al. Wealth from knowledge.* Macmillan, London.1972.

[5] *Economic concentration: Hearings before the Sub-committee on Anti-trust and Monopoly of the Committee on the Judiciary, U. S. Senate, Eighty-ninth Congress.* Part 3, p.1207. Evidence of D. Schon.

[6] Jewkes, J., Sawers, D., and Stillerman, R. *The sources of invention.* (2nd edn.) Macmillan, London.1968.

[7] Hamberg, D. *Research and development*. Random House, New York.1966.

[8] Freeman, C. The plastics industry. *National Institute Economic Review*, November 1963.

[9] Mueller, W. F. The origins of the basic inventions underlying du Pont's major product and process innovations, 1920–1950. In Nelson, R. R. (ed.) *The rate and direction of inventive activity.* Princeton University Press, Princeton, N. J. 1962.

[10] Nelson, R. R., Peck, M. J., and Kalachek, E. D.T*echnology, economic growth and public policy*. The Brookings Institution, Washington D.C.1967.

[11] Mansfield, E., Rapoport, J., Schnee, J., Wagner, S., and Hamburger, M. *Research and innovation in the modern corporation*. Norton, New York.1971.

[12] Miller, R. and Sawers, D.*The technical development of modern aviation.*Routledge and Kegan Paul, London.1968.

[13] Peck, M. J.*Competition in the aluminium industry, 1945–1958*, pp.201–4.Harvard University Press, Cambridge, Mass.1961.

[14] Jewkes, J., Sawers, D., and Stillerman, R. *op. cit.* [6].

[15] Maclaurin, W. R. Technological progress in some American industries.*American Economic Review*,44, 178,1954.

[16] Scherer, F. M. Firm size, market structure, opportunity and the output of patented inventions. *American Economic Review*, 55, 1097,1965.

[17] Stigler, G. J. Industrial organization and economic progress. In *The State of the social sciences* (ed. L. D. White). University of Chicago Press, Chicago.1956.

[18] Allen, B. T. Concentration and economic progress. *American Economic Review*, 59, 386,1969.

[19] Galbraith, J. K. *American capitalism.* Hamish Hamilton, London.1956.

[20] Caudle, P. G. The management of innovation and the maintenance of productive efficiency. In Bowe, C. (ed.) *Industrial efficiency and the role of government,* H. M. S. O., London.1977.

[21] Mansfield, E. *Industrial research and technological innovation—an econometric analysis.* Norton, New York, for the Cowles Foundation for Research in Economics at Yale University.1968.

[22] Freeman, C. *The economics of industrial innovation*. Penguin, Harmondsworth.1974.

[23] Tilton, J. E. *International diffusion of technology: The case of semi-conductors*. The Brookings Institution, Washington D.C.1971.

[24] Taylor, C. T., and Silberston, Z. A. *The economic impact of the patent system: A study of the British experience*. Cambridge University Press.1973.

参考书目

图书：

Allen, J. A. *Studies in innovation in the steel and chemical industries.* Manchester University Press, Manchester·1967.

Bright, A. A. *The electric lamp industry*. Macmillan, New York.1949.

Brooks, P. W. *The modern airliner.* Putnam, London.1961.

Enos, J. L. *Petroleum progress and profits*. M.I.T. Press, Cambridge, Mass.1962.

Freeman, C. *The economics of industrial innovation.* Penguin, Harmondsworth.1974.

Gibbs-Smith, C. H. *The invention of the aeroplane,* 1799—1909. Faber and Faber, London.1966.

Jewkes, J., Sawers, D., and Stillerman, R. *The sources of invention.* (2nd edn.). Macmillan, London.1968.

Maclaurin, W. R. *Invention and innovation in the radio industry*. Macmillan, New York.1949.

Mansfield, E. *The economics of technological change*. Norton, New York.1968.

Miller, R., and Sawers, D. *The technical development of modern aviation.* Routledge and Kegan Paul, London.1968.

Nelson, R. R. (ed.) *The rate and direction of inventive activity*. Princeton University Press, Princeton, N.J.1962.

Schlaifer, R., and Heron, S. D. *Development of aircraft engines and fuels*. Division of Research, Graduate School of Business Administration, Harvard University, Cambridge, Mass.1950.

Sturmey, S. G. *The economic development of radio*. Duckworth, London.1958.

文章：

Freeman, C., Young, A., and Fuller, J. K. The plastics industry: A comparative study of research and innovation. *National Institute Economic Review,* November 1963.

——,Harlow, C. J., and Fuller, J. K. Research and development in electronic capital goods. *National Institute Economic Review*, November 1965.

Kamien, M. I., and Schwartz, N. L. Market structure and innovation: A survey. *Journal of Economic Literature*, March 1975.

第3章 技术发展的经济学

F. R. 布拉德伯里（F. R. BRADBURY）

新发明本身并不足以引起技术进步，有无资金推广这些新发明一直是主要的因素。随着20世纪的到来，技术变得日趋复杂，用于开发技术的资金急剧增长，经济因素也相应地变得更为重要。本章将概括探讨20世纪前半叶技术变革的经济学、技术创新的资金筹集及各类公司的成长。正如这几卷所表明的那样，技术变革在范围和性质上的变化是如此之广，以至在财经方面的一般介绍中无法涉及许多重要的细节。因此，本章的目的旨在展示某些影响技术变革和受技术变革影响的因素，并大致描绘出技术及技术变革的相互作用和能动的复杂性，其中技术及技术变革仅是一个方面，尽管是一个重要方面。 48

3.1 总体状况

这部《技术史》新增加的两卷所涉及的时期，即20世纪前半叶，恰是技术突飞猛进的时期。这一点在德里（T. K. Derry）和威廉斯（Trevor I. Williams）所著的《技术简史》（*A Short History of Technology*）[1]所提供的创新日程表中显而易见。综观20世纪前半叶的技术发展便可发现，技术不仅长足进步，而且在国与国之间的分布极不均衡。技术领导地位由一个国家转向另一个国家，一个时期是英国，一个时期是德国，而当代则主要由美国起领导作用，最近一个时期，日本的技术则以惊人的速度发展。

此外，世界各类工业的发展也是不均衡的，时而煤炭、钢铁及铁路，时而电气工业，时而聚合物和塑料，时而电子工业及通信。一个
49 时期的主导工业，在下一个时期则可能落后于其他行业。某一特定时期和特定地点决定技术进步的因素是复杂的，我们不能期望在这里能简单地说清楚。有关创新源泉的问题在其他章节（第 2 章）中已进行了论述，但是我们要提一下熊彼特（J. Schumpeter）和施莫克勒（J. Schmookler）对这个问题的见解。在熊彼特看来，发明——潜在有用技术的发现——是工业创新者从其工作系统以外吸收和加以应用的外在物，它出现于工业和工业控制以外，但又为工业所利用[2]。相比之下，施莫克勒则认为，技术发展和技术投资时期唤起了那些符合工业需求和机遇的发明[3]。从这点来看，经济力量和社会势力会在许多可选择的发明中，选出那些被认为能够满足当时工业需要的发明，舍弃那些被认定不能满足需要的发明，从而决定新技术发展的模式。施莫克勒的看法得到了其著作中有关专利和工业投资的大量实际资料的支持，它在某种程度上有助于说明在某些特定时期，工业发展和创新如何聚集于某些特定的国家，而不是在全球均衡分布。简而言之，迅速的、日益增长的技术开发和技术投资能促成技术的进一步发展。

本主题在文献中虽然叙述不多，但十分重要。如果我们能信步由我们的时代进入 20 世纪 70 年代，在诸如“经济合作与发展组织”（OECD）及“联合国”（UN）之类的国际论坛上，我们会发现许多有关欠发达国家（LDCs）技术发展问题的争论。全世界欠发达国家的政府正力图通过技术输入来发展本国的技术。如果技术如何产生技术的问题能为人们更好地理解的话，欠发达国家政府的任务和战略或许会变得更容易实施些。帕克（W. Parker）在其 1961 年的著作中评论了技术发展史，他对这一问题的提法颇易引起争论。他写道：

西方思想、大众情趣及技术的传播速度，一直强烈地受到这些社会传播技术发展的影响，但文化特性及知识通过该社会传播网络传播的方向，则是一个深刻而令人困惑的问题。知识由什么组成？为什么它是由欧洲而不是由亚洲或非洲传入？为什么欧洲人所带来的东西总是好的、具有渗透力的？为什么当地的文化在欧洲事务面前显得那么脆弱？所有这些都无法用以文化为条件的人性因素来说明。正如7世 50
纪和8世纪的伊斯兰教一样，西方思想也间或依靠武力才得以推广。在大众传播技术出现之前，最常用的方法是通过改变维护当时社会秩序的上层小集团。如果用这种革命方式推翻旧社会，那么对新一代的教育便足以从根本上改变旧社会的性质。但是，西方思想的传播不完全是靠权力加洗脑来完成的，而是以人性的某些普遍特性为出发点。科学思想及随之而来的技术，甚至产品价值、企业和节省人类劳动的奇妙结合，对人性的普遍特性有着不可阻挡的吸引力[4]。

人们自然会问，为什么如此看重技术发展？为什么当今“技术转移”在联合国是如此重大的政治议题？经济学家对这类问题的回答通常是一致的。技术水平决定了生产、劳动力、资本及材料因素的消费。技术上的改进能提高生产效率。因此，从经济学上来说是受欢迎的。本章将用大量篇幅来解释技术与经济的相互作用，这种作用促进了采纳改进的技术。技术发展的价值在于它能够改善满足人类需要的资源利用方式。经济学家认为创新大有选择的余地，先进的、不断进步的创新会带来很高的资源转化率。

技术发展对工业组织的影响也将加以探讨。我们已经注意到技术是如何产生技术的。果真是技术发展引起了生产资源的集中（即产生了大公司和企业）吗？幸运得很，我们拥有关于影响工业集中因素的研究成果，这些研究主要是由贝恩（Joe S. Bain）完成的。关于这一点在后面将详加论述，不过在这里可以指出，技术发展是一个有利于产生集中的因素。然而，还有一些其他促进和阻碍产生集中的因素。当然不能说，技术进步必然导致生产集中。

技术发展中谈论较多的一个集中话题是提供资源来资助重大的创新。我们将提供一些数字，来说明诸如石油催化裂化以生产石化产品或核能这样一些重大技术开发所需要的巨额投资。例如，加尔布雷思（J. K. Galbraith）指出，只有大企业才能积聚在重大创新期间维持巨
51 额负现金流所需的流动资金。不可否认，这种冒险事业远非小公司力所能及，有时一些大公司也是无能为力的。这就导致政府为一些重大技术的发展提供资助，在这种情况下，资源的需求量往往超出了私营工业的能力。当这些大规模的技术创新超越了正常的市场能力范围时，其投资决策便成为政治决策，从资源的低效使用中筛选出资源的高效使用，也就超越了市场范围。投资评估被成本—效益分析所取代，其结果可能有利于政治却不利于经济。这种现象在1950年以后的一段时间最为明显，因此我们不再进一步追述。

关于技术发展的经济学要谈的最后一个一般性问题是技术主题本身。人们——或许特别是技术史的读者们——趋向于把技术看作机器、工厂或生产系统的集合体。事实上，技术不仅是这种集合体，而且是工作方式，即包括人和硬件参与的生产过程的全部作业。因为技术包括人及其工作方式（第5章），因此把技术看作历史发展的原动力或原因是不明智的。虽然人们可以确定技术界标或里程碑，也可以描述任一现行生产技术（如尼龙衫的制造），但这种技术并非一个独立体，而是许多事物的结合体，包括机器、材料、人和劳动组织。因此，当我们写技术变革的经济学时，我们确实试图描绘工作方式变化的经济方面，特别是关于由资金投入到产品的转换过程中所达到的有效程度。显而易见，上述意义的技术对许多因素都很敏感，不仅对社会因素，也对经济和政治因素敏感。在编写技术变革经济学的过程中，我们也许正在尝试一项有趣而尚不知其结果是否有用的任务，犹如要找出精致织

物中的一根纱线的踪迹。然而，其他研究者们正在寻求揭示其他纱线的来龙去脉，我们也期望通过集体的努力来彰显出一个条理清晰的模式。

3.2 技术的种类及范围

技术变革的种类，见由伊诺斯（J. L. Enos）制定[5]、曼斯菲尔德（E. Mansfield）[6]重新制定的表 3.1。该表列有 46 种产品和工艺的重要创新以及发明和创新之间估计的时间间隔。在后面，我们将会讨论**发明**和**创新**这两个词，这里只简单地谈谈从雷达到家用拉链的创新的 52
种类、酝酿年代及其复杂性。

表 3.1 发明和创新之间估计的时间间隔（选列部分工业）

发明	时间间隔（年）	发明	时间间隔（年）
碳氢化合物的加热加压蒸馏		蒸汽机［瓦特（Watt）］	11
［伯顿（Burton）］	24	圆珠笔	6
粗柴油的加热加压蒸馏（伯顿）	3	滴滴涕	3
连续裂化［霍梅斯—曼利		电沉析	25
（Holmes Manley）］	11	氟利昂制冷剂	1
连续裂化［杜布斯（Dubbs）］	13	陀螺罗经	56
“净化循环”（杜布斯）	3	脂肪硬化	8
管罐裂化法	13	喷气式发动机	14
交叉法	5	涡轮喷气式发动机	10
霍德里催化裂化	9	密纹唱片	3
流态床催化裂化	13	电磁录音	5
催化裂化（移动床）	8	普列克斯玻璃，有机玻璃	3
触媒粒的气体提升	13	尼龙	11
安全剃刀	9	摘棉机	53
荧光灯	79	抗皱织品	14
电视	22	动力转向装置	6

（续表）

发明	时间间隔（年）	发明	时间间隔（年）
无线电报	8	雷达	13
无线电话	8	自动手表	6
三极真空管	7	壳型铸造	3
无线电（振荡器）	8	链霉素	5
珍妮纺纱机	5	涤纶，的确良	12
水力纺纱机	6	钛的还原	7
走锭细纱机	4	静电印刷术	13
蒸汽机［纽科门（Newcomen）］	6	拉链	27

资料来源：伊诺斯[5]和曼斯菲尔德[6]。

研究技术变革问题的另一种方法，是根据技术新颖性和起源来进行的。吉本斯（M. Gibbons）和约翰斯顿（R. D. Johnston）[7]对随机选择的一组英国重大的产品创新进行了分析。他们的分类表明，其中只有18%是新的，其技术改革由英国的公司来完成。这表明了技术的国际性，同时也说明某一特定地区的许多新事物并不一定含有什么技术新颖性。

人们还可以根据技术变革的技术性质来分类。弗里曼（C. Freeman）[8]就曾根据产品、工艺、能量及材料来介绍创新。我们还可以补充另一类目——通信，这也可列入他的多元体系。技术变革的经济学分类法可区分出不体现与体现在资本上的创新（表明可能应用的新技术是否一定体现于新工厂和设备上），区分出开发成本占生产成本比率高的创新，以及引进成本高的创新等。

53

值得注意的是，人们常把技术与工业混淆。我们可把工业定义为主要从事相同或相近业务的一些企业，然而在同一工业中又有多种技术。以纺织工业为例，表3.1中所列的重大产品创新和工艺创新至少有6种得到了使用，更不用说其他工业，如化学工业、机械工业、电子工业等所使用的大量创新了。然而，我们拥有的有关技术发展的经济学及资金筹集的信息，自然是以工业为基础的，而且是针对各类工业的，各类工业又混杂了各自的多种技术。因此，我们必须考察各企业的技术及成长。

3.3　产业结构

20世纪前半期，事实上包括在此以前的一段时期，工业化国家中的产业集中发生了巨大的变化。例如厄顿（M. A. Utton）就曾介绍过英国的产业集中程度[9]。利用伊夫利（R. Evely）和利特尔（I. M. D. Little）所做的研究[10]，厄顿将220种产业的集中指数归纳为表3.2所示的16大类。各大类的相对集中程度用雇工和净产量的平均集中水平来表示。厄顿在表中使用的集中水平是用下面的方法求得的：将220种产业按产业集中比（三四家最大的公司在总雇工量或总净产量中的百分比）分为16大类，并用雇工数加权各个产业的集中度比率得出平均雇工集中度，或用净产量得出平均净产量集中度。厄顿曾这样写道："一般来说，资本要求最大的产业部门也正是产业集中最大的部门，例如化学及其有关行业，电气工程及电气产品，车辆及钢铁和有色金属。另一方面，通常与小公司有关的部门，例如棉、毛及精纺毛线、服装与鞋类，以及建筑和承包业的集中度都偏低。"

表3.2　各产业群的雇工集中度和净产量集中度 54

产业大类	产业数	平均集中水平	
		雇工（%）	净产量（%）
化学及有关行业	16	51	46
电气工程及电气产品	8	48	46
车辆	8	41	44
钢铁及有色金属	15	39	40
烟酒	7	36	4

（续表）

产业大类	产业数	平均集中水平	
		雇工（%）	净产量（%）
采矿、采石及矿产品	21	35	41
造船及非电气工程	20	31	32
食品	18	30	35
其他金属工业	27	29	32
其他纺织业	18	27	36
纸张及印刷	10	21	24
棉花	3	21	18
其他制造业及服务业	23	20	23
毛料及精纺毛料	6	18	18
服装及鞋类	17	14	12
建筑、承包及土木工程	3	12	11
总计	220	29	33

资料来源：伊夫利和利特尔[10]及厄顿[9]。

厄顿比较了英国和美国的产业集中度在某段时间的变化。他观察到直到 1950 年，两国的趋势相似，总是趋向于增长的，在第二次世界大战期间和紧接战后的时间里有些倒退。然而，自 1951 年以来，英国制造产业的市场集中度与美国的不同，呈明显增长趋势，而在美国则保持稳定。

关于产业集中度的文献很多，较重要的是贝恩的《产业组织》（*Industrial organization*）。我们可以引用贝恩对美国情况的分析来说明技术与产业集中度的关系。为方便起见，贝恩确定了三个阶段：1870 年到 1905 年，1905 年到 1935 年，1935 年到 20 世纪 60 年代初期。其结果是 1905 年前制造业迅速集中，1905 年到 1935 年服务业的集中更为显著，随后出现了最近一段时间不太明显的增长（从厄顿的分

55 析可以发现，1950 年以来英国的产业集中比美国的要快些）。

贝恩认为，促进和妨碍产业集中的力量有以下几种：

（1）技术因素。技术进步（如化学工业的连续生产工程）促使产业集中，从而有可能得益于由此造成的规模经济。

（2）市场促销。有效地打开销路的方法是有大的市场，而这又会导致更大的产业集团的产生。贝恩指出，这种动力会超越技术动力，从而导致更大程度的产业集中，它比仅仅利用技术进步所需要的集中度更高。

（3）控制市场和减少竞争的推动力——贝恩术语中的“垄断因素”。

（4）通过获取战略物资，如重要原材料的供应，来为新的竞争者制造障碍。

（5）财政措施，如今可称为积聚的形成或资产的剥夺。

（6）妨碍产业集中的力量包括反托拉斯立法、保持经营主权的欲望和市场的扩大（有助于想要进入市场的竞争者）。

上述各种力量的相对实力会因时期、因国家而异。

在研究如何根据上述因素来分析贝恩的三个时期的事件之前，我们应该对所研究的这段时间中某些技术开发所需的资源量做一评估。

3.4 创新的资金

弗里曼分析了石油工业开发裂化方法过程中估计所花费的时间和资金。表 3.3 取自伊诺斯的著作[11]。可以看出，其中有些已经包括在表 3.1 的 46 项发明中。

这一方法所涉及的金额庞大，因为从早期开发到成功应用之间的时间很长。正如弗里曼所说，对催化裂化的描述揭示了一项重大技术开发所需的巨额成本[8]。一位富有的法国工程师霍德里（E. J.

表 3.3 开发新裂化法耗费的时间和资金估计

方法	新工艺的开发		对新工艺的重大改进		总计	
	时间	估计成本（千美元）	时间	估计成本（千美元）	时间	估计成本（千美元）
伯顿法	1909—1913	92	1914—1917	144	1909—1917	236
杜布斯法	1917—1922	6000	1923—1931	>1000	1909—1931	>7000
管罐法	1918—1923	600	1924—1931	2612	1913—1931	3487
霍德里法	1925—1936	11000	1937—1942	无数据	1923—1942	>11000
流态床法	1938—1941	15000	1942—1952	>15000	1928—1952	>30000
流态床催化裂化及霍德里流程	1935—1943	1150	1944—1950	3850	1935—1950	5000

资料来源：伊诺斯[11]和弗里曼[8]。

表 3.4 乙烯生产能力对生产成本的影响（1963 年）

生产成本（千英镑）	生产能力及产量（千吨）		
	50	100	300
投资			
电池限制器工厂	2200	3100	5400
非厂区设施	650	900	1600
总计（周转资本除外）	2850	4000	7000
每年的流通费			
净原料	250	500	1500
化学药剂	50	100	300
公用事业	300	600	1800
操作工人及监督	50	50	50
维修（按电池限制器工厂成本的 4% 计）	90	125	215
日常开支（按工厂成本的 4% 计）	90	125	215
折旧	250	355	620
总计	1080	1855	4700
每吨乙烯的流通费	21.6	18.6	15.7

资料来源：弗里曼[8]。

Houdry），在太阳石油公司和索康尼真空油公司资助了 400 万美元后，还花费了自己的 300 万美元，他的一项工艺开发才得以成功。霍德里的成功促进了包括凯洛格公司、法本公司、印第安纳标准油公司、泽西标准油公司、壳牌石油公司、英国石油公司、德士古石油公司及 O. U. P. 公司在内的催化研究协会的齐心合作。他们花费 3000 万美元后，终于开发成功一种改进了的催化裂化方法（流态床法）。

裂化法的发明过程不仅说明技术开发需要大量的资金，而且也展示了许多公司合力解决一些重大开发问题的途径。应当指出，催化研究协会不是一个成员公司的企业合并体，而是一个协调研究和开发的机构。这是一个显示如何分摊研究和开发费用、如何分享成果的案例。通过分析可知，部分靠合作费（泽西标准油公司所摊的合作费高于 3000 万美元，开发成功 14 年后才收回），部分靠采用新技术才成为可能的规模经济。第一套杜布斯裂化器的日产量为 500 桶（1925 年），而 1956 年流态床的日产量达 10 万桶。规模经济对生产成本的影响可以从表 3.4 清楚看出，随着规模的增大，生产成本急剧下降，不过所需的投资很大。正如贝恩所说，规模经济的吸引力以及为此所需的巨额投资，都是促使将工业集中到几个大公司的力量。

3.5　产业集中速度随时间的变化

让我们重新回到贝恩对美国从 1870 年到 1905 年、1905 年到 1935 年以及 1935 年以后三个时期的分析上来。下述两个谬论已被摒弃：（1）产业集中度在持续增长；（2）技术及销售规模的影响已足以说明产业集中的原因。

按贝恩的分析，美国在第一个时期发生了巨大的技术变革：雷明顿（Remington）的打字机、贝尔（Bell）的电话、爱迪生（Edison）的留声机、碳灯丝、卡内基（Carnegie）的第一座炼钢炉、尼亚加拉瀑布的水电设备、柯达（Eastman Kodak）照相机、诺思罗普（Northrop）

的自动织机、第一条干线上的电气火车、福特（Ford）的汽车及莱特（Orville Wright）的动力飞机。有关上述创新及这个时期的其他创新的年表，见德里和威廉斯的《技术简史》[1]。机械装置和批量生产大大提高了工厂最小的竞争规模。通过合并来扩大工厂，在某种程度上可以避免生产力过剩的现象。合并是扩大工厂规模而不致形成过
58 剩生产力的一种手段。至于个别工厂的扩大导致的过剩生产力，也会加快驱动人们有效地控制市场。其他技术的发展，例如铁路业的发展，也通过开辟更大的市场区域加剧了竞争，并进一步促进了垄断的发展。

1905年到1935年间，制造业规模迅速扩展的势头有所减缓，一方面是因为大规模的需求在很大程度上得到了满足，另一方面是因为限制性立法，主要是《谢尔曼法案》，比前一时期更为坚定地得以严格执行。但与制造业相比，服务业却更为集中。在制造业的早期集中阶段，技术开发（如电力的生产及分配）曾刺激其朝集中的方向发展。按贝恩记载，公共事业的集中比制造业的集中更进一步，一个因素是公共事业受公共权力机构控制，因而受反托拉斯立法的影响不大。

在1935年以后这段时期，美国似乎是处于大致平衡的态势，法律上的限制和市场的扩大牵制了赞成集中的力量。

在总结这一节时，我们注意到技术开发是促使产业合并和集中的力量，但与此相反的力量限制了集中的扩大，结果是在第三个时期的末期，美国在这方面的情况大致处于平衡状态，产业集中没有什么进一步的变化。我们观察到有关力量的平衡，而且是否会出现产业集中不仅取决于技术开发的状态，还取决于市场的扩大，取决于反垄断立法及一些强度因地因时而异的其他因素。在这方面，我们还想提一提厄顿的观点，他认为在1950年以后这段时间，英国产业集中的进度要快于美国。

作为一种反产业集中的力量，市场明显扩大的作用是不可低估的。

如果由于产业中缺乏技术开发以致产量下降或供应得不到补充，那么其成本可能上升，公司会衰落，随后便会出现产业集中［博伊尔（S. E. Boyle）］[12]。如果我们接受这一观点，那就是说，技术开发既能通过提供开发规模效益的机会，在产业发展的情况下促进产业集中，又能引起公司衰退，使之合并或倒闭，在产业没有发展的情况下促使产业集中。当我们研究没落技术被取代的机制时，这一看来显然不合逻辑的现象将得到解释。 59

对产业集中倾向的一个反作用力是经济民族主义。有趣的是，经济民族主义在一定程度上塑造了我们时代的英国化学企业——帝国化学工业公司（I. C. I.）。我们有幸得到两卷受帝国化学工业公司委托，由里德（W. J. Reader）执笔的该公司的发展史[13]。帝国化学工业公司的形成是麦高恩（Harry McGowan）与艾尔弗雷德·蒙德（Alfred Mond）著名的跨大西洋谈判并签订协议的结果。里德对该公司1926年成立的分析是阐明产业集中的一个案例研究，而且详尽证明了贝恩确认的那些促使产业集中的主要因素。1926年布伦纳·蒙德公司、诺贝尔工业公司、联合碱业公司及英国染料公司合并后，才组成了帝国化学工业公司。技术对扩大投资的要求显然是导致合并的一个因素。诺贝尔工业公司当时拥有大量的现金资源和债券资源，但缺乏投资机会，而布伦纳·蒙德在比灵赫姆有一氨气工程项目，但缺乏扩大所需要的资金，合并的结果是诺贝尔工业公司的资金用作化肥厂的投资。

从本质来看，合并具有防卫性。1925年秋，在德国很有影响力的法本公司的成立对帝国化学工业公司的合并过程起了催化作用。在德国化学工业持续集中的过程中，最终产生了一个联合体，按美国标准它算是大型的，按英国标准算是巨型的。此外，德国的经营模式属于那种野心勃勃向海外销售的模式。帝国化学工业公司与法本公司在谈判中，试图交换技术资料和分享市场。里德在对这次谈判的论述中有这样一段话，生动地说明了贝恩的主要论点。他说："帝国化学工业公司接受了利润共享的想法，把'避免经济浪费、避免仿建工厂、避免资本支出及协议双方的竞争'——这是蒙德所衷心赞成的合理信条——奉为指导方针。"

帝国化学工业公司的建立也受到麦高恩和蒙德两位奠基人的帝国主义思维方式的推动，而他们的思维方式又以崇高且有时热烈的语调表达出来。里德引用蒙德的话说："日益明显的是，为了更有效地使用资源，现代工业的趋势是向更大企业、更大规模的协作方向发展……
60 但这个过程……又进一步导致一系列的经济后果。主要后果之一是各行业间相互关系的产生，这势必影响国家经济政策。"麦高恩则说得更为简明，或者可以说更富有野心。1926 年 12 月，他对杜邦公司的一位代表说："帝国化学工业公司的成立只是合理处理世界化学制造业全盘计划的第一步。"1926 年 11 月，他们联名写信给贸易委员会主席说："我们在形象上是帝国，在名义上也是帝国。"并且两人屡次声明，他们的目的是让英国领土上化学工业的发展掌握在英国人手中。

我们转而研究与上述有关的经济民族主义的反作用时发现，这场合并在一开始便意识到海外制造业的重要性。里德有这样一段话：

（这场合并的）另一主要方面是海外制造业。布伦纳·蒙德从来都没有停止过对海外的工作。帝国化学工业公司的海外公司主要是诺贝尔家族在世界上的三个主要矿业国——加拿大、南非、澳大利亚——建立的生产炸药的公司。这些公司都代表了对自治领的经济民族主义的回应，各自治领都急于发展本国的工业，以取代进口，而且每个公司都有当地的合作者。此外，尽管这些公司当初都是生产炸药的公司，但都正以帝国化学工业公司的模式，发展为本国的多种经营的企业，以便像帝国化学工业公司在大不列颠那样，在本国的化学工业发展中占据主导地位。这些公司是帝国化学工业公司海外发展政策的主要工具。因为人们普遍认为，将来即使在帝国的领土上，英国的进口物资将日益被拒诸门外以发展当地制造业，而英国的海外利益得以发展的唯一途径是与当地投资者合资建立制造企业，并雇用当地的劳动力。

这一评论的意义是与一定的历史时期分不开的。今天（见下文）对当地制造业的需求及技术（而不是技术产品）的输入是一个主要的政治论题，即所谓的“技术转移”，这在1926年帝国化学工业公司的创建人看来，必定是一种很先进的思想。

有关经济学家对当代技术—经济舞台上的经济民族主义的评论，请参阅林德贝克（A. Lindbeck）的文献[14]。

本章的讨论目标是经济学及技术发展，而不是政治因素，政治因素将在其他章节讨论。然而必须看到的是，我们从经济学观点讨论的产业结构，特别是上面所提到的经济民族主义受到战争和战争准备的深远影响。里德著述的帝国化学工业公司史及哈伯（L. F. Haber）的《1900—1930年的化学工业》（*The Chemical industry 1900–1930*）[15]都是研究技术发展这一方面问题的有价值的参考书。无疑，国家的紧急事态会加速创新。对此，里德阐述得很清楚： 61

在公司的发展细目中，全是些用于战争的材料。特别是如果因封锁而切断诸如橡胶、羊毛、棉花或石油之类的天然材料的供应时，更是如此。人们注意到，在英格兰对德国的代用材料报以无知的嘲笑，把这些材料视为德国经济策略软弱的证据。即便帝国化学工业公司的部分高层领导，也难以理解这些代用材料是现代化学工业，特别是有机化学领域最先进的生产实践所特有的，其开发预示了化学工业朝着20世纪50年代和60年代前进的发展方向。

英国工业力量的兴盛和衰落是技术发展经济学的一个重要侧面，其兴盛发生在我们的时代以前，其衰落则贯穿了我们的整个时代。关于英国工业地位下降的原因有许多论述和看法。我们引用邓宁（J. H. Dunning）和托马斯（C. J. Thomas）的分析[16]。这两位作者在研究了1914年英国工业的状况，并与其他地方有竞争能力的工业相比后，分析出英国的工业有以下弱点：

（1）英国过去擅长制作的产品现在却由其原来的用户向它供应了，而它在新产品和新工艺方面的技术能力又落后于德国和美国。

（2）其经济在产量和市场方面过分专门化，采煤、钢铁及纺织业居主导地位。

（3）即使在主要工业方面，英国的技术也是落后的。

（4）英国工业的发明赶不上竞争的需要。

（5）英国沉醉于放任政策和无限制的竞争，美国和德国则偏重于生产集中（英国的工业在后期也集中了）。

（6）政府通过立法来限制商人，例如《专利法》。

（7）英国高度的繁荣状态使企业丧失了竞争的动力。

（8）以本国的资本形成为代价来向自治领和其他地方输出资本。

以上最后一点再次引起有关经济民族主义和技术转移这一议题。尽管帝国化学工业公司的创始人热心于向自治领输出英国的化学工业技术，但也有一些说客力图限制由发达国家向其他国家的技术转移，其理由是这会削弱本国的经济。然而，在技术转移是否会有损于转移国这个问题上，并未达成共识。

3.6 研发费用和工业增长

我们从上面已经看到，在从发明、创新到有利应用的过程中，为保证重大技术开发，需要多么巨大的资金。这个因素本身就可能成为未来公司规模的决定因素。弗里曼说明了在技术迅速发展的过程中，一个工业为了生存需要最低限度的研发资金[17]。没有这种资金，公司就不能迅速对竞争性开发作出反应，其结果可能是倒闭。

据弗里曼估计，维持机床控制系统所需要的研发费用为30万—60万英镑。一台小型电子计算机的研发费用可达100万—200万英镑。如果这些研发费分摊到3年中，并假设约为销售额的2%，那么发明机床控制装置的公司的最小销售额必须达到500万—1000万英镑，而计算机革新者则要求有1700万—3300万英镑。进一步说，250万英镑的销售额需要1500个劳动力，因此机床控制系统的研发费对少于3000人的公司来说是承担不起的，而承担研发计算机的公司，则不得少于1万人[18]。

研发费与销售额之比是最常用的衡量工业研究与开发水平的一个标志，在本文中规定为2%。研发费和销售额之比，在各类工业间差别很大。例如在表3.5中，曼斯菲尔德[6]估计，1955年制药业的研发费与销售额的比为5.92%，而炼钢工业则仅为0.75%。

这种研发费与销售额之比的变化应当反映了不同工业对研发费用的期望，而这又必然在很大程度上取决于当时工业所经历的技术变革的速度。弗里曼[19]对该问题作了如下阐述：

广义地说，科学技术的基本发现决定了哪些研究和开发领域可能取得富有成效的成果。新产品和新技术在这些领域的发展刺激了需求，从而为产量的增长提供了基础。加之，研究将倾向于集中在生产资料制造业中，因为它实质上是通过改进生产资料——机器和材料，来求得技术进步。而且，在产品需求量急剧增长并对其优质产品有稳定压力的领域，公司或行业更愿意从事研究工作。 63

由此出发，弗里曼继续以英国为例来阐明科研上的投资将会促进工业迅速发展这一观点。

产业对研究和开发投资是期望能发明出新产品和新的生产方法，

在此期间产业和政府的资源分配也表现出这一显著特征。所投入的资金量因产业和时间的不同而有很大差异。由于曼斯菲尔德的调查研究[6]，我们掌握了美国一些产业在我们所研究的这一时期后期的研发费（作为营业收入的百分比）的资料及对后来几年的预测。表 3.5 是曼斯菲尔德所提供的详表中的一小部分资料。

表 3.5　研发费占销售额的百分比

产业	1945 年研发费（销售量的百分比）	标准差	1955 年的研发费（销售量的百分比）	标准差
化学	2.38	0.92	3.32	0.91
石油	0.558	0.24	0.686	0.238
制药	3.58	1.58	5.92	1.26
钢	0.302	0.096	0.75	0.395
玻璃	1.11	0.45	2.26	0.47

资料来源：曼斯菲尔德[6]。

曼斯菲尔德根据他所收集的资料得出三个结论：第一，在这段时期研发费大大地增加了；第二，不仅产业之间的研发费相差很大，就是在一个产业内部各公司间的差别也很大（标准差很高）；第三，在这段时期研发费支出的差异缩小（标准差的增长滞后于平均值的增长）。

在同一著作的另一部分中，曼斯菲尔德提出了一个生产函数概念，说明该公司的产量与劳动力及资本投入之间的关系。资本投入包括了研发费、研发投资的年“贬值”率、公司若停止支出研发费而出现的技术变革速率的变化，以及与以往累积支付的研发费有关的产量的伸缩性。

64 曼斯菲尔德的论据太长、太复杂，不便在这里重新引用，但其研究结果是有重大意义的。不过，必须重申他的告诫，应该相当谨慎地对待这些研究结果。尽管如此，他的著作是有益的研究，至少是实现了他自己的愿望：“在大庭广众下大声诅咒了黑暗后，我的目的是激起对（工业研究和开发回报估价）问题的讨论，并燃起几支蜡烛，尽管它们的亮度是有限的。”[6]

对研发投资回报的另一项研究是由弗里曼所做的。在阐述了表现为新产品和新生产技术的研究成果是经济增长的重要部分之后，弗里曼进而介绍了美国和英国的研发费与工业增长的关系[19]。该文写于1962年，阐述的是1935年到1958年这段时间的工业增长和1958年的研发费（与最终产量之比）之间的关系。用一条直线拟合那些分散的数据点，从中可以发现英国和美国的数据变化相近，表明在这两个国家工业增长与研发费呈明显正相关。弗里曼的分析同样揭示了各行业间研发费的不均衡性。在他的样本中，有9/10的工业研发费用于生产资料和化学药剂，尽管这些行业雇用的劳动力不到总工业劳动力的一半。

研究“工业研发费用”这一课题时，若不参阅纳尔逊（R. R. Nelson）就此问题写的重要文章[20]，那么研究就将是不完善的。1959年是被苏联人造地球卫星的阴影笼罩的年份，在一篇题为《基础研究的简明经济学》（*The simple economics of basic research*）的文章中，纳尔逊试图评估基础研究的净社会价值。他所说的基础研究是指不与特定目标紧扣的科学研究，以别于研究目的为解决具体问题的应用研究。据他估计，美国在1953年用于基础研究的经费为4.35亿美元，或者说占美国在这一年研究开发总经费的8%。他把科学成果看作在没有实验或先于实验的情况下预测某些现象的能力。这会降低发明和创新的预期费用。然后纳尔逊论证说，除了偶有的例外，发明过程中的不确定性决定了应用研究较难作出重大突破：

因为，如果需要作出重大突破才能使某一特定的实际问题得到解决的话，那么通过直接研究来取得这种突破的预期费用将会极为高昂。这样的话，对该课题的应用研究便无法进行，人们也不会试图去从事发明活动。通常实现重大进展的是基础研究，而不是应用研究。在 65

20世纪初，X射线分析能否由一组想要找到检验人体内部器官或金属铸件内部结构之方法的科学家发明出来，是大有疑问的。在麦克斯韦（Maxwell）和赫兹（Hertz）的研究工作之前，无线电通信是不可能的。麦克斯韦的研究目的是解释和进一步发展法拉第（Faraday）的工作。赫兹研制的设备是为了用实验方法检验麦克斯韦方程的某些推论。马可尼（Marconi）具有实际意义的发明是赫兹设备的简单改进。如果19世纪中叶有一群科学家试图研究更好的远距离通信方法，那么看来大概是不可能发展麦克斯韦方程和无线电，或取得其他类似成果的。

鉴于基础研究增添了对社会有价值的知识，鉴于为基础研究提供资金的公司从其所创造的社会价值中仅获取一小部分，纳尔逊指出："仅是私人获利机会不可能吸引合乎社会需求的大量资源到基础研究中去"。对于当今渴望资金并以学术兴趣为研究方向的研究者来说，这一结论是相当动听的。但我们必须想到我们是在考察20世纪50年代的事情，而那时并没有像今天这样认真地探究为基础研究的社会效益投入的成本。

3.7 发明和创新

总体来说，不论技术开发对产业集中的影响有多大，我们有足够的材料证明，在20世纪前半叶，技术变革——创新——已日益成为合作研究的成果。如果"发明"和"创新"两个词的使用不严谨的话，便会引起概念的混淆。这种混淆又因我们所研究的这段时期所强调的重点之变化而加深。人们认为，熊彼特准确而清楚地概括了这两个词所包含的意义。发明（invention）是指有用的新技术的概念、思想或观念，它可以是产品、工艺、结构或设计。创新（innovation）远低于此水平线，是新技术在其用户手中实现的过程。创新过程可能是长期的，并包括研究和开发活动的研制阶段。熊彼特把发明看作产业之外的事物，而创新过程则是利用外来发明的产业内部功能。在我们所评述的这段时期，作为产业外部事物的发明发生了变化，发明过程正在向产业内部发展，成为工业实验室和设计室研究与开发过程的一部分。

弗里曼[8]对这一变化作了清楚的描述。在谈到朱克斯(J. Jewkes)的工作时，弗里曼写道： 66

简短的总结着重强调了从19世纪的发明创业者模式向大规模合作研发模式的转变。这与朱克斯等人的解释有着明显的差别。他们把19世纪与20世纪的差别最小化，普遍贬低了行业性合作研究和开发的贡献。

对合作研究为技术开发所作贡献的估计不足起源于对发明的关心，它忽视了消耗大量资源的创新活动。

正是技术开发中的消耗资源这一方面，使我们的注意力在本章集中于经济学方面。在我们所考察的这段时期的末期，即在1956年，世界上第一座商业核电厂在科尔德霍尔投入生产。弗里曼将这一事件描述为20世纪特有的大规模行业研究和开发趋势的顶峰。进行如此规模的创新，就要求有政府的支持。表3.6取自弗里曼的著作，它说明了核电开发的耗资规模。

表3.6　1971年核电厂开发费用估计(单位：百万英镑)

反应堆类型	实际费用	计划附加费
气冷式，Magnox马克1型	20	
气冷式，AGR马克2型	114	
高温反应堆马克3型	25	32
蒸汽重水反应堆	78	16
快中子增殖反应堆	205	124
总计	442	172

数据来源：弗里曼[8]。

这些数目要比开发化学工艺所需的经费大得多。弗里曼作了如下评论：

需要如此巨额的公共投资，是因为在核工程实施过程中，把与化学过程和炼油过程有关的那些趋势推到了顶峰。巨额成本和漫长的准备阶段，源于设计问题的超常复杂性，包括对各种新材料、新仪表、新部件和新设备的设计，都要符合这一新技术的严格要求和
67 安全标准。每个阶段都需要核工程师们和研究基础课题的科研团队的密切合作，因此大的研究和开发组是必需的。在20世纪60年代哈韦尔实验室每年都要花费约500万英镑用于基础研究，以支持管理局的其他设计和开发活动。在近15年中，原子能管理局每年的民用研发费约5000万英镑，而几个工业化国家的政府当局的花费也与此相近。

3.8 技术变革的动力学

新技术取代旧技术的过程，无疑是技术变革经济学中最有意思的一个方面。下面我们将着重提到索尔特（W. E. G. Salter）所做的工作。他在20世纪50年代后期的卓越著作中，描述了发生技术变革的系统的动力学。在该著作中，索尔特建立了一个模型，我们将在下面进行介绍，其后他进一步检验该模型能否与1924—1950年得到的经验数据相一致。我们也将介绍一些证据，因为这些证据不仅可以用来检验索尔特的模型，还可以为我们提供在这一时期技术变革重要性的有趣描绘。

变革的动力（如果可以这样表达的话）包括生产活动的投入产出与市场作用的相互关系，以及创新与技术变革为这些关系所带来的推动力。研究所有这些的基础是生产函数的概念，经济学家对生产函数的定义有很多种说法，而索尔特则用以下形式表示：

$$O=f_n(a,b,c...)$$
$$O=f_{n+1}(a,b,c...)$$
……
$$O=f_{n+t}(a,b,c...)$$

式中 O 为产出，a，b，c 为生产要素的投入，而 n，$n+1$，$\cdots n+t$ 则为前后相继的时期。新知识、发明和创新的冲击导致新的生产功能的产生，这种新的生产功能可在减少一个或更多生产要素的情况下仍获得给定的产出，因而优于过去的生产功能。

图3.1取自索尔特的著作，用图表说明了因素f逐步变化所产生的影响。为了便于说明，图3.1中只研究两个生产要素——劳动力和资本。纵轴表示给定产出对单位劳动力的需求，横轴表示单位资本需求。几条连续曲线向原点方向的变化，表明了技术知识如何提供新技术和提高生产率的情况。达到给定产出所消耗的实际劳动量和资本量，自然取决于其相对价格。每个时期的最佳实用技术是既重视技术条件又重视经济条件，也就是能够根据生产函数和当时的相对价格得到最低成本的技术。（参阅原著时读者将会看到，斜线的切点等于资本和劳动力价格之比，适当的生产函数表示当前最佳实用技术） 68

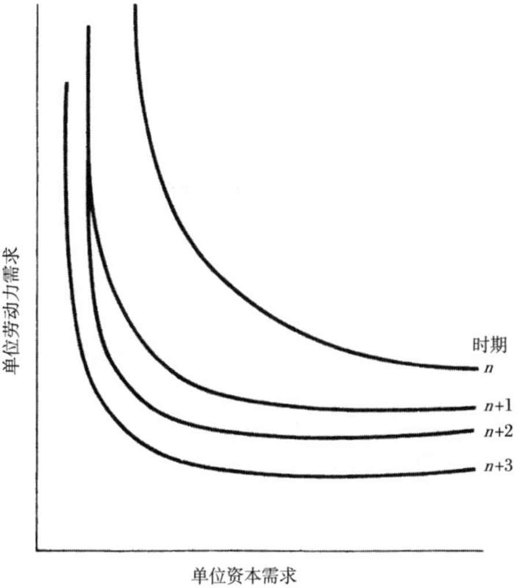

图 3.1　变化着的生产函数。

索尔特写道：

最佳实用技术有两个不同之处，尽管在实际中很难区别，但经过分析，其差别还是很清楚的。首先，现在的最佳实用技术与过去的不同之处在于，现在的实用技术利用了过去和现在之间所获得的新知识。这一点可用生产函数的变化来说明，新知识减少了技术上的限制，从而扩大了生产可能性。其次，变化了的相对价格已经改变了经济上认为合适的技术。

上述任何一种影响都足以不断产生一系列新的生产技术。如果知识是一成不变的，而且劳动力变得比实际投资更昂贵，那么最佳实用技术将会日益机械化，即劳动力投入逐渐降低，投资量却逐渐增大。这种转变的发生有两种方式：首先，经营者会感到使用工程师和机器制造商已经制好的新机器和新方法是有利可图的，建筑工业中使用机
69 器起重和机器输送系统便是个实例；其次，工程师和机器制造商会被迫应用现有的知识储备，设计出既节省劳动力又发挥投资效益的新方法。这种方法的新只新在设计上，这种新设计很少或根本不包含新知识，只是在很大程度上对现有技术知识重新进行组合，使其适合于新的要素价格。例如，小型园艺拖拉机便是一种适应于变化了的要素价格的新设计，而不是重大技术知识进步的产物。另一方面，如果只是知识单独变化，也会出现一系列新的最佳实用技术。这些新技术不一定比过去的更加机械化。机械化程度的变化取决于知识的性质，倾向于节省劳动力甚于节省投资，或倾向于节省投资甚于节省劳动力。

建立此模型的下一步，是引入生产商收回可变成本和固定成本的不同做法。因为，正如杰文斯（F. R. Jevons）的著名格言——资本消费中“过去的就是过去的”中所说，不同废退程度的技术能够也确实存在于整个生产过程。我们将用取自索尔特著作中的第二张图来说明这个问题（图 3.2）。

当然，任何技术一旦已经体现于硬件中就都会过时，都会在不同

程度上废退。不过由于设备费已经支付，这一费用已经是“过去的”，只要所实现的价格大于可变成本或经常性开支，工厂的运行便可为工厂的现金流作出积极贡献。

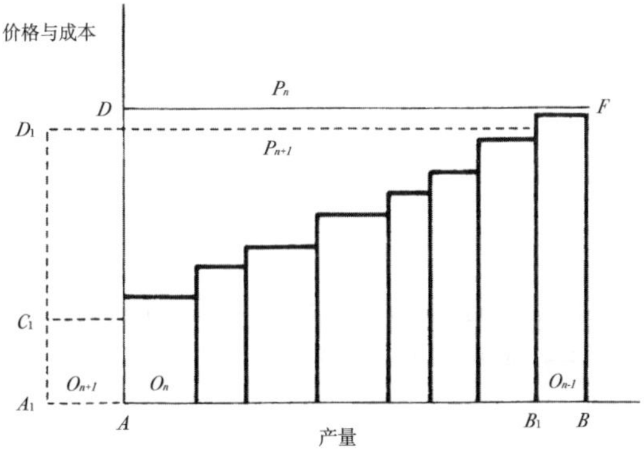

图 3.2　新技术取代现有技术。

图中竖轴表示价格与成本，横轴表示用不同技术的产量，最新的技术在左边，最老的技术在右边。只要产品价格在 AD 线上高于所有工厂的可变成本（用方块的高度表示），那么 AB 线上的各种技术就都是可行的。然而，对可变成本 A_1C_1 和设备成本 C_1D_1 的新技术 A_1A 的投资，会使得工厂 B_1B 不可行，除非 A_1A 的所有者继续按老价格出售 AD。如果他们这样做，便会通过投资来获得高于正常水平的利润（假设设备成本 C_1D_1 中包括正常利润）。高于正常水平的利润会吸引新的投资，从而使价格压低到 A_1D_1 并使 B_1B 废弃。应当指出，A_1A 的生产能力比被它所取代者的能力要大得多。这就意味着产量的增加，对需求而言，其量恰好足以将价格降低，降幅等于该最佳实用新技术所节省的总成本。此时，工业便处于暂时平衡状态，现有工厂不会被废弃，新工厂也不会被建造。

正如前面所述，技术变革“动力”是个总的概括。索尔特验明 70
有 5 个问题在其简单形式的模型中没有被考虑：厂内半自动机器的影响；转卖价格；导致产品质量改进的技术变革；非技术因素的影响及非竞争市场条件的影响。这些因素在此不予以考察，但感兴趣的读者可发现索尔特著作对此分别作了论述。

索尔特在其模型中所描述的技术开发的回报，由伊诺斯在其早先文献[11]中作了明确的介绍。他比较了伯顿法（1914年）和流态床催化法（1955年）生产出的汽油的单位运输成本（100吨／英里）。1955

71 年的工艺与1914年的相比，包括原材料、能量、劳力、维修、催化剂、产地使用费、折旧、税费及保险费的各个环节都有所节省。流态床催化法的净效益为0.263美元，伯顿法为1.471美元，或者说总体生产率年平均增长4.3%。

通过参阅索尔特对1924—1950年，即我们所研究时期的后半期英国工业生产率变化的评述，我们也许可以对他的模型加以归纳。

在可获得质量信息的基础上，选定了从煤炭、刃具、刷子和扫帚等28种不同工业行业，将每个工业在这段时期的生产率变化与其他有关的变量——价格、工资、成本、产量及雇工情况进行了比较。正如各种统计数字所表明的，27年间这28种行业的表现差别很大。电力、橡胶、化学制品、刃具及钢管5种行业的产量增加了4倍多，酿造、马口铁、棉花、煤炭、墙纸及黄麻6种行业的产量则是绝对下降。雇工数字的差异很小，但是人均产量差异很大，6种行业增加1倍以上，5种行业增加不到25%。产量及人均产量的离差大，相反收入变动的离差则很小。

为证实所选定的变量间可能有某种联系，索尔特进行了相关分析并得出了一些很重要的结论。图3.3取自索尔特的著作，它清楚地表明了28种行业在27年间的变化模式。用索尔特的话说：

经验分析表明，生产率增长不平衡与行业间增长模式的主要特征是有密切联系的。凡是人均产量有巨大增加的行业，通常在其他方面也是成功的，其成本增长最少，产品的相对价格下降，产量大大地增加，在多数情况下，其劳动力雇用增长高于平均数。另一方面，人均产量增加少的那些行业通常都是一些衰落的行业，至少相对来说如此。这些行业的成本和零售价提高最多，其产量增幅低于平均水平（甚至有所下降），劳动力雇用增加低于平均数……此图表明，许多变量都是平行发生变化的，而且大部分行业结构的重大变化（如图所示）是与劳动生产率的不同变化有联系的。

针对该分析，人们自然会提出这样的问题：什么机制在起作用， 72
致使生产率发生如此大的差别？揭示出的这些关系的基础是什么？经过挖掘和排除一些可能的解释（如个人劳动效率在几年间提高了），索尔特得出的结论认为，生产率变化模式不同的主要原因有两点：销售的经济学，知识增长导致生产技术的改进。

在对索尔特一书的补充中，雷德韦（W. B. Reddaway）根据已有资料比较了 23 种产业行业在 1924—1950 年与 1954—1963 年两个时期的排序。产量增长的排序在两个时期大体相似，但人均产量排序在两个时期却显示零相关。雷德韦评论说："至少可以这样说，与产量相

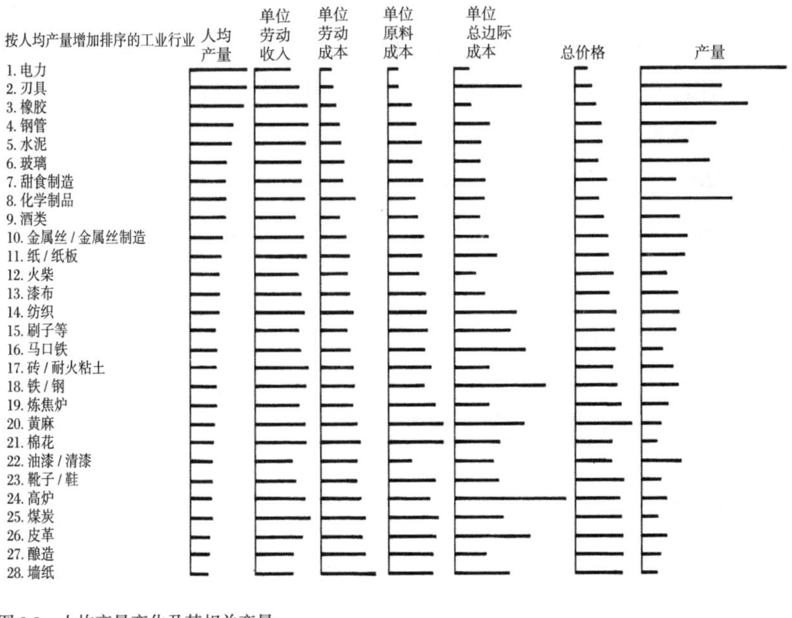

图 3.3　人均产量变化及其相关变量。

比较，人均产量的例外太多了，怎么也不能说，前一个时期的明星永远是明星，前一个时期的落后者仍然是落后者。”

不同时期各行业间生产能力的不均衡性，并不与索尔特认为生产技术知识的增加是提高生产率的主要决定因素的看法相矛盾，因为有关产品和工艺创新的科学本身的发展就不均衡。化学制品、塑料及早期的电力，便是以科学为基础的主要技术生长点的例子。正如弗里曼所描述的那样（边码 62），一个工业行业中，投资增长的时间和速率是互相影响的。

施莫克勒（Schmookler）对此有详尽的论述[3]。他提出了有关一家工业部门投资的专利数据，表明它们之间有极为明显的正相关关系。例如，施莫克勒的图表中有一幅绘制出 1871—1949 年各年的火车车厢的产量和专利。不论是从长期还是从短期来看，两个变量的变化都是明显协调一致的。在曲线低谷处，产量通常领先于专利，而在曲线高峰处则是时前时后，大致平衡。施莫克勒还列举了这种关系的其他许多实例，进而指出这种关系过于密切，以致不能据此推断发明的增减就能引起产量的增减。产量的增减取决于很多因素，其中包括经济状况和人口的增长。施莫克勒指出，潜在联系是努力工作和实现创新
73 所需要的资金，而这些资源若没有在收入和声誉方面有相当的预期回报是不可能得到的。产品的大量销售或创新所力求改进的方法，转而又促进预期回报的增加。其结论是，日益增长的工业发展的需求在一定程度上引起了所需要的发明和创新的产生。

1962 年美国总统得到的一份经济报告[21]中有一段话，把我们在前几段中讨论过的看法有力地联系起来了。这段话是这样写的：

> 技术知识限定了劳动生产率和资本的界限。当技术前沿向前推进时，工业实践和生产率尾随其后，有时紧逼最佳已知技术，有时落后于技术，两者之间的差距在不同工业、不同公司间各不相同。对经济

增长的促进力可能来自技术前沿推进速度的增长，或来自使实际应用的技术更加接近于前沿技术。技术知识的发展，取决于投入研究和开发中的人力和物质资源的量和有效程度。

不管技术开发不均衡的原因是什么，从索尔特的分析可以明显地看出，技术改进总是趋向于节省各个生产要素——劳动力、资本和材料，因而降低了总生产成本。必须牢记，当我们用“技术改进”来描述它对生产率的作用时，其实错误地使用了该术语，而将很多影响生产的因素包含在内。所有的经济学家对此都持有保留态度。其中，我们节录经济学家曼斯菲尔德的一段话[6]：

因为技术变革是靠其效果来衡量的，而效果又是靠无法用其他因素说明的产量来衡量的，因此就不可能将技术变革与分析中未明确包括进去的那些投入效果区分开。在评价全新产品时，习惯方法又受到许多难题的干扰，既有理论难题也有实践难题。

其他许多经济学家也发现，生产要素的消耗对技术水平的依赖关系是根本的，在经济学意义上常把技术进展与“进步”等同起来的原因正在于此。一旦“进步”这个词含有社会和伦理含义时，技术创新与“进步”便无论如何也不能等同起来，这是无须多言的。明确了该词的经济学使用范畴，我们要特别提及索洛（R. M. Solow），他分析了美国工业的生产率，其研究时期接近于索尔特所研究的时期（1909—1949 年）。他得出的结论为，在那段时期每个劳动力每小时的总产量增长了 1 倍，87.5% 归因于技术变革，其余的 12.5% 归因于资本的增长[22]。应当补充的是，索洛与曼斯菲尔德和其他学者一样，把“技术变革”这一术语作为多用途的词，来描述生产功能的各种变化：“放慢、加快、对劳动力教育的改进及其他一切……”尽管技术变革 74

明显是生产率中最重要的因素，但其不可测性及包罗一切的性质造成了难以理解的状况，并在这种状况下被经济分析家视作“保留”因素。

3.9 技术与经济结构

技术废退模型的一个重要组成部分是它对经济结构延伸的影响。在此之前，我们的讨论集中于正在废退中的生产单位被技术上和经济上更优越的方法取代的机制。然而，正如索尔特所指出的那样，取代过程不仅发生在工业内部，在同样的“动力”作用下，资本会被转移去生产不同的商品和用一种产品取代另一种产品。它所产生的结果可从取自索尔特著作的表 3.7 列出的英国电力、刃具、橡胶、化学制品及钢管业的雇工和产量数字中看出。这些工业在 1924 年是比较次要的，但在 27 年后占据了主导地位。技术先进的工业从两个方面对技术不太先进的工业施加压力：（a）通过提供可接受的代用产品——尼龙代替棉花，塑料代替钢材，水泥代替砖和木料；（b）当对生产要素的需求量随新商品市场扩大而增长时，就要提高生产要素的价格。技术上落后的工业会感到压力，且因缺乏技术而与整个经济平均值相
75 比处于劣势，导致成本与价格上涨，因而日益衰落。

表 3.7　某些工业的相对重要性

这些工业在所属的总样本中所占百分比	1924 年（%）	1950 年（%）
雇工	7.8	20.2
产量（1935 年价）	10.5	42.6
产值（现价）	10.9	24.5

资料来源：索尔特《生产率及技术变革》（*Productivity and technical change*），1969。

当我们看到利润增长机遇这一动力正将经济驱向使新产品走“最佳技术”斜坡时，我们可能会注意到，将技术变革、创新与“进步”等同起来，就更加令人怀疑了。在所研究的这段时期以后的几十年

我们曾长期用一种现在称作“技术评估”的方法将社会约束用于控制这一动力。

进一步引用产业组织研究的老前辈贝恩的话来结束本章，或许是合适的。下面是他有关技术进步的论述：

既然我们不能在技术进步范畴内区分好坏，我们也就没有能力根据经验创造出有利于良好发展的市场结构条件。另一个办法是就市场结构对进步的影响进行理论概括。不幸的是，这种概括的结果是如此缺乏说服力，以至于几乎毫无用处。因此，我们不再谈论技术进步这桩事，而来谈谈别的事情。

或许应当补充说明，在引用的这段话中，贝恩并未对改进生产技术的有益影响表示怀疑。评价一种工业如何利用机会来进行发明和创新是困难的，它会使人望而生畏，正是这种困难使贝恩回避技术进步这一问题。我们同意这一观点，并把它作为结束本章的基调：复杂因素是构成技术变革的决定因素。贝恩写道：

对“总进步”判据的依赖会导致荒谬的结论。例如，运用此判据便会认为炼油业在近40年有“良好”的进展，具有一系列稳定的技术发展。然而，面粉工业就会被列为明显发展“不良”的工业，因为在同样时期内，面粉公司只获得或引进改进较少的技术，而该技术在20世纪头几年已经得到充分的发展。这种比较是不公平的，其结论也是无意义的，因为这两种工业在制造方法的内禀复杂性方面有着极大的差别，且经历的时期差异极大。

至此，我们就结束了技术开发经济方面各相互作用因素之间引人入胜的关系这一话题。

相关文献

[1] Derry, T. K., and Williams, Trevor I. *A short history of technology*. Clarendon Press, Oxford.1960.

[2] Schumpeter, J. *The theory of economic development*. Oxford University Press, London .1961.

[3] Schmookler, J. *Journal of Economic History*, March 1962, p.1; reprinted in N. Rosenberg（见参考书目）。

[4] Parker, W. *Economic development and cultural change*, October 1961, p. 1; reprinted in N. Rosenberg（见参考书目）。

[5] Enos, J. L. *The rate and direction of inventive activity*. Princeton University Press, New Jersey.1962.

[6] Mansfield, E. *Industrial research and technological innovation*. Norton, New York.1968.

[7] Gibbons, M., and Johnston, R. D. *The interaction of science and technology*. Department of Liberal Studies in Science, University of Manchester.1972.

[8] Freeman, C. *The economics of industrial innovation*. Penguin, Harmondsworth.1974.

[9] Utton, M. A. *Industrial concentration*.Penguin, Harmondsworth.1970.

[10] Evely, R., and Little, I. M. D. *Concentration of British industry*.Cambridge University Press.1960.

[11] Enos, J. L. *Petroleum progress and profits*. M.I.T. Press, Cambridge, Mass.1962.

[12] Boyle, S. E. *Industrial organization*. Holt Rinehart and Winston, Inc., New York.1972.

[13] Reader, W. J. *Imperial Chemical Industries–A history*, Vol. 2, Oxford University Press.1975.

[14] Lindbeck, A. *Kyklos*, 28, 23,1975.

[15] Haber, L. F. *The chemical industry 1900–1930*. Clarendon Press , Oxford.1971.

[16] Dunning, J. H., and Thomas, C. J. *British industry* Hutchinson, London.1961.

[17] Freeman, C., Harlow, C. J., and Fuller, J. K. *National Institute Economic Review*, 34,1965.

[18] Townsend, H. *Scale, innovation, merger and monopoly*. Pergamon Press, Oxford.1968.

[19] Freeman, C. *National Institute Economic Review*, Nos. 20, 21,1962.

[20] Nelson, R. R. *Journal of Political Economy*, 297,1959.

[21] United States President's Council of Economic Advisers. *Economic Report of the President,* January 1962, p. 123.

[22] Solow, R. M. *Review of Economics and Statistics*, 39, 312,1957; reprinted in N. Rosenberg（见参考书目）。

参考书目

Bain, Joe. S. *Industrial organization*. Wiley, New York.1968.

Rosenberg, N. *The economics of technological change*. Penguin, Harmondsworth.1971.

Salter, W. E. G. *Productivity and technical change*. Cambridge University Press.1969.

第 4 章　管　理

格伦·波特（GLENN PORTER）

把管理看作一门科学或技术，这种见解主要是在 20 世纪形成的。 77
正如波拉德（Sidney Pollard）指出的那样，实际上直到 20 世纪，对管理的广泛研究和公开讨论才开始出现[1]。如同大多数称为实用知识的领域一样，管理作为一种思想体系，仅仅是为适应各种实际需要才逐步出现的。直到人类历史的相对晚近时期，高度有组织活动的数量和多样性——大多在工商系统——才达到一种相当高的水平，足以系统化地产生了如何卓有成效地安排这些活动的总体思想。

在众多互相竞争的说法中，如果我们将法约尔（Henri Fayol）的经典表述作为一种工作定义，那么管理者该做的就是规划、组织、指挥、协调和控制人员的活动，以达到某种特定的目标[2]。除了工商业外，还有许多活动，例如古代国家和教会的复杂事务，显然也需要管理才干。因此，应对一般行政特别是公共行政管理问题的各种重要思想和实践就应运而生了[3]。但在本章中，"管理"一词主要是指工商管理，因为管理者的形象一直与工商企业有着最密切的联系，而且通常被看作工业化的产物和中介。由于当今已都市化、工业化的西方所特有的组织形式，是庞大而复杂的官僚机构，因此说管理基本上是 20 世纪特有的现象就不会令人吃惊了。然而，它许多重要的根源可追溯到较为遥远的过去，特别是 19 世纪后半期。

工厂和铁路两大工商机构首先产生了可以通过管理解决的诸多问题。19世纪，大量厂商在不断发展的基础上，在管理高度精细、复杂、相互联系的经济活动时，第一次面临类似的问题。很长一段时间
78
内，所有者—管理者个人以一种特别的、边干边学的方式艰难地处理了这些问题。他们通常认为，诸如棉纺厂、铁道部门和铸铁厂这些看起来不同的企业，很少会遇到共同的挑战。当其中的某一个管理者遇到现在被视为管理方面的问题时，他通常没有书本上或大学课程中的一套合理的、经过整理的思想可以利用。因此，大多数早期工厂管理者不得不依靠他们自己或合伙人有限的经验办事。然而，随着工业单位的剧增，这样的领导不断遇到日益复杂的新挑战，因此一些人开始就这些挑战的共性进行思考和写作。

在管理研究之初，这一课题就常常被局限在确定企业如何完成它打算做的那些事情方面，而不是在决定生产哪些产品或发挥哪些职能上作根本的选择。后面这些确定企业目标和定位的基本决断，总体来说可被视为战略性的或长远的决策，抑或是**企业家的**决断。另一方面，策略性的或短期的选择与实施这个机构基本战略的最优方法有关。虽然在最近几十年中，管理研究发生了某种程度的变化，但过去的管理研究常常意味着策略的分析，而不是战略、规划和决策的分析。

一旦工厂出现并扩张，管理这些机构所带来的挑战就开始引起越来越多的关注。在最初提出的问题中，有一个至今依然是某一管理思想分支的重要部分，那就是劳动分工的生产效益问题。通过把制造过程分解为细小的、截然不同的工序，并使个别工序专业化，产量会超过一个熟练工从事产品制造的几个工序或全部工序所达到的水平。亚当·斯密（Adam Smith）在《国富论》(*The Wealth of Nations*,1776年）中列举的著名的大头针厂的事例，是广为人知的详尽阐述这些原理的早期例子。另一部伟大的早期著作大约出现在半个世纪以后，那

时工厂和机械化生产在英国、欧洲大陆和美国总体上已发展到新的水平。巴比奇(Charles Babbage)的《论机器和制造的经济性》(*On the Economy of Machinery and Manufactures*, 1832 年)一书提倡客观地搜集有关工作性质和行为的资料，通过讨论成本核算、奖励制度以及他所称的“内部安排或工厂内部经济”，提出了许多富有诱惑力的有关政治经济学和欧洲制造业当前状况与未来前景的看法，发展了亚当·斯密关于劳动分工的思想。 79

巴比奇这本里程碑似的著作虽然很卓越，但依然是孤立地分析个别例子，无法认定它作为一门科学或技术的形成[4]。然而到 19 世纪末出现了另外几种思想体系，它们共同把管理提高到能够推广并能讲授这样一种更高的地位。

在这一过程中，一个重要而又经常被忽视的因素是铁路的出现，它向企业领导者提出了巨大的新挑战[5]。当铁路开始增加到数百千米时，就必须在广大地域内协调大量错综复杂而又相互关联的活动。交通的有效运行、机车和全部车辆的合理利用、事故的避免、由大量分散的雇员掌管现金等，都是铁路管理的先驱者努力解决的难题。它们最终引出了一系列明确的管理实践，而这些新思想并非来自像巴比奇那样对这一问题有兴趣的理论家，而是来自那些不得不应对前所未有的问题的管理者。这一代铁路管理者，特别是麦卡勒姆(Daniel C. McCallum，19 世纪 50 年代美国第一批铁路干线之一——纽约到伊利线——的总管)、芬克(Albert Fink，路易斯维尔到纳什维尔线的董事长)、汤姆森(J. Edgar Thomson，宾夕法尼亚“世界标准铁路”的首脑)，提出了后来被 19 世纪末和 20 世纪初出现的巨型工业公司采用的管理结构与实践，并写成文字。一个世纪前，铁路管理者开始应用诸如技术、结构和原则这些构成现代管理的非常重要的部分，其中包括对一般官僚政治的职权、职责和交往清晰划分原则的认识，反馈在决策中的重要性，领导与员工之间的区别，区分战略和战术(或策略上的）决策的必要性，按职能设立部门，同时采用传统的集中管理机构和新的、相对自主的，并对实施企业的长远战略负有责任的分散
80 管理结构，体现“统计控制”原则的固定成本和可变成本核算系统的完善，对管理行为的合理评价和把公司看作一种组织手段并加以运用。这些思想中有一些——特别是来自区分战略（或企业家的）与战术（或策略上的）决策的想法——已经超越了只追求内部效率的管理思想。就像铁路寡头垄断竞争这一开拓性的冒险行动一样，这些想法为商界指明了一条与亚当·斯密和巴比奇设想的传统竞争环境大为不同的道路。

尽管铁路管理者的创造力和老练程度远胜过那些研究工厂内部效率的人，然而后者至今还继续受到公众和学者们更多的注意。巴比奇之后有关工厂管理的第一个重要的思想体系出现于19世纪的最后30年。当时，包括汤（Henry R. Towne）、梅特卡夫（Henry Metcalfe）和哈尔西（Frederick A. Halsey）在内的一批美国工程师和制造商，领导了一次现在称为系统管理的运动[6]。这是“工厂发展和制造工序日益复杂化”以及“迅速承担起管理和技术职责的、受过培训的工程师出现”的结果[7]。这些人在《美国机械师》(*American Machinist*)、《美国机械工程师协会会刊》(*Transactions of the American Society of Mechanical Engineers*)和《工程杂志》(*Engineering Magazine*)等工程学期刊上发表思想时提出，他们感到制造业普遍缺乏系统性和方法，从而引发内部生产过程的管理失控。作为解决路径，他们提出了生产和存货控制的一些改进方法（确定和记录各生产阶段所需的原材料、工具和工时的数据），提出要更好地协调产量与需求结构的关系，还要研究制造工序中不同步骤的成本核算，包括管理费用的确定。19世纪80年代初，他们还把注意力转向工资支付的新办法，在已有的按日和按件或产量计资这两种工资支付办法的基础上，增加了各种形式的利润分成，其部分原因是为了应对日益增长的劳工纠纷。所有这些改

变都减少了工人、工头和各种下级管理人员对劳动过程的控制，而由较高的管理层来承担，他们立即更加注意并掌管制造过程的各个细节。

系统管理运动有许多支持者，而且有一些作者在文献中提出了大量不同的管理系统。然而系统管理的主要研究者利特雷尔（Joseph Litterer）断定，系统管理有两个共同的因素，一个是“对职责及履行这些职责的标准化方法的详细规定”，另一个是“收集、处理、分析和传递信 81
息的具体方法”[8]。利特雷尔认为，这些工程师提出的管理系统“体现了可被称为管理技术开端的那些内容”[9]。

4.1 泰勒理论

当然，管理技术方面最为人所知的是所谓的科学管理运动，这与一个叫泰勒（Frederick W. Taylor, 1856—1915）的人密切相关。泰勒从事过许多职业，包括学徒、机械师、工头、工厂主管、工程师、管理顾问和宣传者，在金属加工特别是高速工具钢刀具方面有过许多重要的发明，以发展和促进工厂管理的“泰勒制”而闻名。这一管理思想学派不仅能激发工程师和实业家的创造力，而且可激发其他许多领域如政府和教育界人士的创造力[10]。此后，科学管理带上了一种世俗宗教的标志，泰勒成了救世主，而传播这种理论的追随者通常也被称为（现在仍被称为）“使徒”。

理性地说，泰勒理论在很大程度上应归功于系统管理学派，因为科学管理从根本上说只是那场旧运动的原理的细化。泰勒主要是在米德威尔钢铁公司、制造投资公司（一家造纸厂）和伯利恒钢铁公司工作的几十年间，形成了他特有的理论体系。在1895年美国机械工程师协会的一次会议上，他发表了一次讲话，这才开始引起人们广泛的关注。

泰勒制是以这样一种思想为基础的，即工人的实际生产量比他们能够完成的低得多，如果能够“科学地”确定各项工作的要求和每个工人的能力，如果工人们竭尽全力地工作能够得到适当的工资奖励，则生产率、利润和工资都将得到显著的提高。这将避免“偷懒”（工人故意怠工）行为，并将永远消除工厂所有者或管理者与工人之间旧
82
日的冲突，这样就可以解决泰勒提到的“劳工问题”。

泰勒制的第一个要素，是要学会制定“合理的日工作定额”，或称之为标准日产水平，它是由“第一流的工人”使用最有效的方法和工具工作而达到的标准。使用秒表（它已成为泰勒理论的象征）进行的时间研究，是通过测量一个能干的工人在最佳条件下完成一项工作所花费的时间来制定标准。泰勒认为，这是使他的理论体系具有科学性的关键因素。他相信标准的生产率水平是可以客观地加以确定的。另一个重要的因素是把“第一流”的工人安排到适当的工作岗位上。管理的任务不仅是确定和提供最佳工作程序，以使产出达到高水平，而且还要发现一个工人最适合做哪一种或哪几种工作。这就意味着要对雇员进行测试，以判断他是否有能力成为诸如一流的机械工或一流的挖煤工（泰勒相信，每个工人在某项工作上总能成为第一流的人，否则他就是偷懒）。泰勒制的其他部分包括：对达到或超过标准产量的工人给以工资奖励的制度；设立“专职工头”，使其专管一项工作，而不像传统工头那样什么都管；设立规划部门以控制和协调生产过程。

应该指出，系统管理和科学管理的许多贡献无异于“重新发明车轮”。铁路管理者已经面临并解决了大量类似的问题，特别是在协调产品按需流动、成本核算、用于记录和传递数据的标准系统，以及设立监控信息流的专职人员等方面。然而，铁路职工的工作对于倾全力于工厂管理的工程师的影响，可能没有预期的那样大。从系统管理和科学管理的主要参与者的著作来分析，似乎表明他们对诸如麦卡勒姆、芬克和汤姆森等铁路管理者的著作相对说来了解不多，虽然泰勒特别

承认受惠于铁路核算。当然，这些铁道部门先驱者的管理思想也不常在公开出版物上发表，而仅仅出现在一些年度报告和其他内部文件中，且其通常涉及的问题也比工厂管理大得多。

多少有些令人意外的是，这些工程师未能充分利用一种潜在的、极有用的思想体系，这也许是最令人感兴趣的事情了。这表明，20 世纪前收集和传播管理知识的社会机制仍处于相对原始的状态。19 世纪末 20 世纪初，由于越来越多的工程师和管理者组织如美国机械工程师协会的出现，以及大量专业的商业学校的逐步创立，这种状况才得到改善。 83

4.2 工商教育

在工商教育的后续发展方面，美国走在最前面，但不久这种发展就传播到其他工业化国家。直到 19 世纪末，明确的工商教育在美国中等或高等教育中几乎没有一席之地。当这些商业学校或职业学校开设这一专业时，所学课程有书写、商业算术、作文和语法、打字以及速记。

首先尝试仿照医学或法学的职业培训方法来进行工商教育的是宾夕法尼亚大学。1881 年，一位叫沃顿（Joseph Wharton）的实业家资助建立了沃顿商学院，它提供了一套两年制大学本科生课程，1895 年又增加到 4 年。其他学校也随之出现，1898 年芝加哥大学和加利福尼亚大学增设了商学院，1900 年纽约大学设立了商学院，达特默斯学院和哈佛大学分别于 1900 年和 1908 年建立了第一批商业研究生院（前者叫塔克学院）[11]。这些大学的教学大纲设置的课程有金融、运输（主要是铁路管理）、会计、工商法、保险，还有正在出现的、由系统管理运动和科学管理运动产生的管理体系。

教育上的这些转变，是与专门讨论各种企业管理问题的各类刊物的激增并行的，来自科学管理团体的观点甚至开始出现在专业的行业杂志上。随着越来越多的机构，特别是专事工商企业管理教学任务的机构的建立，这些变化的累积效应增强了社会传播管理新思想的能力。泰勒理论对于大学和期刊的影响是强烈的。他的追随者和仿效者巴思（Carl Barth）、汤普森（C. Bertrand Thompson）、弗兰克·吉尔布雷思和莉莲·吉尔布雷思夫妇（Frank and Lillian Gilbreth）、甘特（H. L. Gantt）、哈撒韦（Horace K. Hathaway）、埃默森（Harrington Emerson）和库克（Morris L. Cooke），提炼和发展了他的思想，并将科学管理运动的影响扩大到整个美国和世界各地。

这些追随者和仿效者中的许多人，日益发现他们必须仔细考虑泰勒理论中也许是最薄弱的方面，也就是它并没有履行有效地处理“劳工问题”这个诺言，而该诺言则对实业家产生过巨大的吸引力[12]。于是，一股公众批评的风潮出现了，集中在泰勒理论丧失人性的倾向以及把工人沦为机器的显而易见的目标。这一目标通过准确地实施管理方面的控制，来确定工作该什么时候做、怎么做。泰勒理论认为，工人应该纯粹受经济利益的驱使，其他愿望都无关紧要。于是，管理思想方面下一个重大发展的提议者们就致力于弥补工程师管理理念方面的这一缺陷。

与把注意力集中于实际工作过程或工业工程的细节形成对照的是，还有一些人关心的是完全不同的问题。他们着重于工人，而不是工作。这种注意力的转变首先以“福利事业”的形式体现出来。这是一场带有家长作风的运动，它“建立在这样一种信念的基础上：雇主对改善许多工人福利的自觉努力会激发雇员自我完善、忠诚和合作的愿望，从而鼓励雇员成为一个更好的人，一个更称职的工人”[13]。当然，这种态度的历史几乎和工厂自身一样悠久。然而，在19世纪后期和20世纪早期，它以一种特别强有力的形式重新出现。诸如波士顿的法林公司和国家现金注册公司的帕特森（John H. Patterson）等革新者，在摒弃工人只关心工资这一观点的同时，领导了一场包括利润分成制、工作环境的物质改善、教育机会和为工人提供称心的住房等在内的运动。有些公司雇用了“福利秘书”，这最终导致人事部门的设立。所有这些为的是公平和效率，也就是要改善工人的生活，同时要提高劳动生产率和利润，工资以外的各种激励被认为是关键所在。

4.3 工业心理学

然而，所有这些离“科学性”的探讨还相距甚远。于是，管理分析家们又开始寻求研究工人的方法，这些方法似乎也像泰勒理论一样具有客观性，其中一个重要的例子来自一个受过培训的德国心理学家小组。在这些心理学家中，最杰出的是闵斯特贝尔格（Hugo Munsterberg）和斯科特（Walter Dill Scott）。通过能力和智力测试，实验心理学被应用到工业上来。其前提是，不同个性的人适合于不同类型的工作，人们能够识别与各种工作相联系的有关心理特征，能够识别某个人的个性特征，然后将合适的任务安排给合适的人。工业心理学很快应用于其他方面，例如军队对应征入伍者的测试。 85

从20世纪20年代开始，工业心理学家受到另一个“以人为本”的派别的猛烈攻击，其成员自称是管理科学家即工业社会学家。其中，最重要的人物是澳大利亚的梅奥（Elton Mayo），最重要的讨论就是后来被称为霍索恩试验的研究。这个试验是在研究单调和疲劳对工人生产率影响的过程中出现的。在芝加哥西方电力公司的霍索恩工厂进行了一项研究，旨在测量不同种类和强度的照明对工人日产量的影响。结果表明，在工厂里具有良好照明条件的工人和采用普通标准照明条件的对照组之间，没有显著差异，两个被观察组的生产率都提高了。这导致了进一步的调查研究，梅奥参加了调研并对结果作出很有说服力的解释，以至于成了工业社会学的重要人物。简言之，整个霍索恩试验表明，工人的日产量不仅仅归因于厂内最佳生产系统的作用，甚至从心理学上说是使用了合适工人的结果，它还取决于工厂中工人之间的相互关系，以及他们个人的业余生活状况。群体动力和工人们的整个良好心理状态，似乎都是影响生产率的重要因素。梅奥及其助手和其思想的继承人所探讨的，一直是围绕知觉所包含的全部内容来进行的，即工人除有满足金钱报酬的需求和欲望，还有许多极其复杂的需求和欲望。管理思想的这一分支的提出者一直努力使工作环境“人性化”，他们感到泰勒的方法使工作环境失去了人性。

现代管理知识体系内增加的许多重要内容，的确既很少涉及组织高效制造厂方面的管理体系，也很少涉及“以人为本”的各种管理思想。这些内容大致可以归为两类，一类是组织或管理结构的进步，另一类是新竞争策略的创新。这两种变化都不曾导致称得上是科学管理信条的某种东西的出现，但从根本上改变了西方和日本市场经济中工商业的性质，且对20世纪管理所产生的影响比泰勒现象要大得多。

4.4 大企业的出现

正如前面所指出的，铁道部门在建立工商管理系统方面起到了一种开拓作用。这一系统与18世纪末19世纪初单一机构、单一产品和单一职能的小企业中行之有效的管理系统迥然不同。在制造业出现大型“工商企业”时，铁路部门被迫创立的这套组织形式、管理方法和竞争战略，也被推广到制造业中的许多公司里[14]。

在构成20世纪经济支柱的许多技术先进的新兴工业，例如石油、钢铁、化工、电气、机械制造、汽车和橡胶工业中，以及在大规模零售和运输业中，由亚当·斯密和巴比奇所设想的那种传统公司已被一种新的机构所取代。研究这种机构的最主要的历史学家小钱德勒（Alfred D. Chandler，Jr.）称它为“多单位企业”。钱德勒的定义是最好的：“在一个总部的控制下，这些企业已经把许多通常进行一些不同活动的单位联合在一起。单个地来看，每一个这样的单位——工厂，销售、采购和财务办公室，矿山，农场，实验室，甚至还有航线都能够像独立的工商企业那样运转，合在一起时，它们就形成一个统一的管理网络，通过它可以发出命令、报告、信息，当然也包括货物和服务的提供。”[15]

这种现象根本不同于旧有的传统公司，而这些差别又促使管理发生革命性的变化。现代的巨型企业广泛代表着巨额资本的集中。现在所需要的资本更多的是固定资本，而不是营运资本。而且，这些新机构的所有者与企业的管理者已不再是同一个人[16]。所有权常常分散在许多人手中，因为大多数新兴的巨型企业需要的资本，终究比个人或少数几个人联合在一起所能提供的要多。这样，大多数大企业不得不使用公开发行的股票。再者，为维持这些巨型机构的正常运转，需要大量的管理人员，而按传统方式任用自己的亲属为管理人员，已远远不能满足这种需求。正如工商教育领域机构的增加所表明的那样，管理迅速成了一种专门职业，而不再是个人的事。随着多单位企业的扩展，管理人员大量增加，从而第一次形成了一个真正的管理阶层，其人数比先前一代的工厂管理者多得多，而且他们中的绝大多数人要首次从事指导其他管理者的工作。 87

然而，新兴机构的显著特征是，它主张在一个总部之下将很久以前还是独立的企业联合在一起，是“多单位组成”。一般而言，这意味着企业不仅具有一个以上的制造厂，而且还包括虽不从事制造但却履行其他职能的一些单位。这些职能可能包括采购、批发、零售、财务、运输、研究和开发，以及原材料的开采。把这几个职能活动结合在一个企业之内，就实现了人所共知的纵向联合。有些企业在原材料方面进行联合，因为他们需要保证生产过程中有大量的、稳定的原料投入。然而，在销售方面的联合则是更常见的。有些企业经营的商品不易进入现有的销售渠道，因而不得不采取这种做法。其他一些企业实行联合销售，是因为市场日益集中使联合销售比继续利用传统的独立经纪人的销售网更为有利[17]。纵向联合常使企业能在大规模企业出现以前，在更大程度上摆脱市场的影响，特别是若他们还能成功地通过商标广告使消费者认同他们的商品或服务，就更是如此。纵向联合还能使生产流量得到更好的协调，有利于许多大厂商保持竞争优势。自然，纵向联合也增加了上层管理者的负担，因为他们现在必须为管理一种多职能的经营活动而操心。

4.5 经营多元化

一旦大型企业出现，为使这些企业拥有的资源得到充分利用，就
88 产生了一种经常存在的压力，这也许是这些企业发展的主要动力[18]。
由于这种压力的存在，现代企业所遵循的一条主要原则就是产品或服务多元化。巨型企业经常会扩展到新的活动领域，因为它们掌握着专业的科学和技术基础，可以转移到另一种（例如化学中的某种碱或电子学）产品上来，或者还因为它们拥有某种职能专长（通常是销售方面的），可用于其他不同的产品或服务。增加若干全新产品或服务的这种能力，对 19 世纪大多数单一工厂的制造商来说，是不具备的，它是管理库中的一种威力强大的新武器。第二次世界大战以来的若干年内，跨行业公司——完全无关的公司从财务上合为一体，而不是通过企业内部一些现有专业技术的转让而产生，把经营多元化的理念发挥到了极致。然而如同纵向联合一样，经营多元化也要付出代价，即极大地增加了管理工作的复杂性。经营多元化常把难以承受的重负施
89 加于企业的组织结构，这就导致了一种总体结构的革新，这种总体结
构已成为美国、欧洲和日本多单位企业的特征（见图 4.1）。在对 19 世纪中期由麦卡勒姆和汤姆森这些铁路管理者首先形成的思想进行发展的过程中，一些相对自主的部门或按产品种类或按地理界限组织起来，各自具有不同的职能。这些组织结构容许该企业规模的扩大，这种扩大超出了最早进行管理综合研究的工程师们最大胆的设想。

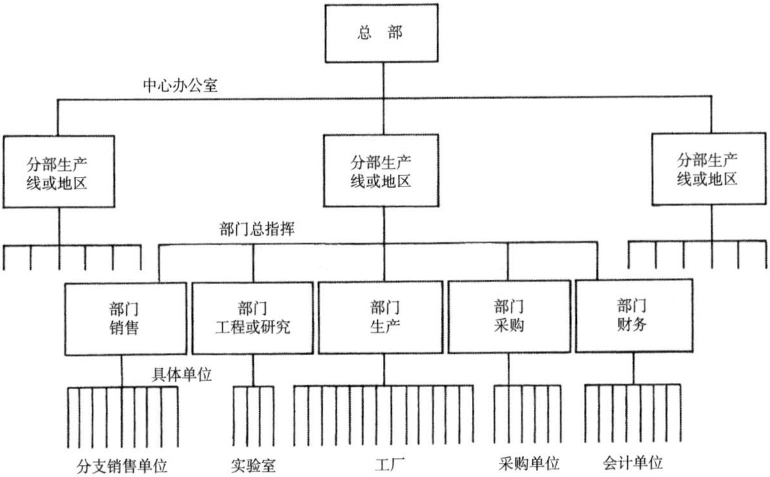

图 4.1　多单位企业的总体结构。

这种多单位企业所固有的管理，以蓬勃发展的形式出现在美国、日本和英国。在第二次世界大战前的几年内，它们的发展较为缓慢，战后的发展则极为迅速，并传遍了欧洲大陆。它不仅在“历史上是一种新的组织机构”，而且已经“成为现代经济发展的动力”[19]。19 世纪曾有的工厂，在 20 世纪则以多单位企业的形式出现了。工厂是现代管理诞生的摇篮，而多单位企业则是现代管理在现代主要技术中确立地位的场地。

在最近几十年内，管理研究的许多新方向不断被开拓，这反映在商业学校的课程中。昔日泰勒强调工厂的内部管理，坚持对生产的研究，但现代企业要比古典经济学家和最初是系统管理、后来又是科学管理的分析家所设想的单一产品、单一工厂的世界复杂得多。财务和营销以及国际和一般管理领域，已经取代生产而成为 20 世纪经理人面临的最错综复杂和紧迫的挑战。正如我们所看到的，现代企业通常是一个在世界各地参与各类工业和市场竞争的、由多工厂组成的、高度多样化的巨型机构。

4.5　经营多元化

管理的旧式定义是生产的内部管理，而在新的环境中，再也不能指望管理人员按照企业理论所设想的方式，对价格和产量采用简单而机械的决策规则。因此，那个旧定义也就显得越来越不贴切了。市场的力量常常只是管理决策过程中相互作用的许多变量之一[20]。

为适应经理人所面临的极为复杂的任务，管理分析家越来越多地应用其他学科的原理，特别是心理学、社会学、经济学、数学、统计学和组织理论[21]。计算机技术、概率论、对策论和仿真法，已日益
90 成为现代管理研究的重要因素。这些变化都反映了为认识和处理许多严峻的挑战所进行的努力，这些挑战则是在管理 20 世纪特有的庞大而复杂的机构时产生的。

从一开始，管理作为一门科学或技术，针对的是正在变化的、已经被广泛觉察的问题。当古典经济学和过去关于人类行为的假定的局限性越来越明显时，属于管理分析范畴的这种定义也已经稳步扩大。主要由于管理者的任务在数量和种类上的增加，那些局限性也变得清晰可见，这个过程似乎很可能会继续下去。由此，我们对管理认识水平的提高，增强了我们在一个技术先进的社会里改进物质水准的能力。它们代表了 20 世纪技术“软件”中的重要部分。

相关文献

[1] Pollard, S. *The genesis of modern management: a study of the Industrial Revolution in Great Britain*, p. 296. Penguin, Harmondsworth.1968.

[2] Fayol (1841–1925) published his ideas in the *Bulletin de la Société delIndustrie Minérale* in 1916 under the title Administration industrielle et générale: prévoyance, organisation, commandement, coordination, controle.

[3] Kaufman, H. Administration, in *International encyclopedia of the social sciences.* Crowell, Collier, and Macmillan, New York.1968.

[4] Pollard, S. *Op. cit.* [1], pp. 295–6.

[5] Chandler, A. D., Jr. (ed.) *The railroads: the nation's first big business.* Harcourt, Brace, and World, New York.1965.

[6] Litterer, J. A. *Business History Review,* 37, 369–91.1963.

[7] Nelson, D. *Managers and workers: origins of the New Factory System in the United States 1880–1920.* University of Wisconsin Press, Madison.1975, p. 48.

[8] Litterer, J. A. *Op. cit.* [6], p. 389.

[9] Litterer, J. A. *Op. cit.* [6], p. 388.

[10] Haber, S. *Efficiency and uplift: scientific management in the Progressive Era, 1890–1920.* University of Chicago Press.1964.

[11] Baughman, J. P. Management, in *Dictionary of American economic history*. Charles Scribners' Sons, New York (In press).

[12] Nelson, D. *Op. cit.* [7].

[13] Nelson, D. *Op. cit.* [7], p. 101.

[14] Porter, G. *The rise of Big Business, 1860–1910.* Crowell, New York.1973.

[15] The quotation is from one of the most recent of Chandler' s several formulations on this subject, his essay entitled The multi-unit enterprise: a historical and international comparative analysis and summary in Williamson, H.E.(ed.) *Evolution of international management structures.* University of Delaware Press, Newark.1975.

[16] The classic statement of this point is Berle, A. A., Jr., and Means, G. C. *The modern corporation and private property*. Macmillan, New York.1932.

[17] Porter, G., and Livesay, H. C. *Merchants and manufacturers: studies in the changing structure of nineteenth-century marketing.* Johns Hopkins Press, Baltimore.1971.

[18] Penrose, E. *The theory of the growth of the firm.* Blackwell, Oxford.1966.

[19] Chandler, A. D., Jr., *Op. cit.* [15], p. 227.

[20] Cyert, R. M., and March, J. G. *A behavioral theory of the firm.* Prentice-Hall, Englewood Cliffs, N.J.1963.

[21] See Cyert, R. M. Business Administration, in *International encyclopedia of the social sciences*. Crowell, Collier, and Macmillan, New York.1968.

参考书目

Aitken, H. G. J. *Taylorism at Watertown Arsenal: scientific management in action, 1908–1915.* Harvard University Press, Cambridge, Mass.1960.

Baritz, L. *The servants of power: a history of the use of social science in American industry*. Wesleyan University Press, Middletown, Conn.1960.

Barnard, C. *The functions of the executive.* Harvard University Press, Cambridge, Mass.1938.

Baughman, J. P.(ed.) *The history of American management: selections from the Business History Review.* Prentice-Hall, Englewood Cliffs, N.J.1969.

——.Management, in *Dictionary of American economic history*. Charles Scribners' Sons, New York (In press).

Chandler, A. D., Jr. (ed.) *The railroads: The nation's first big business*. Harcourt, Brace, and World, New York.1962.

——. *Strategy and structure: chapters in the history of the industrial enterprise.* M.I.T. Press, Cambridge, Mass.1962.

Copley, F. B. *Frederick Winslow Taylor, father of scientific management,* 2 vols. Harper, New York.1923.

Cyert, R. M., and March, J. G. *A behavioral theory of the firm.* Prentice-Hall, Englewood Cliffs, N. J.1963.

Dale, E. *The great organizers.* McGraw-Hill, New York.1960.

George, C. S., Jr. *The history of management thought.* (2nd edn.) Prentice-Hall, Englewood Cliffs. N. J.1972.

Haber, S. *Efficiency and uplift: scientific management in the Progressive Era, 1890–1920.* University of Chicago Press.1964.

Kakar, S. *Frederick Taylor: a study in personality and innovation.* M.I.T. Press, Cambridge. Mass.1970.

Mayo, E. *The human problems of an industrial civilization.* Macmillan, New York.1933.

Merrill, H. F. (ed.) *Classics in management.* American Management Association, New York.1960.

Nelson, D. *Managers and workers: origins of the New Factory System in the United States 1880–1920.* University of Wisconsin Press, Madison.1975.

Penrose, E. *The theory of the growth of the firm.* Blackwell, Oxford.1966.

Pollard, S. *The genesis of modern management.* Penguin, Harmondsworth.1968.

Porter, G. *The rise of big business, 1860–1910.* Crowell, New York.1973.

Pugh, D. S., Hickson, D. J., and Hinings, C. R. *Writers on organizations.* (2nd edn.) Penguin, Harmondsworth.1971.

Roethlisberger. F. J., and Dickson, W. J. *Management and the worker.* Harvard University Press, Cambridge, Mass.1949.

92 Simon, H. A. *Administrative behavior* (2nd edn.) Macmillan, New York.1957.

Sloan, A. P., Jr. *My years with General Motors.* Doubleday, New York.1964.

Taylor, F. W. *Scientific management.* Harper, New York.1947.

Williamson, H. F. (ed.) *Evolution of international management structures.* University of Delaware Press, Newark.1975.

第5章 工 会

哈罗德·波林斯（HAROLD POLLINS）

5.1 引言

若对受雇制造、保养和操纵机器和设备的人的作用不加考察，那 93
就不可能明智地研究技术的发展。本章考察了可能影响技术发展的诸多方面之一，即在主要工业国家中工会与技术变革的关系。

建立起保护并增进劳工利益的工人社团是工业社会的一般特征。“工会”或“劳动工会”的名称本身，就正确地表明了其成立目的及注意力集中于其成员的就业问题。我们认为，工会关心的是会员的劳动报酬和一大堆以“条款及条件”形式提出的各种要求，包括工时、晋级、安全、培训、就业等。然而，它们绝不会把自己局限于劳动场所，对自己作用的解释要广泛得多，以便体现出增进其成员在整个社会中的利益。它们常常和一些政党结合在一起，而一些国家的政党积极地使自己成为改变社会和经济体系的工具。另外一些工会——例如北美和日本的工会——在从事活动的过程中，自觉接受和遵守现有的社会、经济及政治关系模式。从这一意义来说，工会已经成为非意识形态的了。

工联主义史通常都是描述固定组织的发展的，不过对早期劳工运动史视而不见也是不合适的。当时工人团体的努力通常都是短命的和不成功的，其目的是要改善劳动条件。不管它们有无政治目的，一律被视作具有颠覆性，通常的确都是非法的。然而到了19世纪末，工会在许多国家都合法化了，日本和俄国显然是例外。但这并不意味着它们已被政府或雇主乐于接受，20 世纪的工会史仍然是一部斗争史。

不论人们的解释如何广义或狭义，工会的目的起码是要减少管理一方的单方面权力和降低其权威。劳动人民总是处于别人（特别是
94 他们的雇主）作出的决议的接受方，工会处于守势，并要向雇主的权威挑战，雇主即使宽以待之，也不会心甘情愿地接受这种权力的剥夺。工人或工会提出的建议即使对改进生产技术有益，也往往遭到经理或雇主的拒绝，因为他们把这些事情视为自己的职权范围。一些雇主终于承认了工会，尽管接受程度因时间、因国家而异——或是因为法律强制他们这样做，或是因为在工会压力之下别无选择，或是因为他们看到工会不仅表达雇主与工人之间存在的分歧，而且可按规章条例来对待冲突，从而有助于处理和解决冲突。总的来说，由于工会的压力削弱了管理特权，因而很少受到传统权威思想体系维护者的衷心欢迎。

技术变革对工人及工会的影响，正如其被人们接受的程度一样差异很大，一些人的肯定和接受被另一些人保守和敌意的怀疑所抵消。技术创新不一定总是对工人不利。尽管一些技艺被取消或削弱了，但另一些技艺又得到发展，新的技艺也随之产生。机械往往能减轻繁重的体力劳动，它会导致工资的提高，也可能取代体力劳动，但又可能创造新的工作岗位。不管有利无利，对工人的健康而言，技术进步显然总是伴有新的危害。动力驱动的带有运转部件的机器，在工作中更容易引起事故。深井煤矿常含有危险的瓦斯，易发生爆炸和透水。截煤机会产生更多的煤尘，从而引起胸肺疾病。在铸件喷砂处理中，采用硅质磨料会引起硅肺。化学工业有两种特有的危害，爆炸和火灾引发的灾难，以及由于接触某些特殊物质发生特异反应而引起的疾病。这不全是现代的新鲜事，早在 17 世纪就有工人铅中毒的记载（第 23 章，边码 592）。不过 20 世纪化学工业的扩大及更多新材料的使用，又产生了一些新的危害。在染料制造业中用作媒介物的 β-萘

胺的致癌作用就是一个典型的例子，直到人们认识到其危害性才停止使用。在许多情况下，正像上面所说的，只有在工人们使用这类材料很多年后，才认识到其对健康的危害性。工会自然对这样一些事情很关心，他们对可能的危险并不比别人更敏感，可一旦他们认识到了， 95
补救办法往往是通过立法来禁止或限制某些材料（更多时候还包括机械）的使用，使雇主承担起保护其雇工的法律责任。此外，有关条例通常还包括改善工作场所的自然环境（通风、清洁）和工作时间的措施。

施加压力以求得工业关系事务立法，的确是工会用来达到其目的的数种方法之一。在某些国家特别是在西欧，法律的作用一直是广泛的，很多“条款”就是以这种方式定下来的。凡是法律作用不明确的地方，例如在英国和美国，就更为强调与雇主间的谈判。然而，这种集体谈判的方法是到处都使用的一种典型方法，不过其内容则因国家、因行业而异。另一种方法是工会单方面的决定，提出其会员的就业条件而不与雇主协商或谈判，这种办法的有效性在很大程度上取决于其会员的纪律性及忠诚度。例如，代表技术工人的工会就曾经使用过这种办法使其政策得以付诸实施，因为这些技术工人一时很难被别人取代。只有很小一部分劳动力具备这种能力，而日益增长的多数工业工人则是操纵机器，这不需要什么全面的技艺。这些工人和他们的工会很少能控制劳动力来源，对他们来说，集体谈判更为可取，或者通过立法取得补偿，或对政府施加压力。

尽管各国的工会都具有大致相同的特征，但其组织机构、斗争方法及政策却大不相同。我们认为，每个国家的社会、政治及经济条件都会明显地影响该国工会的发展。英国的工会运动发展得最早，但也未能为其他国家提供什么可资仿效的模式。几乎没有哪个国家的工会是沿着一个中央职工大会（如果工会力量弱小）的道路发展的，并很少受国家干预，且无政治和宗教派别。无论过去还是现在，许多欧洲国家工会的共同特点都是各自成立自己的工会，或具有社会党性质或具有自由党性质，或具有基督教性质，或具有共产党性质（第一次世界大战后）。当大部分工会旨在建立以缴纳会费的会员为基础的健全组织时，法国和意大利已经避开了这些常态的东西，最近集体谈判
96 也不复存在了，工会成了这些国家传统的政治抗议的工具，例如法国的群众不时地游行以迫使政府提高工资和改善条件。在西方民主国家中，不管工会成为改革者的程度以及融入社会的程度如何，很明显在第二次世界大战以后，它们仍然不受政府支配。在苏联，工会在两次世界大战之间的年代中发展成为国家机构，其主要任务是鼓励人们生产出更多的产品。

由于20世纪前半期的大部分时间中，工会在很多国家的力量还比较薄弱，很少能组织起一半的工业劳动力，因此许多国家几乎没有工会。我们实际上可以忽略1945年前日本工会和1917年前俄国工会的历史。在法西斯或纳粹制度下，工会或被取缔或处于瘫痪状态，1924—1943年的意大利、1933—1945年的德国、第二次世界大战期间德国所占领的国家，都是这种状态。这并不是说在最困难的环境下工人没有能力进行某种形式的反抗，而是说工会在当时显然做不了多少事。此外，对工会产业活动的详尽研究主要是针对英国和美国（也有其他国家）的工会，已经出版的有关欧洲大陆工会的历史，在很大程度上都集中于介绍工会的政治活动，以及不同对立工会组织间的分裂斗争。在这种情况下，可供利用的资料并不总能使我们识别和区分各国工会对技术变革所采用的政策。

5.2 20世纪初

以19世纪90年代作为我们讨论的开端是适宜的。主导1900—1950年工业发展的大部分国家，在19世纪90年代前开始应用机械生产时，都在那10年中经历了加速的技术变革。这种技术变革包括

一些重大的技术改造，特别是创立了一些新工业，以及在一些已有工业中的小规模革新。随着这种技术变革而来的是工厂生产量的增长、工作（包括早期的科学管理工作）的重新组织和加速、劳动力纪律的加强，以及工人由农村向城市转移的浪潮。新工会像社会主义组织一样开始出现，老工会不得不适应新技术带来的新形势。在工业争端期间，一些工人破坏了机器，多特蒙德的建筑工人往起重机中投砂子，勒阿弗尔的码头工人把起重机推入海中，比利时的谷物装卸工焚烧了 97
谷物提升机。有大量事例证明，工人试图阻止在自己所处的行业中采用机械。在布列塔尼，无须什么技术的沙丁鱼分类工没能阻止分类机械进入他们的行业[1]。这大部分是一些非熟练工、非工会会员的行动，也许可以把它们视作19世纪初英国勒德分子的行动。与其说他们反对使用机器，还不如说要“通过骚乱来进行集体谈判”，这是受压抑的工人在别无他法时发泄其不满的唯一途径。技术工人同样也可能会对新方法产生敌对情绪，美国燧石玻璃工人工会受灯罩工业老板的鼓动，曾起来反对采用灯罩机[2]。在英国工业迭代发展的那些年头，1914年前一些码头工、玻璃瓶制造工及锅炉工曾起来反对使用机器，不过卷入这些事件的人数还不到1000人[3]。

《工业民主》（*Industrial democracy*）是第一部对工会主义进行系统研究的著作，其作者西德尼·韦布（Sidney Webb）和比阿特丽斯·韦布（Beatrice Webb）略欠成熟地指出，英国工会在当时（19世纪90年代）并未抵制机器。他们声称，如果由于技术变革产生的工会会员就业条件能使工会满意，工会是会接受技术变革的。当时很多人持这种看法。印刷协会的会员在当时受到了取代手工排字的活版印刷机的影响，印刷协会虽然决定不反对使用这种机器，不过坚持这些机器应当由技术工和学徒工一起操作，以便“确保对这些机器的有效控制”[4]。这确实是许多欧洲国家，例如德国、法国及比利时的印刷工会通常采取的策略，“各地工会都选择了适应于新设备的行动方针，这样一来就得以影响（即便不是控制）机械化进程。”[5] 有关手工玻璃工对采用机器的反应，见其他章节（第 22 章，边码 585）。

技工工会通常采取的政策是使某些工作只能由其会员（一般是那些在学徒期技术已经合格的会员）来担任。如果具有其他技艺或非熟练的新型工人能操作新机器，这种安排便会被打乱。在开始使用电话时，有关方面曾安排一些工资较低的人来做话务员，美国铁路电报员联合会对此作出的反应是将这些话务员发展为会员，并进行了成功的谈判以求得两部分人都能得到相同的工资待遇[6]。有些工会不太愿意
98 对他们认为技艺不强的人敞开大门。英国的工程师联合学会在 19 世纪 90 年代确实改变过章程，容许吸收技艺不强的机械师乃至劳工，但此项政策不甚成功，因为有技艺的人不愿接受这些技艺不强的人参加工会，而合格的新会员又对其工会互济活动不感兴趣。1926 年，工会容许技艺不强的人不参加福利活动亦可加入工会。1943 年，妇女也可参加了。然而，工会不一定总是能这样分别对待其会员的。同一工会的澳大利亚分会为了与联邦立法和州立法保持一致，就容许人们为了纯粹的行业目的参加工会，而无须参加其友好的互济活动，因为立法规定在新会员的接纳上不得设置任何限制（这是为了根据《仲裁法》进行登记）

然而，技艺工会的做法略有不同，它们要求任何一项新工作，即便不要求什么专门技艺，也只能由有技艺的会员完成。1897 年，赫尔市的工程师联合学会“赢得了由技术工操纵任何取代手工技术劳动的新机器并付给全额工资的权利”。然而，它们不总是成功的，当地铸造工人提出 1 位熟练的铸工应该操纵 1 台取代 3 个工人的机器这一要求就被拒绝了[7]。

技术变革还从其他方面影响了工会组织。许多国家出现的首批工会都是职业性的，并跨越了行业界限。有些则不然，煤矿工人工会和纺织工人工会就必须局限于本行业。但就是在这些行业内部，通常又另有单独的工会，例如纺纱工工会就显然不同于织布工工会。凡是技

术变革使得工业界限不清而影响了单独工会间关系的地方，就必须有新的组织政策来适应新的情况。主要由职业工会组成的美国劳工联合会（成立于1886年）习惯上总是授予其下属公司一些特权，给予它们组织自决权。美国工会史的一部分是有关工会之间管辖冲突的历史，而这又常常是由于工会试图扩大其组织势力范围而引起的。当生产过程和材料发生变化时，显然也会出现各种争论。印刷工业中使用机械排字，导致国际印刷工会与国际机械师协会就组织安装排字机的机械师（工程师）围绕权利问题发生了斗争[8]。同样，随着木材和帆改用 99
钢铁和蒸汽机，英国的造船工业出现了一些新技术专业的工匠，他们通常都是技术工会的成员。每一个工会都维护某一具体职业的利益，但很难确定大家都认可的分界线。各种技艺工作往往是互相重叠的，例如管道工和装配工都能从事管道工作。不同的职业组成不同的工会，而各工会又只支持自己成员的利益，这在处理某项工作的权限问题上总是有大量的冲突。造船木工组成了自己的全国性工会以阻止锅炉工的蚕食，并对新方法加以控制。某一工会采取罢工行动以反对另一方从事某一具体工作的权力的权限争论，直至第二次世界大战结束后很长一段时间仍然是工会的一个特点。20世纪很长一段时间内，工业波动明显，还经受了严重的失业冲击，各工会希望为自己的会员提供就业机会，并将此作为自己的目标是完全可以理解的[9]。

在1914年以前那些年的劳工骚动过程中，工人们所表现出来的期望和觉悟都变得更加鲜明、高涨，但他们的反应大不相同。一些工会耐心地巩固自己的组织，将注意力集中在行业事务上，希望能影响管理决策。另一些工会则避免这种意味着接受主流经济秩序的做法，例如工团主义者们就要求在所有制和经济生活走向方面有深远的变化。与就业问题混在一起的是参政要求和成立工会的权利，为这些问题及更为常见的为提高工资与反对降低工资等一般问题，曾发生过多次罢工。因此，很难发现工会和雇主之间公开冲突的准确原因，一种争执可能形式上是为了金钱，但实际上可能是有关纪律或机器。当采用一种新机器时，工会可能要求更高的工资或规定就业人数，暗中却希望如果这样的要求得到同意，新机器的使用将变得无利可图，这可以被看作反对使用新机器的一种做法。即使是这样，工会在这一时期反对使用新机器的情况还是相当少，其中有许多原因。尽管工会在许多行业中得到扩大，但劳工组织在1914年前一般来说是软弱的，许多行业和职业实际上是无工会的。即使在工会壮大的地方，拥有大多数劳
100 动力的也不多。像办公室工作人员这种庞大的职业队伍就基本上没有成立工会，即使他们对采用打字机（及随后的妇女就业）有什么看法他们对这类事情也无能为力。

集体谈判在英国和美国的一些行业中已经习以为常，强制性仲裁给澳大利亚和新西兰的工会谈判以一定的力量，但在其他地方几乎没有这种事情。在欧洲大陆，集体谈判在制造工业中是很少见的，主要是因为雇主反对承认工会，那里有的只是对工资和工时的谈判，很少有处理冤情或工作场所事务的条款[10]。因此，人们通常都不会期待协议中包含使用机器的条款，雇主或许愿意讨论为采用新机器所应支付的工资，但不会就是否采用机器进行讨论。只有技术工会可能有权对是否采用机器作出某种决定。

说工人需要适应机器也不是没有理由的，或者是因为他们别无选择，或者是因为这个时期对工业劳动力的需求正在增长，创造了更多的工作机会。由于技术变革可能失业的人或其技艺显得不重要的人将会利用扩大了的工作机会。而且，文献中的记载不一定是典型的劳动力部门的行为和态度。新机器决非对所有的技术都产生不利的影响，而且在新工业领域如在电力部门工作的人是明显接受创新的。对某些工人来说，比较重要的问题是有时伴随新技术而来的那些特点——科学管理的非人性化后果。对泰勒制的反对很快就传播开来了，美国工会通常都是持对抗态度的，法国的雷诺汽车厂在1912—1913年也发

生了反泰勒制的罢工[11]。

5.3 第一次世界大战及其后果

第一次世界大战给工会带来的影响，不能与 20 世纪头 25 年出现的劳工运动高涨截然分开，因其意义重大，值得分别考察。一般来说，交战国的工会及其有关的政党是支持本国参战的（但也有例外），例如劳工领袖在政府机构中都得到了一定的职位。工会会员并非对各项战争措施都热情支持，征调劳工和削弱技艺都会遇到阻力，后者指雇用一些没有受过训练的工人去做技术工作。政府和雇主们在不久前还千方百计拒绝承认工人的结社权，而现在则恳求起劳工了。在 1916 年，德国政府就明文给予工人委员会有限的权利，例如工人委员会可将工人的不满和要求提交给雇主。这些委员会有权向包括雇主和雇工双方代表在内的审判员席提出上诉，并作出有约束力的决议。英国工厂里的代表是自发形成的，而不是通过立法，往往反对正式工会的政策，不过他们在 1917 年被机械制造业工会及雇主之间通过的协议所承认。英国工会同意在战争期间放弃限制性做法，却实现了某些主要愿望，其中一个长期性的就是全工业范围的谈判。惠特利委员会的报告（1917—1918 年）正式要求就如何改进战后行业关系问题进行调查，并建议要鼓励集体谈判，从而也要鼓励工会的工作。除履行正常的集体谈判职能，正式成立的联合工业协议会（后来称作“惠特利协议会”）还应联合讨论工业的总体发展问题。即使在中立国，工会的地位也得到了提高。战争给荷兰经济的某些部分带来了不利的影响，为了缓和失业的冲击，政府曾补贴过工会的福利基金。也就是在这个国家，很多工人能通过集体谈判来争取他们所提出的条款。

战时工会发展的另一特点是人数众多，这一因素与其他因素（如 1917 年俄国革命带来的幸福感及生活水平的提高）相结合，在战后马上爆发为一阵战斗的浪潮。撇开政治事态——例如 1918 年的德国革命及社会主义政党的扩展，这便是工业争端的高峰期，许多争端（绝不是全部）都是以工会的胜利而告终的。在整个20世纪前半叶，意大利劳工史的高潮恐怕要算1920年了，当时有50万金属加工工人占领了工厂。许多国家当局的反应是承认某些改革，集体谈判在法国和德国被赋予法律效力。德国法律规定每周工时不得超过48小时，并规定要努力满足劳工的要求。1920年的《紧急权力法案》授予英国政府在某些罢工事件中可采用的特别权力。战后，德国政府在其1919年的宪法
102 及1920年的法令中都规定成立工厂协议会，赋予工人与雇主进行对话的权利，不过也规定协议会的法律义务包括帮助雇主提高效率和生产率。

尽管1918年后一段时间工会获益不少，但它在两次世界大战之间的其余年代中大多处于守势，力量被采取高压政策的政府所削弱在法西斯和纳粹制度下，意大利和德国的工会被取缔，有的则被雇主取缔。这些雇主或坚持要建立“开放工厂”，即没有工会，或解雇工会积极分子，或虽不明确反对工会却不承认工会。在法国，工会没有签成几项集体协议。这段对工会不利的历史主要成因很简单，20世纪20年代和30年代是经济动荡、国际贸易停滞及总需求量降低的年代，是技术变革和工业合理化的年代。失业率高、会员人数减少（苏联例外）、罢工次数减少，工会通常都不得不接受工资的削减而不是要求增加工资。工会除了与雇主谈判以谋求工资削减额不低于雇主所提出的，很少能使其会员感到其他任何实质性的改善。经济状况及工会经历在不同时期的不同国家都各不相同。1922年，英国工程师们被拒于工厂门外是工会的失败，它们不得不接受《约克备忘录》这一处置协议，该协议明确维护管理特权。但是（英国）联合工程工会澳大利亚分会的技术会员并未受损于这种软弱无能，即使不接受在新工厂中用批量生产法从事技术性不强的工作，他们仍感到足够的安全当然，工会官员试图说服他们接受的理由是大家都熟悉的，即技术性不强的工作也应当为其会员所有。20世纪20年代的德国工会，尽管

会员在减少，而且如同其他欧洲工会运动，分裂为政治和宗教上的不同派别，但仍有足够的力量来控制工厂协议会，它们通常都未能就提高效率的问题与雇主合作[12]。

1929 年开始的世界性大萧条波及所有国家，只是深度与时间长短不同而已，随之而来的严重失业对工会的态度和政策产生了重大而又持久的影响。美国工会在 20 世纪 20 年代放弃了对科学管理的极端敌意，但是到 30 年代又不太明显了。在那 10 年中，工会领导人再也没有重复过美国劳工联合会主席格林（William Green）在 1929 年声明中的一句话："美国劳工运动欢迎安装机器并扩大机器的使用。"[13] 103
工会现在主要关心的是失业问题，所讨论的是对整个经济和对其所在具体行业的补救办法，其中包括使某些行业置于国家控制下，在失业严重的地区建立新工业、工作分配、关税等建议。移民是传统的解决过剩劳力的办法，但这一方法也未能解决问题。在 20 世纪 30 年代，英联邦的居民又回到了英国。不过法国的情况有所缓和，因为 1918 年后移民到法国补充战时伤亡的外国工人都返回了自己的国家。

工会对技术变革的反应取决于许多可变因素，其中之一是工会的性质。如果是由技术工人组成的工会，即使面临失业仍然保持一定的力量。斯利克特（Sumner H. Slichter）对美国工会实践的详尽研究[2]向我们介绍了大量的事例，说明工会曾试图反对或至少是控制（往往是不成功的）使用新机器。这些资料主要是手工业工会方面的，而且大部分来源于大萧条前的 20 世纪 20 年代。然而，也有些工会的工作甚至在 30 年代仍卓有成效。例如油漆工就制止了喷枪在许多城市的使用，直至第二次世界大战。英国一份研究 30 年代中期工会限制性活动的材料表明，直到那时技术工会仍在坚持各种控制措施。这份材料指出，手工业工会争取明文规定在机器取代手工工具时其会员的地位和工资待遇，结果是整个行业出现了严重的紧张局面。该材料论证说，技术工会"即使想阻挡（它们无权这样做），也阻挡不了机械重复工艺的完善及精密机械的发展，因为该技术可使装配工取代钳工的工作”。该材料继续说，要求只由技术工并按技术工的报酬来完成技术性不强的工作，可能使创新无利可图，从而延迟机械化进程，但工会是“不能指望赢得持久胜利的”[14]。这些是手工业工会在其传统全面的技艺受到机械化影响时的常规反应，且不是 20 世纪 30 年代所特有的。在这段时间里，工厂生产正迅速地取代古老的技艺。

衡量这种工会政策的成功与否远非易事。技术工会很可能对某些
104 特定车间或工厂施加一定的影响，这取决于其在当地势力的大小及有无非技术劳力的竞争。再举一个例子，面对严重失业及 1926 年被拒于门外达 7 个月之久的失败，煤矿工人工会在英国恐怕也很难有所作为。在煤炭市场停滞或不景气的情况下，机器设备使用的日益增长必然更加剧了煤矿工人的失业。他们没有力量去影响使用机器的决策，而且在 1931 年萧条达到顶点时，英国矿工联合会主席还在年会上宣布“联合会赞成尽可能扩大使用节省劳动力的机器”。但是，由于机械化和合理化导致了失业，任何提议的贯彻都必须与工人组织合作以便充分保护被取代者和操作者的安全[15]。由于当时雇主与联合会实际上没有任何接触，所谓的要求只不过是鼓舞会员的士气而已。

将下面两种情况区别开是有益的。一种情况是，在当时已经存在的工厂采用新机器，这可能影响当时被雇用的工人的生活，另一种情况是建立全新的现代企业。凡是生产过程简化，可以大批量生产的地方，雇主可将其工厂设在有足够非熟练工和半熟练工的地方，这些工人愿意接受比较低的工资。英国制鞋工业在两次世界大战之间不景气劳动力境况恶化，加之机械化使工厂得以建在远离传统工业区的地方，并雇用了廉价的妇女劳动力。全国靴鞋技工工会对此无计可施，只是建议减少工时。20 世纪 30 年代中期，当鞋类需求量增长后，雇主们接受了这一建议。在一两个工会力量较强的地方，生产受到限制，工会在与雇主打交道时，坚持在计件生产安排下确定所应生产的产品数量[16]

有时，技术变革的冲击来得如此突然，就是最强大的工会也来不及采取什么措施。20 世纪 20 年代大量的音乐家被雇用到各电影院，可是有声电影的出现迅速断送了他们的就业机会。1928 年夏天，录音开始成为电影乐团的严重威胁。到 1929 年春天，美国音乐家联合会在剧院工作的 2.3 万名成员中大约有 4000 人失去了工作。在很少几个城市中，工会下令举行罢工或以罢工来威胁，以便强制雇用规定数量的音乐家，不过工会意识到这种做法得不到什么好处，因为公众 105
喜欢新产品。于是，他们转而试图在公众中制造对机械音乐的反感，其主要方法是全国范围的广告运动，这项运动是由 2% 的最低工资税资助的[17]。然而，30 年代扬声设备的使用使情况有所缓和，因为有了扬声设备就能建造大型舞厅，从而为音乐家们提供了就业机会。

当时的工会对技术变革的防御性反应最容易用文件说明，但是很少有关于工人们明显愿意接受创新的介绍。人们发现，许多工会史出版物要么对技术变革无重大反对意见，要么持积极欢迎的态度。英国制图员工会（成立于 1913 年）对技术方面的事情很感兴趣，往往为会员出版一些技术资料。至于技术工会鼓励自己的会员接受技术培训、紧跟最新技术发展也是常见的事。例如，美国电工工会开办了夜校，使其会员熟悉无线电；纽约印刷工人工会也组织了类似的课程，培训熟练工使用高速自动印刷机。这些活动的目的不同于北美国际照相感光制版工会的政策，后者为其会员提供培训是为了控制新型工作。20 世纪 20 年代，照相胶印平版印刷术的应用促使工会鼓励其会员学习这种新方法。1937 年，该工会决定任用一位技术指导，“技术指导不仅为工会会员服务，也为那些想通过增设新部门来扩大营业或那些面临技术性生产问题的雇主们服务”[18]。另外一些工人随着机械化群集于批量生产的工厂，这些工厂主要由一些非熟练和半熟练劳动力组成。工会在萧条的行业中往往存在过一段时间。萧条行业的对应面是那些日益壮大的行业：汽车业、飞机制造业、无线电工业、电气设备工业。需求量的增长刺激了批量生产技术的引进，所以汽车业改变了以往手工业技工集中在一起用手工制造昂贵产品的方式，而是由工人们组装机械化大批量生产的零部件，以生产廉价汽车。

确实，有时新兴工业部门的工人也进行一些相当大规模的集体行动，例如反对贝多工作计量法及按成果付酬的罢工，但是工会史的很
106 大篇幅是用来描述为使这部分工人就业和被雇主承认而进行的艰苦努力。在很多情况下，非熟练工是从农民或移民中招来的，因此并不是特别得力的工会成员。与铁路工人的高度联合相比，某些新兴的竞争性行业，例如公路运输业就比较缺乏组织性。同样重要的一个事实是凡是组织起工会的地方，雇主的反对也是相当激烈的。某些家长式雇主并未阻止雇工参加工会，但他们不与工人谈判，并力图通过分红计酬、工作商议等措施向工人灌输忠于公司的理念。英国的帝国化学工业公司与联合利华公司及法国的雷诺公司就属于这种类型。还有些公司是反对工会的，例如英国的莫里斯公司（发动机公司）直到要求承认工会的多次罢工发生以后才开始承认工会。20 世纪 30 年代美国汽车工业的历史则是流血暴力史，当时要成立工会，但遭到了好斗的雇主的反对。很明显，这一时期的公司发展史中很少提及工会，或许只有一些对成立工会的打算以及对工资和劳动条件冲突的描述，也没有资料提到就采用新政策或新方法问题曾与工会进行磋商。30 年代初期雷诺公司的一名工会高级执行官员曾提出一些明显过激的建议：工人应当选出代表要求进行谈判；实行带薪休假；应当允许服务多年的雇员购买股份。后两项未付诸实施[19]。总的来说，除某些工会局部、零星地对影响其会员的决定有过一定影响，对多数工会来说，特别是那些正在发展的新兴工业的工会，其主要精力都花在工人的就业上，如果可能的话也只是就工资和工时进行谈判。在法国，1936 年人民阵线政府时期的大规模示威游行，不论其政治色彩如何，都是为增加工资和工会权利而举行的。工会较少有机会对管理工作施加重大

影响，工会的这些活动不论是不是其正式策略，其结果往往是限制了产量，这在一定程度上降低了机器的生产效率。

技术变革包括新材料的使用，总是给工会带来组织上的问题：应由谁来招募和组织这些新工人？行业工会不得不作出决定，是只限于招收熟练工还是向非熟练工也敞开大门。如上所述，这在 20 世纪 20 107
年代和 30 年代不是新问题，不过这一阶段的迅速发展尖锐地提出了这个问题，而解决方式各有不同。到 20 年代，在英国除了高度专业的工人群体，几乎不可能组织新的工会。工会组织结构在很大程度上已经相当固定，而英国职工大会的任务就是调解各工会在招收会员问题上的争论。在一个行业中，特别是耐用品生产行业，不难发现有一些工人是属于不同工会的，有的是职业工会，有的则组织结构混杂。在一个多专业工程行业中，有多达约 40 个工会，其中一些工会只吸收有独特技艺的工人（电工、模具工等），另一些则可能相互竞争。这样，汽车制造厂或无线电厂的工人便可能成为联合工程工会的会员（如果当地分会或地区分会准备尽力吸收技术不熟练的工人），也可能成为全国车辆制造者工会的会员——过去是行业工会的这家工会毫不犹豫地敞开其大门，还可能成为诸如运输与普通工人工会这样的普通工会的会员。这些工会都各有戒备地保护着自己的既得地位，几乎没有可能组成一个汽车工业工会。卡车或公共汽车司机可能成为运输与普通工人工会、普通及市政工人工会或联合道路运输工会的会员，甚至全国铁路职工工会的会员（之所以会这样，是因为铁路公司接管了公共汽车公司，同时由于雇主是同一个，铁路工会便代表它们进行了谈判）。化学工业的非熟练工通常都参加普通工会中的任一工会。过去曾成立过一个独立的化学工人工会，这不可避免地招致其他工会的敌对情绪，最终在第二次世界大战后被合并到一个普通工会中。那些受共产主义鼓励的松散的工会，在 20 年代末所取得的成就更小，并很快消失了。

这些工会结构问题不单纯是组织问题或适应技术变革的问题，它们具有很强的意识形态意义。许多欧洲国家通常并未重复英国的技术工会、非技术工会、普通工会、工业工会的样式，金属加工工人参加了金属加工工人工会，但也成立了一些金属加工工人的独立工会，这些工会都有明显的政治或宗教色彩。意大利（实行法西斯主义前）和法国都有专门的当地劳工组织，这些组织既是工会中心，也是许多其他劳动机构的中心，在精神上是工团主义的，组织了当地所有类型和
108 所有工会的工人总罢工。20 世纪初，迫切主张按工业战线组织工会的人认为，这是工人以某种形式控制工业的第一步，工人必须排除他们之间的分歧，形成联合体，才能接管自己的工业。成立于 1913 年的英国全国铁路职工工会正是牢记了这一点，但它未能与火车司机和职员达成一致。美国 30 年代工会的发展，虽然不如英国那样具有革命性，但亦可看出其相似之处。美国 1933 年的《全国劳工关系法案》在法律上给予工会一定的权力，当时美国劳工联合会中的大多数行业工会被视为有些保守和排外。其中一些更富于战斗性的领导人组织了一些新的工会，侵犯了技术工会的权限，并分裂成为产业工会联合会。一般来说，这两个机构是按技术界限划分的，产业工会联合会在政治上更为激进，在行业中更具战斗性。

20 世纪 30 年代的产业工会联合会所关心的问题，主要是吸收和组织会员为自身生存而斗争，以及试图建立集体谈判程序。有一个美国工会值得专门一提。在工人也可以分享提高劳动生产率带来的利益的前提下，早期建立起来的矿工联合会一直都接受实现机械化的原则。在 40 年代，这家工会在刘易斯（John L. Lewis）领导下实行了一项要求提高工资的战斗性动议，期望矿业主为应付由此导致的高成本而提高生产率，必须投资于更先进的机械设备。这一通过斗争来追求技术变革的做法，导致那些在无财力购置新机械的无盈利公司工作的矿工大规模失业[20]。

5.4 第二次世界大战

如同迅速发展的技术变革一样，工会在第二次世界大战期间朝两
个相反的方向发展。那些没有被轴心国军队占领的国家，不管卷入战
争与否，工会都得到发展且进一步合并为联合会。德国占领西欧诸国
后，接踵而来的或是取消工会，或是在纳粹领导下双方合作。在诸如
英国和瑞典这样的国家，会员人数得到增长，集体谈判的范围扩大了，
工会参与了联合委员会的全部事务——生产、工人健康等很多其他的
事情。欧洲大陆的工会则处于外国军事政权的控制之下，未被占领的 109
国家的工会在战后得以在战时收益和经验的基础上进一步开展活动。
德国、意大利、日本以及西欧许多国家的工会，实质上却不得不重新
开始组建。在某种程度上，它们的战时经验决定了战后的组织结构和
政策。德国和荷兰都希望社会平静，因此就产生了比较温和的工会组
织。在法国，共产党靠抵抗德国的战绩成了主要的左翼政党，并开始
支配主要的工会联合会——总工会。与大部分其他工业国相比，工会
在法国如同在意大利一样，还不那么容易被雇主接受。在瑞典，根据
1938—1939 年的萨尔特舍巴登协议，工会与雇主之间在组织结构上
建立了密切联系。第二次世界大战后，许多国家的代表团和观察家们
考察了瑞典协调的工业关系，并将其视作典范。

一般来说，工会到 1950 年时比以往任何时期都来得强大，不过刚从占领者手中获得解放的国家的工会仍处于初级阶段。在充分就业时期，雇主和政府都要考虑工会的需要，尤其是政府，因为它们当时正在奉行经济管制和社会改革的政策。在 1945 年到 1951 年这段工党政府战后重建时期，英国职工大会积极地讨论了提高产量的途径，参加了联合访美考察现代生产方法，并建立了生产部，鼓励工厂级的战时联合生产委员会继续工作。在新建立的国有化工业中，这种委员会是必须设立的。

这种用法律固定下来的或雇主与工会自愿采用的工人参与企业管

理的方式，成了许多欧洲国家（特别是1950年后）工业关系的一个特征（例如在民主德国的共同决策系统中，企业监督委员会里就有常设的工人代表）。然而，美国和加拿大的工会则继续依靠集体谈判（而不是参与管理）来达到自己的目标。不过它们强调控制工作也意味着必须把注意力集中在工厂，由于各种原因，行业关系在那里正在变得更为重要。在欧洲，许多有地方特色的做法得到推广或确立，由当地
110 的工会代表处理工人的不满情绪和进行集体谈判，各种工厂协议会也处理当地的问题。技术变革的频率及特点，促使美国工会指定自己的工会官员去处理各个工厂的工程问题[21]。

工会或在集体谈判中代表一方，或以工人代表参与的形式作为共同决策者，这两个作用是互不相容的。不管其所处的社会结构多么与众不同，不管其在政策上是温和迁就还是最终以革命为目标，工会都只能遵循两条可能相互矛盾的路线。一方面它们是为利益而斗争的体现者，在这个过程中为工人权利进行的斗争是无止境的；另一方面它们是联合的力量，集体谈判实质上是双方对彼此合法性的承认。在20世纪初，法国和德国的工团主义者就不时地反对集体谈判，并将它视为阶级合作的象征。实际上，不管工会的姿态多么富有战斗性或其态度多么富有思想，为了实现企业发展的目的，它们不得不合作。工会对技术变革与其他变革可能会乐意接受，也可能抱以怀疑态度。在1945年以前很长一段时期，管理方及雇主可单方面地采用一些技术改进，然后等待工会的反应（有时可能没有什么反应）。但在1945年以后出现了一些新的现象，这种革新的采用（虽然一开始很慢）越来越多地要与工会代表协商，尤其是在工作场所。对工会来说，重要的不仅是制定使其会员满意的条款，因为它们不仅是争取提高工资之类的经济机构，还是某种政治机构，其目的是改变就业中的权力关系。参与决策是其任务的实质，这与最终的协议内容同等重要。

相关文献

[1] Stearns, P. N. *Lives of labour: Work in a maturing industrial society,* pp. 126–7. London.1975.

[2] Slichter, S. H. *Union policies and industrial management,* p. 205. The Brookings Institution, Washington, D.C.1941.

[3] Goodrich, C. *The frontier of control: A study in British workshop politics,* p. 184. London, G. Bell (1920); reprinted Pluto Press, London.1975.

[4] Musson, A. E. *The Typographical Association, origins and history up to 1949,* p. 189. Oxford University Press, London.1954.

[5] Stearns. *Op. cit.* [1], p. 131.

[6] Mcisaac, A. M. *The Order of Railroad Telegraphers: A study in trade unionism and collective bargaining,* p. 238. Princeton University Press.1933.

[7] Fyrth, H. J., and Collins, H. *The foundry workers: A trade union history,* p. 112. Amalgamated Union of Foundry Workers, Manchester.1959.

[8] Perlman, M. *The machinists: A new study in American trade unionism,* p. 21. Harvard University Press, Cambridge, Mass.1961.

[9] Roberts, G. *Demarcation rules in shipbuilding and shiprepairing.* Department of Applied Economics, University of Cambridge, Occasional Paper No. 14, pp. 10–13,1967.

[10] Stearns. *Op. cit.* [1], p. 180.

[11] Hoxie, R. F.*Scientific management and labor.* Appleton, New York and London.1915.

[12] Guillebaud, C. W. *The works council:A German experiment in industrial democracy.* Cambridge University Press.1928.

[13] Slichter: *Op. cit.*[2], p. 205.

[14] Hilton, J., *et al. Are trade unions obstructive? An impartial inquiry,* p. 321. Victor Gollancz, London.1935.

[15] Page Arnot, R. *The miners in crisis and war: A history of the Miners' Federation of Great Britain (from 1930 onwards),* p. 60. Allen and Unwin, London.1961.

[16] Fox, A. *A history of the National Union of Boot and Shoe Operatives, 1874–1957,* pp. 418–27, 431–4. Basil Blackwell, Oxford.1958.

[17] Slichter. *Op. cit.* [2], pp. 211–13.

[18] Slichter. *Op. cit.* [2], pp. 258–9.

[19] Fridenson, P. *Histoire des Usines Renault. Vol. 1. Naissance de la Grande Entreprise* 1898/1939, pp. 237–8. Editions du Seuil, Paris.1972.

[20] Baratz, M. S. *The Union and the coal industry,* pp. 53–4, 71–2. Yale University Press, New Haven.1955.

[21] Barkin, S. The technological engineering service of an American Trade Union. *International Labour Review,* 61, 609–36.1950.

参考书目

Anderman, S. D. (ed.) *Trade unions and technological change.* Allen and Unwin, London.1967.

Baker, E. F. *Printers and technology: A history of the International Pressmen and Assistants Union.* Columbia University Press, New York.1957.

Galenson, W. (ed.) *Comparative labor movements.* Prentice-Hall, Inc., New York.1952.

Hunter, D. *The diseases of occupations* (5th edn.) English Universities Press, London.1975.

Kassalow, E. M. *Trade unions and industrial relations: An international comparison.* Random House, New York.1969.

Kendall, W. *The Labour Movement in Europe.* Allen Lane, London.1975.

Lorwin, V. R. *The French labor movement.* Harvard University Press, Cambridge, Mass.1954.

Maier, C. S. Between Taylorism and technology: European ideologies and the vision of industrial productivity in the 1920s. *Journal of Contemporary History,* 5, 27–61, 1970.

Marquand, H. M., *et al. Organized labour in four continents.* Longmans, London. 1939.

International Institute of Social History. *Mouvements ouvriers et dépressions économiques de 1929 á 1939*. Assen. 1966.

112 Nadworny, J. *Scientific management and the unions, 1900–1932. A historical analysis.* Harvard University Press, Cambridge, Mass. 1955.

Scott, W. H., *et al. Technical change and industrial relations.* Liverpool University Press. 1956.

Sheridan, T. *Mindful militants: The Amalgamated Engineering Union in Australia 1920–72*. Cambridge University Press. 1975.

Shorter, E., and Tilly, C. *Strikes in France, 1830–1968*. Cambridge University Press. 1974.

Zweig, F. *Productivity and trade unions.* Basil Blackwell, Oxford. 1951.

第 6 章

政府的作用

亚历山大·金（ALEXANDER KING）

技术发明的能力是人类与生俱来的特征。从用骨头或燧石制造第一批粗陋的工具开始，通过发明车轮、杠杆，利用火或犁，直至今天复杂的尖端工业，技术的发展一直是人类为生存而斗争的主要手段。因此，难怪有组织的社会——从最初的部落层次到构成今日世界的主权国家政府都鼓励技术发明，既有用于侵略或防御的军事技术，也鼓励民用技术的发展，它们是国家繁荣昌盛的基本标志和力量源泉。 113

在部落或国际的竞争中，拥有新技术便处于有利的地位，常能从根本上影响到权力结构和政治的发展。反之，后者对技术的发展也有影响。然而，人们时至今日对此还一直缺乏认识。例如十字弓的发明取代了当时传统的长弓，对中世纪的政治便产生了重大的影响。梵蒂冈庄严地宣称，十字弓作为破坏性武器在当时对人类的危险有如 20 世纪之使用原子弹。较好的交通或运输工具，制造陶器或熔炼金属方法的迅速改进，对各国的贸易与繁荣都具有决定性的影响。触发现代技术发展出现连锁反应的工业革命，引起 19 世纪大商业帝国的产生和国防技术的发展，是第二次世界大战结果的关键性因素。

尽管认识技术的重要性和政府必须鼓励技术发展是不言而喻的，但时至今日，对技术创新过程的性质，对科学、技术与经济的相互关系仍缺乏理解。因而，还没有一个国家能为技术发展制定出一套深思

114 熟虑的政策。当前政府在发展技术上所起的作用，是通过工业、人力、军事和财政政策，通过贸易调节，最近还通过科学政策来逐渐实现的。无论主观愿望如何，政府的政策确已有力地影响到技术的进步。

只是从20世纪50年代起，人们才一反未经验证的臆断，在收集定量资料的基础上，对技术创新加以详尽的分析。可见，在20世纪的前50年，对于技术发展的性质及其成功的条件缺乏系统的研究。60年代前，很少能得到有关某个国家技术发展与研究的汇编资料。的确，政府远没有看到这种汇编的重要性，而公司一般也不愿意并且也很难以自身的力量为这种汇编提供资料。因此，只是在1965年，弗里曼（C. Freeman）和扬（A. Young）向经济合作与发展组织（O.E.C.D.）[1]提交了他们的报告，才首次尝试出版了一份国际资源开发与研究的比较性资料。至此，关于“国际研究与开发统计年报”的资料（基于一致同意的方法与定义）才得以定期出版与发行。

因此，本章涉及的虽然是20世纪前期有关技术发展的问题，但认识这些问题必须具有对技术创新过程与性质的现代理解，并基于最近的国际比较。

6.1　技术发展的性质及其经济意义

技术发展作为工业与经济增长的根本因素，对所有政府来说都具有头等重要意义。这不仅表现在由于近期利益促使政府推行一系列的政策措施，而且有很多国家还直接表现在军事与经济的技术规划上。20世纪前半个世纪推动技术发展的措施，大多明显与当时的经济问题有关。例如，建立新的关税壁垒、进口税和其他限制措施、保护新产品以免外国的竞争。同时，多数政府还多方为增强国家的开发与研究能力创造条件。

115 在考虑政府对发展技术起作用的各种方式之前，必须讨论技术发展的性质及其与经济的关系。技术的发展可能源自一个国家、一个公司（自身的发明），也可能从其他公司或政府购买专利或专门技术。技术创新可定义为科学、技术在商业与军事上最早的成功运用，我们已经在第 3 章中指出它与经济因素的关系。技术发展有 3 个阶段：发明、创新和推广[2]。发明是科学、技术如何能运用于特定目标所引发的新概念。它既可能来源于以经验为依据的思考（过去大量的发明都是这样产生的），也可能通过将系统的基础研究运用到所需求的技术目标上。成功地运用到生产上的发明有 3/4 是由市场需求促成的，余者则是由科学发现提供的可能性及其预示的新市场刺激而产生。后者比满足市场需求的发明更为根本，它经常引起一系列其他的发明与创新。

创新是将发明转化为商品和服务的过程，国家市场经济中从事该项工作的一般是工业公司。然而，在这个阶段中保护技术的责任是由政府承担的。政府或者通过自己专门的机构，或者通过与工业企业签订合同的办法来担负该项责任。由于发展军事技术与用于民用市场的技术有很多相似之处，因而，尖端的军事技术——例如飞机、导航设备、电子计算机、电视或遥控装置等，对民用技术的发展和国际竞争都具有重大的影响。

技术发展的第三阶段是推广。它使技术创新广泛运用到工业乃至各行各业，从而成为促进经济增长的手段。很多政府长期以来都致力于提高工业生产率。为此推广现有的技术（自身的或引进的）比进行原始创新更加有效，速度也更快。推广技术的途径包括创新公司的扩展，通过各种有影响的技术出版物传播信息，通过个人接触而使信息普及，以及购买专利特许权与专门技术等。

衡量技术发展对经济的影响是很困难的。因为从技术增长中所得 116
到的直接利润目前还难以计算，而且由于长期不鼓励创新从而在国际竞争中造成落后所产生的损失也难以精确确定。在军事技术方面，与潜在的敌对国家相比，创新滞后、效率不高所构成的危险更是显而易见的。

然而，一般来说，由于大量的技术发展是市场需求促成的，因而经济学家们都倾向于把技术发展主要看作经济力量相互作用的结果。因此，凯恩斯（J. M. Keynes）从不独立地探讨技术的发展，甚至时至今日，在大多数经济学家的思想中还把“技术定位”看作含蓄的概念认为只要有需要，技术自然会来解决问题。

然而，近来有关技术问题的大量讨论，却把技术看作能自动发展的力量。人们已经认识到科学发现的重要性，因为科学发现的应用会产生经济学家想象不到的崭新产品和工艺，并开辟新的市场。从事研究的科学家——无论在大学、工业还是军事部门中，都倾向于自认为是新生产能力的创造者。这些以扩展专业知识为己任的基础研究者一旦在某个领域有了科学发现，便会受到大量的宣传，为国际所利用企业家通过助手看出科学新发现运用于生产的可能性，就会开始应用研究。如果成功的话，便会建立试验工厂或工程模型。这样就会在市场上出现新的产品，而起初的发现者却未必会了解或关心到市场。今天，这两条技术发展的途径都是存在的。本文所讲的很多发展途径都是这两种力量混合的结果。

直到 20 世纪 50 年代末，人们才尽可能用量化的手段将技术与一个国家的经济状况联系起来，最先是在农业方面，以后又进一步推及工业的发展。例如，丹尼森（E. F. Denison）在研究美国 20 世纪前半期的经济增长后得出结论，国民生产总值增长中仅有 40% 可归因于追加资本和劳动力的传统方法[3]。这段时期经济的增长主要是由他称之为有后效的因素造成的，其中尤以科学、技术、教育、企业家和
117 管理技巧等复杂因素更为重要。从本质上来看，这些研究表明质的因素和量的性质同样是很重要的。人力资源的利用和资本的运用，使很多国家国民生产总值迅速增长。各种层次的人力（从不熟练的劳动力到最高的管理者）的素质是靠教育和训练形成的，新材料、新工艺和产品市场的开发造就了更好的技术，兼之人员生产效率的提高，便使资本得到更有效的利用。

尽管对这些方法（特别是对它的某些结论）存在很多不同的看法，但大体来说它们已迅速得到认可。教育和科学都被看作国家投资的项目，并且是迄今为止最易于吸引资金的项目。政府和工业界都天真地认为，研究越多，经济的增长就越快，而对有关问题本质的研究和对提高生产效率方法的研究却重视不够。第二次世界大战以来，所有工业国家用于研究与开发的资金惊人地增长，都是由于认识到了科学发现是经济增长的推动因素。几乎与此同时出现的研究与开发统计学大大强化了这种情况，这些统计表述了一个国家研究与开发支出在国民生产总值中所占的比例，并据此排列出国际上的不同等级（有点像足球队的排名表）。这就为那些处于低名次的国家增加资源提供了有力的依据。美国处于名次的首位。

直到近来，人们还把技术的发展看作具体的发明或者科学发现的应用，现在则越来越多地认为，技术的发展还包含着更多的内容。很多明显具有生产潜力的发现没有在它的发明国得到应用，本书的其他章节描述了很多这样的情况。例如，19 世纪中叶，珀金（W. H. Perkin）发现苯胺紫明显地促发了合成染料的发展，一个庞大的产业产生了，但这不是在英国，而是在德国。法拉第（Faraday）和麦克斯韦（Maxwell）发现电的基本原理同样开辟了产生巨大新工业的可能性，但在他们本国几乎没有发明出基本的电力机械。

因此，企业家精神的存在是技术发展的基本条件，政府必须决定
其与社会、经济保持平衡的发展程度。决定技术创新成功或失败的其 118
他因素包括：适当的财政政策、有效的风险投资、基本的技术力量、各层次的适当教育、管理的发展和市场的技巧。除了这些因素，国民的心理与传统既可能有利也可能不利于技术创新。政府希望保持技术的高度发展，就必须考虑到上述因素。

当然，还有一个是否适时的因素。如果经济、科学和社会环境是有利的，那么新的发明就会立即得到应用。另外，也有经过长时间以

后才出现适时因素的情况。这样的事例很多。叉式起重车在劳动力价格高昂时才成为实用的机械，但在此前很久它早就是一种理想的机械了。由于缺乏良好的压缩器和耐高温的合金，第一批燃气轮机遭到可悲的失败。早在 1917 年爱因斯坦的方程式中已孕育着激光，但它的实现则是在 40 年以后[4]。

技术发展的另一个因素是，由科学发现开始，经过应用研究、技术开发到大批量生产需要极长的研制周期，这一点通常是被各国政府所忽略的。20 世纪就有某些主要创新项目，由发明到广泛应用经历了 20 年或 30 年乃至更长的时间（见第 3 章表 3.1，边码 52）。当然如果政府愿意为急迫的项目提供足够的资源，就可以大大缩短这个缓慢的过程。从哈恩（Otto Hahn）发现核裂变到 1945 年投掷第一颗原子弹只用了 6 年的时间。将人送上月球这项极为复杂的任务很快便获得成功，不过耗资巨大。

然而，急迫的项目毕竟是少有的情况，尽管很多人认为技术发展的研制周期应大大缩短，但能否缩短还是个问题。例如，法国从第一个“达到临界的”试验性反应堆到第一个核电站正式入电网，尽管这项技术的发展获得了相当的优惠，而且其中所包括的新技术甚少，也还是经历了 25 年的时间。有理由这样认为，我们尚未看到 20 世纪中
119 叶以前实施的某些基础研究取得具体的结果。

20 世纪早期的技术发展经历了漫长的研制周期，这是不难理解的，因为这是一个变化较为缓慢的时期。但在目前的形势下，对这个问题的认识就很棘手了。如果两个显著不同的经济周期和社会环境之间的时间短于技术发展的平均研制周期，那么“技术困境”的概念就是不可靠的。当前的危险是，某些紧急问题得到了技术上的解决，却难以及时得到经济上的解决。如果想在 21 世纪初得到非传统能源方面的实用成果，就必须从现在开始努力开发。

虽然人们目前普遍认为技术的发展是经济增长的主要源泉，却没

有证据表明新技术发源国技术上的成功对其生产成就或贸易地位有任何直接的影响，至少在工业化程度较高、技术能力较强的国家中是如此。那些要弥补其自身研究不足的国家，对外来技术的推广似乎是相当快的。日本无疑是在引进技术基础上取得巨大经济成就的最明显例子。但是，这个例子很好地说明了刚才提及的技术作用阈限的现实。日本经济上的奇迹——它始于我们现在论及的阶段之末——是通过精心计划而取得的。第二次世界大战后，日本的大部分工业被毁，只能从新目标、新思想开始。第一步是建立现代化的教育体制（见第 7 章），这项计划得到彻底的完成，从而使日本成为世界上教育最发达的国家之一。作为教育体制组成部分的自然科学基础理论研究得到广泛支持，管理结构和观念也实现了变革。由于这些原因，兼之借助于极其完善的信息体系，以及从工业化程度最高的国家（尤其是美国）雇用信息顾问，日本迅速而全面地了解全球技术信息，购买最适用的发明，最后有效地用于生产。和一切有成果的创新一样，每项开发都向人们展示了某些进步和新产品，从而使人们多年后仍信赖引进的技术。日本当时就不断开发出 120
有独创性的新产品。促使日本成功的因素还有日本工业和国际贸易与开发部（MITI）之间高度和谐的国际贸易合作，人们从这个因素中可以看到，日本的工业尽管高度依赖于多国公司（新发明大多从这些公司中购买），但仍能保持其自主性。日本是目前唯一具有务实的、深思熟虑的、详尽的产业政策以及相应技术政策的市场经济国家。

其他国家能走日本的道路吗？某些自然与人力资源优越的国家或许能走这条道路，明显的是巴西，或者是墨西哥。这取决于政府对其国家需求限度——建立起一个坚强的教育、研究与技术基础结构，对技术有充分的认识，并能够购买与开发那些适合于本国需要的外国科学与技术——的认识。伊朗企图走这条道路，但面临一定的研究与教育水平问题，因而遇到了困难。对于研究能力和管理技能较差、一般教育水平较低的发展中国家，要想很快取得技术上的成功是不太可能的。

过分依赖购买外国公司的发明，其危险是会使本国的工业受外国支配，结果会损害国家主权的独立性。日本巧妙地避免了这种危险加拿大有3000英里的边界与美国接壤，在我们目前考察的阶段中它在这方面遇到了特别大的困难。近来，它的大部分工业都被美国控制。事实上，在加拿大的美国公司所进行的研究与开发比加拿大自己的公司做得还多。人们常常担心这样的研究也许对美国的母公司更有利，且因此对美国的经济比对加拿大的经济更加有利。这个问题既是政府关心的，也是公众关心的。这种情况在澳大利亚同样存在，虽然在基础研究方面付出相当大的努力，开发活动却跟不上。人们由此猜想澳大利亚所从事的良好的研究，将会为英、美公司开发市场所利用而自己则得益甚少。

121 最后，还有一个普遍的观点需要强调。技术开发不仅耗资巨大而且也十分冒险，尽管回报可能是可观的。即使在科学上取得了成功所进行的研究也只有一小部分能带来商业应用。因此，如果成功的可能性较大，每个公司或每个国家就有必要为研究工作花费相当的力气例如，美国一家大化学公司曾经计算，在所有开始实施的基础研究项目中，只有大约10%有望在经济上足以推进到开发阶段，其中又只有很少项目能成功地得到最终产品。一家主要的电子制造商也有同样发现，在开发项目中只有大约10%能达到生产阶段，但整个企业的产品中却有70%来自这一小部分的成功开发。

6.2 技术与战争

若干世纪以来，战争常常是技术发展的强大动力，当然这里所讲的技术主要是直接用于军事目的的技术，但在战后和平时期，军事技术又广泛地转化到民用方面。在这方面，美国是一个明显的例子。一开始，它主要从事大陆发展所需的基础研究。美利坚合众国的缔造者们富有技术进步与理性思维的信念，创新者不仅对政治体制也对应用科学富有创新精神。然而，在每次新的战争中，都明显地表现出美国的科学和技术体制过于软弱，充满早已形成的学院气，不能适应非常时期的需要。因此，在内战时期和 20 世纪的两次世界大战时期，美国便建立了新的有力的研究机构。从一开始，美国国家科学机构的建立和发展就是与私营企业齐头并进的，只是着重于应用研究，而不是强调基础研究。甚至在第二次世界大战后，战时技术的领导者——布什（Vannevar Bush）在给罗斯福（Roosevelt）总统的报告《科学：无尽的前沿》（*Sciene the endless frontier*）[5] 中才请求组织基础研究的力量。在报告中，他认为应用研究会随着基础研究自发产生，暗示目前美国仍过多地依赖欧洲的基础科学以发展技术。20 世纪初，美国的情形与日本后来的经历完全不同。美国以他国的基础研究为基础建立起自己的技术创新能力，引进的研究成果是免税的，本国的发明与创新却 122
没有竞争对手。

第一次世界大战期间，德国最初的成功大多归功于业已成为科学基础的工业实力。例如，它的化学工业是建立在大批科学家研究成果的基础上的，国外很难有与之竞争的对手。另外，英国虽然有很好的基础研究，却没有制造染料、药品和其他主要化学产品的巨大能力，这些产品的生产只能匆促临时拼凑。英国政府看到了这些弱点，于 1917 年建立了科学与工业研究部，并与工业部门合作创建了至今仍然存在的工业研究协会。

第二次世界大战爆发时，德国把赌注压在战争的速决上，在不同程度上解散了为准备战争而卓有成效地艰苦工作了多年的科学组织。与此相反，英国在军事技术方面（包括飞机工业和雷达）已有相当的发展，战争一爆发便重新组织它的技术力量，并充分利用一切科技人力，包括各大学的人力。美国也动员了在工业与大学中的力量，有效地进行了庞大的军事技术研究。这些是有史以来第一批应急的技术计划，结果获得了巨大的成就，生产了喷气式飞机、微波雷达（对航行是一项革命性的成就）、新型炸药、轰炸瞄准器、近爆引信和原子弹。一个显著的特点是，科学家同工程技术人员及军事专家协作的方式，提供了能够赢得战争胜利的根本性技术创新的能力。令人遗憾的是，这种做法在战后的工业发展中却未能充分发挥作用。当然，这些努力不仅限于直接的军事技术方面，它还导致了改进青霉素（在英国发明）和 DDT（即滴滴涕，在瑞士发明）的连续生产方法，还有许多热带疾病药品的制造，促使装备热带化，并出现很多在战时与和平环境同样有用的辅助工艺。另外，一门新兴学科——运筹学将科学的方法运用于特殊的体系，例如作战飞行、区域（例如比斯开湾无雷区）的
123 防守或飞机保养。这种方法的本质就是运用简单的统计原理细致地研究并将问题公式化，它有赖于决策者与他们的运筹学工作人员间建立起诚挚的相互信任关系。当然，以后它又被运用到民用工业，而且间接地被融入一种处理复杂情况（这是现今十分需求的）的方法体系中。

战后，这些军事技术的发展被用于和平目的，导致了技术的急剧高涨，从而也使这段时期的经济得以增长。有些军事技术成果转到民用方面较为简单，例如新型的飞机、雷达导航装置、电视、电子计算机、新药品、杀虫剂和核能。然而，有很多技术转化成果非常巧妙例如用高温合金研制原有材料无法制作的各种推进器，或者使用先进的管理技术控制复杂的技术系统。更重要的是，科学已经通过技术明显表明它能广泛甚至决定性地影响战争。这就启示人们，在和平环境的经济发展中，大量运用技术也能得到同样惊人的成果。

欧洲在战后急需大量的资源来重建城市和工业。“马歇尔援助计划”使这项工作很快得以完成，但用于发展主要技术的风险资本却很少。工作的重点在于提高效率：劳动生产率的提高引发了一些小型革新，推进了工业生产过程的机械化程度并发展了自动化。另一方面在美国掀起了一场发展新技术的爆发性浪潮，西欧与日本也在 20 世纪 50 年代末参与进来了。在美国，冷战一度刺激了与苏联进行高尖

端军事技术的竞争，现在也还需要维持战时形成的国防工业体系。这是所有工业化国家中用于研究与开发的资源指数增长的时期。美国政府用于研究与开发的支出尤为庞大，最大的部分是用于与各工业公司订立合同，特别是用于开发庞大的军事技术，以后则是用在空间项目上。政府的很多钱也流到大学中用于基础和应用研究，其程度似乎已危及这些机构的独立。美国在高尖端技术领域和科学基础工业中抛开军事目的转向民用的重要性虽然曾有争论，但这样做的正面效果简直无法衡量——尽管间接但无疑是重大的。它使各工业公司与整个新 124
技术系列以及科学原理相结合，并促使高尖端技术管理新体制的出现。那种认为将资金直接用在重要经济项目上就会取得较大经济效益的看法是没有意义的。因为没有军事上的验证，私营企业是无法认识这些资源可应用到工业经济中去的。

对技术创新的需求，业已成为构筑现代世界经济的基本因素，在美国尤其如此。对产品不断更新的人为需求，已经成为一种强制的力量。它激励浪费，造成了商品废弃以及原料与能源的过度消耗。巨大的既得利益造成了高度的（但是不稳定的）经济增长。艾森豪威尔（Eisenhower）总统在其离职的告别辞中，指出了军事—工业一体化的危险。高尖端工业企业的规模与力量，使人们相信它们的发展或消退是当代技术社会不稳定的根源。这种不稳定性正是在本文考察的时期植下根子的。

核能开发、军事技术和空间技术所产生的政府与工业的复杂关系，充分说明在最近和现代技术发展中政府作用的重要性。政府为研究与开发提供资金，同时它也常常是产品的主要（而且经常是唯一的）买主。美国在这方面表现得特别明显，较小的核国家如英国、法国、加拿大也同样如此，只是程度稍次。德国在战后的军事计划与核发展方面较有节制，采取了另一条途径，在发展新的民用技术方面取得了相当大的成就。苏联把军事、空间和核技术的发展放在最优先的地位，在基础技术的创新方面是零碎的，多依靠购买外国的工艺方法与技术在执行正规五年经济计划体系中，企业要完成一定的生产定额，如果进行创新，往往迫使正常的生产计划中断，特别是在采用新工艺的开
125 始阶段尤其如此，因此很难取得成功。苏联提出了克服这些困难的各种鼓励方案，但几乎无法证明其确有成效。

6.3 政府在技术发展中的职能

如上所述，政府在实现主要的国防和经济目的的过程中，适当的技术开发是从属的目的。政府为获得上述的技术成就采用多种多样的手段，在很多情况下所采取的方法是间接的，诸如有关教育与培训工业结构、商业政策、国防等方面。政府还通过调节劳动力市场以及通过奖励、约束等措施，对各领域中从事技术开发的个人与机构施加影响。在早期工业化的国家中，优先鼓励那些能替代进口和有助于支付平衡的生产工艺。此后，政府又鼓励发展那些能通过出口换取外汇的产品，并建立关税壁垒、安全法规等来保护新技术的发展。在其他情况下，政府的行为只是为了公众的利益，例如净化空气法、区域政策和安全法规等的制定与实施。一个国家的技术体系，包括作为创新主要因素的工业，作为新知识来源的大学以及政府的活动，一切都是极为复杂的，因而不可能有保证技术创新普遍适用的政策。商品价格的波动、劳动力的变化、国外竞争和贸易条件的变化，所有这些和其他的因素，都要求政府有一个主动而灵活的态度来保证多渠道的畅通以转化和运用新的或现有的技术。

然而，政府技术政策的基本功能是保证国家的研究与开发、教育和培训的基础结构在健康的环境下得以发展，并且永远具有前瞻能力在某些国家，大学被看作政府体系的一部分，而教授被看作政府的官吏。但是在本章中，我们把大学看作独立的机构，而不是政府的一个
126 组成部分。尽管如此，我们必须承认，无论大学如何受到支持，都不

能脱离本国政府而独立工作。

下面，我们将讨论政府对技术体系发生作用的某些方面。

信息 政府要有效地维护一种可行的革新技术，就必须大力依靠其对创新过程的理解，并认识到自身努力的优势与弱点。如果政府把产业当作捞取大量税收的财源，它的政策就是没有远见的，对技术创新绝对不利。事实上，一个国家真正的长期技术（因而也是经济上）的成功，取决于政府与工业之间的共生关系，政府要将工业现状和长远的发展趋势结合起来并加以分析。取得这种成就的国家并不多，日本的特殊经验又一次为其他国家提供了很多值得借鉴的东西。如果政府要对国家有关技术开发的形势具有充分的认识，并将这些情况在工业方面引进，那就必须拥有优质的统计服务，例如人力资源、本国在世界市场上的状况、科学与技术的成就及其收益、各部门的生产业绩、专利的销售、技术支付平衡等方面的信息。

教育与培训 教育与技术发展的关系是一个极为重要的课题，本书有专章（第 7 章）论及，因此这里只作些简单叙述。20 世纪早期，政府在该领域对技术发展的支持，主要是对工程师、技术员进行职业培训，同时在大学中建立庞大的专业院系，培养科学家和工程师。这也就自然地培育了研究，它既成了教育的手段，也有利于知识的扩展。但是直至第二次世界大战末，各国才普遍把这种研究看作与技术直接有关的因素，并据此加以培育。

美国与苏联在技术上的迅速进步，以及两国共同认识到战后几十年以技术为基础的技术竞争社会需要大量的科学家和工程师，刺激了欧洲各国大大增加了培养科学家与工程师的投入。同时，由于认识到教育可以通过技术和其他途径影响到经济的增长，也大大推动了工业化国家教育的发展。

管理教育开始受到特别的关注。然而，很多已被证明适用于一般管理的方法，却难以运用到研究与技术创新上，这是由研究过程的内在不确定性及其长期性造成的。创新精神的培育和技术管理的特性问题，仍有待于深入探讨。现有的分析并未指出创新特性与各国教育背景之间的直接关系，但有证据表明，在研究与开发中的科学训练和经验，通常都是高度专门化并且专注于分析技能，因此就满足实际需要而言，对于创造性创新并没有太多的好处。

基础研究 政府的另一项职能是保证储存充分的信息，使人们能欣赏和利用世界新知识库的宝藏，并具备技术发展赖以成功的、必要的科学意识。一般认为大学为基础研究提供了最佳的环境，但在许多国家，基础研究的经费只是部分来自教育拨款，余者不得不依靠诸如昂贵设备特别补贴、科研项目资金或某些团体的资助等。的确，随着技术研究设备的精密程度越来越高，费用急剧增长，如果研究费用由大学通常的财政来支付，高等教育的财力就会入不敷出。而且，在银根紧缩时，一般性开支陷入困境的大学难以得到资金，研究工作势必有所牺牲。许多国家的政府考虑到对研究基金的需要，遂成立研究委员会以分配国家基金，这就为官方和大学之间讨论国家所需的研究提供了论坛。资金分配是基于价值标准，按照广泛接受的原则——由同等地位的人裁决——来确定的。例如，在英国继科学与工业研究部（1916 年）之后，又于 1965 年建立了科学研究委员会。

128 20 世纪早期，大学中的研究活动还不多，某些（特别是联邦结构的）国家大多是通过这种委员会来对研究提供资助。他们还建立了大批具有半自主地位的研究机构，如加拿大国家研究委员会（1917 年）澳大利亚联邦科学与工业研究组织。后者建于 1949 年，是从科学与工业研究咨询委员会（1916 年）产生出来的。的确，它是澳大利亚强有力的研究机构，有超过大学研究的趋势。经验表明，一些国家实验室若有一些任务性不是很强的一般性研究工作，就有可能靠应用研究经费将学术研究集中起来，越是这样，其质量就越高。

世界的基础研究成果可以自由地在国际上发表，从这个意义上来说是“自由产品”。然而，要识别它与应用的关系，对它加以吸收、改造，将科学运用于技术，就需付出很高的代价，如果本国没有基础研究的能力，这一切就很难得到保证。因此，一个国家技术创新与发展的能力必须与基础研究的等价能力相匹配，而政府的职能就在于保证做到这一点。当工业以最先进科学为基础时，其发展就接近于知识的前沿，应用研究与开发也就不断要求为发现开辟新航线。因此，所谓的增加基础研究（通过合同由政府及工业提供经费），实际上是一种“定向研究”，在某种意义上之所以说它是自由的，是因为其进展路线是由大学中研究工作的领导人来决定的，领导人按其知识兴趣（但必定是技术创新过程的组成部分）接受或拒绝研究项目。

政府常常企图用部分资金优先补偿由大学自由选择的研究项目的经费。这在专家和资金短缺的一些新领域是很必要的。因此，英国的农业与医学研究委员会在这些领域中建立了专门的研究单位，它们设在大学内，以后可能变成这些委员会的正规研究组织。其他一些国家曾企图通过特别基金建立或扩展“高级研究中心”，例如法国由财力充足的“协调委员会”（actions concertées）、德国则由“重点研究”（schwerpunkt）提供基金。

政府控制的研究 很多政府在自己的机构内从事大规模的应用研 129
究。起初，由政府向工业部门提供基本背景，证明这些项目是正确的，而且政府机构的主要任务之一，是决定或控制各种放射性物质的剂量标准。20 世纪早期便为此目的而建立起一些大型实验室，例如英国的国家物理实验室（1900 年）、德国的威廉皇帝（后来的马克斯·普朗克）研究所（1910 年）、美国的国家标准局（1901 年）。这些实验室经常从事大型的重要研究。例如国家物理实验室早年在金相方面的重要研究，对冶金工业有着巨大意义。政府还注意维持公用事业（如空气和水质、燃料、水力、害虫控制、食品保存、防火等）研究机构。此外，很多政府还为诸如建筑结构工业、木材工业和农业建立了研究实验室。对农业来说，由于一般的生产单位过小，不能单独建立从事研究的实验室，因而国家建立实验室尤为必要。第二次世界大战以后政府在另一领域从事的重大研究工作是和平利用核能，这类活动有很多是和工业密切合作进行的。

很多政府实验室有许多创新的杰出记录，在早期尤为明显，但给人总的印象是这些机构年复一年业绩平平。一部分原因是其工作远离用户，研发与日益变化的需求和机遇脱节，与商品化过程脱节。另一部分原因在于其行政组织部门未能充分动员与大学和工业有关的研究人员。大的国家实验室，如果其原来的使命已接近完成，或逐渐失去了优势，就很难转到新的工作上去。

工业研究　虽然工业研究与开发的最佳场所是具有较强竞争能力的工业企业，但政府从诸如国防和制定工业发展的总政策之类的自身职能来说，也有必要支持和促进研究工作。表 6.1 指出 20 世纪 60 年代若干国家用于工业研究与开发的费用在全部工业净产值中所占的百
130 分比。表中将工业内部从事的全部研发与由工业自身资源资助的研发区分开来。这种区别主要是由于政府通过合同或其他形式对工业公司予以研究资助而产生的。

虽然表 6.1 列出的是 20 世纪 60 年代的情况，但也适用于早期存在的情况。它表明各国支出的比例有很大差别。到表中所列时间为止美国具有远大于其他国家的工业研究强度，政府资助的工业研究与开发所占的比例也最高。

政府推动工业研究的方法是多种多样的。其中包括在利润基础上的专门研究合同、一般的津贴、财政上的鼓励、研究借贷（在获得成功时偿还），在政府实验室中以及在各种各样的机构中从事研究工作在各种机构中，英国的工业研究协会系统是最早并且可能也是最完备的。这些协会在各部门基础上组成，得到了当时政府的科学与工业研究部的鼓励。该部门运用政府资金在私人公司中寻找愿意合作者，从

事共同的研究。所承担的研究被认为是整个工业所需的基础研究，而每个项目又由公司代表组成的委员会来决定。科学与工业研究部从政府利益出发起监督作用，但不干涉研究项目。各个协会所进行的研究在质量上有很大的差别，在很多情况下，由于资金的限制而使研究项目难以取得突破性成果。然而，它们在提高各成员公司总体技术水平方面却作出了相当可观的贡献。一个根本困难是这种工业研究的成果属于整个成员公司，因而单个企业开发这些成果的积极性很小。这些研究协会最重要的贡献，也许是它们的信息与工业联络服务使全世界相关技术的进步通往每个成员公司，提高了总体技术水平，并鼓励小企业雇用技术人员，尽管它们小得很难从事实际上的研究。

表 6.1　13 个国家工业研究与开发的支出在工业净产值中所占的百分比

	工业内部从事的研究和开发经费占工业净产值的百分比		工业自身资助的研究和开发经费占工业净产值的百分比	
奥地利	0.4（1963）	0.8（1966）	0.4（1963）	0.8（1966）
比利时	1.5（1963）	无数据	1.5（1963）	无数据
加拿大	1.3（1963）	1.6（1967）	1.1（1963）	1.3（1967）
法国	2.0（1963）	3.1（1967）	1.3（1963）	1.8（1967）
德国	1.9（1964）	2.5（1967）	1.6（1964）	2.1（1967）
意大利	0.9（1963）	1.0（1967）	0.9（1963）	1.0（1967）
日本	2.9（1963）	2.7（1967—1968）	2.9（1963）	2.7（1967—1968）
荷兰	2.4（1964）	3.2（1967）	2.3（1964）	3.2（1967）
挪威	1.0（1963）	1.4（1967）	0.8（1963）	1.1（1967）
瑞典	2.4（1964）	2.4（1967）	1.8（1964）	1.9（1967）
瑞士	无数据	2.8（1967）	无数据	2.9（1967）
英国	3.2（1964—1965）	3.3（1966—1967）	2.0（1964—1965）	2.1（1966—1967）
美国	7.0（1963）	6.0（1966）	3.3（1963）	2.8（1966）

资料来源：《国际统计年鉴》（*International Statistical Year*），经济合作发展组织（O. E. C. D.），巴黎。

其他国家也有类似的计划。例如，成立于 1932 年的荷兰 TNO（The Netherlands Organization，荷兰应用科学研究组织），主要从事广泛的应用研究，包括工业与国防研究，运营一系列为各工业部门服务的重要研究所。这些研究所的功能在很多方面类似于英国工业研究协会，它们都是为了提高有关工业部门的总体技术水平，其工作成果用于一般开发。此外，在保密条件下，它们还为单个公司承担受资助的研究。这就使它们能洞察工业中的现实问题，从而使它们的一般工作更具实际意义。

被资助的研究机构，例如巴特尔纪念研究院（1925 年）或斯坦福研究院（1946 年），性质上都是非营利机构，已经成为美国研究领域的一个重要组成部分。它们不仅为各公司的需要服务，而且其相当一部分收入来自于与政府签订的合同。事实上，美国政府已经发现建立这样的机构是很有用的，它们可以不受官僚束缚，特别是能雇用和解雇人员，以吸引那些流动的并具有高水平的科技人员。它们中有些就设在大学附近或校园内，但并非严格地附属于高等学校。其他的如
132 1946 年作为道格拉斯飞机公司的一部分而建立的兰德公司，尽管活动全部依靠政府合同，工作却是完全独立的。这里有很多有关新机构的经验，欧洲国家还很少应用。另一方面，日本则极力仿效美国，设立了多套为公司或政府承担研究的“智囊团”，其中有些已得到诸如欧洲经济计划处或通商产业省之类的政府机构的鼓励与支持，另一些则从大公司的企业中崛起。

大型技术规划 近几十年来，国防、空间、原子能以及相关领域技术发展的主要特征，是由政府直接提出设想并列入大型技术项目中加以发展。美国在战时组织并成功地完成的曼哈顿计划就是经典的例子，较近的例子是人类登月计划。为达到经济目的而进行的快速计划还很少，但人们可以看到政府从事的军事技术发展对于提高很多工业部门的技术与管理水平都起到了推动作用，例如原子能、雷达

固体电子学和卫星通信。然而，为达到经济目的的大型技术规划和民用航空工业一样，是通过政府与单个私营公司合作开展的，至于协和式飞机则是通过政府之间的合作来进行的。这样的情况业已证明将会更具有普遍性，因为某些尖端领域里的下一代设备（如超音速飞机和电子计算机）费用高昂，远非一个大公司的财力与承担风险的能力所能担负。

然而，人们对这种做法的批评也很多，其中主要涉及选择耗资特别巨大的项目是否明智，或是否会造成资源分配失当或畸变。这种耗资巨大的项目有时是必要的，但其成功与否却取决于发展政府与工业合作的新形式，以及改善机构与管理决策，使大企业（特别是公共产业领域）中似乎不可避免的官僚主义减少到最低限度。

6.4 技术对社会的影响

工业化早期，技术发展是提高社会生产水平、改进一般生活质量的主要手段。然而过去的实际表明，人们对技术发展的副作用却甚少注意。工业革命所产生的后果在19世纪凸显出来，贫民窟、垃圾、恶劣的劳动条件，尽管遭到公众反对，但仍延续到20世纪。随着工业化程度的提高，空气和水的污染问题逐渐成为降低生活质量的因素。一些工业化国家制定了很多控制措施，例如英国从1863年开始实行碱法规，设立制碱督察员，促使制碱业有了相当大的改进。 133

在20世纪的进程中，出现了很多潜在危害人们的新污染，它们同早期工业化所产生的雾霾和河流污染不同，诸如放射性物质、DDT之类的各种广泛使用但生物不能降解的化学制品、高层大气的污染（它会破坏臭氧层而危害整个生物界），或者来自核电站和其他电站的热污染。其中有些如不加以制止，就可能酿成无法控制的有害的气候变化。

但是，技术发展产生的社会影响远非仅此而已。19世纪末至20

世纪初采用的大规模生产方法，使很多人对工作产生不满。由技术发展直接产生的各种城市问题并未得到妥善解决，广大人民的生活条件并未得到有效改善。

这些情况已经成了国际性的问题，河流、海洋和空气的污染日趋恶化并不只限于某个国家，其影响会危及整个生物圈。未来技术必须有利于社会的呼声日益高涨，在较富裕和高度工业化的国家中尤为显著。

对较简单的空气与水污染问题，国家级的控制措施日益增多，例如确定空气与水的洁净法规，确定汽车排出不洁净气体的允许度，或工厂烟囱的容许排硫量等。重要的是，这些措施在国家间必须协调一致，否则那些最认真保护环境的国家，在国际竞争中就会使其工业处于严重不利的地位。看来，迄今空气和水造成的工业污染是能够控制

的，只是所需费用较大。技术管理应能更为细致地满足社会的实际需要，这是一件较为困难的事情，具有高度的政治性，也涉及人类价值本质的转变。

6.5 技术与发展中国家

科学与技术确实是被北美、东欧、西欧、日本等富裕的工业化国家所垄断。它们总共占据世界研究与开发的 90% 以上，可能已达到 95%。

第二次世界大战以来，由于非殖民化的进展，人们的注意力集中到占世界人口大多数的发展中国家，重点放在改善人民物质生活以及与疾病和饥荒做斗争的条件上。技术无疑是一种主要的改善手段，这在工业化的、被划为“发达”的国家中，即人均年收入在 400 美元以上的国家中已经得到证明。因此，人们在将技术转移到发展中国家方面作了相当的努力，但事实证明这并不容易办到。很多迹象表明，尽管有国际上的大力支援，贫国与富国之间的差距确实还在增大，

部分原因是在发展过程中，健康状况与营养条件好转导致人口增长率提高。

将技术转移到发展中国家，主要是通过多国合作机构进行的。大部分技术用于建立诸如生产钢铁、炼油之类的基础工业，除了这些基本用途，现在还出现了一种趋势，即把工业结构健全的先进社会发展起来的、为满足上流社会所需的商品和生产方法输出到较为原始的社会。其结果之一是许多进口工业只能为一小部分上流人士的爱好与愿望服务（如同在工业化社会中所广泛存在的情况一样），因而新的技术简直不触及广大居民，需要大量人口的农业与手工业仍旧使用传统的古老方法。

很多发展中国家的人口大量、迅速地增长，失业和低就业现象普遍，资金短缺。新技术大体上是资本密集型而不是劳动密集型的。因此，在这样的国家中对技术发展有 3 种不同的需要。

第一，是一部分现代资本密集型工业，它能进行高投资产出，具有出口潜力，尤其能为今后积累基础工业所需的服务与技能；第二，发展适当的劳动密集型技术，来满足当地劳动力市场，以及当地的社会和文化要求；第三，应用科学技术方法来改进人们熟悉的传统工具、机械与操作方法。跨国企业的动机尽管会受到当地的猜疑甚至受到国内政策的干预，但仍有可能是上述第一点涉及的技术交流的主要形式。至于另外两点，新办法当然也是必要的。

政府在技术转让中的地位是重要的，但目前仍没有很好的定义。从受援国来说，他们必须提供资源，因此就十分关心援助的方向和效益，而这些又是和政治或长远的商业目标联系着的。从受援国来说，政府理所当然要对经济计划负责，因而必须选择与经济和社会目标相关的技术，否则就会形成资源的重复、不平衡以及在新资源使用上缺乏效益。

6.6 建立有利于发展新技术的环境

概而言之，政府虽然在技术创新的业务方面不承担责任，却往往在使其获得成功方面发挥间接又多方面的重要作用。这些作用部分地通过保证建立适当的教育与研究机构，部分地通过建立合适的经济、社会与财政条件来实现。然而必须再次强调的是，很多政策、措施包括乍一看与技术发展本身并无联系的政策措施都是很重要的，因为它们对技术创新或起促进作用或起倒退作用。

对于研究与开发，仅仅采取这些措施是不够的，政府的作用十分重要，否则就不能开展这项工作。为了制定有效的、灵活的研究与开发政策，政府就要充分了解研究与创新系统的运作过程，并针对不断变化的环境及时加以调整。因此，国家在基础与应用研究中均衡投入力量是重要的。第二次世界大战前，欧洲在基础研究方面领先，但在应用研究方面发展较慢。与此相反，美国主要运用别国的基础发现从事开发，在应用效果方面是杰出的，其中试验性工厂和实验性开发的规模比基础思想发源国大得多。据计算在那段时期，英国每一个基础研究人员便相应地有 1.1 个应用研究人员或开发工程师，而在美国每一个基础研究人员却有 2.5 个应用研究人员。

在历史上，另一个重要方面是对技术发展态度的变化。在具有高度科学基础的工业中，创新的成功与否取决于新设备与化学制品等是否有良好的市场。大多数欧洲国家感到它们的国土太小，不能提供这样的市场，从而把技术创新成功的希望寄托在打入美国市场。在技术成就最大的欧洲国家中，瑞士和瑞典将国内市场看作取得技术新发展并随即向全球输出的先导区。其他成就较少的国家则持较为孤立的狭隘观点，以国内消费为主要目标，并辅之以出口。

国家技术成功的另一个因素是科学家与工程师个人的积极性。这个问题主要取决于公司，但政府能产生巨大的影响。例如，使研究人员能方便地进出政府实验室，并沟通工业与大学以及政府与工业之间的联系。

政府作为很多产业产品的大主顾，通过征购政策对创新动机和提高产品质量产生重要影响，也就是说它不但影响技术本身，而且还影响市场需求。越是科学上尖端的产品，这种需求就越重要。在这里考察的时期之末兴起的国防、空间、核需求等方面是如此，在高速运输、电子计算机、公共事业、教育、新能源等方面也是如此。政府制定的有利于创新和提高质量的政策是非常重要的，如果提出更进一步的研究要求，那就必须参照新技术可能性的现有知识，并鼓励试验性和演示性的研究项目。

政府通过这些方法，通过明智地运用各种标准、规章、经实践检 137
验的法规，通过税收制度与其他种种方面的措施，可以极大地影响本国技术上的成功。

相关文献

[1] Freeman,C., and Young, A. *The Research and development effort of western Europe, North America and the Soviet Union.* O. E. C. D., Paris.1965.

[2] *The conditions for success in technological innovation.* O. E. C. D., Paris.1971.

[3] Denison, E. F. *The sources of economic growth in the United States and the alternatives.* Report to the U. S. Committee for Economic Development, New York.1962.

[4] Gabor, D. *Innovations: scientific, technological, and social.* Oxford University Press.1970.

[5] Bush, V. *Science the endless frontier. A report to the President on a program for post*war scientific research. United States Government Printing Office, Washington .1945; reissued by the National Science Foundation.1960.

第 7 章 工业化社会的教育

戴维 · 莱顿（DAVID LAYTON）

20 世纪伊始，英国与德国在工业方面还处于世界的领先地位。138
尽管大不列颠在南非战争中遭受挫折，但由于大英帝国市场的支持，它仍然信心十足，拥有超过其他任何国家的实力和财富。两次世界大战之后，到了 1950 年，工业实力与军事实力在世界范围内发生了变化，美苏两国雄居世界之首，新的现代化国家诸如日本跃居其次。

这种变迁的速度和规模，在世界历史上都引人瞩目。它之所以发生，在相当大的程度上是由于科学知识与技术发展对社会的影响。科学的进步和技术的应用又植根在教育过程中，尽管确认这一点并不意味着教育投资和工业进步之间存在某种直接的因果关系。

教育制度究竟在多大程度上服务于经济？对于这样的问题，所有国家的观点不尽相同，看法也并非始终如一。例如，民粹论者或精英统治论者基于对社会性质的看法的前提下所确定的社会目标，已经影响了教育发展的进程。进一步说，教育除了完成社会变革的进步功能，还有其传统的作用。它一直是传递文化，使年青一代获得高超技艺、充满当代价值观的社会力量。宗教和政治上的考虑决定教育事态的进程，不亚于经济方面的考虑。除此之外，不管教育的社会功能如何，人们逐渐产生了把它视为个人人权的看法，认为必须有一定的措施，以使所有的人都有发展其能力的同等机会，而不管他们的等级有多大差别，宗教信仰有多么不同。这样，教育的图景就是形形色色的、有时是体制竞争的需要之一，人们既要考虑工业效率，又要考虑社会

139 公正。本章所讨论的教育发展，将清晰地勾画出这一图景。

7.1 19世纪与20世纪之交的教育和工业

到了1900年，工业化与教育进程的不同时间安排，已经使许多国家在技术教育的经费及设备方面，特别是在较先进的设备方面产生了实质性的差异。与欧洲大陆及美利坚合众国形成对照的是，英国早就完成了第一次工业革命。19世纪后期大众初级教育制度建立之前，英国已经发生了工业革命，它的完成并没有得益于中等学校的深厚基础。19世纪后半个世纪，当来自外国机器制造厂的竞争给英国的技术教育造成压力时，许多学生的总体教育水平很低，阻碍了这场技术教育运动的发展。

在欧洲大陆以及其他地方，工业化发生于19世纪后期建立了普通教育系统之后或与之同时，这种教育系统比英国发展得更好。在此形势下，技术教育得以在长期的普通教育过程中发展起来，因此呈现较为先进的特征。20世纪初，与夏洛滕堡的柏林国立工业大学（1884年）、苏黎世工艺学院（1855年）、波士顿的麻省理工学院（1859年）、比利时列日大学的应用科学学院（1893年）相比，英国已经没有什么优势可言。

再进一步，国民对技术教育的观念也各有差异，尤其是涉及包含制造业的实践活动时。1889年颁布的《技术教育法》，把英格兰与威尔士的技术教育定义为“对用于工业的科学技术原理的指导”，没有包括“传授任何商业、工业或职业的实践活动”。其之所以采取这样的定义，可能是由于早期对职业分工的厌恶心理、害怕暴露经商奥秘情绪等诸种因素的影响。然而，更为有力的决定因素是当时盛行的放任主义哲学。以特定工业实践为内容，接受基金资助的教育，可以被

视为等同于某种直接助学金的教育。按当时大多数英国商人支持的“公正无私”原则来衡量，这是一种无法接受的偏离。结果是英格兰的技术教育分成了两部分，车间工作方法由工业雇主负责培训，具有补充作用的理论教育则由教育机构承担。

在其他地方，人们对技术教育也持有不同的看法。例如在法国，140
像巴黎的狄德罗学校（1873年）之类的商业学校，是作为技术培训学校建立起来的。在这些学校及大陆技术学校的其他较低年级里，技能训练和车间工作实践成为教育的有机组成部分。莫斯利（Mosley）教育委员会在1903年秋考察美国教育状况的一份报告中，也注意到了工业和科学技术教育间的相互渗透。在这些学校里，委员会的成员对手工所起的重要作用印象极深。它的作用不仅在职业领域得到证明，同时也为才能发展的教育要求所证明。对于更高的年级，伦敦中心学院城市同业公会协会的物理学教授艾尔顿（W. E. Ayrton）注意到厂商与学校教育内容之间密切和谐的关系。在谈到电子工程师的教育时，他说：“我每到一个地方，就有人对我说，工厂里的技术徒工应该是受过学校培训的人，大学里的工程学教授应积极参与他所研究的专业的实践活动。”

另一个有关的问题，涉及不同国家建立各自高等技术教育体系的方法。在教育的低、中级阶段，如在由科学技术系主办的各种教学班里，英格兰与其工业竞争对手相比不见得逊色多少，但是在高层次教育方面，它在20世纪开始时就已远远落后于欧美各国的竞争对手。

例如，德国的国家积极干预导致建立了旨在培养未来工程师、经理与企业主的技术高中。到19世纪末，这些学校的地位就和各大学不相上下了，不但管理自主，而且享有其他特权，其中包括学位授予权。除了工业方面的化学家，未来的德国工业领导人大多不是在综合大学，而是在这些技术学院，即Technische Hochschulen中教育出来的。就在工程师和技术员的需求初次显露时，德国大学里的氛围却对技术特别不利，科学研究的传统和学习特权的信条，酿成对做实际工作和经验性活动的抵触情绪，结果导致应用科学教育从现行大学系统中分离出去，成为独立的学科。

141 英格兰的情况与之不同。1867 年巴黎万国博览会（见第Ⅴ卷，边码 789）使人们大吃一惊，此后确立了技术教育的地位。这时正好需要新的教育机构为中产阶级提供更高的教育，不但要为那些因财力、宗教、阶级等原因被早先的大学排斥在外的人提供文科教育，而且还要提供适应时代要求的现代教学课程。于是，约克郡科学学院（1874 年）——后来的利兹大学（1904 年）创立的教学大纲强调了如下一点：学校的主要目标是“提供公认急需的东西”，即提供可用于工业技术的那些学科教育，尤其是可归属于工程、制造业、农业、矿冶的那些学科。这种新的学校以“培养未来的工头（领班者）、经理、雇主等成员”为目标，技术就是这样开始汇入英格兰公民的大学教育中，至少在一所古老大学校园里出现了萌芽。在克利夫顿（R. B. Clifton，1915 年）和奥德林（W. Odling，1912 年）离开牛津大学之前，该校的自然科学一直处在衰退状态，直到 1907 年才设立工程方面的教授职位。但是，随着卡文迪什实验室的发展，剑桥大学在 1875 年就设立了力学与应用力学的教授职位，并在 19 世纪末的前些时候引入力学荣誉学位考试制。

在美国，多样化乃是从事高等科技教育的学校的突出特征。一批专门化的技术学院创立了，例如波士顿的马萨诸塞学院。在其他地方，实力雄厚的应用科学学院也在综合性大学中成长起来，例如哥伦比亚大学的工学院和理学院。也有类似于德国和英国的大学模式。到 20 世纪初，人们还可以看到在数量方面的极大差异。一个教育委员会在 1906 年所作的报告中指出：“在各个州里，我们发现（尤其是工程系里的）车间和实验室装备有各种仪器和机器供学生使用，其规模在这个国家中还不十分清楚，为从事研究的学生所提供的设备实在是应有尽有。”

日本的帝国大学到1911年已发展到4所，成为实现国家快速现代化计划所需的行政官员和技术专家的主要来源。这些学校由国家支持，在受国家控制方面像德国，但其技术系科在很大程度上又采纳了英美的模式。与这些大学相辅相成的是那些私立学校，例如旨在造 142
就集工程师、战士之技能于一身的毕业生的明治技术学校（1909年）。尽管从欧洲的科学革命到西方科学输入日本几乎相隔3个世纪，但从西方科学制度化的建立到日本科学制度化建立所花的时间只有半个世纪。在剥去其哲学与文化的色彩之后，西方技术与东方伦理和强烈的爱国主义相结合，以服务于不断发展壮大的工业和军事实力。

高等科技教育要想得到全面发展，有赖于对中等教育打下的坚实基础。所以，进一步的基本考虑是研究20世纪早期出现的关于中等教育的观念，尤其是研究职业与技术在多大程度上被纳入这一观念中。

1900年，英格兰的中等教育令人特别不满。对1884年皇家技术教育委员会称“我们教育系统的最大缺点”——缺少高质量的现代中等学校这一现象，几乎没有采取什么补救措施。1895年，布赖斯委员会提出了使现存各种中等教育管理形式更为合理的要求，这包括学生—教师中心，由教育部赞助从初等学校选出来的“重点”学校，从科学技术部获得补助金的在编科技学校，以及地方上由慈善委员会成员赞助的语法学校（这类“公共的”独立学校，与大学和专业具有密切的关系，在我们研究的这个时期依然是中等教育的单独、私立的组成部分）。根据1899年颁布的《教育法案》条款，通过设立一个新的教育部负责监督初、中级教育以及技术教育，使权力统一在中央。3年以后，当1902年的法案把英格兰与威尔士的教育归为市辖时，地方管理问题得到了解决。那时，现存的学校董事会将被郡与郡级自治理事会所取代，自1889年颁布《技术教育法》后，它们一直利用其新的权力和资源来促进技术的研究。

当时，布赖斯委员会面临的是如何将混乱的中等教育资金来源统一的问题。这里的中等教育一方面包括有着传统课程设置的语法学校
143 另一方面还包括有着强烈科学技术倾向的在编理科学校。面对这一问题，布赖斯委员会的观点倾向于把技术教育纳入“中等教育”类。委员会成员在报告中说：“不把技术教育归于中等教育的名下，就不可能给技术教育下定义。要给中等教育下定义，就不能把技术教育的观念排除出去。”

由于受到常务秘书莫兰特（R. L. Morant）的影响，教育部拒绝了这种观点。1904 年通过的中学教育规章体现了普通教育的观念，而基本上忽略了当时已在较高级别的学校和其他地方确立的对实际经验和职业的定向学习。相反，在新的国家中等教育体制中建立了主要是学术型的课程内容，技术课程的安排被搁置一边。关于这一点，值得注意的是 20 世纪初英格兰的中等教育是带有选拔性的，而不是开放的，它只为有特权的少数人搭起狭窄的梯子，而不是为所有人铺筑起光明的阳光大道，它把技术教育排除在外，事实上一直持续到 1944 年《教育法案》颁布。为了对莫兰特和其他负责 1904 年规章的人公平起见，还必须加上如下一点——这些人为中学课程设置提供的方案博得了广泛的支持，就是那些最强调科学教育的人的支持程度也毫不逊色。《自然》杂志在评论新规章时告诉读者：“我们确切地得到承诺，从事科学事业的人们经常、不断希望获得的，就是为这些规章辩护。”

英国的技术教育与其教育体制而不是与工业体制有着历史上的联系——早在 1856 年，科学和艺术部就从商务部转移到教育理事会委员会。19 世纪早期重新组织中等教育的一个结果，就是把资源从技术教育挪用到中学的发展上来。教育部把中学视为最适合造就具有良好教育的人才的地方，希望从中培养出更具有社会代表性的小学教师。为了满足对这些教师的需求，地方当局被迫把他们能搞到的后基础教育（post-elementary education）财力的大部分用于中学建设。随之而来

的扩展如表7.1的数据所示。同时注意到，战争年代学校平均规模的扩大也是很有趣的，这反映了由于“战时工资”的结果，人们支付学费的能力增大，对教育的价值亦越来越重视的现象。

表7.1　1904—1920年英格兰与威尔士中等教育的扩大 144

	公费中学	中学的平均规模（学生人数）	学生总人数
1904—1905	575	165	94698
1914—1915	1047	190	198884
1919—1920	1141	270	307862

与其他因素相比，也许是为初等学校提供未来师资的作用极大地影响了市立中学，使之采纳了主要表现为学术的、非职业技术性的课程设置，这也说明在编理科学校已失去其科学的、技术的以及手工的特色，原因在于它们被同化成了新的中等学校。对于小学的教师而言，在文学课程和人文科学方面的有效训练，被视为比任何应用科学技术的系统学习更重要。就科学研究和文学研究的教育价值所展开的论争，可以追溯到比莫兰特更远的年代，不过1904年作出的决策必定支持了这样的观点——技术员和技师的社会地位比文人的社会地位要低。1950年的教育部报告在综述前半个世纪的进展时，巧妙而又谨慎地陈述道：“1902年的《教育法案》……没有导致在作为技术教育的物质设备方面的任何巨大的直接增加。”

如果把我们的眼光从不列颠转到欧洲大陆上来，就会发现技术教育与工业的联系比与教育结构的联系更紧密。在法、德两国，中学是在未顾及实际应用的情况下独立发展起来的。然而在20世纪伊始，大陆上出现了许多法国人称为“中等教育危机”的现象。国会中等教育委员会在1899年所作的报告中表达了这样的观点，法国需要的不是更多的学者，而是更多的实际工作者和工程师。传统的中学课程太重文科和知识性教育了，哲学班成为最高的荣誉。随后几年所进行的

145 改革，旨在为以自然科学为基础但不排斥其他内容的现代改革提供一个可靠的依据。

到了 1900 年，德国的中等教育已呈现出多样性的特点。这里的中等教育除了古典高级中学（classical Gymnasium），还包括两种已经确立其地位的学校：一种是着重教授自然科学和现代语言的实科中学（Realgymnasium），这里仍然教授拉丁语；另一种是九年制理科中学（Oberrealschule），这里不教拉丁语，课程重点放在现代语言、数学、科学和绘画上。那时，尽管九年制理科中学“旨在最接近学生切身经历与可能的职业要求提出教育项目”，但狭义上的技术教育尚未出现，两种学校都是针对德国皇帝在 1900 年认为“受高等教育的人过多”而设立的。同年，既阐明条顿民族的效率又阐明中心管理的中等教育皇家法令确立了如下原则：从传播普通知识文化以及高等教育发展的进程来看，这三类中学被认为具有同等的价值。

早些年俾斯麦（Bismark）以普鲁士民族的立场考察外部世界时，曾提醒人们要“密切注视美利坚合众国，因为他们可能会在经济事务中构成对欧洲的威胁……”到了 20 世纪早期，美国的工业成就和教育态度已经很有效地影响着欧洲的教育，使欧洲教育朝着实用的、民主的方向发展。在美国和其他一些地方，人们密切注视着中等教育在现代工业化社会中的功能。由国家教育协会任命的“十人委员会”在 1893 年提交的报告，迈出了重要的一步。报告提出了把中等教育视为初级教育之自然延伸的观点，摒弃了视中学为大学或高等教育的准备阶段的思想观念。和不列颠及大多数欧洲国家形成鲜明对照的是，美国的中等教育是免费的，所以高中面向所有的青少年，对于大多数青少年来说，它是教育的终点而不是一个驿站。它的课程设置不可避免地受制于职业方面的压力。一般来讲，这种压力来自原有学校的扩展而不是新学校的创立。大陆型商业学校的思想与较早的职业选择以及超越社会阶层往上发展的机遇有关，与在美国教育中占主导地位的民主精神并不那么融洽。随着对技术学习需求的不断增长，当时的趋势是将这些职业性的课程纳入一种“技术”高中的课程中。 146

俾斯麦可能曾经告诫人们，除了来自西方世界的经济威胁，还有来自东方国家的经济威胁。从1868年明治维新开始，日本一直在强化自己的科学技术资源。首先，吸收外国顾问和教师，然后发展旨在承担起“富国强兵”目标的义务教育机构。为了适应工业的迅速扩展，培养大量的技术人员和“军士”，在中学水平上的职业技术学校与正统的中学一起建立起来。到1903年，与340所传统中学相比，有大约200所中等技术学校通过教育系统提供了一个显著的就业渠道。

考察20世纪初教育与工业关系的最后一点，是要讨论工业劳动力以及教育系统在多大程度上提供劳动力的问题。阿什比勋爵（Lord Ashby）曾经指出：“英国的大学在英国工业的上升发展过程中根本没有发挥任何作用。”莫兹里（Maudsleys）、阿克莱特（Arkwrights）、克伦普顿（Cromptons）、达比（Darbys）以及贝塞麦（Bessemers）等工业巨匠们，根本就没有受过系统的科学技术教育。这和德国的工业发展形成鲜明的对比，在19世纪末，仅巴顿氨碱厂就雇用了在科学方面训练有素的化学家100人、工程师30人。如果算一下这个时期的总账，德国大约有4000名获得学位的化学家，其中有1000人服务于化学工业。与此同时，英国所有的专业大约有2400名获得学位的科学家受雇于各个领域，包括综合大学、技术学院、各类科学公共机构、学校和工业部门，其中只有1/10的人从事工业研究。大部分理科毕业生在某一层次的学校任教，这种情况一直持续到第一次世界大战。

在美国，我们已经评论了工业对有学位的科学家和技术人员所持的友善态度。美国工业高度重视训练有素的大学毕业生，最好的证据莫过于看看它给教育提供的设备和资金，仅资金一项在1890年到1901年间就高达2300万英镑。如果还需要更多证据的话，则可以注意主要工业研究实验室的建立这一事实，其先驱是早在1876年爱迪生（T. A. Edison）在门罗帕克建立的中心，接着是通用电气研究实
147 验室（1900年）、杜邦东方实验室（1902年）、伊斯门·柯达实验室（1912年）等各大实验室的设立。

19世纪后半期出现的英国城市大学所缺乏的国家经济支持，直到20世纪头10年才给予特许。伯明翰（1900年）、曼彻斯特（1903年）、利物浦（1903年）、利兹（1904年）、设菲尔德（1905年）和布里斯特尔（1909年）这些学校曾在某一时期清楚地表明了它们的打算，用霍尔丹（Haldane）的话说就是“满足制造者的需求”。那时几乎没有英国公司设有研究室，工业研究协会也还没有成立。除了1900年仿照夏洛滕堡的物理技术皇家实验室建立的国家物理实验室别无其他国家级的工业研究中心。结果，城市大学得以在工业研究和许多领域的革新中发挥重要的作用，包括冶金、燃料工程、纤维化学、肥皂制造、酿酒、造船以及其他各种工程技术领域。实际上已经有人恰当地认为，这些城市大学在这一方面比以前任何时候都更为重要。

同时，就有关英格兰的情况来看，有值得重视的证据表明，导致产生职业科学家和技术人员的并非工业的需要。1902年，拉姆齐爵士（Sir William Ramsay）在研究科学如何用于工业时，告诉伦敦郡议会技术教育委员会，对大学培养出卓越化学家的需求不能与所提供的数目相协调，“制造商们尚未觉察到雇用化学家的必要性”。工程师的情况也是如此。英格兰应夏洛滕堡技术高中的需要新建了帝国学院（1907年），旨在每年培养出200多名工程师。就业机会的分析表明，这将导致极大的过剩。20世纪初期发展起来的大学选派委员会，经常报告化学与工程技术的大学毕业生在工业系统谋职所遇到的困难。

7.2 第一次世界大战前的岁月

洛克耶爵士（Sir Norman Lockyer）是当时一位很有见识的科学家，
他在 1903 年就职英国科学进步协会主席时的演说题目就叫“脑力对 148
历史的影响”，结论与莫斯利委员会次年就美国教育所作报告的结论很一致。忠诚、顽强、振奋，尽管这些为英国人所特有的品质自身都很有价值，但若不与实际应用现代科学知识的能力相结合，在 20 世纪变化巨大的世界面前将毫无用处。受过训练的聪明才智才是把握未来产业竞争与效能的关键。

在这一点上，洛克耶把注意力集中于英国缺乏高效的大学和国家不重视科学研究方面。和美国的 134 所国立与私立大学、德国的 22 所国立大学相比，在洛克耶发表演说时英国总共拥有 13 所大学——英格兰 6 所、威尔士 1 所、苏格兰 4 所，还有 2 所在爱尔兰。此外，国家给予的经济支持也很不够。1903 年国家给予英格兰大学和学院的资金总数是 2.7 万英镑，同年德国给它的一所大学——柏林大学的经费就是 13 万英镑，而 1904—1905 年纽约州各大学除了捐款之外的收入有 98.13 万英镑。

洛克耶演说的结果是英国科学进步协会组织了一个代表团于 1904 年 7 月拜见首相，新老大学、工业界、纯科学及应用科学和人文学科的代表组织起来，强烈要求国家增加对大学的支持。结果，大学对工业发展的贡献得到了认同，增加了国家对学校资金的分配额。
1900 年，国内预算给英国的大学和学院的总资助是 8.5 万英镑。到 149
1912—1913 年，这笔开支已增加到 28.7 万英镑，其中包括给英格兰的大学和大学学院的 15 万英镑。即使如此，和德、美两国相比，英格兰和威尔士在国家给大学以财政支持方面所处的劣势，一直是许多年间人们不断抱怨的话题。每万人中大学生数的“排名表”，足以进一步显示出第一次世界大战前英格兰的大学生贮备比较薄弱（表 7.2）。在全日制科技专业学生方面，英国的情况更糟（表 7.3）。

表 7.2　1913—1914 年美国、德国和英国的大学生数

	大学及技术学院学生（万）	人口（百万）	每万人中的大学生
苏格兰	0.8	4.8	17
德国	9	65	14
美国	10	100	10
爱尔兰	0.3	4.4	7
威尔士	0.12	2	6
英格兰	1.7	34	5

表 7.3　1913—1914 年美国、德国和英国全日制科技专业学生数

	全日制科技专业学生（万）	人口（百万）	每万人中的科技学生
美国	4	100	4
德国	1.7	65	2.6
英国	0.6456	40.8	1.6

战前以优良成绩毕业的科学技术（包括数学）专业大学生每年基本上不超过 500 人。在英格兰和威尔士，每年进入大学和学院就读的男生中，有将近半数来自私立的“公学”，这些学校毕业生中超过 16 岁的有 25%—30% 继续到大学深造。与此形成鲜明对照的是，国立中学 16 岁和 16 岁以上的毕业生中进大学继续学习的只不过 10%要增加理科大学生，来源正在后一类学校中，这一点已得到普遍承认如 1904 年代表团的一位成员所言：“到目前为止，大学教育一直是较富有的人的一种奢侈品，而它的目标是为较贫穷的阶级具有进取精神的人敞开大门。”

1907 年在英格兰采用的“免费制”在这个方向迈出了一步。根据这种制度，受公费补助的中学每年要为来自小学的免费学生保留 25% 的入学名额。此外，地方教育机关授权给这些中学里有培养前
150 途的学生提供奖学金，以帮助他们升入大学。到 1911 年，大学和学院中有 1400 名学生是这样维持学业的。同年，教育部开始给四年制

学生提供助学金，并为接受专门教育的男女学生提供同等学位和职业训练。对于国立大学和国立大学学院后来的发展，据信它们“应归功于文学院的存在以及在许多情况下纯理科学院有一大批未来的教师，他们的学位课程几乎是全靠国家资助的”。

随着英国中等教育的扩大，大学和大学学院得以减掉某些基础性课程，而向学位级课程发展。与此同时，因其强烈的科技倾向而获得生机的学校中，文学院也得到了实质性的发展，这种发展主要归因于中学对教师的需求。所有系科尤其是科学技术领域，知识的迅速扩展和专业化程度的增加导致了新学科、新教授职位的创立。典型的例子有利物浦的生物化学（1902 年）、伯明翰的酿造（1899 年）、利兹的煤气和燃料工业（1906 年）、纽卡斯尔的造船业（1907 年）。

在这一时期，英、美大学中出现的“新领域更均等的、不受干扰的发展，以及学术研究与实际应用间平稳得多的工作关系”，在很大程度上归因于学校的系科结构。与此形成对照的是，德国的教授职位体制以及与此相关联的教授寡头组织却产生了一种保守的影响，趋于反对扩展研究领域和建立新的学科。尽管人们一再强调对德国工业优势的担心和对德国学位质量的持续认可，但到 20 世纪的头 10 年末，其他国家的卓越成就也是无可置疑的。纯科学中剑桥的物理学，应用科学中设菲尔德和伯明翰的冶金学、利兹和曼彻斯特的染料化学和印染业，都在各自的领域里夺得了学术领导地位。在美国，赖尔森物理实验室在芝加哥建立，美国第一位诺贝尔奖获得者迈克耳孙（A. A. Michelson）任室主任。此外，美国大学中强大的文科和理科研究生院的发展，可以有效地训练研究工作者，博士学位已成为他们职业能力 151
的象征。美国没有教育的中心权力机构，没有任何制定全国性大学政策的机构，这就提供了一个竞争激发革新的环境。和研究生院同时出现的诸如医学、工程、农业、教育等职业研究生院发展起来了，它们研究“专门领域里产生的”问题，为实践和训练提供研究基础。正如本－戴维（Joseph Ben-David）表明的那样，到 20 世纪的前 10 年已经出现了职业上合格的研究工作者这一概念。

如果说美国借助大学中的发展以满足高水平劳动力的需求是成功的话，那么在较低层次的情况就不甚理想。20 世纪的头 10 年是美国工业迅猛发展的 10 年，工厂和农场对熟练工人的需求一再增加。这个时期迁入美国的几百万移民大多来自意大利、俄国和东欧。和先前从北欧汇入的人相反，新移民中很少有人具备发展经济所需要的技能

1906 年，旨在促进工业教育的全国工业教育促进协会成立了它是一个施加压力的组织，目标是统一国家在职业教育方面的各种力量。在随后数年中，伴随着对现存学校体系太注重书本、太学究气的批判，许多国家级职业教育项目被采纳。结果，这个全国性协会采纳了联邦资助职业教育的方针。1914 年，当威尔逊（Wilson）总统签发组建国家职业教育资助委员会的法案时，这个组织的努力就大见成效了。委员会的报告（美国职业教育的宪章）导致 1917 年在《史密斯—休斯法案》下启动职业教育的 700 万美元。这里的职业教育是指低于大学水平的农业、贸易与工业、国内经济和商业的教育。大多数职业学科的全日制学习是在中学里进行的。

这时候，职业方面的压力在英国也存在。我们会记得，1904 年的中学法案规定普及教育要到 16 岁，包括“英语语言文学，至少一
152 门非英语的语言，地理、历史、数学、科学和绘画”。1907 年的新条例在一定程度上脱离了偏重学术的倾向，尤其是在学生最后一年左右的学校生活中更是如此。它将“免费者”包括进去，为有志在 16 岁时进入工业或商界的学生提供免费教育。然而，这方面的发展是有限的。同时，小学的最高年级有一个职业和技术教育的全盛期。1905 年伦敦郡议会创建了若干中心学校，意欲给学生“朝某种行业工作的明确导向”。到 1912 年，伦敦有 31 所这样的学校，而诸如曼彻斯特等其他当局也跟着做。作为普通或专业性商业学校的初级技术学校也出

现了，未来的工匠和体力劳动者在十三四岁离开小学后，可以在这种学校里有效地继续前学徒期的教育。根据 1913 年发布的条例，初级技术学校被视为一种独立的类型，独立于中学，且因增加的补助基金而得到促进。同时，它们的作用也受到限制，并不为“专门职业、大学，或是高级全职技术工作提供预备教育”。它们接收的 13 岁学生，是有奖学金的孩子被挑选后剩下的小学生。

在这个时期以及随后的时间里，都显示出珀西勋爵（Lord Eustace Percy）后来所说的“对技术教育的奇怪怀疑”，以及“对劳动阶级的教育，必须是一种丰富的、非职业性的教育，应当排除将整套技术教育当作社会奴役的象征”。在这些反职业教育者中，工党的声调丝毫不低，它提倡把中心学校和初级技术学校转变为普及性免费中等教育体制的一个部分。

7.3 第一次世界大战

1914 年战争的爆发，几乎在一夜之间将英国的各种基本进口项目剥夺得一干二净，同时，工业对科学技术的依赖也陷入窘境。士兵制服用的土黄色染料、药物、永磁发电机、瞄准器、制造高速钢的钨很快就成了短缺商品。对科学知识可悲的忽视是英国统治阶级既定思维的一大特点。政府的一位官员在一次公开声明中指责他的一位同事没有阻止将猪油输出给德国，其理由是最近发现制造炸药的一种基本成分——丙三醇可以从猪油中提取。在战争中，科学知识的缺乏同样有着灾难性的后果。一位被军队招募为化学顾问的大学化学家怒气冲冲地在战争结束时写道：“我们无疑已经证实……我们的大多数伤亡（在毒气侵袭中）是由于军官和士兵不知晓自然科学原理而造成的。”即便是最基本的科学事实，诸如日光和微风使液体蒸发之类，官兵们好像也是一窍不通。 153

战争的头几年里，人们急切关注的是与工业的联系。在对科学在国家生活中的地位进行重新评价的要求后面，是诸如皇家学会、英国科学协会、化学会、化学工业学会、化学研究院这些组织举足轻重的科学观点。与此同时，教育部的大学分部 1914 年 12 月准备了一份表明增加科研工作者数量的情况通报。据估计，在英格兰和威尔士各大学从事与工业有关的研究人员，教师至多只有 250 名，全日制大学生至多只有 400 名。在伦敦综合工艺学院和少数地方技术学院也许还有 50 名这类研究人员。与此相比，德国大学和技术高校的研究工作者已有教师 673 名，大学生 3046 名。

很明显，要增加训练有素的科研工作者的数量，就必须扩大中学大学中学习科学的学生人数。不幸的是，战争使大学的发展极为困难因为许多教学人员受聘于军事和工业项目了。在这种环境下，要长期根本地解决增加数量的问题是不可能成功的。“负责英国议会为科学和工业研究提供的新经费之开支”的枢密院委员会顾问委员会（1915 年 7 月），以及随后于 1916 年 12 月成立的科学与工业研究部，都把注意力更集中于资助与工业有关的专门科学研究项目。他们对于建立
154 工业研究协会同样给予鼓励，但直到战争结束，以奖学金支持研究生培训方面才有明显的进展。

不过，长远的教育问题并未被人遗忘。1900 年成立、其后每年召开年会的组织——公学理科教师协会的成员们，于 1915 年成立了一个小组，寻求改善自己学校中理科地位的可以一试的办法。征求当时著名的科学家、协会的前任主席兰克斯特爵士（Sir Ray Lankester）的意见后，1916 年 2 月 2 日的《泰晤士报》（*The Times*）刊出了一份由 36 位科学带头人签名的备忘录，后来又发表在 3 月 7 日的《泰晤士报教育增刊》（*The Times Eduational Supplement*）上。这份文件的中心议题，毫不回避城市和军队领导的教育问题。他们假定，一旦跻身公共事业各阶层的人们的教育走上正轨，那么“民众的教育……就会跟上富裕阶层教育的变化”尽管近来大型公学已花了 25 万英镑之多的钱款来建立实验室、购置科

学设备，但旧时的既得利益仍然保持着他们的优势。备忘录指出了这样的事实，在35所最大、最著名的公学中，有34所的校长是文科教师。同样，牛津、剑桥、桑德赫斯特军事学院的入学考试，以及公职的任命考试，都具有使公立学校的课程轻视自然科学的特点。

1916年5月3日在林奈学会召开的一次会议上，正式设立了一个反对忽视科学的委员会，后来分发了1.3万份会议录。第二天，古典文学艺术研究的卫道士们的强烈反对出现在《泰晤士报》上。在后来的几个月里，科学的学术力量和人文学科研究的学术力量逐渐地聚合起来。在皇家学会的倡议下，1916年成立了一个科学团体联合委员会，代表着大约50个科学团体。皇家学会总是生怕他人闯入它自视为其管辖的领域，所以早就对建立科学与工业研究顾问委员会的提议持批评态度。现在，在联合委员会下面成立了一个教育监察委员会，到1917年1月，这个委员会在教育争论中已承担起科学利益主要代言人的作用，从而取代了不再起作用的反对忽视科学的委员会。在文科方面，由英国科学院教育委员会和五个学科协会，即古典文学艺术文 155
科协会、英语协会、历史协会、地理协会以及现代语言协会，合并在一起于1916年秋成立了人文学科研究委员会。

1916年12月至1918年7月间召开了一系列的联合会议。会上，双方代表就为16岁以下的中学生所适用的普通的、非专业的、非职业的既包括理科又包括文科的课程设置问题，在很大程度上取得了一致意见。此后，那些在校生就可以逐步进行专业学习了。1916年8月任命的由汤姆孙爵士（Sir J. J. Thomson）任主席的首相直属委员会，在报告英国教育体制中自然科学的地位时也得出了相似的结论。

同时，公学理科教师协会在题为《所有人的科学》（*Science for all*）的小册子中，概述了普通中学教育理科课程的种类，以供汤姆孙委员会作为证据。应该牢记，理科教师在写《所有人的科学》这本小册子时，“所有人”是指公学中的全部学生。在这种背景下，显然有必要把对理科学习的应用所进行的职业型辩护与自由化辩护作出严格的区分。《所有人的科学》的作者们争辩道："如果可以表明学校的理科能强烈激发学生的想象力……那么它就必须成为每所学校课程中不可或缺的组成部分。另一方面，如果仅仅把它归之于有用的教育，那么最好是让它保持为某些未来军人、未来化学家、工程师和医生的'特殊学习'。"科学方法的反复灌输，科学知识及其价值的评估，想象力的激发以及美感等，是公学理科教师的首要目标。现存理科课程设置的基本内容，除了物理学和化学，还有天文学、地质学和生物学，这些普通科学应是培养未来公民，而不是培养未来科学家的。结果，普通科学运动进展得很慢。表 7.4 所示为新设立的一级学校毕业证书考试的各科参加者人数，对化学和物理学（以及女子学校中的植物学）之统治地位一时尚不存在挑战。

表 7.4　1919—1926 年一级学校毕业证书考试理科参试者人数

年份	植物学	化学	普通科学	物理学
1919	8017	9110	513	5089
1922	11841	15939	1133	8443
1924	18524	19962	1266	11064
1926	13627	21527	1340	13255

1917 年，一级考试或学校证书的设立，是为理顺校外主办的杂乱而不规范的中学考试计划的一部分。为了保持 16 岁以下学生的中等教育的一般特性，欲获证书者须参加 3 组主课的考试，且皆取得令
156 人满意的成绩。这些考试科目是：（1）英语；（2）外国语言；（3）自然科学与数学。对于职业或实用科目的正式考试没有作出明文规定而且尽管简化的、标准的新考试系统的好处相当多，但它也使课程设置变得在学术方向上程式化了。

二级考试或高级证书是为那些通过一级考试后又继续学习两年的

学生准备的。它的设立和新条例的引进相一致，而这些新条例则规定了国家如何对中学实行资助。助学金是为了鼓励诸如科学、数学、古典学科以及现代学科这些高级课程的发展。在大战结束之前，高质量的六年级（英国中等学校的最高年级）学习牢固地建立在有限的专业化原则的基础上，包括有关学科组以及提供适当的教学资源（表 7.5）。随着六年级学习的发展，尤其是在理科方面，意欲进入大学深造的人数增加了，如表 7.6 所示。

表 7.5　1917—1925 年英格兰和威尔士的六年级课程

年份	科学与数学	现代学科	古典学科
1917—1918	82	25	20
1918—1919	155	78	27
1919—1920	189	118	29
1920—1921	216	152	35
1921—1922	230	180	37
1922—1923	228	179	37
1923—1924	230	188	37
1924—1925	235	188	37

表 7.6　1908—1925 年英格兰和威尔士从受国家资助学校毕业进入大学的学生人数

年份	男生	女生
1908—1909	695	361
1920—1921	1674	1214
1924—1925	1912	1330

战争年代大学自身采取了一些措施，以增强具有研究经验的毕业 157
生的培养。在牛津大学，小珀金（W. H. Perkin, junior）成功地设立了把研究作为化学学业优秀的荣誉学位的重要组成部分。更有意义的革新是 1917 年采用博士学位作为承认研究生工作的学历资格。为了吸

引国外从事研究的大学生，也为了鼓励研究生的相互交换，学位制度受到外交部的强有力支持。战后的几年里它没能达到第一个目标，然而却证明了它在重要的研究型学校的发展过程中起着推动作用。

反对忽视科学的委员会一直关注着社会精英的科学教育。然而还存在着其他人的教育问题，他们不是官员，而是老百姓。这些人必须就学的年龄仍然是12岁，尽管经官方准许也可以把年龄放宽到14岁有人认为既然战争要求人们作出同样的牺牲，那就应给所有人以均等的机会，有人则感到应该对由战争和高工资助长的年青一代之独立观念施以某种程度的控制。部分是由于对前一种观点的回答，部分起因于后一种感觉，但主要还是为了满足经济效率增加的需要，1918年的渔人教育法案把必须就学的年龄放宽到14岁，并且为14—16岁、后来扩大到18岁的年轻人设立了半日制进修班。这是一个以青少年为“培养中的工人和公民”取代视年轻人为劳动力的观念转变，也是试图摆脱英格兰以进修和夜校为特征的自愿原则的一种尝试。德国的情况与此形成鲜明的对照，在那里国家早就立法设立了全日制补习学校（Fortbildungsschule）体制。正如《教育杂志》（*Journal of Education*）在1914年的评论：“德国是那么谨慎地在进修领域保护着它的年轻人
158 在英格兰，一名夜盗能在夜校就读，教唆犯也许能拿到助学金。”结果由于工业方面的反对，也由于20世纪20年代初国家财政开支的节约运动，英格兰的全日制进修学校未能大幅度地发展。由某些公司以及由雇主和地方政府合作，以自愿为原则建立了数量有限的全日制进修学校。工业界从这些学校里招募了一些它所需要的工头和未来的经理然而，这方面的发展相当缓慢。英格兰和威尔士的继续教育，不管是非职业方面的还是技术方面的，都未能摆脱其夜校教育的传统。

7.4 两次世界大战之间的岁月

工业强国之间的战争所造成的人类毁灭，其规模是此前无法想

象的。1915 年，在竭力攻破德国战线的 10 个月内，英法两国一共有 150 万人丧失了性命。在工业生产的某些领域内，每 5 名法国机械师中就有一人被打死或是致残。与此同时，人口统计规划指出，战后法国能工作的人口将会减少。法国的劳动力也有质量下降的迹象，在 13 岁至 18 岁的 161.4 万名年轻人中，只有不到十分之一的人受过充分的专门技术训练。

在这种背景下，为了经济的发展，最大限度地发挥个人效能的问题就放在了首位。1919 年 7 月颁行的《阿斯蒂埃法》(*Loi Astier*)，开创了对各层次技术教育的全面整顿。为了解决改革的经费开支问题，还对每年工资超过 1 万法郎的所有雇主征收徒工税。只有在公司对其学徒的培训和证书考试作出充分安排的情形下，才可以免交此税。由教育、工业、商业专家组成的地方委员会，控制着免税额和支付额。到 1932 年，税收的总额已达 1.58 亿法郎，其中的 6900 万法郎由工业界自身用来支撑对徒工的技术培训计划。

英国没有对发展技术教育提供此类国家鼓励，由于国库拒绝给予财政支持，强制性全日制进修学校的提案无法实施。到了 1928 年，只有拉格比地区这个电子工业的中心还保留了一所学校。要求办这种技术教育的压力来自下边，起源于学生的热望而不是工业对人力的需 159
要。在两次世界大战之间的岁月里，英国的技术人力供应和工商业的需求大致平衡。雇主给技术教育提供支持，与其说是为了所需的特殊职业技能，倒不如说是因为严格的半日制学习有益于培养劳动者的道德素质。但就学生而言，想沿着职业的阶梯往上爬，还要取决于主要考试的效果和分数。

1911 年和 1918 年科学与艺术系“低级”和“高级”水平的考试相继废止后，技术考试的责任就转给了像伦敦城市行业协会(City and Guilds of london Institute)之类的团体以及地区考试团体。一些团体办得很好，例如兰开夏协会、柴郡联合会(Union of Lancashire and Cheshire

Institutes）以及教育协会联合会，有的则是新近才成立的，例如东米德兰德教育协会（1911 年）以及北部各郡技术考试委员会（1921 年）。地区型的团体尤其关注低级水平考试和技艺课程，地区特色使它们能够让资金供应适合于当地的情况。战后，技术学院和职业性理工学院合作对学生培训和核发证书，导致一种对高级技术教育特别有意义的全国性重要发展。就开创国家机械工程证书的事例（1921 年）而言，各学院单独拟定的教学大纲要由教育部、机械工程师组织和大学三方代表组成的国家联合委员会批准，这一委员会任命的审查人员要详细检查考试答卷。类似的安排同化学会（1921 年）、电气工程师学会（1923 年）以及船舶工程学会（1926 年）协商进行。建筑和纺织方面的国家证书计划后来也加了进去，同时，为全日制学生设立了国家级的学位证书。国家职业团体间联系的强化是这一发展的重要特征，这种联系表现为通过证书考试便可不参加自己机构的考试。

如表 7.7 所示，获得证书的人数在两次世界大战之间的年月里稳
160 步上升，其主要的发展是在工程科目方面。第二次世界大战刚结束不久，英国开始了原子能计划。由欣顿（Christopher Hinton，后来的欣顿勋爵）领导的设计与施工团队中，就有许多关键人物是通过证书考试升上来的。欣顿本人在剑桥的机械科学专业毕业之前，16 岁离开奇普纳姆中学后即在西部铁路干线当学徒，同时参加夜校班的大学预科的学习。

表 7.7　国家证书计划的发展：1923—1950 年获得证书的人数

科目	证书	1923	1931	1939	1944	1950
机械工程（1921）	普通	606	974	1833	2536	5614
	高级	122	327	632	837	2435
化学（1921）	普通	57	108	196	167	615
	高级	46	47	58	64	222

（续表）

科目	证书	1923	1931	1939	1944	1950
电气工程（1923）	普通	—	592	1133	1035	2915
	高级	—	279	421	388	1394

在两次世界大战之间的年月里，英格兰高等技术教育约有2/3的生源来自技术学院和相关的非大学学院。在所设课程中有一部分是伦敦大学的校外学位课程，这种课程是半日制的，每年授予的技术学位约占总学位数的10%。在大学内部，与文科和纯科学相比，技术是一个日渐衰落的系。从数字上看，1938—1939年间的入学人数和战后那几年的入学人数相近，但是，若从总的大学入学人数的百分比来看，技术在同一时期从20%降到仅为11%（表7.8）。

表7.8　英国大学各系入学人数

年份	文科	纯科学	医学	技术	农业	总计
1919—1920	6148	3827	6073	4202	236	20486
1920—1921	6587	4263	6788	4492	282	22412
1924—1925	13407	5736	6729	2970	539	29381
1929—1930	15945	5847	6051	3271	537	31651
1934—1935	16941	6851	9168	3420	512	36892
1938—1939	16186	5955	10160	4217	671	37189

有几个问题出现了。第一，和德国、美国这些国家相比，英格兰 161
的高等技术教育在所有大学层次的专业中只占很小的一部分。德国的大学（包括技术高校）在校生约为英国的3倍，而它为高等技术教育提供的资金设备却是英国的6倍。第二，在两次世界大战之间，技术的衰落和纯科学尤其是物理学地位的上升，形成了鲜明的对照。尽管1920年物理学院被合并了（所提的事实依据是，当需要一门理科，尤

其是在教育之外的领域需要它时，这种需要就会在恰当的联合中体现出来），但出于完全与应用和实用性考虑无关的理由，大学里物理学的声誉还是相当高的，尤其是在剑桥、曼彻斯特、布里斯托尔这些中心，情况更为如此。表 7.9 通过对 20 世纪 50 年代中期英国和美国有资格的数学家和物理学家进行对比，说明英国人对纯科学尤其是对数学和物理学的偏爱达到了何等程度。

表 7.9　20 世纪 50 年代中期英国与美国数学家和物理学家所占的比例

	英国	美国
数学家（%）	22.4	11.8
物理学家（%）	20.5	12.5

阻碍在更大范围内将具体的技术和应用科学分支纳入大学课程的一个重要因素，是因为有人认为工业内容的纳入将会使大学偏离其真正的教育目的。不仅像美国教育家弗莱克斯纳（Abraham Flexner，他认为诸如伯明翰的酿造、利兹的气体工程、设菲尔德的玻璃技术之类的课程既不是素质教育类的，也不是大学性质的课程）这样的外国观察家，就是英国在政治上各执一端的领头科学家卢瑟福和贝尔纳，也都公然声称文科教育与技术训练、自由研究与工业依赖是不相容的。例如，贝尔纳把让化学和物理学随时适用于工业需求这种想法，视为阻碍生物学研究在某些方面取得进展的一种原因。1943 年，在不同的情况下再次出现了这种观点，福勒爵士（Sir Ralph Fowler）和布莱
162 克特（P. M. S. Blackett）教授提请皇家学会注意，作为物理学成功地用于战争目的的结果，“和应用物理学相比，基础物理学的发展有相对被忽略的危险”。

给予纯科学很高的地位，是英国大专院校在 20 世纪应走向何种大学教育的不同观点加以折中的显著特征。牛津和剑桥产生了一种观

点，认为培育有学识者次于培育文明者。用珀蒂森（Mark Pattison）的话来说，学习的成果应是一个人，而不是一本书。从德国引进了对科学的尊重、对学术的奉献和无私的探索精神，从国外综合技术教育机构和英格兰新的平民大学产生了一种观念，把大学当作培养技术专家的参谋学院，当作工业化社会专业劳动力的来源。人们相信，把技术和职业的学习植根于大学的环境中，它们“不仅能够找到丰富的智慧源泉，而且会影响它们自身不断扩展、不断健全”。简言之，只要技术学习牢牢地以纯科学为基础，它们就能既是自由的又是学术性的。与此同时，建立独立的技术学校也就不会助长区分有用的和无用的知识。

现实并不总是与华丽的言辞相配的。在两次世界大战之间的岁月里，人们越来越关心理科学位课程专业化的教育后果。在1921年英联邦大学第二次代表大会上，怀特海（A. N. Whitehead）谈到“普通教育中的科学”时，提及这个论题。这引起了大学的反响，例如1923年伦敦的大学学院新创立了一个科学史和科学哲学系，并对超出课程以外的改进作出了贡献，包括新大学中学生住房设施的增加。1934年，蒂泽德（H. T. Tizard）在英国科学促进会教育部长的就职演说中提议增设一种新学位，以研究社会背景中的科学技术为基础，授予那些将会成为行政官员和政府领导的人。4年以后，这促使中等教育顾问委员会在关于语法和技术高中的一篇报告中评述，理科单科名誉学位课程的范围过于狭窄，尤其对未来的教师更是如此。随着 163
科学的完全职业化和科学教育的更加专业化，人们越来越认为科学家是“一位故意避免与人接触的人，割断与个人和社会问题的关系……使自己客观得令人不快的人”。1932年，赫胥黎（Aldous Huxley）出版《美丽新世界》（*Brave New World*）一书，对科学乌托邦予以讽刺。战后就两种文化展开论争的许多内容，在20世纪30年代末也已经明显地表露出来。

在一种特殊情况下，例如在德国的魏玛，大学要“培养专家知识分子而不是培养完人”的趋势，是使大学将来屈从于明显政治目的的重要因素。从20世纪早期开始，德国有一种教育批判倾向，诬蔑分析型思维是扼杀创造性思维的因素，这种批判主张直观、情感和直觉。在这一传统中，斯本格勒（Oswald Spengler）的《西方的没落》（*The Decline of the West*，第1卷于1918年出版）认为德国的大学太知识型，太远离社会，不能造就德国国力复兴所需的优秀人才。同时，克尔恺郭尔（Sŏren Kierkegaard）的哲学以及后来由海德格尔（Martin Heidegger）和雅斯贝斯（Karl Jaspers）对它的修正，强化了走向非理性主义的趋势。在克尔恺郭尔看来，对经验知识的追求使个性与其本人分开了，把他引向了一个个性特征的抽象世界。死气沉沉的教授形象被描绘成他们学术领地上的耕耘者，而对人类生存的紧迫问题却不闻不问。要改变这一状况，就要屈从于某种形式的绝对主义，对克尔恺郭尔来说这是基督教的信条，对海德格尔和其他人来说则是国家社会主义的政治教条。

德国的情况由于若干其他因素而更趋严重，其中包括综合大学和技术高校的学生们在入学时要受社会阶级背景的限制。表7.10列出了1928年的数字。德国的高等教育机构是中产阶级的营垒，它们使
164 富人的传统长久存在，并抵制那些有可能协调社会变化和普通教育的传统价值的革新。

表7.10　1928年进入德国大学和技术高校学生的社会阶级（%）

	上层阶级		中产阶级		下层阶级	
	男	女	男	女	男	女
大学	32.43	44.97	61.48	52.08	4.03	1.17
技术高校	37.82	51.23	56.50	44.15	2.68	1.96

阿道夫·希特勒于1933年1月上台就任总理后，置德国大学于

国家社会主义的计划和意识形态之下的政策，导致许多非雅利安人科学家被解雇以及其他人的辞职。早年在科学社团内部发生的论争，尤其是关于爱因斯坦相对论价值的论争，引起一些人倡导什么“德国物理学”，而不要“犹太人物理学”。由于学科内容本身的原因，生物学和社会科学比自然科学更容易受到民族和种族待遇的影响。工程学科由于没有任何人文特征而免于将其直接用于意识形态的目的，技术高校则成为纳粹政权时期技术效能的典型工具。

再往东，具有重大意义的教育发展正在另一个极权社会中发生。革命后的最初阶段，苏联的教育就毫不含糊地被赋予一种工具性的职能，它的政治功能是对社会进行共产主义的改造，它的经济能力随国家工业化过程的实施而日趋重要，这也表现在培训出大批社会主义经济基础所需的技师、工程师和其他专家。在 20 年里，国家控制和中央计划取得的工业革命成就，可与英格兰经历了一个半世纪之久的工业革命媲美。

苏联政府对重新组建高等教育的早期的暂时性反应是废除一切学衔和学位，因为这些荣誉称号被认为是资本主义不平等的残余。同时，大学的大门向所有的人敞开了。然而，中等教育扎实基础的重要性很快就明朗了。为无产阶级成年人成立了工人院系，即 rabfaks，后来这些院系成了技术高中和技术学院的重要招生场所。此外，作为造就一个真正无产阶级出身的新知识阶层的进一步手段，具有工人阶级背景的年轻人被赋予上学的优先权。这个目标所实现的程度如表 7.11 所示，它表明高等教育机构中学生的社会出身情况。

表 7.11　苏联高等教育中学生的社会出身（1924—1931）（%） 165

年份	工人	农民	干部	其他
1924—1925	17.8	23.1	39.8	19.3
1930—1931	46.6	20.1	33.3	0

1928年开始实施的快速实现工业化的五年计划，导致苏联高等教育系统的重大试验。创立了新的学院，尤其是作为技术教育的学校。1928年至1933年间，高校的数目从152所增加到714所，其中大多数学校是从原有的学校分离出来和重新组织的。例如，列宁格勒工学院就改组成一系列专门的单一技术学院，而莫斯科高等技术学校的5个系各成了一所新学院的核心。同一时期的学生人数从17.6万人增加到45.8万人。强调应用研究的结果是，有一段时期苏联没有综合性大学，技术和专业学院在这样的高等教育中把原有的大学融化了。后来人们逐渐认识到，为达到最大效能，专家们需要广博的普通教育基础，于是在20世纪30年代初恢复了大学和学士、硕士、博士学位。然而，大学和学院在数量上的关系，继续大大地偏于学院这一边。苏联高等教育的另一个特点是女学生的比例。1933年至1940年，这个比例从学生总数的36%增长到58%，而在工程和工业领域则从22%增长到超过40%。

尽管共产党的规划宣布，职业教育只能在完成普通教育之后方可开始，然而在迅速实现工业化的时期，为了增加熟练工人的来源，这一条要求并未严格遵守。中间层次的职业技术培训由专业化的中学和技校来提供，这些学校继续是低层次职业专家尤其是工程技术员之类短缺人才的重要来源。

在普通中学和小学里，综合技术是革命后那段时期里的主要目标。追溯到马克思（Marx）本人的全面发展观念，与资本主义分工所要求
166 的专业型发展相对立，其课程设置包含着脑力活动与体力活动的统一，极其重视应用工农业技术，将实用科学和数学学习置于很优先的地位。后来，尤其是1931年以后，当人们批判学校没有造就与技校和高等教育的进步相适应的“有全面文化素养的人”之时，尽管基础科学的学习还是由“在工作过程中形成的科学的实际应用”来补充，一种更传统的课程设置却占了优势。

进入第二次世界大战时，苏联已经处在工业强国的地位。苏联后来在为工业、军事和国家政权提供科技人员方面的成就，将成为西方世界尤其是美国密切关注的原因，并为其他教育体制的改革作出了实质性的贡献。

具有极为不同的政治背景、采用极为不同教育体制的日本，在同一时期也使自己的工业臻于成熟。1918 年的大学法规，开创了一个国立高等教育的扩展期。1918 年至 1938 年，除了创立第六帝国大学，还成立了 12 所政府的单科大学，以便增加技术员、行政官员、医生和教育家的供给。私立高等教育也盛行起来。在较低的水平上，中等教育仍然受到限制，学校的组织是等级制的，尽管国家的重点是实现工业化，但是技术学校并没有多高的地位，只能提供很少一部分工业需要的技术员。

两次世界大战之间，苏联学校对科学应用的重视与英国中学的情况形成鲜明的对照。事实上，已经有人认为此时英国语法学校传统的学究式课程设置，使有能力的孩子脱离了对工业研究的追求。人们对职员职业的普遍偏爱，主要是源自社会而并非学校，尽管没有足够的证据支持这种看法，但是人们对中等水平教育的规定却越来越不满了。

抱怨之一是认为中等教育仍然是一种限于社会某阶层的特殊教育。1922 年，托尼（R. H. Tawney）在《为所有人的中等教育》（*Secondary education for all*）中阐述英国工党政策时，有力地陈述了非传统的观念。167
随后，哈多委员会在 1926 年的报告《青少年教育》（*The education of the adolescent*）中，概括地勾画了这方面的进展。人们提出的主要建议是让学生至少到 15 岁才能离开学校，且明确所有孩子接受各种中等教育的年龄是 11 岁以上。学生要么就读于选拔制的中心学校（其课程设置主要是学术的），要么进入现代中学（重新命名的选拔制或非选拔制的重点学校，其课程在最后两年里有“现实的”或实用的倾向）。托尼所在的委员会从第一个工党政府领取经费开展工作，当委员会发表报告的时候，保守党又一次掌权了。哈多的建议当时几乎没有被人采纳，例如离开学校的年龄直到21年以后才提高到15岁1936年颁布的部分学校将于1939年把离校年龄提高到15岁的法案由于战争爆发而被搁置下来。

实施这些建议的障碍一部分是财政问题，世界贸易衰退和经济萧条给教育事业造成了严重的经济问题。此外，对把“中等”一词扩展到所有高于小学的学校，还有相当一些人基本上持反对态度。珀西（Eustace Percy）勋爵在1925年评论道：“我担心，要是像美国那样企图把所有初等之后的教育都置于一种僵死的高中水平，那就会比这个国度里的任何东西都更能阻碍真正的高等教育的发展。”在经济不稳定的背景下，20世纪20年代后期和30年代初，人们日益关心学校作为智能的有效选择与培育机构之作用。

1921年到1938年间，在选拔制的语法学校接受教育的12岁至14岁孩子的比例从12.9%增加到20.6%，尽管还应附带指出英格兰和威尔士的这些数字掩盖了极其根本的地域性差别。同时，高级中学和初级技术学校也得到了发展。后一类学校最初是小学后的职业学校招收13岁的学生，为学生们在技术行业受雇作准备。这些学校放宽对课程的限制，致使中等教育顾问委员会于1938年承认它们是一种不寻常的有吸引力的中等教育形式。哈多的二分制变成了斯潘斯（Spens）的三分制，目的是要使中等教育的3个成员——语法学校、现代学校技术学校——中的每一个都享有“符合条件，一律平等”的权利。

7.5 第二次世界大战及战后

值得注意的是，1902年、1918年和1944年影响英格兰和威尔士的3部最重要的教育法规，都是在紧随战争之后或在战争期间制定的在制定最后一部法规时，如教育部1950年的报告所指出的那样，可能是日常行政工作的减少以及教育部官员在第二次世界大战初迁往伯恩茅斯，使人们有较多时间思考重要的问题。敦刻尔克战斗和不列颠战役以后，公众的观点更倾向于实施哈多的理想。及至 1941 年春，为战后重建教育系统的粗略计划已制订出来，接着又花了 2 年多时间广泛地征求意见，最后在 1943 年 12 月向英国国会提交了一项议案。根据 1944 年 8 月 3 日实施的法案，任命了一位教育大臣，增加了管理并指导地方教育机关的权力。一个由初级、中级和更进一步的教育 3 个环节组成的统一教育系统确立了，而提供相应的设备成了地方政府的责任。规定还包括离校年龄提高到 15 岁，从 1947 年开始生效，并废除了对所有公立中小学征税。

尽管这个法规本身并没有专门提到中学的类型，然而 1943 年发表的诺伍德（Norwood）关于《中学课程设置和考试》的报告，却明确认可了系统的 3 个组成部分，并对 1944 年后地方政府提交教育部批准的发展规划产生了影响。即便如此，还是有人怀疑这个由 3 部分组成的系统是否有能力达到真正的平等对待。甚至在 1944 年的法规变成法律前，伦敦郡教育委员会就赞成对自己所辖的中学进行全面的综合改革，这既是受美国和加拿大关于中学的报告的影响，也反映了工党内部教育思想的发展。由于缺乏可靠的方法来评价 11 岁以上儿童的专业技术才能，所以 3 部分划分的状况进一步削弱了。尽管教育部继续持有这样的想法，即非传统的中等技术教育会阻碍聪明学生步入职业性和职员类工作岗位的趋势，并会为生产和制造业提供更多的国家人才，但是中等技术学校的发展还是十分缓慢。到了 1950 年，这 169
类学校的男女学生还不到 7.5 万名，而语法学校的学生则将近 51.2 万名。对技术学校普遍的社会评价令人失望，而在那些有充足财源和优秀学生的学校里，课程设置又总是太容易与语法学校的课程雷同，而缺乏自身特有的重点和教学方法。

如果从战争经历中发展起来的共赴时艰感和民族统一感，有助于教育发展到使所有人更具有同等机会的话，那么科学技术的成就在受控制的战时经济里和民族生存利益中，对教育也产生了重要的作用。人们把第二次世界大战叫作“物理学家的战争”。人们无疑早就认识到，正如克里普斯（Stafford Cripps）所言，这是“一场真正的科学之战”，以及“这场战争只靠我们这个种族的体力优势是赢不了的，而需凭借在学校、技术学院和大学中受过训练的人的足智多谋”。尤其是1939年科学注册中心的存在，有助于确保科学家不是用他们的生命，而是用他们的知识对整个战争作出贡献。

这样使用科学人力的一个直接后果，就是英国大学中研究成果的明显减少，大部分年轻科学家都被派到其他地方从事与战争直接相关的工作了。与此形成对照的是，美国许多类似的研究是在大学里，而不是在军事机构中进行。随着战争的结束，人们明显地认识到美国的工业可以不再依靠传统的欧洲基础研究资源了。美国第一位总统科学顾问布什（Vannevar Bush）1945年在题为《科学：无尽的前沿》的著名报告中，竭力主张大规模地发展基础研究，在美国所有的主要大学中资助科学和工程学的本科和研究生院。为此，欧洲杰出的科学家被吸引到美国这个欣欣向荣的学术研究环境中，有了这些科学家，科学研究的重心也跨过了大西洋。就其确切的功能争论了5年后，美国国家科学基金会于1950年成立，以支持“基础研究”和科学教育。

要罗列第二次世界大战后一段长时期内工业化社会的教育，就意
170 味着进入一个越来越复杂的发展新时期了。表7.12给出的英国高等教育中的全日制学生数，在一定程度上反映了未来的变化。

表7.12　1938—1939年与1954—1955年英国高等教育中的全日制学生数

年份	进修（万）	教师培训（万）	大学（万）
1938—1939	0.6	1.3	5
1954—1955	1.2	2.8	8.2

战争显示了这个国家中科学家、技师、技术员的短缺，而企业家则开始充分意识到技术教育投资的收获。从实用的观点来看，人们更加愿意白天到技术学院脱产学习，部分时间的夜校教育传统看来正在让位于一个更为合理的体系。

随着工业对训练有素的人力要求的增加，教育体系也因之受到影响。在战前的岁月里，有很多理科毕业生进入教育系统工作，而1945年以后，其他职业的吸引却导致合格的理科教师极为短缺。关于高等教育的珀西报告（the Pery Report on Highter technological education，1945年）和关于科技人力的巴洛委员会报告（Barlow Committe on Scientific manpower，1946年），这两个战后科技发展情况的报告都低估了对训练有素的教师队伍的需求。后一个报告提出理科毕业生翻一番的目标，委员会认为必须用10年时间才能实现，然而大学只用5年时间就达到了这个目标。1944年法案的教育改革通过为语法学校的中等教育提供更为广泛的社会基础，而对实现这一目标作出了显著的贡献。

在这个扩展教育的阶段，科学技术教育进入了20世纪后半世纪。“世界的未来属于受过高等教育的民族，这些人在和平时期和战争时期终能幸存下来并能出色地掌握必需的科学仪器。”丘吉尔（Winston Churchill）在1943年的一次广播中作政府声明时说的这番话，后来成了不断为人们陈述和广为接受的观点。同时，他也把一个特殊的重担放到了教育的肩上。

171 参考书目

Argles, M. *South Kensington to Robbins. An account of English technical and scientific education since 1851.* Longmans, Green and Co. Ltd, London.1964.

Banks, O. *Parity and prestige in English secondary education.* Routledge and Kegan Paul, London.1955.

Ben-David, J. *The scientist's role in society.* Prentice-Hall, New Jersey.1971.

Cardwell, D. S. L. *The organization of science in England.* Heinemann, London.1972.

de Witt, N. *Education and professional employment in the U. S. S. R.* National Science Foundation, Washington.1961.

Foreign Office. *University reform in Germany. Report by a German Commission.* H.M.S.O., London.1949.

Halsey, A. H. (ed.) *Trends in British society since 1900.* Macmillan, London.1972.

Hans, N. *Comparative education.* Routledge and Kegan Paul, London.1967.

Hartshorne, E. Y., Jr. *The German universities and National Socialism.* Allen and Unwin, London.1937.

Korol, Alexander G. *Soviet education for science and technology.* Chapman and Hall, London.1957.

Lilge, F. *The abuse of learning. The failure of the German universities.* Macmillan, New York.1948.

Ministry of education. *Education 1900–1950. The Report of the Ministry of Education...for the Year 1950.* Cmd. 8244. H.M.S.O., London.1951.

Nakayama, Shigeru, Swain, D. L., and Yagi Eri (ed.) *Science and society in modern Japan.* M.I.T. Press, Cambridge, Mass.1974.

A discussion on the effects of the two world wars on the organization and development of science in the United Kingdom. *Proceedings of the Royal Society of London*, A, 342, 439–591, 1975.

Sanderson, M. *The universities and British industry: 1850–1970.* Routledge and Kegan Paul, London.1972.

第 8 章　矿物燃料

阿瑟 · J. 泰勒（ARTHUR J. TAYLOR）

8.1　矿物燃料与能源供应 172

20 世纪矿物燃料发展的历史，基本上就是整个能源供应的历史。若干世纪以来，人们在能源需求方面的注意力，逐渐从生物能源转向非生物能源。19 世纪，在西欧和美国，从矿物燃料中得到的能量逐渐代替从木材、风力和水力中所获得的能量。要量化该种变化过程的确有困难，因为资料不足，多凭推测。据估计，截至 1900 年世界能源的需求中，有 3/5 是由煤、石油和天然气这 3 种矿物燃料提供的。半个世纪后，这个比例增加到 4/5。而这 50 年间在非矿物燃料中，木材的使用相对减少，水力（主要为水力发电）的利用则不断增长[1]。

在矿物燃料中，1900 年煤的使用占绝对优势。尽管美国和俄国对石油的使用有所增长，但矿物燃料供应能量的 95% 来自煤。20 世纪后半叶，燃料使用逐渐从以煤为主转向以石油、天然气为主，但直到 1948 年，世界能源需求的 60% 仍由煤提供,28% 由石油提供,9.5% 则由天然气提供。

1914 年以前，煤和石油这两种主要燃料的使用量变化很小。这段时期，煤在能源供应中所占的比重仍超过石油，其比例大于 16 ∶ 1。汽车的出现和内燃机的广泛使用，导致石油需求的增长，使这两种燃料使用量的差距缩小。但是，在 20 世纪中叶，煤所供应的能量仍为石油的 2 倍（表 8.1）。

表 8.1　世界矿物燃料使用量（%）

	煤	石油	天然气
1900	95.1	3.6	1.2
1913	92.8	5.6	1.6
1929	79.6	15.9	4.5
1938	72.7	21.8	5.5
1948	62.2	28.4	9.4

资料来源：相关文献[2]。

173 矿物燃料这一使用情况的变化，在世界各地有所不同。在非主要工业区，畜力和木材仍为主要能源。西欧出产的石油不多，整个 19 世纪后半期的世界能源市场中，其煤产量一如既往雄居首位。1950 年，英国煤的供应量仍占矿物燃料的 90%。只有美国从使用煤转为使用石油和天然气的能源消费变化最为明显，主要原因是由于石油和天然气与煤一样容易得到，而且更为重要的是内燃机使用量的迅速增长。1900 年，美国消耗的能源有 70% 以上来自煤，石油和天然气各占约 2.5%。50 年后，石油的用量增至与煤相当，而天然气使用量的增长也非常迅速（表 8.2）。

可见，西欧和美国在能源使用上的变化，形成了鲜明的对比，但它们在能源供应方面的差别更为明显。即使扩大比较范围，将整个美洲与苏联处于欧洲的部分相比较，也存在显著差别。到 20 世纪中期，整个美洲从石油和天然气中获取的能量超过了煤产生的能量，其比例为 3：2。在欧洲，煤的使用量仍大于其他两种燃料，其比例是
174 14：1。

表 8.2　美国能源供应的来源（%）

	煤	石油	天然气	木材燃料	其他
1900	71.4	2.4	2.6	21.0	2.6
1950	36.8	36.2	17.0	3.3	6.7*

* 主要是水力。
资料来源：相关文献[3]。

19 世纪末，煤在欧美工业发达地区成为万能燃料。它既是家庭和工业的热源，当焦炭转变为煤气时它也是光源，而且是驱动固定式发动机、机车和轮船的动力源，因而支配着工业社会的命脉。它还是熔炼铁矿石、将生铁炼成钢、制造化学产品的重要原动力。在 20 世纪，煤的用途日益广泛，主要用于发电以提供热、光和动力。世界人口的大部分都是远离煤田的广大乡村，仍然使用一些较为古老的能源，且各乡村地区人均能源的需求量极不平衡，远低于工业地区的水平。工业社会对能源的特殊需求，可从以下数字看出：1903 年英国使用了 1.67 亿吨煤，其中家庭用煤仅占 3200 万吨，各种工业用煤却占 1.35 亿吨[4]。

当时，石油的使用对煤在世界能源供应中主要地位的影响并不大，只有美国和俄国对石油的生产和使用较多。在美国，煤油用于照明和家庭取暖，对煤气是一个强有力的挑战。19 世纪末，美国 60% 以上的精炼油用于上述方面，其中一半用于美国本土，其余部分远销世界各地。然而在西欧的工业城市，煤气很快成为照明能源的主要提供者，煤油大多用于乡村。无论在城市还是在乡村，美国在照明方面始终都使用煤气。

1900 年，石油在工业领域还远不是煤的竞争对手。当时，石油的主要工业用途是作润滑剂，这是 19 世纪末的一二十年间，石油从煤的市场中夺取的一部分，但这还不是石油主要的胜利。石油最重要的用途是作发动机燃料。不过，当时对汽油的需求是微不足道的。美

国是生产动力汽车的先驱，到 1900 年也只生产了 4200 辆，其中只有
175 1/4 是由内燃机驱动的[5]。煤更主要的竞争者是用作工业燃料的经精炼或未精炼的石油。然而，这种应用在 1900 年前即使在美国也是少量的。而且，也许除了美国、俄国，其他地方几乎还没有。甚至在美国 1900 年的矿物燃料供应中，来自石油的也不超过 5%，而有 3% 来自天然气，92% 来自煤[6]。

20 世纪的前 20 多年，无论是绝对数量还是相对矿物燃料的总产量，石油的生产都在迅速增长。然而，由于对燃料的总需求量增长较大，而石油和天然气在能源供应中所占份额又不大，以至于到 1920 年，煤几乎仍占矿物燃料的 90%。美国是当时汽车运输发展最快的国家，煤的使用量仍占矿物燃料的 80% 以上，石油所占比重不到 14%。

两次世界大战之间，石油开始进入煤的传统领地。这在运输领域中表现得最为明显。尽管发明了柴油机，世界上的铁路运输主要仍以煤产生的蒸汽作为动力。但是，公路运输与铁路的竞争，相应地意味着石油对煤的挑战。在海运中，用石油代替煤更为直接，且收效很快。1914 年使用石油驱动的世界轮船吨位不到 4%，1918 年上升到 18%。在以后的 20 年中，世界轮船总吨位中有一半以上（1937 年为 51.4%）是以石油作为燃料的[7]。美国石油使用的增长更为明显。但在第一次世界大战前，石油作为产生工业蒸汽和发电的燃料仅仅初步站稳脚跟。因而，对石油进入煤的传统领域的情况还不能过于夸大。据计算，直至 1935 年，当煤与石油在那些领域展开直接竞争时，即使在美国，煤仍处于至少是 4 ∶ 1 的优势地位。虽然美国的汽车、卡车所使用的石油比整个制造工业所使用的还多，但石油为美国经济所提供的能源也只有煤的一半。从全世界来看，煤所占的比重就更大了。到 1939 年，全世界使用的矿物燃料比 20 世纪初增加了 130% 以上，其中煤
176 所占的份额仍超过 72%[8]。

第二次世界大战期间以及战后的重建阶段对能源提出了新的需求，此前 20 年的发展趋势现在表现得更明显了。1938 年后的 10 年对矿物燃料的需求增加了 1/4。虽然对各种矿物燃料的需求都增加了，但是对石油和天然气的需求比煤更大。促使这种发展的因素很多，一方面是陆路、海上和空中运输的迅速发展，另一方面是技术的改进使柴油机的使用和天然气的传输更为方便。美国在 1940—1950 年这 10 年中，柴油的产量增长 4 倍以上，至 1953 年柴油已经取代煤成为主要的铁路燃料。而且，在这 10 年中汽油和柴油的消耗量增加了 1 倍。在其他地方这种变化较慢，这与其说是由于天生保守，还不如说是在本土缺乏石油资源的那些国家，从煤转向石油的经济利益并不显著。然而在运输领域，煤的使用已明显减少。到 1975 年，煤在燃料中所占的地位与 20 世纪初相比已大为降低。到 1950 年，煤在运输中的使用不但相对于石油有所下降，而且在绝对数量上也减少了。但在其他领域——最明显的是在冶金工业和发电部门中，煤的使用在这一时期至多只存在相对下降的趋势。以发电领域为例，石油的使用量日趋增长，最先在美国，以后在其他国家也相继出现这种情况。但由于对电力需求的增长，仅在 1945—1955 年这 10 年间，美国各发电站的用煤量就几乎增加了 1 倍。

可见在 1950 年的时候，煤、石油和天然气是相互补充而不是相互竞争的。然而，在某种程度上它们又是相互竞争的，三者在使用上各有不同程度的优势，其原因部分是由于用途不同而各有其方便之处，部分是由于价格上的差别。从美国 3 种燃料的出矿价格可以看出，1900—1909 年与 1945—1954 年相比，煤的价格上涨了 4 倍以上，原油价格上涨 2.5 倍多一些，而同期天然气价格上涨则不到 30%[9]。这些数字表明，石油与天然气比煤处于有利地位。但在评估这些能源的重要性时必须注意，最初的生产费用只是价格的一部分，运输费（煤的运输费特别高，石油的运输费亦相当可观）和加工费（无论是提炼原油或将煤炼成焦炭）都是包含在价格中的。另外，还须估计到政府对不同燃料课税的区别或其他措施所造成的影响。这些因素加上能源来源和生产技术的改变，便形成了20世纪前半叶3种矿物燃料命运的波动。

8.2 煤

1900—1950年，世界硬煤与褐煤[1]的年产量从约7.5亿吨增至约18亿吨，每年的增长率不到1.75%，然而这种增长是不均衡的。至1913年，世界年产量接近13.5亿吨，年增长率达4%以上（和此前至少30年的增长率大致相同）。在此后的25年，产量至1938年增长了约2.5亿吨，年增长率低于0.75%。在1938—1950年，产量又增长了2亿吨，年增长率超过1%。显然，第一次世界大战前工业不断进步的特征已不复存在。在1929—1950年的21年间，生产增长保持了13年，有8年是下降的。1928年煤的产量接近17亿吨，是第二次世界大战前的最高峰，3年后产量只达到13亿吨，低于1913年所达到的水平[10]。

产生这些波动的原因是多种多样的，在各洲各国各不相同。要作充分了解，就须深入研究各主要产煤国的经济。然而，我们需要大致区分影响工业暂时变化的短期因素和影响其增长的长期因素。前者主要有战争的影响和商业周期的兴衰。战争对煤生产者的影响，如同对实业家的总体影响一样是多样的。例如，1918年英国的煤产量比5年前下降了20%，在第二次世界大战期间产量也出现了类似的下降。
178 第一次世界大战期间，德国的煤产量略有下降，但第二次世界大战期间硬煤的生产则明显下降，1938—1944年下降了1/4，尽管次等褐煤

1 各种煤的供能效率有很大差别，因此，在国际上进行比较便有很大困难。褐煤在提供能量方面是次等的，其最好者也只及次等烟煤的一半。德国、捷克斯洛伐克、奥地利、匈牙利开采得最多，俄国、美国与加拿大较少。这里所引述的数字是就数量而言，不涉及质量上的差别。

的生产量增长了 1/5。然而，美国在两次世界大战期间的生产量却都有所增长。在第二次世界大战期间，1939—1945 年增长 40% 以上。虽然战争在开始时刺激了煤的生产，但以后却逐渐成了一种破坏力。

经济发展总的影响可以表述如下：1914 年前，虽然短期波动对煤生产的影响与对其他工业的影响一样，但促使世界经济上升的强大力量是煤生产发展的主要动力。20 世纪 20 年代，战后经济混乱以及 1929 年达到顶点的繁荣，对不同国家在不同时间所造成的影响是不同的。世界煤产量在 1929 年达到最高点，但英国这个长期以来一直处于世界煤生产领先地位的国家，在这一年的煤产量却比 1913 年低了 3000 万吨。30 年代几乎在整个世界范围内出现工业衰退，1932 年的煤产量比 3 年前减少 40%，即便到 1939 年，世界煤产量仍比 1929 年的水平还低约 6%。1939 年，虽然美国和英国的产量仍远低于它们在 1929 年曾达到的水平，但德国已完全恢复到它早期的生产水平，苏联甚至没有遭受衰退年代下降的创伤。1945 年后，世界范围的波动状态仍在继续，战后世界产量显著下降，到 1950 年虽有较大恢复，却非一帆风顺。

在决定煤的长远发展的因素中，竞争燃料的出现显然具有重要作用，但是各种工业经济不同的增长率，对煤的生产也产生了重大的影响。1900 年，全世界的煤几乎有 90% 是在西欧和北美生产的，其中 80% 以上又是在美、英、德 3 国生产的。甚至在 1950 年全世界所生产的煤中，每 5 吨便有 3 吨是上述一国或两国生产的。然而，俄国在 1900 年产煤还不到 1500 万吨，1929 年也只有 4000 万吨，但到 20 世纪中期便跃居世界第二（仅次于美国）。的确，从俄国生产扩展的势头来看，未来的 10 年中它将会成为世界第一产煤国。在 1950 年，中国的煤产量只有 4000 万吨，相对来说还是个产煤小国，但以后的 10 年中，煤产量增加了 10 倍，并使世界产煤巨头迅速从西方移至东方。 179

20 世纪前半叶，3 个主要产煤国对煤炭生产的影响各不相同。英国经济总体增长放缓了，因而对能源需求的增长率也相应下降。另外，虽然在此期间煤与石油的直接竞争并不激烈，英国煤的出口量却急剧下降，这在相当大程度上是由于船只以石油代替煤作为燃料。英国 1913 年的煤产量比 1900 年增长了 1/3，但此后再也没有达到这一年的产量——2.92 亿吨。1929 年英国的煤产量仍然超过 2.6 亿吨，但 1945 年便下降到 1.9 亿吨以下，1950 年的产量为 2.2 亿吨。从比例上来看，英国的产量在世界总产煤量中所占的份额只有它在半个世纪前的一半。

1900—1913 年，美国的煤产量增加了 1 倍多，由 2.43 亿吨上升至 5.71 亿吨，几乎占全世界煤产量的 2/5。这是美国工业经济迅速发展的时期，工业经济的发展促使能源需求相应增长，而煤在当时又是唯一能保证供应的能源。1918 年后，情况发生了根本性变化。煤不但受到两次世界大战之间经济巨大波动的影响，而且还受到与之竞争的燃料日益增强的挑战。结果，美国 1938 年的煤产量只达到 3.58 亿吨（比 1929 年低 1/3），不到全世界产煤量的 1/4。但是，美国的工业机动灵活、富有弹性，在战争和战后需求的刺激下，产量又重新上升，1947 年达到最高点——6.24 亿吨（超过世界煤供应量的 40%）然而，以后由于石油和天然气的竞争，产量再度下跌，至 1950 年降到 5 亿吨，10 年后更下降至 3.7 亿吨。

20 世纪前半叶，德国工业和美国一样增长强劲，直至 1950 年它一直和英国一样是以煤为基础的工业国。但在这段时期，战争与战争政策的重负对德国经济造成的影响远甚于美国和英国。随着第一次世界大战前迅速增长时期而来的是两次大战之间 20 年的大起大落。1938 年德国生产了 1.86 亿吨硬煤，比 25 年前的产量增加 3000 万吨，褐煤的产量为 1.95 亿吨，比 1913 年多 1 亿多吨。第二次世界大战期间，硬煤的产量下降，而褐煤的产量仍上升，直至战争的最后一年，两者的产量都急剧下降，其中硬煤减至 4000 万吨，褐煤减至 1.2 亿吨。此后，分裂的德国在煤炭工业方面有所恢复，1950 年硬煤的产量达 1.1 亿吨（煤矿大多在西部），褐煤达 2.15 亿吨（2/3 产于东部）。

1950 年，英国和美国的煤炭生产超过了历史最高点。德国战后未完全恢复，硬煤的生产从未达到 1939 年前的水平，但褐煤则不然。与此相反，较后登上工业舞台的国家如苏联、波兰和中国，1950 年的煤炭生产处于上升势头。苏联和德国一样，1900—1950 年由于相似的原因，产量波动明显。1913 年，硬煤和褐煤的产量为 2900 万吨。在 1917 年革命后的动荡时期，生产量下降至 800 万吨以下。20 世纪 30 年代的世界经济衰退，并未影响到苏联生产的发展，1940 年其煤产量上升至 1.66 亿吨。两年后，由于纳粹入侵，产量下降至 7600 万吨，到 1950 年又回升到最高点（2.61 亿吨）。1913 年波兰已是主要的产煤国，年产量为 4000 万吨。由于 1945 年从德国收复了领土，1950 年煤产量达到 8000 万吨。中国 1913 年的煤产量为 1500 万吨，在接下来的 25 年中产量增加了 1 倍，尽管 1950 年的煤产量为 4000 万吨，还是个产煤小国，但正如我们已经指出的，它的大发展就在不久的将来。1950 年，世界其他中等产煤国包括捷克斯洛伐克（产煤 4600 万吨，其中 3/5 是褐煤）、日本（3800 万吨）和印度（3200 万吨），它们的煤产量在以后的 10 年中均有显著增长。在老牌工业国家中，法国和比利时在 1950 年接近或超过它们煤生产的最高纪录，产量分别为 5000 万吨和 2700 万吨。

上述各种起落不定而又无法自行调节的因素，明显地影响到世界煤生产长期与短期的总体运行。如果把生产发展的时期延伸到 1975 年，就可以看出一个明显的趋势，工业化国家在其发展早期是以煤能源作为发展的基础。后来，或许是由于开采成本的增长，又或许是由于技术变得先进，石油日益被重视。当然，这种情况在像美国这样有本土石油资源的国家里最为明显，而其他依靠进口石油的国家（特别是英国和德国）也同样如此。与此不同的是苏联，其本土既有石油也有煤，工业化的时间比较迟，直至 1950 年还强调用煤。

到 1950 年，世界对煤的需求已趋于下降，原因是煤的运输成本相对较高。尽管煤在国际的运输增加了（例如从美国到加拿大，从俄罗斯到东欧），油轮却在越洋航线上迅速取代了运煤船。英国煤出口量从 1913 年的 7300 万吨下降至 1950 年的 1350 万吨。而在 1950 年挪威的煤进口量相当于第一次世界大战前的一半。同期，阿根廷减少了 2/3 的进口量。依靠进口燃料的国家都宁愿不断增加运费较低廉的石油的进口。

由于各工业生产部门实现技术革新，大大节约了燃料的使用，从而对煤炭需求产生了重大影响。据计算，1909—1929 年的 21 年中，美国由于节约用煤而使整个国家工业经济中的燃料消耗率下降了 33%，节约率从水泥制造业的 21% 至发电业的 66% 不等。英国的节约也达到类似水平，其中发电业和炼钢业最为显著[11]。从一个角度来看，节约用煤减少了对燃料的需求。但从另一个角度看，煤对其他燃料的竞争力又得以保持。尤其对发电业来说，情况更是如此。发电业利润丰厚，来自石油和水力发电的竞争也最为激烈。焦炭生产的发展对煤的生产也是有利的。在整个 19 世纪，焦炭和煤气是煤的重要衍生物，而且它们的生产又为化学工业提供了重要的原料，主要有煤焦油、轻油和氨水。

在本书的第Ⅳ卷第 9 章提到过煤气生产的历史。在我们这里所考
182 察的整个历史时期，工业仍然是煤的一个主要用户。至此，由于天然气资源的不断开发，煤在工业中的使用下降（见后文），当然这种变化在世界各地不尽相同。例如，英国在 1947 年为了给城市提供煤气用 2500 万吨煤炼焦生产了将近 5000 亿立方英尺的煤气，并通过长达 6.8 万英里的煤气管道输送出去，其中的 2/3 供给家庭用户，几乎全

部用于取暖供热，因为半个世纪以来电在很大程度上代替了煤气用于照明。

德国战时经济需要大量工业原料代用品，推动了煤的加氢工艺的发展，从而有可能从煤获取更多的化学产品。它的主要目标是生产发动机和航空燃料。在一般的市场条件下，制造这种燃料的成本较高，不利于燃料产品的竞争，但是加氢能为制造塑料和合成纤维提供有机化学原料。因此，技术进步使得某些领域减少了对煤的需求，又在其他领域扩展了煤的应用前景。

在影响煤炭消费的燃料技术变革中，最重要的是日益扩大的各种新型光能与电能的使用。20 世纪初，发电还处于萌芽阶段，而美国一开始便是使用电力的主要国家。1900 年，它的发电能力不超过 100 万千瓦，到 1950 年便达到 8200 万千瓦，相当于全世界发电能力 2.31 亿千瓦（为照明和动力提供了 9000 亿度电量）的 1/3[12]。所有这些并不都能算作世界能源供应的增加，因为其中部分转化成了其他形式的能源。这一部分究竟有多大，目前还未能精确地计算出来，也不能通过简单计算便确定究竟用电的效率较高，还是用其他某种燃料的效率较高。据估计，1900—1950 年的供电热效率提高了 7 倍，但无论在英国还是美国，1950 年在用煤发电的过程中，能量仍然损失 80% 以上。此外我们还要看到，次等煤可以用来发电，其价格便宜，使用方便（电能传送容易，用户能通过开关随时得到）。

直至 1950 年，全世界发电站使用的燃料主要是煤，其主要竞争 183
对手不是石油而是水力，它们各有各的垄断区域。世界上大约（无精确统计）有 1/3 的电力是由水电站提供的。在一些多山国家中，例如挪威、瑞士、意大利和日本等国，年降雨量较大，水力发电占有绝对优势。在荷兰、丹麦和澳大利亚等年降雨量少于前者的国家，水力发电则很少。其他主要的工业国，例如法国、德国和美国的地理环境对火力（用煤）与水力发电都有利。但总的来说，火力发电仍占优势。美国的石油和天然气在为本国发电站提供主要原料方面也占有一席之地。但1950年美国以煤作为燃料的发电站所提供的电力，仍达以石油和天然气作燃料的发电站的2倍。除了美国，其他国家和地区石油与天然气的使用没有很大发展。20世纪中期，由于电气化的到来煤的使用量是增多于减。

然而，煤与石油之间的竞争程度，也足以使老牌工业国家的一些悲观论者感到担忧，在1950年预测煤的使用量将急剧下降。支持这种观点的事实是，美国在1947—1949年煤产量下降了30%，从而导致大量矿井封闭，成千上万的人员被解雇。工业问题的一个更为突出的表现是产品成本的不断提高。20世纪前半叶，美国的煤出厂价格比石油出厂价格上涨近8倍，采煤成本的增长至少和西欧一样。两种燃料在经济上的问题极为复杂，这不是用一些简单的统计数字便能说明的。但这些统计数字可以表明，煤和石油之间的“商业关系”目前正朝着不利于煤的方面发展。

煤开采成本的增长是由于这种劳动密集型工业部门工资提高的缘故。20世纪前半叶，煤矿工人的平均工资相当于欧洲煤出厂价格的一半以上。在英国，工资与总成本的比率从未低于60%，有时达到75%。甚至近至1950年，大规模使用节省劳力的机器后，英国矿工的工资也几乎占每吨煤价的2/3。西欧情况各有差异，但多数煤田
184 的工资也至少占生产成本的一半。美国的情况与西欧稍有不同，各地的矿工都希望增加实际收入，减少工作时间，以便维持或尽可能改善自身地位，提高生活水准，这就势必增加煤的生产成本。煤矿主为应对高工资所产生的影响，便通过投资与技术革新的办法来提高劳动生产率（第Ⅶ卷第31章）。在这方面，他们获得了不同程度的成功。美国劳动条件较好，有利于提高劳动生产率。在烟煤矿中，1913—1950年每人班产量平均增加了1倍，达6吨以上，此后10年又在此基础上增加到12吨。无论在人均产量还是增长率方面，欧洲其他国家都

没有达到这个水平。英国在1914—1950年劳动生产率增长了18%，德国的鲁尔工业区战后尚未完全复苏，但同期人均产量增长14%。法国和比利时则分别增长10%和29%。到1950年，欧洲没有一个国家的人班产量超过1.25吨。

美国直接提高劳动生产率的投资既用于采煤工作，也用于从采煤工作面至井口的运输工作。在西欧一些已长期开采的煤田，面临着采掘深度增加和利润减少（这已成为煤炭工业中的普遍现象）带来的困难，其主要问题是如何在这种情况下保持现有的生产水平。英国虽有1914年以来的发展，到1950年79%的煤用于机械采掘，85%的煤用于机械运输，但1950年人均年产值仍低于70年前的水平[13]。在西欧，煤之所以能够保持其能源供应者的地位，是由于通过国有化或国家管理的措施，不断将国有资金注入煤业的结果。美国不同于欧洲，基本没有欧洲工业面临的那些来自特殊的经济、社会和政治方面的压力。煤业的效率虽有所提高，但在与石油、天然气及水力发电的竞争中，基础日趋薄弱，规模日益缩小。与之相比，在新兴工业国家中，煤一般来说比较容易开采，劳动力价格也比西方低廉，因而仍具有强大的竞争力，在整个经济增长中充分发挥了作用。

8.3 石油 185

石油与煤的使用目的相似，但在同一市场中竞争，从经济上看这两种燃料在很多方面是根本不同的。煤炭业是劳动密集型工业，石油工业是资本密集型工业；煤主要用于它所出产的国家，石油从其开采的早期便投放国际市场；当煤几乎完全依靠国家财政补贴时，石油已越来越多地被国外和国际公司开发。

煤是19世纪工业化的基础，由于其运输成本较高，因而拥有煤资源是工业经济的基本前提。英国、德国、法国、比利时和美国等拥有可开采煤层的早期工业化国家，其工业区大多设立在煤田附近。然而，石油生产却形成了一个不同的发展模式。由于大量开采石油所需投资甚巨，只有那些通过早期工业革命而富有起来的国家才有开发财力。不过，由于它的运输比煤方便和廉价，因此很容易运送到工业化地区，而不是在石油钻取的地区建立新工业经济。虽然石油作为工业燃料的使用日益增多，加上电力生产的相应发展导致了工业活动的分散，但20世纪中叶的世界工业仍主要集中于富含煤矿的国家（即使这些国家工业的存在与发展对石油和电的依赖程度已达到或超过煤）。

20世纪初，世界石油工业仍处于萌芽阶段。据统计，1900年的石油产量还不到1.5亿桶，只相当于煤所提供能量的3.6%[14]，到1913年，产量上升至3.85亿桶，相当于煤一年提供能量的5.6%，其中2/3产于美国，1/6产于俄国，而在1900年俄国曾居世界产油国的前列。其他达到可观产量的产油国有墨西哥（占世界总产量的6%）、罗马尼亚（占4%）、印度尼西亚（占3%）。15年后，1928年世界石油产量为13.25亿桶（相当于煤一年供应能量的18%）。美国
186 曾长期保持它在世界石油生产国的领先地位。然而，在此期间出现了两个新的主要石油生产国，一个是美洲的委内瑞拉，另一个是中东的伊朗（比前者更为重要）。石油当时已在14个国家中大批量生产。当然，主要产地还是在美洲（世界石油的83%是在美洲开采的）。20世纪中叶形势再次发生更为剧烈的转变，产量增加了3倍，石油生产的中心开始从美国转移。从能量来看，37.83亿桶的产油量相当于煤供应能量的一半。生产石油的国家达20多个，其中主要有美国（占世界供油量的52.1%）、委内瑞拉（14.4%）、苏联（7.2%）、沙特阿拉伯（5.3%）、科威特（3.3%）。产油地区的变化情况见表8.3。

主要产煤国往往同时也是主要消费国，但世界上只有两个主要石油生产国本身也是石油的主要消费国。另外，在6个主要产煤国中5个属于6大石油消费国成员。美国既是石油最主要的生产国，又是

石油最主要的消费国。19 世纪末，它已经是一个相当大的石油输出国。1899 年，它生产的石油有 2/5 出口，主要输出照明用油。在以后的半个世纪，它一直是石油输出国。然而，到 1950 年美国出口的完全是精炼油，同时为了这种出口的需要以及满足国内需求，又成了原油进口国。然而，它对进口的依赖程度并不大，远不如西欧工业国家。187
这些国家为满足基本需要，除了大规模进口，别无他法。

表 8.3　1913—1950 年各地区原油产量（%）

	1913	1928	1938	1950
北美	64.4	68.0	61.8	52.9
南美（包括墨西哥）	7.4	15.5	15.2	18.7
东欧	20.0	8.8	12.8	8.0
中东	0.5	3.4	6.1	16.9
东亚	4.9	3.5	3.7	2.2
其他	2.3	0.8	0.6	1.3

资料来源：相关文献[15]。

20 世纪前半叶石油生产的历史虽然不能完全从美国的角度来看，但美国的情况显然可以作为主要的参考。19 世纪末，美国各炼油厂的主要产品是煤油，其中大部分用于出口，但到 1914 年，煤油只占整个石油产品的 1/4，却仍占石油出口的 3/5。美国本土对石油的使用也从煤油转移到燃油，燃油的供应占石油总供应量的一半（表 8.4）。25 年后，结构又发生新的变化，发动机油成为主要的精炼油。半数的美国家庭用户使用动力汽油，其余只有 1/5 使用燃油。美国在 50 年代石油出口量不到总产量的 1/10，且主要是动力用汽油和燃油。除了美国，1939 年世界其他地区石油的消费量占世界总消费量的 1/3。工业化国家石油消费的发展趋势与美国相似。西欧煤炭丰富的国家强调用石油提炼动力汽油，次发达的缺煤国家——例如意大利和日本偏重于使用燃油。苏联则有其独特的石油使用模式，1/4 的石油以煤油的形式使用，燃油几乎占 2/5，动力汽油不足 1/5。值得注意的是，它的一半石油用于为农业提供能源。虽然苏联是仅次于美国的世界第二大石油消费国，使用量大于英国、德国和意大利三国用量的总和，但它使用
188 石油的模式标志着它是一个工业不够发达的国家。在这方面，它只能与印度和埃及相比，无法与西欧发达国家相提并论。第二次世界大战及其后果对这种使用模式产生了某些影响，特别是由于燃油配置技术的迅速发展，使炼制产生的残渣得到更有效的利用。20 世纪后半叶，石油使用的一般模式是动力用汽油与燃油这两种方式并重。

表 8.4　美国主要炼油产品（%）

	1899	1914	1939	1946
照明用油（煤油）	61.2	25.4	5.7	5.7
润滑油	9.9	6.8	2.9	2.7
汽油	13.8	19.0	49.5	46.3
燃油	15.0	48.7	41.9	45.2

资料来源：相关文献[16]。

除了上述主要用途，石油在炼制过程中产生的副产品对 20 世纪的工业日益作出重要贡献。这些副产品包括沥青、机动车油、蜡（可制成各种蜡烛、油毡、石油胶）和各种塑料制品。从耗油量上来说，石油副产品仍比主产品（燃料）要少。但从质量上看，这些副产品对 20 世纪生活的影响是非常重要的。20 世纪中期，情况发生很大变化。石油（不是煤焦油）成为迅速发展的有机化学工业的主要原料。

在工业发展的早期，通常是在油井附近炼油。但是随着对石油产品需求的增加以及消费者需求的复杂化，炼油的地点便趋向于远离原油产地而靠近消费者。这种情况在第一次世界大战前便已经发生，1918 年后，需求的变化以及带来的炼制技术随机动车运输迅速

发展提高，加速了这一进程。1919年，美国内陆油田附近的炼油量与沿海地区（便于为国内和国际市场服务）的炼油量几乎相等。10年后，沿海地区与内陆石油产量的比例超过2 ∶ 1。在20世纪前半叶剩余的时期，炼油地点的这种迁移继续在世界范围进行，炼油厂设在主要的石油消费国，原油（而不是精炼油产品）成为世界贸易的主要产品。到1950年，西欧主要国家（包括英国、法国、德国、意大利和荷兰）的炼油规模日益扩大。

这种发展影响到整个能源使用的领域。像英国这样的国家安于让石油生产国从事炼油，把石油进口限制在作为本国燃料补充的那些产品。因此，英、德、法等本土具有丰富煤炭资源的国家，便把对石 189
油的兴趣主要集中在动力用汽油上，直接反映在美国对欧洲的出口。1929年，美国对欧洲出口石油中超过60%是动力用汽油，燃油只占13%[17]。不过，一旦炼油厂在西欧扎根，人们便积极地为石油产品开拓更多的用途，从而促使石油直接与煤炭进行竞争。

石油生产不同于煤，它对资本的需要大大超过对劳动力的需要。1909年，美国主要石油生产企业每雇用一个人，便须投资1.87万美元，而炼油业相应的投资额为1.3万美元。10年后，这一投资额分别增至2.6万美元和1.99万美元。这些数字反映出大型企业发展的方式，它们当时是全球石油工业中颇具代表性的。然而直至1919年，在美国生产原油的大约1万个不同的企业中，有8000多家雇用的工人不超过5人。这个数字会使人产生误解，认为这一行业掌握在一些小公司手中。实际上，美国石油工业几乎从一开始便为大企业所垄断，小企业的作用虽然有限，但仍像煤矿一样，让小企业有一定的用武之地。1919年，美国32家公司从事几乎60%的原油生产，其中2/3从事炼制，供应全国石油精炼产品需求的45%。由于工艺上的需要，炼油常常比原油生产要求有更大程度的资本集中，然而炼油厂的数量稳步上升（由1899年的67家上升到1909年的147家，1919年增至320家）。

到1919年，每个炼油企业的平均投资在350万美元以上，远超过对其他更大企业的投资[18]。

19世纪末20世纪初，洛克菲勒（John D. Rockefeller）和美孚石油公司在美国石油工业中的主导作用，并不只是基于投资规模的大小，而是基于对从油田到消费地区运载石油的铁路油罐车的控制。在这20多年时间里，虽然这家公司在州和联邦范围内经受一系列冲击后继续存在，但由于石油生产自其东部根据地向西部的堪萨斯州、俄
190 克拉荷马州和加利福尼亚州等扩展，许多新公司在上述地方扎根，它在美国石油生产中的实际垄断地位首次受到动摇，到1911年终于为最高法院的解散法所摧垮。因此到了1920年，由一个大企业垄断石油的威胁已不复存在。20世纪20年代，由于原油生产对深钻的需求以及炼油过程中裂化法的推广，增强了对技术革新投资的需求，从而又使一些主要石油厂家的地位得以加强。1955年，石油工业中有一半资本集中在6家最大的公司中，总资产达180亿美元。这些公司和1919年的23家公司一样，供应全国石油精炼产品需求的45%。在这些公司中，有3家是1911年从老美孚石油公司分裂出来的，它们当中的第一家成为新泽西美孚石油公司，在原油和精炼油的生产中居于领导地位，资产超过70亿美元[19]。

当石油生产由国内扩展到国际领域时，大公司的主导作用就更为明显。勘探和开发工作的投资，本身就决定了不是任何企业家都能插手，只有那些更大的企业家才能从事这项经营。最初的投资不但包括油田建设与石油提炼的成本，还包括从产地将石油运往消费地的输油管道和油轮的支出。美国的石油公司1939年在国外的投资总数突破了250万美元，其中35%用于勘探和生产，15%用于炼制，6%用于运输，31%用于营销，其余13%属于不恰当投资[20]。直至1939年美国与苏联以外的石油生产，大多掌握在美国、英国、荷兰或法国的手中，法国仅是其中的一个小伙伴，美洲是美国的领地，中东和远东

则由英国和荷兰支配，当然也不排斥美国的利益。在迅速发展的中东地区，美国的介入也迅速加强，到1950年几乎占据了优势地位。至此，国际石油公司垄断的情况达到高峰。它们相互间的复杂关系与其在各自势力范围内的控制力相称。但是，这种控制为时不久，美国与英国公司在玻利维亚和墨西哥的石油资产不久便被征收了。1951年年底前，伊朗政府也采取了同样的行动，结束了英伊石油协定，将石油生产收归国有并由政府加以管理。这是在接下来的25年中，中东所实行的一系列征收行动中的第一个，它从根本上改变了国际石油工业的结构。 191

8.4 天然气

虽然像北海油田那样在石油附近常常发现天然气（在石油层上部呈气帽状），但大体说来，直至20世纪中叶，对天然气的开发利用主要局限于美国。天然气不但可从石油油田中获取，而且更多地可从天然气田中得到。1950年，世界天然气的85%以上是美国开采和使用的。其他国家只有委内瑞拉和苏联较多地使用了天然气，前者的生产量占世界总供应量的8%，后者为4%。还有12个国家少量生产天然气，但并未为国家能源需求作出重大贡献。因此，1950年天然气在世界矿物燃料所提供的总能量中所占比例还不到1/10[21]。

在美国，天然气虽然居煤与石油之后占第三位，却依然是重要的能源提供者。它的用途比前两者有限，例如在运输业中很少使用，但它和石油不同，只需稍作加工，运费比煤低廉，所提供的热能容易调节，对于消费者来说又不存在储存的问题。尽管如此，天然气即使在美国市场上还是难以很快脱颖而出。20世纪初，它所提供的能量只占矿物燃料的3.4%，甚至到1920年也只增长到约4.2%。此后，除了受30年代经济衰退的影响，其生产稳步上升。1940年美国能量总供应量的10.6%是由天然气提供的，10年后上升至17%，并且还在继续增长[22]。

增长的关键部分在于发现了新的供应源，更重要的是由于技术革新建成了绵长而复杂的管道系统，从而将天然气产区同美国北部人口稠密的工业区连接起来。20世纪30年代中期，建成了长度超过1000
192 英里的天然气管道。第二次世界大战期间建成了两条主要管道，将得克萨斯州的天然气高产气田和东北地区连接起来。1950年年底，美国用于供应天然气的管道长达30万英里，超过了输送本国石油的管道。天然气进入市场的准备工作一旦就绪，价格和便利程度的优势便使其在与两个对手的竞争中很快站稳脚跟。

虽然天然气的家用与投入工业市场的比例时有起伏，但一直是以工业使用为主。1930年，80%的天然气用于工业，20年后仍保持在75%左右。虽然进行比较是困难的，但这个比例大致反映出天然气对工业能量的贡献要比煤或石油大。不过，与其他燃料相比，天然气在工业上的用途仍受到某种程度的限制。事实上，天然气在工业发展早期的主要用途，也只是为气井与油井的钻探与抽取工作提供能量。随着天然气的工业和家庭用途的剧增，加上大规模用于发电，早期用途所占的比例便逐步下降。

和煤、石油一样，天然气也为工业提供化工副产品。1945年，约10%的天然气用于制造炭黑，这是一种对制造机动车轮胎特别重要的产品。但是，在1950年以前这个市场一直被石油占领，因为在炼油过程中也能得到炭黑这一副产品。

8.5 结论

1900—1950年，世界矿物燃料所提供的能量增加了3倍。把半个世纪中的人口增长率按50%计算，矿物燃料的人均使用量增加了1倍。然而，这个统计数字大大低估了能量供应的增长。燃料技术的发展提高了每种矿物燃料的使用效率，提高的幅度无法精确计算，因为电代替煤以及三种主要燃料之间使用比重变化的过程中有得也有失，但总体上得远大于失。社会各阶层居民从前依靠木材、水力和风力提供能量，由于石油的应用及电力的发展，开始使用矿物燃料作能源。农业社会尤其从中获益，毕竟煤一直不能为它带来多少好处，到1950年，在北美、西欧和东欧，稍后又在南美，马逐渐被拖拉机所取代。 193

但是，尽管这些开发扩大了矿物能源的使用范围，主要工业动力在能源消耗者中仍居主导地位，并未因矿物燃料使用的增加而动摇。工业国对新型燃料的需求不亚于对传统燃料的需求。美国人均消耗的矿物燃料和水力相当于意大利、日本的10倍，德国则相当于希腊或土耳其的10倍，而希腊与土耳其的人均消耗量，又相当于印度的2倍、印度尼西亚的4倍[23]。

这些数字着重显示出矿物能源利用方面的巨大差别。1950年，富国与穷国之间的差距继续绝对或相对地扩大，这是由于各主要工业国对能源需求与日俱增，从而促使人们去认真研究如何节约燃料，并寻求新的能源。

相关文献

[1] Woytinsky, W. S., and Woytinsky, E. S. *World population and production. Trends and outlook,* pp. 930–1. New York. 1953. [The estimates are those of potential energy and fuels without allowance for differences in degrees of utilization.]

[2] Woytinsky, W. S., and Woytinsky, E. S. *op. cit.* [1], p. 930.

[3] Schurr, S. H., and Netschelt, B. C. *Energy in the American economy, 1850–1975,* p. 36. Johns Hopkins University Press, Baltimore. 1960.

[4] *Colliery year book and coal trades directory,* p. 422. London. 1962.

[5] Schurr, S. H., and Netschelt, B. C. *op. cit.* [3,]p. 116.

[6] U. S. Department of the Interior, Bureau of Mines. *Mineral Yearbook 1948*, pp. 284–6.

[7] International Labour Office. *Technical tripartite meeting on the Coal-mining industry* Part I, p. 86.Geneva. 1938.

[8] Woytinsky, W. S., and Woytinsky, E. S. *op. cit.* [1], p. 931.

[9] Schurr, S. H., and Netschelt, B. C. *op. cit.* [3], pp. 545–7.

[10] Except where otherwise stated all statistics in this section are from *Colliery year book and coal trades directory, op. cit.* [4].

[11] International Labour Office. *op. cit*. [7], pp. 96–9.

[12] Woytinsky, W. S., and Woytinsky, E. S. *op. cit.* [1], pp. 966–7.

[13] *Colliery year book, op. cit.* [4], pp. 392, 402, 404; International Labour Office *op. cit.* [7], p. 218.

[14] Woytinsky, W. S., and Woytinsky, E. S., *op. cit.* [1], p. 930.

[15] Woytinsky, W. S., and Woytinsky, E. S., *op. cit.* [1], p. 899.

[16] Williamson, H. F.,Andreano, R. L., Daum, A.R., and Klose, G. C. *The American petroleum industry 1899–1959,* pp. 168, 805, 810, Northwestern University Press, Evanston. 1963.

[17] Williamson, H. F., *et al. op. cit.* [16], p. 512.

[18] Williamson, H. F., *et al. op. cit.* [16], pp. 61–3, 111.

[19] de Chazeau, M. G., and Kahn, A. E. *Integration and competition in the American petroleum industry,* p. 30. Yale University Press, New Haven, Conn. 1959.

[20] de Chazeau, and Kahn, *op. cit.*[19], p. 736.

[21] Woytinsky, W. S., and Woytinsky, E. S. *op. cit.* [1], pp. 917–23.

[22] Schurr, S. H., and Netschelt, B. C. op. cit. [3], p. 36.

[23] Woytinsky, W. S., and Woytinsky, E. S. *op. cit.* [1], p. 941.

参考书目

Court, W. H. B. Problems of the British coal industry between the wars, *Economic History Review,* 15, 1–24, 1945.

Chantler, P. *The British gas industry: an economic study.* Manchester University Press. 1938.

de Chazeau, M. G., and Kahn, A. E. *Integration and competition in the petroleum industry.* Yale University Press, New Haven, Conn. 1959.

Dewhurst, J. F., and associates. *America's needs and resources.* New York. 1955.

——, Coppock, J. O., Yates, P. L., and associates. Europe's needs and resources. New York. 1961.

Eavenson, H. N. *The first century and a quarter of the American coal industry.* Pittsburg. 1942.

International Labour Office. *Technical tripartite meeting on the Coal industry.* Geneva. 1938.

Pogue, J. S. *Economics of the petroleum industry.* New York. 1939.

Political and Economic Planning. *The British fuel and power industries.* London. 1947.

Pounds, N. J. G., and Parker, W. N. *Coal and steel in western Europe.* Faber and Faber, London. 1957.

Schurr, S. H., Netschelt, B. C., and associates. *Energy in the American economy 1850–1975.* Johns Hopkins University Press, Baltimore. 1960.

Williamson, H. F., Andreano, R. L., Daum, A. R., and Klose, G. C. *The American petroleum industry. The age of energy 1899–1959.* Northwestern University Press, Evanston. 1963.

Woytinsky, W. S., and Woytinsky, E. S. *World population and resources. Trends and outlook.* New York. 1953.

第 9 章

自然动力资源

海雷的威尔逊勋爵
（LORD WILSON OF HIGH WRAY）

第 1 篇　水力

9.1　土木工程

开发水力发电的任何一项规划，通常花在土木工程方面的费用远 195
比花在机械设备方面的多得多。由于对能量传输成本的忽略，这样概括也许过于笼统，一般大众对此往往意识不到，而政治家们却又常常故意视而不见。尽管在 20 世纪早些时候，许多水轮机没有经过发电这一中间环节便直接驱动机器，但根据目前的各种用途来看，可以认为一切水力主要表现为水力发电，利用电提供的能源能够在瞬间从满载转换到空载。

1900 年以前，无论何种用途，大多数水力发电装置都利用了河川的自然动力。也就是说，它的最大输出功率与最小输出功率取决于用来驱动它们的河水流量，甚至艾伦（J. Allen）在本书前面章节中所描述的尼亚加拉瀑布水电站（第Ⅴ卷第 22 章）也是如此。然而，那些水轮机满负荷时所用的水量，只不过是尼亚加拉河全部流量的一小部分，而五大湖则提供了全部必需的贮量。世界上许多大河川上建立的水力发电装置也都是这样，但只要将它们并入大型电网，其输出功率就可以根据现有的水流量来进行调节。

要对 1900 年到 1950 年间全球水力利用的增长作出估计是不可能的，因为这和发展远距离电力传输以及制造水轮机（适用水头为 10—

1000 米，功率达数千马力）的问题紧密相连。这方面的迅猛发展，是第一次世界大战结束以后的事。毫无疑问，1925 年以前有成千上万
196 的水力涡轮机在世界范围内投入使用，功率为 5—500 马力不等，但这期间几乎没有确切的统计数字。

尚能让人信赖的最早资料，是《世界的能源》（*Power Resources of the world*，1929）一书中给出的 1927 年的估量数字。从 1933 年起《世界能源会议统计年鉴》（*World Power Conference statistical year books*）中有了这方面的资料，即便如此也常常因一些国家没有提供有关信息而出现重大遗漏。因为国界一直在变（主要是第二次世界大战以后）所以情况也就变得更为复杂。

有一些国家利用了数量可观的水电动力，并能够提供这方面的信息，能够列入表 9.1 的就是这些国家。该表也只反映了水力发电的一般趋势。许多重要的水电动力利用国——如苏联和华沙条约国、意大
197 利、印度、澳大利亚及南美的一些共和国——在此表上都未列出，因为找不到可靠的统计数字。

大型的水电工程多半以河流为水源。这些河流一年中有好几个月份仅淌着涓涓细流，到了雨季则是滔滔洪水。因此，为了有效地利用水源，就必须修筑水库。它们或者只在雨季贮水以备旱季使用，或者贮存足够水量以补充干旱年头的水量短缺。有一点是肯定的，即每一项这样的计划必须建一个水库，而建一个水库就得筑一个大坝。

1900 年以前建造的水库大多是用来供水的，而 20 世纪上半叶大坝的出现，基本上是应水电动力的需要而建的。至于水坝对供水的重要性，我们放在别处讨论（第Ⅶ卷第 55 章）。

表 9.1　1927—1950 年某些国家水电动力发展情况

	水电站装机容量（兆瓦）			1927 年后的增长（%）
	1927	1933	1950	
阿尔及利亚	无	——	111	——
奥地利	243	642	1250	410
比利时	无	——	24	——
巴西	373	——	1536	310
加拿大	4590	5191	9212	86
智利	85	——	387	355
芬兰	164	288	667	300
法国	1490	2700	4739	220
德国（包括萨尔）	945	1269		——
联邦德国			3398	——
希腊	6	6	34	466
冰岛	无	——	30	——
日本	1305	3684	7549	475
新西兰	45	298	633	1300
挪威	1420	1740	3008	117
葡萄牙	7	——	138	1900
西班牙	746	1250	——	——
瑞典	1000	1156	2566	256
瑞士	1380	1882	3057	320
英国	186	——	793	325
美国	8744	11208	19733	125

注：加拿大渥太华环境局和联合国机构顾问 A.K. 比斯瓦斯（A. K. Biswas）和 M. R. 比斯瓦斯（M. R. Biswas）在 1976 年 5 月的《水力及大坝建造》（*Water power and dam construction*）一文中提供了有关水力在世界能源所占比例的资料，分别为 1925 年，40%；1970 年，25%；1985 年（估计），14.4%；2000 年（估计），11.4%。此处给出的是 1 兆瓦以上（含 1 兆瓦）的功率。

9.2　大坝

大坝的种类可以简单列举如下：土坝、堆石坝、重力坝、巨型支墩坝、多拱坝、单拱坝。

土坝 这种大坝是仿照19世纪大多数供水坝和“磨坊贮水池”的传统模式修建的。心墙通常用黏土填筑，也有的用混凝土修筑，它位于坝体中心以防渗。此外，还开凿一道“截水”沟一直通到不透水的岩石上，混凝土筑的“截水”墙就从这道沟底一直修到恰好超出地面。将捣制而成的黏土筑成的心墙，从截水墙砌到坝堤的顶部。

建坝堤为的是支撑坝心。在上下游两面铺上泥土（或靠水力来沉

图9.1 欧文瀑布水力发电工程，是巨型支墩坝的一个实例。

积），然后压实。压实泥土的工作原先是由蒸汽式压路机完成的，后来人们又设计了高度复杂的重型压土机。随着 20 世纪 30 年代后期以来土壤力学的发展，当所需的材料容易获得时，人们又开始热心建造这种类型的大坝。这种土坝的常规高度是 20—100 米。

堆石坝　这种坝在美国一些地区很普遍，在那里可以采集到大量碎石。一般来说，这种坝和土坝类似，只不过坝体用碎石填筑，其防
漏全靠面向上游的钢筋混凝土墙。这种坝的缺点是无法像对土坝那样 199
压实坝中的填料。随着水位不断升高，上游面承受的水压逐渐增加，有使个别石块移动的倾向，从而起拱直至出现裂缝。这种现象发生后，就要花很多钱修复，还要浪费水。

在最高的堆石坝中，有一座位于加利福尼亚的盐泉谷。它高达 100 米，竣工于 1930 年。

重力坝　这种坝最早是为供水而建造的，上下游面都铺着手工加工过的石头。断面呈三角形，靠坝体自重和合理设计就可以在水压增高时不至于倾覆或向下游滑移。有的坝筑有独立的溢洪道，通常是沿着一个隧洞溢洪，这样一来就能防止洪水漫溢坝顶。有些大坝的坝顶设有凹口，使漫溢的洪水流入坝脚的排水区。重力坝的最著名的例子也许就是“博尔德水坝”了，高度自地基到高水位线达 320 米，竣工于 1930 年。

巨型支墩坝　这种坝拥有一个钢筋混凝土上游面，微微与垂直面倾斜，下游面由一排支墩支撑。在使用混凝土方面，这样的坝比重力坝经济实惠，但必须安装复杂的闸门，所以必须雇用高工资的熟练工。斯洛伊湖大坝是英国建造的第一座巨型支墩坝，由北苏格兰水力发电委员会建造，威廉森（James Williamson）及其同伴们设计，坝高 49 米，跨度 354 米，于 1950 年竣工。

多拱坝　这种坝和支墩坝相似，但上游面由一些墩距较大的斜拱组成，因而所需支墩较少。

单拱坝 这种高坝多在山区横跨一岩石峡谷而建成，两边及底部均是坚固的岩石。从平面上看，此类坝向上游拱曲，水压作用于曲面上就被传递到峡谷的两边。这种坝通常很薄峭，所以要求尽可能高质量的设计、优质的材料和考究的工艺。在英国只建成几座这样的坝
200 是 20 世纪 30 年代为加洛韦水电工程建造的。在西欧，条件要合适得多。在 1950 年已竣工的大坝中，最高者为意大利的圣朱斯蒂娜坝，坝高 152.5 米，坝顶却只有 90 米长。那时正在施工的还有瓦乔特大坝，也是在意大利，高 207 米，坝顶长 130 米。这些地方都是建造这种大坝的理想场所。

9.3 隧道工程与地下水电站

到 1900 年为止，已有许多长且施工困难的铁路隧道相继完工（第Ⅴ卷第 21 章）。但除了尼亚加拉瀑布水电站，还未实施过其他与水力发电规划相关的隧道工程。

工程师们很快意识到，当河流环绕山肩转了 180° 的大弯或是转 180° 大弯后与另一条支流汇合时，让水从高水位降到低水位的最短途径是开一个穿山隧洞，然后通过陡斜的压力水管（导水管），从下游隧道洞口将水引至河边上的主机室。这样，一种常规的水电站设置方案：河流—水库—低压隧道—高压水管—主机室的水轮机—尾水渠—河流。

隧道开挖技术（第Ⅶ卷第 36 章）进展缓慢，一个重要因素是用来打炮眼的风钻功效不高。但根据通过坚岩开挖长隧道工程的特点，人们很快能够作出正确的估价，下一步是把整个工程置于地下。在这方面，瑞典人是开路先锋。在瑞典北部的莫克菲耶德，一家私人公司建起一座 12 兆瓦的地下水电站，于 1910 年竣工。紧接着的是在北极圈北部拉普兰地区吕勒河上建设的波尔尤斯水电站，用来为一条连接马尔贝尔耶特和基律纳矿区的电气化铁路提供电源。这个矿区的运行成

本很高，因为所有的煤全靠进口。水电站建在地下，计划安装 5 台单机容量为 10 兆瓦的机组，水头为 58 米。由于冬季长、温度低，工人的工作条件非常恶劣。它具备了现代化大型地下水电站的所有特点。主机室长 90 米，宽 12 米，高 20 米。压力水管被平行安装在一根轴上垂直往下引，水轮机的排水通向 1150 米长的尾水渠隧洞。工程开始于 1910 年，1914 年 10 月第一台发电机开始运行。

第二次世界大战期间，当瑞典人在国内主要城市或郊区纷纷建造 201
防空洞和地下仓库时，他们就越来越精通于开凿坚硬的岩石了。到 20 世纪 40 年代，全世界的工程师都在计划并着手建造地下水电站而不是地面水电站，其原因不一定是出于战略的需要，主要是从经济上考虑。

9.4 压力水管（导水管）

近年来，人们开始普遍采用压力水管这一术语来取代导水管（把水引向水轮机的封闭式导管）这个词。压力水管或高压水管是指其顶端与大气相通、在底部以全部压力驱动水轮机工作的那一部分。正如上节所述，通常将水从水库或进水口引至水位高于水轮机房的适当地点，其做法是通过隧道、明渠或是低压管沿山坡往下引送。为了减少重负荷发生突然变化时控制水轮机的困难，人们尽量缩短压力水管。在隧道或低压管的尾端建一个调压室，其顶部高度超过供水点的水位，并直接通大气。调压室可以是一根简单的管道，或是由各种不同直径的管道和孔构成的复杂系统。如果水轮机突然丢弃重负荷，阀门就会关闭，流向压力水管的水量就会减少，结果导致压力波在管内产生并传播，其能量可达到危险的程度。当这一压力波传到调压室时，水就会溢出管外，所以事实上它成了一个安全阀。

压力水管通常用钢材制成，用混凝土墩架在地面上。在大型工程里，水管的下端加厚，因为此处压力最大。任何弯曲处都必须牢牢加固，而且要对水管的膨胀预先采取措施。

在水头可能超过 1000 米的山区电站，人们用强力箍圈或预应力扎线加固压力水管的管道。这样可以避免使用过厚的钢板，因为厚钢板可能出现焊接问题。

一根根巨型黑色管道构成的刺目景象，是自然风景区建水电站的不利因素之一。为了防止锈蚀，管道表面往往涂上黑色沥青，下面由混凝土墩架支撑。这就玷污了未遭破坏的山区美景。例如苏格兰中部的斯洛伊湖工程，虽然水库和大坝都建在一个人迹罕至的遥远山谷里但为水轮机送水的那 4 条钢管，总让每年成千上万沿洛蒙德湖岸驱车观光的人感到刺眼。

保持自然环境的优美与舒适——这在若干年后已成为人们日益关注的问题，连同设计、建造大型压力水管的简便性，均为论证建造地下水电站增添了支持的理由。后来，压力水管成为竖井，长度和水轮机的毛水头接近。它可以由一根砌入混凝土中的钢管连接而成，但只需细钢管，因为周围的混凝土和岩石会承受压力。

9.5 阀门

在水电工程中，水轮机隔离阀和紧急安全阀既可视作土木工程的一部分，也可视作机械工程的一部分。会自动关闭的紧急安全阀安装在压力水管的顶部，最基本的功能是当水管发生故障时截断水源。它们通常为蝶形阀，工作时处于打开位置，若因下游出现故障而使流经该阀的水量过大时，蝶形阀便脱扣并关闭，关闭靠重荷或借助于水压来实现。紧急安全阀承受来自上游的压力通常很小，不超过数米水头因此这些阀在整个规划中所占的成本是很低的。然而在地下水电站中可以完全将它们省掉，这样做也就更节省。

水轮机隔离阀是不可缺少的，其设计已变得高度精细。当机器需要保养或当水轮机不发电时，它必须能够切断水轮机的供水。通过阀门的摩擦损失必须保持在最小值，因为这是一种功率损耗。摩擦几乎是不可避免的，它是由涡流引起的。涡流会产生一种冲刷作用，从而损坏阀座面。

若管道直径超过 1000 毫米，水头超过 100 米，人们往往使用旋转阀而不用闸门。这种旋转阀由水压或电力启闭，并装有活动阀座。当阀门处于关闭位置时，活动阀座就在阀门的活动部件上。倘若允许有稍大一些的摩擦损耗而又要求造价最低时，人们也使用蝶形阀。英国的电动直通式旋转球阀一直都很成功，但它在水电机械设备的总造价中占了相当大的比例。然而我们必须认识到，在用来承担峰值荷载的水电站中，尤其是在抽水蓄能水电站中，重型的大阀门一天之内可能被使用好几次，因此必须是质量最佳的。 203

9.6 水轮机

如果认为 20 世纪初以来水轮机领域没有什么重大进展，那是不符合事实的。不管怎么说，除了下文将要提及的那些例外情况，到 1900 年就已经牢固确立了水轮机的两种基本类型——反击式水轮机和冲击式水轮机。这些水轮机效率很高，设计良好。1870 年到 1900 年间安装的许多小水轮机，到 1950 年还在使用，其间发生的变化主要在于机组容量的大小，以及反击式水轮机比速的稳定增加[1]。

这些水轮机虽然没有像大型蒸汽轮机（第Ⅶ卷第 41 章）那样导致效率猛增，但极大地促进了更大型水电站的修建。1900 年，单机容量为 5 兆瓦的水轮机已被视为很大了。可是到了 1950 年，水轮机的单机容量已达 120 兆瓦，而正在设计中的水轮机容量就更大了。

向高速轮机的方向发展是常规技术的趋势。一般来说，原动机转

1　比速是涡轮机设计者使用的一个术语，用以表示一系列设计相同但大小殊异的涡轮机的转速。在 30 米水头下使用的转速为 450 转 / 分的 1 兆瓦涡轮机，比速为 244。类似的具有同样比速的 2 兆瓦的较大涡轮机，在这个水头下的转速应为 340 转 / 分。如果所设计的涡轮机比速是 310，其转速就该是 428 转 / 分了。

速越高，它就越小也越便宜。如果它用于驱动发电机，就更是如此当然，也有一些限制性因素。50 周的蒸汽涡轮发电机的转速无法超过 3000 转 / 分，60 周的发电机也不能在转速超过 3600 转 / 分时运行水力发电机组的转速取决于各种设计因素，还必须考虑到如果突然丢弃全部负荷，调速器就无法正确操作，机器就会“飞车”，几秒钟内就会超过正常转速的 60%—120%。这就会给由水轮机驱动的发电机的绕组施加一个很大的离心力，从而大大增加机器的成本。

为了方便起见，下面将根据水轮机的不同类型来进行讨论，但也有许多特点为所有水轮机所共有。

弗朗西斯水轮机（第Ⅴ卷，边码 529） 这种水轮机得名于弗朗西斯（J. B. Francis），这个人 19 世纪 50 年代在马萨诸塞州的洛厄尔从事了大量的内流反击式水轮机的实践工作。这种水轮机的通常使用
204 容量是 25—120 兆瓦、水头为 20—400 米。单机容量超过 10 兆瓦的水电机组，几乎总是与水轮机上方的发电机呈垂直轴布置。一个相当大的米歇尔（或金斯伯里）斜瓦式轴承装在发电机上方，以支承重量和水对水轮机转子（叶轮）、轴和发电机转子的冲力。送往转子的水流，由一组以调速器操纵的流线型导流叶片来控制，转速为 75—900 转 / 分不等，这要根据单机的容量和工作水头而定。

当比速或吸水头——水轮机转子和尾水渠水位之间的“负”压水头——太大的时候，包括弗朗西斯式定桨式和转桨式水轮机在内的所有反击式水轮机，都会面临气蚀之灾。气蚀现象就像比速一样，如果不深入到技术细节是很难描述的。当高压高速的水通过水轮机导向叶片和转子，进入通向尾水渠的吸入管或尾水管时，会丧失其原有的能量和压力。如果设计不周，水的压力降到蒸汽压以下，充满蒸汽的气泡或“气穴”就会形成。当它们和水轮机转子或水道的金属表面接触时将会塌陷，从而给不超过针尖大小的区域重重的一击。当数百万这样的撞击发生在同一地方时，就会损坏金属，先是形成“蛀洞”，后

来变成海绵状，最后导致金属破裂。处在高比速与低水头条件下工作的水轮机，最容易受到气蚀的影响。设计师需要不断提高水轮机的速度，以降低发动机的价格，土木工程师也会要求抬高主机室的位置，以保证特大洪水暴发时主机室的安全。事实上，只需让水轮机的位置低于尾水渠水位几米，就能免于气蚀。

大型弗朗西斯水轮机的效率在满负荷下可达到 90% 以上，在半负荷以下效率也相当高。如果能像通常那样由水库提供相对清洁的水源，水轮机是非常可靠的。

定桨式、卡普兰式、灯泡式水轮机　这 3 种水轮机都有形状类似于船舶螺旋桨的转子。它们的比速相当高，是为利用低水头（约 10—40 米）而设计的，输出功率达 50 兆瓦（有时更大）。

定桨式水轮机的问世，似乎解决了发展低水头大型水电站的问题。 205
这样的水电站利用的是河川的天然动力，通常建在有几道急流通过的地方。所采用的比速非常高，甚至比著称于世的高比速的弗朗西斯水轮机还要高 50%，通常这种极高的比速会导致水轮机体积减小。然而它有一个缺点是飞车转速较高，另一个缺点是当其负荷在满负荷的 75% 以下时效率很低，还有出现气蚀的危险。

对于部分负荷效率低下的问题，有时可以通过在一个电站安装多至 10 台桨式水轮机来解决，并根据现有水流量使尽可能多的水轮机满负荷运行。然而有一种减少单机数目、增加其容量的强烈倾向，卡普兰水轮机对此提供

图 9.2　一种佩尔顿式水轮机。

了答案。

卡普兰水轮机是由卡普兰（Victor Kaplan）设计的，这位德国工程师，在捷克斯洛伐克的布吕恩搞设计并进行实验研究。他认识到，如果螺旋桨式叶片角度能随水量的减少而减小，那就能够获得高得多的部分负荷效率。他从1910年一直工作到1924年，集中研究如何在转轮上固定叶片，才能够在不停机的情况下调整叶片的角度。通过同时操纵转子叶片和导水叶片，甚至能够在极低的负荷下获得惊人的高效率。每个转子叶片可以单独在专用机床上被铣成形，使得设计极为精确，由于铣出面很光洁，出现气蚀的危险也就减少了。

卡普兰水轮机造价极高，被用于装机容量超过50兆瓦、水头大约在30米的水电站，运行上的经济优势应该结合高投资费用慎重权衡。

球状水轮机是卡普兰水轮机的直接发展，不过它是轴流式的，由一个螺旋桨式的转子构成，转子上通常装有可转动的叶片，置于水管内，由导水叶将水引向叶轮。发电机被直接联装，并可做成防水型，浸泡在水轮机排出的水中。这种完善的水力发电机组原先的设计目的是使它能够建在土坝或拦河坝内，坝可能已是现成的，这样就能把混凝土基础工作的难度减少到最低限度，且不需要常规的主机室。

这一设计是第二次世界大战期间在法国和瑞士发展起来的。当时
206 法国人计划修建一条带闸门和简单紧凑的水电装置的拦河坝，用来改善法国南部大河的通航能力。设计这种水轮机就是该计划的一部分。人们明确地认识到，对朗斯潮汐水电工程（见下文潮汐发电，边码216—217）和后来被无限期搁置起来的巨型圣米歇尔工程，这种可逆球状水轮发电机组将是适合的。

德里亚水轮机根据德里亚（Paul Deriaz）这位效力于英国电气公司的总设计师的名字命名，是卡普兰水轮机与弗朗西斯水轮机的混合产物。它的转动式轮叶与转轮呈一定角度，是为小于100米的水头

75 兆瓦以下的功率而设计的，像卡普兰水轮机那样，它在各种负荷下运行效率都很高，但造价相当高昂。

和反击式水轮机相比，冲击式水轮机的变化相对不大。椭圆形分叉叶片的工作原理是美国的佩尔顿（Lester Pelton，第Ⅴ卷，边码 530）和多布勒（Abner Dobler）最先研究出来的，后者还发明了矛形或针形喷嘴，这种喷嘴在水流量很小的情况下也能产生良好的喷射形状。1900 年以前使用的多孔喷射佩尔顿水轮机（为产生较高速度）还很粗糙，对它的改进主要是在体积和构造方法上，效率亦略有提高。

大约到 1920 年，所有佩尔顿水轮机的叶片都是用螺栓来固定的，但随着单机功率的增加，叶片的耳板或者固定螺栓就容易损坏，这是由于喷出的水束不断撞击叶片而产生的金属疲劳所致。1920 年，设在英格兰肯德尔的吉尔克斯水轮机制造公司，指出了整体铸造佩尔顿水轮机转子以解决这个问题的途径。铸造技术相当难，但其他制造者按照吉尔克斯指出的方向继续研究，到 1950 年，所有高功率佩尔顿水轮机的转子都是整体铸成的。

佩尔顿水轮机使用较低的比速（约为 25，高水头的弗朗西斯水轮机则为 100），高功率竖井式机组制成 6 个喷嘴的样式，功率约 50

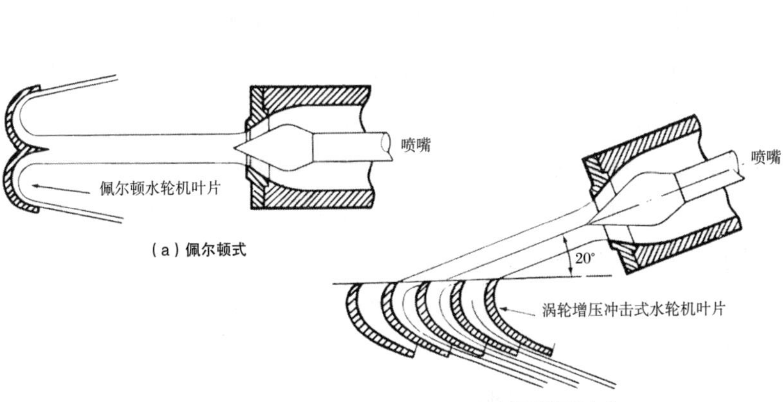

207

图 9.3　佩尔顿水轮机和涡轮增压冲击式水轮机在工作原理上的差异。

兆瓦。冲击式水轮机的全新设计是由吉尔克斯的经理克鲁森（Eric Crewdson）于1920年完成的。他的发明包括一个轴流冲击式水轮机在水轮机里喷射的水流在一边冲击转子，并从另一边排出。图9.3表明了佩尔顿水轮机和涡轮增压冲击式水轮机在原理上的主要差别。克鲁森的发明导致特大直径喷嘴能有效地用于和佩尔顿水轮机同样平均直径的转子上，从而可以产生较高速度且效率损失又可忽略不计。作为中等水头的机型，这种构造简单的单喷嘴冲击式水轮机在世界各地
208 都有市场，其功率范围是0.1—4兆瓦，水头在75—300米之间。

9.7 水轮机调速器

水轮机调速器在最近50年间发生了根本性的变化，现已成为控制装置中的高度精密部件，造价占整个水电设备总投资的很大比例。

除了在少数情况下水轮机要为某一个离心泵或感应发电机这类固定负荷提供动力之外，它的转速必须从空载到满载的整个范围内保持恒定。驱动纺织机的水车装有粗制的机械式调速器，这种调速器使用几个重飞球和一套换向齿轮装置。当织机和纺机停止运行致使转速上升时，徐徐关闭进水阀或滑闸，当负荷增加时则将其打开。早期的水轮机也使用类似的调速器，在用来驱动工厂机械时还相当令人满意，但随着越来越多的水轮机用于驱动发电机，调节问题变得日益严重起来。如果水电站是为一个城市提供电源，负荷变化会很快，一旦出现故障——例如输电线路断开或主要回路的电闸脱扣，整个负荷会在瞬间卸掉。在这种情况下，如果不加以限制，普通水轮机就会“飞车”，而调速器必须很快制止速度的增加。

对蒸汽机、蒸汽涡轮机或内燃机而言，调速很容易做到，只不过是在负荷变化时控制燃料（或蒸汽）供给，这用一个简单的离心调速器就能完成。对于水轮机来说，调速可就难多了。当水以2—3米/秒的速度向下流进给大型水轮机提供水源的压力水管时，蓄积的能量相

当于数千吨的水上航船的能量，试图突然使它停下的难度与危险也就相当大了。如果关闭水轮机导水叶或矛形喷嘴来突然截断水流，就会产生压力波，胀破管道或者在接合处轰击出一条裂缝并带来灾难性的后果。在区区几秒钟内操作水轮机的导水叶，也需要很大的功率。

现代水轮机调速器的基本构思，是用一个液压伺服电动机，打开或关闭水轮机的控制装置。在20世纪早期，这种液压伺服电动机靠压力水管中的高压水提供动力，但是水中的脏物会堵塞阀门并在主汽缸内和活塞上沉积下来。大约到1910年，规范的做法是使用油压伺服电动机，动力则由水轮机驱动的油泵来提供（图9.4）。人们用灵敏的皮克林型离心锤或是刀口悬架取代了笨重的瓦特式飞球，因为它们 209

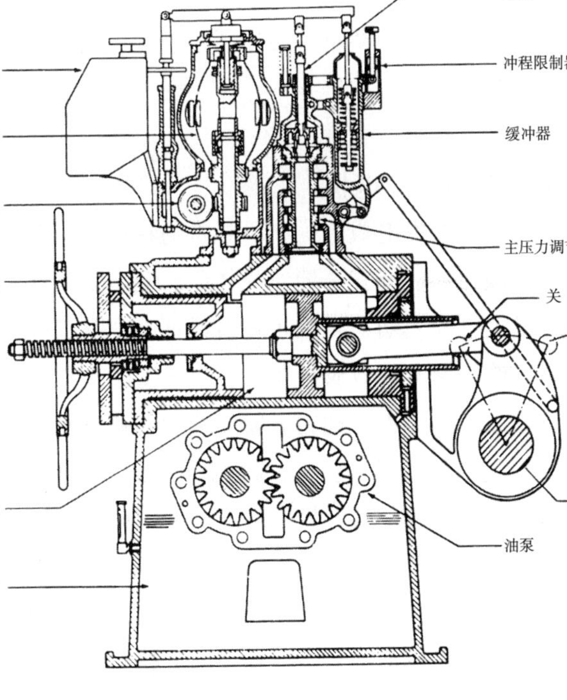

图9.4　阀门控制轴油压调速器剖面图。

所要做的一切，无非是操作一个小小的继动阀，允许油在压力下流向主伺服电动机的一端或另一端。

压力水管中压力的升高，受到水轮机导水叶关闭时间的限制。水管愈长，导水叶关闭得愈慢。同时，速度的提高要使用重型飞轮来控制。压力水管的长度是一个主导因素，这个问题在前面已经讨论过了（边码 201）。如果压力水管的长度相对水头偏长，人们通常要安装一个由调速器控制的减压阀。当导水叶关闭时，减压阀就打开，下面水管内的水流量几乎保持恒定。然后减压阀慢慢关闭，从而保持压力只上升到可接受的数值。

对于冲击式水轮机，这个问题就容易解决一些。当负荷减小时
210 由调速器带动一个射流转向器把射流的一部分从水轮机的转子引开这样做不影响流向水管的水流量，而且由于转向器可以在约 1 秒钟内旋到射流中，所以就不需要重型飞轮了。借助于伺服电动机，矛状喷嘴就能慢慢闭合。

211 9.8 水轮机驱动的发电机

由水轮机驱动的发电机有一些不寻常的特点应被考虑。首先，设计发电机时必须让它能够安全地经受住前面几节里提到过的水轮机的飞车速度。事实已经表明，要为水轮机设计一个真正可靠的紧急调速器，让它在普通调速器失效时抑制水轮机速度的提高是根本不可能的。这样的紧急调速器是为火力动力装置安装的，所以发电机只需设计成超过它正常转速的 25% 仍安全可靠也就可以了。因为离心力随转速的加快而迅速上升，这样由水轮机驱动的发电机通常要比由火力装置驱动的发电机贵得多。此外，正如前面已经提及的，为了让调节的效果更好一些，还必须让发电机转子产生附加的飞轮效能。这尤其适用于竖井机组，因为它很难装上一个独立的飞轮。

图 9.5 给出了几种典型的水力发电机组的布置方案。正如前面所

述，不管是反击式还是冲击式，所有大型的水电装置（一般说来超过20兆瓦）都呈竖井式布局，通常有一两个发电机轴颈轴承、一个水轮机轴颈轴承和一个装在发电机顶部的止推轴承。这个止推轴承承载着转动部件的全部重量，以及来自水轮机转子的水的推力。这一负荷可能达数百吨，所以止推轴承的设计至关重要。所有的止推轴承都是斜

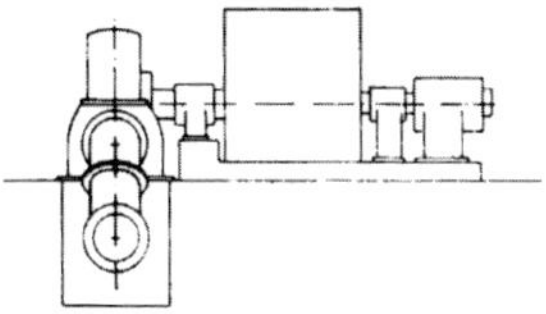

（a）佩尔顿水轮机
水头：400米
转速：750转/分

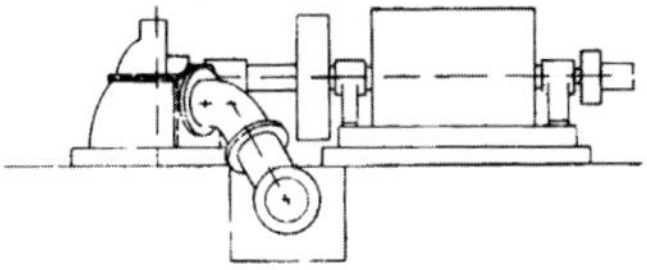

（b）特戈冲击式水轮机
水头：200米
转速：1000转/分

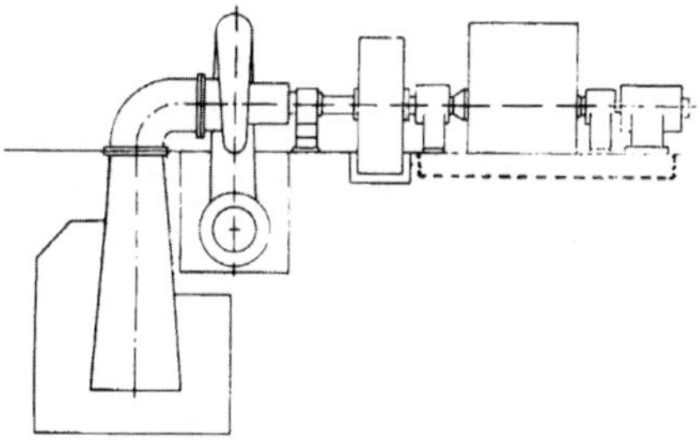

（c）水平式弗朗西斯水轮机
水头：120米
转速：750转/分

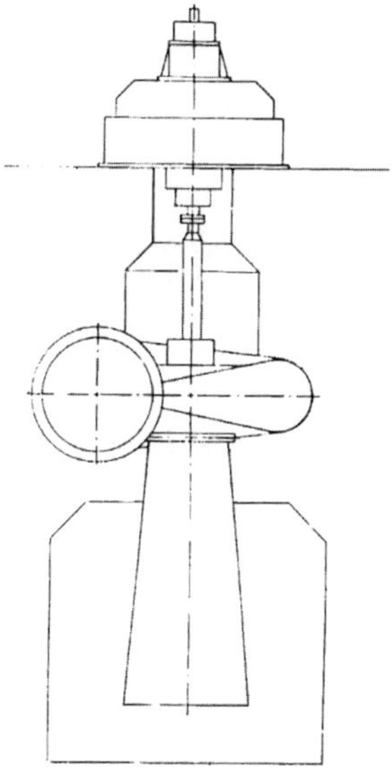

（d）垂直式弗朗西斯水轮机
水头：40米
转速：428转/分

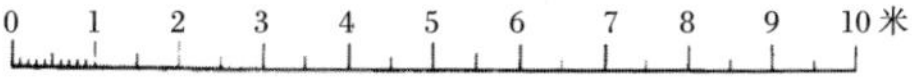

图9.5　4种最常用的水力发电装置，每台容量2兆瓦。

瓦式的（米歇尔式或金斯伯里式），在发动机开始转动前，润滑油在压力作用下被泵进倾斜垫，完全抬起止推轴环。一般要安装制动闸，让机器快速停下来，以防止在低转速时损坏轴承垫，因为低转速时油膜可能减弱。

目前，人们越来越多地使用带有感应发电机的中等功率水电装置（0.5—10 兆瓦）。这些发电机很像倒转的鼠笼式电动机，必须由交流电启动，且并入较大的电网。换言之，它们不能独立运行，相当于为给主干线“泵”送电力的机器。当这一装置的速度提升且达到同步时，断路器就会合上，把发电机和输电网连起来。如果水轮机启动，发电机将并入网路，动力继续增加，直到水轮机以满负荷运行为止。这种装置的最大优点在于能够省掉水轮机调速器，而发电机本身则构造非常简单。这些发电机常设计成无人操作式，能够全自动运转。例如在苏格兰北部的洛赫克韦奇，1 台 2.5 兆瓦的感应发电机组由一个小海湾提供水源，水位容易发生迅速变化。当小海湾水满时，水轮机就借助浮体的控制而启动，然后自动地和主干线路同步并连接，它将继续运行到水位降至最低为止。然后该装置就断开并停机，直到小海湾又灌满水为止。

9.9　抽水蓄能工程

供电工业面临的主要问题之一是如何对付峰值负荷。在 20 世纪的早些年间，城市配电系统的电大多数是用来照明的。冬季的早上 7—9 点，人们会打开电灯，而到了下午 4：00 至晚上 10：30 则又有一次用电高峰。24 小时内的平均负荷约为 250 千瓦，峰值负荷则会高达 1000 千瓦，供电当局必须能够满足高峰所需而不是只应付平均负荷了事。夜间的负荷可以在 6 小时或 7 小时内低至 25 千瓦。这也是那时候直流电比交流电用得更普遍的原因之一。政府管理部门可以建一个蓄电池储存夜间的电力，以便高峰期使用。如果采用交流供电那么发电容量必须能够应付峰值负荷且要连续运转。

在英国有许多小型的乡村供电单位，凯西克、温德米尔以及林顿和林茅斯都是使用交流电的典型例子，都有长途传输线路。它们使用小型水力发电装置来提供基本负荷和晚间负荷，用蒸汽或柴油发电机作后盾，以解决峰值负荷问题。

林顿和林茅斯公司在 1890 年安装了两台由弗朗西斯水轮机驱动的 110 千瓦的交流发电机，但是随着用电量的增加，它们应付不了用电高峰。后来，这家公司安装了一个贝利水泵，低负荷时用一台水轮机来驱动，把建在瀑布上方的水库灌满。该水库高出电站 244 米，当峰值负荷出现时，就用一个由佩尔顿水轮机驱动的发电机借助这个高水位的水库发电，这项工程在 1950 年还在运行。

上述情况纯属例外，因为抽水蓄能的一般理论是在 20 世纪 20 年代后期到 30 年代初期在德国和瑞士发展起来的。事实上，抽水蓄能工程和蓄电池类似。火力发电站只在或接近满负荷下运行时效率才高。例如，如果一个电网络正常的最大负荷是 400 兆瓦，且有几小时的 500 兆瓦峰值负荷，那么，安装一座以 400 兆瓦为基本负荷的火电站，辅以一座 100 兆瓦的抽水蓄能发电站以承载短期峰值负荷，已被证明是经济可行的。

建设抽水蓄能电站的要素是高水位和低水位水库尽可能接近，而且两者的水位落差要尽可能地大，并配有一套水轮机—水泵—发电机—电动机装置。在夜间或在低负荷时，可逆式电动发电机将驱动水泵，把水从低水位水库压送到高水位水库。当峰值负荷期到来时，水轮机被启动，原先的电动机作为发电机运行，而从高水位水库流向低水位水库的水就会提供动力去承载这一负荷。

抽水蓄能工程的经济问题相当复杂，建设场地必须保证能获得最大水头，而基本投资费用又必须保持在最低水平。在英国威尔士北部的布莱奈费斯蒂尼奥格地区建造的第一座大型抽水蓄能电站（1961

年），人们认为在经济上是成功的，因为它和建在特劳斯瓦尼兹地区的原子能发电站很接近。

9.10 功率回收水轮机

可以把功率回收水轮机粗略地描述为那种不是靠重力而是靠人造水头工作的水轮机，具体例子如下。

化学处理工厂 高压水被水泵压送到洗涤塔内，以便吸收在氨水生产过程中产生的二氧化碳。含二氧化碳的水溶液通过水轮机做功后排放，水轮机与电动机连接，而电动机又驱动为洗涤塔供水的水泵在这一连续过程中，高达 50% 的电动机功率可被回收。

自来水厂 大都会供水委员会为整个伦敦提供的水全部靠水泵压送。许多泵站都兼有高压干管和低压管。在这种情况下，让水通过旁路从高压区流到低压区，借助水轮机利用高压水的动力来发电，常常是很方便的。

214 **火力发电站** 在一些发电站，例如在兰开夏郡博尔顿的巴克奥班克电站，从冷凝器出来的水被水泵压送到冷却塔，然后流回到冷却水池。冷却水通过水轮机，可辅助电动机驱动水泵。在炎热气候条件下为了避免蒸发导致的水损耗，人们修建了“干式冷却塔”，这时也可以使用功率回收水轮机。

参考书目

Binnie, G. M. Dams. Presidential Address to Junior Institution of Engineers, 1955. *Water & Water Engineering*. February 1956, pp. 56–66.

Brown, J. Guthrie. *Hydro-electric engineering practice,* Vols. 1–4,1958.

Creager, W. P., and Justin, J. D. Dams. In *ydro-electric Handbook*.1949.

Sandstrom, G. E. *The history of tunnelling*.1963.

Wilson, Paul N. *Water turbines*. H.M.S.O., London.1974.

技术性月刊 *Water Power* 发表相关的论文。

第2篇　其他自然动力资源

主要的动力资源在本书的前几章中已经讨论过了，然而，如果不涉猎一下次要的能源，特别是风能、潮汐能、地热、太阳能，那么对动力资源的一般研究就不够完整了。这些能源在20世纪前半叶相对说来尚不重要，但很可能在不久的将来，当世界能源结构发生变化时它们的地位就会变得十分显要。

9.11　风力

风力的使用从来也没有被推广过，而且在20世纪前半叶它还逐渐衰落。可以这么说，只要有别的可靠能源可以代替，风力就不会被使用。但是，传统的用于碾磨谷物或在沼泽地汲水的风车独具许多诱人之处，以至公众认识到风车作为发电机动力的价值是相当可观的。但是，尽管能源短缺和燃料价格上涨，这么一种重要的自然动力资源却被忽视了。

在西欧，数以千计的风车已经销声匿迹，保存下来的也只能以昂贵的代价勉强维持下去，不争的事实证明了这一点。它们的历史在本
215 书的前几卷中已作过论述（第Ⅱ卷第17章，第Ⅲ卷第4章）。如果在目前的状况下风力被大规模地使用，那么必然有特殊的理由。

风力泵（图9.6）——有时也称为风力抽水机——在南非和其他人口稀少的农业区被广泛地使用，那里的风速往往是稳定的，而且有地

下水源可供提取。从美学观点来看，风力泵没有多少值得推崇的。一个直径长达 4.25 米、带有约 20 片由压制钢板做成的风车翼的圆形大风轮，被安装在高达 7—10 米的桁架塔顶端。装在滚珠轴承上的风车轴通过减速齿轮和连杆，带动往复式水泵的活塞杆。所有这些工作部件都装在一个油箱内，这样能使保养工作量减到最少。水泵的主轴顺着工作塔中心而下，并在井眼的底部驱动一台简易的泵缸，或者从泉眼和小溪把水压送到高水位的水箱内。水泵的泵水量很少，往往只够家用或牲畜饮用。尾翼的作用是保持风轮始终 216
迎风而转，且当风速超过 11 米 / 秒时，能使风轮倾斜。一般启动风速约为 4 米 / 秒。虽然这种风轮的功率大约只有 750 瓦，但它提供的水量足够挺过连续几个无风天。

图 9.6　美国西部的一台风力泵。

第二次世界大战期间燃料奇缺，促使人们积极地利用风力发电。那时人们在高达 10—13 米的用支索牢靠地撑住的竖杆上安装了飞机型的螺旋桨，用以驱动小型直流发电机。这种风力发电机被架设在偏远的乡间，在那些整日风势凌厉的沿海地区更是常见。当风速达到 7—15 米 / 秒时，可输出 1—3 千瓦的功率，并对 32 伏的蓄电池充电，足够用来照明和驱动一些小型电气用具。

在燃料严重短缺的丹麦，斯米特（F. L. Smidth）的工程公司试制过输出功率为 5—100 千瓦的风力发电机，可是燃料市场情况一旦好转，这项工作就中断了。在美国佛蒙特州的拉特兰，人们在老爷山（Grandpa’s knob）上安装了一台 1250 千瓦的风力交流发电机。在英国奥克尼群岛的科斯塔山上，安装了一台 100 千瓦的同类设备。类似的实验研究也在苏联进行。1930 年至 1950 年间，德国人设计了更大的机组。但直到目前，如何设计出一种风力发电机组，使其能够在风速为 5—20 米 / 秒时稳定地发电，且不会被一场大风或飓风摧毁仍是一个有待解决的问题。老爷山和科斯塔山的 2 台机组都未能长期运转。

功率为 1—10 兆瓦的风力发电机组将是一座非常刺目的庞然大物相比之下，100 米高的电缆塔看起来倒像是一件艺术作品。

9.12 潮汐动力资源

早在诺曼人征服之前，人类就开始利用潮汐动力了。在平均潮差不小于 4 米的河口处，常常由于自然作用加上人为因素，形成了潮汐港，人们在这里架起了拦海大坝，使港池和大海分开，坝内安装底喷式或中偏下射式水磨或者彭赛利（Poncelet）水轮机，并设有潮汐水闸涨潮时让海水灌满港池，而当港池水位升高至最高值时就把闸门关闭磨坊主一直等到潮水退到浮标底部或者水轮叶片以下时，才让海水从
217 港池流向水轮机，并使水轮机尽可能工作得时间长一些。随着港池水位的下降，此时他也许会减少向磨盘的进料。

这就是所有简单潮汐动力工程的基本原理。然而随着卡普兰螺旋桨式水轮机的发明（边码 206），人们能够创造一种高度精细的操作系统，使电站发电的时间远长于一般简单系统发电的时间。因为卡普兰水轮机能够以很高的效率在变动较大的水头范围内运行，而且也能设计成借助水泵将港池水位提升到设定的高水位。

潮汐发电有如下主要缺点：

（1）所发出的电力取决于潮汐的涨落状况。

（2）所发出的电力必须并入电网，电网的容量应足够大，能够在日间或夜间的任何时刻容纳其功率的峰值。

（3）平均潮差必须尽可能大，且潮汐港的物理特性也必须适当。

（4）基本投资费用很高，这是不可避免的（但是只要该潮汐动力工程能够产生其他的经济效益，其投资是可以得到补偿的）。

随着电网容量的稳步增长，前两个缺点正被弥补。同时在像法国那样的国家，英吉利海峡的海岸段潮差很大，而且在阿尔卑斯山脉脚下建有很多常规水电站，当潮汐电力并入电网时，可迅速减少水电站的功率。相比之下，在英国的困难程度似乎在显著增加。因为它主要依赖火力发电站来供电，而火力发电站只有在高负荷下运行才能达到最高效率。

令人吃惊的是，全世界的海岸线中平均潮差超过 6 米的海岸线，所占比例居然是那么微小！戴维（N. Davey，见参考书目）在一项综合研究中只列举出了 15 个符合条件的海岸线区段。其中平均潮差最

图 9.7　法国的朗斯潮汐电站。
照片所示的是 1966 年接近竣工的电站，由充沙桶组成的围堰在工程完成时将被去除。
船闸在右边。横跨工程的道路使圣马洛到迪纳尔之间的距离缩短了 30 千米。

高为 14 米，出现在芬迪湾（新斯科舍省），中国的江厦港也有 6 米可能是由于英吉利海峡与沿英国西海岸一带的潮差相当大，塞文河隧道处为 8.75 米，莫克姆湾为 7 米，以致英国公民倾向于认为大多数海岸都有这样的潮汐。事实并非如此。

218 为了在英国的布里斯托尔海峡建造潮汐动力工程，英国人曾进行了大量的调研，但由于投资高昂且涉及许多利益——航运、捕鱼、废液排放等问题复杂而难以解决，该项计划被搁置起来。

法兰西电气公司进行更为深入细致的调查勘测后，架起一座仅有 750 米长的拦河坝，横跨圣马洛南边的朗斯河，坝内使用可逆式水泵水轮机组（图 9.7）。此工程装机 24 台、单机功率为 10 兆瓦的水轮机，无论涨潮还是退潮都能工作。从圣马洛到迪纳尔的旅程因此将缩短 30 千米，而且由河口上行的航运条件也得到了显著改善。这些辅助效益有助于提高该项工程的经济价值。

世界上建造潮汐电站的最好站址，也许要数紧靠加拿大和美国国境线的芬迪湾了。初步的勘探工作已进行了若干年。如果探寻自然动力资源的工作加快步伐，那么一座巨型潮汐电站将在那里建成，可为这两个能源需求旺盛的国家提供电力。

219 9.13 地热动力资源

现存的利用地下蒸汽产生动力而又获得成功的大型动力工程，只有意大利托斯卡纳的拉尔代雷洛地热站。在那里，自公元前某个时期有文字首次记述它们以来，由多火山地区裂缝所形成的喷气孔已向空中喷出大量夹杂着多种化学物质的蒸汽。蒸汽的喷射压力高达 5—27 牛 / 厘米^2，蒸汽温度为 140—260 摄氏度。打眼取汽工程是一项困难且危险的工作，井眼深度为 300—600 米，也可能打得更深。蒸汽成分的质量百分比约为：H_2O 占 95.50，CO_2 占 4.20，CH_4 和 H_2 占 0.01，H_2S、N_2、NH_3、硼酸（H_3BO_3）、He、Ar 和 Ne 占 0.29。

其中，硼酸和氨目前已被回收并加工利用，为提高该项工程的经济效益作出了贡献。

首次利用地热蒸汽作动力的努力始于 1904 年，一年后就安装了 1 台 25 千瓦的蒸汽发电机。只是随着蒸汽涡轮机问世以后，大功率发电才有了可能。1913 年，安装了一台由汽轮机驱动的 250 千瓦的发电机，接着在 1914 年安装了 3 台 1250 千瓦的发电机。到 1939 年第二次世界大战爆发时，总共有 16 台机组在运转，总功率为 135 兆瓦。

当德国人从意大利撤退时，破坏了绝大部分装置，但不久它们就被修复了。到了 1950 年，共有 20 台机组在运转，总功率为 254 兆瓦，为意大利的电力供应作出了极大的贡献。

图 9.8 所示为两种常用系统的示意图。左图中来自喷气孔的蒸汽 220
直接驱动涡轮机，需要进行处理的气体和液体则从冷凝器或冷却塔中提取。右图描述的装置比较昂贵，原生蒸汽经过热交换器，只有纯净的二次蒸汽供给汽轮机。

在伊斯基亚，也安装了数台小功率地热发电机组。不过，由于温泉水（55 摄氏度）与冷却海水（25 摄氏度）之间的温差很小，热交换器中使用的物质是乙基氯，用以驱动 300 千瓦的涡轮机。

可以预计，第二个重要的地热资源开发区将出现在新西兰，其

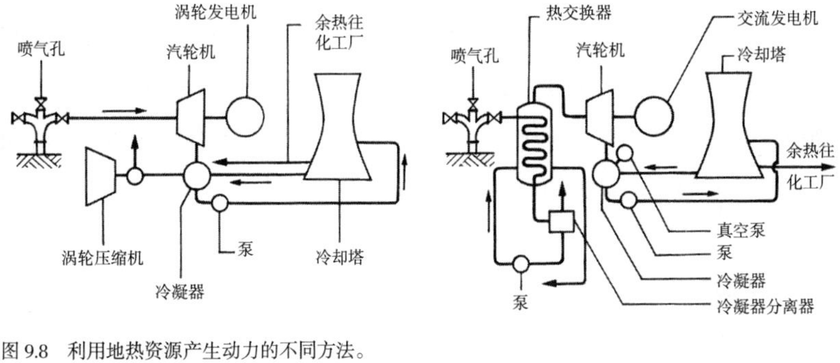

图 9.8　利用地热资源产生动力的不同方法。

陶波附近的温泉条件和意大利的拉尔代雷洛相似，不过那里的井眼估计要打得更深一些。要知道不管是在意大利还是在新西兰，水电是他们唯一的自然动力资源，而且水电的开发是受限制的。特别是在新西兰，水电动力的绝大部分集中在南岛，而主要工业区都在北岛地热开发的基本投资和水电工程同样昂贵，因此上述因素必须加以综合考虑。

考虑到热能和其他能量之间可以相互转换这一事实，本节中如果不涉及地热资源在工业和家庭中的直接利用，那是不现实的。

冰岛首都雷克雅未克的供暖系统堪称举世无双，而且由于得益于自然条件，其基本投资并不太高。1930 年进行了初步的试验性工作从城东 3 千米的普沃塔劳格温泉经管道引来温度为 95 摄氏度的热水注入配水池，用于少数家庭的取暖。

现在的供暖工程开始于第二次世界大战，目前仍在发展中。人们在雷克雅未克以东 17 千米的雷恰勒伊格的温泉区打出了常规的泉眼用水泵送到城市高处的隔热水池中。输水管通过覆盖碎草皮和浮石（这两种材料岛上都有）的混合物来隔热，然后再用混凝土板做的筒套来包裹，大多搁置在地面上。水管隔热的性能良好，以至从水泵出口处至用户供暖系统的入口，水温只下降了 5 摄氏度。估计进入普通住家后水温还要下降 20 摄氏度，冷却的水可用于游泳池和洗衣房等。

冰岛大多数温泉到达地表的温度都在 100 摄氏度以下，只要那里
221 有一缕蒸汽冒出，即使在边远的乡村地区，也一定会出现大型的温室和简易的室内游泳池。对于一个自然资源非常匮乏的国家而言，温泉为国民经济作出了宝贵的贡献。

9.14 太阳能

可以论证，我们的所有动力究其根源都来自太阳。然而我们这里

所要涉及的是利用太阳光来产生动力，或者说是以一种便于使用的形式进行发电或受控供暖。在20世纪初期，主要在美国进行过一些实验，用镜子或反射镜使阳光聚焦，试图在低压下将水变成蒸汽，驱动常规的蒸汽机，但试验没有成功。

大约在1910年，舒曼（Shuman）使用乙醚代替水作为工质，将一个有玻璃覆盖的箱子作为锅炉，来发动一台小型玩具蒸汽机。此后，康奈尔大学的卡彭特（Carpenter）和威斯敏斯特的阿克曼（A. S. E. Ackerman）分别进行了试验，在大气压力下产生水蒸气，依靠高度真空来获得一定功率。在埃及的开罗附近，使用了一组60米长的反射镜，将太阳光线聚集到1台管式锅炉上，反射镜自动旋转，始终面对太阳。遗憾的是，零星的记录只透露了这一设备的用途是灌溉农田，没有提到能产生多少动力。第一次世界大战刚结束，价格低廉、容易得到且容易运输的石油、煤油和柴油开创了石油时代。大量廉价的功率通常为5—20千瓦的内燃机被销售到全世界的热带和亚热带国家，用以驱动灌溉或钻探的泵。人们毫无动力去继续进行直接利用太阳能的试验，直到第二次世界大战之后重新开始研究工作时，方法已截然不同。兴趣最浓的自然是一些光照强而持久的国家和地区，例如以色列、印度和法国南部。

目前的发展方向是使用硫化镉太阳能电池，这种电池能在阳光的照射下产生低压电，可以被串联或并联使用。许多研究工作有待人们去做，但对于某些不易得到其他形式能源的特殊地方，太阳能电池无疑有着重要的前景。它在空间探测方面，当然也起到了特殊的作用（第Ⅶ卷第35章）。

在温带地区利用阳光采暖的问题也受到重视。如同对冬季极低气温习以为常的那些国家一样，英国人逐渐意识到房屋保温的重要性。 222
在英国，热量的浪费极大，但自第二次世界大战以来，建筑师们不仅开始关注保温问题，而且也注意到房屋的选址和窗的结构，以使太阳能最大限度地转化成室内的热能。甚至在天气阴沉气温约 15 摄氏度的日子里，通过一扇正确设计的朝南窗户，就能够向室内传送大量热能。

有些室外游泳池也利用太阳能热水器进行加热，或部分加热。热水器由空心薄板组成，朝太阳适当倾斜，通过小型离心泵使池水循环流经热水器。夜间的热损失，可以用覆盖聚乙烯薄膜的方法来减少。

参考书目

Belliss and Morcom Ltd. Power generation from a hot spring. *Engineering*, 21 November 1952.
Davey, N. *Studies in tidal power*. Constable, London.1923.
Donato, Guiseppe. Natural steam power plants of Lardarello. *Mechanical Engineering,* September 1951, p.710.
Giordano, A. Geothermal power. *Electrical Times,* February 1949.
Golding, E. W. *The generation of electricity by wind power*.1955.
Johnson, V. E. *Modern inventions*, Ch.11 Sun motors. T. C. and E. C. Jack, Edinburgh.1912.
Pennycuick, J. A. C. Power without fuel. *The Electrician,* January 1948.
Power from steam wells. *Power Engineering*, October 1950.
Thurston, T. G. Steam turbines without boilers. *The National Engineer,* July 1952.

第10章　原子能

班克赛德的欣顿勋爵

（LORD HINTON OF BANKSIDE）

第1篇　早期历史

223 10.1　原子结构

道尔顿（John Dalton）在1808年发表了他的原子论，他假设每种元素由其自身特定类型的原子组成，每种化合物则由原子的某种特殊组合构成。这种理论在整个19世纪是被接受的。生于1871年的卢瑟福（Ernest Rutherford）说过，“我所受的教育是把原子视为某种坚硬而可爱的东西，按自己的想象确定其颜色是红还是灰”[1]。在他去世前，他和他的学派已经发展了一种理论，认为原子完全不是一小块非常硬的物质，而是像一个微小的太阳系，带负电的粒子（电子）在环绕中心核的轨道上运动，核由其他粒子（中性的中子和带正电的质子）构成。

随着伦琴（W. K. Röntgen）发现X射线，一场知识革命开始了。这导致了汤姆孙（J. J. Thomson）的电子概念，卢瑟福发现 α 和 β 辐射，以及维拉德（P. Villard）发现 γ 辐射。“这样，19世纪终结时，物理学所关心的是来自某些重元素原子的自发辐射。这些辐射的性质已被确知，但是这一现象的原因仍然是个谜。”[2]

在随后的10年中，卢瑟福和索迪（F. Soddy）指出，α 和 β 辐射改变了原子的化学特性（换句话说，它们引起了元素的嬗变）。后来的研究工作发现，化学上相同的两个原子可以具有不同的质量，索迪称这样的原子为“同位素”。

此时，循踪被发射粒子的实验方法已经出现。人们发现，当被发射粒子和原子相撞时，粒子轨道的偏离程度有时远比预期的大。为解释这一现象，卢瑟福提出一种原子模型，认为原子中心有一个带正电的核，一些电子各在距核一定距离的轨道上绕核运动，这些电子所带 224
的负电荷总量与核内的正电荷总量相等。这一图景由于查德威克（J. Chadwick）发现中子而趋于完善。中子是核内不带电的粒子，其质量和质子相仿。物理学家因此有了一个原子模型：原子核由中子和质子组成，质子数决定核内的正电荷数，因为正常原子不带电，所以这也决定了绕核运动的带负电的电子数。原子的化学性质取决于电子的数目和电子运动轨道的排布，因此也就取决于核内的质子数，但核内的中子数可以改变，所以化学性质相同的原子可以有不同的物理性质。今天，我们已经知道原子比这种图景更复杂，但核动力却是基于这种简单的原子模型发展起来的。

10.2 原子裂变：链式反应

伊雷娜·居里（Irène Curie）和约里奥（Frédéric Joliot）在 1934 年指出，用 α 粒子轰击某些轻元素会使其具有放射性。在罗马工作的费米（Enrico Fermi）则认识到，因为中子不带电，它可以成为轰击核的有效弹头。他发现，如果让中子和轻元素的原子发生弹性碰撞而被减速，这时它就成为十分有效的弹头。用这种方法使中子减速的物质叫作减速剂。

费米发现，自然界中最重的元素铀在中子轰击下会产生放射性。为了解释这一现象，他认为形成了更重的（铀后）元素。其他人重复费米的工作，得出了铀在中子轰击下产生的放射性元素之一是镭（其实这不太可能）这样的结论。1938 年，哈恩（O. Hahn）和斯特拉斯曼（F. Strassmann）重复了早先的工作，试图用与钡共同沉淀的方法分离出“镭”。但他们未能从钡中分离出来想要的东西，这迫使他们断

225 言铀受到中子辐照后产生了放射性钡。迈特纳（Lise Meitner）在被迫离开德国之前曾与哈恩合作，哈恩写信把自己的结论告诉了她，她对这些结论感到不可思议，便同她的侄子弗里施（Otto Frisch）讨论了此事。1939 年初，迈特纳和弗里施断定，铀原子分裂成了大约相等的两半。他们计算了这种裂变应释放的能量，并发现它非常巨大。1939 年 4 月，巴黎的约里奥－居里小组的实验证明，发生裂变时会发射出次级中子——每级裂变发射的中子都比上一级多，这就使链式反应成为可能。

天然铀由两种同位素组成，一种原子量是 235，另一种原子量是 238，有一个 ^{235}U 原子就有 140 个 ^{238}U 原子。玻尔（N. Bohr）和惠勒（J. A. Wheeler）指出，^{235}U 原子比 ^{238}U 原子更容易裂变，而且慢中子比快中子更可能引起裂变，他们的论文于 1939 年第二次世界大战爆发前两天发表。看到这篇论文，全世界的每一位物理学家就都会知道原子能的基本理论了。

在战争爆发前的一年内完成了这些基本发现，真是一种命中注定的巧合。人们认识到裂变链式反应释放的巨大能量有可能用于发电，那么它是否也可以用于爆炸？在美国、英国、法国、苏联、德国并可能在其他国家，开始了这方面的研究。

中子截面的测量值表明，无论多大的天然铀块中都不能建立起链式反应。但是，另有两种可能的方法。第一种是降低中子的速度，以增加它们在稀少的 ^{235}U 原子中引起进一步裂变的机会。把天然金属铀棒排列在减速剂中，使其阵列大到虽从表面损失一些中子，但阵列中仍剩有足够的中子以维持链式反应。这种方法不能产生快得足以制成炸弹的反应，却向人们展示了核动力的前景。人们猜想在这样的系统中，吸收中子或许能产生一种超铀元素，像 ^{235}U 一样能够裂变。1941 年年初，美国用实验方法证明了这种元素——钚的存在。它是可能用于制造原子弹的物质。

达到链式反应的第二种可能性是，从不能裂变的 $^{238}\mathrm{U}$ 中分离出可以裂变的 $^{235}\mathrm{U}$。如果天然铀中富含 $^{235}\mathrm{U}$，链式反应本来也是可能的。在一块纯 $^{235}\mathrm{U}$ 中，每一次中子碰撞都会引起裂变。任意能量的中子都能引起裂变，不必减慢中子速度，链式反应也会快得足以使它成为 226
一颗炸弹。由于很难从 $^{238}\mathrm{U}$ 中分离出 $^{235}\mathrm{U}$，第二种方法起初似乎不在可考虑之列。因为两种原子的化学特性相同，所以没有任何化学方法能分离它们，而用物理方法分离应用在工业上似乎又不可能。

10.3 原子弹

进行原子研究的所有国家，努力的程度是不同的。我们对苏联的这一研究项目一无所知，这里只好不去谈论。德国科学家们想造原子弹，并且研究了分离 $^{235}\mathrm{U}$ 的种种方法，但他们在整个战争时期主要致力于建造慢中子反应堆，用从挪威搞来的重水作减速剂。英国为切断这个供应源而布置了一支突击队。尽管如此，德国在建造实验反应堆方面有着良好的开端，但也犯了一些使人吃惊的科学错误，他们的项目失败了，离生产出钚或 $^{235}\mathrm{U}$ 或一颗原子弹相距甚远。

法国科学家的长期目标是生产核能，研究集中在天然铀中的慢中子反应。甚至在战前，他们已经取得某些工艺的专利。1940 年夏季法国陷落时，它的两位原子科学家哈尔班（H. von Halban）和科瓦尔斯基（L. Kowarski）带着他们保存的重水来到英国，这使英国已经蓬勃开展的研究计划又增加了天然铀中的慢中子链式反应。

战争开始后不久，英国科学家虽然承认制造原子弹在遥远的将来是可能的，但他们断言作为战争计划，原子能或许并不值得抓紧研究。但是，在 1940 年初，两个流亡到英国的科学家派尔斯（R. E. Peierls）和弗里施（O. R. Frisch）在一篇言简意赅的论文中提及，只要有 5 千克的纯 $^{235}\mathrm{U}$，就能产生相当于几千吨黄色炸药的爆炸力。他们提出了分离 $^{235}\mathrm{U}$ 的工业方法，指出了原子弹如何引爆，还对辐射效应提出了警告。

这篇论文通过私人渠道传到英国政府手中，于是在 1940 年 4 月成立了一个小型委员会来研究此文，以考虑其前景和进一步行动的意见。以缩略名 MAUD 著称的这个委员会拥有英国大部分杰出的核物
227 理学家，但派尔斯和弗里施起初并非成员而只是顾问，因为他们是外国人。起初，委员会的工作重点放在 ^{235}U 上，研究其分离方法和制造原子弹的物理学。当时来到英国的法国科学家们从事的慢中子工作被认为对利用原子能是最有用的，虽然他们认识到在这样的反应堆中制造新元素钚和用钚来制造原子弹的机会微乎其微。1941 年 7 月 MAUD 委员会在成立 14 个月之后报告说，铀原子弹的计划是切实可行的，并可能在战争中起到决定性作用。

美国在原子物理学的大发展中没有起到先锋作用，但自 1939 年以来，在天然铀的慢中子反应、试制人造钚以及 ^{235}U 的分离方面都做了大量工作。然而，在 1941 年 12 月珍珠港遭到袭击之前，美国一直保持中立态度，所以其工作目标并未得到清楚的界定。他们在核动力（主要是潜艇动力）和对原子弹的兴趣之间举棋不定，但重点还是在动力上。他们在 ^{235}U 方面的兴趣主要是浓缩天然铀，以供慢中子反应堆之用，在快中子反应方面几乎没有做什么工作。他们研究的步伐缓慢，组织工作也不能令人满意。英国一直向美国介绍 MAUD 委员会的全部工作，并送给他们一份报告草本。正是由于 MAUD 委员会的报告清楚地证明了原子弹切实可行，才促使美国甚至在珍珠港事件引起危机之前就落实了计划。从此，美国在研究原子方面作了惊人的加倍努力，在 6 个月之内就远远超过了英国的工程（其代号是“管合金”）。1942 年 6 月，美国开始了工业研制，由格罗夫斯（Groves）将军主管的美国军队承担起执行“曼哈顿计划”的责任。在 1942 年年底之前，英国和美国一直在合作，但 1943 年英国有 9 个月被排斥在外。1943 年 8 月，罗斯福（Roosevelt）和丘吉尔（Churchill）达成

《魁北克协议》后合作才恢复，英国重新被承认为一个小伙伴。由于战争的延续，英国的工程实际上终止了，它的大多数核物理学家去了美国。英—法慢中子小组于 1942 年年底去了加拿大，在那里建立了实验室，后来英国的其他一些科学家和工程师也加入进来。直到战后 228
为止，不论在武器方面还是动力方面，原子能的工业研制一直被北美——主要是美国——垄断着。

相关文献

[1] Andrade, E. N. da C. Rutherford Memorial Lecture. 1957.

[2] Gowing, Margaret. *Britain and atomic energy 1939–1945*. Macmillan, London. 1964.

参考书目

Glasstone, Samuel. *Sourcebook on atomic energy*. Macmillan, London. 1952.

Gowing, Margaret. *Britain and atomic energy 1939–1945*. Macmillan, London. 1964.

Hewlett, Richard G., and Anderson, Oscar E. *History of the U.S.A.E.C.*, Vol.I. *The New World, 1939–1946*. Pennsylvania State University Press, University Park, Pa. 1962.

Irvine, David. *The virus house*. William Kimber, London. 1967.

Kramish, A. *Atomic energy in the Soviet Union*. Stanford University Press. 1959.

Modelski, George A. *Atomic energy in the Soviet bloc*. Melbourne University Press on behalf of the Australian National University. 1959.

第 2 篇　铀的浓缩

10.4　可能的分离方法

珍珠港事件以后，当美国将研究机构和工业组织中的巨大力量投入原子弹制造时，人们一直认为 ^{235}U 原子弹取得成功的前景最好。有几种办法可使能裂变的 ^{235}U 从不能裂变的 ^{238}U 中分离出来，其中有 4 种方法最有希望用于工业规模的生产。这 4 种方法如下。

离心分离法　在液态铀盐中，含 ^{235}U 同位素的分子比含 ^{238}U 同位素的分子轻。如果把这种铀盐放在离心器内分离，就能把一些较轻的分子与较重的分子分离开来，这和用分离器把奶油从牛奶中分离出来的方法相同。

热分离法　如果把液态铀盐放进两管之间狭窄的环状空间中，内管加热，外管冷却，含有较轻同位素（^{235}U）的分子便向热管壁运动，而含有较重同位素（^{238}U）的分子朝冷管壁运动。管子垂直时，较轻分子将朝顶部上升，而较重分子落向底部。管子越长，分离效果就越佳。

电磁分离法　置气体分子于放电状态中，它们就会被电离（即带上电荷），这种电离分子经过另一个电场时就会加速，其运动方向可让它们通过一些狭缝加以控制。如果这种电离分子“喷注”横越一个磁场，它的路径就会弯曲成圆形（图 10.1）。给所有的分子以相同

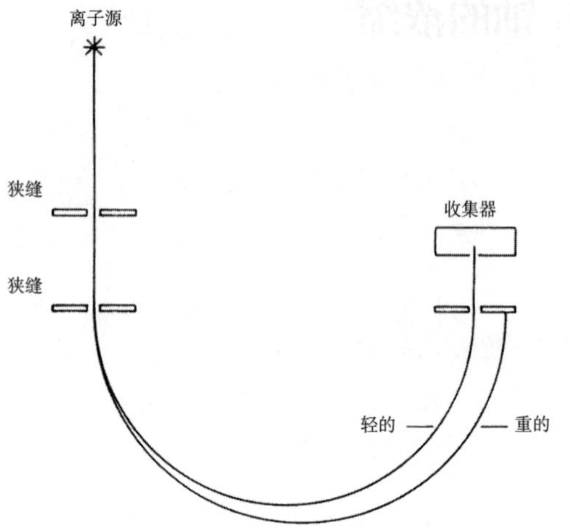

图 10.1 电磁分离室原理。

的初速度，而且磁场使所有的分子都受到同样大小的力。但是，如果某些分子比其他分子重它们就有较大的动量因而更不容易偏转。重分子的路径半径比轻分子大，所以这两种分子将分布到不同的靶上因此，这样就能将含有轻同位素 ^{235}U 的分子从含有重同位素 ^{238}U 的分子中分离出来。多年来，该原理一直在实验规模上用于质谱仪中。

气体扩散法 这是英国科学家在 MAUD 报告中推荐的方法。在气体中，每个分子的动能相同，并且取决于气体的温度。因此，在混合气体中轻分子的速度比重分子更高，否则它们的动能就会不相等。如果把由不同重量的分子组成的气体封闭在多孔室内，让气体通过膜扩散，那么穿过孔洞或膜的轻分子数目就会比重分子更多，这是因为轻分子比重分子跑得更快，更容易（在随机运动中）“击中”一个孔。如果通过膜扩散过去的气体不立即取走，就会出现某种类似的不同速率的反扩散。但是，如果立即将通过膜扩散后的气体收集起来那么其轻分子的成分就会增加。所以，用这种方法处理气态铀化合物的话，通过膜扩散过去的气体中含有较轻的 ^{235}U 分子的比例就比较高。除了电磁分离法，所有这些方法中所用的铀化合物都是六氟化铀 UF_6。作出这种选择有两个理由：首先，六氟化铀在容易达到的温度和压力下呈液态或气态；其次，氟没有很多同位素，否则其质量差会掩盖掉 ^{235}U 和 ^{238}U 的质量差。含有这两种不同同位素的 UF_6 分子的质量差低于 1%，所以分离是困难的。

由于拥有压倒一切的优势以及实际上的不惜工本，美国的曼哈顿计划使用了后三种方法。事实上，投在广岛的原子弹所用的 ^{235}U 首先是在热扩散和气体扩散工厂中进行部分浓缩，然后再在电磁分离工厂中进行最后浓缩。“曼哈顿计划”及其顾问和承包者在如此短的时间内完成的工作，就其努力的规模、科学技巧、勇气和决心而言，在技术史上恐怕找不出任何可与之媲美的事件。

1919 年，阿斯顿（F. W. Aston）和林德曼（F. A. Lindemann）已提出用离心法来分离同位素。1939 年，美国海军资助弗吉尼亚大学用离心分离法来浓缩铀。当曼哈顿计划形成时，对这种方法仍寄以很大的希望，甚至在 1942 年橡树岭厂址被选定后，对于究竟是建造离心分离工厂还是气体扩散工厂也还有疑虑。虽然与威斯汀豪斯公司签订了开发合同，但是鉴于建造材料和可用技术方面的原因，在工业规模上建造离心分离器的计划未能成功，发动机、轴和轴承都不行，在当时能达到的那种速度下，根据计算需要 2.5 万个部件。1942 年秋，这一开发合同被取消，因为据信这项计划在战时不会作出任何贡献。直到 20 世纪 60 年代后期，当新技术和新材料可资利用时，这种方法才开始被认为是有前途的，将来很有可能会广泛地使用。

早在 1940 年，美国国家标准局就开始了热扩散工艺的研究。海军部提供资金，主要兴趣是获得浓缩铀燃料，以供推进潜艇的动力反应堆之需。实验工厂不久移到海军研究实验室，那里有高压蒸汽可以利用。到了 1942 年 1 月，人们认为这种方法可同气体扩散法或离心分离法匹敌。经验证明，用这种方法来生产高度浓缩的铀，工厂将耗去漫长的时间，而且在铀的使用上也过于浪费。但是应该指出，在热扩散工厂中可以做到部分浓缩，部分浓缩的材料又可用作电磁分离工厂的原料，从而增加工厂的产量。注意到这一点，同时鉴于所有其他分离工厂正在经历的困扰，最后决定在橡树岭建造一个大型的热扩散工厂。工厂在90天内建成，它做了对它所期望的每一件事，但赚钱不是目的它的建造只是为了战争的需要。战争结束后，它立即被废弃了。

生产 ^{235}U 的4种方法中，完善后在实验室规模上广泛使用的唯一一种是电磁分离法。科学家们多年来使用质谱仪，电磁分离装置便是放大到工业尺度的质谱仪。但是，这种放大非常之大，使得工厂变得非常复杂、昂贵和困难。直径12英尺的磁铁真是太大了，以致曼哈顿计划很难得到足够的铜。制造线圈绕组所用的银来自美国国库辅助工厂也很复杂，在分离时散射掉的分子比预料的多得多，所以最初的大部分产物因溅落在分离室壁上而损失了。这个问题后来得到解决的原因，部分是重新进行了设计，部分是由于仔细控制了化学回收工艺。困难逐渐克服，但损失了时间和产量。只是由于将热扩散和气体扩散工厂产出的部分浓缩铀作为电磁分离工厂的原料，才产出了足够制造第一颗原子弹所需的材料。

当战争结束时，曼哈顿计划关闭了所有效率不高的分离工厂1945年9月，改进设计后建立的第二个电磁分离工厂运转得很好但那时扩散工厂的最后几级亦即将投入运行。电磁分离工厂依靠气体扩散工厂最后阶段生产的铀作为原料，而气体扩散工厂在资金和生产成本上浪费均很大，所以当一个工厂可以完成所需的工作时，保留两种工厂显然就不值得了。1945年12月23日，除了保留一个外，其他的电磁分离工厂悉数关闭，“在战时工程的历史上，激动人心的一章正在接近尾声”[1]。

232 10.5 气体扩散

第二次世界大战后留下来的一种铀浓缩方法是气体扩散法，虽然新近的发展使得离心分离法成为它的强大竞争对手，但它仍然是工业应用中保留下来的唯一方法。有趣的是，它虽然迄今为止比其战时的竞争者长寿得多，却是在所有这4类工厂中最难建造的，其工艺至今仍被列为机密，设计详情亦仍禁止描述。

在那份引起 MAUD 委员会调查的原始报告中，派尔斯和弗里施曾提出用热扩散法分离 ^{235}U，但是委员会受到牛津物理学家们论点的影响，推荐了气体扩散法。1941 年 4 月，牛津小组——派尔斯和他的伯明翰同事们正和这个小组一起工作——有了可应用的单级模型，还有一个更大的模型正在建造。5 月末，设计两个 10 级试验工厂的命令下达给大都会—维克斯公司，但是生产扩散膜（或称栅）的问题仍未解决。在牛津，这个小组正试图用滚轧细金属网纱的方法来生产扩散膜。

前面已经说过，浓缩可裂变的 ^{235}U 是以轻分子通过多孔膜的扩散比重分子快这一事实为基础的，扩散速率反比于分子量的平方根。因为使用的气体是六氟化铀，所以在单独一级扩散中，理论上可浓缩的最大程度只是 $\sqrt{352/349}$ 即 1.0043 倍。

很明显，为了浓缩 1260 倍（这是生产早期的原子弹的铀原料所必需的），就需要数以千计的扩散级。这数千个扩散级必须是“串联”的，形象化地打个比方，就像蒸馏中使用的分馏柱。在这种分馏柱中，比如分离酒精和水，可以这样进行：当酒精和水的混合物灌入沿柱向上排列的多个盘子之一时，从柱的底部引入蒸汽（它是驱动力）。热气通过柱时引起酒精和水混合物的蒸发。但是因为酒精比水更容易挥发，蒸汽从一个盘子上升到另一个更高的盘子时，其所含酒精被浓缩，而分馏液从一个盘子漫出落入下一个较低的盘中，其酒精则在耗失。当液体向下通过柱体时，酒精耗失过程在继续着，所以在柱底抽出的分馏液实际上是纯水，而向上通过柱体的蒸汽逐渐被浓缩，最后在柱顶存留的实际上是纯酒精蒸汽。柱的直径越往顶部越小，因 233
为在顶部的蒸汽体积减小了。

气体扩散工厂中每一级的作用宛如分馏柱中的一个盘子。气体通过膜，稍微浓缩了 ^{235}U，向上到达下一级。这时，未通过膜的稍稍减少了 ^{235}U 的气体，往下流动到达下面的一级。很明显，通过膜后压力下降，为了提供压力差，每一级均使用压缩机，它可设想为类似于在蒸馏柱中提供驱动力的蒸汽。

为了使六氟化铀（以下缩写为 HEX）不凝结在膜上，扩散装置须在高温及真空中工作。如果有一点空气进入装置中，空气中的湿气就会水解 HEX，形成铀的固态化合物，它会堵塞膜上的微孔。因此管道和各级之间必须达到标准的真空密封度，如何能在如此大的装置中做到这一点，人们早先一无所知。大家错误地认为，如果对压缩机的动力供应出现短暂的中断，HEX 将凝结到膜上，工厂重新开工或许会花上几个星期。因此，重要的是要考虑一种绝对可靠的动力供应。用于建造工厂的材料必须不与 HEX 起化学反应，甚至轻微的表面反应（不同于腐蚀）也不行，因为这会导致产品损失。HEX 的气体特性尚不清楚，它与通常的气体差异很大，这就给压缩机的设计造成困难。为了优化扩散级的“串联”，必须先进行非常精密的数学计算。

曼哈顿计划把发展、设计和建设战时扩散工厂的责任交给凯洛格公司，它组建了一个叫作凯勒克斯的子公司，由基思（P. C. Keith）领导，依靠哥伦比亚大学做了大量的薄膜研究工作。战时扩散工厂由在橡树岭的联合碳和碳化物公司来管理，在适当的距离之外，正在修建电磁分离工厂、热扩散工厂以及其他工厂。1942 年 12 月核准了工厂的建设，并于 1943 年 5 月开始建造。原来批准的建筑（后来又扩大了）面积为 200 万平方英尺。压缩机的设计特别是密封盖套的设计极其困
234 难，但这些以及其他一些问题与生产出令人满意的膜相比却是小巫见大巫。事实上，在找到令人满意的制膜方法以前，建设厂房和大量制造各级设备的工作已在进行。这种冒险行动只有在战时才会采用。

膜（在美国称为“栅”）必须有几十亿个孔，每一孔大小基本相同，直径大约是万分之一毫米。孔的分布必须均匀，膜必须能抗 HEX 及其（在事故中出现的）离解产物的化学腐蚀。它还必须十分坚固，以抵挡其两边的压力差和气流引起的巨大震动。同时，它还必须适于大

规模生产，并在以后的处理和生产过程中保持其质量。

各式各样的人物和形形色色的组织都在致力于开创膜的大规模生产工艺。最初的制造方法由诺里斯（E. O. Norris）和艾德勒（E. Adler）提出，并建造了用它进行大规模生产的工厂，但这种方法生产的膜很脆且缺乏均匀性。另一种工艺是由贝尔电话公司提出的，用镍粉来做，但生产的膜分离性能很差。1943 年 8 月，在橡树岭开始建设 3 个月后，基思不得不说自己还没有生产出满意的膜。在这年年末，格罗夫斯（General Groves）邀请一个英国小组到纽约来，看看他们是否能提供帮助，但是基思觉得他们过于关心工厂的其他问题——基思感到对此已有可接受的解决办法，而在他遇到的主要困难即生产出满意的膜方面，他们使不上什么劲。英国小组逗留不久便离开了，只留下两人充当为期几个月的联络官。

在此期间，联合碳和碳化物公司的子公司酚醛塑料公司提出了改进贝尔电话公司工艺的办法。到 1944 年 4 月，在实验室生产的膜几乎有一半达到了标准。到 6 月，各生产阶段（虽然还没有配备膜）在克莱斯勒工厂的生产线上已经完成，并且前 6 道生产工序已经在橡树岭安装完成；到 12 月，生产线上已经配备了令人满意的栅；到了 1945 年 1 月，某些级已经注入 HEX。1945 年 3 月 12 日，获得了第 235
一批产品。

摧毁广岛的 ^{235}U 不是在这个工厂，而是由一系列工厂——热扩散工厂、气体扩散工厂和电磁分离工厂——依次配合才生产出来的。这个工厂战后经扩建用来生产高浓缩的 ^{235}U。它是战争开始时英国人偏爱的工厂，也是美国试用的 4 种不同方法中唯一保留下来的工厂。这个扩散工厂不仅为造出投到广岛的那颗原子弹起了主要作用，还提供了浓缩铀使制造核潜艇成为可能，同时也鼓舞了美国人去发展轻水反应堆。在科学、技术和工程的全部历史中，在给定时间限制的条件下，几乎没有哪项工程可以和它媲美。

虽然资源短缺和易受攻击，使得英国不可能部署很大力量来发展原子工业，但战争时期关于扩散工厂的工作仍在进行。如同我们已经看到的，与大都会—维克斯公司签订了建设两个10级小规模试验性工厂的合同。对设计的科学建议主要来自牛津小组的科学家和派尔斯及其在伯明翰的同事们，但他们很快就意识到，需要在设计和工厂建设方面有经验的组织共同合作，而这回轮到I. C. I.公司来帮忙了。其他两家较大的英国电气商家——英国汤普森豪斯顿公司和通用电气公司——同大都会—维克斯公司合作，在北威尔斯的战时工厂中开始建造小规模试验性工厂。工厂交付很迟，前几级就出了问题，而两条10级生产线根本未运转过。

尽管有这些缺点，事实仍然证明I. C. I.所做的工作对英国战后的工程项目具有巨大价值。他们发展了精密的数学，使工厂的性能优化。他们设计了极精巧的膜排列，而且发明了连续制造优质膜的方法（当然，直到战后，这项工艺才完善起来）。

1946年，当动力部确立英国原子能工程之时，并未下决心制造原子武器，但国防无疑应是第一目的，同时还进行了^{235}U路线和钚路线的优劣比较。人们选择了钚路线，但不久即已明朗，仅当要使在
236 反应堆中辐照下耗尽的铀再度浓缩起来，扩散工厂才是必要的。1946年年底前，一个低分离工厂被决定启动设计和建造，它生产的铀中^{235}U的含量是普通铀的两倍。1949年下达命令，这座工厂开始建设并准备设计高分离工厂。1953年，低分离工厂建成。此后不久，进行了相当规模的扩建，增加了高分离级。

英国工厂在生产成本上不能和美国竞争，主要原因是英国电费昂贵，但从其他方面来讲，英国工厂是成功的。大约在1970年，法国建了一个类似规模的工厂，而俄国和中国肯定已经有了这类早期的工厂。气体扩散工厂看来不会再建设了，它们将被离心分离厂所取代。

相关文献

[1] Hewlett, Richard G.,and Anderson, Oscar E. *History of the U.S.A.E.C.*, Vol. I. *The New World, 1939–1946*. Pennsylvania State University Press, University Park, Pa.1962.

参考书目

Gowing, Margaret. *Britain and atomic energy 1939–1945*. Macmillan, London.1964.

——, *Independence and deterrence*, Vol. II. *Britain and atomic energy1945–1952*. Macmillan, London.1974.

Hewlett, Richard G., and Anderson, Oscar E., *History of the U.S.A.E.C., Vol. I.The New World, 1939–1946*. Pennsylvania State University Press, University Park, Pa.1962.

Smyth, K. D. *Atomic energy for military purposes*. Princeton University Press.1945.

第3篇　核反应堆的发展

1942年12月2日下午较晚时分，麻省理工学院校长康普顿（Arthur
Compton）从芝加哥打电话给哈佛大学校长科南特（James Conant）说：
“吉姆，你一定有兴趣知道，意大利航海家刚登上新大陆。”康普顿和
科南特都是美国战时致力于生产原子弹的科学团队领导人，无须对他
更多的暗示了。在12月的那个下午，康普顿是站在芝加哥大学体育
场内的网球场里的一小群人中的一个，他注视着仪表。而这时，移居
237 美国的意大利物理学家费米已经把铀块放进穿过反应堆的槽内。反应
堆由可以得到的最纯的并经仔细加工过的石墨块构成。在每批铀块加
进反应堆后，抽出由中子吸收材料做成的“控制棒”，同时通过仪表
看看反应堆中的中子的强度是增加了还是减少了。午后3时20分
仪表显示活动是发散的，世界上第一座核反应堆正在工作。

这一天将载入史册，但对它的科学重要性可能会估计过高。我们
已经看到，虽然^{235}U可以裂变，但不可能在一块天然铀中建立起链式
反应，因为大多数中子被不会裂变的^{238}U原子吸收。人们懂得用减
速剂使中子减慢到“热”速度，这样就能减小被吸收的概率，图10.2
所示的链式反应就有可能确立。^{238}U原子吸收的中子引起了一种变化
即造成一种自然界中不存在的新元素，它已被命名为钚。这种新元素
238 可以裂变，并可用于制造原子弹。尚不清楚的是，每次裂变发射的中

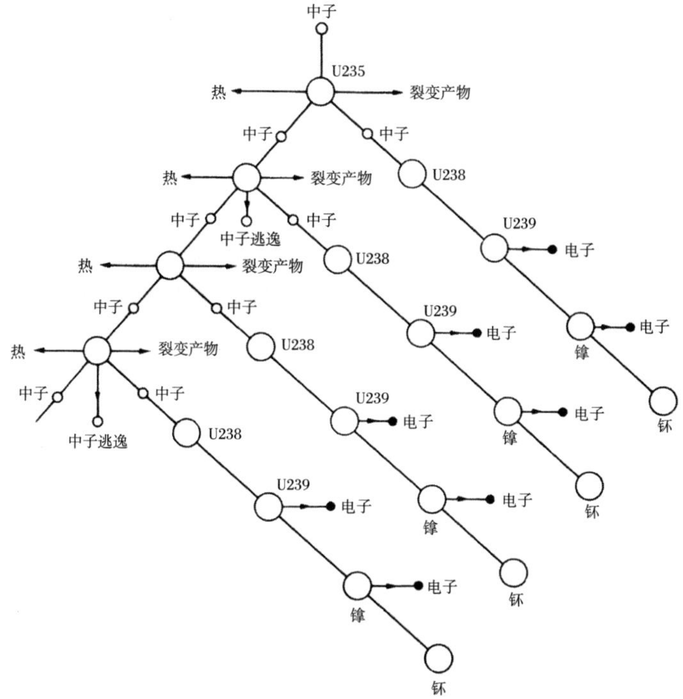

图 10.2　^{235}U 的核裂变。

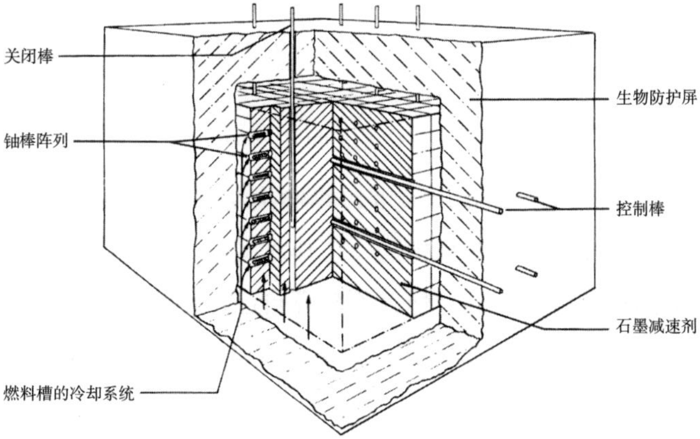

图 10.3　石墨减速剂反应堆堆芯布置原理图。
放有铀棒的槽穿过整个石墨结构。

子是否足以维持链式反应。从图 10.2 中可以看到，理论上的最少中子数是每次裂变放出两个，但实际上需要更多的中子，因为一些中子被杂质和建筑材料所吸收而变得一无用处，也有一些被减速剂吸收。已知的理想减速剂是“重水”(由氢的稀有同位素氘和氧结合而成)，但没有足够数量“重水”可供利用。次佳的减速剂是石墨，但即使是最纯的石墨也会吸收中子。此外，核反应得以建立和控制，只是由于存在着过量的中子，它们可用于增加反应堆的活性，并能被“控制棒”吸收从而使反应维持在恰当的水平上。图 10.3 给出了一个简单反应堆的布局

10.6　第一个核反应堆

尽管存在各种未知的不确定因素，人们还是希望核反应堆能够切实可行，所以在 1942 年 12 月 1 日，曼哈顿计划主持人格罗夫斯将军
239 给杜邦公司发去一封意向书，委托他们设计和建造一座核反应堆。费米于 12 月 2 日取得的成就证明这种希望不是臆想，用可以获得的材料建造一个核反应堆的可能性是真实存在的，而且反应堆能被控制。

费米的反应堆已经做到指望它做的所有事情，但它无法做得更多了。它没有生物防护屏来保护操作者免遭中子辐照，同时也没有冷却系统。很显然，这需要一个大反应堆，因为不仅需要向反应堆设计者提供更多的信息，而且也要向化学家提供为发展分离工艺所需的受过辐照的铀块。1943 年 1 月 4 日，格罗夫斯给杜邦公司一份合同，要他们建造一个空气冷却式反应堆，热输出功率为 1800 千瓦。反应堆建在橡树岭，杜邦公司在承担这一工作时强调，在设计和建造中他们扮演的角色只是科学家的女仆，不打算自己运作这个反应堆。他们说必须由芝加哥的科学家来运作。反应堆于 1943 年 4 月开始建造，同年 11 月反应堆便投入运行。

在此期间，人们已经采用在费米反应堆中确定的核常量，考虑了大规模生产用的反应堆的所有各种设计方案。可以用氢、氦或空气来

冷却，也可以用水或有机流体，或者用液态金属。最后选择了水作为冷却剂，但杜邦公司的格林沃尔特（C. H. Greenewalt）对反应堆的安全性感到忧虑。中子被冷却水吸收后，如果对任何一个槽供水失灵，那个槽中的水将会蒸发，先前已被水吸收的中子可以引起附加的裂变，致使反应堆超过临界状态。这时温度可能会升高，引起铀燃烧，释放出裂变产物和反应堆中形成的钚。这些裂变产物和钚可能散布开来，危及 30 英里之内的生命安全和健康。反应堆和化学分离工厂已决定建在哥伦比亚河畔的汉福德边远地区，这样的位置选择表明人们已经认识到存在着风险。用水作为冷却剂也产生一些有关铀块的问题，在橡树岭附近克林顿的大型实验性反应堆里，铀块仅封装在铝罐里，但如果负载更大些（在液体冷却反应堆中这是可能的），在铀块和罐之间就必须有导热的散热层。

已经决定建造 3 座反应堆，每一座的热输出功率是 250 兆瓦。1943 年 10 月，位于威尔明顿（特拉华州）的杜邦公司总部提出了基 240
本设计方案，并且已经有 2.5 万人在汉福德工地上做准备工作。先前到达的一些人只好住在帐篷里，但到 1943 年夏天，有了 130 个给男人住的工棚和 45 个给妇女住的工棚，还有供工作用的 1200 个拖车活动房。即使如此，还是缺乏劳动力，特别是缺乏技术工人，因为工程标准的要求极高。每个反应堆用可能获得的最纯的石墨块来建造，这些石墨块都是就地加工的，目的是将表面污染减到最小。有很多水平槽通过这个装置，每一个槽中铺有铝管，铀块将插入铝管中。冷却水经过铀块和铝管之间的环状空间，流至蓄水池中，先作放射性检验，再回流到哥伦比亚河。“控制棒”和紧急关闭棒可以通过其他槽进入石墨芯里。整个芯装置被密封在一层厚混凝土构成的生物防护屏中，穿过屏蔽的孔洞必须和石墨中的槽精密匹配。

尽管有各种困难，反应堆的建造工作还是在进行着，但制造结合型铀块的问题仍难以解决。最后，杜邦公司担起了制造的责任，到

1943年年末发明了一种方法，铀棒和铝罐用硅铝合金结合，但即使到那时，要大量生产满意的产品仍有巨大困难。直至1944年1月人们仍在怀疑完善这种方法的可能性。及至8月，结合型铀块才被确定可以使用。同年9月，费米在第一座反应堆中插进第一块铀，9月27日它输出了电力。使物理学家惊奇和惶恐的是，这个反应堆很快就自行关闭了。他们在实验性的原型反应堆工作中，发现一种短寿命的裂变产物——氙。这种产物疯狂地吸收中子才使反应堆自行关闭因此必须为现在称为过热氙的产物提供额外的放射活性。幸好，杜邦公司已经在反应堆中提供了额外的通道，使用这些通道有可能使反应堆达到设计输出。1944年圣诞节时，取出了第一批受过辐照的铀块。

241 10.7 加拿大：乔克里弗

加拿大人紧随美国人前进的车轮，他们在战争结束前就开始设计和建造大型实验性反应堆。法国曾经在慢中子反应堆的实验性工作方面领先。当法国于1940年沦陷时，两位居领导地位的物理学家——曾研究过慢中子反应的哈尔班和科瓦尔斯基——逃到英国，随身带着曾用作减速剂的重水。这两位法国人在剑桥工作了一些时候，但到1942年已很清楚，美国人在慢中子工作方面进展迅速。英国要英—法小组到美国去参加曼哈顿计划的工作，但美国人拒绝接纳他们。“如果这个小组继续留在英国，他们将被远远地抛在这一科学领域之外，因此非常接近美国实验室的加拿大似乎是一个好去处。加拿大国家研究委员会欢迎这个小组，并为他们筹集资金，首先在蒙特利尔建造了一个实验室，随后又在乔克里弗建造了反应堆。这个小组最后成了一个包含5位法国公民的英—加结合小组……在战争的最后18个月中，这项工程在科克罗夫特（Cockcroft）教授的领导下大放异彩。”[1]

建于乔克里弗的核反应堆由I. C. I.的加拿大子公司进行工程设计，母公司借给子公司两位极有才干的工程师——纽厄尔（R. E. Newell）

和金斯（D. W. Ginns），他们于 1947 年受命设计反应堆，并出色地完成了任务，至少在 10 年中保持了世界最佳研究型反应堆的地位。它是一种排管型[1]反应堆，使用重水作为减速剂，并用普通水作为冷却剂。燃料元由铝罐装的天然铀构成，并按垂直点阵排列。装有重水减速剂的排管散热器由铝制成，冷却水则通过排管和燃料元之间的环状空间循环。后来建造了第二个更大的研究型反应堆，使用重水作为减速剂和冷却剂。这些都是 CANDU（Canadian deuterium uranium，加拿大重水铀反应堆）工业反应堆的上一代反应堆，CANDU 反应堆在加拿大极其成功，并已出售给发展中国家。

CANDU 反应堆（图 10.4）的优点是重水吸收的中子很少，所以可
以使用非浓缩铀做燃料元，并使燃料高度“燃尽”。简言之，在燃料元 242
被替换之前，从同一批铀中能够获取更多的热度。CANDU 反应堆的主

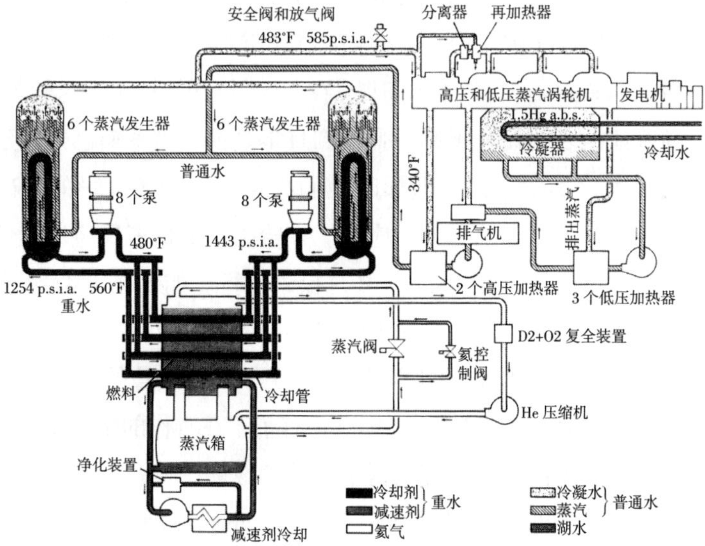

图 10.4　CANDU 500 兆瓦发电厂示意图。

1　一个排管体是一个封闭管，它的壁内垫有许多内管，它们是使冷却剂（从内管中流过）与减速剂（位于封闭管内）隔开的通道。

要缺点是重水比较昂贵，投资很高。像美国轻水型反应堆那样，CANDU只在中等温度和压力下产生蒸汽，而且它的长远前景也值得怀疑。

10.8 苏联

俄罗斯核反应堆发展速度之快是始料未及而且值得称赞的。技术方面的信息虽曾在科学论文中发表过，但从未像美国和英国的工程那样透露细节详情。

俄罗斯物理学家们对核裂变理论的了解程度和其他国家一样
243 1941 年秋，卡皮查（Peter Kapitza）在《真理报》报道的一次演讲中说过一颗原子弹能够轻而易举地摧毁一个第一流的重要城市。尽管有这些知识，俄罗斯在战时显然并不想发展原子弹。或许他们觉得在原子弹变得对战争有用之前，并不能及时解决研究和生产原子弹的各种问题；或许他们的情报机构能够向他们担保，当时德国的研究停滞不前所以不必害怕原子弹。但是，他们必定知道美国的某些进展，因为富克斯（Klaus Fuchs，一名原子间谍）在 1942 年开始把情报送给他们。

没有证据表明在美国原子弹投到日本之前，俄罗斯已开始建造研究型反应堆之类的东西，但那时他们必定已经做了大量的基础研究他们宣布建成了欧洲第一座反应堆。在哈韦尔的低能反应堆是低功率石墨实验性反应堆，在 1947 年 8 月投入运行。如果在 1945 年末开始建造一个类似的反应堆，俄罗斯是能在 18 个月内完工的，他们必定已经研究了铀的纯化和冶炼问题。1949 年 8 月试验的俄罗斯第一颗原子弹表明，他们必定在 1948 年已经有了正在工作的生产反应堆——设计和建造两方面的速度都取得了卓越的成就。

1949 年，俄罗斯开始建造一个 5 兆瓦试验性动力（指发电）反应堆，4 年半之后开始运转。1955 年第一次日内瓦会议上，一篇被提交的关于原子能的论文全面描述了这个反应堆（图 10.5）。原则上，它和汉福德反应堆没有什么不同，但它使用浓缩铀作为燃料，而在反应

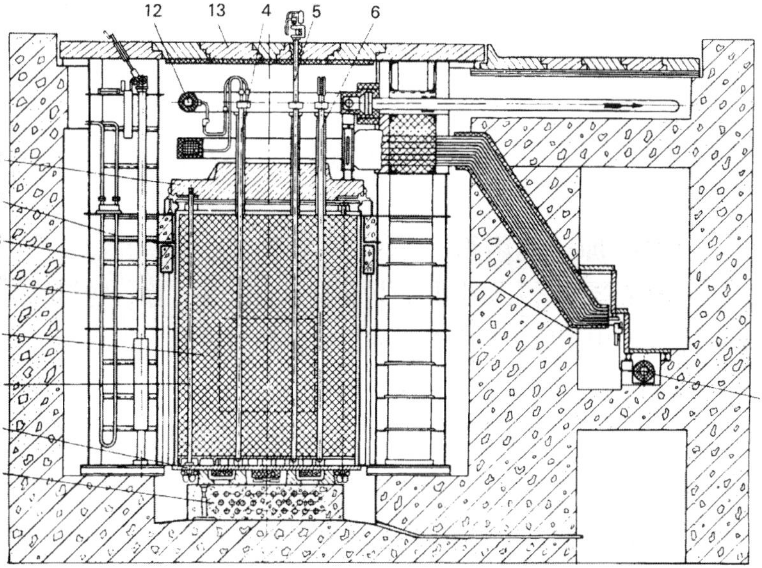

图 10.5　俄罗斯的第一个发电核反应堆。
（1）石墨砖；（2）下盖板；（3）上盖板；（4）燃料槽；（5）安全棒槽；（6）自动控制棒；（7）电离室；（8）边屏蔽（水）；（9）制冷器；（10）制冷器；（11）分配（进口）总管；（12）出口总管；（13）顶屏蔽（生铁）；（14）冷却反射支架。

堆的不锈钢管中通过的冷水被加压到 100 个大气压。在初级冷却循环系统里的水通过热交换器进行循环，热交换器中产生的蒸汽被送到蒸汽涡轮机中。石墨减速剂被封闭在氦气中以避免氧化，并保持足够高的温度以免产生维格纳能。俄罗斯或许从间谍那里得到一些情报，但这座反应堆的设计表明，他们的工程师在某些方面获得的科学建议比其他国家更高明。

1955 年 9 月，塔斯社宣布一个 100 兆瓦原子能发电站已开始运行，并且在日内瓦放映了这个电站的影片。它并未使人产生设计上有巨大进步的印象，但据称这是在建的 6 座相同电站中的第一座。俄罗斯人也开发沸水反应堆（B. W. R. s）和增压水反应堆（P. W. R. s），并 244

用一个增压水反应堆来推动“列宁号”破冰船（1958 年），海军上将里科弗（H. G. Rickover，一个不易受别人影响的人）将它描述为“一项优秀的、值得钦佩的工作”。1959 年，俄罗斯第一个快速反应堆开始建造，他们在该领域里的工作已经与法国及英国并驾齐驱。

10.9 英国：原子能组织

英国原子能组织工业小组于 1946 年 2 月开始工作，它们的第一
245 项职责是生产用于原子弹的钚。同战时美国组织所达到的速度相比它最初的表现行为慢得可怜。这是因为曼哈顿计划有着极大的优势能够号召任何一个或所有的美国大工业公司给予帮助，而在里斯利的英国小组起初只有 5 个工程师。英国小组的工作人员属于文职部门因而只能提供行政机构的费用。工业界不愿意帮助它，直到 1950 年英国小组仍没有有效的优先权。它在反应堆建造上的第一项任务是为哈韦尔设计和建造一个气冷石墨减速实验性反应堆。战时英国科学家已经在蒙特利尔做了参数设计。里斯利的小组在开始时存在着巨大困难，他们很难从物理学家那里得到工程设计所必需的资料。哈韦尔原子能研究机构的实验性反应堆在设计上类似于克林顿反应堆，但后者在 9 个月内就建成了，而 BEPO（英国实验反应堆）的建造却花了大约 2 年时间。

政府最初的意向是，英国的生产反应堆应像汉福德的反应堆那样是石墨减速和水冷式的。顾问工程师们受命去寻找基地，以保证必需的水量（必须是非常纯的水）。每天需要不下 3000 万加仑的纯水，为安全起见，基地必须选在边远地区。美国曾规定，反应堆应离拥有 5 万居民的乡镇 50 英里，离拥有 1 万居民的城镇 25 英里，离有 1000 居民的乡镇 5 英里。这样的基地在英国不容易找到。曾经有过激烈的辩论，后来大家同意不得放宽美国选基地的标准。只有在马莱格和阿里塞格之间的一处地方，能够满足所需的要求，但这个地区没有建设

工作所需的设施，交通很不方便，所有的劳动力必须靠外界输入，迅速完工是不可能的。

在继续寻找基地时，里斯利的技术人员获悉美国在战时也研究过这种反应堆，所以他们审查了建造一座气冷生产反应堆的可能性。从选址的角度考虑，气冷反应堆更有吸引力，因为它不产生汉福德型反应堆必然面临的地区性危害。里斯利的工程师们认识到，从燃料元到气体的热传输，可以通过使用带散热片的密封保护外壳而大为改善，由于铝的热导率很高，散热片就可以做得很薄，而不会显著增加中子的吸收。为了促进热传输，他们提出把反应堆堆芯封在一个钢壳里， 246
并用加压的二氧化碳作为冷却剂。哈韦尔的工程师们把里斯利的设计外推到大气压力下，并证明能够在两个石墨减速反应堆中生产出规定数量的钚。空气吹入并通过反应堆，再从足够高的烟囱释放出来，把中子辐照产生的放射性氩释放掉。

经过一再辩论之后，这一设计被采纳了，这使选址变得容易起来，最后选中了坎伯兰郡塞拉菲尔德的一座废弃的战时 TNT 工厂，并将

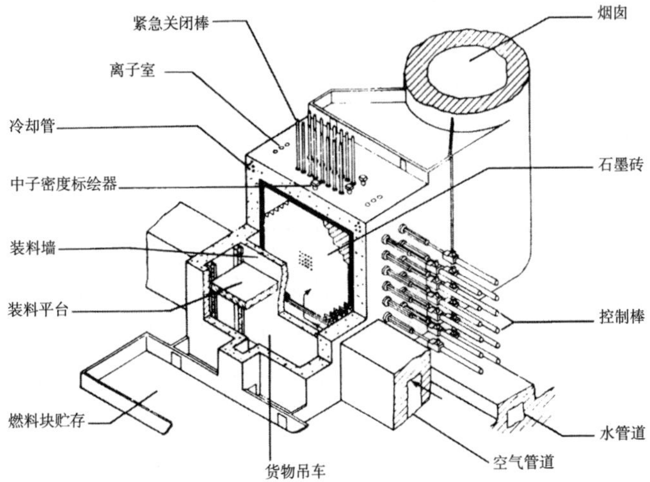

图 10.6 温德斯凯尔反应堆的等角投影图。

它命名为“温德斯凯尔”。图 10.6 显示了温德斯凯尔反应堆的总体布局。这些反应堆可以被设想为由 BEPO 按比例放大而成的生产单元，但事实上在设计和建造这些“我们起初一无所知的纪念碑”方面，有许多问题必须解决。从克林顿反应堆的经验中得知，必须过滤释出空气。那时建设进展极快，因而只有一处地方——烟囱的顶部——可以安装过滤器。由于不了解石墨在中子辐照下的行为，严重的困难产生
247 了。从美国的经验知道，中子辐照会改变石墨的晶体结构，引起尺度改变和内应力。当关于尺寸变化的消息传到里斯利时，石墨减速剂的设计不得不更改了 3 次，每次更改都涉及重新绘制几百张新的图纸。物理学家们未曾警告，如果石墨温度增加，内应力将随温度进一步上升而松弛，而这将是很危险的。根据这点很有限的知识，设计者们预期反应堆的寿命将是短暂的。1957 年，一个反应堆中出现了严重的火灾，其结果是将两个堆一并关闭了。核数据是反应堆设计的依据，由于核数据误差很大，所以甚至在调整燃料元之后，第一个反应堆的产额也仅达到其设计输出的 70%。但无论如何，这两个反应堆的确生产出了英国头几次原子弹试验所需的钚。

10.10 快速增殖反应堆

从很早时候起，物理学家们已经洞察到快中子反应堆是从核裂变中产生动力的理想方法。我们已经看出，当使用天然的或稍加浓缩的铀时，必须将辐射出的中子速度减慢到热速度，才能保证它们在 ^{235}U 原子中引起进一步裂变，而在非裂变原子 ^{238}U 中不被吸收。如果使用一块纯裂变物质（钚-^{235}U 或 ^{233}U）作为燃料，就不必为减慢中子速度而使用减速剂。实际上，所有发射出的中子都可以引起进一步裂变，或从诸如 ^{238}U 之类的“肥沃”物质增殖出裂变原子。这样就有可能使产生出来的裂变原子数多于被破坏的裂变原子数，如此工作的反应堆因而被称为快速增殖反应堆。

温德斯凯尔反应堆建成后，在里斯利的反应堆设计部门就无事可干了。生产动力的热反应堆的研究已经完成，但已知的铀储量很有限，除非研制出快速反应堆，否则生产动力的热反应堆的发展计划便毫无用处。对于给定数量的铀，快速反应堆能产生大约 60 倍于温德斯凯尔反应堆的动力，因此发展快速反应堆的优先级别仅次于国防项目。1951 年，哈韦尔—里斯利联合小组开始工作，从各个角度来看问题都有很多困难。快速反应堆芯部热量释放很厉害，在大型实验性反应堆中，有 100 兆瓦到 200 兆瓦的热量必须从直径约 2 英尺且长约 2 英尺的芯中传导出来，因此只有使用液态金属作为冷却剂才能做到这一点。钠可以用作冷却剂，但它在大气环境温度下会固化。钠钾合金在室温下呈液态，因此就选用了这种合金。20 世纪 50 年代初，制作陶瓷氧 248

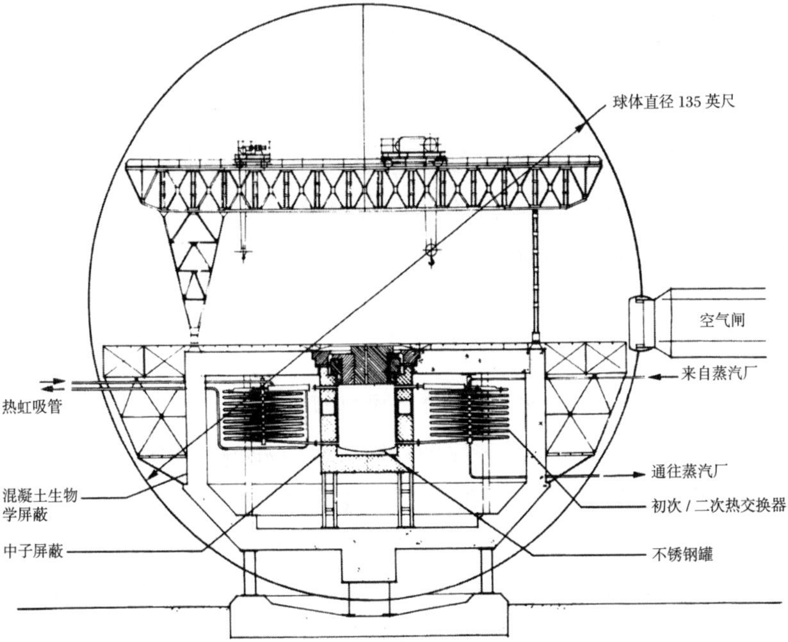

图 10.7　60 兆瓦（热能）敦雷实验反应堆布局示意图。

化铀燃料元的技术尚未问世，因此采用了低熔点的金属燃料。当时担心如果冷却剂流动中断，金属燃料就会熔化。金属熔化后就会落到容器箱底部，形成超临界块，从而有可能引起一次规模较小的原子弹爆炸。

中子辐照会使液态金属冷却剂具有放射性，并且因为热最终必然传到水里，在出现泄漏情况时，液态金属会与水发生剧烈的化学反应所以必须有一个次级不活泼液态金属循环系统，并且应该用一道“双层墙”将此液态金属和最后的冷却水隔开。在那时，英国用于热液态金属的离心泵尚未研制出来，必须使用许多电磁泵。因为存在着所有这些不确定性，所以决定将研究反应堆建在苏格兰北部海岸一个叫作敦雷的与外界隔绝的地方，并将反应堆封闭在一个钢球内，当发生意外时裂变产物将被限制在该球体中。

1955 年开始建设敦雷实验反应堆（图 10.7）。1957 年年末发生温德斯凯尔反应堆事故后，工作人员从这个工程转移了。直到 1959 年这个反应堆才达到它的设计输出。建造这个反应堆是为了确定快速反应堆是否能控制，获得使用液态金属的经验并找出研制燃料元的简便办法。由于达到了上述所有目标，才使 1976 年委托设计一个 250 兆瓦（发电）原型反应堆成为可能。

10.11　商业发电反应堆

当快速增殖反应堆的设计继续进行时，在哈韦尔的一个小组正在致力于设计生产电力的热反应堆。如果把每类减速剂与所有形态的各种可能的燃料结合在一起考虑，则可能构想出超过 100 种的不同类型的热反应堆。哈韦尔的研究人员考虑了其中的大部分。他们对使用轻水作为减速剂和冷却剂的反应堆没有热情，最后集中于研制一种用液态钠作为冷却剂的反应堆，认为这种反应堆也许可以用于潜艇推进器上。一种是类似于 NRX 的重水反应堆；另一种是石墨减速反应堆，

这种反应堆封闭于一个加压壳内，并且用加压的二氧化碳来冷却。里
斯利已经准备好研制后一种反应堆的计划，但是受到了以下事实的阻
碍——当使用铝罐时，铝和铀之间的化学反应限制了罐的表面温度至 249
多为 350 摄氏度。到了 1951 年，哈韦尔的冶金学家们研制成一种用
镁合金制造的罐，它能在 400 摄氏度的温度下使用。同时，这也使哈
韦尔的两位工程师能在建筑工程部和两个工程公司的帮助下，制订一
个切实可行的建造电力生产反应堆的计划，他们称这个反应堆为
PIPPA。对 PIPPA 反应堆的建造有着强烈的反对意见，但在 1952 年
对钚的国防需求增加了，人们经过长时间的讨论后认为，建造 PIPPA
反应堆能更好地满足这一需要。现有的设计不得不重新进行优化，因
为这些反应堆必须把生产钚作为主要产品，而将电力作为副产品。这
个计划（里斯利对此负责）于 1953 年 3 月被批准，建造工作立即在毗
邻温德斯凯尔反应堆和化学工厂的科尔德霍尔开始了。1956 年 5 月， 250

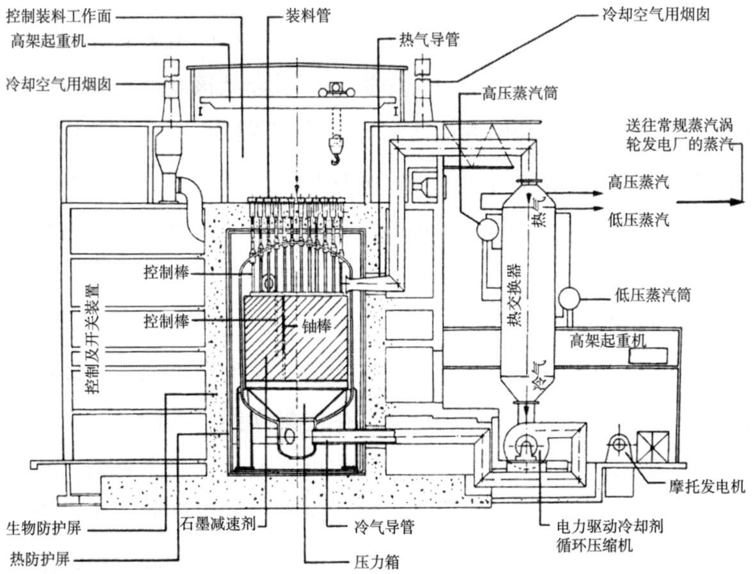

图 10.8　科尔德霍尔反应堆的横截面、压力容器和一个热交换器。

反应堆开始运行。8月，产生的电力供本工厂使用。10月17日，由英国女王将它和中央电力局的输电网相连并网（图10.8）。

及至1953年年末，里斯利很满意地看到PIPPA型反应堆是成功的，快速反应堆的问题可以解决。因此他们制订了一项核动力的长期发展计划，根据PIPPA型反应堆的经验，计划建造更先进的反应堆同时以谨慎的步伐向快速反应堆前进。这个计划交到财政部下属的一个委员会评估，被认为过于谨慎。委员会推荐了一项更大的计划，到1965年要生产1800兆瓦的核动力。核电站必须归电力局所有，并且由哈韦尔和里斯利培训的工业公司来建造。这个扩大了的核计划在当时或许已经太雄心勃勃了，但当时煤的短缺已在预料之中，同时第一次苏伊士运河危机切断了石油的主要供应。在苏伊士危机产生的不安中，计划得以进一步扩大，到1965年要拿出5000兆瓦的核动力。这是一个过于乐观的决定，它正危害着英国技术的发展。

为了实现这个计划，电力局建造了7个核电站。按当时通用的燃料价格和建设费用来计算，所有这些核电站生产的电力要比使用矿物燃料的火力发电站生产的电力更昂贵。为了降低核发电成本，反应堆越建越大，以致人们开始为加压钢容器的牢固性担忧。这种忧虑直到研制成完整型反应堆才得以消除。在这种反应堆中，加压容器和生物防护屏被合并成为一个后应力钢筋混凝土结构。所有这些电站都用金属铀作为燃料。同时，因为这些都封闭在镁合金罐中，所以它们被叫作镁诺克斯（Magnox）反应堆。

形势的压力迫使英国沿着气冷、石墨减速反应堆的方向发展。但是，1957年春天，欣顿（C. Hinton）在瑞典读到一篇论文，文中指出因为在热循环中已能达到更高的上限温度，使用矿物燃料的火力发电站的费用已经下降。欣顿指出，类似情况在核发电的发展中也会出现而且气冷反应堆比水冷反应堆更易达到高温。这使英国更坚定地沿着
251 发展具有先进设计的气冷反应堆的道路走下去。这些反应堆使用稍微

浓缩的氧化铀燃料，它们装在不锈钢罐中。原子能管理局在温德斯凯尔建造了一个很成功的高级气冷反应堆（A.G.R.）原型，但是当电力部门第一次向其订购一个商用核发电站时，原子能管理局把冷却剂的压力和温度提高到大大超过曾在原型中试验过的数据。他们承认接受了一个无法令人满意的投标。由此产生的麻烦一直危害着英国的核反应堆工业。不过，从长远观点来看，气冷反应堆和水冷反应堆哪一个好，则尚有待于事实证明。

法国一直广泛关注各种类型的反应堆。他们也像英国人一样建造气冷、石墨减速反应堆，不过早期的设计出现了困难，并且非常昂贵。甚至当致力于建设镁诺克斯反应堆时，他们也根据美国人的设计建造了一个轻水反应堆，为的是要取得另一种系统的经验。当镁诺克斯反 252
应堆的设计达到它的潜力极限，而英国人转向了高级气冷反应堆时，法国人便决心放弃气冷式，来建造美国研制成的那类轻水反应堆。

战争结束时，美国发展核反应堆的热情已在消退。汉福德的反应堆曾生产了投到长崎的那颗原子弹所用的钚，维格纳（E. P. Wigner）预见到的石墨尺寸改变使反应堆变得不安全，因而将它们关闭了（这些反应堆后来重新启用，并一直工作到20世纪60年代中期）。当1946年春波塔尔勋爵（Lord Portal，他是英国原子能组织的主管）访问美国时，格罗夫斯将军告诉他，他能得到的关于反应堆的最好忠告乃是不要建造它们。美国没有对工业核计划的急需感，因为它的石油、天然气和煤的储量都很大。只有海军对核动力感兴趣，但也不是每一个海军界人士都有兴趣。创建美国核反应堆的光荣首先应归于海军上校（后为海军上将）里科弗，在它的早期发展阶段，还曾受到海军上将米尔斯（E. W. Mills）的支持。

美国在参战以前，海军已对核推进器表现出兴趣，但是罗斯福（Roosevelt）拒绝他们参加曼哈顿计划，这就使海军和格罗夫斯将军之间有了某种程度的敌意。尽管如此，格罗夫斯将军还是签署了一份合同，委托对驱逐舰用液态金属冷却反应堆进行理论研究。于是，里科弗（Rikover）上校奉召到橡树岭参加这一工作。他是美国海军里的一位职业工程师官员，在战时已表现出巨大的实践能力和永不疲倦的精力，并且在纠正海军舰只设计和建造的错误中能明察秋毫。他并不有名，但有巨大的韧性。美国当时的状况很难使人产生热情。曼哈顿计划已在1946年解散了，发展原子能的责任已移交给原子能委员会大多数成员技术水平不高，不希望看到从军队手中夺来的发展控制权又转回到另一支军事力量手中。工业界看不出参与原子能工作在经济上有什么好处，他们缺乏兴趣。

1948年，在芝加哥附近的阿贡实验室工作的津恩（W. H. Zinn）正在做高流量水反应堆和钠冷却快速增殖反应堆的研究。利用中等中子能量的钠冷却反应堆的另一些研究工作正由通用电器公司进行，他
253 们在邻近斯克内克塔迪的诺尔斯建立了一个原子能研究公司。里科弗认为任何这样的设计都很难满足他对核推进器的要求，于是在贝蒂斯（Bettis）的研究站开始了研制增压水反应堆的工作，这个站是威斯汀豪斯公司为美国原子能委员会建造的。

这种反应堆的主要特点如图10.9所示。由浓缩铀合金棒构成的芯被密封在锆罐中，而锆罐又被密封在增压钢容器中，轻水通过这个容器进行循环，起着减速剂和冷却剂两种作用。冷却剂带出的热在次级循环中用来加热水使之沸腾，从而产生蒸汽来推动蒸汽涡轮机。有人对于将钠冷却反应堆用于潜艇推进有异议，因此美国潜艇舰队广泛使用的是P. W. R.（增压水反应堆）。到了1954年，美国海军已经造
254 出自己的核潜艇，其中第一艘名叫"舡鱼号"（Nautilus），1955年1月下水。这是一项著名的成就，它完全归功于海军上将里科弗的技巧奋发精神和热情。

里科弗想建造一个更大的反应堆来推动航空母舰，但这种想法被否决了，因为一些美国公司提议合作建造陆上核电站。国会议员们

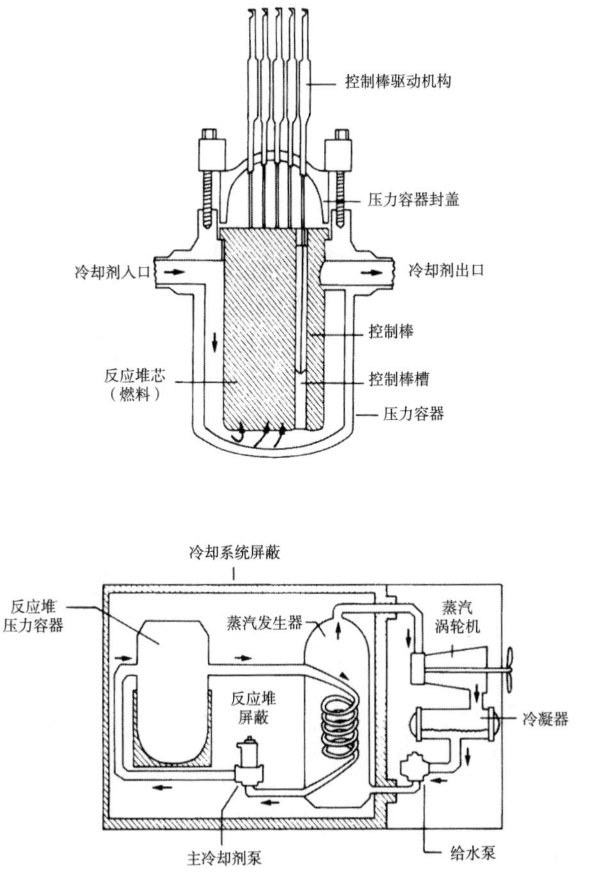

图 10.9　提供潜艇推力的动力工厂布局和增压水反应堆（P. W. R.）示意图。

倾向于使第一个陆上核电站成为政府计划。辩论反反复复，但到了 1953 年 7 月，原子能委员会把设计和建设第一个陆上核电站的任务交给了里科弗。即使如此也还是颇费周折，直到 1953 年 10 月 22 日才宣布在宾夕法尼亚州的希平波特建造这座工厂的意图。

美国核发电工厂自然是潜艇用的增压水反应堆的放大变体。这个反应堆有一个“点火”芯，其中芯燃料元由高浓缩的铀与钼、铌的合金构成，芯的中心部分四周围绕着装在锆罐中的氧化铀燃料元。希平波特的这个反应堆在 1957 年 12 月第一次运行，科尔德霍尔（Calder Hall）此时已经运行了 18 个月。对于从事英国核电厂建设的人来说把科尔德霍尔有条不紊地建设和设计与希平波特类似的工作相对比是很有趣的。正如休利特（R. G. Hewlett）和邓肯（O. E. Duncan）描绘的那样，美国的工作给人一种无组织的混乱印象[1]。

威斯汀豪斯公司继续设计基本上类似于希平波特的反应堆，但不再使用点火芯，所以在后来所有的工业反应堆中，燃料都由稍微浓缩的氧化铀构成。当威斯汀豪斯公司研制沸水反应堆（B. W. R.）时，通用电气公司放弃钠冷却反应堆的研究，转而去研制沸水反应堆。如图 10.10 所示，这个反应堆省去了次级冷却循环，水在芯中蒸发，在那

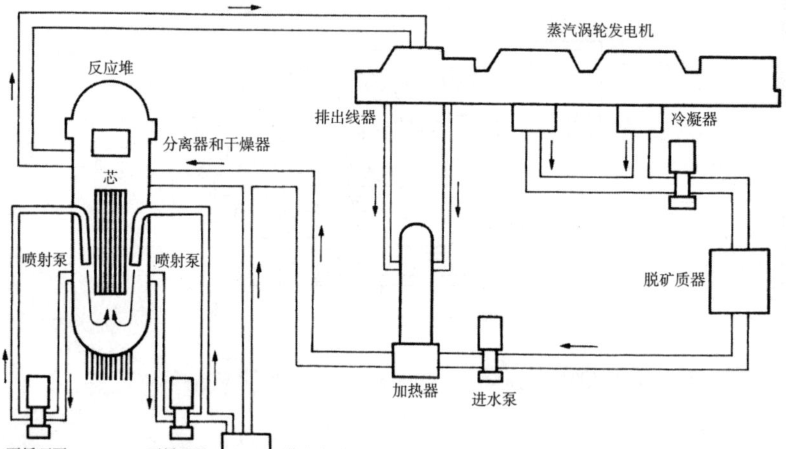

图 10.10　直接循环沸水反应堆（B. W. R.）。
温德斯凯尔的主要部分。

1　休利特和邓肯在《核海军》（*Nuclear Navy*）一书中说："希平波特对核技术比科尔德霍尔有大得多的推动力，由于是非军事的，在设计和运转的每一方面都不会保密。"这是令人惊奇的陈述，因为 1955 年第一次日内瓦会议上已经公布科尔德霍尔的整个细节。英国工业公司已经在设计和建造镁诺克斯反应堆中得到训练，同时他们已投标建造第一批美国工业核发电站，几乎比希平波特首次发电要早一年。

里产生的蒸汽通过分离器除掉大部分水，使相当干燥的蒸汽进入蒸汽涡轮机。虽然这个系统比增压水反应堆更廉价，但它也有一些缺点——其中之一是进入蒸汽涡轮机的蒸汽有轻微的放射性。 255

美国工业公司的一个财团紧跟阿贡实验室以及在诺尔斯的快速反应堆研究工作，建造了一个原型液态金属冷却快速反应堆。选择的基地离底特律近得令人吃惊，在取得运转许可证后，一次事故导致反应堆严重损坏并关闭，最终它被放弃了。凭借稳步的发展和强有力的推销，威斯汀豪斯公司的增压水反应堆和通用电器公司的沸水反应堆实际上垄断了世界反应堆市场，同时轻水反应堆也成了大多数国家喜欢的类型。增压容器制造技术的改进和燃料元等级的提高，使得轻水反应堆的容量可达 1050 兆瓦，而且输出功率为 1300 兆瓦的更大的反应堆也在委托建造中。这些反应堆在相当低的温度下产生蒸汽，它能在多长时间里保持市场的主宰地位便可想而知了。确实，核动力的整个未来在今天看来还是捉摸不定。矿物燃料即将告缺的这个世界确实需要核动力，核动力的历史也同时证明，它在所有的加工工业中即使说不上最安全，也是最安全的之一。然而，不顾地球能源短缺这一可怕的危险，职业的和业余的环境保护主义者却从感情上激起了对所有核事物的恐惧，以至于使自然界中这一巨大动力源的整个前景划上问号。 256

相关文献

[1] Gowing, Margaret. *Independence and deterrence*, Vol. II. *Britain and atomic energy1945–1952.* Macmillan, London.1974.

参考书目

Gowing, Margaret. *Independence and deterrence*, Vols I and II. Macmillan, London.1974.

Hewlett, Richard G., and Anderson, Oscar E.*History of the U.S.A.E.C.*,Vol.I. *The New World, 1939–1946*. Pennsylvania State University Press, University Park, Pa.1962.

——, and Duncan, Francis. *History of the U.S.A.E.C.*,Vol. III. *Atomic shield, 1944–1952*. Pennsylvania State University Press, University Park, Pa.1969.

——, and——. *Nuclear navy*. University of Chicago Press.1974.

Hinton, Christopher. Axel Ax-son Johnson Lecture. Royal Swedish Academy of Science.1957.

Kramish, A. *Atomic energy in the Soviet Union*. Stanford University Press.1959.

There are, in addition, many articles in the proceedings of the Geneva Conferences and of professional institutions which describe reactors and reactor development.

第4篇　原子能的化学工艺

外行料想原子能开发中最头痛的问题应当是反应堆的设计，但事实远非如此。不准确或不充分的科学数据限制了早期反应堆的性能和有效寿命，即使如此这些反应堆还是完成了赋予它们的使命。这些反应堆向设计师们提出的课题要比扩散和化学工厂提出的少得多，也简单得多。

10.12　燃料元的制造

铀是自然界中出现的唯一的可裂变物质，也是原子能工厂中唯一的原材料。它存在的原始形式是沥青铀矿（一种铀的氧化物），多年来在扎伊尔、捷克斯洛伐克、加拿大、美国和其他地方一直作为一种镭的来源被使用。凡是从矿脉或浸染矿床中溶解出原矿的地方，大部分铀以溶液形式流入海中，但有些渗入孔隙较多的岩石，主要以铀的磷酸盐形式作为次生矿沉积下来。在这个过程中，铀的化合价发生了变化，而且金属铀被固定下来，其作用原理非常像离子交换工厂的原理。这些次生沉积物——其中有许多处于已遭变质的岩石中，可能只含有少量的铀。在这种情况下，通常在矿床附近建造离子交换工厂或其他的精选工厂，以尽量减少运输费用。

在第二次世界大战开始时，比利时储有大量刚果沥青铀矿，英国和美国共同将它们买去，并用船运到美国，以免落入德国人之手。这些共有的沥青铀矿和加拿大的铀矿一起，给早期的美国和英国工厂做原料，两国间的原料分配成了战后谈判中的重要话题。

在提取镭的工厂中，铀实际上成了废料，其中少部分用作装饰陶器的黄色颜料。1841 年，佩利戈（E. M. Péligot）首先分离出金属铀但是在工业上无法生产纯度适合原子能计划的铀。新的化学工艺通常只在实验桌的试管和烧杯中进行，属于小批量提纯方法。当工程师必须将这些方法扩展到工业规模时，设计批量作业工厂对他来说就很容易了，实验室的试管和烧杯变成了槽和罐，液体传输不用倾倒而是通过管道进行。只是在后来有了足够的经验时，才研究出更好的和更经济的连续生产工艺。这就是制造纯金属铀的历程。

在美国，各类公司制造的纯铀锭用船运到汉福德，在那里制成罐装燃料元，并在反应器中接受辐照。另一方面，在英国制造罐装燃料元的所有过程均在斯普林菲尔兹进行。两国间未曾交换工业情报，但使用的方法大致相同。沥青铀矿的衰变产物之一是氡，它是一种放射性气体。和沥青铀矿自身的粉尘产生的危险一样，这种气体产生的危险使得人们只能在通风良好的工厂遥控启封装有沥青铀矿的料筒，然后在这里破碎并制成样品。这些破碎了的湿矿石被磨成泥浆，并溶解
258 于硫酸和硝酸的混合液中。镭和钡以及其他一些杂质沉淀后，用压滤器从母液中析出。来自压滤器的干净母液中的铀，以过氧化物的形式沉淀。它溶于硝酸中，溶液蒸发后形成铀酰硝酸盐。这种铀酰硝酸盐中仍含有微量杂质，可以用乙醚净化方法去除，这是因为铀在乙醚中比杂质更容易溶解。用脱去矿物质的水将纯化的铀从乙醚溶液中清洗出来，沉淀物即为重铀酸铵。

在沉淀后，把这种重铀酸盐放入石墨盘中，并置入电炉焙烧，用氢还原，并用氟化氢气体吹炼，成为四氟化铀。将四氟化铀和纯金属钙屑混合，置入有纯氟化钙内衬的反应容器。在一个关闭的通风小室

内将混合物点燃，在那里的反应进行得像烟火一样猛烈[1]。反应的热熔化了铀，它流到反应容器底部，形成铀锭。

在汉福德，铀锭被挤压成棒并被切成适当的长度插入铝罐中，用某种铝硅合金联结到铝罐上。如何发展一种令人满意的联结方法，曾给曼哈顿计划带来很大的困难。

在英国，不用挤压法制造铀棒，而用真空熔铸法。这样做有两个理由，其一是英国预料到避免在挤压工厂中危害健康是个难题，但更重要的原因是熔铸产生无序晶粒结构，当棒在反应堆中受辐照时引起的畸变很小。因为英国燃料元是用于气冷反应堆中，在那里金属的温度比较高，而燃料元的额定热功率值较低，所以可以不用联结，只要在棒和铝罐之间有良好的接触就行，在制造时外部加压就能做到这一点。而为了改善热传输，则可将氦引入罐中。在美国，为发展令人满意的装罐工艺经历了很多困难。在斯普林菲尔兹使用的一个反应堆，连同它的所有试验程序，共有 50 道不同的工序。

对工业反应堆燃料的需求日益增长，使得建造更大的工厂成为必要。由于没有时间压力，且有了更多的操作经验，设计实践便遵循加
工工业的通常模式，用连续工艺代替了批量作业。其他溶剂取代了易 259
燃危险的乙醚，逆流纯化法代替了批量溶剂萃取法，而且重铀化铵转变成四氟化铀是在连续作业的液化床上进行的。

这些旧的批量生产工厂被淘汰了，现在只是作为早年最初的笨拙努力而留在人们的记忆中。在当时，建造这些工厂遇到了难以解决的设计问题和安全处理大量放射性物质的问题，以及要达到比普通化学工厂中的通常纯度高得多的纯度问题。正是通过这些首批工厂，英国原子能组织的化学家和工程师才长了见识："切莫用奢望来嘲弄他们有价值的付出。"

取得足够的经验后，美国和英国的两家工厂就使用镁作为还原剂。在早期使用钙，是因为 Ca-UF-4 反应比类似的 Mg-UF-4 反应放出更多的热量，但是镁比钙更便宜，并且产物也更纯。

重新设计的英国工厂仍以某种改进的形式来生产镁诺克斯型反应堆所需的燃料元，但是金属铀的熔点比较低，而且即使在较低温度下也会发生相变，并可能导致反应堆中核的不稳定性。因为现代反应堆的高运转温度和高输出功率需要高的燃料元温度，所以现代反应堆中不再使用金属铀。轻水反应堆、重水反应堆和高级气冷反应堆（A. G. R.）都用致密氧化铀构成的陶瓷燃料，同时用比铝更高级的材料来制造罐。铝是原子能初期使用的材料。

这些工厂以及另一些工厂，例如把四氟化铀转变成六氟化物（它是扩散工厂的进料）的工厂，以及把浓缩的六氟化物重新转变为氧化物的工厂，在一开始似乎显得很困难。但是，与设计从受辐照的燃料元中提取钚的化学工厂所遇到的困难相比，这些困难就算不上什么了原子能工业内部仍在辩论：搞这些化学工厂与搞扩散工厂相比，哪个更困难？事实是，在投下第一颗原子弹之后的 30 多年，在西方世界只有两个成功的工业化学分离工厂（没有一个在美国），这就暗示了化学分离工厂在困难清单上名居榜首。

10.13　化学分离

战时曼哈顿计划需要一种从受辐照的燃料元中提取钚的方法，哪怕这种方法还很粗糙。在原料中钚的含量很低，大约 3 吨受辐照的燃料元中只含 1 千克钚，同时这些燃料元还含有几乎同等数量的高放射性裂变产物。在美国，1942 年西博格（G. T. Seaborg）开始了实验室研究，探讨了大量不同的化学反应，这或许为工业方法提供了基础。他和他的助手用氟化镧作为载体试验一种氧化—还原工艺，但担心氟或许会引起工厂中容器的腐蚀。他们尝试加入过氧化氢来沉淀，不过发现沉淀物的体积太大。他们研究了溶剂分离方法，结论是这种工艺不可能发展得很快。与此同时，美国其他大学中的化学家们尝试用离子交换法和在高温下用氟进行干反应的方法来分离。其间，一位极端爱国的法国化学家戈尔德施密特（B. L. Goldschmidt）和其他人研究了混合裂变产物的组成，看看其中哪一种元素的化学特性类似于钚，他们想要通过溶剂萃取法提取它。

所有这些都是高等院校的科学家做的实验室研究。1942 年 8 月，美国政府同意杜邦德内穆尔公司参加西博格的工作，这家公司在将实验研究发展为新的工业工厂方面极有经验。库珀（C. M. Cooper）和杜邦的一个小组同西博格的小组一起工作。杜邦的正常业务主要是制造普通炸药，对原子弹没有兴趣，因为这将使他们遭到“死亡商人”的强烈谴责。1942 年 12 月他们才正式加入协议，其条件是他们只收极少量的费用，并在战争结束时免除他们的义务。

1942 年年底之前，库珀得出氟化镧的道路是最可取的结论，并且在芝加哥开始设计一个试验性工厂。他们遵循经典原则，即从实验桌上的研究推进到工业规模的最简单的办法，计划建造一个批量生产工厂。在此期间，西博格已经在研究另一条路线，使钚和磷酸铋共同沉淀，而库珀的小型试验工厂则被用于检验这种方法。杜邦急于在橡

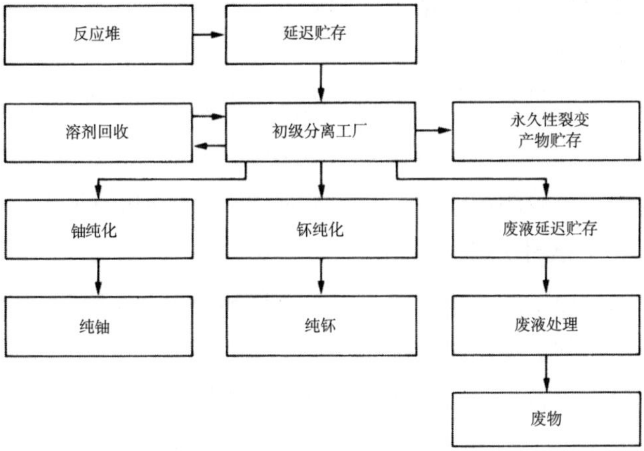

图 10.11　化学分离工厂示意图。

树岭开始兴建更大的试验性工厂，1943 年 6 月，大家一致认为，尽管在上述两种方法中并没有多少选择余地，但是担心如果采用氟化镧法，工厂会遭到腐蚀，于是就选择了磷酸铋法。

261 人们已经确定，由于反应堆和化学分离工厂对所在地的危害性钚工厂应建在偏远地区。哥伦比亚河畔的汉福德被选中了。在这种不适合居住的偏远地区，劳动力严重短缺，因而必须给反应堆建设某种特权。此外，因为研究化学提取工艺的橡树岭试验工厂还不能提供受过辐照的燃料元，所以化学分离工厂的设计资料也很缺乏。直到1943 年年底，才开始兴建工业规模的工厂。

化学分离工厂依据的原理如图 10.11 所示。在汉福德，设计的每一个分离工厂包含一个沉淀磷酸铋的分离车间，一个把钚从磷酸盐载体以及其他粗粒杂质中分离出来的浓缩车间，一个有通风设备的车间以及一个固体及液体放射性废料的储存场所。分离车间很大，面积约 250 米 ×20 米，高 25 米。每一个这种车间里有 40 个混凝土槽排成一列，每一个槽的大小约 5 平方米，深 6 米。提供生物学防护的槽壁有 2 米厚，并用一个重 35 吨的混凝土盖板来封闭这个防护体系。盖板可用起重机吊起，以便工厂维修或更换设备，这些工作用早期的遥控设备来完成。

浓缩车间具有较轻的结构，因为大部分裂变产物在沉淀车间中已被取出。相当大量的磷酸铋必须在这些浓缩车间中除去，而西博格原先曾提出，应该用溶于盐酸并用某种稀土氟化物沉淀钚的方法来完成这一工作。这种方法不能用于大规模工厂中，因为盐酸有腐蚀作用
262 浓缩必须用原来的氟化镧法进行。将这两种相互竞争的方法结合起来就具备了得到更纯产物的优点。进一步纯化是必需的，但是因为这一级的放射性比较小，车间就不必具有重防护设备了。从氟化镧中分离出钚，再溶于硝酸中，最后用过氧化钠来沉淀。

1944 年年底之前建成的工厂，只从受过辐照的燃料元中分离出

钚。他们并未从稍被稀释的铀中分离裂变产物，以便铀能再度浓缩和使用。如果我们说，从前没有、今后也不会建造如此重型、昂贵而笨重的工厂来生产如此小量的产品，这或许是对的。然而奇迹是工厂及时建造起来，并生产了 1945 年投掷的第二颗原子弹。

因为未从稍被稀释的铀中分裂出裂变产物，汉福德的这一批生产只能看作权宜之计，必须去找寻更好的方法。设计化学工厂最基本的原则之一是，无论何时只要可能，反应（并且特别是包含有害物质的这类反应）应在液相中进行。按照这一原则，某种溶剂分离工艺是可取的。西博格在 1943 年已对此种方法进行了研究，戈尔德施密特和斯彭斯（R. Spence）在蒙特利尔和乔克里弗继续进行研究。战争结束时，戈尔德施密特返回法国，而斯彭斯继续同一组助手进行研究。他只有很少一点受过辐照的燃料元（由美国政府提供）供研究之用，其中的钚含量连 20 毫克都不到（只够盖住一个针尖）。加之这些燃料元受辐照后已经“老化”，以致裂变产物已有衰变，要找到合适的溶剂和合适的方法必须做大量工作。溶剂的选择不仅取决于其萃取特征，也取决于溶剂和含水相的相对比重及其随温度的变化、溶剂的黏滞性、形成乳胶的可能性、溶剂的易燃性，以及形成腐蚀性副产品的可能性。这种工艺必须使用能包容于生物防护屏中的工厂，并能利用遥控技术安全操作而不用人去调整或修理。斯彭斯很自然地认为，应该使用逆流萃取法（原则上类似于分馏法的一种工艺）。他必须确定这一方法的每一级中必须有多少个“理论上的蒸馏盘”，而他只能以一系列试 263
管萃取对此进行模拟。在每一系列实验之后，必须回收所有的物质，以便用于下一系列实验。斯彭斯选用双丁基—卡必醇作为最好的溶剂，受过辐照的铀棒溶于硝酸中，铀以 6 价形式存在而钚以 4 价形式存在。在第一个柱中，钚和铀均被萃取到溶剂中，裂变产物则留在硝酸溶液中，作为“高放射性废液”储存起来。来自第一个柱的溶剂流被中和，钚被还原为溶剂不可溶解的 3 价态，而铀的价保持不变。所以，由于一系列价的变化和逆流萃取，裂变产物、铀和钚被分离成3股单独的液流，同时溶剂被释出，用于再循环。

英国的“总体计划书”表明，为了赶上在蒙特贝洛的原子弹试验在里斯利的英国设计小组到1947年年底必须开始初级分离工厂方面的工作。科克罗夫特曾作出安排，让巴克斯特（J. P. Baxter）和他在威德尼斯的I. C. I.小组与斯彭斯合作，来解释实验桌规模的研究工作以供里斯利的设计者使用，同时他们还要进行化学工程的研制工作在1947年9月，巴克斯特、欣顿和特纳（C. J. Turner，他是化学设计局的负责人）访问了乔克里弗，里斯利的联络官豪厄尔斯（G. R. Howells）已在那里。这个小组仔细查阅了斯彭斯的工艺流程图，并作出结论说，它将成为一个成功的工厂的基础。

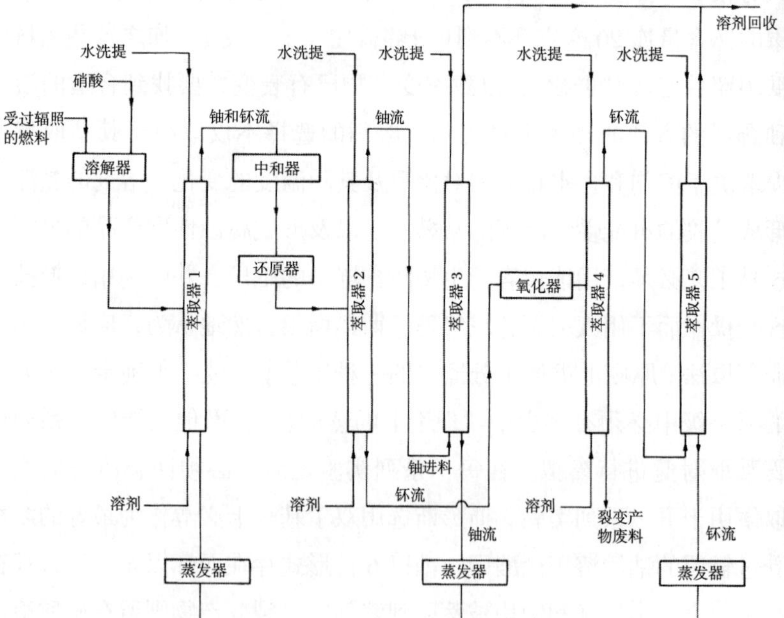

图10.12　在温德斯凯尔用溶剂萃取法分离钚和铀。

在坎伯兰郡的温德斯凯尔，那座具有工业规模的化学工厂（图10.12）在1950年大约花费了1000万英镑。用20毫克钚和“老化”的裂变产物完成的研究工作，成了这种连续运转型工厂的依据，这一决定本身是冒险的。但是即使有更完全、基础更坚实的研究数据可资利用，工程师们面临的问题也会令人望而生畏。他们感到相当肯定的一点是，人不能靠近工厂中有着大量裂变产物的那些部分（即溶解装置和第一萃取级），不能前去操作该工厂中放射性较少的那些部分，也不能认为前去修理和维护会是安全的。所有的操作必须是远距离的，
屏蔽墙内不能有阀门和活动部件，检测和取样必须作特殊安排。此外， 264
容器的形状和尺寸及运转都必须十分精确，使其中的可裂变物质决不会累积到超过临界值。

逆流溶剂萃取法可在几种不同类型的工厂中使用。其中最简单的是用环状物做填料的垂直柱，但是它很高，不方便。脉冲柱比较短，但在放射性室内有移动部件。混合器—沉降器也有同样的缺点。空气上升分离器有可能导致过量的放射性喷溅物。比较了所有这些因素之后，人们认为填料柱是最好的方式。然而即使是填料柱，也没有现存的有关级高度的理论资料，萃取数据也很缺乏。

当他们返回里斯利时，特纳和欣顿准备了一份设计和建设的任务 265
书。这份任务书要求，为了满足蒙特贝洛试验的需要，到1947年年底应准备好化学工厂的工艺流程图，到1948年4月便不得再作重大修改，到1950年7月工厂应为非放射性试验准备就绪。斯彭斯在乔克里弗的工作业绩是辉煌的，但由于缺少放射性物质和实验室设施，而且时间不足，这使他只能提出某种工艺的纲要。巴克斯特小组为了准备工艺流程图而研究这些资料时，发现有60个不同的问题必须进一步研究。由于到1948年年中才取得来自乔克里弗反应堆的刚受过辐照的燃料元，加上即使到了这时斯彭斯也只能使用痕量原料来工作，因为位于哈韦尔的原子能研究机构的“热”实验室直到1949年年中

才完成，所以整体进展延误了。但是，斯彭斯小组仍有可能在乔克里弗建造一个小型分馏柱来试验钚的分离，帝国化学工业公司小组也有可能建造一些类似的处理铀的分馏柱，以确定柱的直径对蒸馏盘理论高度的影响程度。里斯利决定，设计虽然以大量未经核准的数据为基础，也必须走在前头。但是欣顿非常担忧这样的处境，所以他在1949 年坚持必须买下科德尔霍尔农庄，如果其他的一切都失败了，仍可用它来造一座美国式的磷酸铋工厂。事实上，到头来并无必要建造这种工厂，科德尔霍尔农庄则被用于建造世界上第一个工业规模的核电站。

尽管有这么多的困难，非放射性溶液的初级分离工厂还是在

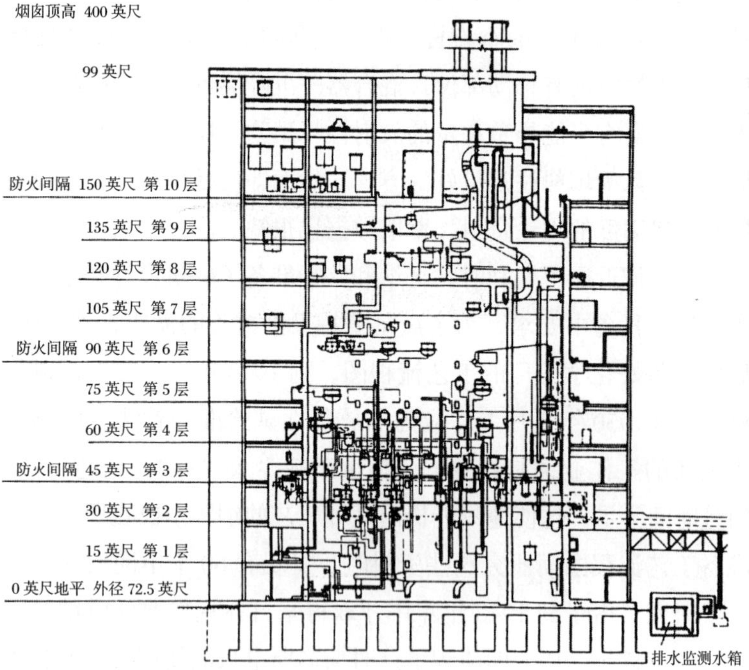

图 10.13 温德斯凯尔的初级分离工厂。

1951 年年中开始运转了。在受委托建造期间，经历了一项重大困难。人们一直担心，痕量的双丁基—卡必醇会随硝酸从第一个柱夹带出来，并猛烈地进行反应，造成放射性物质弥散到大气中。事实上，当进行非放射性试验时，确实发生了中等程度的这类反应，但通过使分馏柱 1 的流出液蒸发而消除了这一危险。如此获得的经验使进一步蒸发裂变产物溶液成为可能，从而大大减小了必须储存的裂变产物体积。

这个工厂的成立是一种辉煌的成功。在蒙蒂贝洛试验之前的几个月内，产量超过设计指标的 12%，钚和铀二者的萃取率均大于 99%。这个工厂的运行一直未遇到什么大的困难，只是 12 年后需求量增大了，才必须再造一个更大的工厂。美国人造了一个溶剂萃取工厂，它大约是在温德斯凯尔工厂之后一年受委托建造的，但是在他们的工艺中，必须用硝酸铝来“盐析”出裂变产物，而这使得裂变产物溶 266
液无法浓缩。

来自初级分离工厂的产物流需要进一步纯化，但是在工厂设计开始时，却没有时间来研究制定一套纯化钚的工业工艺。因此，第一个钚纯化工厂是以实验室的实践为基础的。为了降低放射性，首先将钚液进一步用溶剂法纯化，用的是磷酸三丁酯，最后用溶于苯中的 TTA（噻吩甲酰三氟丙酮）作为溶剂来萃取及洗提。这是一种危险的方法，先是在玻璃容器中进行，后来用脉冲柱代替玻璃容器，这种方法在 1/4 个世纪之后仍在使用。

建造铀纯化工厂一事拖延下来，直到能获得可靠的设计数据时才 267
动工。建造时在一个混合器—沉降器工厂中使用了双丁基—卡必醇循环，它的运转有效而可靠。在 20 世纪 60 年代必须建造更大的初级分离工厂时，也用了混合器—沉淀器。

参考书目

Benedict, M., and Pigford, T. H. *Nuclear chemical engineering*. McGraw-Hill, New York.1957.

Davey, H. G. Primary separation plant at the Windscale works. *Nuclear Power*, 1, 1956.

Gowing, Margaret. *Independence and deterrence*, Vols I and II. Macmillan, London.1974.

Hewlett, Richard G., and Anderson, Oscar E. *History of the U.S.A.E.C.*,Vol. I. *The New World, 1939–1946*. Pennsylvania State University Press, University Park, Pa.1962.

Hinton, Christopher. The chemical separation process at Windscale Works. Castner Lecture, Society of Chemical Industry, 23 February 1956, *Chemistry and Industry*, July.1956.

Howells, G. R., Hughes, T. G., Mackey, D. R., and Saddington, K. The chemical processing of irradiated nuclear fuels from thermal reactors. *Second International Conference on the Peaceful Uses of Atomic Energy*, 17, 1958.

Nicholls, C. M. Development of the butex process for the industrial separation of plutonium from nuclear reactor fuels. *Transactions of the Institution of Chemical Engineers*, 36, No. 3. 1958.

Spence, R. Chemical process development for the Windscale plutonium plant. *Journal of the Royal Institute of Chemistry*, May. 1957.

第11章　核武器的发展

E. F. 纽莱（E. F. NEWLEY）

11.1　战争时期 268

为了对核武器发展有一个适当的全局性看法，有必要在本节扼要重述1939年第二次世界大战开始时的事态。对于1938年和1939年核物理方面的基本发现，大众媒体及某些技术杂志一方面欢呼其为廉价动力纪元的前驱，另一方面又称之为大屠杀的预兆。1935年9月，斯诺（C. P. Snow）在《发现》（*Discovery*）杂志上发表文章说：

> 某些物理学家以为，在几个月之内，科学将为军事所用，生产出比黄色炸药猛烈百万倍的爆炸物来。这不是什么秘密……这或许不会实现。哪种观点具有权威性是根据其思想是否可行来断定的。如果是可行的，那么科学将首次在一定程度上改变战争的视野。最科学的武器之威力已被过分夸大了，但就这种爆炸物而言，却未必会言过其实。

在非公开的场合，各国科学家们正在提醒他们的政府注意这种可能性，即有朝一日可能出现核武器，虽然没有任何人确知如何和能否做到这一点。

在美国，科学家们请爱因斯坦（Albert Einstein）写信给总统，促使总统注意这一危险。不久，便建立了关于铀的咨询委员会。但是，一般说来，美国科学家对将核能用于动力生产（第 10 章）的前景更为关注，因而在多数情况下倾向于怀疑或忽视早期核武器的前景，也不太关心它将意味着什么[4]。

在德国，陆军部迅速作出反应，在陆军军械部建立了核研究所并且逐步取得了第三帝国全部核研究的控制权。陆军在加图和在达伦的威廉皇帝物理研究所建立了核研究实验室中心，杰出的科学家们，包括哈恩（O. Hahn）、斯特拉斯曼（F. Strassmann）和海森伯（W. Heisenberg）均参加了这一工作，后来，实验室中心置于帝国研究委
269 员会的管辖下。然而，尽管对发展核武器的可能性具有充分的认识所做的工作却微乎其微[6]、极其零散。英国和美国很了解德国对发展核能的兴趣。很明显德国正从挪威取得重水，并且在比利时惨遭蹂躏时征用了储存的铀。在整个欧洲战争时期，英国和美国都被这样一种恐怖纠缠着，即如果制造核炸弹是可能的话，那么德国或许在这方面取得了成功。其后果是刺激了英国，后来又刺激了美国，使它们更加关注自己的开发计划。

在英国，国防协调部长执行了由汤姆孙（G. P. Thomson）提出的建议，采取行动研究购买比利时尚存的全部铀矿以作为防范措施。事实上这桩买卖未能实现，正如前面所讲的那样，汤姆孙所担心的事情出现了，德国征用了这些铀矿原料。这一倡议的更有力的结果是在空军部管辖下启动了一项研究计划。

许多英国科学家怀疑能否生产出任何一种早期的核炸弹。查德威克（J. Chadwick）在人们要求他谈自己的看法时指出，据以作出正确判断的数据还不足。他觉得热中子产生裂变和快中子产生裂变两者均可开发，但必须用大量的铀，也许要 1—40 吨[2]。然而，在 1940 年春季，正在英国工作的两位欧洲大陆难民弗里施（O. R. Frisch）和派尔斯（R. F. Peierls）提交了一份以其基本论点明晰和具有洞察力而引人瞩目的分析报告，提出了一种会在极短的时间里释放出巨大能量的实用炸弹。

他们用简单的理论论证分析了用慢中子作为基本环节的链式反应，例如用于任何“减速”反应堆系统中。他们也讨论了在一个未减速系统中使用天然铀，因为同位素 ^{238}U 会吸收中子。用他们描述的方法分离铀同位素并使用纯 ^{235}U，就能解决中子吸收问题。虽然尚未确定具有快中子的 ^{235}U 的行为，他们仍然断定几乎每一次碰撞都能产生裂变，并且在某个能量范围内的中子将是有效的。快中子链式反应一旦开始，便将极其迅速地发展，在由于材料膨胀而停止反应之前，可以将能利 270
用的绝大部分能量都释放出来。他们指出，使用 5 千克纯 ^{235}U 的原子弹所释放的能量，将相当于几千吨的黄色炸药。

由于受到这些探讨的激励，空军部建立了一个代号为 MAUD 的委员会，在汤姆孙领导下“调查研究铀对战争作出贡献的可能性”。由于在计划中怀疑超过信心，所以委员会的成员们对这种武器的基本特点作了广泛调查，并提出了分离 ^{235}U 的方法。当 1941 年 7 月委员会提出报告时，他们确信制造一种威力强大的武器是可能的，并能在三四年内研制出来，这将取决于分离出的 ^{235}U 的数量。

在他们的报告中，强有力的证据包含根据派尔斯在一篇论文中对于核武器中的关键参数所作的计算，还有对这种重要数据的测量结果。为了检验这一理论推断，已有可能完成上述测量。委员会认为，一个实际的原子弹能用 10 千克纯 ^{235}U 制成，可以把这些铀做成两部分，置于炸弹的两端。进行适当的安排，可保证这两部分在需要引爆前保持一个安全的距离。点燃放在这两部分裂变物后面的炸药，可推动两个裂变物合到一起，形成超临界质量。他们估计，在完全聚拢到一起的材料中，在链式反应因材料膨胀而淬灭之前，会引起大约 2% 的 ^{235}U 裂变。从破坏力来看，他们认为产生的爆炸力大约相当于 1800 吨 TNT，同时还有巨额能量以热辐射的形式释出。

为了减少早爆的机会，两部分铀接近的速度必须很高，也就是说，必须减少材料在完全聚拢之前但已达到临界状态时发生链式反应的机会。他们看出，如果材料聚拢的速率低，天然来源——宇宙线、自发裂变等——的偶发中子很可能在未完全聚拢的裂变材料中引起过早的链式反应，从而使炸弹的威力减低，甚至微不足道。

委员会坚信，只要拿出在适当规模上分离铀同位素的切实可行的方法，根据他们提出的方案来制造核武器就会成功。

271 对丘吉尔的主要科学顾问彻韦尔勋爵（Lord Cherwell）来说，MAUD 委员会的报告暗示了英国必须朝前走，去准备发展核武器的计划。他在给丘吉尔的备忘录中写道："如果我们让德国人跑在前面发展了一种方法，他们可以借此在战争中打败我们，或在他们被击败后借此颠倒对战争的裁决，那将是不可原谅的事情。"[2] 参谋长们最后同意在科学和工业研究部中建立一个项目机构，并使用管合金管理局这一隐名。

1940 年到 1941 年间，英国政府一直向美国政府通报 MAUD 委员会的工作，包括送去许多计划蓝本和最后的报告。然而，尽管美国国家科学院也作了类似的评估，但倾向于把注意力集中在核能的民用潜力上，较少关心核武器早期发展的前景。

不过，MAUD 委员会有说服力的论证使一些美国科学家信服了。同时，英国政府采取的正确姿态打动了罗斯福总统的心。1941 年 10 月他授权对核武器发展的可行性进行大规模调查研究，这比美国国家科学院提交用较保守的字眼支持 MAUD 委员会结论的报告早了几个星期。

美国的核计划起初由科学研究和发展局的布什（Vannevar Bush）来组织。一支强有力的科学家和工程师队伍迅速集合起来，去解决生产适用于核武器的裂变材料问题。研制核武器本身的责任交给了芝加哥大学的康普顿（A. H. Compton）。计划中出现的所有基本物理问题均由他负责解决，包括铀元素中链式反应的演示说明，以及假定该链式反应可以实现，还要对在核反应堆中生产"第 94 种元素"（即钚）进行科学评估。曾经在回旋加速器中用氘轰击铀生产了极少量的这种新元素，试验业已证明它比 ^{235}U 裂变得更快。在 1941 年，当证明分离

^{235}U 太困难时，这种新元素给核武器提供了另一种原料。

1942 年夏天，发生了重要的组织调整，曼哈顿计划（边码 233）建立起来，它对整个核项目全权负责。那时，在美国各地进行着对了解核武器机理至为重要的快中子数据工作。奥本海默（J. R. Oppenheimer）受康普顿指示来协调这一工作，并对工作进展之缓慢感到吃惊。他看出，如果要使裂变物质按时生产出来，使核武器得以研制成功，就必须进一步将力量和技术集中起来。由于武器的设计是整个计划中最秘密的部分，他 272
主张应在某一安全和严密控制边界的区域内建立独立的实验室。

奥本海默建议的结果，是将距新墨西哥州的圣菲大约 40 英里的帕哈里托平原的一片孤立的台地选为基地，在这里建立了洛斯阿拉莫斯实验室。它担负着用 ^{235}U 或钚来发展核武器的特殊职责，预计在 2 年里完成。1943 年 3 月，奥本海默到达洛斯阿拉莫斯实验室担任领导，同来的还有从美国各大学抽出的科学骨干组成的整套团队。在同年后期，根据美国、加拿大和英国之间的《魁北克协议》，来自英国的科学家小组加入了这一团队。至此，一项独立的英国计划这一想法被搁置起来，而英国成了美国的一个小伙伴。

从一开始就很明显，核武器计划受两个因素制约，那就是裂变材料的供应和武器本身的特性。就第一点而言，起初纯 ^{235}U 和钚的供应受到很大的限制，但是当用于爆炸的裂变材料数量足够多时，完成核武器的研制就是最重要的了，因为任何延误将会导致战争不必要的延长而付出可怕的代价。就第二点来说，核武器的性质是在没有达到材料的临界质量时，链式反应不能维持。也就是说，只有很少的机会对原子弹进行全面的实验性检验，而且，如果有了这种试验计划，就必须在有获得成功的巨大可能性的前提下进行。可靠性必须依靠详细了解原子弹性能的理论，这又进而依赖于裂变和其他有关材料的物理特征的可靠数据。

为了计算临界质量，必须认真研究裂变材料中的中子扩散理论及任何可能的干扰，同时要研究裂变中子的能量分布以及核反应截面对这些能量的依赖关系。为了计算核爆炸的效率，仔细研究这种爆炸的流体力学是一个关键因素。

第一年的核试验计划包括确定下列数据：

（1）中子数：每个 ^{235}U 和 ^{239}Pu 裂变的平均中子数。

273 （2）裂变谱：来自高浓缩 ^{235}U 裂变的中子能量范围。

（3）裂变截面：在一定中子能量范围内的 ^{235}U 和 ^{239}Pu 的裂变截面

（4）缓发中子发射：先前的实验限于测量 10 微秒后的延迟，与原子弹中所关心的时间相比是太长了。计划将测量降低到若干分之一微秒。

（5）^{235}U、^{239}Pu 以及许多潜在的反应材料中的中子俘获和散射截面

有关 ^{235}U 和 ^{239}Pu 的化学和冶金计划确立了，但受到材料短缺的掣肘，特别是钚短缺的影响。一个问题是裂变材料的纯度，特别是钚的纯度必须非常高。钚发射的 α 粒子将同轻元素杂质反应产生中子随后这些中子将使钚裂变并导致早爆。冶金计划包括开发铀和钚的金属提炼方法，以及在这些材料和各种可能的反射材料中熔铸和形成各部件的方法。

MAUD 报告中考察了使裂变物质聚拢而达到或超过临界质量的问题，在洛斯阿拉莫斯发展核武器的主要方法是使用“枪炮”技术考虑单头和双头枪的各种布列后，最终选定了单头枪和靶的布列。为了装配成飞机携带的武器，枪必须相当短，并且尽可能轻，但是枪弹速度必须很快（特别是在钚造的炸弹中），以消除早爆问题。

在第一年考虑了炸弹重量和大小的限制之后，根据已知枪炮技术中能够达到的最高速度大约是每秒 3000 英尺，确定了用于钚弹的枪假若钚中轻元素杂质含量甚低，这就正好足以达到可接受的早爆概率直到 1944 年夏季，反应堆生产的首批钚样品才可供利用，而测量表明，自发裂变速率比预期的要高。如果样品放回堆中并再受辐照，裂
274 变速率就会进一步提高。这表明，可能的裂变源是 ^{239}Pu 捕获中子后

形成的同位素 ^{240}Pu。因为自发裂变速率似乎正比于钚在反应堆中遇到的中子数，很明显当时正在建造的大反应堆的产物将会有太高的中子背景，以致不宜用于正在开发的枪设备中，因为那将产生极大的早爆危险。因此，这种用枪组装钚的方法在 1944 年 7 月被放弃了。

钚枪计划的中止产生了巨大的压力，迫使人们去发展另一种叫作“爆聚”的技术。1943 年春，这种技术曾在洛斯阿拉莫斯以非常小的方式开始研究。当讨论可能的炸弹设计时，物理学家内德迈耶（S. H. Neddermayer）曾提议使用爆聚技术来替换枪技术。然而，他的想法未能很好地系统阐述。起初，他的提议只得到少数人的支持，后来人们认识到通过精心设计，这种技术可具备两个长处，一是从亚临界到临界的变化速率可以比枪技术中的更快，二是所必需的裂变材料更少。人们认识到这两种因素的重要性，而且也使研究计划得以加速进行。它似乎为使用钚达到可接受的早爆性能提供了唯一的希望。

爆聚系统的基本概念是，在一个球内有裂变和填充材料的亚临界排布，用一个装有高爆炸力炸药的球壳包围这个球。在最初的方案中，炸药外表面有许多引爆点。爆炸力会产生一个在填充和裂变材料中向内走的球形冲击波，驱使材料向内朝系统的中心聚集。对该系统的简明分析指出，受冲击材料粒子的大部分动能将在会聚质量的中心转变成压缩势能。在所创造的极端压缩条件下，材料的密度会增加，以致在正常条件下的亚临界质量会在很短的时间内提高到超临界状态。

1944 年夏天，使用爆聚系统的成功前景还未显示出有多么美妙。爆聚和有完好技术基础的枪技术不同，它是超出所有过去经验的全新概念。理论物理学家们面临的新问题，是要了解处于至今尚未认识到的压力和温度条件下材料的变化，这使他们要做远超过当时可以利用的手算方法完成的大量计算。试图在这些条件下简化材料的状态方程 275
之举，被证明是不可靠的。最后，在强有力的理论家队伍的努力下，使用一组早期的计算机并结合一些出色的实验工作，终于得出了给人以信心的数据。

但是爆聚的理论处理方法只能用于球对称的情况，在实验引爆中实现这些条件却很困难。人们进行了广泛的研究，来寻找所观察到的不规则性和不协调性的产生原因和补救办法。为了达到这个目的，发明了塑胶性高爆炸力炸药填装的方法以保证良好的均匀性。使用机器工具来使高爆炸力炸药块精密成型，让其装配起来不留空隙，而这些空隙可能会导致喷气的形成。一般来说，爆聚设备所有部件的生产应当是高度精密和相匹配的，认识到这一点非常重要。

在最初的设计中，主要的高爆炸力炸药是在其外表许多分离的点上引爆，以期从每一个引爆点发出的球形发散波在炸药中联合成单一的会聚波。实际结果与此不同，且令人失望。1944 年夏天，开始发展出另一种方法，在每一个引爆点和高爆炸力炸药之间使用一个爆炸透镜。爆炸波的曲率在通过透镜时被反转，这样它就在该透镜和高爆炸力炸药之间的界面上变成了球面会聚波。这一发展也要求各爆炸组元的高精度装配。

进一步的问题是确定实验系统的实际性能，例如鉴别在爆聚中的不规则性和速度压力的测量等。为寻找测量这些以及其他参数的方法人们作出了极大的努力，应用了大量的技术，其数量之多和情节之详细在这里无法尽述，但是它们为计划的最后成功作出了贡献。

爆聚系统深入细致的开发工作从 1944 年冬季开始，直到 1945 年 4 月设计被冻结起来，这是为了准备一次关于测定全部系统性能的核试验。试验基地已选定，在阿拉莫戈多飞机投弹场，位于洛斯阿拉莫斯南约 150 英里，所有的准备工作都是极其秘密地进行的。在试验之前，广泛研究了核爆炸可能有的危害效应，包括放射性裂变产物的散
276 布问题，而且为了预演观察和管理的程序，在试验基地引爆了 100 吨高爆炸力化学炸药。

赋以代号“三位一体”的核爆炸于 1945 年 7 月 16 日黎明时分实

施。从猛烈的、肉眼可见的效应来看，试验已经成功。几小时内释放的能量相当于爆炸了大约 2 万吨 TNT。这个能量和理论预计的相符，但是也有许多理由说明释放量也许已经降低或者大大降低了。

这期间，^{235}U 枪组装设备的发展已无严重障碍。对枪机制的试验已给出相当吻合的结果，而且到了 1945 年 4 月，已积累起足够的核数据来确定 ^{235}U 组分的最后规格。到 6 月，有了足够可利用的材料，开始装配第一个武器。虽然不可能进行枪设备的实验性核试验，但人们普遍相信它将发挥令人满意的作用，特别是“三位一体”爆炸的成功，确认了基础核理论的有效性。

发展的第一个阶段，随着关于枪和爆聚这两种对立意见的统一而告终。这些武器的代号分别为“小男孩”和“胖子”。“小男孩”核武器直径 71 厘米，长 305 厘米，重 4100 千克；“胖子”核武器直径 152.5 厘米，长 325 厘米，重 4550 千克。武器设计成适合于美国 B29 型轰炸机携带，而且为了减少放射性污染，将在目标上空用引信来引爆。

战争中第一次使用核武器是在 1945 年 8 月 6 日，“小男孩”被投到广岛 [1]。3 天后，“胖子”被投到长崎。这些爆炸所带来的危害详情见相关文献 [1]。在广岛，约 4 平方英里范围的轻型结构建筑物全部被摧毁，另有 9 平方英里范围受到冲击波光和火焰的严重破坏。面对如此破坏力的武器，日本人除了投降别无出路。由于对核武器的攻击毫无准备，日本人的伤亡很大，但是如果日本策划的侵略计划继续进行下去，他们死伤的人数还会更多。

11.2 战后时期 277

核武器的威力在广岛和长崎充分表现出来之后，美国政府接着进行了广泛的政治活动。在英国和加拿大的支持下，尽力通过协商寻求

1 关于批准使用核炸弹，对杜鲁门总统考虑有关政治问题所作的说明，参见 [4]，第 11 章。

一些对原子能实行国际控制的办法。这就导致了建立一个联合国的委员会，来研究保证原子能只用于和平目的而不用于战争的办法。在1946年6月的第一次会议上，美国拿出提案（即巴鲁赫计划，Baruch Plan），承诺一旦建立起控制就放弃核武器。俄国人提出了反提案美国对此不同意。事情很快就明朗，关于控制计划的协议是极不可能的事，但是直到1948年该委员会报告完全陷入绝境时，谈判才终止。

在达成协议的希望消失时，美国加速了自己的计划，俄国和英国也制订了独立的核武器发展计划，这一切最后导致了氢弹的发展。下面将分别讨论每一个国家的计划。

战后美国的计划　当战争结束时，美国政府决心调整其机构，使之更适合于在和平时期控制他们的核计划，以代替曼哈顿计划的机构。1946年，《美国原子能法案》授权建立美国原子能委员会，对核能的民用和军用均肩负广泛的责任。

当国际控制的希望更趋渺茫时，1947年1月，委员会担负起它的职责，首要任务是保证为美国国防提供裂变材料和核武器。一个早期的行动是给战后士气严重低落的洛斯阿拉莫斯实验室安排一个新方向。许多科学家已离开实验室，包括它的第一任领导奥本海默（J. R. Oppenheimer）。然而，并不缺乏进一步研究武器的想法，实验室不久被授权进行一项计划，包括为改进现有类型核武器的可靠性以及发展更高效的新设计而进行核试验。

在洛斯阿拉莫斯的一小群理论物理学家也在探讨研制一种完全新
278 型的核炸药的可能性，在这些核炸药中，大部分能量来自氢的第二种同位素氘的热核聚变。早在1942年，特勒（Edward Teller）就提出了这种思想，并在断断续续的几年中进行了一些研究。氘和氧化合成为重水，氘就存在于这种化合物中。在普通水中天然出现的重水极少。用已知的方法从中提取氘所需的费用为生产裂变材料的几分之一。理论上已知，一定质量的氘聚变释放的能量，大约是同样质量的 ^{235}U

裂变所释放的能量的 3 倍。但是，这种武器最重要的特点是热核聚变量，进而是其能量产额不受可用性和临界性两个孪生问题的限制，正是这两个问题影响了裂变核武器的设计。科学家们因此可以考虑不只是用数千吨 TNT 当量，而是用数百万吨 TNT 当量来量度的能量。

有 3 种聚变反应是很重要的，分别如下：

$$D_2+D_2 \rightarrow He_3+n+3.27\ \mathrm{MeV},$$

$$D_2+D_2 \rightarrow T_3+H_1+4.03\ \mathrm{MeV},$$

$$D_2+T_3 \rightarrow He_4+n+17.6\ \mathrm{MeV},$$

此处质子（H_1）、氘（D_2）和氚（T_3）表示 3 种同位素，即氢、氘和氚的单个的核。为了引发氘的热核聚变，必须把这种材料的温度提高到非常高的数值——具有 10^8K 的量级，并使这种温度保持足够长的时间，以“燃烧”足够多的部分。为了在一块氘中触发这种反应，其本身需要的能量就具有一个裂变原子弹的量级。

特勒坚信，只要有足够的努力和富有想象力的领导，就能研制出这种武器。另一些科学家对于成功的信心极小，认为应当把可以使用的力量集中在改进裂变武器上。许多人害怕（现在仍然害怕）百万吨级武器的前景，并且不希望看到美国居于领导地位。另一些人热衷于相信，如果这种武器是可能的话，美国就不能让另一个国家首先发展它们。

对热核爆炸物研究工作的前途持续争论了好几个月，直到 1949 年才结束，当时苏联成功地爆炸了一个核裂变装置，这条新闻使美国社会受到震惊。美国对核武器的垄断不复存在了。这种认识有助于舆论潮流的转向，即美国没有其他选择，只有继续发展各种类型的核武器，包括热核武器，即氢弹。1950 年 1 月，总统指示该委员会继续进行工作[5，第 13 章]。 279

1950 年，从事热核“超级”炸弹工作的队伍极大地扩展了，特勒起了非常积极的作用，推动并激励理论家们去挖掘新的概念。最初进展很困难，许多问题有待解决，在寻找制作实用装置的方法方面暴露了一些不确定因素。1951 年年初，一位顶尖的数学家乌拉姆（S. M. Ulam）提出一个新概念，这使事情变得非常有希望，并鼓舞特勒更加认定热核武器的可能性[5]。

此后，进展快了起来。1952 年，为了对特勒—乌拉姆提出的概念进行全面试验，准备了一个实验装置。这个装置在埃尼威托克环礁的埃鲁格纳卜（Elugelab）岛上完成组装，并在 1952 年 11 月 1 日用 IVY-MIKE 方法引爆，当量是 1000 万吨，比 7 年前在阿拉莫戈多爆炸的第一个美国裂变装置的当量大好几百倍。

IVY-MIKE 的点火装置使用液态氘作为热核燃料。这能把结果的分析简化到某种程度，但是很明显，其他形式的燃料，例如氘化锂将更适合于军事武器。1954 年，试验了一系列共 6 个热核装置。约克（Herbert York）在他的《顾问们》（*The advisors*）一书中[10]，描述该系列中的第一个装置产生了大约 1500 万吨当量，他相信这是美国所有试验装置中的最高当量。当时，约克是劳伦斯辐射实验室的主任，这一实验室在加利福尼亚州的利弗莫尔，是为了和洛斯阿拉莫斯实验室分担核武器研究和发展的日益增加的负担而建立的。

这两个实验室为军用和民用核爆炸装置写下的进一步发展的故事，就是 20 世纪后半期的历史了。

战后苏联的计划　苏联政府未曾揭示过他们的军用核计划详情[1]，但是他们的一般发展趋势可以从所进行的核试验、某些场合下的政治声音以及其他事件中看出端倪。克拉米西（Kramish）发表了根据非机密的情报所作的详细分析[7]，约克后来作的评论亦颇为中肯[10]。

苏联介入第二次世界大战之前，在几个物理研究所中制订了核研
280 究计划，主要在列宁格勒和莫斯科，一批年轻有为的科学骨干力量被吸引到这一新的、逐步发展的科学事业中。纳粹于 1941 年的入侵使

1　美国政府在日本投降后立即公布了一个非保密的关于曼哈顿计划的概括性报告[9]。

这些计划流产，科学家们重新转入非核问题的工作，这些工作对于苏维埃战争力量而言，被认为更有直接好处。到 1943 年，苏联政府出现了变化，核工作恢复到一般水平，并持续到战争结束。

在战后谈判期间，苏联领导人在各时期发表的演说中称核武器垄断是一种“讹诈”。1946 年 9 月，斯大林在发表了这种演说后，还宣称美国的垄断不会太长了。一年以后，莫洛托夫（Molotov）宣布“核武器的秘密……早已不复存在了”[7]。第一个证据是 1949 年，苏联成功地爆炸了一个核爆炸装置，当时美国空军的飞机在太平洋上空收集到的放射性碎片，被证明是来自苏联核裂变装置的爆炸。

约克[10]从苏联科学家的传记中推断，他们计划的早期阶段热核研究也取得了进展，而且在 1949 年苏联核试验后不久，便决心对热核研究问题进行攻关。1953 年 8 月，马林科夫（Malenkov）向最高苏维埃报告，俄国科学家们已经揭开了氢弹的秘密（俄文新闻报道）。4 天之后，爆炸了一个核装置，它含有裂变和聚变两种反应。克拉米西和约克进一步论证后认为，该装置本身不是一个可使用的武器。然而约克推断它或许使用了氘化锂作为热核燃料——比 1952 年 IVY-MIKE 试验中美国装置使用的液态氘更为方便的热核燃料形式。

1955 年在大气层爆炸了第二个热核装置，它是从飞机上投放后引爆的。赫鲁晓夫（Khruschev）在一次政治演说中宣称，它的当量非常高，苏联科学家们业已取得了这样的新成就，使用较少的裂变材料就能生产出有数百万吨爆炸力的装置。

在上述时期后的若干年中，苏联人启动了许多高当量的热核装置，包括一个他们宣称是 5800 万吨 TNT 当量的装置，尽管他们从未说那是一种储备武器[10]。

战后英国的计划　当欧洲战争结束时，英国政府开始创建一个立 281
足英国本国的核计划，在哈韦尔创建了用于一般核研究的中心实验室，并在军需部内设立了原子能生产管理局以代替战时的管合金管理局。

与此同时，英国寻求维持同美国的通力合作，这是1944年9月丘吉尔和罗斯福在海德公园的谈话中一致同意了的[2]。但是，当1946年《麦克马洪法案》在美国变成法律时，战时伙伴关系便结束了，英国人对此感到很失望。

1947年1月，英国便作出独立发展核武器的决定，尽管几个月后才任命彭尼（W. G. Penney）负责核弹的研制[3]。

彭尼曾在洛斯阿拉莫斯担任过流体力学和核爆炸冲击波效应方面的顾问。1946年，他被任命为军需部军备研究局的首席主管。由于他的能力、经验和地位，以及当时军备研究人员的支持，使得他被选定为发展核武器的出色指导者。最初，他得到在哈韦尔工作的科学家的支持，其中有些人早先在洛斯阿拉莫斯工作过。接着，在奥尔德马斯顿建立了专为发展核武器的设施。

彭尼以他和他的英国同事们在洛斯阿拉莫斯帮助发展和试验的爆炸型武器为基础，设计了第一个英国核装置。为了适合皇家空军的操作设备而进行了修改，仔细对性能计算重新研究，指明了改善装置效率的途径。主要的力量是用于建立制造高质量和高配合性部件的设备同时还要有检查爆炸系统整体性能的复杂的非核技术。最大的问题是设计、建造和生产制造放射性部件所必需的专门设备。

这些活动耗费了大量时间，但是完成了核装置的全部开发过程与此同时，在温德斯凯尔反应堆生产出第一批钚（第10章），并于1952年10月3日在澳大利亚西海岸外的蒙特贝洛群岛“飓风”试验
282 中成功地引爆了该装置。大约18个月之后，军用型装置到皇家空军服役，使英国成了世界上第三个核大国[3]。

这时，美国已宣布它成功地进行了第一次热核装置试验。这就表明，核武器技术实现又一次飞跃。现在面临的问题是，英国是否要紧随其后。直到1954年，也就是在苏联爆炸了一颗热核反应装置之后英国才作出正式决定，继续发展热核武器项目。这项决定是保证英

国核威慑能力政策的一部分。1954 年，《联合王国原子能法案》出台，同时创建了全面负责英国核计划的英国原子能管理局。

当时采用了特殊的措施来扩大在奥尔德马斯顿的武器研发队伍，一部分人是从国防研究单位暂时或永久调来的。一个值得瞩目的人物是库克爵士（Sir William Cook），作为彭尼的代表，他的能力和推动力对核发展计划按时进展起了主要作用。在正式作出决定后短短 3 年时间内，完成了令人满意的设计。1957 年，从太平洋上圣诞岛起飞的 V 型飞机投放了一个百万吨级当量的热核装置，并且成功被引爆。

政治事件的潮流和英国发展核武器能力所取得的进展，使得美、英两国在这一领域逐步恢复了从前的合作。1955 年，双方达成协议，“为共同防御的目的进行有关原子信息方面的合作”[11]。该协议仅涉及发展防御计划和培训方面，而不包括核武器的设计或制造方面。1958 年，美国和英国之间达成进一步的协议，为了防御目的在原子能应用上进行合作[12]。这个协议把交换信息的范围扩展到包括涉及原子武器保密方面，从而恢复了美、英两国战时曾经有过的伙伴关系。

11.3　结论

在简短介绍了核武器技术的发展过程后，有必要将话题转向 20 世纪 50 年代后期——在旷日持久地讨论全面裁军后，试图就禁止旨在发展核武器的核试验进行谈判和缔结条约。1958 年开始就此正式协商，1963 年终于取得部分成功，当时美国、苏联、英国还有其他一些国家签署了一个条约，禁止在大气层、外层空间和水下进行核试验[13]。 283

这个条约已经取得了预期效果，减少了来自核爆炸的大气污染和放射性产物的散落。但是，核国家仍然使用地下定点试验的方法实施核武器开发计划，这种试验方法能把爆炸的全部产物包藏于地下。

相关文献

[1] Glasstone, S. *Effects of nuclear weapons.* U.S. Atomic Energy Commission.1964.

[2] Gowing, M. *Britain and atomic energy 1939–45.* Macmillan, London.1964.

[3] Gowing, M. *Independence and deterrence, Britain and atomic energy 1945–52,* Vols I and II. Macmillan, London.1974.

[4] Hewlett, R. G., and Anderson, O. E. *The new world, 1939–46, History of the United States Atomic Energy Commission.* Vol. I. Pennsylvania State University Press, University Park.1962.

[5] Hewlett, R. G., and Duncan, F. *Atomic shield, 1947–52, History of the United States Atomic Energy Commission.* Vol. II. Pennsylvania State University Press, University Park.1969.

[6] Irving, D. *The virus house.* Kimber, London.1967.

[7] Kramish, A. *Atomic energy in the Soviet Union.* Stanford University Press.1959.

[8] Pierre, A. J. *Nuclear politics.* Oxford University Press, London.1972.

[9] Smyth, H. D. *A general account of the development of methods of using atomic energy for military purposes under the auspices of the United States Government, 1940–45.* H.M.S.O., London.1945.

[10] York, H. *The advisors.* W. H. Freeman, San Francisco.1976.

[11] Command 9555. *Agreement for Co-operation regarding Atomic Information for Mutual Defence Purposes.* H.M.S.O., London.1955.

[12] Command 537. *Agreement for Co-operation on Uses of Atomic Energy for Mutual Defence Purposes.* H.M.S.O., London.1958.

[13] Command 2118. *Treaty Banning Nuclear Weapon Tests in the Atmosphere, in Outer Space, and Underwater.* H.M.S.O., London.1963.

注：本章的内容和观点并不意味着英国原子能机构、国防部以及政府一定同意和认可。

第12章　电

布里安·鲍尔斯（BRIAN BOWERS）

12.1　1900年的供电 284

到1900年，若干国家已经稳固地建立起供电企业（第Ⅴ卷第9章、第10章），但供电企业大多是地方性的，而没有全国性联网。英国大约有90家供电企业，所辖发电站近200个。属地方当局的占2/3，其余1/3为私有。1902年，美国电力工业的首次统计表明，美国有3620家供电企业，其中80%是私有的，20%是地方当局的。同年，英国有258个发电站，其中41%是私有的，59%是地方当局的。

多数供电企业创建时规模很小，供电范围有限。随着用电需求的增长，各地供电企业得以扩展，却没有全国性的统一政策可循，诸如供电电压、交流供电系统所用的频率等都很少有或根本就没有标准。1929年，美国的《电力世界》（*Electrical World*）杂志哀叹，“许多现行体制与合理的发展计划看来是不相适应的”。在英国，供电立法所起的作用是鼓励发展地方性小型供电企业，并使它难以越出地方当局的管辖范围。1882年的《供电法》规定，地方当局可以收购建立期满21年的本地供电企业。1888年，经修改的法案把期限延长至42年，并订立了一些对企业主较为有利的财政条款。这些法案是否真的妨碍英国新兴工业中投资的问题尚有争议，但确定无疑的是它使电力工业的发展局限在很小范围内。至少，起初在技术方面也只考虑如何有利于小规模供电，每一个供电企业的供电范围都不超过一个小型发电站所能供电的范围。输电的损失以及同时运行两台或更多台发电机的实
285 际困难，都使供电受到技术限制。这些困难不久便得以克服，大型发电机也得以发展。由一个电站向更大范围的地区供电，这在技术上是可行的，经济上也有需要。于是，陈旧的立法已经阻碍了供电企业的发展。

最初，有些供电企业提供直流电，有些则提供交流电，而用户则别无选择。但有一个例外，在伦敦由马林丁（F. A. Marindin）领导的委员会1889年所作的报告说，官方政策是每个地区都应有两种形式的供电，一种是直流电，另一种是交流电。马林丁认为供电企业之间竞争是桩好事，但结果并不是他所预料的仅仅是交流电与直流电之间的竞争。电力系统五花八门，1917年电力贸易委员会的报告指出：“在大伦敦地区有70个供电局向公众供电，它们拥有70个发电站，这些发电站有50种不同类型的系统、10种不同的频率和20种不同的电压。”伦敦电力供应的一体化用了多年时间才得以完成，乔治（Lloyd George）曾对顾问工程师默茨（Charles Merz）表示，伦敦的供电问题不是工程上的问题，而是政治上的问题，这也是解决伦敦郡议会、自治市镇议会和供电企业之间利益冲突的问题之一，他们各自坚持自己的系统以维护既得利益。在全国性供电标准制定前，其他许多地方都面临着类似的问题。

1900年供电企业发的电，几乎完全用于照明。美国的爱迪生（T. A. Edison）以及其前20年英国的斯旺（Joseph Swan）各自发明了白炽灯。当时的家庭（至少在那些用得起电灯，居住区又有幸有电力供应的家庭）都普遍使用白炽灯。电弧灯光线太强，不适于家用。尽管家庭中只是偶尔使用，但电弧灯在火车站等大的场所继续用作照明。当然，这两种灯也都用作路灯。

尽管在有电力供给以来就有了直流电动机，但除用于牵引外使用

并不广泛。1888 年，特斯拉（Nikola Tesla）发明感应电动机后，工业中便能使用交流电动机，但感应电动机（极小型的除外）需要有多相交流电。最初的三相交流电是由伦敦西部的伍德兰电站提供的，该电站投运于 1900 年。1901 年，泰恩河畔纽卡斯尔的内普丘恩班克 286
发电站投运，也供应三相交流电。所用频率经选择，既适用于照明，也适用于感应电动机。发电站业主本期望于本地区重工业的电动机负荷，而事实上当时用电需求增长很快，以致电站投运数月后便又着手扩建。

早期供电企业鼓励家庭用户用电取暖和做饭。这对电力企业的有利之处在于提供了非峰值时的负荷。照明负荷主要在晚间，这样对供电企业而言，增加白天的负荷意味着发电量的增加，因而能在不追加投资而只略增加周转成本的情况下增加收入。

1898 年，以克罗斯子爵（Viscount Cross）为主席的英国议会联合委员会所提交的报告便提出要发展非照明负荷。他们注意到 1882 年和 1888 年的法案提交到议会时，所关注的主要是电力照明问题，但 1898 年他们所听到的意见是，“虽然目前公众和议会看到，各企业的电力主要用于照明，但在不久的将来，电力在各企业中的主要作用将是为其他多种用途提供动力”。

12.2 英国的电力供应

英国电力工业的发展可作为一般电力工业发展的范例，至于其他各地的发展情况，我们将在后面加以叙述。

1900 年，一个历时颇久的转变过程已在英国开始，即由若干地方电力企业转变为覆盖全国的单一的供电组织。议会吸收私人债券以建设标准的大规模发电的电力公司，然后将电卖给获得授权的地区供电企业。依据 1909 年的《电力照明法（修正案）》，商业部允许建立电力公司，这些公司不受任何地方当局可在若干年后将其强制收购的条款约束。几年内，20多家这类公司建立起来，供电范围覆盖了英国大部分乡村地区。自身拥有供电企业的市镇常希望维持它们的独立而不愿由某一家电力公司来供电。

287 第一次世界大战后，英国政府决定在供电业中建立更集中的组织战争期间，装机容量增加了39%（由1120兆瓦增至1555兆瓦），而出售的电量却增加了106%（由每年13.18亿度增至27.16亿度）。经验是显而易见的，战时管制提高了供电业的效率。电力对英国经济生活和工业的意义日益重要。若干团体在向政府的报告中提出战后改组供电组织的必要，一致认为要建立一个“新的具有广泛权力的独立的专业委员会，它不受政治的控制，也不受旧传统的束缚”。1919年的《供电法》确定了一批电力专员，其职责是“推动、调节和监督供电”这个法规朝正确方向迈进了一步，但事实证明专员的权力还不够，因而需要有进一步的立法。

20世纪20年代初，英国国内强烈要求政府建立一个连接全国的输电网，由效率最好的电站发电输送至全国各地。当时各地和各发电站发电成本差别很大，从用户的利益来看，最好是从发电成本最低的电站得到供电。另外，各电站的联网还有利于增强供电安全性因为如果一台发电机或一个电站发生故障，其负荷便可以由其他电站承担。

早在1925年初，英国政府便组成以韦尔勋爵（Lord Weir）为主席的委员会以“检查全国供电问题”，要求他们提出关于“最充分、最有效地发展电力所采取的政策”的报告。委员会搜集了若干有主见的专家的技术报告，并于1925年5月提交报告。他们建议尽快建立起一个独立的组织“中央电力部”，其职责是建立起高压输电线的电网系统。这种电网就是不久后大家所知道的“全国高压输电网”，它将某些经过挑选的发电站与已有的配电系统联网。

韦尔委员会认为，入选电站的运作应留给已获授权的电力企业，而新的电力部应能起全面管辖的作用。这一部门购买入选电站所发的电并转卖给经授权的供电单位，未入选的电站应尽快关闭。委员会认为，应入选的电站有 58 座（包括 43 座现有的和 15 座新建的），其余 288 432 座现有的电站都应关闭。政府接受了这个报告的建议，并将这些建议写进了 1926 年的《供电法》中。

中央电力部在其第一个报告中拟订了建设高压输电网的初步计划。该报告主要提出了 1928 年年底以前电力部的活动内容。规划使各地区实现联网，而不是点到点的输电网，一次输电线路的标准电压是 13.2 万伏，二次输电线路的电压是 6.6 万伏和 3.3 万伏。在建立高压输电网前，必须设计导线、绝缘子、杆塔、保护系统和控制设备。

1927 年，英国政府宣布了建设高压输电网的八年计划。至 1935 年底，除了英格兰东北地区，全英国的线路都联成网，共计有 4600 千米一次输电线，1900 千米二次输电线投入使用。至 1946 年，两者分别增至 5900 千米和 2400 千米。

12.3 供电系统的标准化

中央电力部面临的最大问题是频率的标准化问题。他们在第一个报告中提出，全欧洲（意大利除外）的供电标准是 50 赫的三相交流电。1926 年，在英国经授权的供电企业中有 77% 是以 50 赫供电的电厂，并且大部分是三相的，电力部采用了这一供电标准。主要的例外是英国东北部泰恩河畔纽卡斯尔周围地区以 40 赫供电，格拉斯哥、伯明翰、南威尔士和伦敦有些地方以 25 赫供电。要改变占国家供电网 23% 的供电系统频率，成本相当可观，1947 年完成该项工作时，费用是 1750 万英镑。

电力部面临的另一项工作是使供电电压标准化。以麦高恩爵士（Sir Harry McGowan）为主席的委员会于 1935—1936 年研究了这个问题。他们发现，在642家供电企业中，有282家仅供交流电，77家仅供直流电，其余283家则交、直流电都供应。在这些供电企业中又有43种不同的供电电压（100—480伏）。现实的问题在于，确定标准的供电电压后，许多用户的电器都要变换改造。然而，公众都强烈要求有统一的供电电压。在此以前，家用电器制造商不得不为适应
289 不同电压而制造和贮备各种型号的电器产品。对内部装有变压器的收音机和电视机来说，变压器上装有分接抽头，以便调节至当地的供电电压。直至1945年，才最后确定以240伏的交流电作为标准供电电压。第二次世界大战后，英国政府决定在整个供电工业实行公有制1946年12月还向国会提出法案，并确定从1948年4月1日起生效在新的组织下建立的英国电力管理局，职责是起总的协调作用，并总体上监督电力工业（除苏格兰北部）的政策和财政机构。管理局还负责发电，大容量输电到14个独立的法定的地区电力部。

新的管理局管理发电站和电网系统，同时负责运行7个网控区它们各有自己的网控室。为了充分发挥它们的作用，发电站与高压输电网的管理和运行被划分为14个发电分区，并尽可能使其与地区电力部所划分的区域相对应。

1957年的《电力法》进一步改变了电力工业部门的结构，撤销了英国电力管理局，设立中央发电部，负责发电站、高压输电网和电力委员会的工作。电力委员会的主要职能是“向部长提出所有影响电力工业事宜的建议，促进和协助中央发电部和各地区电力部门维护和发展一个有效、协调、经济的供电系统”。委员会还负有财政、研究与处理工业关系的特殊职能。

表12.1表明英国在电力部门改组和发展的50年中发电容量与电力销售量增长的情况，为了便于比较，还列举了1970年的数字来表明20世纪前半期所看到的迅速增长在后半期仍得以持续。

表 12.1　英国的电力供应

年份*	发电容量（兆瓦）	售电量（百万度）
1900	—	120
1901	—	200
1905	—	450
1910	960	1000
1915	1300	1700
1920	2400	3600
1925	4300	5600
1930	6700	8900
1935	7900	14300
1940	9900	23800
1945	12000	30600
1950	14600	46600
1970	49000	174000

* 有些数字是按日历年度计算的，有些则由指定年度的 4 月 1 日起按 12 个月计算。

12.4　其他国家的供电

尽管多数国家的供电系统由政府在相当程度上加以监管，但仍属私有。例如，1947 年在美国仍有 3800 多家私有电厂向社会供电。另一方面，联邦政府设立的田纳西谷管理局在 1948 年达到 240 万千瓦以上的供电量。德国在 1941 年有 2000 个公用发电站。和英国一样，其发 290
展趋势是将小型发电企业联成大的电网，尽可能使更多用户得到最经济的供电，并提高供电的安全性。大量低效电厂与大量供电是不相适应的。

不同国家的人均耗电量是大不相同的。表 12.2 列出若干国家公用发电站的发电装机容量、售电总量和人均用电量。美国和加拿大人均耗电量甚至比表中列出的还要高，因为他们比英国与欧洲其他国家有更多的私有发电站。20 世纪中叶，水力发电占重要地位。在加拿大，1949 291

年的水力发电量占装机容量的96%，瑞士占94%，意大利占90%，瑞典占80%，但水力发电在世界总发电量中占的比重却是下降的（边码195）。

表 12.2　不同国家的供电情况

	发电容量（兆瓦）		售电量（百万度）		人均用电量	
年份	1939年	1949年	1939年	1949年	1939年	1949年
英国	8000	14000	23000	51000	470	850
法国	6500	7000	13000	20000	300	500
意大利	5700	5700	16000	16000	350	350
瑞典	1800	2700	7500	13000	1200	1900
瑞士	—	2000	3000	6300	800	1300
美国	39000	61000	106000	249000	800	1600
加拿大	5500	15500	23000	39000	2070	2870

12.5　用电

1920年以前，还没有关于各类用户用电的精确统计。1900年电力工业所发的电主要供给街道照明和家庭使用，工业用电极少，少数电气化铁路和有轨电车通常都自行发电。表12.3和表12.4列出了1920—1950年英国各类用户的用电量。从表中看出，除了一类用户
292 其余用户的用电量都逐年增加。不难想象，这一类就是战争期间路灯用电量下降。

表 12.3　英国每年向各类用户销售的电量（百万度）

年份	工业	商业	农业	居民	牵引	路灯	总计
1920	2500	390	—	290	410	48	3600
1925	3700	690	3	630	510	89	5600
1930	5200	1300	11	1500	800	160	8900
1935	7600	2200	34	3200	1030	260	14300

（续表）

年份	工业	商业	农业	居民	牵引	路灯	总计
1940	13500	2900	83	6100	1130	17	23800
1945	17100	3400	150	8500	1220	160	30600
1950—1951	23000	6400	480	15000	1440	420	46600
1970—1971	73000	26000	2900	66000	2200	1500	174000

表 12.4　英国各类用户用电占用电总量的百分比

年份	工业	商业	农业	居民	牵引	路灯
1920	69	11	—	8	11	1.3
1925	66	12	—	11	10	1.6
1930	58	14	0.1	17	9	1.8
1935	53	16	0.2	22	7	1.9
1940	57	12	0.3	26	5	0.1
1945	56	11	0.5	28	4	0.5
1950—1951	49	14	1.0	32	3	0.9
1970—1971	41.6	16.6	1.7	38.0	1.3	0.8

24 小时内对电的需求是不同的，所有国家的供电当局总是设法使用电需求量尽可能均衡。原因纯属经济上的，因为成本支出与高峰用电需求量成正比，而收入则与平均用电需求量成正比。平均用电量与最高用电量之比就是利用系数。

电的早期用途主要是照明，供电企业为了增加白天的用电量，从而提高利用系数，降低了烹饪用电的价格。工业负荷发展后，用电高峰时段出现于工作时间内，供电部门便提倡晚间用电。英国大约从 1960 年开始，通过普遍降低晚间储热器储热用电的收费（约为白天用电收费的一半），出现了较大的居民晚间用电负荷，晚间储热器在晚间储热供第二天使用。1963 年，晚间储热器的用电量为 1100 兆瓦，到 1970 年则增至 9400 兆瓦。

1930年以前，农业很少用电，但农村电气化计划作为一项社会政策尽管不够经济，还是被正式通过。表12.3和12.4的数字表明自此以后农村用电量增长的情况。农业用电包括驱动小型机械、抽水和照明，电使机械挤奶也成为可能。此外，还进行了电动拖拉机试验以及用固定的电动机以缆索拉犁耕地的试验（类似于旧式的蒸汽犁）但现在通用的还是汽油与柴油拖拉机。

12.6 居民用电

虽然1900年的居民用电主要是照明，但市场上出售各种家用电器已有多年。克朗普顿公司于1894年出版的家用电器目录便包括多种烤炉、电灶、电热橱、电熨斗、电水壶、储热器、暖气装置和咖啡壶等。在伦敦，这家公司还用各种电器设备装备了一所烹饪学校。

为了鼓励用电做饭和取暖，电力企业出租电器用具，并以比照明
293 更便宜的价格收取电费。例如，伦敦电灯公司以每季度7—12先令的费用出租烤炉（其零售价格为7—14英镑），而烹饪用电收费则是每度电4便士（旧币），相当于通常价格的一半。出租家用电器的做法一直延续到1947年电力工业国有化为止，此后供电当局便用分期付款或提供借贷便利的办法鼓励用户购买家用电器。

在这个时期的各个阶段，据调查显示，家庭用电的增长是不均衡的，社会各阶层用电的增长也是如此。英国直到1920年仍然只有10%的居民区用电并使用家用电器。20世纪20年代和30年代，全国有一半以上的家庭都已通了电，但平均每户家用电器的用电量却下降了一半，因为这些新用户除了照明，很少用电。1920年电力工程师协会讨论米尔恩（Leonard Milne）的论文《工人住所的电气设备》，文中提出要使当时建造的住房装上尽可能便宜的电气线路。他认为普通的工人住房只需要9个照明点，这样一套装置通常花费11—20英镑

米尔恩提出简化线路，将开关和灯座连接成一套装置，便可将费用降至7英镑。米尔恩的论文与由此引发的长时间的讨论表明，这一时期的供电工程师们决心要尽可能争取更多的用户，不但在英国，在其他国家也同样如此，其成效可从表12.5看出。该表反映了英国用电户数增长和家用电器支出的情况，也反映了随着电在非富裕居民中的广泛使用，每户平均电费支出的下降情况。从表中还可以看出20世纪50年代家用电器开支有很大的增长。这个时期英国每个家庭的生活状况可以说是达到了预期的舒适程度，而在以前这曾被认为是奢华的。 294
1959年年底《经济学家》(*The Economist*)回顾了10年来的情况，认为英国10年前一般的工薪阶层把工资的增长看作只是“增加一点用于啤酒、吸烟、游泳和养狗的费用，生活标准的提高意味着生活方式改变的理念还未被普遍接受。在此后繁荣的10年中，在消费品领域发生了突破性的变化”。家用电器的支出翻了3倍，而通电的住户却只增加10%。《经济学家》还说：“我们还没有弄清发生了何事，实际上流行以嘲笑来掩盖我们的惊异。最近10年，电视机的购买改变了将近2/3人口的休闲方式。”关于家用电器在本书第Ⅶ卷第47章中有专题讲述，这里只简要提及与用电有最大关系的那些电器。

表12.5　英国家庭用电户数

年份	用电家庭数（百万户）	家庭用电户数	家用电器的支出	
		占家庭总数%	总数（百万英镑）	每个用电户（英镑）
1921	1.1	12	2.7	2—45
1931	3.5	32	4.2	1—20
1938	8.7	65	12.6	1—45
1951	12.2	86	78.0	6—39
1961	16.0	96	279.0	17—44

早期的资料表明，除了照明最广泛使用的电器是电熨斗。1948年，

英国 86% 的用电家庭有一个电熨斗，到 1963 年则达到 100%。

表 12.6 列出早期真空吸尘器的普及情况。真空吸尘器最初是在 1901 年由伦敦一位年轻的土木工程师布思（H. Cecil Booth）发明的他发现，通常清扫和拍打地毯与家具饰物的方法效率很低，因为多数尘埃只是飞扬到空中，随后又再落下。他发明的第一台真空吸尘器安放在一辆马车里，其真空吸尘器有限公司的工作人员从车中取出长软管进入住房内来打扫家具和地毯。不久便制造出小型手提式真空吸尘器，通常由一台电动机提供动力。1907 年，一个美国皮革制造商胡佛（W. Hoover）设计了另一类型的真空吸尘器，由俄亥俄州的胡佛
295 空吸清扫器公司生产。到 20 世纪中期，真空吸尘器成了一种普通的家用电器。

表 12.6　英国拥有各种家用电器的家庭在用电家庭中所占百分比

	1938 年	1948 年	1963 年
真空吸尘器	27	40	77
电炉	*	64	72
洗衣机	3	4	50
热水器	*	16	44
厨灶	18	19	35
冰箱	3	2	33

* 无统计数字。

20 世纪 20 年代，美国以及仅次于美国的德国在当时极其有限的家用电器市场中占据主导地位。1931 年，英国废除金本位制，英镑兑美元贬值，1932 年实行进口税制。这些变化使进口家用电器的价格上涨，对英国工业产生了巨大的影响。1932 年以前，英国销售的真空吸尘器有 80% 是进口的，到 1935 年便下降至 3%。20 世纪 30 年代，几家英国公司开始制造冰箱、洗衣机、电炉和电熨斗。霍特

波因特公司、胡佛公司以及压延制钢公司这几家原美国公司在英国的子公司开始在英国进行生产。莫菲（D. W. Morphy）和理查兹（C. F. Richards）创建了莫菲－理查兹公司，开始制造辐射电炉。

住宅建造计划的实施使英国在1934—1938年平均每年建成36万套住宅，从而促进了对家用电器的需求。1930—1935年，电厨灶的年销售量从7.5万台升至24万台。于是，煤气业相应地组织了一场大规模且富有成效的广告运动，以保持其市场份额。在这方面，他们得到某些地方委员会的支持，其目的是谋求电与煤气之间达成公正的平衡。1939年，约有130万套电厨灶投入使用，而煤气厨灶则近900万套。同年，共有22万台电冰箱在使用，而煤气冰箱则只有9万台，尽管当时每年销售的煤气冰箱比电冰箱要多。

12.7 工业用电

在本书论及的20世纪前半叶，工业用电有巨大的增长。这一领域不能只包括制造业，还应包括运输业，因为该时期全世界都在铁路中大量使用了电力牵引。在城镇中，电车成了普遍使用的公共交通工具。的确，正如前卷（第Ⅴ卷，边码346—348）所述，19世纪80年代初期便修建了电气化铁路。这些早期大胆的尝试还包括世界上最早的地下电气铁路，两条均在伦敦。一条是从伦敦市区到南伦敦（1890年），另一条是从滑铁卢到伦敦市（1898年）。

本书（第Ⅶ卷第32章）关于交通的专题已另行讨论了电气铁路的 296
发展，这里我们主要讲述电力工业。我们知道，第一批采用电力牵引的铁路公司大多建造了自己的发电站。确实，他们除此别无选择，因为小型的公用供电公司无法向他们提供足够的电力。例如，兰开夏郡与约克郡之间的铁路，1904年便在其83英里的线路上自行供电，由在福姆比的10兆瓦发电站将7500伏、25赫的三相交流电分送到4个分站。这些分站通过4个600千瓦的旋转变流机将600伏的直流电供给铁路的第三轨。当然也有例外，例如泰恩河畔纽卡斯尔周边的郊区电气铁路系统在该时期便是由地方公用电站供电的。

电在工业中最初普遍用于照明。克朗普顿（R. E. B. Crompton）是英国电力照明与电力供应的先驱者。因为家族的钢铁厂在德比郡所设的铸造厂为提高经济效益而需要日夜开工，他的兴趣由此产生。克朗普顿于1878年去巴黎考察，毕竟当时法国的电力照明比英国更为先进。回国后，他开展电力照明设备的进口业务，但不久就转向自行制造。

早已把电力用于照明的工厂，逐渐将电动机用在小型机器与辅助装备上。电动机具有灵活的优点，小型电动机能够安装在难以与传统工厂的总轴相连接的地方。克朗普顿乐观地认为，电力的使用将结束工厂原来的体制，“未来的英国，不会被人口密集的工业中心所损害而将遍布村舍……人口将更为平均地分布于全国各地。工厂的工人不必在工厂的传动轴系下干活，可以在自家的村舍里借助输送电力来进行工业生产”。

钢铁工业成了最大的电力用户。在电力开始用于小容量工厂之后很久，轧钢机仍由蒸汽驱动，但现代化高精度自动轧钢机则只有用电力驱动才能精确控制。

1879—1880年，西门子（Siemens）开创了电弧炼钢（第Ⅴ卷，边
297 码66），在第一次世界大战期间突然成为重要的工艺，可能将兵工厂大量的钢屑变为有用的钢。战前生产了大多数优质钢的贝塞麦转炉不能熔炼大量钢废料，而用电弧炉能生产出成分精确的优质钢且不含杂质。1917年年底，全世界有电弧炉733座，其中英国有131座，仅次于美国。按现代标准，这些电弧炉的容积偏小，一般容量为15吨但20世纪60年代已到80吨。

大约1900年以后，人们开始使用感应电炉，以冶炼小批量（常在1吨以下）纯度要求极高的特种合金。感应电炉中正在熔炼的原料

充当了变压器副线圈的角色，原料中的感应电流既提供了热量，又使原料充分混合。

第二次世界大战期间还使用了电解法制造镀锡铁皮。在此以前的制造办法是将钢板切成小片，把它浸入熔融的锡中。电解法之所以得到发展，是因为可以经济地使用当时紧缺的锡。这一方法比浸入法所需劳动力少，生产时间短，产品优质且更牢固。

参考书目

Andrews, H. H. *Electricity in transport.* English Electric Co. Ltd. London.1951.

British Electricity Authority. *Power and prosperity.* London.1954.

Corley, T. A. B. *Domestic electrical appliances.* Cape, London.1960.

Dunsheath, Percy. *A history of electrical engineering.* Faber and Faber, London.1962.

Electrical trades directory. Benn, London (1883 on, annually).

Electrical World and Engineer, Staff of. *The electric power industry, past, present and future.* McGraw Hill, New York.1949.

Electricity Council. *Electricity supply in Great Britain–A chronology.* London.1973.

——. *Electricity supply in Great Britain–Organization and development.* London.1973.

Electricity undertakings of the world, 1962–3. (72nd edn.), Benn, London.1962.

Gale, W. K. V. *The British iron and steel industry.* David and Charles, Newton Abbot.1967.

Garcke, Emile. *Manual of electrical undertakings.* London (1895 on, annually).

Hennessey, R. A. S. *The electric revolution.* Oriel Press, Newcastle upon Tyne.1972.

Hunter, P. V., and Hazell, J. Temple. *Development of power cables,* Newnes, London.1956.

Milne, Leonard. The electrical equipment of artisan dwellings, and subsequent discussions. *Proceedings of the Institution of Electrical Engineers,* 58, 464–467, 476–490, 1920.

Self, Sir Henry, and Watson, Elizabeth M. *Electricity supply in Great Britain, its development and organization.* Allen and Unwin, London.1952.

Swale, W. E. *Forerunners of the North Western Electricity Board.* North Western Electricity Board, Manchester.1963.

United Nations Economic Commission for Europe. *Organization of electric power services in Europe.* Geneva.1956.

第13章　农　业

琳内特·J. 皮尔（LYNNETTE J. PEEL）

第1篇　畜产品

13.1　生产的目的 298

19世纪后半叶，世界食品供应的增长大多来自新大陆耕种和放牧面积的增加（第Ⅴ卷第1章），这一地区土地广袤，但劳力和资金不足。为使欧洲的农耕方法适应粗放式经营，开发出了许多新技术，保证了高的人均生产率，尽管单位面积的产量仍然低。不过，由于耕种面积如此之大，以致来自加拿大和美国的低产作物——小麦，澳大利亚疏散放牧的绵羊羊毛及阿根廷、美国、新西兰和澳大利亚散养的牛羊或其肉类，都被用船运到欧洲，来与当地产品进行有利可图的竞争。从1900年开始，新大陆的广阔土地被开垦，因而从1900年到1950年这半个世纪里，农业产量的增长取决于已开垦土地生产能力的增强。这是个复杂的过程，强烈地受到工业化经济的影响。石油利用的日益增长，工程和化学技术的新发展，以及消费者偏爱的改变，都在某些情况下支配着农村生产真正目的的改变。

牵引　整个19世纪，用于公路运输、牵引和其他农活的马匹数量一直在稳步增长。据估计，英国的马匹总数在1900年为330万，但自20世纪初起开始下降，到1924年下降到190万，其中75.3万匹用于农业[1]。1950年，用于农业的马匹数减少到34.7万，而在1958年以后，马在英国农业中已变得无足轻重，以致在农业调查中它们已 299

316

不再被定期登记。由于耕牛已被马取代来从事田间较轻的作业，它们的数量同样也减少了。

马和牛减少的原因在于汽油机和柴油机的发展（第Ⅶ卷第40章）。从20世纪初起，这些内燃机开始与畜力竞争，日本和澳大利亚这两个根本不同的国家，也于20世纪30年代和40年代用内燃机稳步取代了畜力。只是在一些较贫穷的国家，例如热带地区的一些国家，畜力（在热带主要是水牛）仍然是主要的。动力资源上的这种改变，并不意味着一项技术的改进或发展，而是意味着与机械有关的技术代替了与牲畜有关的技术。与马和牛的繁育、饲养、管理和照料有关的大部分知识和专门技能，以及与之相关的各种产品和设备的制造知识和专门技能，都已废而不用。当在使用马的时代成长起来的人们被更熟悉机械化战争和机械动力的年青一代所接替时，这一过程被推进了。

纤维 动物纤维的生产也受到工业发展的阻碍。人造丝是第一种大量销售的人造纤维，到1920年产量只占世界纺织纤维产量的0.3%。在20世纪30年代早期的大萧条之后，人造丝的市场份额便稳步增长。到1950年，纤维素纤维（人造丝和醋酸纤维）的产量占世界纤维产量的16.8%，非纤维素人造纤维（如尼龙）占0.8%，棉花占71.0%，羊毛占11.2%，蚕丝占0.2%[2]。

1920年，蚕丝产量已占世界纤维产量的0.4%。1930年，当日本工业发展时，这一比例已增长到0.9%。但是，当主要的蚕丝市场——美国出现经济大萧条时，伴随用于制造长筒袜的人造丝的竞争，再加上1939年战争爆发所导致的市场萎缩，降低了蚕丝在纤维总产量中的重要性。1945年以后，人造纤维的新发展引发了更激烈的竞争，使蚕丝产量低于战前水平。这样，在半个世纪的进程内，养蚕的农民最初扩大了生产，但后来又不得不眼看他们的桑树被连根拔掉。另一方面，羊毛生产者得以改进他们的生产技术，改良羊毛加工方法，以继续有效地与人造纤维这一化学新技术相竞争。从1920年到1950年尽管羊毛在纤维总产量中所占比例从15.2%下降到11.2%，但世界羊毛总产量还是增加了。

食品 20世纪的食品生产受到日益增加的收入和饮食多样化需求的影响（第Ⅶ卷第56章）。与纤维生产的情形不同的是，在农业生产领域，产品之间的竞争依然存在。由于收入提高，整个趋势是畜产品消费量增加，谷物和马铃薯消费量则减少。例如，英国肉的消费量已从1880年的人均91磅增加到1909—1913年的131磅。随后，日益增长的繁荣引起了消费者最需要的畜产品品质的进一步改善。20世纪初很受欢迎的大块肥肉逐渐受到排斥，较小块的幼畜瘦肉开始受到青睐。在已相当繁荣并鼓励增加肉食消费的地方，也出现了鼓励降低人口出生率的倾向，较小的家庭则只需要较小块的肉。此外，现在每周要吃几次小块的肉，不像从前每周只吃一次大块的肉。在工业化社会里，职业增多，需要消耗的能量减少，且对肥肉的食欲也较小，特别是有更多的人能买得起瘦肉。

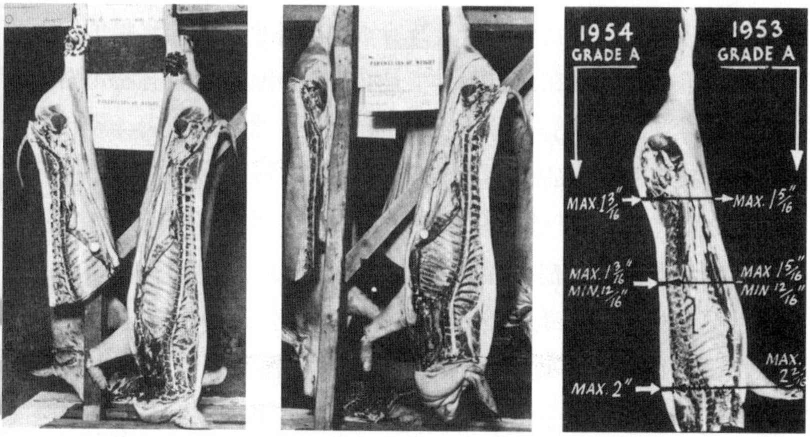

图13.1 （a）1936年在伦敦史密斯菲尔德俱乐部展览会上得奖的熏制的长而瘦的猪屠体。
（b）这一在同一展览会上展出的猪屠体十分肥。因为在战争期间，数量比质量更为重要，因而生产了许多肥肉型猪。
（c）1951年以后，A级商业屠体所允许的脂肪层厚度逐步降低，到1954年达到战前水平。

在伦敦史密斯菲尔德展览会的屠体等级中，出生 21 个月的南丘羊屠体的平均重量，在 1840—1842 年为 123 磅，1893—1913 年为 91 磅，1921—1932 年为 72 磅。这些变化反映了人们对最理想的屠体类型观点的变化。到 1939 年，那些脂肪少的、24—36 磅重的羔羊在英格兰的主要城市是最受欢迎的[3]。到 20 世纪 30 年代末，进口到英国的羊肉和羔羊肉占世界出口总额的 93%。出口国在这种压力下，不得不用幼畜生产瘦肉，以适应市场需求的变化。在艰难困苦之时，特别是第二次世界大战期间，这些倾向又发生了逆转，带有肥肉的、整体重量最大的产品再次成为头等重要的产品。只是在 1950 年左右，才重新恢复了对优质肉的关心。

对畜产品要求的进一步提高，是伴随着对各种形式蛋白质可比较营养价值的认识和维生素的发现而产生的。直到 20 世纪初，人们一直相信，无论是动物蛋白或是植物蛋白（明胶除外），各种蛋白质都
301 具有类似的成分，因而对人具有相似的营养价值。后来，德国的费希尔（Emil Fischer）及其同事在 20 世纪头 10 年的研究表明，蛋白质是由氨基酸构成的，而且在组成上有所不同。各个国家的实验工作逐步揭示出，某些氨基酸在人类营养中是必需的，且不是所有的蛋白质食品都能提供这些氨基酸。另外还表明，牛奶、蛋类以及肉类和鱼类是这些必需氨基酸最好的单一性来源。

在 20 世纪初，其他完全独立的研究也强调了畜产品的营养价值继艾克曼（Christian Eijkman）对脚气病的研究之后，乌得勒支的佩克尔哈林（C. A. Pekelharing）指出，牛奶中含有一种尚未被认识的数量微小的物质，它在营养中最为重要。此后不久，剑桥的霍普金斯（Frederick Gowland Hopkins）于 1912 年发表了他的实验结果。该实验表明，除了蛋白质、脂肪、碳水化合物和矿物质，在动物食品中还需要添加某些辅助因子。这些因子后来被称为维生素。

到第一次世界大战爆发时，科学家们已认识到，以食物的蛋白质

图 13.2　供应给英国学校儿童的瓶装牛奶，1938 年。

和卡路里的粗略总量作为这一食物的营养价值是不适当的。但是直到战后，政府官员和负责饮食计划的其他人员才充分意识到蛋白质来源的重要性，并意识到食物中还必须包括其他少量物质。战争结束后对欧 302
洲佝偻病和其他营养失调的研究也证实，为益于健康，食品中必须含维生素和一定的矿物质。逐渐地，人们对“合格”食品——牛奶、乳制品、蛋类、水果和蔬菜——的重要性才有了认识。1928 年，国际联盟开始进行营养问题研究，各国政府也开始研究一种能满足需要的食品的必要成分。1929 年经济萧条的开始，进一步造成了那些因太穷而买不起合适食品的人们的营养不良。然而这一时期的农民难以处理他们的产品，于是英国和美国的过剩牛奶分发给失业者和学校儿童。营养学工作者业已验明，小学生特别容易营养不良，为改变这一局面，学校牛奶供应方案得以通过。到 1939 年，在英国受公费补助的学校中，有半数以上的儿童喝到了学校供应的牛奶（图 13.2）。这样，到 20 世纪 30 年代末，牛奶从 19 世纪的一种婴儿食品或烹调用的液体成为一种由政府提倡的重要饮食成分。受益于两次世界大战期间营养知识的增长以及对营养的关注，其他乳制品和蛋类的消费量也增加了。例如，1937 年以前美国蛋类消费量每人每年约 300 个，到 1945 年上升到 403 个。

303 13.2 生产方法

1900年以后，由于生产的生物学方面科学知识的增长，以及采用了工业经济的工程技术和原料，畜产的增加成为可能。繁育、饲养、畜舍、管理以及病虫害防治方面的进展，都使农民能更高效地生产畜产品，使产品质量能更快地适应消费者不断变化的需求。

繁育 20世纪初，繁育协会规定了家畜繁殖的方向。这些协会主要建立于19世纪，在20世纪前半期影响力不断下降。尽管在商业生产中有许多杂交繁育的牲畜，但纯种繁育仍在繁育系统中占主导地位。而且，正是各国繁育协会规定体形标准和纯种谱系要求，使得育畜不得不迎合这种要求，以便作为特殊培育的纯种得以登记。符合标准的那些家畜就可以记录到由各个协会出版的良种登记册中。人们鉴定家畜特别看重它们的外貌。在20世纪的主要改变是，农民在选育家畜时，从着重于家畜外观特征，包括诸如皮毛的颜色这样的一些细节，转而强调与生产有关的可测量的特征。鉴于农民的测定不包括屠宰牲畜，而牛奶、蛋类和羊毛的产量是最容易测定的特征，因而用作家畜选育的指标。

随着巴布科克（S. M. Babcock）于1890年对牛奶所进行的乳脂含量可靠的测定方法的发展，测量奶牛的产奶量和牛奶脂肪含量就成了一件简便的事情。19世纪90年代，黄油工厂在许多国家的乳制品产区建立起来，并常常与当地农民合作经营。当奶油被送进工厂时，要进行脂肪含量的测定，并通常据此论价，这就促使农民对其牧群的可测量的生产特征产生了兴趣。20世纪初，欧洲、北美和澳大拉西亚（Australasia，指澳大利亚、新西兰及附近岛屿）的农业政府部门也对乳制品工业给予了相当多的关注，并鼓励建立牛奶记录系统。有些系
304 统是由政府机构组织的，另一些是由农民团体或育种协会组织的。例如，荷兰的第一个牛奶记录协会成立于1899年。这些系统的目标是，在奶牛的整个泌乳期或标准哺乳期抽样检验牛奶的产量和脂肪含量，

然后可以根据这些信息来评价管理实践和选育种畜。

禽农很快仿效乳农，对其家禽的生产特征进行测量和比较。至少早在 1901 年就进行了下蛋竞赛，母鸡统一被放到一个集中场所，在同样的鸡舍和饲养条件下，记录每只母鸡一年内所生蛋数。

然而，鸡蛋和牛奶产量的记录仅能体现繁殖伙伴中一半的生产能力。这一点被哈格多恩（A. L. Hagedorn）认识到了。1912 年，他在有关家畜繁育的荷兰文第一版的书中写道：“判断某个牛奶脂肪含量具有重大价值的品种的一头公牛品质的唯一方法，是考察其所有女儿的牛奶脂肪含量。因此我们认为，保证对其所有女儿进行实际的检测是重要的。”[4] 甚至在哈格多恩出版他的著作之前，已有人做了根据后代测验公牛的一些尝试。例如在丹麦一项注明日期从 1900 年起的方案中，曾将小母牛的产奶记录与其母亲在同一年龄时的产奶记录相比较。但是，直到 1945 年以后，后代测验法才产生最大的效益。1945 年，由于和平重新到来，在 20 世纪 20 年代和 30 年代获得的遗传学知识和人工授精知识，才可能被大规模地应用于后代测验和家畜繁育中。

20 世纪前半期，遗传学最重要的进展是 1900 年孟德尔（Gregor Mendel）遗传定律的重新发现。有关孟德尔定律的著作指出：第一，“同一系谱不一定意味着有同一遗传性”；第二，“由遗传和环境引起的变异，在个体身上都存在且往往不易察觉，但对其后代却可产生完全不同的后果”；第三，“没有必要再认为突变是那么频繁，或突变性质和原因对家畜实际繁育结果如此重要，虽然这一点在以前似乎是明显的和不可避免的”[5]。

关于应用孟德尔定律的大部分实验工作，最初仅限于植物和小动物。到 1918 年，虽曾检测过绵羊、牛和猪的皮毛颜色的遗传特征，但对具有经济价值的遗传性状的研究才刚刚开始。一个困难是，缺乏遗传学家据以工作的有关不同牲畜品种之生长和繁殖的基础资料。由于没有这些有关大型牧场家畜的资料，遗传学家为获得连续几代的数

305 据，不得不等待若干年，因此进程缓慢。1939 年在第七届国际遗传学大会上，麦克菲（H. C. McPhee）指出：“对作为家畜改良基础的遗传学研究的价值问题，虽曾写过许多、讲过许多，但完成的很少。由植物和小动物育种人员取得的显著进展，能否在畜牧场的家畜身上重复出来？”[6] 两个主要困难仍明显存在。一个是基因型改良和表现型改良之间的区别。例如，超过几代以后的牛奶产量的增加究竟是归功于较好的育种，还是由于较好的饲养？或者两者兼而有之？另一个困难是需要测定家畜生产特性，这对肉用型家畜特别困难，因为其经济收益和屠体对市场的适应是十分重要的。20 世纪 40 年代期间的研究受到战争的严重阻碍，但是战前和战争期间在遗传学数据的统计学处理和人工授精方面的进展，使 1945 年后的家畜繁育得以迅
306 速发展。这些进展都源于在经济上具有重要价值的家畜遗传性状知识的日趋完备。

图 13.3　哈蒙德（John Hammond）博士于 1948 年 1 月在英格兰剑桥大学向农民演示牛繁育过程中的一些标本。
这表明，在农业实践中科学原理的应用日渐增多。

19 世纪曾有过各种家畜人工授精成功的范例，不过只有伊万诺夫（I. I. Ivanov）及其同事在俄国对这项技术的发展，才引起了世界各地的农民和科学家们的关注。20 世纪 20 年代和 30 年代，苏联有数以万计的绵羊和牛被人工授精。在丹麦，第一个人工授精协会于 1936 年成立。一年后，美国成立了第一个人工授精协会。1937—1939 年，人们对这项新技术的兴趣迅速普及，但在一些国家里，战争阻碍了进展，而在美国通过人工授精繁育的奶牛总数则由 1939 年的 7539 头增加到 1947 年的 118.4 万头[7]。1949 年，由于长期储存冷冻精液方法和令人满意的精液稀释方法的发现，加上这项技术的细致改进，使战后人工授精获得了广泛推广，这又反过来为遗传学家提供了由单一公畜、许多母畜繁育的许多代的繁育生产的详细记录。农民以低成本就可实现用最好的公牛（依据其后代鉴定）给母牛配种的效益。

在 20 世纪整个前半叶，最简单的繁育实践继续与最先进的繁育实践齐头并进，变化是逐步显现的。通常情况下，选择仍然在公认的种畜群内进行。但是，由于能更加明确地规定生产目的，繁育协会所确认的纯种就较少被强调了。这一过程在家禽生产中最显而易见。20 世纪初，混合经营的一些农场就饲养了卵肉兼用型禽类，以提供蛋和肉。随着对蛋的需求的增加，农民们便在产蛋量最高的品种（如白来航鸡）中进行选育。然后，产蛋量的进一步提高与产蛋记录——这是选择的依据——的保持同时并进。以后的发展是高产家禽杂交，最初在一个品种内的品系之间进行，后来就不限品种了。逐渐地，“纯种”这个用于展览会上的术语，重要性也越来越小，而产蛋记录成了决定性的因素。在编制产蛋记录时，有关蛋的品质、饲料转化为蛋的效率的各种测量都和总产蛋数一起列入记录。同样地，对肉用鸡的生产来说，则是研究饲料转化为禽肉的效率问题。1941—1942 年，在美国的国家家禽改良计划中，1100 万只种鸡中有 2% 是杂交鸡；1952— 307
1953 年，这个数字已增加到 16%；而到 1958—1959 年，则增加到

64%[8]。1900年家畜展览会上制定的标准，到1950年时就不再适用于家禽的商业生产。取而代之的是，种鸡以育种的统计计算结果和产蛋量为基础进行选择。

对其他类型的家畜生产来说，总的趋势一直是相同的。但是，从良种登记标准到对育种计划——仅以被测量的生产性能为根据——的完全信赖，这一转变至今没有取得进展。当然，为满足正在变化的市场需求，将一个公认的家畜品种改变为另一个品种，以及为改进家畜生产能力而在一个品种内进行选择。例如，为生产上等羔羊肉，1900年新西兰所使用的主要公羊品种是林肯羊，到20世纪50年代就改用罗姆尼羊，以迎合市场对较小屠体的需求。而在丹麦，由于对兰德瑞斯猪进行了精心选择，它的体长从1927年的88.9厘米增加到1953年的93.2厘米，从而改良了熏咸肉用猪的品种[9]。

饲养 对于畜产的增加来说，饲养方法的改进和繁育方法的改进一直是同样重要的。到1950年，在任一独特的农业类型中，产量的增加应较多地归功于育种方面的进步还是饲养技术的提高，依然是有争议的。如果奶牛的后代喂养得不够好也可以获得最多的产奶量，那么高产奶牛的育种便具有极大意义了。

20世纪初，大多数家禽所吃的食物是在农家场院周围寻觅的。猪吃的大多是废弃物，绵羊和牛则吃不同的自生牧草。由于农民为其家畜种植了专用的作物或牧草，诸如芜菁或苜蓿，且每年还定期补充谷物或干草之类的饲料，以前的喂养情形以不同方式得到了改变。一般说来，农民只对役马、冬季天气较寒冷时才圈养的牲畜，以及一些正处于繁殖期或产奶的家畜才供以严格规定的食物。在像英国这样的农业集约化国家，一些适于耕作的农场中，家畜的价值主要在于将大量没有销路的农产品转化为农场肥料，以保持土壤肥力，从而增加作物产量。

由于有关家畜所需要的最佳食物的科学知识的进步（图13.4），

图 13.4　1943 年 1 月，战时的英格兰艾尔夏牛的日维持饲料量。 308
经仔细计算的日饲料量为：每头奶牛 35 磅（15.9 千克）甜菜，20 磅（9.1 千克）燕麦和野豌豆青贮饲料，及 10 磅（4.5 千克 ）干草。
此外，按每生产 1 加仑（4.5 升）牛奶需 3 磅（1.4 千克）饲料的比例喂以由燕麦、豆类和国立乳农场坚果混合制成的精饲料。

以及现有食物在数量和质量上的改进，饲养也取得了进步。基于这两 309
方面的原因，与 1900 年相比，到 1950 年农民们已经能够在适当时期为家畜提供更合适的饲料了。

饲料分析的主要化学方法在 20 世纪前半期变化不大。1860 年在德国发展起来后几乎没有改变的温德（Weende）近似分析系统，在这个时期用来对饲料进行水分、乙醚提取物（油）、粗纤维、粗蛋白、无氮提取物（碳水化合物）和草木灰的分析。这种性质分析易于操作，并可为饲料的营养价值提供粗略的经验性指导[10]。然而它们没有说明一种家畜对一种特殊饲料的实际吸收利用情况，这后一类信息更为复杂，并难以获得。

到 20 世纪初，科学家们已经在研究饲料中可消化能量和可消化蛋白质的含量，即家畜基本能吸收的蛋白质和能量的量。从家畜所食饲料中含的蛋白质和能量的量减去粪便中残留的蛋白质和能量的量即可推算出这个量。一些科学家同意这样的观点：牲畜需要一定的能量以维持平衡，然后再根据家畜预期要进行的作业或生产，追加所需的饲料量。1896—1905年，克尔纳（O. Kellner）在德国提出了根据一种饲料在家畜体内产生脂肪的能力评定该饲料价值的方法。通过家畜试验，他对一头已摄入基本能量的家畜喂以1千克纯淀粉所生成的脂肪量进行了计算，接着确定了不同饲料产生脂肪的能力，并与淀粉相比较，以每一种饲料的淀粉等价形式表示其价值。克尔纳及后面的研究者，因竭力计算出食物通过牲畜体内时所有可能的能量损失，显著地完善了有效营养的概念。例如克尔纳测定了粪便、尿和各种排气的能量损失，其他研究者包括美国的阿姆斯比（H. P. Armsby）也使用畜用量热器测定了直接的热损耗。1917年，阿姆斯比出版了一部著作提出一种依据饲料的净能值来评定饲料的方法。他通过在两种水平下喂养家畜得出了饲料的净能值，一种是在低于维持量的情况下，另一种是找出家畜从较大的饲料配给量中摄取的额外能量与机体组织释放
310 和储存的额外热能的关系。克尔纳淀粉等价体制成为德国和英国饲养标准的基础，阿姆斯比净能值法则成为美国许多研究工作的基础。瑞典、挪威、丹麦和芬兰采用的是汉松（Nils Hansson）1908年公布的第三种方法。汉松法是把各种饲料的生产价值与大麦的相比较，有关的标准都是从大量的饲养试验中获得的。用这三种方法评价任何一种饲料的饲养价值，都需要进行相当大量的实验。自20世纪头10年以来提出了各种各样的修改意见和其他可供选择的方案。然而在实际应用时，搞混合饲料的人和畜牧者一直依靠根据近似分析和简单的可消化性试验所得结果来评价某种饲料，并给予恰当的修正。美国通常使用的饲料中，总有效营养成分的各种图表就属于这种性质。

20世纪头20年间，有关能量和饲养标准的研究正在进行之际

图 13.5　在澳大利亚的昆士兰，由马匹驱动小型铡草机将豌豆和高粱这些饲料作物铡碎，以配制喂牛的青贮饲料，由升降机将这些铡细的饲料送至青贮塔的顶部。约 1910 年。

人们发现了蛋白质的不同性质和维生素的存在。在随后的 20 年中，即 19 世纪 20 年代和 30 年代，对能量和蛋白质的可消化性的强调转而变为强调蛋白质的氨基酸含量，以及维生素和矿物质的补充。在这期间，人们掌握了家畜的营养缺乏症及如何防治的许多知识。例如在荷兰、佛罗里达、澳大利亚和后来世界的其他缺铜地区，都发现绵羊和牛患有缺铜症。在瑞典发现室内出生和饲养的小猪不接触土壤时，会患缺铁症并发展为贫血。

家畜的矿物质营养研究是以三种主要方式进行的：(1) 分析动物组织的矿物质成分；(2) 饲喂成分已知的纯饲料；(3) 在家畜患营养性疾病的地区设法寻求治疗方法。这方面及维生素方面的研究是与分析化学的进展密切相关的。动物机体只需要极少量或微量的维生素和其他许多元素。有时研究人员不能总是意识到这些物质的存在，这是由于这些物质被当作“纯”化学品中的微量杂质而被忽略了。一旦认识到这些物质的重要营养作用，人们就必须进一步加以研究，以便能分离出这些物质。对于维生素还要专门制备纯样品，然后化学工业才能够生产出用于合成饲料的、商业上可用的纯维生素制剂和微量元素制剂。这种产业在第二次世界大战以后迅速得到推广。

311 在绵羊和牛的瘤胃中，微生物的作用会导致各种蛋白质、必需氨基酸及一些维生素的产生，因而这些家畜对这些必需物质的需要不十分依赖于食物来源。然而，猪和家禽不具备这种能力，所以研究工作是专门为它们确定食物中各种必需成分的。对矿物质和维生素的研究变得如此时兴，以至于到 1939 年克劳瑟（Charles Crowther）曾评论说“近几年来，人们专注于这种较新的进展——它往往被不确切地称为营养‘新科学’，特别是一些外行人对营养形成这样一种曲解，即认为营养主要是提供维生素和矿物质的物质。这曾导致不加区别地向各种饲料添加维生素和矿物质制剂，而不管这种添加是否能补偿饲料营养‘平衡’的缺陷和不足……”[11]

由于具备了维持家畜健康所必需的比较完备的营养知识，牧民和畜用饲料商就能广泛地利用多种原料来为室内饲养或圈养的家畜配制饲料了。同时，牧场牲畜的饲料也得到了改善。直到 20 世纪 20 年代，农业科学家的注意力一直主要集中在谷物生产、饲料作物生产和肥料问题上。然而，20 世纪 20 年代和 30 年代，许多地区的牧场贫瘠促进了改良牧场的研究。特别是瑞典、丹麦、英国、新西兰和澳大利亚的科学家们，开始了对牧草和豆科植物的地区生态型的研究。科学家们——例如威尔士阿伯里斯特威斯的斯特普尔顿爵士（Sir George Stapledon），很快向牧民证实了三叶草在逐步提高土壤肥力和增加牧草产量中的重要性。高产的牧草种系被鉴定出来，确立了种子鉴定制度，以确保牧民能买到纯种种子。包括对牧草中缺乏微量元素这一问题的认识在内的有关牧草营养的研究，是与人们对动物体内矿物质营养的加深理解并行发展的。正当这类新知识被大量应用于农业之际，第二次世界大战爆发，对此产生了干扰。但是，当1945年以后可以重新得到的肥料、种畜成倍增加的时候，牧草的发展成了世界温带地区牲畜繁殖率迅速增长的基础。

牧畜数量的增加，致使全年都需要更多的饲料，而不仅仅只是在春天生长旺季需要。于是，为了保证淡季用草，人们很快就把注意力转向贮存春季生长的剩余牧草上。机器制造商也很快意识到这是发挥其技能的新机会。到20世纪50年代，市场上便出现了各式新型的草 312
料收割机、干草捆扎机以及其他饲料机械。温带牧草生产进入了一个新阶段。然而在热带，对牧草的研究才刚刚开始。

13.3 管理

在20世纪前半期，尽管繁育技术和饲料技术的改进为增加畜牧产量提供了基础，但若没有节省劳力的技术和有效的管理方法，在经济上的大幅度增产是不能实现的。这包括研制机械辅助设备，使一个人能管更多的牲畜；调节自然环境，以便为各种生物学功能提供最适宜的生长条件；使牲畜免受病虫害。

乳牛场采用的最突出的节省劳力的装置就是挤奶机。到1900年，各种类型的挤奶机都获得了专利。它们都是桶状挤奶机，可将牛奶收集到奶牛旁边的一个桶内。20世纪20年代，“真空放乳器”挤奶机广泛应用，并逐渐取代了桶状挤奶机。它通过高架管道将牛奶从母牛那儿运送到乳品厂。重要的是要为挤奶机提供一种便利的动力源，而小型内燃机的发展则极大促进了挤奶的机械化，后来对农场供电亦是这样。虽然这样，各个国家挤奶机的采用程度还是不同的。1939年，英格兰只有大约15%的奶牛用机器挤奶[12]。到了1941年，新西兰就有约86%的奶牛用机器挤奶[13]。机器挤奶的发展还关联到其他范围广泛的技术改革，例如挤奶棚的设计、乳品厂的设计和装备以及确保清洁和防止细菌感染的方法等（图 13.6）。

在肉用牛和绵羊饲养业中，通过改进各种大小的圈栏、栅栏过道和通风门道的布局，牧民改进了牲畜场，这样只需很少几个人就能快速、有效地管理大批牲畜。这对于诸如牲畜的挑选、打号、打烙印灌药或接种是尤为必要的。新的动力源还应用于剪羊毛，尽管从 19 世纪继承下来的基本机械体系只是得到改进，而不是更新。由于许多牧民
313 在新建畜棚时改变了传统设计，因而剪毛棚的设计也得到了改进。

20 世纪初以后的养禽业，对禽舍式样进行了相当多的试验。由于禽群规模的增大，人们必须根据普遍的气候条件防止家禽受热中暑或受凉得病。20 世纪 30 年代，无论有没有室外的饲养场，一般都采用加厚褥草的基本方法。这时的人们已经懂得关于家禽生理学的许多知识，也懂得家禽对占地面积、饲槽长度、饮水处、产蛋箱的数目和式样、光照、温度以及湿度的要求。掌握上述知识，对于保证一直圈养的家禽健康和达到最高产量是很必要的，而且产量越高，就越需要这类知识。采用层架式鸡笼，则使增加每只家禽的产蛋量和减少所需

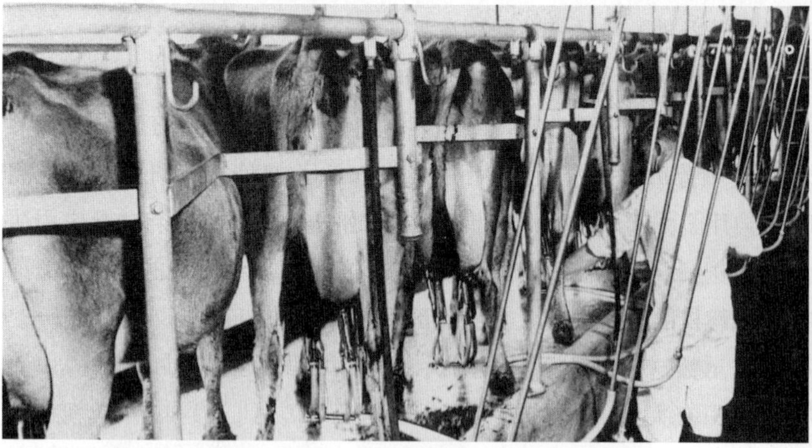

图 13.6　在澳大利亚的维多利亚，在设计成人字形的挤奶棚里，操作人员正在用机器给奶牛挤奶。在这种设计中，两排奶牛之间较低的过道使操作人员在照看每头奶牛时无须弯腰作业。约 1959 年。

图 13.7　在英国使用的一种一边连着煤油加热器的小型孵化器，1939 年。这种简易孵化器已在许多国家使用。

的劳动量这一过程前进了一步。20 世纪 20 年代，美国首先对产蛋鸡采用层架式鸡笼饲养，英国在 30 年代开始采用这种办法。只是到第二次世界大战以后，这种办法才被广泛采用。例如在 1939 年，英国完全笼养在室内的鸡不到 10%，1968 年则达到 90%[14]。 314

猪是仅次于家禽的最适于完全室内集约化饲养的家畜。但是，只是从 20 世纪 50 年代起，科学研究才揭示室内集约化饲养猪群对环境的要求，室内大批量养猪新方法也才得以出现。

随着对生物学过程控制的逐步加强，人类也必须增强对这些生物学过程周围自然环境的控制。这一点也许是由于抱窝鸡广泛地被孵化器取代才被认识到的。同挤奶机一样，提供可靠的动力源也是孵化器发展的一个不可或缺的部分。大约在 1900 年，可容纳约 50—200 枚蛋的小型煤油（火油）孵化器已经在美国使用，并普及许多国家（图 13.7）。而后，孵化器的容积也逐渐增大，特别是当电力供应有了保障的时候

图 13.8　澳大利亚昆士兰西部给绵羊洗药浴。将新近剪过毛的绵羊推入药浴槽较深的一端，任其游出
约 1910 年。
浴槽旁边堆放着药液桶，这种专利药液可能含有控制虱的砷。

更是如此。后来，烤焙型家禽生产的发展激发了全年孵化的需求，且
315 随着鸡蛋消费量的增长，向生产者供应 1 日龄雏鸡的专门孵化站也建立起来。在美国，孵化站的平均孵化能力在 1934 年达到 2.4 万枚 1953 年达到 8 万枚[15]。就这种商业孵化站而言，对温度、湿度、空气中二氧化碳和氧的含量、蛋的放置和转动等进行完全可靠的控制都是十分重要的。

尽管家禽和猪的高度集约化生产方式先后都有了发展，但应该认识到，直到 1950 年，世界上绝大部分的家畜仍以粗放的方式牧放和看管。在这种情况下，除了育种和喂养方面，科学技术最重要的贡献就在于与病虫害作斗争。在 1900 年以前，用隔离和屠宰被传染家畜的方法来控制病虫害已众所周知，且后来还在继续采用。疫苗接种也被用于防治胸膜肺炎、炭疽和蜱热等疫病。用于防治体外寄生虫的药物中有石硫合剂、尼古丁和砷，其中尼古丁还用于防治体内寄生虫
316 然而在 1900 年，许多疾病的起因尚不清楚，因而十分难控制。于是

大约在 20 世纪头 10 年之后，家畜的病因研究成了畜牧科学研究的主要课题。在两次世界大战之间的年月，人们不仅对已经论及的营养缺乏症有了更多的了解，而且对体内外寄生虫和细菌性疾病也有了广泛的认识。人们设计试验来揭示细菌性传染病（如布鲁氏菌病），配制了预防其他疾病（如结核病）的疫苗。不久，大型工业公司以商业规模为乡村工业生产这些产品。有关家畜疾病的研究因第二次世界大战的爆发而减慢，但其他领域研究的加强弥补了这一点。青霉素和滴滴涕是这次战争时期研究的著名产品。战争结束后，青霉素和其他抗生素在畜牧场用以治疗细菌感染，如某些类型的奶牛乳腺炎。滴滴涕和其他杀虫剂用于药浸和喷雾，以防治体外寄生虫。大约从 1950 年起，制药工业迅速扩展了兽医学研究，并在研究部门中进一步开发了防治病虫害的药物。在政府、大学和工业研究机构工作的科学家们，继续研究并阐明了许多致病有机体的生命周期。由于具备了这些新知识，才有可能进行畜牧场管理实践，才有可能破坏寄生机体的生命周期，从而减少感染的风险，或采用预防性化学药物治疗。皮下注射器和多剂量灌药枪成为牧场的常规设备。在畜牧生产中，由病虫害造成的损失仍然是严重的，但是到 1950 年，牧民或兽医对他们所面临问题的了解远比 1900 年要多得多，并且能够根据这些知识采取措施，而不再是对病因和结果毫无所知地盲目行动了。

13.4　结论

20 世纪前半叶，牧民们不得不使其畜牧生产的目的，适应于用机器取代马、在纤维生产方面来自工业化生产的纤维竞争，以及消费者对肉类、奶类和蛋类产品需求的变化。而且，这种适应过程还必须在经济的兴衰交替、两次世界大战和人口增长造成的压力下完成。牧民们通过改进繁育、喂养和管理实践，来迎接这些挑战。这种管理方法使他们能有效地管理大量家畜，并更紧密地控制牲畜生产的生物过程。 317

相关文献

[1] Thompson, F. M. L. *Economic History Review*, 29, 60, 1976.

[2] Molnar, I. (ed.) *A manual of Australian agriculture* (2nd edn.). Heinemann, Melbourne. 1966.

[3] Pálsson, H. *Journal of Agricultural Science*, 29, 544, 1939.

[4] Hagedoorn, A. L. *Animal breeding* (6th edn.), p. 197. Crosby Lockwood, London. 1962.

[5] Lush, J. L. in L. C. Dunn (ed.) *Genetics in the twentieth century*, p. 496. Macmillan, New York. 1951.

[6] Seventh International Genetical Congress (Section D). *Animal breeding in the light of genetics*, p. 9. Imperial Bureau of Animal Breeding and Genetics, Edinburgh. 1939.

[7] Rasmussen, W. D. (ed.) *Readings in the history of American agriculture*. University of Illinois Press, Urbana. 1960.

[8] Card, L. E., and Nesheim, M. C. *Poultry production* (11th edn.). Lea and Febiger, Philadelphia. 1972.

[9] Aersøe, H. *Animal Breeding Abstracts*, 22, 87, 1954.

[10] Van Soest, P.J. in D. Cuthbertson (ed.) *Nutrition of animals of agricultural importance. (International Encyclopaedia of Food and Nutrition*, Vol. 17, Pt. 1.) Pergamon Press, London. 1969.

[11] Crowther, C. in D. Hall (ed.) *Agriculture in the twentieth century*, p. 363. Clarendon Press, Oxford. 1939.

[12] Harvey, N. *A history of farm buildings in England and Wales*. David and Charles, Newton Abbot. 1970.

[13] Hamilton, W. M. The dairy industry in New Zealand. *CSIRNZ Bulletin 89*. Government Printer, Wellington. 1944.

[14] Robinson, D. H. (ed.) *Fream's elements of agriculture* (15th edn.) John Murray, London. 1972.

[15] Card, L. E., and Nesheim, M. C. *Op. cit.* [8].

参考书目

A century of technical development in Japanese agriculture. Japan F.A.O. Association, Tokyo. 1959.

Alexander, G., and Williams, O. B. (eds.) *The pastoral industries of Australia*. Sydney University Press. 1973.

Barnard, A. (ed.) *The simple fleece*. Melbourne University Press. 1962.

Cuthbertson, D. P. (ed.) *Progress in nutrition and allied sciences*. Oliver and Boyd, Edinburgh. 1963.

Drummond, J. C., and Wilbraham, A. *The Englishman's food* (revised edn.). Jonathan Cape, London. 1959.

Hanson, S. G. *Argentine meat and the British market*. Stanford University Press. 1938.

Hunter, H. (ed.) *Bailliére's encyclopaedia of scientific agriculture* (2 vols.). Baillière. Tindall and Cox, London. 1931.

Lush, J. L. Genetics and Animal Breeding. In L.C. Dunn (ed.) *Genetics in the twentieth century*. Macmillan, New York. 1951.

Marshall, F. H. A., and Hammond, J. *The science of animal breeding in Britain: A short history*. Longmans, Green and Co., London. 1946.

Maynard, L. A. Animal species that feed mankind: The role of nutrition. *Science, N.Y.*, 120, 164, 1954.

Ministry of Agriculture, Fisheries and Food. *Animal health: A centenary 1865–1965*. H.M.S.O., London. 1965.

——. *A century of agricultural statistics, Great Britain 1866–1966*. H.M.S.O., London. 1968.

Russell, E. J. *A history of agricultural science in Great Britain*. George Allen and Unwin, London. 1966.

Tyler, C. The historical development of feeding standards. *In Scientific principles of feeding farm live stock* (Conference Report). Farmer and Stockbreeder Publications Ltd., London. 1959.

——. Albrecht Thaer's hay equivalents: Fact or fiction? *Nutritional Abstracts and Reviews*, 45, 1, 1975.

Underwood, E.J. *Trace elements in human and animal nutrition* (2nd edn.). Academic Press, New York. 1962.

United States Department of Agriculture. *After a hundred years. The Yearbook of Agriculture 1962*. United States Government Printing Office, Washington. 1962.

第2篇　食品与工业用农作物

20世纪前半叶农作物的生产经历了若干阶段。在每一阶段，每种特有的生产方法都被运用到了产生灾难（例如土壤被侵蚀、污染或能源短缺等）的程度。只是在灾难之后，人们才考虑从那一种方法解脱出来，转而重点采用另一种方法。与此同时，植物育种和营养的改良以及对病虫害的控制，都在科学基础上稳步前进。工程学和化学技术的发展导致农业的机械化，在某些情况下还导致了工业产品与更传统的农产品之间的竞争。在这些年中，某些国家在维护和平与经济稳定中的无能为力，使农业生产的任务更为复杂，并打乱了农业生产的长远计划。但这些在战后都得到了补偿。1945年建立的联合国粮农组织，首次提供了所有农业商品生产的可靠统计信息（表13.1）。

13.5　人与自然对抗 319

土壤侵蚀　19世纪，新大陆农作物的扩种大多在生荒地中进行。随着对更多欧洲移民所占土地的开垦，这种扩种一直持续到20世纪，按照西欧的标准，大多数新垦地是低产的贫瘠地。尽管土地广阔，但劳动力和资金却明显不足，垦荒者们本身并不富有，又是在一个尚未完全熟悉的环境中辛苦谋生，所以他们的日子过得十分艰难。他们按法律规定的土地使用权制度拥有土地并惨淡经营，然而这种制度的制

表 13.1　世界谷物、马铃薯和油籽生产（除总面积外单位为千英亩）

	总面积（百万英亩）	小麦	黑麦	大麦	燕麦	玉米	大米	马铃薯	花生	亚麻籽
世界总产量	32622.7[‡]	382000	98000	106220	137850	214700	199000	45396	23100	19000
英国	60.3	2279	80	2216	3771	—	—	1398	—	—
欧洲 *	1254.6	61800	32000	23860	35200	27200	440	24032	80	950
苏联	5273.6	98764[+]	53125[+]	22528[+]	40089[+]	7041[+]	—	17569[+]	—	5805[+]
加拿大	2364.6	23414	487	7350	14393	237	—	508	—	1059
美国	1937.1	64740	1981	10195	41503	94455	1506	2824	3183	3914
阿根廷	690.2	10030	—	1400	2200	9000	122	372	351	3419
北美和中美	9887.9（北美和中美、南美合计）	89500	2468	17950	56000	102500	2220	3546	4000（北美和中美、南美合计）	5200
南美		14300	—	1510	2563	23180	4700	1200		5000
亚洲	6927.7	110000	—	37880	676	8812	187000	1100	15000	3550
南非联邦	302.0	2400	—	—	545[+]	5909[+]	—	60	56[+]	—
非洲	7166.2	12800	—	8925	722	19 940	3267	288	4000	120
澳大拉西亚	1970.0[‡]	11284	—	811	2085	305	23[+]	280[+]	20	66

* 苏联除外。

+1935—1939 年的平均数。

‡ 新几内亚和大洋洲除外。

资料来源：联合国粮农组织手册，1946。

定者对环境加之于农民的束缚却知之不多。农场常常过于狭小，农民开发农场的资金也远远不足。某些移民除了利用土壤的自然肥力，别无他法。不论当地原有基础如何，在新地区种植作物意味着突然打破长期形成的生态平衡。原有的植物被铲除，土壤的肥力被削弱，尤其是裸露的松软表土受到风雨的直接侵蚀。最初还可采用轮垦的方法，即土地在几经种植后即被放弃，然后耕作新的土地。但随着移民的不断迁入，这种做法也就难以为继了。此后，作物价格的上升促使农民在他们的土地上连续种植，而在市场饱和和经济萧条时，他们除了继续原来的耕作以保持他们的支付能力，别无他法。到 20 世纪 30 年代中期，尘暴横扫美国和澳大利亚的部分地区，遮天蔽日，最后覆盖掩埋了篱笆桩和农舍（图 13.9），土壤所遭的破坏已十分明显。在比较湿润的地区，雨水流经失去植被保护的山坡，形成巨大的沟壑。其他地区的表土被侵蚀的情况也日趋严重。世界上大多数国家认识到了土地侵蚀问题，只是其严重性各不相同。

图 13.9　尘暴掠过加拿大艾伯塔省的麦克劳德堡镇，1935 年。 321

对土壤严重侵蚀的第一个反应是收集风、雨对特定类型土壤作用的资料，并设计防止表土流失和地面沟壑延伸的机械方法。这些问题关系到国计民生，因此一些国家政府设立了土壤保护部门来处理有关事宜。其后，这些部门开始探索控制土壤侵蚀的办法，并与农民一起
共同实施。这些方法包括梯田法、等高耕作法、分水法，以及在干旱 322
地区使用茬地覆盖的方法。此后，人们又逐渐认识到土壤、斜坡、风、

雨、水土流失与植被覆盖之间的复杂关系。1935 年至 1950 年间，工作重点由对土壤侵蚀的应急性控制，逐渐过渡到对既保持土壤又保持肥力方法的研究保养。这个保持土壤和肥力的方法，以后又发展为从整体上管理土壤的概念，种植和放牧体系以及耕作技术，要与农场的土壤、土地类型及气候环境相适应。总之，就是建立了一个崭新的生态系统。这个系统包括了人类自身的耕作活动，但又要求人类充分尊重自然的制约

杀虫剂　正如在耕作土地时不大注意保护自然界一样，人们在使用杀虫剂时也未能适当控制用量。20 世纪早期，大量的农业科学研究工作是有关病虫害的控制。这方面的情况将在以后述及。在第二次世界大战爆发前，用于控制杂草、真菌和昆虫的主要物质是铜盐、砷化合物、硫、氯化钠和氟化钠等无机化合物，也有使用从植物中提取的物质治理昆虫的，其中最常用的是尼古丁、鱼藤酮、除虫菊。这些物质比较昂贵，因而一般用来治理有限区域中的特种昆虫，通常用量较小。然而，在两次世界大战之间，杀虫剂的使用增加了，于是各大
323 学、政府研究机构和大型化学公司的研究人员都在寻找新的控制昆虫

图 13.10　在加拿大新斯科舍用石灰、硫酸铜和巴黎绿（乙酰砷酸铜）喷洒苹果树。喷雾泵用手摇操作。约 1908 年。

的物质。

1932 年，二硝基邻甲酚作为一种除草剂在法国获得专利权，其时它作为一种有效的杀虫剂已为人所知。它后来被引进英国，并于 1939 年开始广泛用来对付耕地中的杂草。1939 年战争爆发后，各国政府对于杀虫剂作为一种潜在生物战的手段产生了兴趣。在美国，20 世纪 30 年代对植物生长激素的研究工作，最终使人们在 1941 年认识到，像苯氧基乙酸（如 2，4-D）这样的合成生长调节剂也许可以在农业上用作除草剂。此后，科学家们认为该项工作从战争方面来说可能也是重要的，因而将它作为生物战计划的一部分，继续对这些物质进行研究。战争结束时，2，4-D 已被确认为一种新的强力除草剂，虽然作为一种农用药剂还需要做广泛的试验。1945 年，美国生产了 91.7 万磅 2，4-D。1950 年，由于各化学公司迅速将它作为供应农民 324
的除草剂，因而总产量上升至 1400 万磅[1]。

战争期间还开发了氯化烃杀虫剂和有机磷杀虫剂。滴滴涕（DDT）是最早也是最闻名的氯化烃杀虫剂，在 19 世纪末最先由蔡德勒（Othmar Zeidler）合成。它的杀虫剂特性于 1939 年被米勒（Paul Müller）在瑞士盖吉（J. R. Geigy S. A.）实验室发现，并做了用它来对付各种昆虫（包括危害蔬菜的昆虫）的试验。这种新物质传入美国和英国后，不久就被军队用来对付虱、蚊子和苍蝇等，部分原因是战时难以进口鱼藤酮和除虫菊。1944 年，在那不勒斯暴发斑疹伤寒后，老百姓大量喷洒这种新杀虫剂对付虱子，显示了它的威力。以后，它又在热带地区被军队用来消灭携带疟原虫的蚊子，效果也很好。这些事例增强了公众对滴滴涕的兴趣。战后不久，滴滴涕很快被广泛用来对付住宅和动植物的害虫。在认识了滴滴涕的杀虫特性后，人们对其他类似的化合物和很多不同种类的化学药都进行了同一用途的筛选试验。到 1945 年，其他氯化烃如六氯化苯的同分异构体和对硫磷等有机磷杀虫剂也投入使用。后一类是德国在研究神经毒气和物质毒性时最先发展起来的，已被人们很好地认识。

当时，人们对滴滴涕以及相关物质的毒性没有很好地认识，事实上都以为这些物质对人体来说是相对无害的。在 1945 年以后的那些年里，政府和个人都热衷于大量使用新的杀虫剂和除草剂。战争时期曾用飞机喷洒滴滴涕以控制蚊子的生长，在和平时期又在农作物上空喷洒杀虫剂和除草剂，有时在城市中也使用它们。人们也用卡车、拖拉机和其他各种机械在地面上喷洒。人类发现了一种可以用来对付作物害虫的极有威力的新武器，某些害虫也确实得到了最有效的控制，因而提高了农作物的收成。但是，由于经常滥用而出现了问题到 1950 年时已经开始对 DDT 产生怀疑。人们在牛奶和脂肪组织中发现了杀虫剂的残余物。到 20 世纪 50 年代中期，已经明确意识到杀虫剂足以杀死某些野生生物并污染水道。另一个严重的问题是，出现了
325 对新杀虫剂有抵抗力的昆虫。人们还逐渐认识到，他们低估了杀虫剂给人类带来的危害。20 世纪 60 年代，公众强烈反对滥用杀虫剂。杀

图 13.11　灯蛾式飞机在澳大利亚东部牧场低飞喷洒过磷酸钙肥料，约 1950 年。

虫剂的污染成了现代社会的新敌人，生态关系也成为受人瞩目的新问题。农民在使用杀虫剂时须接受国家的管理，使用杀虫剂成为公众辩论的话题。人们认定，必须设计出控制虫害的新系统，应更明智地使用杀虫药剂，并使之与其他控制方法相结合。毒性较大的化学品最终被限制使用或退出市场。与此同时，研究工作者则继续开发毒性较小的产品，以代替以前使用的药剂，这样做无疑取得了重大的效益。例如，原来居住在世界疟疾疫区的18.14亿居民，主要通过使用杀虫剂，到1970年时，在其中13.47亿居民（占该地区居民的74%）所居住的地区，或是消灭了疟疾，或是将发病率降至极低水平。然而，这种成功决不应该被人们用作一个借口，去增加使用有毒物质的危险。

肥料　化学技术的进步也使肥料在生产方面发生了明显的变化。特别是工业固氮技术出现以后，农民、科学家、政府和肥料制造商都把注意力集中到氮肥上，忽视了研究开发能维持并增加土壤肥力的非工业性方法。

在收获庄稼后，需要重新给土壤补充大量的氮、磷和钾。对此，人们在1900年已有充分认识。当时，智利的硝酸钠、德国的钾盐和许多国家的磷灰石开始被开采并出口卖给农民。然而，人们已担心起硝酸盐类肥料的供应不久便会枯竭，这些对于未来的粮食生产来说至关重要。

1898年，克鲁克斯爵士（Sir William Crookes）在其担任英国协会（British Assoiation）会长时的一篇演讲中强调了这个问题，并指出有可能找到工业方法，将大气中的氮固定下来[2]。1913年，这种设想由于德国哈伯—博施法的出现而成为可能。该方法使用的原料是水、氮和矿物燃料所提供的能量。第一次世界大战结束时，人们不再需要用工业固氮方法来生产制造弹药所需的硝酸，而是把注意力转向它在 326
农业中可能的用途。在两次世界大战之间的时期，从事氮的固定（以亚硝酸盐为其最终产品）的工厂日益增加。但是，直到1945年以后，由工业固氮所制造的氮肥才获得了广泛的应用。联合国粮农组织的统计表明，1938 年全世界（苏联除外）有 250 万吨的氮被用于生产商品肥料，1950 年上升至 390 万吨，1960 年为 1020 万吨（包括苏联）10 年后，氮的使用量到 1970 年增加了 3 倍（达 3170 万吨）。磷肥和钾肥的使用量也增加了，但增长率没有氮肥高。在欧洲和美国，农民也愈来愈多地使用矿物肥料。在较贫穷的国家——例如印度，人们也注意到了通过大量使用肥料可以提高产量，并把解决自身粮食问题的希望部分寄托于此。各国纷纷在自己的国民经济发展计划中，优先增加肥料的生产。到 1965 年，有 33 个国家对肥料实行的补贴率高达其成本的 50%。人们培育出特殊品系的大米、小麦和其他作物，都充分地利用了土壤肥力的提升。以前所实行的良好的耕作原则，包括轮垦制和豆类固氮法都被忽视了，因为土地即使在连续耕作的情况下产量也能显著增长。

这些情况并不是无可非议。20 世纪 40 年代，正当人们越来越多地依赖无机肥料、轻视有机肥料时，出现了一场所谓“腐殖质”的争论。在这场争论中，公众激烈地反对“人造”（无机）肥料的“非自然性”，或者说是反对无机化肥。但是，这对于肥料的生产发展影响很小，或者没有影响。许多国家对于氮肥日益增长的依赖性，一直持续到 20 世纪 70 年代发生石油危机的时候。此时人们才猛然认识到，高产在极大程度上依赖于从石油和天然气获得的肥料。当时提出的问题是通过非再生能源的消耗来增加农作物产量的做法，能否一直保持下去。一种一度被认为能为饥民生产更多粮食的便宜方法，突然变为一项代价极高的事业了。这是一件涉及未来的事情，但我们必须注意自 20 世纪中叶以来，我们的整个耕作技术是建立在廉价的工业生产的氮肥基础上的。

过度耕种使土壤被侵蚀直至贫瘠化，大量使用杀虫剂最终导致溪水和河流被污染，使用工业固氮致使农作物的产量依赖于油田的生产。所有这一切表明，人类为增加自身所需的粮食和纤维作出了何等艰苦卓绝的努力。人类在增加这些产品的供应方面是成功的。例如与 1910 年相比，1953 年美国生产粮食的人数减少了 37%，农产品产量却增加了 77%[3]。

13.6 科学与作物生产

在公众不断表现出他们对于尘暴、杀虫剂和“人造”肥料关注的同时，科学家在植物繁育和营养方面不断取得进展，在了解植物生产和发展的生理方面也取得了进步。

繁育 从天然或“野生”植物中选种，这是长期以来获得植物

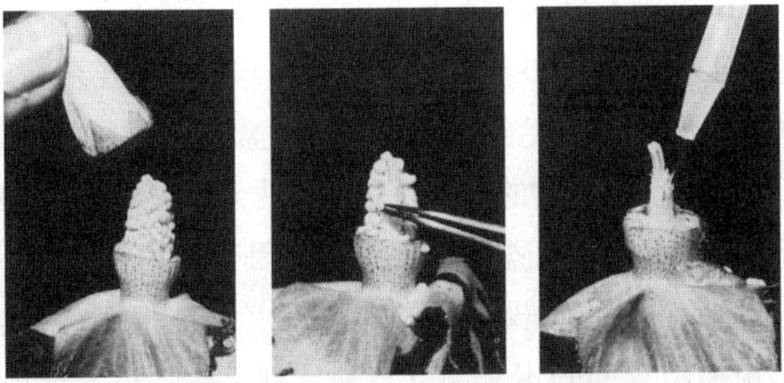

(a) 从雌花中切下的部分花萼与花冠。 (b) 将未成熟的花粉囊除去。 (c) 用水冲洗柱头。

(d) 用吸水稻草包裹柱头。 (e) 将雄花包扎起来。 (f) 翌日将雄花花粉囊中成熟的花粉移到雌花的柱头中去。

图 13.12 乌干达纳穆隆戈地区棉花的杂交育种。

新品种的方法。一个次要的方法是在种植的作物中选取高产的品种。在19世纪，为了获取适合当地生产条件的最佳农作物品种，各国之间交换了大量的植物种子，接着就是在较有培育前途的植物中进行杂交。加拿大的Marquis小麦是1892年由加拿大的主要小麦Red Fife（图13.13）和印度小麦Hard Red Calcutta杂交而成的，这是1904年由桑德斯（Charles E. Saunders）从大批杂交小麦中选取的。到第一次世界大战结束时，在加拿大西部主要种植这一品种。1889年，法勒（William Farrer）在澳大利亚开始小麦的杂交培育工作，从事培育特种性状（比如适应澳大利亚气候的早熟性状）小麦。1901年，他的早熟、矮秆和高产小麦由联合会向农民提供。

然而，法勒及其同时代人是在没有孟德尔遗传定律知识指导的情况下进行工作的。1900年，孟德尔的著作被重新发现，1866年它曾在德国首次出版，但直至19世纪末一直没有引起重视，其内容也不为人们所理解。随着它的再发现和再评估，植物育种工作者获得了遗传因子具有稳定性的证据，以及对这些因子（基因）遗传原理的解释。这样，他们在提高植物的经济效益中，就能根据杂交培育品种
328 每代所能预期结果的知识来制订育种计划。在剑桥大学，比芬（R. H. Biffen）很快便着手研究小麦与大麦品种，不久以后就认识到它们的某些形态学和品质上的特征是依孟德尔定律而遗传的，并确认抗黄锈病是小麦的一个单纯的显性性状。以后，他又着手培育一种适合于英国条件的抗黄锈病的小麦品种，结果培育出小麦Little Jos。这一品种于1910年被提供给农民种植。到1919年已成为英国东部种植的主要小麦品种。

遗传学迅速向前发展，不久以后人们便认识到多性状遗传是一个复杂的问题，这给育种工作者带来比先前更大的困难。但由于早期遗传科学在培育植物品种中所显示出的价值，特别是在培育抗黄锈病小麦中所表现的重大意义，科学家们很快便得到农民和各国政府的大

力支持。

俄国瓦维洛夫（N. I. Vavilov）在第一次世界大战期间便到阿富汗、阿比西尼亚、中国和中南美等地从事植物收集工作，其目的是收集各地有重大经济价值的栽培植物及其近缘的野生品种。例如，在列宁格勒附近积累并保存下来的小麦品种达 3 万种[4]。瓦维洛夫希望研究这些植物在世界各地的变异，以便育种工作者能在育种计划中利用这 329
些变异。瓦维洛夫的这一工作和他的植物栽培起源中心，以及在这些中心可能发现遗传多样性的理论，鼓舞了很多国家的育种工作者，尽管他的这些理论于 1939 年在自己的国家受到怀疑。

在美国，人们从多方面运用孟德尔定律，并且一再使农民得益。这项工作受到达尔文早期关于近交和杂交育种试验的影响。美国科学家们开发新品系的程序是通过小麦近交繁殖产生出一种活力较低却纯正的品种。以后又用该品系的 4 个品种分为两组进行杂交，在繁殖出的后代中再进行杂交。经过两次杂交后，在大小、活力和多产方面都完全恢复到原来的状态，但不良性状消除了。在某些试验中，这些新杂交小麦品种比标准品种的产量高 30%。大约在 1930 年，美国农民就普遍使用新杂交的品种了。到 1949 年，美国 78% 的小麦耕地都种植这些品种。1900 年，小麦平均每英亩产量为 26 蒲式耳，1950 年至 1954 年期间则增加到 39 蒲式耳。增产原因至少应部分归功于杂交品种[5]。战后，生产杂交小麦的技术传入欧洲，杂交的方法也从此应 330
用于培育其他农作物上。

20 世纪前半期，在育种工作中科学知识与实践技术的结合，使粮食作物及其他很多作物产量得到提高。甘蔗育种改良过程中的几个典型阶段，大体上也代表了其他许多作物改良所经历的过程，尽管这些阶段在时间上差别很大。第一阶段是选择自然的或野生的品种，第二阶段是用这些品种进行杂交，第三阶段是培育品种的抗病力，第四阶段是培育它们对特定土壤和气候条件的适应能力[6]。正是农业生产的这一进步，导致了20世纪60年代在热带地区由各种小麦和水稻的高产品种实现的“绿色革命”。

营养 只有施用足够养料才能使作物获得高产，因此对植物所需养料的研究是和植物育种工作同时展开的，尽管在这两个不同的领域中，科学家们的工作有时是在不同的研究机构中进行。我们已经提及人们对施用氮肥的关注及其供应方面的变化，这是一个涉及农民、肥料公司和政府的有关肥料生产和使用的普遍问题。在地区范围内，为了获得对于施用肥料具有指导意义的知识，人们不得不进行大量的农田试验工作。这是对始于19世纪的工作的继续和扩展。20世纪，由于统计学以及数据处理技术的发展，农田试验工作的繁重程度降低了准确性则提高了。由于这些进展，人们可以事先计算出：第一，要得出能说明问题的结果所需试验田的最小总面积和地块的数目；第二这些结果在可靠性上的局限程度。例如戈塞特（W. S. Gosset，时称“学生”）和随后的费希尔（R. A. Fisher）等作出的农业试验方案提供了统计技术，并被大多数农业研究项目用作标准手段。此外，它向具

图13.13 1925年，英格兰罗萨姆斯特德实验站布罗德巴尔克小麦试验田的试验地。1834年，劳斯（John Bennet Lawes）建立该研究站时便在这片土地上对小麦进行持久施肥的试验。从1852年开始，在布罗德巴尔克试验田的13块地上年复一年地施用相同数量、相同种类的肥料。1919年，费希尔进行统计分析工作时，依靠的正是从这些著名的试验中积累起来的资料和数据。

有物质内在变异性的其他研究领域提供了定量的技术，从而使这些变异性能够被人们理解。最初于 1919 年在英格兰的罗萨姆斯特德实验站，费希尔研究了自 1843 年以来积累起来的农田试验资料，他的统计技术在农田施肥试验工作中很快得到广泛的应用。就这样，到 20 331
世纪 50 年代，拉丁方设计便在世界很多地方逐渐成为农业顾问们进行施肥试验的标准“处方”。正是在这些地方试验的基础上，促使农民对他们的作物施用一定数量的氮、磷、钾。

20 世纪初，人们已经确认氮、磷、硫、钾、钙和镁等常量营养元素以及铁、锰等微量营养（痕量元素）是植物生长所必需的。当时，水栽法是在实验室或温室条件下研究植物养分需要的标准方法。鉴定植物生长所必需元素的技术进步是与提高纯化培养液的能力密切相关的。植物对微量元素的需求量极少，以至于在盐以及制造培植液的水中的杂质，或者容器污垢中所含的难以检测到的微量元素，就足以使植物健康生长，当然也可以让种子吸收足够的微量元素。在分析植物物质时，较高的分辨率也是很重要的，尽管人们知道植物组织中含有某种元素并不能说明这种元素对该植物的生长是必要的。因此，探查植物对微量元素的需求，还要结合植物学家所做的大量精确试验和 332
更准确的分析技术的发展。1914 年人们发现锌对植物生长是重要的，1910—1923 年的研究工作又发现硼对植物的生长同样重要，这些发现促使人们去寻找对植物生长起重要作用的其他元素。1931 年人们发现铜、1939 年发现钼、1954 年发现氯等元素对植物生长的重要性。植物对钼的需求是在一项试验中发现的，在培植液中只需要亿分之一的钼，便能使西红柿健康生长。

在确认某些元素对某种植物生长的必要性后，便可以研究出一些植物缺乏这些元素所产生的后果。人们逐渐掌握了不同植物缺乏某种营养所表现出的症状。例如，燕麦的灰色斑点是由于缺锰所致，症状独特，明晰可见。然而，大田作物的某种疾病是否由于缺乏营养，鉴定起来颇为困难，因为霉菌的继发侵袭以及其他致病因素会使问题复杂化。但是，由于很多国家加紧研究，便逐渐确定果树、谷物作物、甘蔗和其他作物表现出的某些疾病症状与缺乏营养有关。病因确定后，治疗的方法通常非常简单，效果也很显著。有些事例说明，农民在科学家之前已能正确医治某些患病的植物。例如，柑树患枯萎病，科学家发现是缺铜所致，但是在此以前，农民早已使用施加硫酸铜的方法来治疗了。但是，其他许多事例则表明，科学家们能提供使大片土地大幅度提高产量的方法。例如，在丹麦和荷兰的新垦地、沼泽地和南澳大利亚的沙地上增加铜元素。

人们在认识到某种类型的土壤或地区普遍缺乏某种微量元素后，肥料制造者便迅速在他们准备出售给这些地区农民的标准肥料中加入这类元素。农民和政治家欣然赞赏有关微量元素工作的价值，某些新发展计划之所以能够实行是和这点分不开的。当时，对明显缺乏养料而产生的疾病的治疗，促使科学家们去研究不显著的、慢性养分缺乏所导致的植物生长缓慢问题。微量元素过多或中毒也是一个问题，植物新陈代谢中元素之间错综复杂的相互作用逐渐揭示出来。人们发现
333 这样的复杂情况，在对亚麻施肥时，若使用硝酸盐或尿素形式的氮肥而不用铵盐（不包括硝酸盐），则亚麻会吸收过量的钼元素而患缺绿病。人们据此认识到，关于植物生长过程以及采用何种方法利用植物从土壤中吸取的养分的很多问题仍有待研究。

由于对植物营养的研究从宏观方面转到组织细胞层面，因而这一研究与植物生理的一般研究交融在一起。科学家对植物的生长和功能已关注多年。上面已经提到使用植物生长调节剂作为除草剂的问题。其他方面，诸如植物对昼长和温度的需求等植物生理学的研究，也表明其具有实际价值（对园艺学家而言尤其如此）。但是，大体说来，1950年以后植物组织和细胞的研究成果的实际运用要多于以前[7]。

病虫害控制　昆虫、真菌、细菌和病毒若干世纪以来一直在危害

着人类的庄稼，而有能力与之抗衡的却是一些不太需要的植物。1900年至20世纪40年代间，在开发新的有机杀虫剂过程中，建立了很多农作物病虫害的研究中心，并在这方面做了大量的工作。与此同时，育种工作者还培育了抗病的农作物品种，对昆虫和真菌的生活周期也作了研究和描述，还确定了植物病毒的存在，并且不失时机地证实了昆虫对病毒的作用。总之，这段时期特别重要的是识别，并详尽地描述了很多重要的农作物的病虫害。认识敌人是征服敌人的第一步。

认识害虫或致病生物的生活周期，就有可能针对害虫的弱点，通过安排农作物的种植方法将其消灭，从而减轻其对农作物的危害。例如，跨越植物生长所必需的越冬阶段，或通过种植早熟作物品种来免受虫害等。认识害虫的天敌，有时也能为生物控制害虫提供可能，对于那些已有害虫进入而缺乏天敌的国家更是如此。例子之一便是对吹绵蚧的控制，19世纪80年代，这种害虫有毁灭美国西海岸柑橘树的
危险，它们大约是在1869年无意中从澳大利亚传入加利福尼亚州的。 334
1887年至1889年，人们从澳大利亚引进它的天敌——澳洲瓢虫，从而大大降低了吹绵蚧的数量。同样，1920年在昆士兰有6000万英亩土地遍布仙人果。但在以后10年中，由于从它们的美洲故土引入了几种寄生昆虫，特别是以仙人果为食的仙人掌螟，仙人果被除灭。但是在战后随着新杀虫剂的广泛使用，以及相应的飞机和强力喷雾器的大规模使用，这种从生物学角度考虑病虫害问题的方法逐渐被忽视了。

13.7　机械化

使用新机械和新型动力是20世纪前半期农作物生产的主要特征（图13.14和图13.15），最重要的是以内燃机为动力的拖拉机的推广。它的发展是逐步的，从20世纪初开始到第一次世界大战时便普遍使用了。战争年代，由于农业劳动力缺乏和农产品价格高昂，促使农场主使用农业机械。在谷物大面积生长地区，能够使用拖拉机拉犁，使

用收割机进行大规模作业，因而农业机械的使用尤为普遍。20 世纪 30 年代，经济衰退妨碍了对农场大型项目的投资，但第二次世界大战的爆发，又推动了拖拉机和其他节省劳力机械的使用。20 世纪 40 年代，北美、西欧和澳大拉西亚很多地方的农场，都逐渐以拖拉机代替耕畜成为主要的动力。日本在 30 年代和第二次世界大战后也发展了小型的手扶动力耕作机，这种机器约有 4—10 匹马力，很适合耕种日本的小块水稻田，也适合日本农民的社会经济状况。随后，这种动力耕作机出口到亚洲其他稻米种植地区，如同美国大型拖拉机出口到其他大面积农作区一样。

335

图 13.14　加拿大艾伯塔省用割捆机收割 Red Fife 小麦，1908 年。

图 13.15　20 世纪 30 年代美国爱达荷州用带有联合收割机的履带式拖拉机收割小麦。

拖拉机有两个特点影响与其连用的机械的发展。负重时，它比马匹有更大的牵引力和更快的运动速度，它还能提供单独的力，直接传送到被带动的机械，以驱动运动部件。开始使用拖拉机时，蒸汽发动机已能提供动力，但它不能与新的用汽油驱动的、能进行多种农活的 336
拖拉机相竞争。因此，蒸汽发动机除了驱动诸如大型铡草机和脱粒机一类的定置机，余者都被其他机械取代了。

在用马耕作的地方，拖拉机最初仅仅和原有的农具或机械配合使用，但在马与拖拉机共存的过渡时期以后，便出现了专门为使用拖拉机而设计的新农具。这就导致能大量收割和更快速处理作物、耕作土地的大型农机的生产。这种大型农机生产需要对农机各个零部件进行新的设计，并进一步研究农机与作物或土壤的相互作用，虽然农具和机器操作的基本原理仍然与19世纪末所应用的相同（第Ⅴ卷第1章）。澳大利亚的谷物联合收割机和美国的联合收割机都是按本来已认识的并分别用于其他机器的原理，把收割和脱粒的功能结合起来的。同样，在20世纪20年代开发的自动收割机，实际上就是将拖拉机和收割机灵活地结合起来。在第二次世界大战期间及以后，这些机械才得到广泛使用。

随着拖拉机和大型机械的广泛使用，“机械化”一词便成为一个流行的概念。机械化或者说以机器代替牲畜，意味着农作物可以不用来喂养牵引用的牲口，而土地可以直接生产人类需要的粮食和纤维。当然，机械化更重要的意义是体现在经济上和节省劳动力上。要在耕 337
地狭小或土地分割为小块耕地的地区解决农业生产率低下的问题，需要引进机器以帮助农民。有人认为，必须将小块田地合并成大面积的田地，使新农机能充分发挥其经济效益。例如，英国的某些地方便将缘篱撤去，使若干小块田地变为大块的田地。这样，在新大陆广大平原地区被证明具有优越性的农业生产技术，对东半球多种多样的地貌产生了很大影响。在新大陆人口稠密地区也有这种趋势，美国商业农场的平均面积在1940年至1954年间从220英亩扩大至336英亩。

但是，不是所有的事物都朝着一个方向发展，小农场和小块土地也影响机械的发展，日本的耕作机就是特别好的例证。由于设计和工程技术的改进，日本的拖拉机也向轻型和小型发展，轻小型拖拉机的设计包括动力分出轴、充气橡胶轮胎和液压升降机的弗格森三点联动装置（图13.16）。这种拖拉机能与一些农机具（包括犁和割草机）配套，适用于小块土地。这种机具和侧向拔草机、拣拾压捆机（图13.17）以及饲料收割机等，预示着小型综合农场里多用途拖拉机的到来。分动器在第一次世界大战时便已经开发，但直到第二次世界大战后，这些小型机械才得以普遍使用。这样，多年来机械装备与农场规
338 模的相互影响，使两者都发生了变化，从而促使它们与农业系统中其他因素都能更好地配合。

图13.16 英格兰展示的带有（三点联动）耕耘机和起垄机的弗格森拖拉机，1938年

图13.17 格兰的一台安阿伯拣拾压捆机在工作，当时捆包是用手进行的。1932年。

13.8　市场影响

植物繁育和营养、害虫和疾病的控制以及机械化都是在工业化国家首先兴起的，以后又由这些国家以不同程度传播到欠发达国家，这个转移过程反映了拥有殖民地的帝国自身的某些利益。这些国家为了扩张工业和满足人民对食物多样化的需求，越来越依赖于殖民地的原料供应。在原料产地，特别是在已按种植计划进行投资的地区，努力提高这些原料的生产率是很有商业价值的。

20 世纪初，英国进口的农产品比其他任何国家都要多，1929 年的进口量达世界进口总量的 23%，其中有由热带的英国殖民地进口的蔗糖、棉花、橡胶、茶和油籽。19 世纪，生产这些作物的技术进步依靠个别企业和植物园中雇员的工作，后者与英格兰丘园（第Ⅴ卷，边码 773—775）的植物学家经常保持非正式协作。20 世纪初以来，英国政府逐步建立一个殖民地农业服务机构，来推动和调节殖民地农业的发展，还派遣英国培训人员到殖民地建立研究中心，以研究英国感兴趣的热带植物的生产问题。1926—1933 年的帝国市场部为此提供了商品研究经费，从而对该项工作起到了促进作用。同样，1921 年还建立起帝国棉花种植公司，以研究棉花的生产问题。进步虽然缓慢，但作物选种和育种技术的最新成就却逐步用于热带作物，同样还及时地运用了植物营养和病虫害控制的原理。整个 20 世纪前半期的英国殖民地中，这些工作几乎完全限定于出口到英国本土的重要商品作物上。在这方面，其他帝国与殖民地的关系也相类似。这一时期最重大的发展无疑是作物种植面积的扩大，其中包括将某些作物引种到 339
新殖民地，并选择最适合于当地生长环境的作物品种。

新兴工业的发展为农产品提供了新的市场，也推动了作物种植技术的转移，轮胎为橡胶、人造黄油为植物油提供了市场都是例证。但相反的情况即工业产品代替植物产品也是有的，例如人造纤维与棉花、黄麻的竞争就是例证。这种情况对农产品构成的严重挑战，在 20 世纪60年代和70年代要远胜于1950年以前。

橡胶生产是与汽车工业平行发展的一种工业（第V卷第5章）。1914年以前，世界橡胶的供应主要来自南美洲的野生橡胶树，少量来自亚洲（图13.18）和非洲。然而，在20世纪头10年，英国和荷兰的企业家认识到橡胶工业的潜力，并在马来亚、锡兰和荷属东印度建立了橡胶园。到第一次世界大战爆发时，这些种植园已开始生产，从此橡胶工业便集中在马来西亚及其邻国。欧洲的一些种植园扩大了，当地的一些小业主也开始种植橡胶树。世界橡胶生产量从1909—1913年的15万吨增加至1934年的131万吨。

图13.18　在新加坡经济种植园中进行的巴拉圭橡胶树割胶试验，约1909年。
左图是 γ 链条形开割法，右图是人字形开割法。
最先试验开发、改进巴西土人割胶方法的是新加坡。

直到1900年，牛脂一直是制造人造黄油的主要原料。后来到
340 1903年，借助催化加氢作用使油硬化的方法获得了专利权，这就为用植物油制造人造黄油奠定了基础。在第一次世界大战爆发时，相当大的一部分植物油和脂肪是用来制造人造黄油的，此后，植物性产品成了主要产品。第一次世界大战前，椰子、棕榈果实、棉籽和花生是食用植物油的主要来源，但到20世纪中叶，大豆成了主要的油料作

物。原因是美国在两次大战之间大量种植大豆，并在第二次世界大战期间发展机械化农场。这一时期椰子、油棕和花生种植也有较大发展，但是不十分显著。生产发展的原因除了制造人造黄油的需要，还有由于生产肥皂和其他产品对油料的需要，另一个原因是使用高蛋白油籽渣饲料喂养家禽的需要。世界人造黄油的生产从 1900 年的 40 万吨（以牛脂为主制造的）增至 1950 年的 210 万吨（其中 60% 的原料是用植物油和动物脂肪）。

13.9 结论

20 世纪前半期，植物育种与营养、病虫害控制、机械化的进步改变了农作物生产技术。这种改变绝非一个简单的过程，因为技术的每一方面是与其他方面互相作用的，高产作物需要更好的营养，在平坦的地方对硬秆作物使用机械收割机的效果最好。另外，农业中的生物学和不断变化的农业特性也不应忘记，否则就会导致侵蚀、污染或其他生态系统重大的变化。当然在这半个世纪里，就土地和劳力的使用而言，人类生产食物和纤维的能力是极大地提高了。

相关文献

[1] Peterson, G. E. *Agricultural History,* 41, 243, 1967.

341 [2] Crookes, W. *The wheat problem* (3rd edn.). Longmans, Green and Co., London. 1917.

[3] Cavert, W. L. *Agricultural History*, 30, 18, 1956.

[4] Harland, S. C. *Obituary Notices of Fellows of the Royal Society*, 9, 259, 1954.

[5] Rasmussen, W. D. *Journal of Economic History*, 22, 578, 1962.

[6] Evenson, R. E., Houck, J. P., Jr., and Ruttan, V. W., in R. Vernon (ed.) *The technology factor in international trade.* National Bureau of Economic Research, New York. 1970.

[7] Williams, R. F. *Journal of the Australian Institute of Agricultural Science,* 41, 18, 1975.

参考书目

A century of technical development in Japanese agriculture. Japan F.A.O. Association, Tokyo. 1959.

Åkerman, Å., Tedin, O., and Fröier, K, *Svalöf 1886–1946, History and present problems*. Carl Bloms Boktryckeri A.-B., Lund, 1948.

Bunting, A. H. (ed.) *Change in agriculture*. Gerald Duckworth and Co. Ltd., London. 1970.

Callaghan, A. R., and Millington, A. J. *The wheat industry in Australia.* Angus and Robertson, Sydney. 1956.

Carson, R. *Silent spring,* Hamish Hamilton, London. 1963.

Dunn, L. C. *Genetics in the twentieth century*. Macmillan, New York. 1951.

Held, R. B., and Clawson, M. *Soil conservation in perspective*. Johns Hopkins Press, Baltimore. 1965.

Jacks, G. V., and Whyte, R. O. *The rape of the earth. A world survey of soil erosion.* Faber and Faber, London. 1939.

Large, E. C. *The advance of the fungi.* Jonathan Cape, London. 1940.

Leach, G. *Energy aod food production*. International Institute for Environment and Development, London. 1975.

Martin, H. *The scientific principles of crop protection* (4th edn.). Edward Arnold, London. 1959.

Masefield, G. B. *A history of the Colonial Agricultural Service*. Clarendon Press, Oxford. 1972.

Meij, J. L. (ed.) *Mechanization in agriculture*. North-Holland Publishing Company, Amsterdam. 1960.

Mellanby, K. *Pesticides and pollution.* Collins, London. 1967.

Rasmussen, W. D. *Readings in the history of American agriculture*. University of Illinois Press, Urbana. 1960.

Russell, E. J. *A history of agricultural science in Great Britain*. George Allen an Unwin, London. 1966.

Schlebecker, J. T. *Whereby we thrive. A history of American farming, 1607–1972*. Iowa State University Press, Ames. 1975.

Simmonds, N. W. (ed.) *Evolution of crop plants.* Longman, London. 1976.

Southworth, H. *Farm mechanization in East Asia*. The Agricultural Development Council, Inc., New York. 1972.

Stiles, W. *Trace elements in plants*. Cambridge University Press. 1961.

Taylor, H. C., and Taylor, A. D. *World trade in agricultural products.* The Macmillan Company, New York. 1943.

United States Department of Agriculture. *After a hundred years. The Yearbook of Agriculture 1962*. Washington. 1962.

Van Stuyvenberg, J. H. (ed.) *Margarine. An economic, social and scientific history, 1869–1969*. Liverpool University Press. 1969.

Weevers, T. *Fifty years of plant physiology*. Scheltema & Holkema' s Boekhandel en Uitgeversmaatschappij N. V., Amsterdam. 1949.

West, T. F., and Campbell, G. A. *DDT and newer persistent insecticides* (2nd edn.). Chapman and Hall, London. 1950.

第 14 章

捕鱼和捕鲸

G. H. O. 伯吉斯（G. H. O. BURGESS）
J. J. 沃特曼（J. J. WATERMAN）

19 世纪末期，一些国家开始搜集本国的捕鱼量和上市量的统计资料。但是，要详尽地描述 1900—1950 年世界渔业的发展状况，现有的资料远远不够。1947 年，联合国粮农组织首次持续搜集世界范围的渔业统计资料[1]。这些珍贵的资料刊于试行刊本的第 1 卷中，提供了某些国家自 1930 年以来的统计情况，成为有关世界渔业问题的基本资料来源，但仍然存在许多间断和遗漏。随着年代更加接近，1950 年以后的各卷资料才更加全面可靠。作为贸易规模的指标，英国 1948 年的鲜鱼上市量大约是 100 万吨，价值 4500 万英镑。 342

由于缺乏有关世界捕鱼方式、渔船船队的结构和组成，以及捕鱼量等诸方面变化的定量资料，我们必须选择那些最重要的发展来加以阐述。当然，其他方面也要予以不同程度的重视。

直至目前，每个渔场认为最重要的事都是迅速和大量地捕捞，而且以买主认为合理的价格将鱼投放到市场。把鱼作为动物饲料加工业的原料而有计划地捕捞的工业化捕鱼，引起了水产业格局的深刻变化，但主要是在 20 世纪 50 年代及其后，本文在此不作进一步的阐述。

人们常说：“渔业是一种很难在中世纪和现代之间划分界限的产业，除了采用蒸汽拖网船，捕捞方法几乎没有什么变化。”这话很有 343

道理。1900年所用的方法，大多数还是从史前时期发展过来的，其中多数是被动的，直至现在也常常是这样。这些捕捞方法对鱼类有很强的选择性，只能捕捞一两种鱼。由于对不同种类的鱼可用传统的熏腌或晒（第Ⅳ卷第2章）等办法分别加工处理，所以这是一种有益的方法。但是，当市场需要鲜鱼时，积极的方法是应该能够提供种类更多的鱼。

20世纪捕鱼技术的发展主要是方法上的进步，即通常所说的主动地追踪鱼群，使捕捞量大增。乍看起来，这似乎应归功于蒸汽机的应用，但实际上与市场需求的关系更为密切。拖网捕鱼是用一个敞口锥形网袋沿海底拖动的方法，至少在中世纪就已广为人知，只是在19世纪前半期才在北海获得惊人的发展。最初是在帆船上采用拖网其发展是因为英国出现了鲜鱼市场需求很大的居民中心[2]。如果没有足够的市场需求和岸上辅助设施的刺激，捕鱼方法就不会有很大的变化，捕鱼业也就只能仍然依赖于那些靠碰运气的捕鱼技术、原始的钓鱼术以及传统的贮藏方法，因而不可能得到发展。这也正是许多渔业资源——特别是热带和亚热带地区的渔业资源，最近才开始大规模开发的原因。

14.1 动力

蒸汽机进入捕捞业相对来说比较晚，注意到这一点是很有趣的。20世纪初，英国、日本和美国都属于领先的渔业国家。19世纪70年代后期，英国的拖网捕鱼业有效地使用了蒸汽机。到1900年，欧洲所有第一流的拖网船队都在以蒸汽动力取代风帆。作为当时世界上最大、最先进的英国船队，变化速度相当惊人。以格里姆斯比（Grimsby）船队为例，1882年，只有2艘原始的蒸汽拖网船在外港作业，10年后已有113艘，到1902年增加到424艘。另一方面，拖网帆船的数量在下降，1886年有820条，1892年减少到686条，

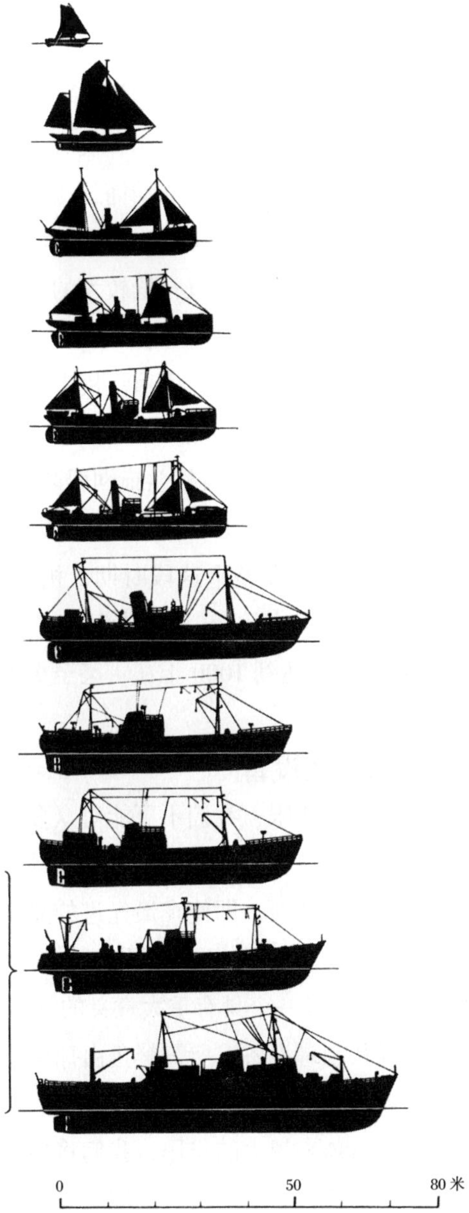

1800 年　普法勒沃型拖网帆船
1860 年　贝萨纳沃型拖网帆船
1885 年　萨吉塔 1 号蒸汽拖网船
1902 年　费利克斯号蒸汽拖网船
1913 年　费朗兹号蒸汽拖网船
1925 年　韦泽 2 号蒸汽拖网船
1940 年　卡尔 · 坎普夫 1 号蒸汽拖网船
1954 年　古斯塔夫 · 达伦多夫号马达拖网船
比勒费尔德马达拖网船
1958 年　萨吉塔 3 号自由活塞舵拖网船
普希金系列马达加工拖网船
0
50
80 米

图 14.1　欧洲拖网船的发展。

345 1902 年只剩下了 29 条。这种迅速替代的出现，主要原因是机动拖网船的产量要高得多。

早在 1900 年，用辅助锅炉的蒸汽操纵的绞盘在英国的帆船上已经普遍使用，但蒸汽动力最初并没有表现出明显的优越性。人们仍然采用传统的钓鱼和漂网等被动捕鱼法，捕捞活动仅局限于相对狭小的沿海地区，蒸汽动力的发展比较慢。不过，即使在这些地方，机动船的可靠性和高速度也可以补偿较大的投资和成本耗费。蒸汽机在大型渔船上逐渐为柴油机所取代，在小型渔船上有时又被汽油机所取代。但是这种变化不像当初使用蒸汽机带来的大转变那样迅速和引人瞩目，蒸汽机在这一时期末仍然广泛地使用。日本的第一艘柴油机拖网船建于 1929 年，美国的新英格兰拖网船队到 1930 年已广泛地使用柴油机。在相对保守的英国船队里，1939 年以前还没有使用柴油机的远洋水域大型拖网船。在整个这段时期，机器功率不断增大。1900 年，最大的渔船长度只有约 30 米，功率只有几千瓦；到 1950 年，长度已超过 65 米，功率达到 1000 千瓦，甚至更大（图 14.1）。

14.2　渔船及设备

由于篇幅所限，我们不可能对众多渔船船型一一详述。应该指出的是，拖网捕鱼已经遍及全世界，围网和袋式围网渔船在某些渔场占据统治地位。然而，即使在最先进的船队中，漂网、钓鱼等被动捕鱼方法仍很重要。20 世纪 20 年代，北美、日本和欧洲首先使用了大型加工渔船，这是一个具有重大意义的发展。这种纯加工渔船装备有冷冻、腌制和制罐设备，所需鲜鱼由捕鱼船队提供，这样整个船队能在远洋渔场进行长时期的作业。1945 年以后，加工渔船和加工拖网船开始显示出越来越大的作用，我们将在下面作进一步的讨论。

总的来说，有关渔具的发展只是尺寸的变化，而不是基本设计的改进。拖网可以比以前大得多，采用机动起锚机和绞盘，使得起网更加方便，因而可以用更长的拖索和更长的拖网进行作业。经过某些重要的改进，拖网捕鱼仍然是捕捞底层鱼类最重要的方法。桁式拖网（图 14.2）在海底的形状不受船速的影响，适于在拖网帆船上使用，不过网桁大约只有 18 米长，网的大小受到了限制，所以它在蒸汽机拖网船上很快被网板拖网取代。19 世纪后期，网板拖网（图 14.3）的早期 346

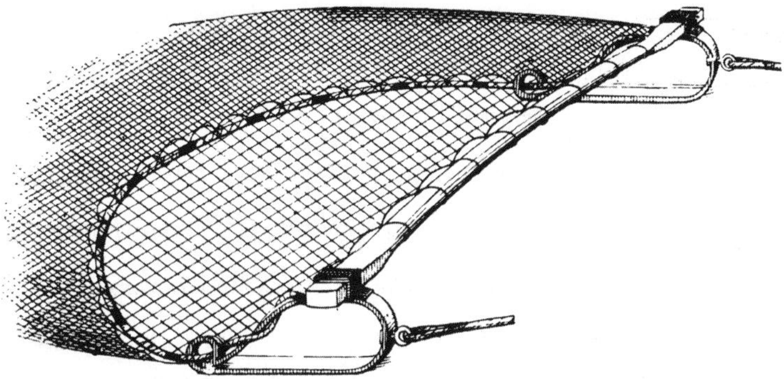

图 14.2　桁式拖网。

347

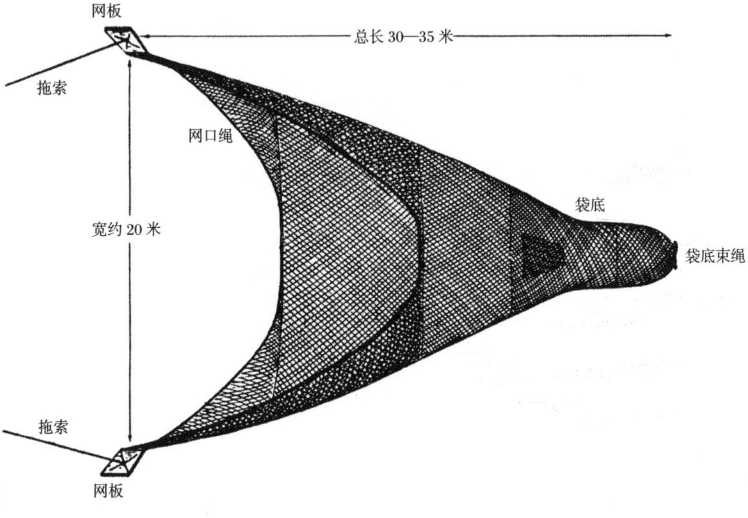

图 14.3　网板拖网。

发展主要应当归功于英国的拖网捕鱼业，但其他欧洲国家也迅速采用并改进了这种拖网。拖网口不再用一根网桁撑开，而是在网口两边各固定一个大的网板，网的上缘用一排浮子使网口保持张开（图 14.4）。每一面网板各自固定一根拖索，在渔船稳定拖力的作用下，网板移向两边，使网口张开。从理论上讲，网板拖网的大小没有限制，实际上还要受到拖网动力大小的影响。后来，网板拖网进行了一系列的改进。最初或许也是最重要的改进是法国人维涅龙（Vigneron）和达尔（Dahl）在 20 世纪 20 年代引入的，用一根长索把网板和网分开，更大水域内的鱼可以被驱入网内，从而增加了捕鱼量。后来，他们又进一步用附加小网板来增大网的开口（图 14.5）。有人还曾试图研究出一种中海拖网，需要克服的主要困难是必须设法使渔网在水里保持一定的深度。1948 年，丹麦的罗伯特·拉森（Robert Larsen）制成第
348 一张成功的中海拖网，这是有史以来人类第一次可以在鱼大量集中的中海水域进行捕捞，在此之前是无法进入这个区域作业的[3]。

图 14.4　正在作业的网板拖网。

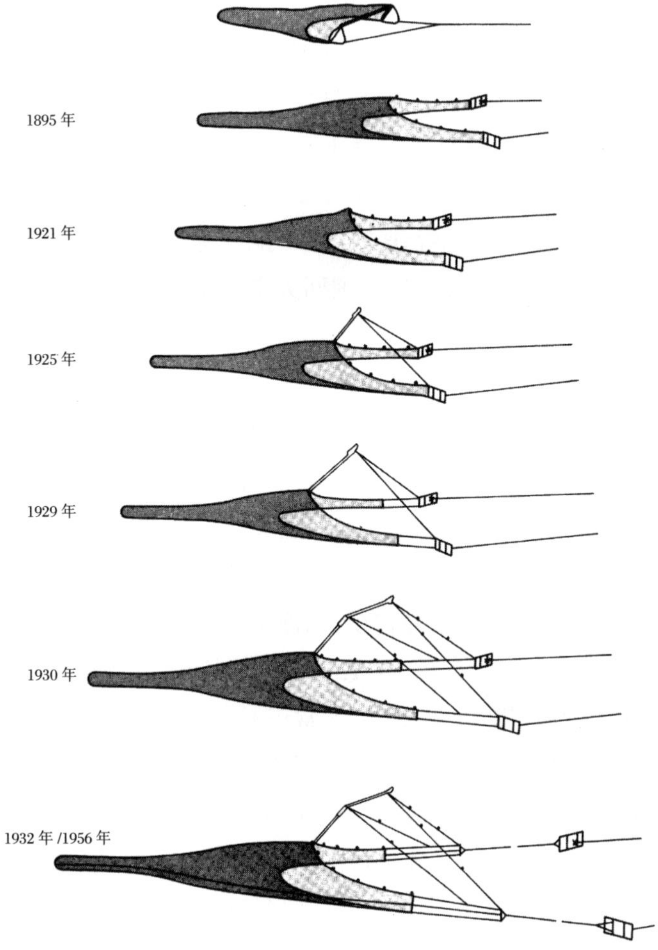

图 14.5　网板拖网的改进。

围网捕鱼基本上是用网壁将水面附近的鱼群围起来。袋式围网有
一根绳索穿过固定在网底部的那些相距一定间隔的圆环，围住鱼群后
收紧绳索，渔网形成一个网袋，鱼就无法朝下面游出去。这种捕捞
方法虽然可以回溯到 19 世纪，但只是在渔船和绞盘机械化后，捕捞 349
能力才大大提高，为许多渔场所采用。1950 年以后，许多专门提供

食品加工和油类加工用鱼的工业性渔场，都选用了这种捕鱼量极大的方法。美国的主要发展也许是袋式围网，在加利福尼亚的金枪鱼、沙丁鱼和鲭鱼渔场，动力拖网、起重悬臂和动力绞盘的采用减少了船员的数量，大幅提高了生产能力。早在1914年，首次尝试用袋式围网捕捞金枪鱼。多次试验成功后，加利福尼亚鲔鱼罐头工业在1918年建立及至1929年，这个渔场已经建立了生产能力达100吨的袋式围网业1950年，按捕捞规模来说，袋式围网大概是世界上各大远洋渔场最重要的捕鱼方法了。

直到20世纪40年代后期，在合成纤维进入使用阶段以前，渔网都是用天然纤维编造的。20世纪30年代初，卡罗瑟斯（W. H Carothers）发明尼龙后，制成了第一批合成纤维渔网。事实上，美国在1939年就试验使用尼龙制造渔网，但大约在1948年前还没有合适的商用材料。此后，合成材料迅速取代了天然材料。不过，在最初引入合成纤维时，许多人都认为它在制造渔网方面的作用十分有限，使用天然纤维更为合适。但是，合成纤维坚固耐用，不受海水腐蚀，它的潜力首先为少数实际从事捕鱼者所赏识。

在谈到渔船和渔具发展时，如果不涉及在此期间航海技术装备的发展（第Ⅶ卷第34章），那就是不全面的。20世纪初，航海技术还停留在100年前的水平上，大多数渔民凭借经验和借助罗盘来探索航道，用拴在船下的涂有牛油的测锤绳来判断海底情况。在多云的北纬海区，六分仪几乎没有什么价值，即使明白它的用法也无能为力。为了使鲜鱼供应满足日益增长的市场需求，渔船之间的通信也越来越重
350 要，通常用旗语相互联络。1912年前后，无线电通信的应用改善了对渔船的指挥和联络。大约自1920年以来，无线电成为保障渔船尤其是远洋作业大型渔船海上安全的重要措施。在这一时期，最重要的进步是采用了复杂的无线电定位系统。以前，要想比较精确地确定船的位置，无疑是做梦也不敢想的事情。现在，渔船可以在高产的海区

作业，而不必担心渔具可能被业已探知的沉船等危险物所损坏。20世纪40年代后期，雷达被引入商用渔船，从而使得这一危险的职业变得较为安全了。

回声探测仪是适于出海捕鱼的一种专门声学仪器，最初是为军事用途研制，后来又用于商船。1926年在大浅滩上进行的研究观察到，发出超声波后，可以收到鱼群反射回来的信号。约在1935年，回声探测仪使人们可以获得永久性的记录。第二次世界大战期间，捕鱼领域的研究实际上中断了，直到1945年以后，才又在许多国家蓬勃开展起来，投入使用的仪器灵敏度越来越高，从而提高了渔船的探测和捕捞能力。技术水平高的渔民不仅可以从反射波的特点发现鱼群，甚至可以判断出鱼的种类[4]。

14.3 鱼的冷藏

前面已经谈到，渔船发展的一般趋势是船和动力都越来越大，因为这样不仅可以增加人均产量，提高远洋作业的安全性，而且可以在最先捕获的鱼变质之前迅速返回港口。在燃料消耗开始剧增之前，最大经济速度与船的长度直接相关。18世纪时，欧洲肯定已经知道用冰来延长鲜鱼的贮藏期限，在其他地区甚至知道得更早。但直到19世纪中叶，冰才被广泛地用于海洋捕捞业，最初是用冬天取自冰湖的天然冰。随着高效可靠的机械化冷冻设备的发展，大多数港口都建立了制冰厂[5]。例如，1891年，在赫尔的一座制冰厂每天生产50吨冰，但是在1902年的时候，天然冰的需求量还有1.4万吨。

冰的贮藏效果完全取决于温度的降低。来自温水的鱼的表皮和肠子都带有细菌，这些细菌只要在0摄氏度以上几度就会迅速繁殖。鲜鱼的腐烂就是大量带菌的结果，无菌的鲜鱼则在室温下放好几个星期仍然可以食用。在北方水域捕获的鱼，降温后将大大延长贮藏期。例如，鳕鱼在5摄氏度时，三四天内就会完全腐烂，在0摄氏度时却可以保存 16 天以上。确切的贮藏效果还取决于鱼的种类、捕鱼地点和捕捞方式，也取决于各种生物因素[6]。

热带鱼的冰藏效果更加显著，六七个星期的有效贮藏期并不少见但在热带气候下，冰的制造和贮存成本太高，但鱼及其周围环境的冷却需要大量的冰，这使得冰对热带渔业的发展在 1950 年以前作用甚微。甚至在 1950 年以后，大多数冷藏系统都倾向于冷冻而不是冰冻实际上，1950 年以来，海上冷冻技术的发展使许多热带渔场得到更充分的开发。

即使在温带和北极区，也可能有一定的热量通过船的两侧和舱壁传到货舱，所以冰一定要小心放置，以确保捕获的鱼不致升温。早在 1910 年以前，英国和法国就试图装备制冷机降低货舱的温度，用来保存鲜鱼。20 世纪 30 年代后期，又发展为用某种合适的隔热材料将货舱隔离，不过直至现在也没有普遍应用。到 20 世纪 40 年代后期膨胀硫化橡胶和玻璃纤维等其他材料投入使用之前，在北大西洋作业的渔船一直用厚约 150 毫米的软木作为隔舱材料。

19 世纪末之前，有人就清楚地认识到冰冻贮藏的局限性妨碍了开发更远的渔场。关于海上冷冻技术发展的具体历史，尚有待后人来撰写。但很明显的是，到了 1900 年，许多国家的工作者都在尝试解决这项新技术带来的各种问题。要保证鱼的冷冻质量，就必须快速冷冻，并在零下 30 摄氏度甚至更低的温度下贮藏。这些要求带来了许多严重的障碍，特别是对于海上渔船。在 20 世纪 30 年代的研究之前，早期的尝试已经开始很久了，主要是在德国、英国、美国和加拿
352 大，论证了制造优质鱼产品涉及的各种物理因素和生物化学因素。当然，其间经历了许多失败，这无须大惊小怪。

鱼的冷冻有 3 种方法：浸泡在冷的液体，通常是盐水中；与冷冻表面接触；或置于冷空气中。在海上，使用这些方法都获得了成功。最早成功的试验是在 20 世纪 20 年代，当时已经认识到两种完

全不同的手段，一是在渔船上安装冷冻设备，以冷冻代替冰冻来贮藏冷库中的鱼，二是制造大型冷冻加工船，由捕鱼船为之提供鲜鱼。鱼在冷冻和进入冷库前，通常要另外进行某些处理，这两种方法都有特殊的吸引力。

1929 年，在政府的专款资助下，德国拖网船“福尔克斯沃尔号”（Volkswohl）安装了盐水冷冻装置。英国、意大利和日本等其他国家，也建成或装备了一些冷冻拖网船。不过，当时还是法国人特别积极，建造了许多冷冻拖网船，一直到第二次世界大战才被迫停止进一步的试验。

大约在 1925 年，一家法国公司的早期加工船“雅诺号”（Janot）投入使用。1926 年，一家英国公司将一艘肉类运输船改装为加工冷冻船，用于格陵兰各个渔场，这就是“北极王子号”（Arctic Prince）。随后，第二艘船“北极王后号”（Arctic Queen）加盟，主要加工用钓索捕鱼的平底小船提供的大比目鱼。1927 年，一家纽芬兰公司拥有的“蓝彼得号”（Blue Peter，4300 吨）开始投入类似的风险事业。由于经济上而非技术上的原因，到 20 世纪 30 年代中期，大多数这类加工船的试验都结束了。当时世界经济状况不佳，许多渔场产量下降，岸上缺乏接收和处理冷冻鱼的基本设施，也许还有产品质量下降和不能满足需求等原因。这些，无疑都促成了试验的终结。

然而，在太平洋上的金枪鱼快船上，海上冷冻的应用却获得了成功。这种快船的袋式围网捕捞的发展情况前已述及。快船的海上冷冻试验始于 20 世纪 30 年代后期，当时的试验表明金枪鱼可以在冷藏盐水槽中成功地冷冻。鱼冻结之后，随即抽去盐水，由槽壁上的制冷螺旋管保持低温。食品罐头厂很愿意接收这些冻鱼，这能够比供应非冷冻鱼更好地满足数量需求。金枪鱼快船大概是海上冷冻技术获得商业 353
性成功的第一例，它之所以值得注意，是因为强调了具有合适的产品市场的重要性。

20世纪40年代后期，各种冷冻试验在许多国家蓬勃开展起来，其中有的试验很值得一提。1939年以前，挪威几乎没有冷冻工业，它对这一领域表现出颇大的兴趣，部分原因是得到了一座德国人占领期间建立的冷冻厂。1947年，设计生产能力为4500吨冷冻鱼的大型冷冻船“索兰德号”（Thorland）投入使用，但它在商业上未能获得成功。第一年，它只运送了863吨产品上岸，很明显，加工和包装问题严重地限制了产量。同年，英国当时主要从事捕鲸业的公司利斯的萨尔韦森公司，用一艘改装的扫雷艇“费尔弗里号”（Fairfree，图14.6）试验一系列新奇的设想，其中之一是船尾滑道，结果证明极有意义。在传统的侧式拖网船上，将操作渔具移至船侧，整个拖索在收
354 网时被送入靠近船尾的舷侧滑车或曳索眼中。为便于船的操纵，这样做很有必要。拉上船的渔网铺在船侧，在露天的甲板上整理并冲洗干

图14.6 “费尔弗里号”，一艘带船尾滑道的试验性冷冻机拖网渔船。

净。渔网必须用人力来翻转，这项工作可能有危险，特别是在风暴天气里。当然，在无遮无盖的甲板上处理鱼也非常艰苦。虽然船尾滑道当时还不被众多捕鱼者所知，却已经在捕鲸船上普遍采用。采用船尾滑道，渔具可以从船尾收取和放入海中，这便于全部操作的机械化。鱼可以被拖到滑道上，再放到露天捕鱼甲板下方有遮盖的加工甲板上。“费尔弗里号”的处理方式是把鱼切成片，再用一种喷气冷冻与接触冷冻相结合[7]的特殊设备使其冷冻。事实上，约1万吨的德国冷冻加工船“汉堡号”(Hamburg)也用了类似的冷冻方法，但它尚未进行一次真正的捕捞作业就在1941年沉没了。“费尔弗里号”的试验首次表明，可以用同一艘船进行捕捞和加工，并指出了捕鱼业要想继续生存就必须向外海捕鱼发展的方向。尽管因为外海捕鱼常常遇到捕获的各种鱼类的转运问题，使得日本人在1948—1949年停止了以加工母船为基地的作业试验，但以加工母船为基地的外海作业早在20世纪30年代就被证明可以获得成功。有了海上冷冻，渔船的作业航程不再受鱼的有效冰冻期的限制。只要经济上合算，渔船就可以航行到世界上任何渔场进行捕捞，直到货舱装满为止。1950年，世界捕鱼业均衡发展。不久，苏联、波兰和民主德国等国家建立起大型船队，整个行业的形势大为改观。

14.4 渔场维护

本章开始时就已指出，在很长时期内，许多国家都没有捕鱼量的可靠统计资料，但基于现代渔业的诸多目的，我们应该搜集这些资料，至少是为了能够评估捕鱼对鱼类资源的影响。19世纪末之前，许多欧洲渔业国家的渔民曾经抱怨捕捞过度，某种捕捞方法危害了其他捕捞方法的前景，有些渔具毁坏了鱼卵(见一些早期的有趣事例[8])。由于缺少可靠的资料和对数据作出说明的必要科学知识，这些抱怨得不到证实。那些投入更大功率的渔船和更大渔网的地方，捕鱼量又确实 355

在上升，这就使某些人认为似乎并不存在过度捕捞的问题。然而到1900年，英国成立了5个皇家工业状况调查委员会，认为必须建立强有力的渔场维护措施，依据科学预报渔情和制定捕捞方法同样十分重要。

整个19世纪，人类对海洋生物学的兴趣不断增加。1900年以前建立了许多著名的海洋站。事实上，世界上第一个海洋站是1859年在法国的孔卡诺创立的[9]。生物学家的首要任务之一是弄清某些普通商业鱼种的生活史，这个领域的先驱是挪威人萨尔斯（G. O. Sars）。20世纪早期，生物学家们就在判别哪些鱼类资源面临枯竭，哪些捕捞方法最有破坏性，以及对哪些渔场限制捕捞可能更为有利。特别是他们已经开始寻求渔场鱼藏量丰度变化的原因，究竟是自然因素还是人类的滥捕造成的。

人们很快认识到，必须将捕鱼控制法扩大到本国领海之外，因为鱼是不理会人为疆界的。渔场保护法要奏效，就必须得到国际承认。1902年，国际海洋勘查委员会成立，有关特殊海域或海洋生物物种管理的团体都力图以理智的态度运用新的科学知识，但他们的成功很有限。制定限制措施原本是为了捕捞业的整体利益，但常常似乎对个别国家、港口或渔民更为有利，而对其他的地方并无好处，因而往往不受重视。一旦眼前有了获利的机会，渔民们往往便不能自持，全然不顾往后的艰难时光。20世纪前半期，发生过许多严重违反国际协定的恶性事件。我们在此表明的观点也许过于悲观，但它在一定程度上已经被1950年以来的事实所证实。由于不合理的、实际
356 上无节制的捕捞，有些著名的渔场完全垮了，另一些渔场也严重地利用过度。

到1950年，科学家们已经在掌握渔藏量动态的基础上，开始深入研究更有效地预报渔情的方法。大约自1925年以来，先进渔业国家的政府便着手建立技术实验室，研究食用鱼的处理和加工，劳动工

程师们开发了诸如海上冷冻这样的新技术。

14.5 渔业机构

到 1900 年，在先进渔业国家中，由于工业捕捞和岸上支持服务的相互影响，船队相对集中在少数几个港口。为了提供完善的码头区市场设施，提供燃料、冰、机器和渔船的维修，提供制造和修理渔具的技术服务以及航海和捕捞的补给，这就需要修建停船码头，而不只是小型潮水湾和避风港。与习惯于近海作业的渔民相比，远航归来的船员在下一次出海之前需要很好的短暂休整。复杂的深海渔船需要巨大的投资，这就使得船主难于保持独立，导致合股经营、较大的私营和国营公司接管了绝大部分的业务。凡此种种，都需要建立相应的行政管理设施和技术设施，通常只有较大的港口才能切实做到。20 世纪初，至少在欧洲和北美，仍有许多个体经营或合伙经营渔船的小型渔业团体。但到 1950 年，小型的基地要么完全停业，要么就是只用作近海小规模的捕鱼作业。

14.6 捕鲸

捕鲸业（第Ⅳ卷第 2 章，边码 55—63）几乎是独立于渔业而发展的。除了船尾滑道，再没有捕鲸业影响渔业的更多事例。捕鲸活动很早就在大西洋东北部开始，甚至在 19 世纪蒸汽机和斯文·弗因（Svend Foyn）鲸叉发射炮用于捕鲸业之前，就已经出现了鲸捕获量减少的迹象。鲸的加工处理在船上或岸上基地进行，例如挪威和冰岛就是在岸上基地加工。不过，捕鲸有时也会激起反对，部分原因或许是因为并非整条鲸都有用，无用的部分只好任其腐烂。挪威北部的渔民
反对说，捕鲸搞垮了鳕鱼捕捞业，政府在 1904 年禁止在诺尔兰、特 357
罗姆斯和芬马克对面的水域捕鲸，同时也不准在岸上加工处理。于是，挪威的捕鲸公司只得在别的地方建立鲸加工厂，例如大西洋东北部的

设得兰群岛、法罗群岛和冰岛以及其他许多国家。到 1910 年，在阿拉斯加、智利、加拉帕戈斯群岛、澳大利亚西部及非洲的许多地方建立了加工厂。

人们很早就知道在南极区有许多鲸，拉森（C. A. Larsen）在 1894 年作为德国一支探险队的成员访问南极之后，曾经试图建立一家挪威公司，开发那里的鲸资源。最终，他在南乔治亚岛组建了一家阿根廷公司，并建立了他自己的加工厂。他的成功吸引了其他人步其后尘。在 20 世纪初，鲸加工大多在海岸上进行，但有两个因素促成了加工船的发展。一是由于海岸加工厂附近海域的鲸已捕杀殆尽，必须深入更远的海域搜捕。二是出于对鲸蕴藏量的关心，英国政府在 1908 年作出强制规定，必须对整条鲸加工处理，不许把开剥后无用的鲸尸体扔在海边。进而，英国还对运往邻近南美洲的南极地区的每一桶燃油征税。

早期的加工船大多由商船改建而成，鲸通常被绑在船边，直接在水中用人工剥取脂肪。剥鲸人在鲸身上行走，割取鲸脂。这项工作只有在风平浪静时才能进行，因而大多数加工船都停在南乔治亚群岛或南设得兰群岛的避风海湾中。20 世纪 20 年代初，这种加工方法基本上停止，南极捕鲸业也向远洋发展，鲸加工则在国际水域的冰缘上进行。1925 年，第一艘有滑道的加工船投入使用。20 世纪 30 年代初，加工船都是专门建造而不再由商船改造了。这些新型加工船的总注册吨位超过了 1 万吨，操作也高度机械化，鲸被迅速割开，并在压力锅中取出鲸油，这种油成为人造奶油的重要成分。作为捕鲸业的其他主要产品，肉和骨粉被广泛用作动物饲料。在 1945 年以后的一个短暂时期内，由于世界上经常性的食物短缺，冷冻的鲸肉也曾作为食
358 品，在英国等一些欧洲国家出售，然而从来没有受到英国公众的普遍欢迎[10]。

南极捕鲸业初期曾受到压抑，在以后的 10 多年中迅速发展，但

很快便衰落了。早在 1950 年以前很久，科学家们已经发现过度开发的隐患。其他捕捞业也同样应该吸取这个教训，即使是世界上的可再生资源也是有限的。如果没有为大家共同接受并能强制执行的国际协定，就不可能合理地开发国际资源。

相关文献

[1] *Yearbook of fisheries statistics.* F.A.O.1947.
[2] *Fish Trades Gazette.* 19 March, 21, 1921.
[3] Von Brandt, A. *Fish catching methods of the world.* Fishing News (Books) Ltd. London.1964.
[4] Cushing, D. H. *The detection of fish.* Pergamon, Oxford.1973.
[5] Cutting, C. L. *Fish saving.* Hill, London.1955.
[6] Burgess, G. H. O., Cutting, C. L., Lovern, J. A., and Waterman, J. J. *Fish handling and processing.* H. M. S. O., Edinburgh.1965.
[7] Lockridge, W. *Transactions of the Institution of Engineers and Shipbuilders in Scotland,* 93, 504, 1950.
[8] *Report of Commissioners appointed to inquire into the Sea Fisheries of the United Kingdom.* II. Minutes of Evidence and Index. H.M.S.O., London.1865.
[9] Kofoid, C. A. *The biological stations of Europe.* Government Printing Office, Washington.1910.
[10] Vamplew, W. *Salvesen of Leith.* Scottish Academic Press, Edinburgh.1975.

参考书目

捕鱼：

Cutting, C. L. *Fish saving.* Hill, London.1955.
Hjul, P. (ed.) *The stern trawler.* Fishing News (Books) Ltd. London.1972.
Kristjonsson, H. (ed.) *Modern fishing gear of the world.* Fishing Nwes (Books) Ltd. London.1959.
Traung, J.-O. (ed.) *Fishing boats of the world.* Fishing News (Books) Ltd. London.1955.
——. *Fishing boats of the world.* 2. Fishing News (Books) Ltd. London.1960.

捕鲸：

Mackintosh, N. A. *The stocks of whales.* Fishing News (Books) Ltd. London.1965.
Ommaney, F. D. *Lost leviathan: Whales and whaling.* Hutchinson, London.1971.
Vamplew, W. *Salvesen of Leith.* Scottish Academic Press, Edinburgh.1975.

第 15 章

采　煤

安德鲁·布赖恩爵士（SIR ANDREW BRYAN）

核对到此页，已在第 8 章中较为详细地叙述过。以英国的实际情况为例，人们可以看到，在 1875 年的时候，历史悠久的采煤已经成为当时规模最大的工业之一，雇用的采煤工人约有 50 万，每年生产约 1.35 亿吨。采煤当时是极为重要的工业，同时也是不断发展的工业。因为煤是主要的能源，蓬勃发展的工业都要靠煤来满足和提供日益增长的动力需求。此时，已经形成两种基本的煤层开采方法，分别是房柱式采煤法和长壁采煤法（第Ⅳ卷第 3 章）。正如我们将要谈到的，房柱式采煤法逐渐在美国的采煤业中推广开来。 359

15.1　截煤机

20 世纪初，采用动力驱动的机器从下部切割煤层，这是采煤方法的重要进步，不过仍然处于初期阶段，尽管早在 19 世纪 50 年代初已经开始试用一些重型采煤机械，并分别使用了盘式、链式和杆式三种重型截煤机（第Ⅳ卷，边码 82）。当时安装的机械数量很少，采煤量不多，对于改变矿工用手镐挖和用炸药爆破的采煤方式影响不大。

当采矿工程师——特别是英国和欧洲一些国家的采矿工程师——感到有必要把房柱式采煤法改为长壁采煤法时，截煤机便应运而生，因为对煤日益增长的需求迫使人们开采更深处的煤层。在深井中，由于上覆地层的重量不断增加，地下工作面岩石所受的压力也越来越大煤柱受到严重挤压，给维修井下巷道和通风道增加了很大困难。同时这也表明房柱式采煤法已经越来越不适用。因此，英国早期的重型截
360 煤机就专门用来在长壁工作面上采煤，使井下用手镐切割下部煤层的过程实现机械化。在19世纪的最后25年中，尽管人们越来越认识到对机械化采煤的需求，但动力驱动的重型截煤机发展仍很缓慢，而且起初只偏重于发展盘式截煤机。

阻碍推广应用机械化采煤方法的因素很多，例如压缩空气的传输管道很长、安装和维修的费用昂贵、传输过程中动力耗损大、总体效率低等。幸运的是，由于电力的广泛应用，上述不利因素到了19世纪末大部分被克服了。电是更通用的能源，传输效率更高。它的推广应用刺激了采矿工程师和采矿机械厂商，他们以更大的兴趣来设计和应用长壁采煤截煤机。由此，截煤机的使用更为广泛。20世纪初，有180台截煤机在英国的煤矿中投入使用，两年后增加到345台。

1913年，英国的煤年产量接近3亿吨，达到了它的最高纪录1900年到1914年第一次世界大战开始，世界对煤的需求急剧增加推动长壁工作面重型截煤机的设计和使用取得了重要进步。当时使用的大多是能在工作面上切开一道深槽的链式截煤机。它由三个部分组成，分别是牵引部分——用来提供可变的切割速度和机器自身的移动速度、发动机部分和截盘或齿轮传动部分。机器的保养改善了，故障也减少了。同时，由于冶金技术的进步（第18章），生产出更为高级和特殊的合金钢，从而有可能制造出更坚固耐用和紧凑的截煤机。这些进步不仅增加了机械的安全性和可靠性，而且使矿山管理人员和工人对于在工作面上采煤的机械化产生了好感。1931年，英国矿工联合会主席在报告中指出，“联合会将尽可能支持发展节省劳力的设备”

（第5章，边码103）。

15.2 长壁工作面输送机：传统的机器开采

随着长壁截煤机应用的增加，人们很快就意识到，要使矿井的生产潜力得到充分发挥，就得借助机械来保证采煤工作更快和更有节奏地进行。不久，用于这种工作面的输送机被研制了出来。首先出现的 361
是布莱克特输送机，它的组成包括在钢槽里移动的钢刮板链。这种输送机由布莱克特（W. C. Blackett）发明并获专利，1902年在达勒姆煤矿安装使用。三年之后，萨克利夫（Richard Sutcliffe）又在约克郡煤矿采用了他的无极皮带输送机。

在长壁采煤工作面上，“传统的”机械开采是把重型截煤机和输送机结合在一起进行生产。通常每日分三班轮流利用这种采煤法进行生产，这意味着当天的日班工人把机械截割的煤（爆破后准备装载的煤）用手工铲送到工作面输送机上，后面两班则进行煤层截割，把煤剥离和堆放起来，回收后面的支架和向前推动输送机，为第二天的装运做好准备。截煤机与输送机的结合使用提高了产量，为采煤带来了显著的进步。通过减少进出长壁工作面的巷道数，降低了修筑巷道的费用和危险。由于机械化操作要求采煤工作面必须成直线，消除了台阶式工作面的“隅角”，这个地方的顶板会有不均匀的应力致使强度削弱。最后，随着采用有序而安全的顶板支架系统变得较为方便，显著减少了发生事故的危险。当时，井下事故大多起因于采煤工作面顶板的塌落。

在20世纪上半个世纪，英国机械采煤从占总产量的1.5%提高到80%左右，用输送机在井下运煤则从零上升到80%。尽管数量出现如此明显的增加，但直到第二次世界大战时，除少数明显的事例，英国的煤矿在工作面上采煤方式取得的技术进步，一般只局限于对截煤机和工作面输送机的设计和制造进行一些次要的技术改进。输送机在采煤工作面上的使用大有进展的同时，设计方面并无突出的进步当然这对于采煤并无多大影响。

20世纪30年代初，在长壁工作面上采煤和装煤方面，梅考—穆尔联合采煤机的采用是一项重大进展。这种机器基本上是一个截煤机后面拖一个装煤部件，在输送机和工作面之间的地面上运行时，从下部掏槽，并将煤爆破以备装运。当它运行到采煤工作面的尽头时，还
362 可以往回走，并借助带有悬臂、能够旋转的装料部件，把准备好的煤装入工作面输送机。虽然这种初创的机器引起过人们极大的兴趣，但它并不十分完善，把“截”和“装”分为两道工序就是一个缺陷。不过，在实现采煤工人能有一种同时进行“截”与“装”的机器的理想方面，它显然为一个很有前途的开端。

15.3　西欧的开采活动

长壁采煤法在欧洲早已被广泛采用。开发工作（直到第二次世界大战）主要是在英国，美国则不甚关心。与英国相比，欧洲大陆的煤层较为松软，坡度较陡，在工作面上截煤的动力机器采用了压缩空气提供动力的手提式冲击镐敲击方式。这里的工作面输送机是按“跳汰”原理工作的，通过往复式运动，煤沿着钢槽颠簸出去。

正如在英国一样，随着第二次世界大战的到来，欧洲大陆尤其是德国的人们更加注重发明一种由同一台机器来截煤和装煤的系统，推动了德国长壁采煤法的重大突破，促使刨煤机研制成功。刨煤机是一种钢制的镐或楔形装置，沿着紧靠采煤工作面的铠装工作面输送机的侧面运行，反复地用钢丝在采煤工作面上来回拖曳，当它揳入煤层后，薄层煤便纷纷落到输送机上，从而同时实现了截煤和装煤两项工作。当刨煤机把煤从煤层中剥离下来后，灵活的输送机便被顶起并迫近工作面，让刨煤机再度工作。

15.4 美国的开采活动

在19世纪的最后25年间，美国在机械采煤方面有了显著进展。美国的煤矿中，煤的储藏量很大，地质条件和开采条件都很有利，煤埋藏在相对较厚和相对平缓的煤层中，而且接近地表的浅层，于是采煤从处于小山或溪谷附近的露头开始，通过巷道进入煤层。在这种条件下，美国几乎全都采用房柱式采煤法（bord-and-pillar，北美又称room-and-pillar）。

由于缺乏劳动力，美国不愿意在可以使用机器的 363
地方使用人力劳动，这导致了切割煤层底部的机器的早期发展。美国用机器采掘烟煤的产量，到1900年已占煤总产量的25%，到1947年更增加到90%。由于采掘下来的煤要爆破后再装车，人们又研制了钻炮眼机。尽管促进了生产，但人们对机器的潜力仍未能充分认识（因为还在继续用人工装煤），直到20世纪20年代，才把注意力转移到研制装载机械上。1923年，美国的机械装载量仅为1%，1939年上升到21%，1950年则进一步提高到70%。

图15.1　美国弗吉尼亚的一个煤矿里用手工分选煤，约1910年。

在美国的机械化采煤工作面（或掌子面）中，工作大致按如下顺序进行：第一，进行底部掏槽，在有些情况下，当煤层只有3.4米厚时，也可在顶部开槽和截割；第二，在采煤工作面上钻炮眼；第三，用炸药或某种安全的代用品——例如卡多克斯爆破筒（压缩二氧化 364

图 15.2　在美国的一个煤矿里，用短壁截煤机进行掌子面上下部掏槽。

碳）来爆破煤；第四，用机器把准备好的煤装入矿车、穿梭矿车或输送机。这里的输送机是在工作面装载机与由井筒向外的运输系统之间的桥梁。

为了完成上述工作过程（除了爆破），人们选择各种机器的组合（当时这种庞大的排列是可行的），以适应特定矿脉的开采条件和方法。联合在一起的机器包括用于煤层底部掏槽的短壁截煤机（图 15.2），用于底部掏槽、顶部掏槽和截割煤的通用弧壁式截煤机（图 15.3），用于钻炮眼的钻孔机。此外，还有鸭嘴式装载机、链式装载机、跳汰式装载

365

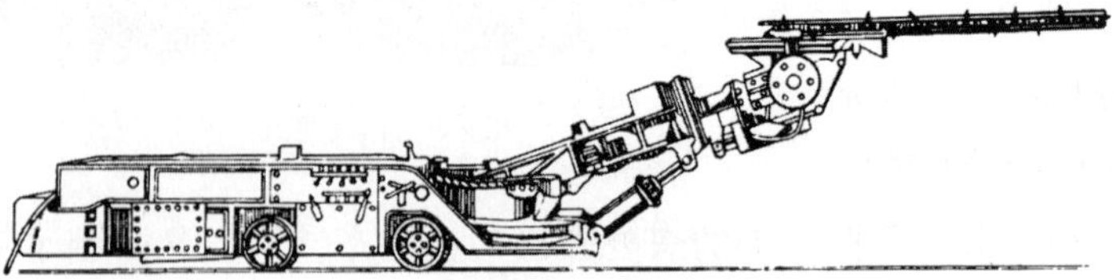

图 15.3　乔伊 7—AU 型的有轨截煤机。

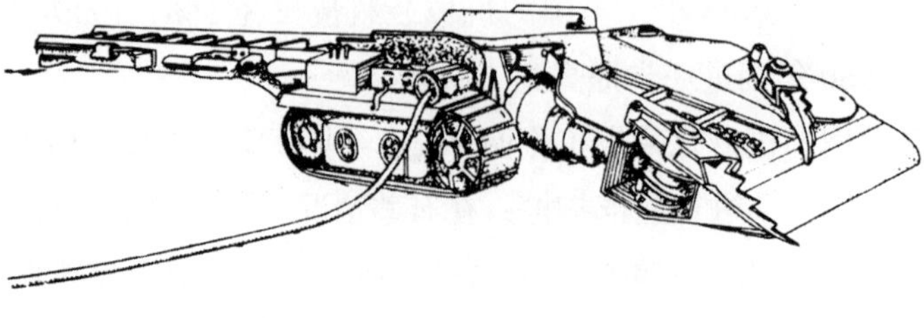

图 15.4　乔伊 12—BU 型履带式装煤机。

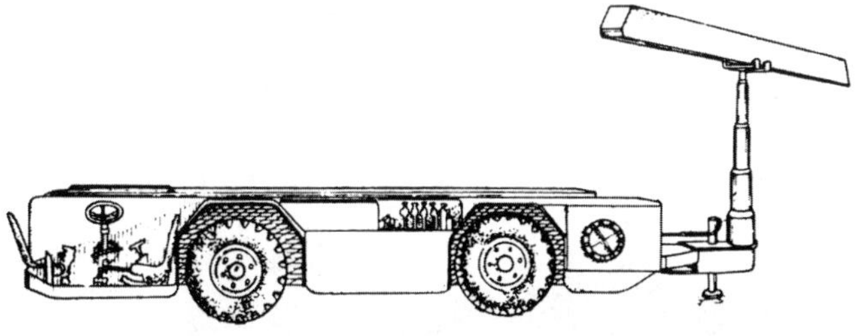

图 15.5 乔伊型支架安装机。

机或蟹爪式装载机，它们被用于抄起待装运的煤，送到由井筒通向外界的输煤系统中。这些机器大多可以靠电力驱动，不在轨道上行驶的机器则安装履带或胶皮轮胎，使之无论在什么样的地面上都能运行。使用这种比较灵活的机器，可以免除一些辅助性的工作，并节省用于铺设进入每个工作面的轨道的投资费用（图 15.4 和图 15.5）。

在许多机器分开使用的情况下，因为一次事故妨碍整个系统工作的风险就大大地增加了。这促使人们研制出一种新型的联合采煤机，也就是“连续采煤机”。这种机器能够从工作面破碎煤，并把煤装到由井筒向外的运输系统上，使采煤成为一个连续操作过程。使用联合 366
采煤机的结果，排除了分别进行截煤、钻眼、爆破和装载等工作的传统工作循环。到了 1950 年，已有的和正在研制的联合采煤机共有 12 种不同的类型。毋庸置疑，美国的采煤实践对许多国家提高房柱式采煤法的生产效率作出了重大贡献。

15.5 英国的同步截煤与装煤

第二次世界大战爆发让增加煤产量的要求更加突出，人力又曾一度严重不足，这进一步促生了对装煤机械的直接需求，人们的注意力再次转向继续改进梅考—穆尔联合采煤机。战争爆发之前，在斯塔弗尔德郡的斯内德煤矿，曾对这种机器进行过一次试验。1942 年，又

图 15.6　梅考—穆尔联合采煤机，在具有手工独立操作液压支架的长壁工作面上工作。

专门在诺丁汉郡的博尔索弗煤矿和拉福德煤矿进行过多次试验（将一个 AB 型截煤机装在一个梅考—穆尔型装载机上）。这些试验的结果证明同时进行截煤和装煤是切实可行的。两种机器的生产商共同重新考虑了这一问题，很快研制出 AB—梅考—穆尔联合采煤机，这是第一台用于长壁采煤的可以同时进行截煤和装煤的联合采煤机（图 15.6），1943 年问世后取得了立竿见影的非凡成功。

367 与此同时，除了美国的连续采煤机，德国还有把刨煤机和铠装的工作面输送机结合在一起的装置，更新式的 AB—梅考—穆尔联合采煤机和另一些卓有成效的联合采煤机，也相继研制成功，其中包括加拿大的多斯科截煤机和英国洛根的刷帮截煤机、尤斯克赛德采煤机格洛斯特采煤机等。还有两种按楔的原理制造的其他类型的机器，分别是萨姆森剥离机和赫伍德刨煤装载机。除了美国的几种（如先前列举的）装载机，在英国还研制了谢尔顿装载机和赫伍德装载机，它们都是为长壁工作面设计的，采用机器截煤并将煤爆破准备装载。

第二次世界大战结束时，英国长壁工作面的采煤状况已经发生重大变化。虽然深截式采煤机有助于发展生产，但也带来了工作面顶板不够安全的问题，增加了岩石掉落下来的危险性。因为需要加宽采煤工作面的顶板来容纳所有的设备（主要是工作面输送机后面的顶板支架、工作面输送机本身以及截煤机），煤层也要截得比较深（1.6 米以上）。这样，在支架的前排和底切槽后面之间，必然留下一段跨度很宽的顶板，它未获支撑的时间取决于煤的装载速度和输送机以及顶板支架向前推进的速度。

不过，上述缺陷很快就被克服了。用德国的铠装工作面输送机和刨煤机进行的试验表明，虽然英国的坚硬煤质不宜应用刨煤机，使用输送机的效果却很好，不仅有利于提高采煤量，而且也更安全。因为它工作灵活，构造坚固，只需占用很少的采煤工作面空间，不用铲平底板就可向前推进，还为用窄板截煤机提供了铺装好的轨道。德国输送机和装上了窄板输送机的联合采煤机的结合具有显著优点，不仅可以使采空区边缘到底切槽后部的顶板跨度大大缩小，更加重要的是，还可使从工作面输送机后部到底切槽后部之间的顶板跨度大大缩小，从而在一时没有支撑的情况下也不会发生危险。这样，装有输送机的截煤机就不再因为等待安装顶板支架而中断截煤的工作。灵活的输送机紧跟在联合采煤机后面，紧贴煤面蛇行，顶板支架可以迅速前进，使最新暴露出来的顶板得到支撑。

灵活的铠装输送机的出现，有力地促进了窄板联合采煤机的发展。368
20 世纪 50 年代初，安德顿截割采煤机和 AB 型钻削式采煤机研制成功。前者实际上是在普通截煤机上用装有镐的滚筒替代截煤机的截盘（图 15.7），厚约 0.5 米截槽的煤随着截煤机沿着输送机向前推进，切

图 15.7　在带有动力推进顶板支架的长壁工作面上，截割装载机安装在铠装工作面输送机上。

图 15.8　在带有动力支承顶板支架的长壁工作面上工作的钻削式采煤机。

割下来的煤大部分落到移动着的输送机上。散落在输送机侧旁的煤，由一个安装在输送机底架上的煤刮板收集和装载。这种截割机迅速取得了惊人的成就。AB 型钻削式采煤机（图 15.8）是另一种成功的窄板联合采煤机，把螺钻的原理应用在长壁工作面。这两种机器的设计有了重要的改进，它们的活动范围扩大了，能在两个方向上切割煤层，性能迅速增加，工作效率也迅速提高。由此，长壁工作面的采煤机械化开始走向一个新阶段。

15.6　液压顶板支架

新的系统大大加快了采煤工作面推进的速度，因而需要有更加
369 坚固和更加灵活的顶部支架，同时需要方便而可靠的方法，使得顶部支架能够快速安装、加载、拆卸和变换长度。这种要求带来摩擦型可伸缩支架的广泛应用，更为重要的是，道蒂（Dowty）后来又引入了一种效率更高的液压支架。这种液压支架由于采用了动力自推进顶板支撑系统，减少了安装支架需要付出的大量体力劳动。另一个重要的方面则是，液压支撑在采空区的边缘施加了一种强大的“破坏”力，使采空区很快全部崩落，不必再对采空区进行废石带状充填。

15.7　井下运输和运输工具

从 1875 年直到 20 世纪初，已有的井下运输方法几乎没有什么变化。当时在采煤工作面上或靠近工作面的地方，运输通常依靠矮种马

图 15.9　沿着钢拱支撑的主巷道运送煤的主干传送带输送机。

拖运和手推矿车，有些地 370
方还靠斜坡自行滑溜。主要的巷道采用钢丝绳牵引。主绳、主尾绳或无极绳系统都被用于这种牵引方法。1902 年，井下运输出现了一次重大变化，在长壁工作面上采用了输送机，不久后又在矿井平巷内使用。20 世纪 20 年代，由
于改用了橡胶传动带，大 371
巷传送带运输广为推广，从而导致了主干传送带的设置（图 15.9）。20 世纪 40 年代，又采用了钢缆传送带输送机，它上面的传送带靠钢索支撑和运送，尽管当时它仅仅被用作载重装置，依然成为重要进展的标志。不过，甚至在 1947 年，英国深层煤矿产量的 90% 仍然采用钢索牵引进行运输。1950 年，英国诺丁汉郡的克里斯韦煤矿发生损失惨重的输送机传送带火灾。随后，人们研制出一种非常坚固而又防火的传送带，导致传送带运输量的剧增。

一种可以在坡度小于 1/25 的斜面上运行的机车，在欧洲大陆和美国普遍使用，在英国却用得很少。柴油机车被用于更陡的坡面上，蓄电池供电的机车则用于更平坦的路面，它们性能可靠且容易保养。由于安全和费用等问题，轨道电动机车的使用受到严重限制。

当然，井下牵引和运输不只是运送煤和废渣，矿工的往返、材料的配送、工场和设备的转移也离不开它。传送带虽然对清理机械化长

壁采煤工作面的存煤很有效，但尚未证明能够让人完全满意。为了完成这些任务，常常需要辅助的钢索牵引运输，在工作面附近的恰当地方使用单轨吊车，或者用钢索牵引井下运料车和无轨车辆，有时还可采用缆车一类的运载工具，帮助人们在很陡的巷道里上上下下。运输问题的研究表明，煤矿布局的整体规划应确保可以迅速连续地把生产人员从地面运送到井下工作区，同时对运输线的安排应遵循科学的原则，大巷应该用于运煤，其他路线则用于运送人员和材料。

15.8 矿井提升机

英国建造于 19 世纪最后 25 年间的传统的矿井提升机系统，直到 20 世纪 20 年代都没有多少改变。这种提升机装置包括蒸汽驱动的提升发动机，它装有一对平行的卷筒，带动与在直径不大的竖井中运行的罐笼相连的钢索。当时的提升机几乎不使用平衡索，有效负载也较小，提升的速度却相当快。吊桶通常都很小，在罐笼的装卸过程中都用手工操作。随着电力的广泛应用和供电系统容量的增加，采用电力驱动的提升发动机越来越多，从 1911 年的 17 台增加到 1940 年的
372 631 台。初期的提升机装置用直流电动机驱动，但从 20 世纪 20 年代起，便基本上改用齿轮传动的交流感应电动机了。

1947 年英国的工业国有化引起了许多重大改造，包括改进矿井提升机能力、提高起重量、采用箕斗取代罐笼，或者采用运送大容量矿车的多层罐笼，同时还使井口和井底的箕斗或罐笼的装卸工作实现了机械化操作。第二次世界大战结束时，摩擦驱动型提升机（又称 Koepe）得到普遍推广，它在欧洲大陆的许多煤矿已经运用了将近半个世纪。到 1950 年，包括两绳式、三绳式和四绳式的各种摩擦提升机的应用明显增加，适合于在深矿中提升大的负载，并适用于自动控制。在引进这种技术时，对提升机和主齿轮需要有新的设计，还要求研制特殊的罐笼装卸矿车装置。例如，用于井口、井底和井内工

作面的提升机，需要有绞链的平台和稳定罐笼的设备。由于矿井的深度、产量和装载量的增加，加上可以安全悬挂的单索（带有卷筒或摩擦轮）在约1000米的深度上已经达到最大重量——净负载达10—12吨，多绳提升机的价值和适用性得以很好地验证。

15.9 抽水

19世纪最后10年和20世纪最初10年间，在矿井的排水设备中，新式的离心泵替代了由蒸汽机推动并用横杆操作的庞大的泵（这种泵要求有高大的机房和悬在竖井上的笨重木杆）。此后的发展以改进泵本身为主，而不是考虑使用的方法。采矿工程师们除了保证泵体积紧凑、使用耐久、性能可靠、设计制造有效，以及采用遥控或自动控制的方式取得劳动力的最佳经济效果，还很注意改善泵的操作条件和减少运营成本。对于附近的或聚集在一起的泵来说，要通过提供合适的集水井和简易的水位控制等方式，来防止泵的阻塞。对于竖井泵则要采取预防措施，以免泵受到腐蚀性水的损害。适于在废井中自动运行的深井泵和潜水离心泵研制成功，这是很了不起的成就。

15.10 通风和照明 373

能够以较少的花费有效地让足够的空气在矿井中流通，稀释和排除有害气体，并不断清除所有工作区中落下的悬浮在空气中的灰尘，通过实现适当的气流速率、温度和湿度，为井下工作人员提供舒适安全的工作环境，这是矿井通风的目的。在19世纪，矿井通风系统的研究工作往往只是偶尔为之（第Ⅳ卷第3章，边码92）。此后，由于人们对许多基本原理有了较清楚的理解，通风系统的恰当设计已经被认为是整个矿区规划的重要部分，这主要得益于可以用电路的电阻来模拟一个系统的风道，从而得到各种通风模型。业已证明，解决通风网络问题——例如在确定两个或多个矿井通风系统联在一起时产生的气流方面，各种通风系统模型（后来又为数字计算机系统所取代）特别有用。

自从戴维（Humphry Davy）在1815年发明安全灯以来，它几乎在一个世纪内始终是煤矿工人的象征（第Ⅳ卷第3章，边码94）。20世纪初，这种火焰安全灯开始被手提式蓄电池安全灯所取代。20世纪30年代，后者又被更有效的头戴式蓄电池矿灯所取代。为了改善矿工的健康和安全，需要有更高标准的照明条件，这促使照明条件不断改善，特别是要把眼球震颤症的发病率减少到最低限度。这种眼病是由恶劣的照明条件引起的，在英国煤矿中早已成为一种严重的职业病。广泛采用头盔式矿灯之后，基本上消除了眼球震颤症的危害。当然，人们已经认识到，只靠矿工头戴的矿灯，并不能为长壁工作面、运输巷道和人行巷道的安全和工作效率提供足够的照明。虽然通过电缆电源提供井下巷道照明的进展很快，而且电缆电源照明在第一次世界大战之后已经在井下巷道普遍采用，采煤工作面上的情况却并非如此。不过，20世纪40年代的若干实验装置表明，在采煤工作面上利用电缆电源照明也是可行的。当然，机器自身并不需要照明，但在安装、检查、修理和保养机器时，有效的照明仍然必不可少。

374 15.11 安全和健康

为了解决许多煤井中特有的危害，也为了减少事故伤亡和职业病的影响，人们自1875年以来作出了大量努力。危害的肇因很多，包括地层的塌落、可燃性气体和粉尘的爆炸、吸入有害气体和悬浮在空气中的粉尘、水的涌入、自燃或其他原因引起的地下火灾、炸药的使用和处置、井下运输和矿井提升机运行时发生的事故，也包括与运行着的机器、链条、传送带、绳索、吊桶、矿车等相撞和不当的用电，还有其他各种各样的原因。通过提高健康和安全标准，人们采取了一些行之有效的措施，主要包括制订法定的条例和检查实施情况、自觉遵守操作规程、改善管理的质量和水平、更多的科技研究、采用先进技术并让工人和普通职员共同参与制订新的方案、开展安全宣传并克服漠视健康和安全的做法，同时提高工人和管理人员的基础教育、职业培训以及最新技术须知等各种标准，改善周围的社会与生活环境，提高矿区的道德意识。

从经验和调查得到的启示是，要实现健康和安全的采煤，一个重要的方面是有效地采用先进技术。采用先进技术能够达到各种目的，例如凡是有人工作或经过的地方不致因一次偶然差错就引起一次事故，在已知的危险区域通过遥控和自动化来减少和尽可能避免使用人力，事先设计出安全的采矿机械和安全的采矿方法。这意味着在机器的设计和矿井的规划过程中，要综合考虑每一个要素及其与其他要素的相互作用，确定这些要素在整体安全方面的综合作用。同时，要在设计中“排除”已经认识到的危险，或采取适当的预防措施来消除危险。简而言之，要在健康和安全上达到更高的技术标准，关键是使用无处不顾及安全的采矿机械和采矿方法。

375 参考书目

Anderson, F. S., and Thorpe, R. H. A century of coal-face mechanization. *Mining Engineer,* No. 83, 775–85, 1967.

Bryan, Andrew, and Harley, F. H. (eds.) *A survey of mining engineering.* Industrial Newspapers Ltd., London. 1959. Attention is drawn to the following contributions:

Adcock, W. J. *Strata control and support development,* pp. 29–34.

Atkinson, F. S. *Coal-cutters and power-loaders in British mining,* pp. 21–8.

Bromilow, J. G. *Review of present mine ventilation practice.* pp. 5–15.

Dudley, N. *Winding in prospect and retrospect.* pp, 16–20.

Grierson, A. *Conveyor haulage in mines,* pp. 48–54.

Roberts, A. *Progress in mine lighting,* pp. 94–7.

Saul, H. *Developments in pumping practice in British mines*, pp. 73–9.

Crook, A. E. Presidential Address: The coal mining industry–Change, progress and consequence.' *Mining Engineer,* No. 67, 414–24, 1966.

Galloway, R. L. *Annals of coal mining and the coal trade.* Colliery Guardian Co., London. first series, 1898; second series, 1904.

Howse, R. M., and Harley, F. H. *History of the Mining Engineering Company Limited, 1909–1959.* MECO, Worcester. 1959.

Lupton, A., Parr, G. D. A., and Perkin, H. *Electricity applied to mining.* Crosby Lockwood, London. 1903.

Ministry of Fuel and Power and British Intelligence Objectives Subcommittee. *Technical report on the Ruhr coalfield, by a mission from the Mechanization Advisory Committee of the Ministry of Fuel and Power.* H.M.S.O., London. 1947.

Report of a productivity team representing the British coal mining industry which visited the United States of America in 1951. Anglo-American Council on Productivity (UK Section), London. 1951.

第 16 章

石油和天然气生产

H. R. 泰恩什（H. R. TAINSH）
S. E. 丘奇菲尔德（S. E. CHURCHFIELD）

19 世纪末，石油开采主要是为了满足照明和润滑剂的需求，那 376
时就已经创建了石油工业（第Ⅴ卷第 5 章）。但是直到 20 世纪前半叶，人们才目睹了这一充满活力的新兴工业的崛起，并作为一种重要的新能源在世界各产油地区广泛开发，从而给许多国家带来了深刻的变化。最初，勘探的主要目的是取得石油，天然气直到最近往往还是在寻找石油时附带发现的。

1900 年，世界石油产量大约是 1.5 亿桶，其中一半是俄国生产的。1950 年，石油产量上升到 38 亿桶，其中 55% 是北美生产的。石油剧增的阶段主要从得克萨斯州博蒙特附近斯平德利托普的一口油井开始，这口油井 1901 年 1 月起以每天约 8 万桶的速度喷油。早年生产方法简陋而且浪费惊人，这在很大程度上是因为对复杂的自然力缺乏认识，同时缺少专用设备。当然，后来在设备设计、操作技术、探油科学、石油工程等各方面都有了长足的进步。

到了 1900 年，石油聚积在含多孔砂岩的背斜中的理论已经被确立，地质勘探工作在全世界很多地区开展，但多数油井仍在石油油苗附近。随着对石油的需求不断增长，人们把寻找石油的注意力转向了地表没有油苗的地区，并采用了以公认的物理学原理为基础的地球物理勘探技术。

1915年，捷克斯洛伐克用厄缶扭秤进行首次重力勘探。20世纪30年代，人们制造了更有效的勘探工具——重差计，迄今仍然在广泛使用。

377 1919年，欧洲进行了地震勘探。1923年，在美国的墨西哥湾沿岸以及墨西哥，以后又在波斯（伊朗），成功地采用了折射勘探法。20世纪30年代初，人们在更广泛的区域应用了地震反射勘探法。通过后来应用最广的这种方法，无论在陆地还是在海底都发现了很多油层。多年来，测试设备、勘探程序、数据显示和分析技术等方面都有了很大进步。

16.1 钻探

最初的油井在一些国家是靠手工挖掘的，例如在缅甸，这种挖井方式一直延续到20世纪30年代后期。此后，各种各样的机械钻井方法得到应用和改进，但都是利用这样两条基本原理，一是利用冲击作用的顿钻，二是利用旋转磨削作用的旋转钻。

顿钻 顿钻钻井方式是通过把岩石击碎而进行的。钻具或钻头系在一根承重绳上，这根承重绳又系在一个摇臂上，使绳垂直往复运动，适当调整冲击行程、频率和绳长，岩石就被逐步击碎了。

在许多世纪以前，中国就用这种顿钻方法来打盐水井，到1900年，所打的盐水井可深达3000英尺。这种技术沿用到20世纪，没有太大的改进。人们用竹篾把木杆捆起来搭成井架，绞车是一个横卧的大型轮盘，靠水牛拉动，车上面有一根用麻绳把数支竹竿捆起来做成的钻杆，只有钻头和钻柄使用了铁质材料，钻杆的往复运动通过几个人不断地脚蹬一块木制动板（游梁）来完成。人们为了修复用坏了的钻杆、磨损了的抽泥筒和钻头等，相继发明了很多工具。人们先用木管把地下125英尺以内的水排出，然后就在露出的洞口进行钻井。

很多盐水井也生产天然气，通过竹管进行短距离输送，供当地人用来照明和加热。中国人发明的几种顿钻冲击方法或许要比其他国家早几百年，没有人知道这些方法开始在世界其他地方产生影响的时间。

美国的第一口油井相传是宾夕法尼亚州的德雷克油井，1859 年开钻，深 69 英尺。此后，又打成了几百口油井。到 19 世纪 80 年代， 378
标准的成套顿钻钻机发展起来（图 16.1 和图 16.2）。这种设备有一个 4 条腿的木质井架，有 72 英尺高甚至更高一些。这种成套设备在早

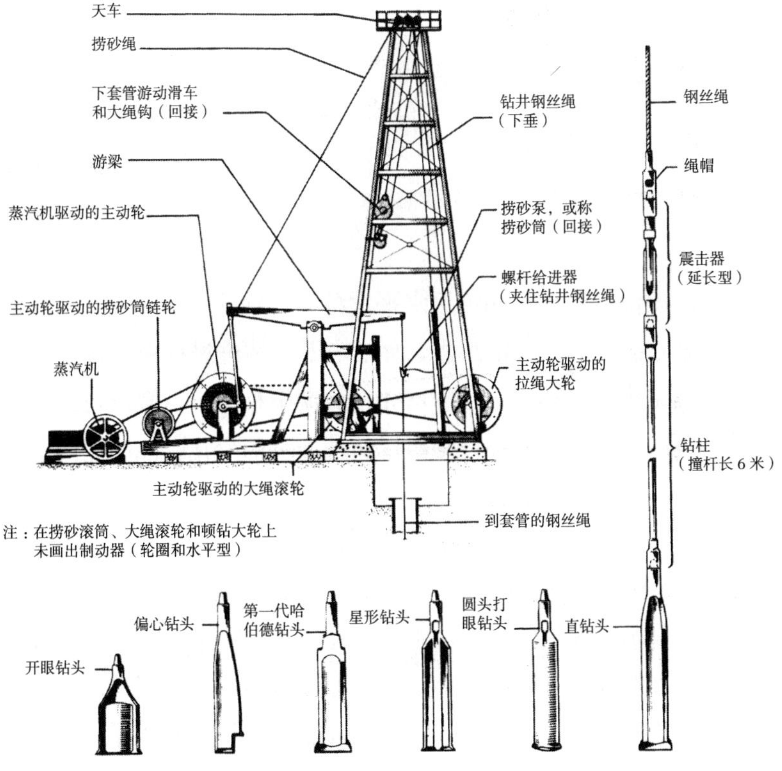

英国石油公司采用的顿钻钻头（放大）示意图，未按比例

图 16.1　20 世纪初的标准钻机和钻头。

图 16.2　图 16.1 所示形式的顿钻机，1909 年正在波斯架设，钢井架已架好，右边是蒸汽机，顿钻大轮和游梁正在安装。

期只用了少量的铁质材料，但到 1890 年前后全钢的钻机已经设计出来，而且在法国早已采用钢管井架。

一般用 20 匹马力或更大一些的单缸蒸汽机，给木质的主动轮提供动力并传给其他转轮。钻井缆绳绕在拉绳大轮
379 的轴上，套管绳绕在大绳滚轮轴上，捞砂绳又绕在铁制的捞砂滚筒上，曲柄装在主动轮上。主动轮上的销孔调节范围较大，以便把准确的摆动传给水平大游梁。钻井钢丝绳夹在一套螺丝套上（螺杆给进器），并悬垂于游梁之下。钻进过程中，转动螺杆给进器，使钻头通过螺丝套中的丝扣接头向下移动。这套设备的制造结合了钻头的频率变化、行程距离以及冲击度的变化，能够适应不同条件下的钻井工程。

下套管钢丝绳从天车滑轮组上面穿过，再到一台游动滑车上。这台滑车用于调节套筒升降所需的钢丝绳数，套筒则悬吊在升降环上。在井壁容易坍塌的油井里，通常需要在地面钻一个大孔，插入直径大约 16 英寸的管子，随着钻井和扩眼过程，一节（平均长 20 英尺）接一节尽可能往深处插。随后，直径逐渐减小的套管柱用来固结进程。早期，俄国油井的第一节套管直径为 42 英寸，用铁板铆接而成，每节只有 56 英寸长，也由铆接相连。

为了方便打捞井里的工具、管子和绳索等物品，钩、矛、刀等各 380
种形状的打捞器具在那些年代也被制造出来。

图 16.1 所示的是一些标准钻头。在我们提及的这段时期中，这类工具形状上的改变并不大，但在材质和制造精度方面却有重大改进。早先，很多国家都习惯于在钻井现场打磨粗制工具。后来，这类工具做成了标准结构、标准尺寸、标准接头，而且都选用优质钢材，钻头一般也是在矿场附设的车间按规定条件打磨的。

通常井里要保持少量的水，以保证能够与岩屑粉末混合。每隔一段时间，要用捞筒把这些岩屑捞上来。然而，在某些情况下，例如为了抵消高压或防止井壁塌陷，钻井期间要把一些泥浆灌入套管中。

顿钻技术适用于含少量水砂层的坚硬岩石。但是，19 世纪 90 年代采用的旋钻方法，在钻软岩层或易坍岩层以及含气区时，很快就显示出更令人满意的优越性，并且在不断改进中渐渐取代了顿钻这种老方法。到 1920 年，顿钻的使用差不多达到了顶峰。50 年来，尽管在功率和效率方面有很大的提高，但顿钻没有重大变化。到了 20 世纪 30 年代初，全钢的钻机比旧式钻机更加完善。新式钻机额定能钻 8000 英尺深，旧式钻机则只能钻 2000 英尺。不过，深度记录在多年内并无多大变化，最深的顿钻井为 7759 英尺，是 1925 年在宾夕法尼亚州钻成的。

19 世纪 60 年代，以木材为主的轻便钻机已经大量用来钻浅井，改进的设计中使用了更多的钢，并采用内燃机作动力。20 世纪 30 年代初，出现了一种自行推进或挂在拖车上的轻便顿钻机，它有一根很重的人字形架桅杆，钻探能力从 1000 英尺至 6000 英尺深。整个 20 世纪 40 年代，顿钻机在钻浅井和整理油井时仍被广泛使用。

在最早的钻井作业中，顿钻钻具是用钻杆吊住的，钻杆最初是木制的，后来则用钢或铁制造。大约在 1860 年，美国的钻机就已经改用绳索悬吊顿钻钻具，19 世纪 90 年代又改用钢丝绳。但在某些地区例如在加拿大、墨西哥、俄国、波兰和欧洲其他国家，钻杆却继续使用到 20 世纪初。有些地方用空心管代替了实心杆，将水在空心管内循环，把岩屑除掉。

381 **旋转钻** 旋转钻是靠一根空心管柱的旋转作用来钻井的，这根空心管上连接着磨具或钻头，然后把通常是胶泥浆的流体通过钻管送下去，再经钻头喷嘴送出来。泥浆的重要作用是冷却钻头，把岩石碎屑带到地面，并且支撑井壁。

19 世纪初，法国钻机使用带钻头的熟铁钻杆，主要用于干旋转钻。1844 年，贝亚尔（Robert Beart）的发明获得了一项英国专利，这种钻机运用旋转钻井的原理，具有新式钻机液体循环系统的许多基本特点。19 世纪 60 年代初，法国工程师莱肖（Rodolphe Leschot）试制成功金刚石钻芯旋转钻机，成为现代采矿和石油勘探钻机的前身。

从 19 世纪 80 年代起，简单的旋转钻机逐步发展起来，开始只是用于在未固结的砂层上钻水井，但它们的使用导致得克萨斯州石油的发现。在 1900 年前，人们用这种旋转钻法打了不少油井。1901 年 1 月，美国采用一台旋转钻机钻深约 1100 英尺，打成了斯平德利托普自喷油井。也许除了巴库地区的某些较早的自喷油井（和某些法国水井），它是那个时代钻成的流量最大的自喷油井，证明地质年代较晚的地层中蕴藏着丰富的油田，也证明了旋转钻在未固结岩层中使用的重大价值。尽管如此，直到 20 世纪初，旋转钻机也还没能得到广泛认可，因为当时的钻头只能钻松软的岩层。这种设备的很多零部件采用了顿钻机或工业机械的成品件，专用设备都是在现场制造。

木质井架高达 84 英尺，一般通用的动力是 20 马力到 30 马力的蒸汽机。早期用这种设备钻井，操作起来很简单。上端带有液压旋转水龙头，下端带有钻削工具的圆柱管则靠提升装置支撑，并且靠装有卡圈套的转盘使它快速旋转，通过水泵把水（后来则为黏土悬浮液）注入管中。

尽管有专用套管的螺纹和连接器，人们还是采用了搭焊的商品钢管和管道钢管作为钻杆和油井套管。早期，油井套管也用来作钻杆，锯齿形的钢管头作为切割工具钻井，一直用到不能再钻进时，再换一根尺寸小一点的锯齿形钢管继续钻，如此循环下来。

鱼尾式钻头［图 16.3（a）］适用于松软岩层，孔中布有金刚石颗

（a）早期鱼尾式钻头只有两个刀刃，这些刀刃在坚硬岩石上很快就磨平了。

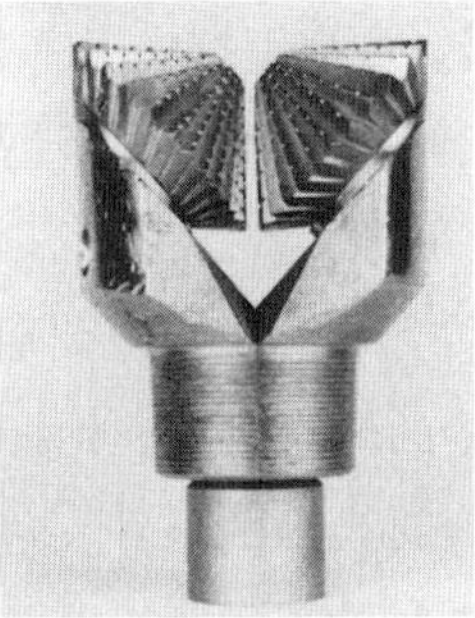

（b）1909 年，第一个旋转钻头具有两个锥形牙轮。

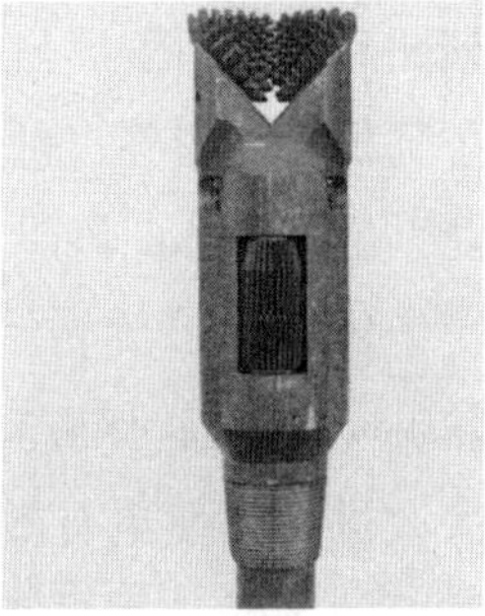

（c）1917 年的扩孔锥形牙轮钻，具有通常的锥形牙轮和一个装在钻头体内的绞刀。

（d）1926 年，用在坚硬岩层的旋转锥形牙轮钻。

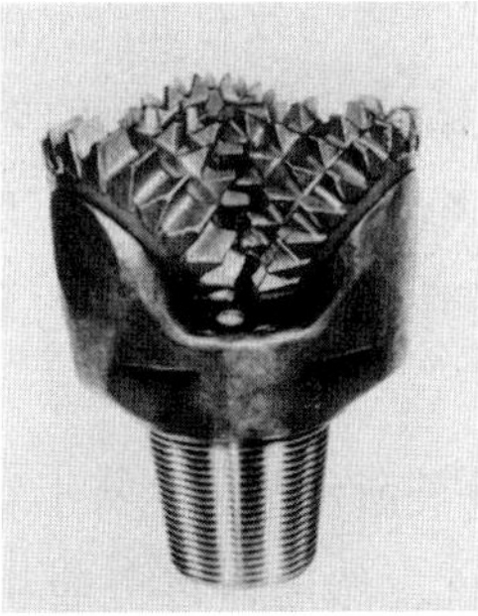

（e）1931 年的联合型钻头具有耐磨轴承，减少了更换牙轮所耽误的时间。

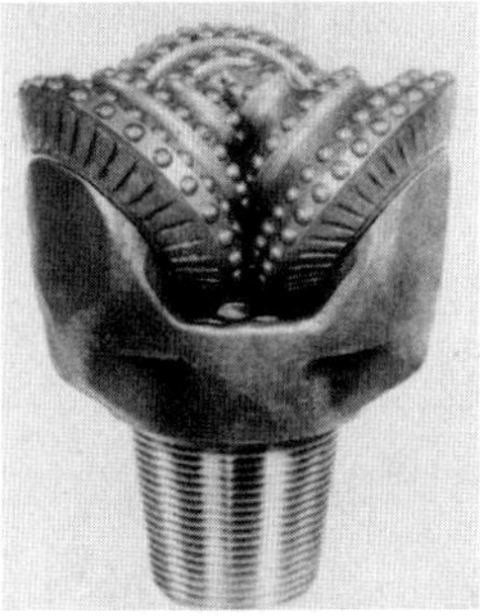

（f）1951 年的碳化钨密集钻头具有高穿透速率，且在坚硬、腐蚀岩层中使用时寿命较长。

图 16.3　旋转钻头。

382 粒的钝直重钻刃则适用于钻坚硬的岩层，这些钻头都在钻机旁的锻铁炉中打磨和回火。早期的钻头磨损很大，必须经常把钻杆拉出来修理或更换钻头。

直到 20 世纪 20 年代，钻井操作仍然被看作只是技术工人的事由不少于 4 个钻井工组成的钻井队，12 小时轮流换班操作。那时几乎没有工程师参加，也几乎没有可靠的数据记录。

到了 1910 年，很多公司都生产旋转钻设备，不仅有成套的钻机可用，钻杆也成了一种独立工具。这种新的旋转钻设备主要在得克萨斯州和路易斯安那州发展，在那里打成了成千上万口油井。它还传到了阿根廷、秘鲁、哥伦比亚、委内瑞拉、特立尼达、墨西哥、罗马尼亚、俄国、苏门答腊和婆罗洲，都获得了不同程度的成就。

1908 年，旋转钻机传到加利福尼亚州后，设备被造得更重，牙轮钻、套管注水泥、套管的长管接头、钻杆的接头等方面都做了重大改进，以便更有效地应对当地的条件，包括坚硬的岩层。另一个重要的飞跃是委派经过训练的工程师或既是工程师又是地质学家的人，去帮助有实践经验的油井工人解决钻井问题，这就是石油工程学的开始。

由于第一次世界大战爆发导致石油产品的需求大增，从这个时期到 1930 年，钻井经验和钻井设备都有新的更大进步。用作旋转钻动
383 力的单缸蒸汽机有不少缺点，但在 1918 年第一台双缸蒸汽机进入油田后，老式蒸汽机仍然使用了十余年。总的来说，蒸汽锅炉的容量始终不足。

木头井架逐渐为钢井架所代替，又有了新式的绞车，不过这些机器仍然必须分拆为零部件，然后在每个油井现场重新组装。1914—1915 年，方形钻杆（方形横截面的长管）问世，可以防止卡圈卡住转盘中的管子。有趣的是，这种钻杆早在 1844 年就在贝亚尔的专利中描述过。

到了 20 世纪 20 年代，旋转钻机在数量上迅速增加，牙轮钻头发展起来，还在钻头表面采用了硬质合金（图 16.3）。这就使在硬岩层使用旋转钻成为可能，那里以前纯属顿钻的领地。然而，在旋转钻完

384

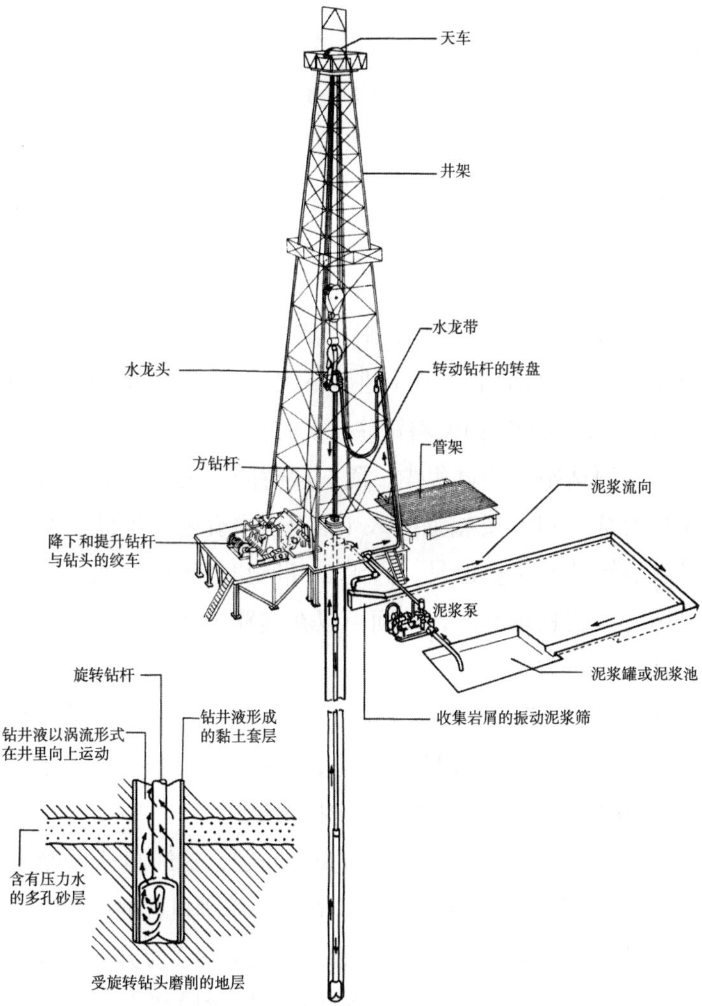

图 16.4　20 世纪 30 年代的旋转钻机，显示出泥浆循环系统。

全得到承认之前，很多石油业者仍然怀疑用旋转钻穿过油砂层钻一口充满泥浆的井是否合理。

大约从 1908 年起，欧洲启动了材料标准化措施。但是，在改善油田设备的质量和效率方面迈出大步则是在 1924 年。这一年，美国石油学会（API）标准化委员会召开了会议。

自 1926 年起，就可以买到在钻井深度和性能方面都有所提高的新式钻机。当然，由于还缺乏对钻井液的认识，加上井眼弯曲、钻杆故障、钻头更换前钻进尺度小、安装钻机时间长、缺乏钻具等原因
385 新式钻机仍然存在着很多难题。正是这些问题，促使石油工程师们在石油开采作业的各个阶段不断深入现场。20 世纪 20 年代初，又发现了一些新的大油田，特别是在加利福尼亚州。这些大油田的发现导致了一些问题的产生，问题的解决则又促成了更深层次的进步，尤其是套管设计和井口控制设备方面的进步。太平洋沿岸许多海滩油田的发现，促进了有控制的定向偏斜钻井技术的发展。

在采用顿钻钻井的过程中，隔一段时间就要插入直径渐小的套管，这样打成一口井要相继插入 4 根至 6 根套管。因此，某些地区改为采用旋转钻井法。但是，直到 20 世纪 30 年代初期，人们才注意到了钻井液的物理性能，从而可以在实践中使用并将水泥注入更长的套管。

20 世纪 30 年代初，各种各样的问题导致了钻井作业委员会的成立。这个委员会由美国石油学会主办，广泛开展了以充分的工程学原理为基础的深入研究，并发表了大量技术论文。

一直被忽视的钻台工作人员的安全问题，这时也开始受到关注。钻井作业委员会负责研究安全作业，在各个管理机构的领导下制订了不少安全制度，很多学会和大学的石油开发工程学院开始研究这个课题。在这个时期，人们认识到了在钻井各个阶段产生的麻烦和困难。成功地解决这些问题则需要最熟练的工程技术人员。

1930 年的标准井架有 122 英尺高，采用的是钢木结构。到了 1932 年，用来钻深井的井架就是全钢的了，而且高达 136 英尺（图 16.4）。为了安装井口控制设备时不用在钻机平台下挖掘井口方井或圆井，井架底座也在这一时期开始发展起来。另一个重大进步是采用了压力更高的工作锅炉，以适应更大功率的蒸汽机和泥浆泵。带有同等相对容量的其他钻机部件的预装好的成套绞车，首创了适度"平衡"的钻机。还有很多其他重大技术革新，例如绞车上采用的液压制动器和单独的旋转盘单元驱动器。在钻井的控制仪表方面同样取得了重大进步，这些控制仪表可以显示钻杆的重量、流体的压力、转速和钻杆的转矩。

人们对钻杆柱也给予了相当大的关注。在钻头上方直接接上一个 386
较重的管子，当钻头上保持所需重量时，就可以使钻杆受拉力而转动。在实践中，这种改革减少了钻杆的故障，钻速更快，井眼更直，而且大大延长了钻杆的寿命。

尽管在 20 世纪的前几十年中，蒸汽机在钻井工作中起了主要作用，但还是有许多利用电力或内燃机的先例，内燃机使用的是天然气、汽油或柴油。20 世纪 30 年代后期，随着摩擦离合器和液压变矩器的采用，多速提升机功率传递的操作变得更加平稳。在 1939—1940 年，与内燃机合为一体的钻机已经制造出来，石油设备的生产只是在战争期间停止了几年。

战后几乎没有再制造蒸汽钻机，也几乎没有多少蒸汽钻机在运行。在西得克萨斯、新墨西哥和一些中东国家的干燥地区进行的大规模钻井作业，大大地刺激了对内燃机驱动钻机的需求，它不需要使用大量的锅炉用水和燃料。人们还制造了很多由柴油机驱动的钻机，特别适用于钻井驳船（参阅后文），但在实际生产中直接由柴油机驱动的新式钻机的数量更多一些。这些新式钻机的额定钻深为 2 万英尺，但实际上能钻得更深（图 16.5 和图 16.6）。

大约在1920年，首次使用了可移动的旋转钻机来研究地下的地质情况，一些型号的钻机后来被广泛使用于地震爆破井钻探。还有更大型的钻机被固定在卡车或拖车上，带有伸缩式桅杆的井架，用于5000英尺深的钻井生产中。

两用钻机 在使用旋转法钻井的初期，旋转钻的钻头只能钻软岩层，因而某些地区往往在一台钻机上既安装旋转设备又安装顿钻设备人们早期曾经担心旋转钻的钻井液会渗入油砂层，很多操作人员使用旋转钻之后忙于在油砂层上把水泥注入套管，用顿钻钻透砂层来完成一口油井的钻探。在1920年以前，两用钻机就已经大量采用，有些还一直使用到20世纪30年代。

16.2 海上钻井

第一次海上钻井是20世纪初的事情，那是加利福尼亚萨默兰德
387 油田的一些从木桩墩上钻成的小油井［图16.7（a）］。直到1932年这种方法还为加利福尼亚的其他油田采用。1911年，路易斯安那州的加多湖开始在桩基支撑的平台上钻井。1924年，委内瑞拉的马拉克博湖也开始用这种方式钻井。最初，马拉克博湖的油井都是支撑在木桩上，但是这种木质结构受到软体动物蛀船虫的侵袭，很快就损坏了，直到1927年使用了钢筋混凝土桩，才能继续用这种方法钻井1940年以后，混凝土沉箱已经能够在深水下使用。1934年，蒸汽钻机的钻井船被采用，此后只要安装一个小型固定平台即可安装钻机。

另一个早期的海上钻井区在里海的巴库。1925年，这片开阔的水面上钻出了第一口井，它是在一个建在木桩上的岛状平台上钻成的接着又成功地打成了很多油井。无论是在打桩过程中，还是在构筑和架设平台组的过程中，都采用了高度条理化、程序化的方法，这些平台是钢或钢筋混凝土结构的。油田还发展了公路、铁路交通以及管道运输等，甚至在海上形成了一个完整的油田与工业城市的综合体

388

图 16.5　菲利普斯石油井，1956 年钻井于得克萨斯州的佩克斯，深达 2.5304 万英尺，当时是世界上最深的井。
这套设备与图 16.4 所示的设备相似。

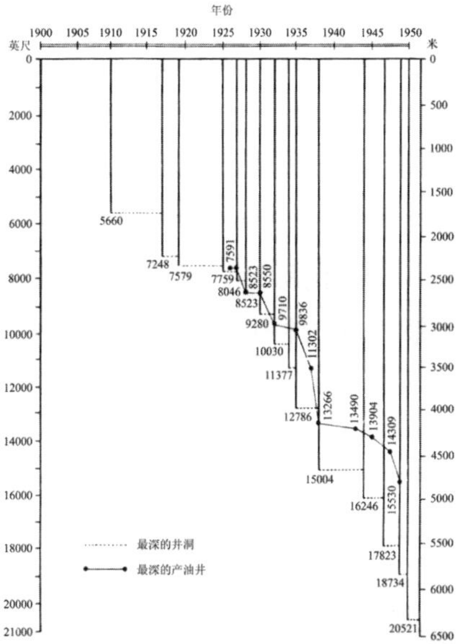

图 16.6　世界石油工业最深的井油和最深的产油井。

389

图 16.7（a）圣巴巴拉附近的萨默兰德油田景色，摄于 1903 年。这个油田发现于 1894 年，它是美国首次开发的海上油田。
竖井是在伸到海中的桥墩和桥身上钻成的。

20 世纪 20 年代，在美国的墨西哥湾边缘的沼泽地带钻井需要打大量的桩。到了 1930 年前后，静水域钻浅井使用了一种安装在驳船上的轻型设备。1932 年，得克萨斯公司设计了一种坐底式钻井驳船这种驳船是 4 年前吉利亚索（Louis Giliasso）的专利。第一艘驳船具有两个船身，设计成可停在 15 英尺深的水下作钻井之用。1933 年年底，一艘由蒸汽锅炉提供动力的结构类似的钻井驳船钻成了第一口井这果然是一种很成功的钻探方法，随后在内陆静水域用这种坐底式驳船打成了很多油井。

1932 年，在美国西海岸一个独立的平台上打成了第一口井。第二年，在墨西哥湾用同样的桩基结构做了首次勘探试验，但直到 1938 年才在离海岸 1 英里水深 14 英尺的地方首次发现了石油。

图 16.7（b） 墨西哥湾的一座钻井和采油平台，1948 年。离路易斯安那州大约 7 英里。

这座平台上有生活区、发电站、车间和各种钻井、采油设备。当时，石油是用驳船运到岸上，图中有一艘驳船正靠在平台旁。后来修起了通到陆地的输油管道。

战后几年里，在墨西哥湾大大地加强了勘探工作。小平台和钻井供应船的联合体在内陆水域使用起来，有趣的是这个原理在 1869 年就由罗兰（T. F. Rowland）取得了专利。克尔—麦济石油公司设计出了第一台适用于恶劣风浪条件下在开阔水域钻井的设备，它在支承桩上的平台上装有钻机的小型水、燃料和泥浆储罐，其他所有服务机构——包括操作人员的住处——都设在浮式钻井供应船上。1947 年，用这种新设备打成第一口探井，在离海岸 10 英里的地方发现了新油田，证明了这种设备的能力。在此之后，墨西哥湾的很多井都是用这种 390
设备钻成的［图 16.7（b）］。

在我们讨论的这个时期的最后阶段，第一艘设备齐全的离岸钻井驳船在 1949 年问世。海沃德—巴恩斯代尔驳船实际上就是一个钻井平台，平台由船身上部的一些立柱支撑着。船身可以拖曳浮行，固定位置后便完全沉没在水中，停在海底，只是平台恰好高出水面，风浪的冲击力完全由支撑柱承受。

16.3 旋转钻井液及其循环系统

到了 1900 年，得克萨斯州和路易斯安那州的人们已经认识了泥浆钻井液。他们很早就知道它不仅能冷却和润滑钻头，还能把岩屑带上地面，并有助于在井壁上厚厚地涂上一层黏土来保护井壁。这种钻井液还能用来控制高压气体，封堵含水砂层。遗憾的是，它也会封堵含油地层。

1914 年至 1924 年间，关于这个课题的技术论文出现了。这些
论文中论及重晶石一类的重材料的用法，它们悬浮在钻井液中，可 391
作为一种控制高压气井的手段。然而，直到 20 世纪 20 年代后期和 30 年代初，各个石油公司才开始从科学技术的角度来测试钻井液的物理性能。从那时起，很多实验室都进行了反复研究，人们还设计了各种各样的实验仪器，用来测定比重、黏度、泥浆造壁能力、失水量和胶凝强度等参数。此时，对黏土矿物的研究已经比较深入，为了控制泥浆的物理参数，在研制化学试剂和化学材料方面也取得了很大成绩。

为了避免封堵含有石油和天然气的结构地层，一种油基钻井液在

1935年首次配制成功，并在某些地区广泛应用。这种润滑性能良好的钻井液，让人们受益匪浅。毕竟，在钻透盐或石膏地层时，采用水基钻井液会导致严重污染。但是，油基钻井液比水基钻井液昂贵得多，同时还有其他一些缺点。

在某些地区，人们发现必须对岩层保持一个较低的液体压力，因而采用压缩空气泥浆或气侵泥浆作为循环液体。

对于再循环的旋转钻井液，必须经常清除其中的岩屑（图16.4）。早年，这是利用各种沉降池或沉降槽来进行处理的。随着电力钻井机的发展，出现了标准的储罐和金属槽装置，大量应用电动振动筛或离心分离器来清除岩屑。

随着钻井深度增加，要满足更高的钻井速度，就需要性能更好的泥浆泵。20世纪初，小功率通用泵就能满足使用要求，每分钟输出200加仑泥浆，压力为每平方英寸250磅。但是，这类泵故障率高，钻削腐蚀性砂岩时的故障率更高。到了20世纪30年代，靠过热蒸汽运转的泵已经可以输出800加仑/分钟、压力为每平方英寸340磅的泥浆。随着放弃蒸汽的动力改革，新式泵采用了经过热处理的合金钢材料，运动部件都经过精密加工制成，并且对润滑方式作了很大的改进。

在一些地区遇到了地下压力异常升高的情况。遇到这种情况，20
392 世纪中叶通常的做法是用掺入重晶石的泥浆来处理。在20世纪30年代初期，人们做了很多工作，特别是在波斯，当时钻井采用了加压密闭循环系统，用缆索装置使钻杆升降。

16.4 定向钻井

在一般情况下，钻井的目标就是要钻出一口垂直向下的井。但是，由于环境因素，有时也需要有控制的偏斜孔。自1895年专用工具问世以来，人们经常采用斜向钻井的办法来避开堵塞井眼，专用工具包括斜向器（楔形）、钻杆万向节、钻头万向节等。第一台测量井眼与竖直方向之间偏斜度的仪器是装有氢氟酸的瓶子。当这个瓶子静止时，氢氟酸侵蚀出一个水平弯月面，指示出井体在测量点的斜率，这种方法后来也用于定向指示。人们不断设计试验多种测量偏斜度大小和方向的仪器，但直到1930年，依然只有少数仪器得到推广。利用这些仪器，人们意外地测出许多老油井与垂直方面偏斜得很厉害，有的甚至偏离垂直方向60度之多。当然，大部分偏斜都是由于早年钻井操作技术低下和受到设备条件的限制造成的，而不是故意钻偏的。

1933年，首批有控制定向钻井在加利福尼亚州的亨廷顿海滩油田钻成。大概就在这段时间，这种定向钻井技术也用来开掘在缅甸北部伊洛瓦底江下的油砂层，其中某些井在3000英尺深度平均偏差约40度。

20世纪50年代，定向钻井技术已经高度发达，可以用于难以到达的地下目标，例如开发海洋和城市地底的油田，在地质结构复杂的地区校正油井地下位置，以及重新进入失控的自喷井下部等。

16.5　油井注水泥

早期的油井在坚硬的岩层上或黏稠的土壤中所插入的管子，有时会被岩屑或泥土封堵。由于没有采用注水泥的方式，水的流入使很多油田的产油层过早地受到破坏。为了堵水和把含油、含气、含水岩层分开，注入水泥便成了油田正常作业的一种重要手段。

在顿钻井的套管外壁与井壁之间的环形空间注入水泥的方法，1910年以前就已经开始使用。最初的方法是用泵把水泥浆灌到井洞底部，然后再把套管往下放到水泥之中，隔几天套管固定后再重新开始钻井。随后的几年里，好几种将水泥灌入井内并从套管后面出来而又没有污染的方法取得了专利权。

20世纪20年代，为了加速水泥浆的初凝和提高早期强度，人们对水泥的成分和结构进行了研究。然而，直到20世纪20年代后期和30年代初，才开始对水泥和注水泥的各种物理问题进行大量试验，到了1947年，美国石油学会有关测试井用水泥的规定才获得批准。

20世纪30年代，完井作业方面取得了很多成就。在钻孔壁与套管之间的数百甚至数千英尺长的环形空间里，需要进行充分的水泥灌注。为了有效快速地注入大量水泥浆，就必须要有产生高压的重型设备。这种注水泥的操作在很大程度上得益于对钻井泥浆物理性能的进一步改善，效果也受到各种附加监测技术的影响，例如在1935年前后采用的一种井温监测技术。从1940年起，测量井筒直径的连续测径仪普遍采用，还可以更好地测定水泥需要量。

16.6 地层测试

在装备一口采油井之前探明潜在液流量的重要性，人们早就有所认识。在顿钻钻井时期，"可能的生产率"这个概念要在钻井期间才会形成。然而，随着旋转钻的出现，就必须有可靠的方法把井筒内地层中待探测区域与泥浆柱隔离开来。为了测试，需要有一个或多个封隔器，把井筒中的各个地层隔开。装了封隔器后，备有检测器的钻杆或钻管照样运转，通过开启和关闭旁通阀门，开采液就能流出来并上升到地面以供检测。

1933年，最早问世的应用于旋转钻井的测试设备取得了专利，其中包括锥形封隔器和一种阀门，这种阀门依靠在地面旋转钻杆来操作。此后，石油业又取得了很大的进步，检测器也可用于在套管内作业的封隔器。不过，早期的地层测试设备有很多问题，它们直到20世纪50年代才成为可靠的工具。1934年，石油业还把压力记录仪安装在测试设备的下方。

16.7 测井

在早期的油井中，岩层钻井的原始记录、油场生产资料记录等都很少或根本没有。对于钻井岩层的类型，顿钻司钻靠观察钻头前进的速度和运转情况来估计，并靠捞砂筒带上来的岩屑来修正。大多数旋转钻的司钻则利用单缸蒸汽机、泵和转盘的运转情况来估定，也有一些司钻安排了收集岩屑。到了 20 世纪 20 年代末，岩屑的检验就很普遍了。在那个年代，这是研究地下地质唯一可用的资料。

其实，冲击式岩心取样器很早就设计出来了，但这种有效设备直到 20 世纪 20 年代中期才能购买到。多年来，采矿业已经成功地把岩心管用在金刚石钻头上。令人吃惊的是，直到 20 世纪 20 年代初，岩心管还没有广泛用于石油业的旋转钻机。

395

20 世纪 30 年代中期，石油业研制出了连续显示进尺速率等钻井情况的记录设备，以及可查明钻井液和岩屑中油、气含量的设备。

事实证明，钻孔电测技术业是 20 世纪勘探技术和石油开发的一个重大进步。在地面上用电测技术来勘探地下岩层的实验，是 1912 年由施伦贝格尔（Conrad Schlumberger）开始

图 16.8 加利福尼亚的信号山油田是世界上每英亩储油量最大的富油田，20 世纪 20 年代是它的鼎盛时期。

的，但直到1927年，钻孔测试的想法才被用于实践，在法国阿尔萨斯作了首次试验，1929—1930年，这项技术传到了委内瑞拉、巴库和荷属东印度群岛，1932年才在美国普遍采用。

最初在井筒内实施的电测技术是逐点测定岩石的电阻率，石油界很快就发现这种方法对地质对比很有价值，并且借助它来确定岩层类型。1931年开始利用物理、化学起源的自然电位来进行测量，后来又把电阻率和自然电位都连续地记录下来，并随所测电极深度变化而同步进行。

随着研究的深入细致和不断进步，20世纪40年代已有多种方法来连续记录地下电阻率（包括聚焦测井和感应测井）、地下放射性等，在仪器配备方面也有了很大的进步。与此同时，在对岩层各种特性曲线与岩层流体含量的分析方面也获得了很大的进步。

16.8 石油开采

天然气、石油常与水伴生，储集于砂岩和石灰岩的孔隙中，游离的天然气出现在储集层的最上面，石油聚集在水上面。地下油层的流体压力是变化的，不过通常是静压力，石油中溶解了不同体积的天然气。游离或溶解气体膨胀和有时受到注入油层的水的压力，导致石油流向井筒。在某些油井中，石油可能自喷出来，这取决于油层的压力和油层所储的能量。但是，多数油井必须靠外加压力才能喷出石油。

最初几乎没有人认真地研究过油层的性质和状态，因为当时盛行的是“俘获性原则”，策略是在一个油田快速、密集地钻井（图16.8），开采也是掠夺性的，无论是自喷采油还是泵抽采油，都以最大的生产力来开采，直到用泵采油已经毫无经济价值或产水量太高为止。人们普遍认为开采天然气是一件麻烦事，只能在当地少量销售。至于水，几乎各处都认为是一种威胁。

尽管如此，当年依然有一些采油工承担了各种控制或促使喷射的作业，当然这些工作只是在经验的基础上进行的。

完井方法 早年的顿钻井钻到含油岩层后，如果石油有自喷倾向，就把一个三通管用螺纹连接到最里面的下套管顶部，把侧口连接到喷管上，喷管则一直延伸到油槽。遇到还要继续钻井的情况时，要用一个合适的带有密封压盖的控制头来控制自喷，装上控制头后要允许钢丝绳运动。在早期用旋转钻法钻的井中，如果有必要就通过抽水降低井筒液面来诱导自喷。

20 世纪 20 年代，那些用来把导管强行压入压力自喷井的设备已经研制出来，但还是要等初喷生产停止后，才可能把自喷导管放入井中。在某些地区，例如斯平德利托普和墨西哥早期的油井地区，压力较高的油层受到撞击后，石油和天然气自喷出来，在几天或几个月内都无法控制。因此，那时就尽可能地把油收集在地坑或筑有堤坝的贮油池中，这些地方曾经多次出现严重火灾。

在一些地区，含油岩层容易坍塌到井筒中。20 世纪 30 年代前，常规的工艺过程都是在钻通产油层前先安套管，并且还在无保护层的井筒处安装带孔或筛的管。为了连通封在套管后面的石油层，发明了好几种机械式射孔器，并在 1910 年后取得专利权，只是使用范围有限。用子弹射孔的试验从 20 世纪 20 年代中期就开始进行了，但直到 1932 年，韦尔斯（Lane Wells）才用一支电子枪射穿了井中的套管。这项发明与电子测井器配合使用，彻底改革了旋转钻井的完井方法，因为从此有可能在套管及其对应的多个地层或浓稠产油层灌注水泥，并可能在注水泥的初期或后期按选定的射程在套管上射孔。在以后的几年里，炸药配方有了改进，枪支和子弹也进行了新的设计，以便提高穿透性，更适用于工作温度较高的深井。

随着钻井深度的增加，简单的套管头控制设备再也经受不住流动石油和天然气的容量和压力。早期设计的套管头悬挂在油管上，

图 16.9　巴基斯坦一深井上的高压“采油树”，它的底部设有油气分离器。1950 年。

适度捆扎以抵御相应的压力。20 世纪 20 年代初，较复杂的组合结构发展起来，用螺纹把一节一节的套管连接起来，把一节一节的油管也连接起来。不过，油管的组合结构是采用套筒式悬挂法，这种方式简化了固定油管的方式，并具有适当的拉力。

油管和环流控制设备被称为“采油树”(图 16.9)，它是生产井口最高的一套设备。随着油井的深度和工作压力的增加，这套设备更趋复杂。

人们已经发现“采油树”不适于多层油田。在美国的一些地区，在同一井眼进行多层采油是违法的。到了 20 世纪 20 年代中期以后，一些油井采用这样的完井方法，一个层位的油从油管中采收，另一个层位的油就从油管和套管间的环形空间中采收。

泵抽采油　20 世纪初期，成套的顿钻设备一般是架设在井上。当自喷中断后，就把装有泵体的油管下入井中，然后再把泵的柱塞下到抽油杆上。最初的抽油杆用胡桃木制作，抽油动作靠游梁来完成，游梁又靠原来的钻井蒸汽机或简易的天然气发动机带动。如果需要天然气做燃料，就在抽油系统装一个简单的油气分离器。

19 世纪 70 年代研制出了中心抽油机，这种简单工具用于矿中心容量少且较浅的油井。对每一口油井来说，游梁的原始运动是由连杆传递的，连杆接在偏心轮上，偏心轮又由蒸汽机或天然气发动机带动。为了克服地形带来的问题，还得加上一些不同的装置。这些设备得到广泛应用，并一直沿用到 20 世纪 40 年代，例如缅甸北部的安仁羌油田就在使用。

木质的抽油杆时常出问题。到了 1900 年，铁制的——后来又是钢制的——抽油杆逐渐代替了胡桃木制的抽油杆，上面带有阴阳螺纹的接头。20 世纪 20 年代，随着井深的增加，抽油杆失效的情况更加频繁。到了 1930 年，抽油杆都经过充分热处理并消除了内应力，这样就耐用得多了。

进入 20 世纪 30 年代，抽油动作仍然由主动轮驱动的游梁来完成。这是利用一个抽油机驴头（1705 年曾把它接到纽科门水泵上。第Ⅳ卷，边码 174）把垂直运动传给抽油杆的齿轮减速装置，早年就已经配置了，20 世纪 20 年代初才得到广泛应用。直到这个年代，人们才认识到深井抽油的各种荷载和各种运动的复杂关系，许多创新在试试改改的基础上取得了成功。那时对力的平衡问题的处理方法很粗糙，然而在引入测力计之后，就可以在抽油循环中对荷载与梁、杆、泵的运动之间的关系进行分析，为测深器的研制打下基础。1928—1943 年， 399
许多论及这种课题的工程专著相继问世。

可移动的机动井成套设备的进步，使很多油田不再需要留下井架和现场设备。伴随着高效率的齿轮减速箱的改进，到了 20 世纪 20 年代，不依靠游梁的抽油装置也加速发展起来，在 20 世纪 30 年代已经被普遍接受。在以后

图 16.10　以天然气发动机为动力的独立的游梁式抽油机，在 20 世纪 40 年代用来抽 4000—5000 英尺的深井。

的数年中，泵冲程可达12英尺的平衡装置也出现了。这些设备使电动机和天然气发动机的用途更加广阔（图16.10）。

抽油装置同样采用了多种设计方案，包括气动或液压的柱体，其中活塞可以直接或间接连接在抽油杆上。这些设计方案都遵循很多年以前的同一个基本原理，并一直应用于采矿业。但是，在20世纪20
400 年代以后，石油工业的大发展急需生产效率高、泵冲程长的深井抽油装置。1950年，气动和液压装置才成功地制造出来，泵冲程可达30英尺，能在深度达1.2万英尺以上的井中操作。

气举采油 19世纪前半期，人们就开始采用注入压缩空气的方法从井中取水。1864年，媒体报道了宾夕法尼亚州利用这种方法来抽取石油的消息。1899年，巴库油田也采用了这种方法。20世纪初，这种方法又传入得克萨斯州和加利福尼亚州。

1911年，加利福尼亚州记载了用天然气代替空气来举升石油的事例。不过，直到20世纪20年代，由于深井油田的发展，用气举的方法才得以广泛应用，并且一直沿袭下来。采用这种方法，不断地把天然气喷入环形面或注入油管的套管中，石油被天然气运送至另一通道之中后上升。如果井中的油液面较高，天然气的压力对初喷来说就多余了。应对这种情况，早在1907年就采用了一种断开阀，间隔地装在油管中，使油井在表面压力较低的情况下才开始喷油。

连续气举法会对产油层产生反作用力，这样就有可能限制自喷。有几种方法可以解决这类问题。间歇抽取法是每隔一段时间通入天然气，调节气体使井中液面上升。1903年，间歇抽取法处于实验阶段，直到20世纪20年代后期，才有常规应用的正式记录。天然气替代法或称汇集室气举法的原理在1908年就取得了专利，但是在1927年才得到应用。它采用一个同轴的套管组，带有一个直径较大的腔室，外管的底部装有一个固定阀，石油流进这个腔室就受到从内管间歇注入的天然气的举升。1930年以后，天然气举升法的影响扩大了，人们对从竖直管子里流过的石油和天然气混合物进行了大量实验和理论研究，并研制出更为实用的设备。

20 世纪 30 年代初，一种柱塞已经被投入商业用途。它被设计成能在油管里运动自如，用在自喷井和气举井中来减少漏气。到了 1944 年，柱塞的改进引出了更令人满意的成果，那就是出现了标准油管。

液压泵抽采法 采用这种方法要在井底安装泵和液压马达，两者都是往复式的，由地面注入的沿小油管而下的石油来驱动。1872 年以后公布了众多这方面的专利，在 1924 年采用这种液压泵抽采法以来，设备方面也作了许多改型和改进。 401

电动井底泵 从 1894 年起，很多电动泵的设计取得了专利。1927 年，这种泵首次在堪萨斯州和俄克拉荷马州的高产油田应用成功。一个有长定子和几个共轴短转子的马达带动一个多级离心泵，这种泵作了较小改动后沿用至今，抽油量每天达 1000—5000 桶，深度达 1 万英尺。

16.9 油井增产措施

过去，为了提高油井的产量，特别是那些渗透性差、液流阻力大的地层中油井的产量，石油业用尽了各种办法。

井下爆炸法 19 世纪末，使用炸药在含油岩层中炸出裂缝的方法已经广为人知。20 世纪 20 年代中期，在某些坚硬砂岩和石灰岩地区，用液态硝化甘油进行爆炸是完井和增产的最常用方法，一直用到 20 世纪 40 年代后期。为了增强效果，人们使用了多种爆破操作方法和填井方法。后来，某些地区又采用了固态硝化甘油，液态硝化甘油依然最受欢迎，尽管它的引爆灵敏度很高，早年曾造成很多惨祸。

酸化法 用盐酸对含油石灰岩层进行酸处理，打开含油层的流动通道便可以达到增产的目的，这种办法的试验性应用早在1894年就有记载。为了避免油井的套管和油管被破坏，石油业研制出了一种缓蚀剂，直到它在20世纪30年代初试用成功后，酸化法才成为实用的油田增产法，很快在硬石灰岩层的应用就与爆破法不相上下。这种酸处理法需注入浓度约为15%并经缓蚀剂处理过的盐酸，每次的量从500加仑到超过1万加仑。20世纪30年代后期到40年代初，又研制出了好几种酸处理添加剂，包括表面活性剂、破乳剂及缓蚀剂。此外，人们也可以用酸来破坏泥浆覆盖层。

402 **水压致裂** 人们早在1935年就认识到，如果对井中的液柱施加足够的表面压力，就可能压裂纵深方向的岩层。在对这个原理进行研究后，1949年开始使用水压致裂法。采用这种方法会把岩层压出裂缝，伴有泥沙的胶化原油便会喷入裂缝。压力释放后，砂粒支撑打开裂缝，从而改善了渗透性，提高了油井生产率。改进后的水压致裂法成了广泛采用的增产手段，某些油田的产量为之大增。

砂的控制 在未固结的地层采油，砂的侵入往往是有害的。井眼里填塞有砂子，就会使设备迅速被磨蚀。1920年，人们研制了各种细缝筛网管和金属丝筛管，用以防止砂石侵入。进入20世纪以来，人们曾经普遍采用水井中用砾石充填的方法来避砂，这种控砂方法直到20世纪30年代中期才在油井中普遍使用。

1945年，人们又采用了一种新方法，用树脂把较松散岩石中的砂粒黏合在一起，且不影响岩层的渗透性。这种方法后来得到广泛应用，特别是在美国的墨西哥湾沿岸。根据上述方法，又发展出两种方法。第一种方法是把树脂压进岩层，接着靠石油把多余的树脂冲走，给石油留下渗出的途径。第二种方法是把一种可收缩的树脂压入生产层，这种树脂硬化时要收缩，收缩后也给石油留下渗出的路径。

16.10 储油工程

储油工程是研究怎样把流体转移，使之流入、流出或保存于地下天然储油层的一门应用科学。随着人们对必须控制石油和天然气的漏失这一问题的认识，这门科学在20世纪20年代诞生。

早在1865年，人们就注意到溶解在石油中的天然气是采油生产中的一种能源，但石油业在很多年后才普遍认识到它的重要作用。1914年，美国矿务局石油处建立，首次开始旨在弄清石油生产的物理过程的工作。它承担了很多理论上的、实验室的和油田工程的研究课题，培养了很多训练有素的工程师和科学家，在20世纪20年代做出了许多有价值的工作。受其影响，很多石油公司和研究单位在20年代后期开始，把大量的研究工作扩展到储油层动态及其控制方面。

储油层流体的特性深受温度和压力的影响，温度和压力又影响石油和天然气的相态关系、黏度和可压缩性。温度的测定早就进行了，但在20世纪20年代才研制出测试井筒压力的仪器，并首次进行在某一储层条件下采收流体的取样试验。此后，更好的测试仪器和取样设备研制成功，并多次试验了温度、压力变化对石油、天然气储层中碳氢化合物的物理性能和相特性造成的影响。

在19世纪晚期，对岩石的孔隙率、渗透性等物理性能与地下水运动的关系已经进行了研究，不过直到20世纪20年代初，对含油岩层岩心样品才有了类似的研究。此后，直到我们所讨论的时期末，才出现了很多重大的研究成果，而且发表了许多论文，阐述了不同岩层的渗透性、油砂层中原生水的含量、多相系统的流动情况、相对渗透率的基本概念等。毫无疑问，这些成果都是因为得到20世纪40年代改进的井眼电测资料的巨大帮助才取得的。

20世纪30年代初，有识之士就开始推导和求解描述储层内流体系统流动情况的数学公式，随后发表了许多相关重要论文。在同一时期，关于物质平衡方程也做了大量工作，这些方程是采油期内质量守恒定律以及储层中各种原生流体（包括采收的和留下的）与进入流体之间平衡的数学描述。

最简单的储层问题的详细求解都需要作大量的计算。人们早就认识到电流与液体流之间的相似之处，20 世纪 30 年代中期开始使用模拟计算机来求解特定储层的流动问题。到 20 世纪中叶，高速的数字计算机已经在这个领域内大显身手（第Ⅶ卷第 48 章）。

20 世纪 20 年代以后，由于做了大量的理论和实验工作，人们有
404 可能在准备开发油气储层时，有效地安排收集和分析必要的资料，估计油气层的可采量、必需的井间距和最高采收率，最后确定采收和控制方案，以便对原生地层的烃类（碳氢化合物）回收获得最高的经济效益。

16.11 二次采油

即便是在有效的控制条件下，经过一次采油的油层内还可能留下 50%—90% 的原油。在 20 世纪初，由于没法控制天然气的产量，大部分的石油都留在储层内。剩余量的多少取决于很多因素，包括岩层的物理性质、储层流体的特性以及天然水的驱动程度和气顶的膨胀度。

19 世纪 60 年代，利用枯竭井的套管头造成部分真空，可以在有些油田增加石油和天然气产量。这种办法有许多不尽如人意之处，但还是沿用到了 20 世纪 30 年代。

为了从枯竭的油层增采石油，以及在新的储油层维持压力以提高新油层的采收率，人们通常采用两种方法。第一种是充气法，一般是通入天然气，但不限于天然气，通入储层的气顶层或最高的部分。第二种是注水法，目的是用水把石油驱赶到生产井中。应用这两种专门工艺后，一个储层可能只留下 30%—50% 的原油，其余的可以完全采收。

充气法 充气法的潜力在19世纪80年代第一次为人们所认识，此后又相继提出了几种方案，但通常是充入空气而不是天然气。到了20世纪20年代，天然气在采油过程中的重要性渐渐为人们所认识。1925年到1927年间，新的充气法开始采用，为了保持油层的压力不变，在开采初期就往油层回喷天然气。

回喷天然气是一种重要的充气法，储层中的烃类在原始温度和高压条件下呈气态，随着压力降低就变成液态。为了避免储层内宝贵的液态烃损失，就在高压条件下把天然气采出来，并在地面分离出其中的液体成分，然后再把这种“干”天然气回喷入储层，以维持储层的压力。当然，最后一道工序是采收集聚的“干”天然气。1938年，这种方法首次成功使用。

注水法 在宾夕法尼亚州油田，人们在1880年就已注意到往产 405
油砂层注水可能增加石油产量。然而，那时普遍认为产油砂层大量进水是有害的，在美国的一些州，这种做法直到1920年左右仍被视为非法。

20世纪20年代早期，用注水法进行二次开采只局限于宾夕法尼亚州。最初是把水注入一个中心井，注入的水辐射状地向外扩展，进入周围的井内。第二阶段是向一排井注水，用与之平行的另一排井采油。现在最普遍采用的注水法是五点井网法，让注水井和采油井互相轮换。20世纪30年代初，储油层工程的进展使人们对溢流机理更加了解，世界大部分地区的枯竭油田都开始采用这种注水法。

1936年，东得克萨斯油田首次试验了在开采初期就注水保压的方法，1942年时扩大到在开采的全过程注水。把开采出来的水又回注下去，这样处理排出的水是一个非常好的方法。在20世纪40年代初，这种方法得到了其他地区的正面评价和采用。到了1950年，新油田注水保压的方法已成为通用的采油方法。20世纪40年代，在注水井的预处理方面，特别是在避免注入水中的细菌生长并消除化学沉淀物而进行的水处理方面，出现了很大进步。为了改进注水效果，人们对在水中施用化学添加剂及其他方法进行了大量的研究和实验。

16.12　天然气和石油的处理

从石油工业诞生起，石油工作者就面临着各种各样处理石油和天然气的问题。后来的几十年间，遇到的重大问题包括采收物的分离、避免天然气与轻质液态烃的浪费和咸水的排放，还有如何确定标准的测井和现场作业法以及标准的取样法，更有原油、天然气和天然汽油的标准检验方法问题。

油气分离器　早先，分离和处理采收的天然气、石油、砂和水的方法随意性很大。第一台收集作燃料用的天然气设备是一个简单箱体，

图 16.11　印度的纳霍卡蒂亚的多级分离设备。
从井中采收的石油流经分离器，这些分离器压力渐次降低，让天然气分离出来，把有用的轻质烃留在石油中。

石油从底部放出来，天然气从顶部排出去。由于天然气的输送管道越 406
长，所需要的天然气的压力就越高，因此又研制了可在较高工作压力下运行的分离器。从 20 世纪 30 年代起，人们又努力提高从液体中分离天然气的效率。20 年代在高压自喷井区采用了一种多级分离的方法，通过两级或两级以上的分离装置，把游离天然气从流动的流体中分离出去，把大量的轻质液态烃留下来，这种分离装置带有可控压降的储罐（图 16.11）。当初，分离器主要是立式的，近年来却大量采用卧式高压分离器，特别是在产量较大的油田，例如中东油田等。

油罐　最初，人们用木质、金属和陶土质容器来盛置石油。1913 年
出现了用螺栓固定的储罐，1926 年出现了焊接钢油罐。20 世纪 20 年 407
代，为了减少挥发损失又采用了镀铝油罐，并安装了挥发气体回收系统，大储罐的浮顶也起到了这一作用。

石油处理　在一些油田，采收液中所含大量的水是用沉淀的方法在脱水器或脱水分离罐中分离出去的。然而，在采油过程中还产生了很多油包裹水的乳化液。分离这种乳化液有三种办法，分别是加热法——由此产生了连续热处理器、化学处理法（1914 年获专利）和电处理法。后面一种方法出现在 1909 年，开始时是间歇式的，后来发展成连续流程。

天然气　最初，天然气作为一种燃料在某些地区开发并在本地区使用。在开发初期，由于产量下降很快，人们就优先选择在气源更可靠的非伴生储气层进行开采。随着对燃料天然气的需求不断增长以及油田开发的规范化，伴生天然气从大量的油井采收物中分离出来后汇入集气管路。尽管如此，某些油田地区还是有大量天然气被损失掉。

1904 年起，对汽油的需求量增大，后来对丙烷、丁烷等的需求量也增加，这就导致了从天然气中提取液态烃的加工业的产生。开发初期时采用了单级压缩法，1909 年采用了两级压缩法，20 世纪 20 年

代又采用了吸收法。为了除去水、硫化物、二氧化碳等不需要的成分还采用了各种化学处理法。

1883年，天然气首次派上重要用场，当时是用管道从宾夕法尼亚州的油田输送到匹兹堡。到1890年，在匹兹堡就有500英里长的输气干线，全美国则总共有2.7万英里以上的输气管线。20世纪20年代的北美，焊接钢管的应用促进了天然气利用的迅速增加，把天然气输送到数百英里之外的重要人口中心和工业中心成了平常之事。相比之下，西欧的天然气直到现在所起的作用一直都很小。法国和荷兰的气田在20世纪50年代才得到开发，随后是北海南部的海底气田得到开发。也许我们已经注意到，早在1951年，芝加哥的联合油库和转运公司已经开始试验液化天然气从路易斯安那州输出的可能性。1959年，首批船装的液化天然气穿越大西洋到达埃塞克斯的坎维岛进入了专门建造的中转油站。

408

16.13 输油作业

20世纪前半个世纪，石油运输、加工和销售的历程与生产操作进展大体相似，从简易、实用开始，随着世界采油模式和市场需求的变化以及相关实用科学的并行发展，变得更为大型化、规范化、配套化（特别是20世纪20年代以来）。

1900年，几家主要的美国石油公司与几家销售俄国产品的英国公司争夺欧洲市场，东方市场则由俄国、美国、苏门答腊供货。随着岁月的推移，许多石油公司在越来越多的国家中找到石油，世界范围内的运输、加工和销售形式变得更加复杂。在两次世界大战中的战略和战术上，石油产品都起了重要作用。

19世纪60年代，美国首次用管道来输送石油。第一根从里海油田引出的油管是诺贝尔兄弟（Nobel brothers）在1879年完成的，但在1900年以前，大多数输油管都是带螺纹接头的小口径管。此后的几十年里，管径增大了，管子的钢材改良了，接头也改成焊接，而且普遍改用电动机或内燃机驱动的泵和压缩机来输送原油、石油加工产品和天然气。接下来的 50 年里，采用有轨车、驳船、海上油轮来运输石油，也显示了巨大的发展前景。

早期的炼油设备基本上是些小壳体蒸馏釜，用来间歇地从不同原油分离所需的各种石油产品。随着对石油产品的需求量不断增加和品种的不断变化，特别是对汽油的需求量不断上升，炼油技术经过多年的开发有所提高，资本密集而劳动力节约型的炼油厂投资增加了。近几十年来，石化工业——以石油和天然气组分作为基本原料的化学制品工业——发展迅猛，方兴未艾。

参考书目

409 Brantly, J. E. *History of oil well drilling*. Gulf Publishing Co., Houston. 1971.

Dunstan, A. E., Nash, A. E., Brooks, B. T., and Tizard, Sir Henry (eds.) *The science of petroleum*, Vol. I. Oxford University Press, London. 1938.

Forbes, R. J., and O' Beirne, D. R. *The technical development of the Royal Dutch / Shell Group 1890–1940*. E. J. Brill, Leiden. 1957.

Golden Anniversary Number. *Oil and Gas Journal*. Petroleum Publishing Co., Tulsa. 1951.

History of petroleum engineering. American Petroleum Institute, New York. 1961.

Muskat, M. *Physical principles of oil production*. McGraw-Hill, New York. 1949.

Petroleum panorama 1859–1959. *Oil and Gas Journal*. Petroleum Publishing Co., Tulsa. 1959.

Pirson, S. J. *Elements of oil reservoir engineering*. McGraw-Hill, New York. 1950.

Proceedings of the World Petroleum Congress, London, 1933. World Petroleum Congress. 1934.

Redwood, Sir Boverton *A treatise on petroleum*, Vol. II (4th edn.). C. Griffin, London. 1922.

Secondary recovery of oil in the United States. American Petroleum Institute, New York. 1950.

Thompson, A. Beeby *Oil-field development and petroleum mining*. Crosby Lockwood, London. 1916.

—— *Oil-field exploration and development*. Crosby Lockwood, London. 1926.

Uren, L. C. *Petroleum production engineering—oil-field exploitation*- (2nd edn.). McGraw-Hill, New York. 1939.

Williamson, H. F., Andreano, R. L., Daum, A. R., and Klose, G. C. *The American petroleum industry. The age of energy 1899–1959*. Northwestern University Press, Evanston. 1963.

第 17 章　金属的开采

约翰·坦普尔（JOHN TEMPLE）

金属需求量的剧增和随之而来的采矿活动的扩大，是 20 世纪前 410
50 年中促进金属开采最重要的因素之一。随着工业社会的日趋发展，包括铁、铅、锌、铜、锡等在内的贱金属显得日益重要，有了许多新用途。铅因耐腐蚀早在古罗马时代就被广泛用来制造水管，20 世纪初则被广泛用来制造管件和地下电缆的包皮。到 1940 年，随着汽车工业的发展，美国 40% 左右的工业把铅用于蓄电池和制造掺入汽油中的四乙基铅（抗爆剂）。1900 年，世界锡产量为 7.5 万英吨，到 1940 年增加到 23.8 万英吨。产量增长的部分原因是锡在食品包装工业中广泛地用于做罐头。例如，1924 年英国制造的罐头有近 1000 万听，1939 年则达到 4 亿听[1]。19 世纪时，在白铁工和管工的焊料中，锡是铅锡合金焊料的重要成分。20 世纪前半期电气工业和无线电工业的发展，导致大量的锡用作焊料成分。20 世纪初很少应用的某些金属，由于被发现能够提高钢的韧性和强度而变得极为重要，尤其是被称为铁合金的，如铬、锰和镍。19 世纪 80 年代，发现了铝的廉价还原工艺。由于材质轻、强度高、导电性和耐腐蚀性好，铝便成为 20 世纪具有重大价值的金属。特别是在飞机制造业中，铝及铝合金有了许多新用途。

不仅是先进工业国家对贱金属的较大需求促进了采矿业的发展，

411 苏联的发展也是以煤和矿物资源的蓬勃发展为基础的。从20世纪20年代中期起，通过开发本国资源来提高国力，减少对外国的依赖，成了苏联的基本任务。沙俄时代进口了大量的有色金属，到了20世纪20年代，这些金属对于苏联在电气工业、化学工业、汽车工业和其他工程方面的工业化计划变得十分重要，直接导致了苏联采矿业的巨大发展。这个新的工业强国的出现，应被看作20世纪前半叶扩大金属开采业的一个因素。

贵金属的开采继续扩大，但是没有像19世纪美国加利福尼亚和加拿大克朗代克开采业那样引人瞩目地急剧发展。金和银继续大量用于铸币，通常是同别的金属一起制成合金，以作为许多货币制度的本位。先进国家积聚黄金，因为他们认为大量的黄金储备能够让经济安全可靠。同贱金属的情况一样，20世纪20年代，苏联作为贵金属——特别是黄金的一个主要生产国出现在世界舞台上。30年代，苏联开发了一些新的矿区，进入世界上黄金产出国的领先行列。

17.1 露天开采

20世纪开始时，世界许多地区都在进行表层采矿，也就是露天开采。到50年代，这种技术取得巨大的进展。人们最初尝试进行露天开采，是因为当时矿藏很丰富，而且埋藏在地球浅表层。如果必要的话，首先通过初步爆破松开表土，然后用蒸汽铲挖出矿石并装到附近的火车上，运输到工厂中进行破碎。一旦矿场转移，露天矿的铁轨也必须重新铺设。采用这种方法，美国钢铁有限公司（1901年建立）开采了苏必利尔湖滨梅萨比地区的富铁矿床（图17.1）。假如能有投资，例如开采铝矾土炼铝所需要的资本，露天开采就可以开采出含量很高的富矿。这种方法在美国的成功，导致它为全世界许多别的公司所采用。

20世纪初，美国犹他州宾厄姆铜矿在露天开采方面向前迈出了

图 17.1 梅萨比地区的梅萨比露天矿，1947 年。
通过比较矿区远端地平线处建筑物和树木的大小，可以看到该露天矿的巨大规模。

极有意义的一步。那 412
里最初开采金矿和银矿，这些矿源被挖完后，注意力便转移到铜矿上。然而，这处低品位铜矿的含铜量只有 2% 或者更少，用当时的方法来开采被认为无利可图。那个年代，很多公司只在富矿脉进行开采，例如在美国密歇根州的基威诺，含铜量达 20% 的铜矿并非罕见，当含铜量少于 10% 时，大多数公司就认为不能获利。由于剩下的是大量低品位的、分散的矿石，很难相信宾厄姆矿会赚钱。但是，两位年轻的工程师杰克林（Daniel C. Jackling）和格默尔（Robert
C. Gemmell）在 1899 年写了一份报告，简述了用露天开采法以每天 413
2000 吨的速度开采和破碎矿石的计划。有许多理由认为这个计划设想大胆，因为当时日产 500 吨的矿场就是超大型的，数量只有几个，而且通常位于易于进入的地区。美国出版的《工程和采矿杂志》对这个计划的评价很糟糕，编辑在 1899 年 5 月 27 日出版的刊物上写道：“在犹他州现存条件下，开采和处理含铜量为 2% 或更少的矿石是不可能获得利润的。”[2] 然而，杰克林—格默尔计划最终被采纳。由于联合企业共同给予财政的支持，宾厄姆露天矿从 1910 年开始实施这个计划。到 1913 年，这个矿曾经达到每天开采 4500 吨矿石的能力它证明了如果经营规模足够大的话，开采低品位且分散的铜矿同样可以获利。宾厄姆的工程师们开辟了用露天开采方法大规模开采低品位矿的道路，杰克林和格默尔的意见尽管受到一些人的嘲笑，但还是为世界许多地方所采纳。直到第二次世界大战末，许多露天矿的矿石只有 0.75% 含铜量，仍然被认为有利可图。因此，大规模露天开采的主要意义在于它能够开发贫矿。不过，对于富矿的露天开采来说，在上层矿床开采完后，可以转入地下开采，这是在加拿大萨德伯里一些铜矿中曾经采用过的方法。直到 20 世纪 20 年代，露天开采方法一直在使用。后来，因为矿体具有高达 45° 的倾斜度，便开始使用地下开采。

414 露天开采的早期，许多公司用蒸汽铲来采矿，并把矿石卸进通过矿区的铁路车皮中。特别在智利和美国的一些铜矿，在用电铲代替蒸汽铲的同时，仍然继续使用部分蒸汽铲，以后又改用以柴油机作动力的推土机。这些矿区铺设了庞大的铁路轨道系统，有时要下降半英里深才进入建成的大型露天矿井。由于内燃机的发明和大功率柴油机的出现，许多铁矿改变了运送矿石的方法，采用了内燃机卡车、拖拉机、推土机和胶带式输送机系统，这就必须以公路、汽车修理厂和汽车司机来代替轨道、机车修理厂和机车工程师。对于美国苏必利尔湖地区相当平坦的大型铁矿而言，这种运输方法尤为合适。到 40 年代初，在这个领域内的变化是很快的[3]。但是，不能认为所有露天采矿都是按这样的规模经营的。英格兰的北安普敦郡铁矿床在 1852 年就被发现，蒸汽铲却直到 20 世纪初才被用于剥离覆盖层和开采矿石。这个地区的发展不如苏必利尔湖地区快，1933 年约有 60 个露天矿，许多矿的雇用人员只有 12 人。甚至到 50 年代初期，林肯郡的科比（Corby）和斯肯索普（Scunthorpe）等产量多的区域，经营规模仍然较小，人们大概在这个时期才开始使用能行走的绳斗电铲。在美国，许多露天矿早在 30 年代就使用它了。

17.2 淘金

表层采矿不限于露天开采。锡和金的冲积开采也是常用的方法，主要分为水力开采法和挖掘船开采法。20世纪初，捞金在挖掘船上进行，船浮置在人工湖上，掘出含金的沙砾（图17.2）。然后，依靠蒸汽铲的力量，掘出金沙砾，洗出黄金，余下的沙砾随即弃入湖中，填平湖底。在那些广阔而分散的地方，例如美国西部、澳大利亚、新西兰和美国的阿拉斯加，都是采用这种方法。在阿拉斯加，一年中至少有4个月到5个月的时间土地是冻结的，这种极端气候使挖掘遇到了严重问题。不过，由于使用了装有锅炉和蒸汽射流设备的挖掘船，工作季节得到一定程度的延长。到第一次世界大战爆发时，特别在美国，许多挖掘船是用电力驱动的。1912年，欧洲一些公司把挖掘锡的方法引入马来半岛，到1940年用这种方法挖掘的锡占总产量的45%。 415
最早的挖掘船用蒸汽作动力，用木柴作燃料，后来变为烧煤。1926

图17.2　在科罗拉多州一个人工湖上作业的黄金采捞船。在马来半岛用同样的方法采捞锡。

年起，采用由电力推动的更大的挖掘船。到 1940 年，在挖掘中已经很少使用蒸汽动力。不过，由于换成电力推动代价很高，因而蒸汽动力到 30 年代初期仍然继续流行。

也许，大规模淘金时的最原始方法是在沙俄时期使用的。当时最重要的黄金资源在西伯利亚勒拿河的金矿区，它出产的黄金占沙俄时期总量的 83%[4]，人们用镐和铲掘沙砾，用原始的洗矿槽冲洗但是，从 1908 年开始，它获得了欧洲的资本来建造挖掘船和水电站到 1910 年，它似乎有可能成为世界上获利最大的金矿，但是 1913 年的暴动和 1917 年的革命改变了一切。斯大林曾经拟定一个重大的矿
416 业发展计划，目的是想确保俄国的矿产由国家控制。为开发黄金资源他聘用在阿拉斯加工作的美国工程师，因为这些人熟悉同苏联远东省份相类似的地质与气候条件，主要的新成员是利特尔佩奇（John D. Littlepage），其 1928 年至 1937 年曾在一些砂金矿里管理过机器。

1931 年，在勒拿采金地以东的科雷马河发现了一个有价值的砂金矿。整个科雷马矿区是一片处女地，由一个被称为“达尔斯特罗”（Dal’stroy）的开发机构来管理。有人认为，这个矿区的黄金产量很快就会接近俄罗斯产量的 2/3，如此成就多半是用最原始的方法取得的当时，这个矿区使用的所谓罪犯劳动力多达 500 万人，这是 30 年代斯大林搞清洗运动的结果[5]。直到 50 年代初期，罪犯劳动力的规模才有所减小，自由劳动力开始被吸引到该矿区来。

在世界的一些地区，大规模的挖掘同农民利益发生了严重冲突农民反对把采金后的废矿砂倒在田里。19 世纪后期和 20 世纪初，美国加利福尼亚州经常发生这样的冲突。但是，最严重的问题还是由水力开采方法造成的（图 17.3）。这种方法是使用强大的水力喷射，反复冲洗含金沙砾，由于金比沙砾重，黄金便逐渐沉到冲洗槽底部。残留的矿砂通常悬浮在水中，流到附近的大小河流中去，从而对较远处的下游地区农田造成很大的危害，阻塞水流，引起水灾。抗议的呼声如

图 17.3　水力开采。含金沙砾用水喷射冲洗并落到洗矿槽里，在这里黄金被分离出来。在采锡中也使用这种方法。两者均产生严重的环境问题。

此之大，以致加利福尼亚州部分地区在 1884 年禁止水力开采。进入 20 世纪后，水力开采需要得到特许，而且只有在采取了防止废矿砂流入河流的妥善措施后，这样的特许才能得到[6]。水力开采对土地造成最严重的后果大概出现在马来半岛，那里用这种方法开采大量的锡。19 世纪后期，华人只开采表层的锡矿，在 20 世纪则把力量集中在水力开采上。1924—1928 年，马来半岛几乎 40% 的锡是这样开采出来的。在丘陵地区，庄园清除杂草的规定使土壤受到侵蚀。为了获得精矿而进行水力开采和大量地使用水，导致河流为泥沙所阻塞。所以，某些地区在 1933 年禁止使用这种方法。在吉隆坡附近，仍然允许水力开采，但要求这些矿山建造尾矿坝，使混浊的水流最终 417
被引入坝内，以便把大部分泥沙截留下来。然而，水力开采对土地仍然产生严重的后果，许多矿区呈现出宛如“月宫”似的荒凉景象[7]。

17.3 地下开采

在我们所讨论的这个时期内，大多数金属是靠地下开采获得的，虽然它曾经让位于露天开采。必须承认，某些矿床只能进行地下开采，例如埋藏很深的南非金矿。在某些地区，地下开采已经大量地取代露天开采，包括瑞典的基律纳一带有价值的铁矿床（图 17.4）、加拿大
418 萨德伯里盆地的某些铜矿等。

地下开采的方法很多，根据矿床结构不同而不同，不能千篇一律[8]。水平分层充填法是最普遍的一种，被澳大利亚布罗肯希尔的许多矿区所采用。在矿井中，从站台挖的巷道可以一直通到矿体，站与站之间相距 100 英尺至 150 英尺。采掘工作在巷道里进行，切去很长的剥离带，直到回采工作面像一间 10 英尺至 12 英尺高的大矩形厅，用许多坑木支撑顶部。部分回采工作面底部用废石块填满，只留下一个从底层到顶板约 5 英尺高的空间。从石质平台开始，矿工们开采顶部矿层，采下矿石后开采面顶部升高，他们便在底部堆积更多石块。在紧挨着上面的巷道下开采时，必须格外小心。对于岩层极不稳定的矿区，这种方法不可能被采用，因而在布罗肯希尔某些矿区不得不使用方

419 图 17.4　1936 年基律纳铁矿全景；露天矿的表面开采已停止，并被地下开采所代替。

框支架(图 17.5),也就是仿照美国著名的卡姆斯托克方法。为了支撑顶板,从美国俄勒冈州运来了大量木材,不过伴随而来的是经常发生火灾的危险。美国比尤特铜矿使用方框支架支撑顶板,每年要安装 4000 万至 5000 万块英尺的板木[9]。

图 17.5 20 世纪 10 年代的布罗肯希尔矿井。图中显示的是支撑顶板的方框支架系统。

露天开采的一个重要特点就是可以采完庞大的矿体。20 世 420
纪初,又发现了一种类似的矿块崩落法。尽管尚且不能确定首次使用这种方法的地方,但直到 30 年代,它在加拿大萨德伯里盆地的铜矿和中部非洲(即前北罗得西亚)所开发的铜矿中极为盛行。19 世纪,在康沃尔地区的金属矿山中,矿工们在地下开采时必须非常小心地沿着矿脉前进,直到基本掘完再着手在另一层寻找新矿。矿块崩落开采法则不是这样,它用下部掏槽的方法搬掉回采工作面四壁的整个矿体,并且让矿石在重力作用下落进准备好的空穴里,使它在下落过程中碎裂。这种方法在商业上的成功,已经在当时许多地区得到证实。1947 年,阿纳康达采铜公司制订了一项雄心勃勃而代价昂贵的计划,在美国比尤特用这种方法开采 1.8 亿吨的低品位矿石。这个矿山的高品位矿藏已经全部被掘光,只有用大块崩落开采法开采剩下来的低品位铜矿或许才有利可图。

17.4 设备

采掘方法的进展依赖设备上的相应发展。在采矿中，最费时的一项工作是在矿石上钻炮眼，以便装上炸药进行爆破。20 世纪初钻孔工作是用锤打钢钎，一个人打锤，每打一锤，另一个人就把钢钎转动 1/4 圈。一些矿山使用了用压缩空气作动力的气动钻（图 17.6），这类设备约有 100 千克重，安装和拆卸都存在困难，还造成工作面内尘土飞扬，严重损害矿工的健康，以致一种美国的钻石机被贴切地称为“寡妇制造者”。在钻头上喷水除尘和安装良好的通风系统可以解决这些问题，不过造价太高，许多公司都不予考虑。1907 年，某些矿山采用了一种叫莱诺（Leyner）的水钻，不仅可以减少粉尘的危害，而且比别的钻轻（大约 60 千克），只需一个人操作。每人一钻的原则虽然在某些地区受到抵制，但一般来说，矿工们无法抗拒这种革新。同改进钻机相联系的问题是让钻头有足够的韧度，以便钻开某

图 17.6　20 世纪 20 年代初期，南非一个金矿的矿工们用压缩空气气动钻代替手钻，却使矿山粉尘飞扬和噪声震耳。

些地区（如南非的威特沃特斯兰德）所遇到的特别坚韧的岩层。许多 421
研究工作都涉及用耐磨材料制造钻头刃口的问题，20 世纪 30 年代进行的广泛试验发现，最好的材料是碳化钨（第 18 章，边码 454）。于是，一种用碳化钨作刃口的钻杆被制造出来，它的磨刃次数大大少于锻造钢钻。在钻头质量得到改善的同时，炸药的质量也得到了改善，这就减少了爆破工作的危险性。

在很多矿区的地下主要通道上，曾经使用马拉载重车。20 世纪头 10 年内，布罗肯希尔矿区就是一个样板。在 30 年代，一些矿区着手试验内燃机车，更多矿区使用的是电动机车，有轨道式的，也有电瓶型的。电动机车需要较贵重而且易损坏的设备来进行安装。内燃机车增加了矿井排风问题，但是到 50 年代初，一种可排除有毒气体的废气洗涤器把它解决了。所以，凭借造价低、易移动等特点，内燃机车迅速取代了电动机车。在某些矿山中，如果因为岩层的倾斜而使得采好的矿石不能通过重力作用被装进矿车的话，运送矿石就会面临严
重的困难。在许多年里，只有通过人力用铲子把矿石装进卡车。30 422
年代初，南非伊斯特兰的矿区引进一种被称为刮板绞车的装置，它由双卷筒绞车组成，卷筒上的绳索操纵耙式刮板，刮板在工作面上下耙动，从而把破碎了的矿石装进卡车。这种机器在南非相当成功，几乎所有不能利用重力装载碎矿石的矿区都采用了。

在 20 世纪 20 年代以前，由于矿井日益加深，某些地区的通风设备发展必须更快。为此，矿坑尝试采用通风围板，分开进入上风井和下风井的区段，取得不同程度的成功，不过许多矿井仍然依赖于自然通风法。某些矿井设置了通风井和抽出污浊热风的风扇设备，使地面下的矿井获得新鲜的冷空气。到了 19 世纪后期，这种方法在煤矿中普遍被采用。同时，人们也注意到有效地应用地下通风，安装了镀锌铁管道系统，使用电扇把新鲜空气通进采掘面，抽出污浊空气，以此代替原来用砖或别的材料砌成的围板通风设施。但是，这些方法并非

在所有矿山都行之有效，尤其是在南非的金矿深井中，那里岩石的温度高达38摄氏度以上。工程师们开始考虑用人工冷却的方法，首先把大冰块送到矿井中去，但这样做既费钱且成效不大，很快便不采用了。接下来，在地面上建设冷冻厂，把空气冷却，大量冷空气从矿井送到工作面。这种方法虽有一定成效，但由于距离远，冷空气要经过长途输送，途中的吸热损失了大部分冷却效果。为了减少这样的消耗，冷冻厂被安装在地下，场地的选择却又受到限制，因为冷却设备必须紧靠通向上风井的回程风巷，这样才能做到空气在被抽入上风井时不会干扰矿井的总体通风。20世纪40年代，南非金矿的解决办法是使用成对的主平巷，这是煤矿中的惯常用法。两个平行的平巷相距约50英尺，以此代替单一的宽平巷。这两个平巷每隔500英尺就相连接，一个用作连接下风井的入口通风道，另一个用作连接上风井的出口通风道。这种办法非常成功，大量空气得以循环，而且通过连接，每一段平巷的长度都不超过600英尺。

随着矿井深度的增加，提升设备的设计工作变得更加复杂，卷
423 扬机的起吊深度也达到了负荷极限。因为随着卷扬机绞索长度的增加，绞索自身的重量会远远超过断裂负荷所容许的最大重量。在超过5000英尺深的矿井中，曾考虑过采用垂直的或基本垂直的分成两段的卷扬系统。这种方法代价甚高，而且需要设计多绞索卷扬机。负载被连接在许多直径相对较小的绞索上，并由一种辅助装置举起重物，这样的装置比单一绞索能够承受更大的负荷，适用于更深的矿井。

17.5 选矿

采矿技术的不断进步，部分得益于选矿方法的持续发展和改进。如果矿石含有的杂质像铁矿那样较少，冶炼时就可以把矿石中的脉石除掉。对于存在于单一地质结构中的矿石，杂质可以用手选清除。在19世纪，某些铅矿雇用妇女和童工从脉石中挑出矿石。这种方法有

点慢，费用较贵，对于某些矿区完全不适宜。矿物经常由三种或更多种（例如铜、铅、锌）物质混杂在一起，呈复合态，把这样的矿石分离开来相当困难，用人工手选的办法肯定无法做到。到 20 世纪初，几乎所有矿山都建造了选矿厂，依据的原理是不同的矿物具有不同比重。对于铅来说，把矿石粉碎，同水混合，并放进振动的跳汰机或盘上猛力跳动，方铅矿粒（比重为 7.5）便会落到底部。在选矿厂里，含有不同矿石的物质被碾碎，最重的矿物被保留下来，较轻的（如比重为 4 的锌）则被丢弃。这样做的结果是，具有复合矿体的矿山损失了大量有价值的矿石。例如，澳大利亚布罗肯希尔一个矿区，1903 年 6 个月内曾经处理过价值 38 万英镑的金属矿石，选出来的矿石价值却只有 9 万英镑[10]。在开采复合矿石的地区，这样的损失并不罕见。在产磁性矿料的矿区，最初试图通过建造具有巨大磁铁的选矿厂避免这种损失，但不论是磁力选矿法抑或重力选矿法都无济于事。

解决问题的办法是浮选法，它大概是由美国化学家和澳大利亚化 424
学家同时分别发明的。最早的发明之一是表层浮选法或薄膜浮选法，碎矿涂上油并倒到一个水槽中去，在槽里矿粒上浮而废石下沉。这种方法的缺点是，如果想要提高产量，就得有宽阔的水面。直到 1910 年为止，布罗肯希尔的一家公司一直在成功地运用这种方法。接下来人们开始建立能够挑选已被分离的矿物的浮选工厂，布罗肯希尔在第一次世界大战结束时完成了建设。这些工厂对于复合矿体的矿床极为重要，对于铜矿也同样重要，因为铜矿石的比重小，在重力精选机中不容易从脉石中分离出来。在铜矿中，经常发现比重差不多的铁和铜混在一起，优先浮选对于含有铁的铜矿的经济利益极为重要。1915 年，由于将重力洗选改为浮力精选，美国阿纳康达公司使铜的回收率从 79% 增加到 95%，选择性浮选取得了更大的成功。从此以后，浮选法被推广到锡矿、锆石、云母和锰矿，取代了水选和火选，成为提取这些地下矿物的主要方法。“在最近一千年里，浮选法和氰化法、酸性转炉法一样，属于冶金史上鼎足而立的三项最重大的进步之一。”[11]

提取黄金的氰化法出现在1889年，是由英国格拉斯哥的两位内科医师罗伯特·福里斯特（Robert Forrest）和威廉·福里斯特（William Forrest）以及化学家麦克阿瑟（John McArthur）发明的，他们获得了专利权。在那以前，人们利用汞或氯气把开采出来的黄金从脉石中分离出来，但这两种方法对于低品位的金矿都不适宜。氰化法最初成功地用于南非威特沃特斯兰德的尾矿上，然后用到所有的矿石上。毫无疑问，这些矿山的兴旺和持续发展应归功于氰化法的应用，否则它们不得不关闭。20世纪初以来，这种方法已经应用到全部主要的金银矿脉矿床的开发中。

这种方法包括一系列工序，先用氰化物的稀溶液作为贵金属的溶剂，处理被磨得很细的粉矿，从清液中分离出这些固体，再用锌屑法回收黑色沉淀金属。捣矿机组曾经被用来粉碎矿石，南非约翰内斯堡
425 周围开采金矿时的早期报道记载，城市里不断回荡着这些机器的重击声。粉碎矿石的早期改进是使用管磨机，由装有合适的衬里（如卵石）的卧式钢制大滚筒组成，绕其长轴旋转。磨机的卵石料反复辗轧矿石，直到把它研磨成细粒，这样便不再需要捣矿机。20世纪20年代，全泥浆法得到了应用，人们往管磨机里注水，把矿石碾磨成矿砂和矿泥的混合物。30年代又开始使用球磨机，机器里面装有钢球，以代替卵石作为粉碎矿石的工具。这道工序后来又发展成分段磨矿，若干球磨机组成第一段磨矿系统，若干卵石机组成第二段或再磨系统。一旦磨碎，矿料和氰化物就被装进圆形大桶里，再把调节好流量的锌粉加入溶液中，黄金就成了泥浆沉淀下来，大部分锌被溶解，然后把含有黄金的泥浆用炉法进行精炼。

直到50年代初期，人类仍然只挖出了地球表面的金属。然而，认真关注资源消耗和寻找新资源是这个时期技术文献的重点。在较深

的矿井中，在非洲和南美洲的不发达国家里，在面积广阔的海底，人们找到了更多的矿物资源，尽管海底采掘是一个很大的难题。这个时期的大量文献只是从西方工业社会的要求去看待矿物需求，却没有认真考虑第三世界的出现和由此产生的矿物需求的改变。虽然现在趋势还不明显，但是西方社会在采矿方面完全占支配地位的局面将会逐渐结束。

17.5 选矿

426

相关文献

[1] Alexander, W. and Street, A. *Metals in the service of man* (2nd edn.). Penguin Books, Harmondsworth.1945.

[2] *Engineering and Mining Journal-Press,* 167, 80.1966.

[3] *Minerals Yearbook, 1941.* U. S. Government, Washington.1943.

[4] Conolly, V. *Beyond the Urals.* Oxford University Press, London.1967.

[5] Armstrong, Terence. *Russian settlement in the north.* Cambridge University Press, London.1965.

[6] Jones, S. J. The gold country of the Sierra Nevada in California. *Transactions of the Institute of British Geographers, 15,* 1951.

[7] King, A. W. Changes in the tin mining industry of Malaya. *Geography,* 24, 1940.

[8] Stoces, B. *Introduction to mining.* Pergamon Press, London.1958. (A detailed examination of methods is provided in Vol. I, pp. 356–370.)

[9] *Engineering and Mining Journal-Press,* 167, 82, 1966.

[10] Blainey, G. *The rush that never ended: A history of Australian mining,* p. 259. Cambridge University Press, London.1967.

[11] Blainey, G. *Op. cit.* [10], p. 271.

参考书目

Alexander, W. and Street, A. *Metals in the service of man* (2nd edn.). Penguin Books, Harmondsworth.1945.

Blainey, G. *The rush that never ended: a history of Australian mining.* Cambridge University Press, London.1963.

Cartwright, A. P. *Gold paved the way.* Macmillan, London.1967.

Coghill, I. *Australia's mineral wealth.* Longman, London.1972.

Conolly,V. *Beyond the Urals.* Oxford University Press, London.1967.

Jones, W. R. *Minerals in industry* (4th edn.). Penguin Books, Harmondsworth.1963.

MacConachie, H. Progress in Gold Mining over Fifty Years. *Optima,* September 1967.

Richardson, J. B. *Metal mining.* Allan Lane, London.1974.

Shinkin, Demitri B. *Minerals–A key to Soviet power.* Harvard University Press, Cambridge, Mass.1953.

Stoces, B. *Introduction to mining.* Pergamon Press, London.1958.

Warren, K. *Mineral resources.* David and Charles, Newton Abbot.1973.

Webster Smith, B. *The World's great copper mines.* Hutchinson, London.1962.

Wilson, M. and Thompson, L. (eds.) *The Oxford history of South Africa; Volume II, South Africa, 1870–1966.* Clarendon Press, Oxford.1971.

第 18 章 金属的利用

W. O. 亚历山大（W. O. ALEXANDER）

19 世纪，工程师和冶金学家已经将钢铁冶炼从凭经验技巧的生产过程转变为科学的生产过程，通过找到的各种工程方法，可以根据金属的机械性质把它们用于桥梁、电站、蒸汽机车、内燃机和船舶建造等。为了使所有这些建筑物和机械安全可靠，需要对多种金属，尤其是不同碳含量的钢和合金（加入其他金属）的机械性能进行研究。机械性能涉及抗拉、抗压应力的特性曲线、脆性的产生、金属“疲劳”性的基本了解等方面问题，也涉及通过铆接和栓接把金属部件固定在一起等多种技术。这一切都与零件加工、组装精确度等方面的巨大进步相关，同时与作为一门可控科学的计量学的发展密切相关。此外，在各种机器和发动机中，所有金属的表面都在旋转和振荡条件下运动，改进这些滑动面的配合度和光洁度，提高耐磨性，最大限度地减少摩擦，就成为对它们的基本要求。这就导致冶金学这个分支的出现，它能通过特殊的热处理工艺使钢的表面具有不同于其本体的性能。 427

考虑到腐蚀问题，19 世纪所使用的钢铁零件都做得相当厚，即便如此，还是发展了各种表面防护的方法，特别是经常使用红铅漆和以亚麻油为漆基的其他油漆（第Ⅶ卷第 28 章）。为保护机器免遭腐蚀，当时的工程师们经常用涂油碎布擦拭机器。然而，通过镀涂层和其他

428 技术来防护金属的办法，在20世纪进步非常明显，这既是因为某些部件变薄了，也是因为金属需要承受比现今更为严酷的环境条件。

虽然锡焊、铜焊和锻接技术在古代就已经被人们掌握，但在所述及的这段时期里，对钢件广泛采用的气焊或同质焊等其他方法发展得很缓慢。到20世纪中叶，根据不同的装配和工作条件，大约有30种用于焊接各种钢料和其他金属的方法。

就精度和表面光洁度而论，金属铸造技术——特别是砂模铸造——早在1851年的大博览会时，就已经达到完美的地步[1]。尽管如此，铸铁件还是被认为质脆易裂，不适合在一些重要的工程上应用。不过，铸铁具备使任何机身具有刚性的优点，因而被广泛地用于车床和往复式发动机的底座。此后的50年里，铸铁尽管有刚性的优点，但还需更有效地用于薄壁的部件中，这又反过来导致铸造工艺和技术的全面改革[2][3]。

到1900年，依照吨位计算，最广泛应用的金属是铁和钢。铁主要为铸铁，钢主要为低碳钢、中碳钢、高碳钢或一些合金钢，例如哈德菲尔德的锰钢。也有一些铜和铜合金，包括黄铜和青铜。此外，锌主要为锌和镀锌铁皮，铅主要为铅皮和圆管，锡主要用于罐头制品的钢皮的镀层，或用作焊料或早期的软管。当时，尚无一种新型金属出现在工业和商业的领域。虽然铝在19世纪80年代已经提炼出来，但其造价太高，性能也不可靠，而且易腐蚀，尤其在海水里或海洋环境中。

从目前情况看，传统金属的进一步发展和新金属的利用，显然一直伴随着20世纪前半期的工程发展。这个时期创建和扩建了许多工程领域，其中许多领域的发展互相渗透和交叉，在所使用的金属和合金方面更是如此。被公认的发展领域有汽车工程、航空工程、
429 电力工程和发电，以及通信工业、机床工业、运输业以及建筑和装配等。当然，所有这些领域还将在本书其他各章予以专题论述。

18.1 汽车工程

在20世纪头10年里，汽车已经分成独立的零部件工程来设计和制造（第Ⅶ卷第30章）。初始期间，用于各个零部件的金属与合金得到许多改进。例如，汽车散热器终于成为一个精巧的结构工程部件。即使在早期阶段，它也是用铜或黄铜管制成的，将这些铜管穿入铜片或黄铜片上冲出的孔内，再将各组件焊成一体，使得水在管内沿垂直方向流动，当汽车朝前运动时，恰与水平流动的空气成正交（图18.1）。这种结构需要把铜精确地轧成带状并拉制成薄壁管，后来有 430
时也把它压成扁平管，以便增加冷却表面积并减少气流的阻力。为获得相应的熔点，不仅改进了焊料合金，而且改进了确保焊料和铜或黄铜充分浸润的焊剂。通过这些措施，能够焊接像毛细管那样微小的缝隙，保证密封不漏水。

图18.1 左图为1901年的Sunbeam Mabley汽车，它带有铜制的翅型散热器和焊制的黄铜水箱。
右图为1903年的Vauxhall汽车，它的散热器为简单的盘绕式铜管。
车上的蜡油灯是用黄铜板和带材经切割、冲压、旋压和拉拔制成。
Sunbeam Mabley汽车的单缸发动机由铸铁制成，它带有整体铸造的散热片和一个独立的圆形汽缸盖。

当时设计的内燃机的缸体和缸盖为铸铁件，配用锻钢的曲轴和钢制的连杆，活塞和活塞环也用铸铁制成，还不断改进活塞环的设计和制造，以确保良好的压缩性能。蒸汽机出现后，人们发现在有合适的密封环和极薄的油膜存在时，在高温和快速振动条件下相互摩擦的铸铁有良好的耐磨性。在这个时期，通过专门的“黑心”或“白心”退火技术制得了一种可锻铸铁，能够用于像操纵杆这样较小的部件上。由于有冲击负载，一般的铸铁易脆裂，可锻铸铁则具有很强的韧性，这使得在批量生产前的时期，有可能通过锤锻经济地生产这些零件，大量的零件则可以在中心铸造车间铸成。

对于内燃机，必须设计一系列用于汽油汽化和电点火系统的新型零部件。汽油箱选用压制钢板或黄铜板，经手工成形、折弯，再经焊料在接口处焊接制成。经过专用的黄铜管塞和铜管，汽油从汽油箱被送入同样由铜或黄铜制成的汽化器内，后者的部分零件用管子由机械加工制成，有时也采用铸件。浮子室和针阀用黄铜制成，进气室用铜管或铸铁件制造。压缩室内点燃汽化燃料的火花由磁电机来产生，但在早期，一些情况下用热火焰点燃。前者的设计又要求研究一种优良的编织电缆，以便能够把电传至每个火花塞。此外，必须研制一种用作火花塞触点的特殊合金，它能数百万次地产生点燃汽化燃料的火花，这是一种含有少量镁和硅的镍合金。如果磁电机中的断接点用铜或银制作，寿命不长，改用钨后才算是找到了高耐磨性和抗火花性的材料。车上所有的照明系统最初都使用乙炔气，自从电磁式电机发出的电足
431 够点火用后，许多汽车上就不用蓄电池了。

将汽车发动机的动力从前部传至后面的驱动轮，是通过一根装有原型万向接头的钢轴完成的。后轴有不同的齿轮，齿轮上的齿都被硬化处理过。早期的变速箱（图 18.2）是经常出故障的地方，箱体为铸铁件，轴与齿轮都经过渗碳和表面硬化处理。对于后一项工艺的冶金控制条件知之不足，因而对从齿面到齿根的碳扩散梯度掌握得不好

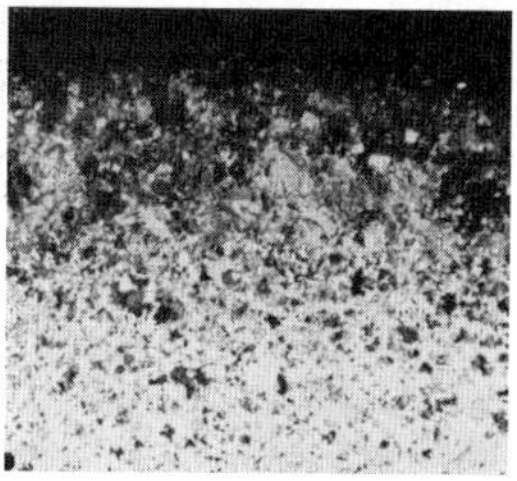

图 18.2　上图为安装在 Rover Ten Special 和 Pilot14 型上的四速变速箱。右图为早期变速箱中使用的经表面硬化和渗碳处理放大 50 倍的钢的金相显微照片。
照片表明，表层碳含量高，向芯部逐渐降低，且显微结构表明从硬化的表层到质地较软的芯部是均匀过渡的。

为了获得令人满意的齿轮啮合，不得不采用双向离合方法。由于无法做到齿轮的同步啮合来保证平衡的变速，许多变速箱常常因为猛烈的手动换挡而被破坏。齿牙的硬化表面常从工作牙面上剥落下来，一旦落入变速箱的油中就会造成更大的破坏。432

在两次世界大战间隔的 20 年内，汽车制造业迅速扩展，普遍采用流水生产线，这意味着被组装在一起的所有零件必须十分精确，公差只能在 0.005 英寸以内。另一方面，又要设计出能容许较大配合公差的配件和固定件。这 20 年里，由于汽车产量猛增，车体和底盘用的带钢及薄板的冶金制造工艺以及铸造和锤锻工艺都有重大改进，其中一些是工艺上的变化，另一些旨在获得较好的控制和检验。当然，所有的改进都是为了确保金属零部件成本低且具有可复制性。由于铸铁原料品质差别太大，铸造车间（图 18.3）遇到了尺寸难以控制、成品铸件表面光洁度有差异等问题。

20 世纪二三十年代，生铁铸造的各个方面都成为更需要用科

图 18.3　铸铁修理车间的翻砂隔间。
图中右前方的那个工人正在捣实砂箱或模箱内的砂子。图中还可看到砂子已被做成相应空穴的模型。
左后方的工人正在修理浇铸前的铸模。
中间靠后的两个工人正在修光砂型腔的表面。
这张照片约摄于 1950 年，是初期铸造工艺状况的真实反映。

学控制的课题。就这种金属而论，物理冶金学和铸铁均衡结构方面翔实知识的进展，加上适当控制成分和以某种方式少量添加某些元素便可以确保获得可复制的灰口铸铁。这种铸铁机械性能良好而且表面摩擦较小，因而能保证汽缸壁与活塞环之间有良好的耐磨性。除了铁的质量得以控制，制模机的开发也使型砂自动均匀地填入和压实变得容易了，铸件开始具有均匀平整的外表，消除了使铸件表面产生印痕的模面砂粒脱落现象。为保证重复生产能力，需要非常准确地控制型砂的大小和砂内必需添加物的性质，这些添加物使砂粒具有适度的黏结性，在浇铸熔融金属和随之产生的少量气体释出时形成一些缓冲，避免砂子熔结到铸件表面。搬运浇铸完的沉重砂箱需要大量人力，为减轻这一工作量，设计了辊式输送机。此外还研制出了铸造机系统配置方案，其中包括制模机、向浇铸熔融金属的相应铸造工段的运输和向冷却区段的转移，也包括向脱模工段的传送并在那里从铸件周围清砂，最后把造型砂箱送回开始的地方，以便进行新砂模的制造 434（图 18.4）。

在这个时期，另一个有意义的进展表现在将熔融金属浇入金属模获得铸造金属形状的制造方法、控制技术和工艺规程的改进上。这种方法比用砂模法有更高的生产率，能够使铸件尺寸更准确，从而使零部件加工余量大为缩小，这种铸件被称为压模铸件。铸模钢的发展是一项非常有意义的改进，它能有 50 万次的浇铸寿命，甚至能够经受 100 万次熔融金属的冲击。为了获得这个浇铸寿命，研制出若干特种合金，它们具有良好的机械性能，在浇铸时并不腐蚀铸模钢。尤其是在冶铝工业中，研制出一种含 11.5% 硅的铝合金以及另外两种含铜和硅的合金。在 20 世纪 20 年代，又出现一种约含 4.5% 铝的锌基合金，加铝是为了防止熔融的锌对铸模钢的冲击，不过也产生一些腐蚀问题。当时的锌基压铸件在使用时经常碎裂成充满白色结晶的金属碎片，造成品质降低的主要原因是锌中含有铅、锡和镉等微量杂质。后来，锌

图 18.4　现代半自动铸造车间。
图中前方的两个工人正在用手转铁炮浇铸金属，铸型放在辊式运输机上。
图中后部是将型砂按模板造型的振压造型机。

图 18.5　第二次世界大战前的麦迪逊·基普（Madison Kipp）压铸机。操作工人正在取出抛光的 Mazak 铸件。

435 的蒸馏工艺从卧式的间歇式改为综合竖式蒸馏，便有可能制出纯度为99.99%、不含有害杂质的锌。这种改进再配上向铸造金属中添加大约0.5%的镁，形成了被称为Mazak of Zamac Series的著名的锌压铸合金系列（图18.5）。所有这些合金都是以99.99%纯锌为基础，一直延续使用到今天。这些新合金在尺寸上具有绝对的稳定性，同时具有避免快速晶间腐蚀破坏的性质，这就确保锌能够不断扩大新的市场。在那时，所有汽车都应用了高含量的锌基压铸件，特别是在20世纪30年代，汽化器（图18.6）、车门把手[4]、内外装潢以及某些照明装置全部采用这种合金，其中有许多部位通过镀铬使得表面光亮如镜。

图 18.6　汽化器压铸件，其中底板和吸入孔显露出来。由图可见，铸件具有光洁的表面、准确的尺寸、大量的孔眼、复杂的凹角以及薄壁结构。

在那个时期，铝压铸件相对来说还更贵一些。尽管铝的比重较小，但比锌成本高且纯度低。对于汽车发动机性能的
436 进一步改进来说，铝硅合金的研制是最重要的。虽然铸铁活

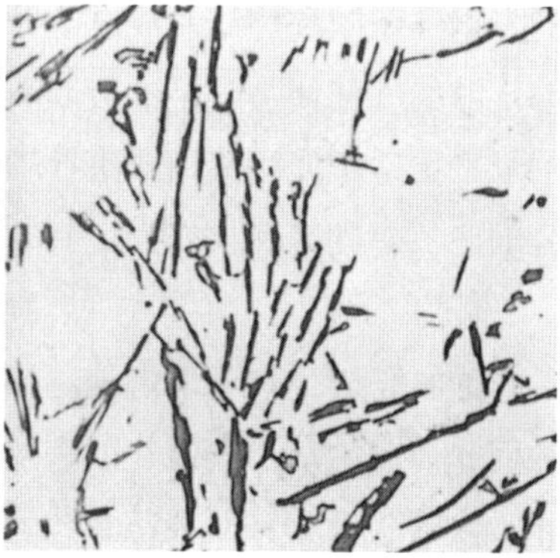

图 18.7（a） 含有 88.5% 的铝和 11.5% 的硅的合金放大 500 倍的显微结构，是在未改性条件下得到的。
从图中可看到粗针状的硅。

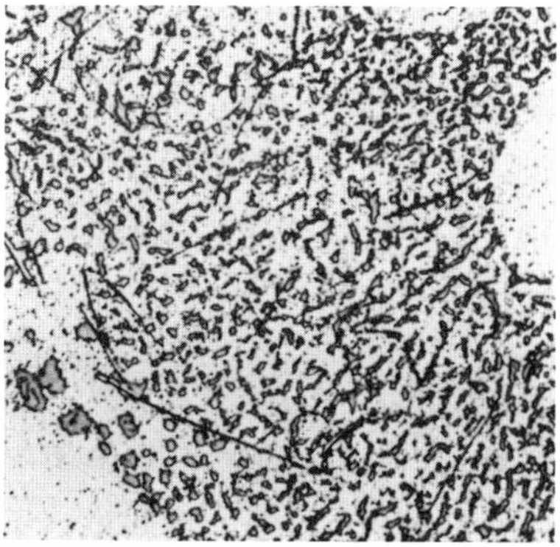

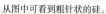

图 18.7（b） 同一种合金放大 500 倍的显微结构，但添加了 0.02% 的钠进行改性处理，硅的结构大为改善了，因而也提高了机械性能和耐磨性。

塞已经非常令人满意地使用了许多年，磨损又很少，能够充分地维持汽缸的压缩运转，但是用来制作往复运动部件就显得过于沉重。正像后面还要提及的，研制飞机发动机上的铝活塞成为第一次世界大战初期的重要任务，因此到了 20 世纪 20 年代，利用铝合金制造汽车发动机的活塞就是十分自然的事了。当时发现，在铝里添加约 11% 的硅和极微量（小于 0.02%）的钠，可以改善里面的硅的结构，从而使铝合金具有良好的机械性能以及出色的耐磨性［图 18.7（a）和（b）］。20 年代后期设计和建造的大多数汽车发动机中，铝硅合金已经成为制作活塞的标准合金。大约也是在这个时候，制造出更先进、性能更好的带有锻铝连杆的汽车发动机，这再一次借用了航空发动机上的改进成果。

两次世界大战期间，在连杆大小端、变速箱和后轴上使用的由青铜和巴比合金［以 19 世纪的发明者巴比特（Isaac Babbitt）命名］制成的相对较重的整体轴承，也被更轻材料的轴承所取代。其中，最具根本性的是带有巴比合金镀层的钢壳件或用粉末冶金制得的一系列青铜件[4]。

这些不加油轴承由粉末冶金获得的青铜经压制和烧结制成，十分致密。当它在油槽中淬火冷却时，内部足够的气孔便会吸足油液。不过，汽车上的高速旋转零件并非承载轴承，更适于使用滚柱或滚针轴承，必须做到表面非常光滑，尺寸十分准确，对硬度和抗变形性都有严格要求。

20 世纪 30 年代，齿轮箱的设计变得更加复杂，它要求齿轮更加精确、尺寸更易于复制，具有更好的表面光洁度，从渗碳硬化的表层到芯部尤其要有理想的扩散梯度。因此，渗碳、淬火和回火都十分均匀的特种合金钢在这个时期出现了。为了承受齿轮转换和从发动机到后轴传送变化负荷时产生的冲击，这时的热处理工艺必须实现既有高表面硬度，又有软的芯部；既有高强度，又有高韧性的效果。

已经形成的一种方法的原理是，通过固体渗碳技术将一定量的碳扩散至表层。为此，将需要渗碳的零件埋在含有一定数量木炭、骨灰和诸如碳酸钡之类的催速剂的混合物中，再均匀地装入钢箱中。接下来，把钢箱置于炉中，以 900 摄氏度左右的温度加热 48—50 小时再出炉冷却，使零件迅速地与表面碳渗剂分离，并在水或油中淬火或者也可以先冷却然后再进行热处理。20 世纪 20 年代，一种更精巧的方法研发出来，将氮扩散入含有像铝这样一些特种合金元素的某些钢的表层。它有两种工艺，一种工艺是使用熔融的氰化钠盐，这样能得到表面深度浅而十分硬的渗层，并且使随后的热处理变形程度减至最小。另一种工艺是通过“裂化”氨气，将活化氮直接扩散入钢的表层，但它现在很少使用。

除了通过扩散技术增加表面硬度，人们还利用可控转变的方法通过向普通碳钢中加入特种元素来增加硬度，特别是利用发生在钢中的相变，开发出一系列镍铬钢。钢的相变决定着钢的硬度及其后的韧化，也决定着其延性的增加。通常，这是利用特殊的双液淬火和回火处理实现的，这样的钢显然比表面渗碳钢要昂贵。到 20 世纪 20 年代后期和30年代，它们被用来制造齿轮，特别是重负载齿轮。这种钢应具有以下典型成分——3.7%的镍、0.8%的铬及0.2%的碳。

金属的感应加热带来了进一步的改进。通过准确的频率调整和准确地调整有交流电通过的线圈尺寸，能在钢的表面感生出涡流，从而加热这个局部区域，使它比其他部分的温度高许多，经过淬火，便产生一种硬表层和又软又韧的芯部[5(a)][12]。

在这个时期末，对当时制造的大型蒸汽涡轮机和200兆瓦发电机的主轴都要进行热处理，这些经过热处理的轴在使用中出现过碎裂引发的事故。由于它们以非常高的速度旋转，这样的碎裂将会非常危险，事故的后果也是灾难性的，会毁坏整个机器甚至整个厂房。经证实，这种现象的出现是由于钢中存在着微量的氢，它在整个熔化和锻造工序中始终存在。通过仔细脱气和长时间的退火处理，让残存的氢在锻制时逸出，从而避免了这类危害的发生。

18.2　航空工程

在20世纪前半期，不定向飞行已经发展到一架飞行器能运载约50名旅客或装载多达25吨的货物（第Ⅶ卷第33章）。为了能以最小的重量获得必需的动力，发展了一系列带有多达24个汽缸的复杂往复式汽油发动机。这些汽缸安排在两个圆环上，或者按6个一组排成两组，呈两个“V”字形。第二次世界大战将结束时，所有这些发动机都被燃气轮机所取代，却直到1950年以后才不再用在商业性飞机上。

最早的飞行器机身几乎完全是由非金属材料制成的，主要是云杉
木、竹材及纤维织物，织物上涂有纤维素油漆，以便绷紧织物并堵塞 439
孔隙。这种结构总体上比较牢固，但仍然可以用带有扭力装置的钢琴钢丝进行微小的调整，使钢丝适度绷紧。这种建造方法有一个巨大的优点，能够用传统的木工工艺和其他简易的技巧进行安装。第一次世

界大战期间，用这种方法建造了几十万架飞行器。

1909 年，几位德国人在研究用铝制造硬币的可能性时，偶然获得了与铝硬化法有关的革命性发现。纯铝相对较软，要使它耐用耐磨，就需要进行硬化。威尔姆（Alfred Wilm）曾经配制出一种含 3.5% 铜、0.5% 镁以及微量的铁和硅的铝合金，那时的铁和硅总是作为杂质表现出来。这样配制的合金在大约 500 摄氏度的温度下退火后再在水中淬火，试验表明硬度和强度比原先高了许多。威尔姆由此进行了一系列试验，旨在研究经过加热和水中淬硬后放置时间的长短对合金的影响，结果发现在四五天内合金的强度逐渐增加并达到最大，这种现象被称为时效硬化（age-hardening），后来又被称为沉淀硬化（precipitation hardening）、回火硬化（temper hardening）等。1909 年，威尔姆委托设置在杜伦（Duren）的杜伦尼尔金属加工厂独家经营他的专利，这种合金的名称便成为杜拉铝（Duralumin）。但是，高强度的铝合金最先应用在齐伯林飞艇上而不是飞机上。为克服将这种合金制成带状和片状时的困难，人们进行了艰苦的努力。在第一次世界大战中，大量的时效硬化杜拉铝首次被用来制造齐伯林飞艇的桁架和连接桁架的铆钉，此后才

图 18.8 Hele-Shaw Beecham 可变斜度的螺旋桨安装在 Gloster Grebe 双翼机上，该机安装一台 11 个汽缸的 Bristol-Jupiter Mark VI 型星形发动机。
螺旋桨的桨叶为锻造杜拉铝，前段的锥体和发动机外壳为杜拉铝薄板。

被用于其他类型的飞机（图 18.8）。全世界的冶金学家们都在努力解释这种时效硬化铝的机理，但是直到问题出现后若干年才得以部分阐明。由于当时包括金相显微镜在内的最好的仪器对于合金内部微观结构的变化都不十分灵敏，对揭示时效硬化的真实原因进行的科学研究是缓慢和艰苦的[6]。

作为英国主要的冶金研究中心之一，位于特丁顿的国家物理实验 440
室开始研究时效硬化是否在其他铝合金中也能产生，特别是要检验那些在航空发动机活塞的必需工作温度下仍能保持强度的合金。这项研究导致 Y 合金的发现，它含有 4% 铜、2% 镍和 1.75% 镁，强度通过时效硬化能提高 50%，既可以在铸造条件下（如活塞）进行热处理，又可以在锻造条件下（如连杆）进行热处理。在此基础上，随后开发了许多特殊的铝合金。例如含有 2% 铜、1.25% 镁、1.5% 铁和 1% 镍的 RR58，现在已经普遍应用在某些超音速飞机的构件和表面包覆上。不过，直到 20 世纪二三十年代，这种铝合金才逐步被用于飞机机身。在第二次世界大战中，大多数飞机是由桁架结构外加以各种方式相连接的支撑杆组成的，主要的桁架用杜拉铝板或杜拉铝条覆盖，同时用
铆接或点焊固定。所有这些合金均有缺陷，在海水和海洋环境中受 441
到的腐蚀非常厉害。为了克服这种缺陷，发展出了一种精湛的技术，把纯铝滚轧在杜拉铝板或杜拉铝条的每一面上，厚度约为杜拉铝板的 5%。此外，还发明了一种含 5% 镁的铝合金，用于水上飞船和海上飞机的外壳和浮筒，后来又被广泛用于制造救生艇和汽艇的船身。

20 世纪 30 年代，德国人还研制了镁合金，大多是为了预防下一次世界大战中可能出现的铝供应短缺[7]。镁合金存在的问题和铝合金有点类似，经过多方位的研究，已经找到许多强度更大、更耐腐蚀的合金。最普通的可合金化的金属是铝、锌和锰，后者有助于减少腐蚀。人们还研制了表面处理工艺，例如用铬酸盐类可以改善镁的耐腐蚀性。镁有一个优点，它的弹性模量比铝高，在铸造条件下能够改进

发动机的刚性，因此镁合金多年来一直用于制造曲轴箱、油储槽和汽缸体。尽管镁在第二次世界大战期间产量大增，然而它的应用在战后就立即明显减少了。

从机理角度来看，航空发动机与汽车发动机是类似的，然而也有一些根本差别，最重要的是相对于所产生的功率而言，航空发动机必须重量最轻，大多被设计成空气冷却，只有少数采用水冷却。为了减少空气阻力，航空发动机必须具有非常小的正面面积，它们在起飞时必须在超载条件下运行，然后又要长时间持续运行，还必须尽可能安全可靠且容易维护。所有这些因素都要求金属和合金能在极度繁重的条件下工作，尤其是减轻重量意味着强度和耐疲劳的安全系数都应取较小值，即只有实际强度的2—3倍。

在第二次世界大战中，研制出一种著名的滑阀式发动机，汽缸的套筒为钢制件，经氮化处理后表面坚硬而耐磨。连杆用Y合金，经过锻造
442 和表面抛光处理改进了耐疲劳性，能够承受连续的应力交变。曲轴是一个极其重要的发动机零件，必须传递很大的功率，又要承受弯曲、压缩和扭转应力以及交变应力，还会间歇地承受过载。不管它是像直列式发动机所要求的那种长曲轴，还是像星形发动机所要求的短曲轴，通常都使用经锻造再经热处理和回火处理的高镍铬钢。

所有这些发动机都用来驱动螺旋桨。早期，螺旋桨用胶合板制成，随着对杜拉铝的认识和可接受性的增加，桨叶改由杜拉铝合金制造。当时，有一种对优化结构起决定性作用的做法是改变螺旋桨的螺距，用一种安置在螺旋桨叶毂内的精巧齿轮机械来实现（图18.8）。

飞机发动机上所有其他零件，主要是发电、配电系统和液压系统，特别是操作副机翼和可缩回起落架所必需的液压系统，都需要专门研制一些金属和材料，这些内容太专业化，本文不予描述。同样，燃油箱的制造，向汽化器供应燃料的线路的设计，以及使燃料和空气吸入汽缸前在进气管内充分混合的装置，都需要专门的设计和冶金技术。

控制燃料供应和确保燃烧后的废气能充分排出的阀门设计和连续工作问题，是发动机的一个非常重要的方面。两次世界大战之间，人们一直在研究这些在炽热条件下工作的排气阀。到第二次世界大战开始时，排气阀的设计已经相当完善。蘑菇状的顶盖和柄用热锻模钢制成，顶盖的边缘覆盖有一种能耐高温的合金，例如钴铬钨硬质合金或镍铬合金，这些合金都是焊接上去的。同样，在汽缸顶端的阀腔内也有一层镍铬合金。这些排气阀的有效冷却一直是比较困难的问题，直到提出中空柄并在柄的空腔内填充金属钠的设想后才得以解决。熔融状态的钠从阀上端的热面到柄的较冷部分的连续对流运动，使工作面能够保持在相对冷却的状态。但是，随着每个汽缸功率的增加，排出燃烧产生的所有废热就变得更加困难。用罗伊斯（Rolls Royce）研制出的水冷发动机，比空气冷发动机容易解决这个问题。带有滑阀控制的布里斯托尔航空发动机就配备有一种类似于礼帽的汽缸头，空气向 443
下流入凹顶的内冠顶，不过排出必须排出的热量仍然有点困难，直到这种铝合金被一种铜铬合金所取代才得以解决。这种铜铬合金有一层对汽缸表面起到保护作用的镀镍层。

20 世纪 40 年代后期，燃气轮机原理（第Ⅶ卷第 40 章）被应用到研制新一代的航空发动机上，这种发动机主要是德国和英国研制的，随后在美国得到非常迅速的发展。虽然一直应用于往复式航空发动机上的许多合金能以完全不同的形式用于燃气轮发动机，但还有一个根本问题需要解决。按照基本原理要求，800 摄氏度左右的气体以非常高的速度逐级交错通过旋转叶片与定子之间的涡轮叶片，再由定子把气体引向次一级的叶片。由于高温离心力的作用，这些叶片容易发生蠕变，还容易因为燃烧和负载条件的变化发生疲劳。今天，建立在镍、铬和铁的不同成分组合基础上的完整系列合金正在使用，其中重要的突破是一种被称为尼孟合金的镍铬合金的研制，这种合金是多年来一直用于制造点火和工业炉用电子元件的那种合金的延伸。人们发现，向镍铬比为 80 : 20 的镍铬合金中加入约 3% 的铝和相等数量的钛，有可能显著改进它在工作温度下的机械性能。自从约 1940 年开始采用以来，尼孟合金一直在不断地改进，构成了非常重要的合金系列，这说明单单为燃气涡轮发动机这一特殊用途而进行的长期紧张的实验和工程研究取得了多么丰硕的成果。早期的尼孟 80A 合金能在 850 摄氏度条件下经受 85 牛 / 毫米 ^{2} 力的作用达 1000 小时，后期的尼孟 115 合金能在 850 摄氏度条件下经受 240 牛 / 毫米 ^{2} 力的作用达 1000 小时，或在 950 摄氏度条件下经受 85 牛 / 毫米 ^{2} 力的作用达 1000 小时。英国所有的燃气涡轮发动机大量使用的正是这类合金[8][9][10]。

18.3　电力工程和发电

19 世纪后期，产生重要影响的一个工程术语是“原动机”，通常是指一种把矿物燃料转换成热能再转换成往返运动，并通过曲轴转换
444 成旋转运动的机器。最重要的一种原动机是蒸汽机，但人们也设计制造了直接用某些等级的油或用从各种能源获得的可燃气体驱动的发动机。1900 年以前，一些功率较大的发动机常用来驱动旋转发电机发电。20 世纪中期以前，它们大多已经被帕森斯蒸汽涡轮机所取代（第Ⅶ卷第 41 章）。

原动机和发电机的外壳总是用含有其他成分的铸铁制成，这些成分是 3.2%—3.5% 的碳、2.2%—2.5% 的硅、0.5%—0.8% 的锰、0.15% 的硫以及 0.6%—0.9% 的磷。这种铸铁含有特殊的微量合金元素，为的是获得尽可能好的微观结构和石墨化结构。成分得到准确控制的铸铁和合金铸铁的研制，已经成为一项重要的冶金课题。对于大型发动机的主要构件来说，合金铸铁一直是一种非常有吸引力的材料，因为它是铁合金中最便宜的，刚度比钢大，而且由于在显微结构中石墨呈片状分布，又具有良好的耐磨性。

法拉第的发现对发电理论和电机的研制作出了巨大的贡献[4]，这

已经得到公认。但是，对于他的与金属电解有关的发现——这种发现迅速导致电解法生产纯铜这一商用工艺的出现，却未能作出充分的评价。第一次纯电解铜的商业提炼是1885年左右在南威尔士的彭布雷进行的，与一般火法精炼的铜比较，电解法精炼的铜具有明显增高的电导率和更强的导电性。这种精炼铜的方法迅速地被世界大多数铜矿，以及在铜的高消耗地区建立的精炼工厂所采用。这项技术包括用通常方法熔化铜矿石并制成约含98.0%铜的“粗铜棒”，然后用火法精炼成可以随时用于电解的阳极棒，这时它含有约99.0%的铜和其他一些杂质。在硫酸铜槽中电解时，阴极上就沉积了一层薄纯铜，再将这一层薄纯铜重新熔铸成棒以供滚轧线材和抽拉成丝。留在电解槽内的杂质残渣含有矿石中存在的所有贵金属，这是重要的利润，又是许多贵金属的重要来源。矿石品类不同，贵金属的多少亦不同，一般都包含有金、银、铂、 445
铑和铱。不过，某些铜矿几乎不含这些贵金属，特别是赞比亚的铜矿。

纯铜的迅速利用对发电和配电具有重要影响，因为它具有出色的导电性能，对它的需求量很大。人们幸运地发现，由于残存有微量的氧（0.03%—0.05%存在于氧化亚铜中），其他微量元素存在于铜的氧化物中，因而并不影响纯铜的良好电导性。这项发现为制定出一种所谓的国际韧铜标准（I. A. C. S.）提供了可能，所有生产出的铜都必须百分之百地达到这一国际标准。虽然高电导率铜的熔炼、精炼、电解、熔化、浇铸和加工技术有了发展和改进，但在20世纪头30年内，它的基本原理并没有太多改变。

由于种种原因，人们坚持摸索一种从铜中排除所有残留氧的方法，并在20世纪30年代后期由美国熔炼和精炼公司开发成功，被称为无氧高导（OFHC）流程。运用这种方法获得的金属产品，克服了含氧高的高电导率铜时常遇到的困难，例如在还原性气体退火的条件下，或在适度低温下长期使用时，一些氢与氧反应生成水汽，使金属产生气孔，并最终导致金属碎裂。

在研制用于导电的金属和合金的同时，还需要具有特殊阻抗性能的合金系列，其中重要的一种是具有高阻抗且在1000摄氏度下工作时仍能保持这种性质的合金系列，这对能够减少空气污染的电炉、炉窑等器具的发展是非常宝贵的，各种电加热可以克服燃烧煤、焦炭、煤气、油或焦油时产生的污染问题。这些高阻抗合金中，用途最广且最大的系列是含有20%铬的镍基合金，它们的制造工艺控制越来越严格，并且为改进在高温下的机械性能，特别是为确保5—10年的有效使用期内仍能在高温下保持抗氧化能力和强度，时常添加一些特殊的微量元素。以这些基本合金为基础，又研制出了用于制作燃气轮机
446 的轮叶片的新一代合金。

事实上，研制一种电阻抗相当高且又不随温度变化的合金系列也很必要。例如，为确保发电机和电动机以恒速运转，就需要这样的合金。为满足这些要求研制了两种合金，一种含60%的铜、40%的镍，被称为康铜；另一种含87%的铜、13%的锰，被称为优铜或锰铜。

由于发电、输电以及与电磁现象有关的其他电应用领域的迅速发展，必须对控制所使用的各种金属和合金的磁性质给予足够的注意。在发电设备的设计和电动机特别是变压器的制造中，如果不将磁损减至最小，就会造成大量的电能损耗。减少磁损的方法之一是使用纯铁芯，切成薄片叠合起来使用，这样可以集中磁场。这样的叠片结构还是存在两个缺点，一个是磁场的方向不易控制，另一个是由于磁滞现象（磁场交变）产生的能量损失仍然相当大。

20世纪初曾发现，铁中若含有0.3%的硅可以减少磁滞的损失，不过这样的铁不容易制造。人们又逐渐认识到，采用特殊的滚轧和退火程序，这种合金片的磁方向性可以得到相当大的改变。人们还发现了若干在一些方向上使磁性增大而在另一些方向上使磁性减小的方法，通过把带有适当方向性的这些合金片或带组合起来，使磁化特性得到改进，这已经成为设计标准的一个常规特征。经验和方法几乎总是走

在前面，直到 20 世纪 30 年代，对上述做法的理论阐述才开始出现，理论与实践之间的统一逐步确立起来。在用专门滚轧和退火程序对合金的晶体织构进行研究的领域中，尤以美国冶金学家戈斯（N. Goss）的先驱性工作为标志[5(b)]。

20 世纪前半期电力工业的发展，还对金属工业提出了供应长距 447
离传输电缆的新要求。例如，英国在 1927 年宣布了建立国家输电网八年规划，到 1935 年末已建成 4600 千米的输电干线（13.2 万伏）和 1900 千米的次级输电线路（6.6 万伏和 3.3 万伏）。同样的发展也在世界其他地区出现。由于对电的传输另有详细的讨论（第Ⅶ卷第 45 章），我们在这里只需提及一些要点。虽然铜非常适于制造电缆，但它太贵，尤其是 20 世纪 20 年代中期铜价上涨后更是如此，人们只好把注意力直接转向了铝。铝是良导体，又较轻，不过暴露在空气中极易腐蚀。瑞士冶金学家研制出一种铝镁硅合金，克服了这一缺点。这种铝合金含有 1% 的镁和 0.5% 的硅，它的强度虽然高于纯铝，但若悬挂在跨距较大的铁塔之间，强度还是不够，应对的办法是常常把这种铝线缠扎在高强度钢丝芯的周围［图 18.9（a）和（b）］。

图 18.9（a） 带有钢芯的铝架空传输电缆正在绞制中。

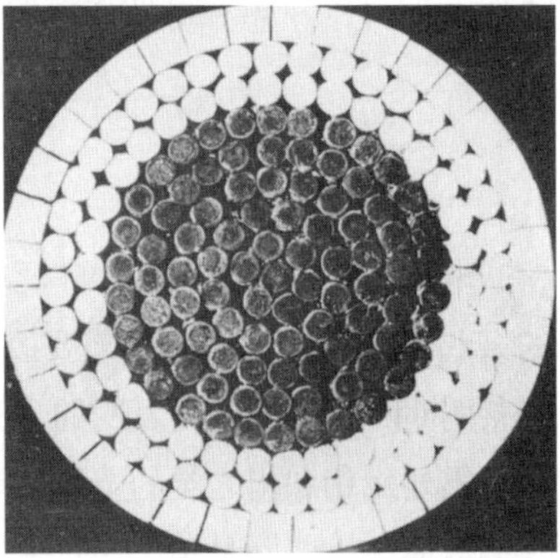

图 18.9（b） 在瑟罗克跨越泰晤士河的架空钢芯铝导线截面图。
由于跨度很长，芯部钢丝的尺寸比一般使用的粗。

电力工业的迅速发展，必然促使一系列新的装配和制造技术的发展。为确保结头处的高电导率，原有的铜焊工艺进行了各种改进。为能在工场条件下进行接头，同时做到产生的变形和氧化又最小，开发
448 出了铜基合金的很多系列，特别是一类含有银和磷的铜基合金。

电力工业中另一个需要特殊冶金技术的领域是设计电路的开关。它要求有高电导率的两个金属表面能在几毫秒内接通或断开。在这样的条件下，大量的电能要被消耗掉，还会引起电火花，而电火花又会在某个金属表面引起急剧的局部过热点。电路的连续接通和断开可能导致表面氧化，出现麻点，使光滑的表面变得粗糙，影响着随后的接通和断开操作。为此，后来转向实现点焊技术，并迅速取代了铆接。点焊特别适合于照明器材建造工艺，成为组装汽车零部件，尤其是车体和底盘接合的首选方法。实际上，在当今的钢板、钢带和铝板、铝带的接合中，有一半是用这种方法进行的。

人们早已知道，纯铜不是制造开关的理想材料。开关需要的是质地更坚硬、具有高电导率的材料，在通断电循环期间产生的高温条件下能够耐氧化。通过熔炼或粉末冶金技术，研制了适合这种特殊要求的各种合金，例如在铜中添加 0.5% 的铬，还有铜、银、钨合金等。

18.4 电照明和通信

电讯技术的飞速发展和广泛应用，又促进了冶金技术另一个领域的兴起。无线电通信迫切需要改进热电子管的性能，它是 20 世纪初弗莱明（J. A. Fleming）发明的。为了获得可重现的性能并延长使用寿命，需要用钼和钽之类的金属来制造网状栅极、板极和支撑线。生产这类金属——特别是钼，当时是有可能的，它被制成铸锭，可以很容易地准确轧制成薄片、金属板和细金属丝，以满足制造和装配真空管的需要。

图 18.10（a） 10 厘米波长的谐振腔式磁控管的主体。
12 个圆柱形的孔排成一圆周，所有孔的尺寸完全一致，而且具有精确到 ±25μm 的光滑表面。

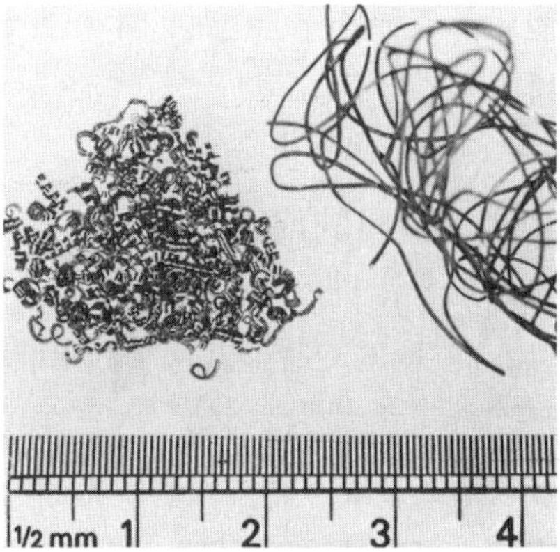

图 18.10（b） 切削下的铜屑。
从含碲的铜合金上切下的铜屑薄而碎（左方）；右方是从韧铜上切下的典型铜屑。两种样品均是在车床上使用同一个切削刀具加工出来的。

通常，在将电子管抽成真空之前，需要焊接好管内所有的部件。即使如此，仍然有微量的残留气体吸附在玻璃和金属部件的表面。后来，人们发现在真空管内放入微量的钡或锆，就能排除这些残留的微量杂质。这些金属被称为“吸气剂”，它是高活性的，在受热时可与 449
所有残留的微量氮、氧、钠、硫等相化合。

1930 年，由沃森–瓦特（Robert Watson-Watt）任总指导，在英国开始了被称为雷达的飞机探测系统的实验。从冶金学的观点看，两个主要的问题是磁控管的研制（第Ⅶ卷第 34 章）和波导管的制造。前者的主体是一个非常复杂的成形管道，以及管道自身的结构支撑装置［图 18.10（a）］。它必须由铜制造，并且必须具有高的热导率。然而，纯铜不易加工［图 18.10（b）］，必须找到解决方法。这种努力首先导致了铜硒合金（含有约 0.3% 的硒）和铜碲合金（含有约 0.3% 的碲）的发展，近年来则常用硫来代替硒或碲。最早的波导管是使用圆形的铜管，精细加工成各种传播雷达波必需的方形。由于困难在于那些必要的结头、弯头和转角的制造，为了能批量重复生产方形波导管，

450 使用了各种各样的电镀技术和古老的失蜡（熔模）铸造工艺（第Ⅰ卷，边码 634）。

18.5　金属的腐蚀

在蒸汽机的历史上，最有决定性的进展是 1765 年瓦特（James Watt）发明的冷凝器。这个简单装置逐渐变得更加完善，20 世纪初时已经由一排成束排列的、嵌套在一起的管子构成，两端均用金属板连接以形成进气室和排气室。轮船的冷却水始终是海水，大多数电站的冷却水可以是江河的水，许多时候也可以是入海口处的水。在所有的冷凝器中，冷却水穿过水管，蒸汽被引进冷凝器壳内，在管子的外面冷凝，冷凝后的净水被送回蒸汽锅内。20 世纪初，人们经过反复试验后终于发现，用含 70% 铜、30% 锌的黄铜制造冷凝管是最好的折中方案，尽管这些材料也要受到冷却水的腐蚀。当冷却水为海水时，腐蚀比较严重，用入海口处的水则更为严重。虽然后来发现青铜较耐腐蚀，但它制造困难，且价格较贵。一般做法是，对漏水的冷凝管先行堵塞，漏水太厉害时就更换冷凝器的管子，这种换管的事情时常发生。

20 世纪初，英国国会上议院受理过一桩著名的法律案件，它很能说明当时冷凝器管的生产制作技术状况。这个案件提到一艘在克莱德河上航行的蒸汽游艇的冷凝器寿命太短，冷凝管在首次航行前六个星期就已经进行过更换，首航时刚刚离港几英里，更换后的冷凝管又突然损坏，航行只好中止。这个案例对腐蚀知识的运用状态提供了很好的说明，因为发现冷凝管的损坏是由于一种被称作脱锌栓塞的过程。在这个过程中，锌看起来是从管壁上脱落下来形成栓塞，剩下的仅仅是相对多孔的铜层。有人认为，这说明铜和锌在熔炼时决不能充分混合，由此引起的争论使人们最终得出结论，如果原因真是如此，那么在黄铜管的实际制造过程中，铜和锌就必须沿管壁的长度方向，而不是沿横向延展 660 次。

脱锌栓塞现象是冷凝器管破坏的最常见原因，对于这个问题的持续研究直到第一次世界大战后才得出结论。20 世纪 20 年代，为使冷 451
凝器管的寿命有实质性的改进，进行过艰苦的努力。人们往 70/30 的黄铜中加入微量的砷（0.05%），立即显著地减少了脱锌栓塞现象的发生率。此后，很快又发现加入 2% 的铝会产生一种致密的、抗腐蚀的氧化物薄层，这种便宜而又标准的合金成为当时世界上商船和许多电站的冷凝器管的材料，成分最终确定为含铜 76%、锌 22%、铝 2% 和砷约 0.05%。

随着以“吨”计的纯镍生产的实现，大量的工作转向研制一种适合做冷凝器管的铜镍合金，最终研制出这种合金的一个系列，其中最著名的是含有 70% 铜和 30% 镍的合金。虽然它较贵，但非常可靠耐用，因而常被用在军舰、豪华游轮和冷却水腐蚀特别严重的电站上。到第二次世界大战开始时，冷凝器管的问题实际上已经解决，有 1940 年丘吉尔爵士向英国下议院提交的海军预算为证：

> 我们的大大小小的舰船在海上连续行驶的时间，已经大大超过自采用蒸汽以来或以前的历次战争中所做和所梦想的程度。它们的蒸汽容量和机器的可靠性对我来说是不可思议的，因为上次我在这里一直等着那些由于冷凝管故障而从舰队基地定期返回舰船修造所的船队……现在，看来它们可以永远破浪前进。

在第一次世界大战中，海军舰船上的冷凝器管平均寿命为 3—6 个月，到第二次世界大战时可以达到 7 年。此后，这方面又作了一些较小的改进，其中较显著的在铜镍合金系列方面。首先是添加约 2% 的铁和 2% 的锰，随着铜含量的降低，终于制造出一种可能是迄今为止最耐用最可靠的冷凝器管。另外，通过大幅度降低含镍量，可使约为 90% 的铜、10% 的镍和约 1% 的铁的这类合金的成本有所降低。现在，这种合金已经广泛地用于更普通的海水管道、一般管道和低速
452 大量送水的那些大口径、淡化水装置的管道上。

蒸汽冷凝器提供的只是在严重腐蚀条件下使用的金属所应具备的条件的一个例子。我们还可以考察浸泡在海水中的码头或石油钻架的钢制件，这些设施会受到一种特有的影响。由于潮水涨落，它们在海水中时而露出、时而淹没，所受到的腐蚀甚至比持续浸泡在海水中可能产生的腐蚀还要严重。此外，腐蚀的速度还受潮流、咸度、水温、海洋生物甚至细菌的影响。

预防腐蚀的方法很多，随着金属和环境条件不同又有很大的变化。最普通的方法是给金属涂上某种防护性的涂料，其形式可能是某种油漆（第 23 章）、某种化学处理，甚至可能是金属表面的充分氧化。自从第一个铸铁和钢构架问世以来，油漆的利用一直被广泛研究。鉴于过去的福斯桥年年都要重新涂刷油漆，后来的许多钢桥都事先采用各种良好的预处理技术进行防护，只需每隔 10 年左右重涂一次油漆即可。

最后，还有另一种最近几年才被充分研究的应力腐蚀。塑料也有这个现象，在几乎所有场合，通常沿晶界出现的小裂纹，在材料内应力与特定的环境因素共同作用下会突然扩大。有记载的最早案例之一是黄铜弹壳的开裂，那是在 20 世纪最初几年在印度的季风期发生的。人们当时发现，303 子弹的许多弹壳会意外地开裂并卡在步枪内，若在子弹壳制成后进行简单的低温消除应力的退火热处理，便可避免这类事故的发生。家用的许多纯铜和黄铜工艺品也时常会开裂，这就是应力腐蚀开裂的例证（图 18.11）。煮烧碱的铸铁锅在烧碱沸腾时，以及化学工厂里使用的某些类型的不锈钢制品，也都会发生应力腐蚀开裂。

20 世纪前半期，工程上的总倾向是要求较轻的构架能在更为严

酷的条件下工作，这促使全世界对腐蚀问题进行了深入细致的研究[11]。例如，到20世纪50年代初，制造汽车车身的钢板厚度就减薄了50%。当时，为了对付冰冻和严寒的条件，在路上撒盐的做法一直有增无减。盐溶液对铁和钢有强烈的腐蚀性，特别是当这些钢和铁受热时，对于汽车的排气系统这种腐蚀更为厉害。有鉴于此，汽车工业不得不去研制各种完善的防腐措施。 453

图 18.11　由于应力腐蚀，水塔浮球阀上的铜浮子出现了晶间裂纹。

18.6　机床

在这个时期，金属和合金的成型是重要性和技术难题日益增加的一个领域。我们将专设一章（第Ⅶ卷第 42 章）研究机床问题，这里只考虑在冶金学上有特殊意义的那些方面，即指切削装置而不是整个机器。切削金属的刀具在任何场合都必须保持非常锋利的刀刃，尽管它在工作时会受到高温和磨蚀条件的影响。它还必须具有足够的刚度，以保持所需要的高精度。在 19 世纪，为适应这些要求，使用的只是中碳钢和高碳钢的刀具。当 20 世纪需要进行大量生产时，这些刀具已经被证明完全不适用了。在 20 世纪头 10 年，由于泰勒（F. W. Taylor）和怀特（M. White）在美国研制成功了高速钢，这一方面才首次取得突破，这是通过添加约 18% 的钨而取得的。钨与 0.7% 的碳以及 5% 的铬一起，能使碳化钨以微小的颗粒状分布在整个钢基体中，让机械 454

加工的速度立即由每分钟 10 米增加到每分钟 50 米。虽然许多公司后来对这些工具钢的合金成分进行了诸多改进，并且以不同的商标名进行销售[12][14][16]，但关于使用更高比例的碳化钨的设想进步不大（第Ⅶ卷第 42 章）。人们发现，为制造这种被称为硬质合金的新型刀具，最基本的是需要把碳化钨制成小球或细粒状，同时直接与以 75 : 25 的比例精确等分的金属钴相混合，用这种粉末状的混合物压制成机床刀头，烧结成均匀的坯料，最后放在氢气中高温烧结。这样的刀具刃部硬度特别高，实际硬度约为 1000，高速钢则为 700, 1900 年以前使用的普通钢只有 500。这种硬质合金刃具最初非常昂贵，所以只做成小片，再焊到钢制的刀体上作刀刃。由于它寿命短，一般仅
455 用在高速切削那些极富韧性和难以加工的材料上，切削韧性合金钢系列和有中断切削要求的某些铸铁零件。这种碳化钨的成分和配方是非常值得研究的课题，为了提高这些刀刃的性能，常常在主要成分内加入其他金属的碳化物，有时效果显著。与那些机床工业使用的碳化钨刀刃成分大体相同的弹头，在第二次世界大战中被用于小炮弹和子弹上，能够轻易地穿透装甲板（图 18.12）。

这里，我们或许应该适当提一下哈德菲尔德爵士（Sir Robert Hadfield）在 1882 年试制成功的一系列合金钢。他发现，如果把含有约 1% 碳和 13% 锰的钢加热到 1000 摄氏度后在水中淬火，便可以得到一种相当硬而又抗冲击的金属。经过这样特别处理过的钢虽然只有适中的硬度，但若

图 18.12　一个 20 毫米的碳化钨穿甲弹穿入 11 厘米厚的坦克装甲板内的照片。

对它的表面进行切削或磨削，就会引起结构的变化，得到的产品非常适于制作碎石机的齿板和铁路岔口这样的重型部件[13]。

18.7 铸铁

增强机床的刚性使它在连续工作条件下严格保持重现性，这是工程师的主要职责。绝大多数机床都用铸铁制造，由于与工程工业发展相关的种种原因，在我们所述及的整个时期内，铸铁材料经历了许多有意义的改进。铸铁含有2.4%—4.0%的碳以及硅、硫、磷等杂质，还有为了与硫结合而加入的锰。这些元素所含比例的变化，特别是碳和硅的比例变化，会使铸铁具有不同的微观结构。在灰口铸铁中，铁和被称为珠光体的铁质渗碳基体与片状石墨紧密结合[图18.13(a)]；在白口铸铁中，铁和铁质渗碳基体以复杂的形状相结合[图18.13(c)]。白口铸铁非常脆，但十分硬，如果脆性对器件并不重要，

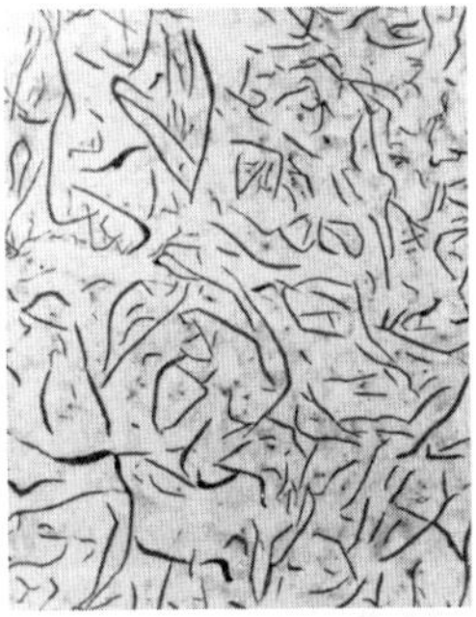

图18.13(a)　放大100倍的灰口铸铁结构。由图可看出，在灰色的珠光体基体内有黑的片状石墨。

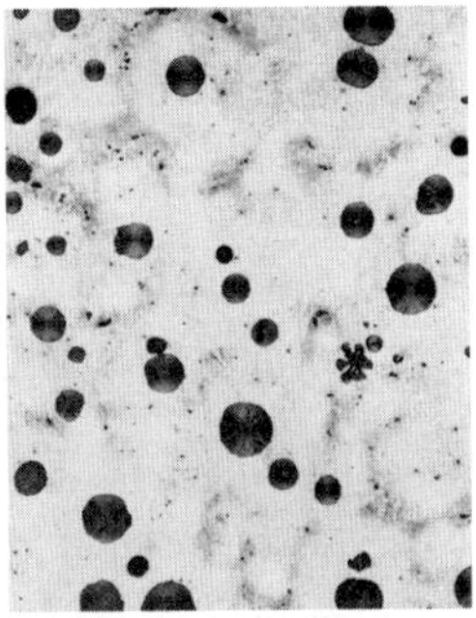

图18.13(b)　放大100倍的，同图18.13(a)的成分相似的铸铁的结构，但经球化处理已使石墨成球形。

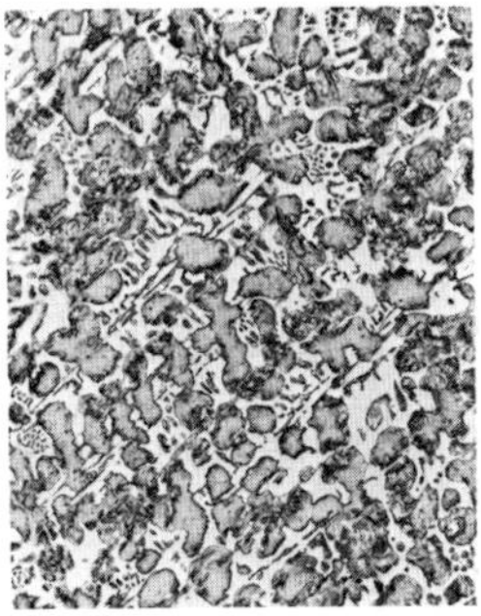

图18.13(c)　放大100倍的白口铸铁结构，在珠光体基体内可看到渗碳体(白色)。

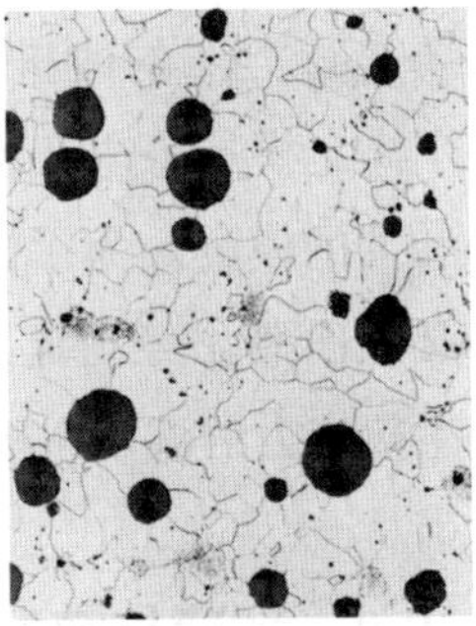

图18.13(d)　放大100倍的铁素体基体内的球状石墨。

例如研磨机中的金属球这样一些以耐磨为先决条件的机器零件，就可以用白口铸铁制造。

在冶金研究中，最有成效的领域之一是灰口铸铁。通过保持严格
456 的化学成分和使用添加物来获得各种成分的特殊分布，就可对它们的结构进行控制。第二次世界大战期间，美国和英国同时发现，加入少量的镁会使石墨固结成球形而不是片状［图 18.13（b）和 18.13（d）］，这种片状经常使脆性增加，韧性的增加也非常明显，但对机械加工和其他性能没有太大的干扰。直到 20 世纪 50 年代以后，这项突出发现的价值才得到充分认识。

18.8 高温作业

20 世纪前半期，金属冶炼炉和金属热处理炉的设计和建造有了显著的进展，主要是在工程陶瓷或耐火材料的设计和改善性能方面（第 25 章）。同时，对那些能承受高温和在各种大气条件下连续运转的金属部件的需求，也要求对钢和镍铬合金的性能进行广泛的改进。除了加工成形，它们还能够被铸造成各种底座、链节、支撑块以及某些更复杂的炉元件，其中有许多是电炉上用的。

457 在钢和其他金属在高温下的强度及抗蠕变的性能方面，同样需要进行类似的改进，这是挤压成形、冲锻和热冲压所必需的。为了满足模具铸造工业的需要，还必须制造出能够经受几十万次压、锻和冲的模具。为了满足模具铸造工业的需要，在所有这些场合，都必须研制出经得起忽冷忽热变化的合金，因为这种交替的变化会产生热应力的波动，极易产生裂缝[12][13][14]。

18.9 制造与装配

20 世纪头 25 年中建立起来的制造工艺，在随后的 25 年中有了巨大的发展，特别是产量有了巨大的增加，而且研制了用于轧制和其他

制造工序的连续 458
工艺技术。20世纪的最初若干年里，使用的滚轧机械源自约1700年起就使用的较大型的双辊式轧机。轧制带材和板材时，根据带材的卷重以及板材和薄板的长与宽，轧辊工作部分的辊身可以有所变化，长度可从3英寸变换到12英尺，直径可从2英寸变换到约2.5英尺。轧制薄板材时，常常成直角地
改变滚轧方向，这被称为横轧。 459

图 18.14（a） 美国宾夕法尼亚新肯辛顿的耐蚀铝合金厂冷轧铝薄板。铝金属在双辊轧机上被往返轧制，并不时地将其直角转向轧制，以加宽板材。1912年。

由于轧辊承受着很大的扭曲力，所以破裂是经常的。通过安装一些坚固的支撑轧辊来支撑工作轧辊，就可以克服这一缺陷，这就是四辊轧机。

随着有关热轧和冷轧各种金属的应力知识和工艺技术的发展，电动机的功率和每次的轧制压延量也有了增加，终于可以连续轧制4英尺宽的带钢，并把它切割成适合汽车与其他场合用的薄钢板。图18.14（a）是用双辊薄板轧机轧制铝的一个车间典型实例，图18.14（b）展示的则是依次排列的六组四辊轧机，它们能以高速度得到带材厚度的大压缩量。

与此同时，许多辅助工艺和工业也有了显著的发展。例如，最初大多数的钢构件都是用铆接法装配起来的，大的钢构件用热铆，小的铜构件用冷铆。古代的金属工匠就已经熟悉焊接工艺。但是，直到1926—1950年，当有可能控制焊接金属的微观结构时，焊接工艺方

图 18.14（b） 法国雷翁的拉普罗维登斯的多机架连续轧机。共有 6 个机架，每个均装有一台四辊轧机。

法和焊接机才系统地得到发展。前面已经提到过点焊工艺，它取代了薄钢板的铆接工艺，并且至今仍然是世界各地最广泛使用的接合技术，但它不能达到与母材或基体金属完全相同的物理强度，由此就发展了一系列的其他焊接技术，接缝处的强度可以与母材完全相同[15][17]。这些技术大多是将焊料金属丝连续熔化，最初采用氧气法，现在几乎总是使用电弧。电弧除用作热源，还将熔化的金属滴注入待连接的两块金属的“V”形切痕间。为实现这一点，确保焊珠获得适度表面张力并保护焊缝不被氧化，先是使用矿渣焊，后来又用惰性气体氦和氩研制出气体保护焊。

在整个这段时期，新合金的研制基本上是反复试验的结果，有一些合金的地位至今仍无多大改变。大量的合金必须经常用合成法合成，

460 再从中进行选择，这就促进了各种理论的研究。它们的目的在于对决定合金性质和结构的那些方法能有更基本的了解，这方面的先驱是牛津的罗瑟里（W. Hume Rothery）。

临近20世纪中期时，电子显微镜的研制应用揭示出金属中的一种新现象，这就是金属的晶体结构是不完全的，总有原子排列不连续或无序的现象（图18.15）。这些间隙或空穴称为位错，对它们的研究导致众多位错理论的出现，使冶金学家对金属变形以及通过蠕变或疲劳使金属破裂的机理有了更彻底、更一致的认识。虽然这些认识是革命性的，但是它们在金属和合金的实际应用上还没有产生任何显著的改善。

这一时期，另一个非常重要的领域是无损测试的发展。随着金属的大量使用和工程师赋予它们日益多样的功能，确保金属性能稳定日益重要。在产品投入使用之前，仅仅为了试验就要进行大量破坏显然 461
不可能，因此人们研发了各种物理技术，以确保金属确实不含有气泡、熔渣夹杂或裂纹这些在热处理时可能会出现的缺陷。显然，这些技术开拓了X射线、磁、电阻以及涡流操伤方法的应用。通常采用的一种简单的表面裂纹检测技术是将零件浸入石蜡，再行烘干，若有裂纹则石蜡会渗入其中，并能看到有石蜡从裂纹处缓慢渗出。

在第二次世界大战快要结束时，以超声波可以在金属中传导为根据开发出一种新技术，原理类似于为了探测潜艇位置而一直在研制的回声或声呐方法。然而，要进行金属探伤的探索，就必须对现在广泛使用的仪器、传导波的方式以及返回信号的读取方式加以根本改变。

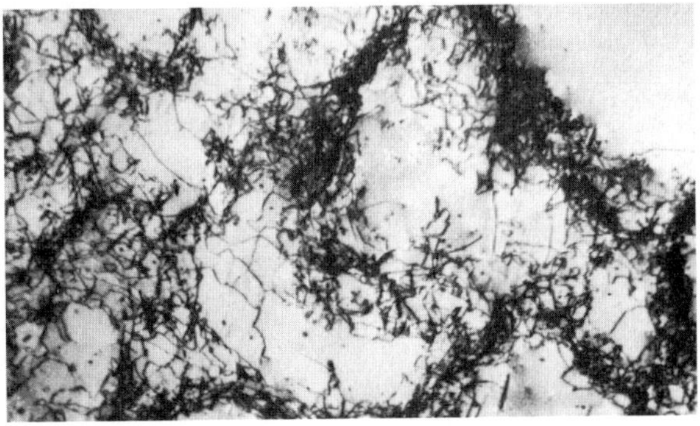

图18.15　放大5万倍的冷加工铝中的位错缠结的电子显微照片。

相关文献

[1] Literature at Ironbridge Trust, Blists Hill, and Abraham Darby Museum, Coalbrookdale.

[2] Aitchison, L. *A history of metals*. Macdonald and Evans, London.1960.

[3] Dennis, W. H. *A hundred years of metallurgy*. Duckworth, London.1963.

[4] Street, A. C., and Alexander, W. O. *Metals in the service of man.* Penguin Books, Harmondsworth.1972.

[5] Metallurgical Society Conferences, American Institute of Mining and Metallurgical Engineers, Vol. 27. *The Sorby Centennial Symposium on the history of metallurgy*. Gordon and Breach,1965.
(a) E. C. Bain
(b) N. Goss

[6] Edwards, J. D., Frary, F. C., and Jeffries, Z. *The aluminium industry*. McGraw-Hill, New York.1930.

[7] Beck, A. *The technology of magnesium and its alloys*. F. G. Hughes, London.1941.

[8] Taylor, T. A. *Metallurgia*. 10, 316, 1946.

[9] Gadd, E. R. *British Steel Maker*, 20, 386, 1954.

[10] New Engineering Materials. *Production Engineering*, 6, 1953.

[11] Evans, U. R. *Metalic corrosion, passivity and protection*. Edward Arnold, London.1937.

[12] Benbow, W. E. *Steels in modern industry*. Iliffe, London.1951.

[13] *The making, shaping and treating of steel.* Carnegie Steel Company.1925.

[14] Metallurgical progress. *Iron and Steel.* Iliffe, London.1957.

[15] Tweedale, J. G. *Metallurgical principles for engineers*. Iliffe, London.1960.

[16] Teichert, E. J. Metallography and heat treatment. *Ferrous metallurgy*, Vol. III. McGraw-Hill, New York.1944.

[17] Seferian, D. *Metallurgy of welding*. Chapman and Hall, London.1962.

第 19 章　钢和铁

M. L. 珀尔（M. L. PEARL）

从 1900 年到 1950 年，世界生铁年产量从 4000 万吨左右增加到近 2 亿吨，增长了 5 倍。钢产量增加得更多，钢锭的年产量从 2800 万吨左右增加到 2.08 亿吨，增长 7 倍以上。当然，在这一时期的开始阶段，美、英、德这些主要生产国的钢铁产量并非稳步上升，上述两组数字没有反映从严重萧条到重新高涨的多次反复过程。在第一次世界大战的初期，在 20 年代的短暂萧条时期，以及在 30 年代较长的萧条时期，世界钢铁产量都低于 1913 年。这些统计数字也没有反映出这一时期末所发生的其他重大变化，例如新的生产国——主要是苏联和日本——的崛起，它们在世界总产量中所占比例的增长速率大大超过了那些较老的工业化国家。此外，每个国家出现了不同发展进程，在钢铁生产方面也出现了世界领导者相对地位的变化。 462

19 世纪最后 40 年，炼钢方面出现了两项重大技术变革。其一是能把高磷生铁冶炼成钢的贝塞麦转炉的发明，这是在托马斯（Gilchrist Thomas）发明碱性白云石炉衬（欧洲大陆因而称其为托马斯炉）后出现的。其二是平炉的发明，它由西门子（William Siemens）和马丁兄弟（Martin brothers）各自发明，不久就使用碱性炉衬，虽然它的冶炼过程比贝塞麦转炉缓慢得多，却具有能够大量使用废钢的优点。这两种炼钢方法主导了 20 世纪前半期的钢的生产，不过在这一时期末，平炉

图 19.1　新港钢铁厂，1900 年。

炼钢成为世界大多数国家炼钢的主要方法。当平炉开始比贝塞麦转炉
463 炼出更多的钢时，英国在 1894 年最先实现这一转变（第Ⅴ卷第 3 章），美国直到 1908 年才发生同样的转变。德国的转变则是在 1925 年，它是在第一次世界大战后受高磷云煌岩矿丧失的影响而出现的。

高炉炼铁产量的上升，不是因为有像炼钢业中那样重大的发明，而是缘于经营规模的扩大，较大炉子及其设备的改进，冶炼速度的加快，还有炼焦业的发展，废气和燃料更有效的使用，以及勘探、开采和输送更多廉价的富矿等。

19.1　铁矿石供应

1892 年，美国发生了最显著的变化，梅里特兄弟（Merritt brothers）在苏必利尔湖区梅萨比岭（自 1852 年以来，已进行了商业性的开采）进行的大范围开采，提供了一个巨大的廉价矿源。这是一个易于开采

的露天矿，含铁量高但质地软而细，这个问题曾让高炉工人在接下来的20年内伤透了脑筋。在此期间，卡内基钢铁公司在矿区拥有的控制权，开始与洛克菲勒铁路和轮船运输线联合，新的机制很快建立起来。1898年，3年前开发的巨型蒸汽挖土机投入使用。这种机器每台价值1万美元，特别适合挖掘泥土似的软矿，每次掘起5吨，2.5分钟装满沿露天矿开进来的1节车皮（一列火车共有10节或12节车皮）。由于运往湖滨码头的铁路运费的减少，开采成本也随之降低。 464

此时，世界上最先进的运输与装卸系统出现了。为了把矿石运往大约800英里以外的下游，运输船得到了快速发展。1886年在湖中航行的装运矿石的船只有6艘，1899年时增加到296艘，并且几乎全是汽动的，许多采矿公司组建了自己的船队。19世纪90年代，麦克杜格尔（McDougall）设计的"鲸背甲板船"作出了重要却短暂的贡献。这种设计特殊的矿石船有10个或更多舱口，给欧洲的考察者留下了深刻的印象（第Ⅶ卷第31章），每艘船的最大运载量也在1901年达到大约7500吨。但是，随着"奥古斯塔斯·B. 沃尔文号"（Augustus B. Wolvin）的出现，"鲸背甲板船"很快黯然失色，前者的运载量差不多达到1.1万吨，在1904年首次下水。

与此同时，装卸工作也需要具有新型的机械化和组织管理。为便于装船，运矿石的火车开到泊船旁的高栈桥上，以便将矿石送进料仓。这些料仓安置在船舱上，每个容量约150吨。在19世纪90年代中期，1小时可以装船3000吨。卸矿采用了类似的改进措施，1894年的卸矿速度达到每小时300吨。休利特（George H. Hulett）在1898年发明的卸货机堪称庞然大物，它用巨大的抓斗从船舱中挖出矿石，大大地缩短了卸货时间。到了1904年，卸矿速度达到每小时2500吨。在此期间，其他制约矿石运输的因素也被消除或减少了。由于苏圣玛丽水闸（1855年建成）规模的关系，湖轮的运载量受到了限制。1896

年，建成了一条大约800英尺长的新闸，但每次仍然只能单船通过。船舶、码头和航道的改进，伴随着铁路运输设备的改良。早在19世纪80年代中期，明尼苏达钢铁公司在苏必利尔湖区开采出另一部分矿藏——弗米利恩岭，首次在运载量为500吨的火车上使用了24吨
465 的车皮。90年代，卡内基钢铁公司建设了一条铁路，用的是45吨的车皮，使用运载量为1500吨的火车把矿石从伊利湖运往匹兹堡的高炉。当我们把美国和欧洲的情况加以对照时，就可以看出美国的进展。从1890年起，德国使用15吨车皮的情形日益增多，到1906年刚好超过一半，不过为机械卸货设计的20吨钢制车皮已经开始采用。在英国，尽管20吨的钢制自卸车皮在1900年已经被东北铁路公司采用，但通常使用的仍然是7吨的车皮。

1900年，苏必利尔湖区供应美国钢铁工业所需铁矿石量的3/4。梅萨比岭是其中最大的矿区，1901年的产量为900万吨，1916年达到4250万吨的峰值。1903年，一位评论员写道："运输矿石1000英里并使生铁成本每磅少于半美分已经成为可能。"

19.2 焦炭的消耗与生产

1900年，在英国生产1吨高炉生铁大约要消耗25英担的焦炭，这与美国和德国最先进的水平相比明显落后。当时，美、德生产1吨生铁只消耗21.5英担左右的焦炭。但是，焦炭的消耗量受到矿石和焦炭的化学与物理性质、高炉的容量和冶炼强度的影响，也因为对锻造和铸造生铁的产量要求而不同。在20世纪早期，这些高度复杂的因素和燃料消耗总量并没有连贯的记载，各国之间的对照往往易于造成误导。贝尔爵士（Sir Lowthian Bell）在克拉伦斯工厂中研究焦炭消耗量，得出了可能的变动范围。1872年，用克利夫兰矿石冶炼1吨生铁只消耗22.4英担焦炭。19世纪80年代，贝尔出人意料地把这个数字降到20.5英担，明显让1916年时用克利夫兰矿石冶炼1吨生铁

466

图 19.2　英国一座正在生产的蜂窝焦炉，1920 年。

需消耗 23.3 英担焦炭的报道相形见绌。1916 年，另一个数字清楚地说明了不同类型矿石的不同耗焦量，使用林肯郡的矿石冶炼 1 吨生铁需要 33 英担焦炭，而英国在 1900—1930 年平均耗焦量只有 25 英担左右。20 世纪前半期末，通过提高矿石和焦炭的质量，扩大高炉的容积，提高冶炼强度并加强高炉的管理，各地都可以降低耗焦量。1950 年，第一流的高炉操作工冶炼 1 吨生铁只需 13 英担焦炭，到 20 世纪 70 年代则降低到 10 英担。 467

19.3　焦炭

1900 年，焦炭主要由蜂窝焦炉（图 19.2）来生产，这种焦炉是拱顶圆形的砖砌结构，直径约 12 英尺，高 7 英尺，一排炉子筑成单行或双行，煤气和挥发物可逸出到大气中。成焦后，打开一部分砖，向焦炭喷水，工人们用长柄铲将焦炭扒出。那是一种繁重而令人生厌的工作，炼 1 吨焦炭大约耗煤 1.5 吨，并且要花上 48 小时。另一种生

图 19.3　20 世纪 50 年代的炼焦炉。
前景部分是焦炉，它正在推焦并卸焦。
接着，炽热的焦炭将被送到熄焦塔（后景部分）。

产办法是建造副产焦炉，有时它也被称为“干馏”炉。这种焦炉虽然至少在 19 世纪 60 年代已经为人们所了解，但直到 19 世纪最后几十年才在德国、法国和比利时广泛建造。从 1880 年到 1900 年，这些国家特别是德国在副产品回收方面大有进展，德国奥托公司发展了比利时人的无回收科佩系统的设计方案（制订于 1861 年），建造了 5000 孔副产焦炉和 7000 孔无回收焦炉。英国则落在后面，1901 年的副产焦炉不足 1000 孔，蜂窝焦炉却超过 2.6 万孔。美国也是如此，1900 年时 95% 以上的焦炭用蜂窝焦炉生产。

德国 1914 年，法国 1920 年，英国 1923 年，美国 1928 年，这是各主要工业国将蜂窝焦炉的产量降到 10% 以下的时间，显示出一种世界性的进步。虽然副产焦炉在许多方面都比蜂窝焦炉效率高得多，但长时期推迟使用副产焦炉自有原因，它所提供的优势不够均衡，只利于某种生产者。例如，它可以在平炉所需煤气消耗之后，把过剩的焦炉煤气供应给城市用户，如此情形出现在德国。19 世纪末和 20 世纪初，焦油、苯、氨和石脑油等副产品的商业价值并不大。建造蜂窝焦炉比副产焦炉简单、廉价（一位美国人估算，平均费用分别为 750 美元和 1.5 万美元），有些地方出现了一种反对“干馏”焦的偏见，因为它是由劣质煤炼出的（相反地，在美国大量的蜂窝焦炉是用西宾夕法尼亚州的康内尔斯维尔煤——一种理想的炼焦煤——生产出来的）。克服其他一些陈旧偏见需要花很长时间，例如有一种偏见指称回收副产品会降低焦炭的质量，另一种偏见则认为“干馏”焦表面 468
颜色暗淡意味着质量低劣。

到 1906 年，欧洲已经普遍采用容积为 8 吨左右、炼焦时间为 28 小时的副产焦炉，并在第一次世界大战期间获得了长足的发展。在建造更高、更窄的焦炉和采用硅砖方面，美国可谓后来居上。更高导热性和负载能力方面的改进，使焦炉产量显著增加，炼焦时间大为缩短。1914 年以后，对副产品的需求量加大，对苯的需求更大，价格大幅度上涨（从 1915 年到 1916 年，煤焦油衍生物价格上涨了 4 倍以上），促进了对副产焦炉的大量投资。当时，美国正在建造 15 吨容积和更大容积的焦炉。

1923 年，当德国和英国的焦炉平均日产量为 4—5 吨时，美国的产量则比它们高 2—3 倍，平均日产量为 11—14 吨。但是，德国不像英国那样仍然保留许多生产效率低下的小型工厂，而是追求进展迅猛，到 1926 年已经重建了 1/3 的工厂。1924 年，美国犹他州普罗沃的哥伦布钢铁公司建造起 13 英尺高的焦炉，这在当时被公认为一项卓越的革新。3 年以后，卡内基钢铁公司建造了 4 组 14 英尺高的焦炉。这种炉子每孔长 42 英尺左右，宽度只有 18 英寸，容量超过 25 吨。从 30 年代起，焦炉技术继续发展，容积变得更大，并且形成了以钢铁联合工厂为基础的设备集中，美国和德国有多组年平均产量为 50 万吨的焦炉。在苏联的马格尼托哥尔斯克，作为大型钢铁联合企业的组成部分，建造了年产量超过 200 万吨的炼焦厂。这种进步一直延续到第二次世界大战期间，主要又是美国和德国表现突出，包括普遍采用蓄热室、利用高炉废气（让产热量更高的焦炉煤气用到钢厂或民用系统中去）、减少焦炉燃烧室的压力差、使用一种燃烧高炉煤气的炉下喷嘴使焦炉的各部分均匀加热、改进科佩斯公司的焦炉、洗煤（以降低灰分和硫分）和用舒尔查干熄焦法。从图 19.2 与图 19.3 的对照中，我们可以看到在 20 世纪前半期炼焦生产规模的扩大情况。

469 19.4 炼铁

在 20 世纪最初几年中，1902 年美国建造了最大和最新式的高炉——美国钢铁公司的埃德加·汤姆森炉，这也是当时世界上最大的高炉，炉高差不多有 89 英尺，炉缸直径为 15 英尺 6 英寸，日产生铁大约为 500 吨。20 世纪前半叶末，美国最好的高炉日产量接近 1400 吨，炉高 108 英尺，炉缸直径 31 英尺。50 年内，每座高炉的日产量能够提高到接近原来的 3 倍，原因在于实行了全面的改革，而不仅是加大了容积。但是，炼铁业没有任何发展可以同炼钢业在 19 世纪就出现的重大技术变革相媲美。炼铁业的革新大多是由于机械工程的进步，以及根据 19 世纪 70 年代以来为人熟知的原理或实践来改进炼铁方法。假如一个当时已经开始工作的年轻人到 20 世纪 40 年代还活着的话，他会发现在高炉冶炼方面实质上没有多少变化。一座高耸的建筑物与顶部粗大的管道构成 O 形或 Y 形轮廓，非常引人瞩目的箕斗提升机将炉料运载到炉顶，在那里炉料自动卸入炉内而不必用手推车，有成排的炼焦炉及其附近的小型化工产品工厂，还有热金属的运输设备。除了这些新颖之处，其余大多数地方，至少从表面看来还是老工人所熟悉的，因为冶炼方法实质上是相同的。

经过长期努力，成功地冶炼新近露天开采的梅萨比岭的矿石是美国最重要的成就之一，促进了各地高炉容积的加大和冶炼强度的提高。由于梅萨比的矿石结构很细，带来的困难直到第一次世界大战结束时仍然未能完全克服，此时已经距离大量开采的开端过去了大约 20 年。这种矿石含铁量高，还原性好，可以大大加快冶炼强度，但结构很细的缺点也会造成高炉阻塞。当炉内矿料以每小时大约500吨的速度下降时，上升气流在矿料中产生风沟，从而使矿料不能完全还原，接着又会引起没有均匀还原的炉料突然滑移，甚至造成冶炼过程中断，同时还使焦炭消耗过多。细矿石也使烟道灰大量增加（在某些情况下，超过其他矿石的5倍），同时堵塞砖砌体，使热风炉出现故障。通过 470
改变高炉的设计和更彻底地净化煤气，这个问题得到解决。一种在设计上的有效改进是增加炉子的高度（相对炉缸直径而言），这样就出现了略呈锥形的炉壁，炉缸到炉顶内侧的典型角度从1894年的86度缩小到1918年的83度。同时，炉腹——紧连在炉缸上部的区域——高度降低且逐渐收缩变细（在炉腹内，炉壁向内和向下逐渐收缩变细，直至风口处）。其中一种有代表性的高炉式样里，角度变得陡直，由

图19.4　这是英国阿普尔比的弗罗丁赫姆以英国女王名字命名的4座高炉的概貌。20世纪50年代中期改进鼓风技术以后，其每星期产量从2.35万吨提高到3万吨。

1894 年的 74.6 度变为 1918 年的 82.2 度。美国这些较大的高炉设计新颖，产量明显很高，成为其他先进国家采用的模式。到 20 世纪 30 年代，美国高炉的高度已经达到 90—103 英尺，炉缸直径为 25—28 471 英尺，由一流工人操作时生铁日产量超过了 1000 吨。

使用梅萨比矿石而造成的灰尘过多的问题，通过改进净化气体的方法逐渐得到解决，采用由马伦（B. F. Mullen）在 1903 年发明的煤气洗涤器的湿法清洗代替早期的干式集尘器。直到 1914 年成功采用布拉瑟特—培根塔式洗涤器之前，煤气洗涤器一直被广泛使用，前者由多排的水喷头和确保气体洗涤均匀的装置组成。然而，滤袋干洗净化气体仍然得到改进，一种广泛使用的系统是由德国黑尔贝格—贝特工厂在 1914 年推荐的。1903 年，德国设计的以高炉煤气驱动的鼓风机向古老的往复式蒸汽机提出了挑战，并促进了寻求更有效的净化气体方法的研究工作。德国开发了蒂森转筒式洗涤器，美国在 1907 年将它作为二级洗涤装置加以采用。1910 年，美国首先把透平鼓风机应用于高炉鼓风，鼓风速度从原来的往复式蒸汽机每分钟鼓风 4.5 万立方英尺提高到每分钟 6 万立方英尺。到 20 世纪 40 年代后期，则超出这个速度（每分钟 6 万立方英尺）的两倍。这种提高又进一步推动了二级洗涤装置的改进，在这个静电系统里，煤气中的两个电极间的电位差，使荷电尘埃颗粒运动到集电极而被吸附。这种在 19 世纪 20 年代已经为人所知的现象，到 80 年代又被洛奇爵士（Sir Oliver Lodge）重新发现。但是，直到交流电和能够产生高电压的整流器开发以后，这种静电系统才在工业上得到应用。早在 20 世纪初，美国矿山局的科特雷尔（F. G. Cottrell）就着手研究这个问题，他的方法在第一次世界大战后被广泛采用。1915 年，第一套用于净化高炉煤气的静电除尘系统在伯利恒启用，英国的斯金宁格罗弗也在 1920 年应用了这一系统，改进工作继续进行着。到第二次世界大战前夕，除尘率达到了 99%，从而使高炉煤气能够广泛应用于副产焦炉的底部燃烧，并与热量更高的焦炉煤气混合供给炼钢厂和别的地方使用。

19.5 机械装卸

19 世纪 90 年代以来，更高的高炉冶炼强度需要极大地提高原料的机械装卸和储备能力。美国机械化的高涨时期（一个英国参观团描述为“将工程学常识的应用几乎达到天才的程度”）包括采用斜坡箕 472
斗提升机，这种设备 1883 年首先在露西高炉上使用，改进的形式在后续几年又应用到其他高炉。箕斗从地面上的料仓装满、称重，然后运送到高炉炉顶，由双贮斗装料机倒入炉中。这是一套通用装置，它最终取代了从地面提升手推车的直立吊车，那些手推车中的原料是通过人工倒进高炉的（图 19.8，边码 486）。然而，为了让大多数工厂消除手工装卸，却花了 20 多年的时间。1914 年美国的一份报告指出，在 42 个高炉中，略多于 1/3 的高炉仍在用手工装卸。

下一个更好的矿石装卸的例子，显示了高度组织的美国工程技术的进展。1895 年，匹兹堡附近建造的迪凯纳高炉，包括了一个具有新型装卸机械的矿石场建筑物，里面有一套由布朗（A. E. Brown）发明的桥式装矿机设备和容纳大型移动料斗进行重力装卸的料仓。在以后几年建成的所有大型工厂中，都广泛地采用了这些相当先进的革新成果，大约 20 年后，这些成果被命名为“迪凯纳革命”。20 世纪 30 年代以来，普遍采用了容积超过 250 立方英尺的箕斗，并建造了大型桥式装矿机，其中许多装矿机装备了 15 吨的铲斗。在两次世界大战期间，60 吨的无盖货车和改良的焦炭输送投入使用，保证了原料能够源源不断地输往高炉。

19.6 矿石加工处理

在改善铁矿石品质的各种预处理措施中，美国的经验颇具影响。使用辊式破碎机破碎块状矿石就是其中一种改进方法，另一种方法是选矿，以清除二氧化硅。1907 年，有一家工厂曾使矿石中的二氧化硅含量从 30% 降到 10% 以下。因为有了这道预处理工序，清除杂质所需的助熔剂石灰石就少了。这一时期，英国大量依靠外国矿石，进口量约占 1/3，在矿石处理方面也取得了进展。钢铁学会 1908 年得到的报告称，由于安装了机械选矿带，13% 的杂质被清除了，高炉中矿石消耗量每吨减少了近 10 英担。当时，对进口的矿石也进行同样的预处理。在改善进口矿石的品质方面，美国也获得了进展，尽管进口矿石只占其总需求量的一小部分。在 20 世纪头 20 年的许多年份，进
473 口量通常不足 5%，其中绝大部分来自古巴，那里在 1904 年发现了马亚里低磷矿。这些矿石干燥后，含铁量从 38% 上升到 56% 以上。1910 年，通过球团这种在窑内加热矿石的方法，矿石的品质进一步得到了提高。

为了确保良好的透气性和高效还原，装入高炉的矿料应成为大小一致的块状，这就要求筛出精矿粉并烧结成块状。通过热处理来使铁精矿粉造块从而提高含铁量的方法，在 19 世纪末以前就开始采用。

早在 1896 年，伊利诺伊钢铁公司的南部工厂就进行了烟道灰造块的尝试，把这些原料与石灰石混合物一起压制成块，作为高炉料的一部分。1899 年，瑞士工程师、磁选法的倡导者格伦达尔（G. Grondal）在芬兰工作期间，创造了一种压块工艺，把矿粉同水混合后在模子里压实，再放到带蓄热室的隧道窑中焙烧。但是，这个过程中的重点在于烧结工艺。这个方法深受美国工艺的影响，矿粉同焦粉相混合，由活动炉箅传送，并使它们受到热处理，形成块状，以便装入高炉。

烧结工艺很大程度上归因于有色金属方面特别是炼铅的开拓性工作。1896 年，亨廷顿（T. Huntington）、希伯莱因（F. Heberlein）在意大利工作期间，曾在锅内使部分焙烧的矿石脱硫，这是一个需要大量手工劳动的间歇生产过程。1906 年，美国工程师德怀特（A. S. Dwight）和劳埃德（R. L. Lloyd）在墨西哥炼铅期间，首创在活动炉箅上利用抽风连续烧结的方法（图 19.5）。他们最初使用的商用机器长 30 英尺，环

图 19.5 为使硫化铜矿粉变成适合于装到高炉中的原料，墨西哥卡纳内阿联合炼铜公司负责人劳埃德和德怀特于 1906 年开发的第一台连续烧结机装料的情况。
1911 年，美国首先在伯兹伯勒的钢铁工业中应用这种德怀特—劳埃德机。

带运输机的传送速度为每分钟 1 英尺，每天的运送量为 50 吨。不久，这种方法就被运用到铁矿中。1910—1920 年，美国早期的应用主要局限于使用德怀特—劳埃德机，1911 年在伯兹伯勒首先采用这种机器，或使用格林沃尔特（J. E. Greenawalt）的固定烧结盘来烧结烟道灰。两次世界大战之间，瑞典曾在杜姆纳尔沃发展烧结生产，1950 年烧结料的入炉比达到 90%。

矿石加工处理在英国进展很小。当工厂的规模和产量已经有相当大的发展，宽 6 英尺、长 100 英尺的机器每天的生产能力达到 3000 吨时，1950 年高炉料中使用的烧结矿仅为约 14%。但是，大量使用 474
烧结矿料的主要转变发生在接下来的 20 年里。较早的烧结机是烧煤的，后来改为烧油、焦炭、高炉煤气或混合气，也会添加焦粉和废钢。

因为使用橡胶输送带将矿料传送入高炉料斗，如何冷却炽热的烧结料便成了一个难题。为了解决这个问题，人们把较大的块破碎成小块，然后放在薄料床上用空气冷却，代替了原来的水熄。这种薄料床是朗(Dorman Long)40年代后期在英国发明的。

下一个造块方法是将矿粉造球，这需要在旋转圆筒内将矿粉滚成球团，然后经过热处理使之硬化。1913年，安德森(A. G. Andersson)在瑞典发明了一种将湿的矿粉团球后干燥并进行热处理的方法，但未
475 得到广泛采用。布拉克尔斯伯格(C. A. Brackelsberg)在德国做了一次失败的试验，他在莱茵豪森建造了一个球团厂，利用硅酸钠作黏结剂，并用德怀特—劳埃德烧结机把球硬化。在球团方面，最显著的进展出现在美国。1934年到1936年，美国矿山局资助戴维斯(E. W. Davis)用梅萨比的铁燧岩矿石进行开发工作，方法包括把含铁量低的硬矿磨得很细，使它能以磁力聚集。40年代后期，查默斯(Allis Chalmers)和麦基(A. G. McKee)两家公司制造了一种加热硬化机，这是球团工艺方面的最大成就。与烧结工艺不同的是，这种机器是在严格控制温度的情况下，对球团进行较长时间的热处理。

19.7 装料

早在1850年，在威尔士的埃布韦尔钢铁厂中，帕里(G. Parry)就采用了一套设备，在高炉每次装原料时，它可以防止煤气从炉顶溢出。这是一种锥形布料器，底部由一个向上升起的杯形物或称为“料钟”的装置所封闭，这样就可以部分地防止漏气。当料钟下降时，炉料迅速落入炉内，从而使装料过程中的漏气减少到最小。这套设备一直沿用，几乎没有什么改变。到20年代中期，出现了螺旋布料器，大大改进了装料工作，主要优点是布料均匀，同时增加了另一个更大的料钟，往下放到炉身顶部，首次保证了有效的气封。这套新的装料系统得到广泛应用，更在美国成为自动装料驱动装置的一部分。到第

二次世界大战末期，美国几乎有一半高炉都安装了自动装料设备，带料称量车的自动称重和记录、箕斗提升机的操作、布料料斗和大小钟斗，都由中心控制台控制的自动关联设备来操纵。

19.8 热风炉

19 世纪 70 年代以来，人们普遍采用耐火砖作炉衬的考珀式热风炉（第Ⅴ卷，边码 58），利用高炉煤气加热空气。这种热风炉为大圆筒形结构，高约 100 英尺，高度与高炉相仿，直径为 20—24 英尺，炉墙为格子砖结构。20 世纪前 20 年，每个高炉通常使用 4 座热风炉，轮流供应热风。由于后来的改进，每个高炉一般使用 3 座热风炉，热 476
风炉的直径增加到 26 英尺左右。热风炉炉内是大量的砖结构（1900 年，每个炉内约需 4 万块砖），这促使人们研究如何使它更高效地工作。此外，正如我们所看到的，高炉煤气中的灰尘堵塞格子砖孔的问题经常出现，促进了对更好的气体净化方法的进一步研究。让高炉在更高的温度下工作的要求，也促进了热风炉的改进。1890 年，肯尼迪（Julian Kennedy）为埃德加·汤姆森工厂发明的二通式热风炉有了显著的改进。这种热风炉的格子砖孔较小，配以更有效的气体净化设施，不仅得到了更高的表面积比，而且大大地减少了炉灰和杂质的堵塞。从第一次世界大战开始，各种有特殊外形与模式的砖砌体设计和更小的格子砖孔被采用，热风炉的改进越来越明显。到 1950 年，通过更换热风炉的炉衬，加热面积由原来的大约 8 万平方英尺增加到 25 万平方英尺以上。

19.9 炉衬

在停炉维修之前，炼铁者总是希望延长高炉的寿命。在高炉一天最多工作 24 小时的情况下，获得最长的“炉龄”（对这一时段的传统称谓）是衡量运转效率的尺度。如今，维修的最大工作量是用耐火砖重砌炉衬，这要花三个月时间才能完成，虽然在 20 世纪 50 年代英国高炉工在阿普尔比的弗罗丁赫姆创造了不到一个月的世界纪录（图 19.4）。

停炉势必减少产量，维修又会增加成本，这就促使人们设法延长炉龄，采用的主要措施是在炉衬中安装冷却和保护装置。以前，建筑高炉采用很厚的炉衬，如同古代石头建筑物的仿制品。但是，甚至早在 1872 年，在宾夕法尼亚州的格伦登就曾经采用过现代的建筑方法，把铸铁或钢板装到砌砖中来保护高炉。1876 年，宾夕法尼亚州的邓巴炉使用了内置双排盘绕冷却管的水平金属铸铁板。1883 年前后，肯尼迪大概最先在一座露西炉上使用固定的青铜炉腹冷却板。
477 此后不久，与肯尼迪在同一家工厂的斯科特（James Scott）以及埃德加·汤姆森工厂的盖利（James Gayley）仿效，并使用了供应高压水的可移动炉腹冷却板。直到 20 世纪 40 年代后期，虽然采用了外部冷淋器，高炉冷却系统的原理依旧未变。当时，苏联发明的炉壁蒸发冷却装置引起了世界的瞩目，它是在炉壳内壁周围装上特殊的冷却片，利用水分蒸发潜热的原理来防止炉子过热。这是一种理想的吸热系统，在以后数十年里，先后在平炉和高炉中得到应用。半个世纪里，炉龄的延长显示出炉衬和耐火材料方面所取得的进步。1900—1920 年，在换衬前的一个炉期中，生铁产量通常约 70 万吨。到 1950 年，一座典型高炉（产出率较先前高得多）的炉龄已经增加到年产生铁 200 万吨，在某些情况下已达到 300 万吨。

我们看到，19 世纪最后几十年间值得注意的是，在炼铁方面确立了机械化发展的主线。相反，20 世纪初期却只注重关于高炉操作科学原理的讨论。发展激发讨论，讨论又促进发展，新的改进和变革很快到来。例如，盖利 1904 年在伊莎贝拉炉上安装干燥鼓风的制冷设备后，有关设备优点的报道引起了激烈的争论；1901 年，贝克（David Baker）在南部工厂中发明的料线记录器，使操作人员第一次真实地深入了解高炉中原料流动的情况。美国也在 1904 年制定了生铁的标准规格，它的依据是化学分析，而不是通过观察断口的外观来分类。在那时以前，观察断口是一种常用的方法。

启闭出铁口的工作（以前，这个工作既费时又危险）在技术上也有了明显的改进。1890 年，马里兰钢铁公司的斯帕罗斯角工厂首先使用风钻打开出铁口。其后的进步出现在 1906 年，人们开始使用氧枪打开出铁口，它后来成了广泛采用的方法。为了堵塞出铁口，沃恩（Samuel W. Vaughen）在 1896 年发明了泥炮，并在宾夕法尼亚州约翰斯敦的坎布里亚钢铁厂中使用。1928 年，广泛使用的泥炮又被回转炮所代替。

19.10 铁水的运输 478

由于影响到混铁炉的发展以及钢铁生产，铁水的运输工作也迅速取得进展。1915 年，美国首次安装了容量为 75 吨的混铁炉式铁水罐，代替了 12 吨的敞口式铁水罐。大型工厂中，铁水罐的容量在 1922 年猛增至 125 吨，1925 年提高到 150 吨。由于铁水要运送一定距离，封闭的轨道铁水罐车得到了应用。1899 年，迪尤肯高炉中生产出来的 800 吨铁水被运送到 5 英里外的霍姆斯特德。1915 年，一种按形状被称为鱼雷车或混铁炉式盛铁桶的容量为 90 吨的罐车出现了。此后的发展与联合企业的产量增加有关。1928 年，在俄亥俄州米德尔敦的阿姆科钢铁厂，通过一条专用铁路把 150 吨铁水运送到哈密尔顿城外 8 英里处的平炉。1939 年，英国的科尔维尔斯的发展规划提出，把分隔在河流两岸的克莱德布里奇炼钢厂和克莱德炼铁厂连成一体，这就需要在克莱德河上架桥来运送铁水。罐车的容量继续增加，到 20 世纪 40 年代后期，美国的混铁炉式罐车每次可以装运 210 吨铁水。20 世纪初，炉渣处理工作也得到改进。1909 年，基利恩（M. Killeen）在埃德加·汤姆森工厂发明了一种从铁水中撇渣的装置，渣罐中的熔渣被直接倾倒在平底车上。1920年，这种渣罐容量大约15吨。排渣的整套装置得到了发展，有时可以远距离控制。

19.11 混铁炉

随着处理高炉热铁水工作的改进，卡内基钢铁公司埃德加·汤姆森厂的琼斯（William Jones）在1889年发明了混铁炉，很快被美国、德国和英国（1890年，首先在巴罗安装）所采用。它最初的式样是一种大型砖衬储罐，从高炉流出的铁水储存在混铁炉内，保持液体状态直到贝塞麦转炉需要用料之时。铁水经常倒进倒出，为的是使不同高炉的铁水成分均匀一致。下一步是用混铁炉作为炼钢工序的附属设备，对铁水作进一步的化学精炼。德国赫尔德的马萨内茨（J. Massanez）
479 和英国的萨尼特（E. H. Saniter）的工作导致了一种被称为“预精炼”混铁炉的使用，前者在1891年报道了在混铁炉中锰的脱硫作用（可以去掉铁水中70%的硫），后者第二年在混铁炉中加入石灰和氯化钙以达到同样的脱硫目的。

沿着相同的发展方向，曾在英格兰和美国工作过的英国人塔尔博特（Benjamin Talbot）作出了一个重大发明（第Ⅴ卷，边码60）。塔尔博特法是一种连续炼钢法，在美国田纳西州查塔努加南方钢铁公司研发而成。在这个公司里，塔尔博特为亚拉巴马州伯明翰的田纳西煤铁公司做了一系列试验，当时后者因为生铁含硅量过高而伤透脑筋。塔尔博特提出用连续冶炼、碱性炉衬、煤气加热的可倾炉，通过碱性炉渣去除生铁中的硅，从而发展了1889年坎贝尔（H. H. Campbell）和1895年韦尔曼（S. T. Wellman）在可倾平炉上的实践。1899年，作为宾夕法尼亚州彭科伊德钢厂的负责人，塔尔博特又采用自己的方法。这种方法的主要特点是，当生铁与5倍容积的熔融低碳钢混合时，就能迅速地除去生铁中的碳。塔尔博特炉是连续地装料和出钢的，高氧化性炉渣和铁水之间的化学反应加速了这一过程。由高磷生铁产生的重渣可以倾炉倒出，钢则保存在熔池中。除了经济上具有大容量的优越性，可倾炉比固定炉更能利用质量较差的生铁来进行精炼。这种炉子很快被美国采用，但它在欧洲的使用则要晚得多，尽管1901年以后塔尔博特返回英格兰定居，并在米德尔斯伯勒的卡戈·弗利特公司担任总经理，促进了可倾炉在当地的推广使用，后文讲到炼钢发展时可以看到这一点。此外，类似塔尔博特炉的设计，容量却更大的圆筒混铁炉开始流行，用于钢厂或炼铁厂。到第一次世界大战时，几家英国公司拥有容量达300吨的混铁炉，在英国埃布韦尔有一座容量为750吨的混铁炉，美国使用的混铁炉的容量达到1100吨左右。

由于发明了混铁炉，炼钢厂就不需要那些用化铁炉熔铸并固化的铁锭了。否则，这些铁锭要砸碎后才能用到贝塞麦转炉，或者卖给生铁商行。不过，只有联合钢铁企业才能使用铁水炼钢，英国的这种企业比美国少得多。1906年，美国大约80%的生铁由这些企业生 480
产，英国在1902年则只有25%左右的平炉钢由本企业高炉提供的生铁进行冶炼。但是，生铁的铸造在不断改进。1895年，乌埃林（E. A. Ueling）发明了一种铸铁锭机，次年被用到露西炉上。铁水被倒进一些浅模里，这些铸模则安置在输送机上的锭座里并由火车运送。1900年，英国贾罗的帕尔默钢铁厂安装了这种铸铁设备。1907年，格斯特·基恩的新道勒斯·卡迪夫钢铁厂也进行了安装。即便如此，英国一般很少使用铸铁机和铁块破碎机，甚至到20世纪30年代，也比欧洲大陆国家和美国少得多。

19.12 贝塞麦转炉炼钢

19世纪末，酸性贝塞麦转炉炼钢仍然是美国生产钢的主要方法。用这种方法生产的钢有750万吨，几乎等于当年平炉钢产量的2.5倍。当时，德国生产的贝塞麦转炉钢接近450万吨（几乎全是碱性的）。和美国一样，这个产量也是德国所产平炉钢的2.5倍。这个时期，转炉钢和平炉钢在英国的地位恰巧相反，贝塞麦转炉钢（主要是酸性）产量是 182.5 万吨，平炉钢则达 300 万吨以上。

19 世纪最后 10 年，美国炼钢工业发展到使用大型转炉，为使生产能够连续进行，双转炉炼钢厂已很普遍。这就需要大量的短时间操作协调进行，需要提供机械设备和精心设计厂房布局，避免生产流程的阻塞。将通常储存在混铁炉中的熔融铁水装进转炉，有时还有少量的废钢，需要吹炼才能使铁变成钢（吹炼时间仅需 8 分钟，图 19.6），将钢水倒进钢水包，浇进铸模内并使它凝固，同时还需要频繁地修理炉底。配备了两个转炉，一个装料或出料时，另一个能够照常吹炼。1900 年，15 吨转炉从开始到结束的一个冶炼周期约为 12 分钟，到 20 世纪 30 年代，35 吨转炉的周期同样只需 12 分钟。美国的霍利（A. L. Holley）的技术革新是经常更换炉底，大约吹炼 25 炉钢后更换一次，
481 每次需 15 分钟。美国的贝塞麦转炉炼钢工业拥有低硅、低硫、低磷铁资源的优势，能够主要采用酸性转炉炼钢法，并使用连续生产的较大型转炉，这就极大地提高了生产率，生产出主要用于制造钢轨的优质钢。英国并不具备这种有利条件，同样数量设备的产量在 1901 年不到美国的 1/3，而且生产出来的钢对多种用途都不适合。在世界范围内减少贝塞麦转炉炼钢而增加平炉炼钢以后的很长时间，美国的转炉钢

图 19.6　25 吨贝塞麦转炉正在吹炼，1950 年。

产量和生产效率仍然都很高。1932 年（大萧条的低谷期），英国的钢铁炼制商到美国参观后评论说："最惊人的事情是厂小产量大。"1930 年，美国贝塞麦转炉钢产量超过 560 万吨，约占全部钢产量的 1/8。此后，这一比例逐年迅速下降，即便在第二次世界大战以后的 1951 年达到 490 万吨的高峰，这个数字也仅占总产量的 1/20 左右。到 60 年代后期，美国酸性转炉炼钢的产量已微不足道了。 482

碱性转炉炼钢法特别适合在德国使用，因为这里能够开发欧洲的大型含磷矿床，特别是在普法战争以后从法国取得的含磷矿床。自从 1889 年引进混铁炉以后，德国炼钢厂采用了最先进的冶炼方法，并且越来越多地使用直接来自高炉的铁水。像美国那样，与邻近高炉的联合使得炼钢业更易于发展。德国贝塞麦转炉炼钢业所取得的进步，给 1895 年到德国、比利时参观的英国代表团留下了极其深刻的印象。这个代表团是在德国炼钢工业快速发展的中期到达的，当时德国贝塞麦转炉炼钢厂的平均产量在 15 年里增加到两倍以上，1905 年每家厂的钢产量提高到 22.5 万吨。1913 年，德国的碱性转炉炼钢的发展达到了顶峰，产量超过 1050 万吨，约占钢总产量的 56%，平炉钢产量则约占 39%。后来，贝塞麦转炉炼钢业开始衰落，这一进程最初是缓慢的，随着第一次世界大战后德国失掉洛林矿区和大约 1/3 的炼钢能力，转炉炼钢业的衰落开始加速。到 1925 年，转炉钢与平炉钢的比例倒了过来，总产量中碱性转炉钢占 42%，碱性平炉钢则为 53%。这种比例与大约 33 年以后的 50 年代后期实际上无多大差别，尽管那时德国已经从第二次世界大战的惨败和失掉东部领土中恢复过来，钢产量几乎翻了一番。

在英国，小型酸性贝塞麦转炉工业依赖坎伯兰的赤铁矿得以幸存，但碱性贝塞麦转炉炼钢业在 1894 年以后迅速地衰落下去。许多技术的和经济上的复杂因素，阻碍了新的碱性炼钢中心的建立，尽管碱性炼钢法在东北海岸首先得到成功的应用。有一个时期，那里看来似乎是建立这种工厂的最佳地点，但是当地矿石含硅量和含硫量过高，炼铁工作者发现要同时去掉两种杂质很困难，所以生产出来的钢具有脆性，在英国的名声很坏，这也妨碍了它的发展。

以上对三个主要产钢国贝塞麦转炉炼钢的概述，并未谈及使用转炉的最重要的方式之一，即将两种或多种冶炼方法结合在一起，汇集
483 多种方法的优点，正如一个木匠结合使用粗刨和细刨那样。在冶炼过程中，第一阶段最好的选择显然是采用贝塞麦转炉，以便把大量的冶金原料迅速地变成钢水，然后用平炉缓慢而有效地完成第二阶段，完成最后的精炼和金属成分调整。早在1872年，在斯蒂里亚的诺伊贝格就试行了转炉和平炉相结合的双联炼钢法。不过，这种方法是在美国开始得到广泛应用的，那是在20世纪初发明可倾炉以后，虽然同时仍在使用固定炉。

用途不大的废钢给主要钢铁冶炼地区的酸性贝塞麦转炉和碱性平炉双联炼钢法提供了特别适合的条件，美国钢铁制造者则拥有丰富的低磷富铁矿的有利条件。20世纪30年代和40年代，美国改良了双联炼钢工艺，主要是减少了可倾炉中残留的金属量，从原来的1/3到几乎完全排空。亚拉巴马州的高磷铁矿的利用方式也有所变化，但对于美国贝塞麦转炉生产的整个时期来说，主要工艺仍然是相同的。

德国的双联炼钢法是在完全不同的条件下发展起来的，因为含磷的铁矿需要在托马斯转炉中进行处理，并且只有低磷原料才可以放入碱性平炉。根据这个原则，德国建立了双联炼钢工业。和美国的情况不同，德国原料的主要成分是熔融的废钢，冶炼方法也不像美国那样全部使用液态金属，而是把少量的铁和废钢装进平炉中去。因此，转炉实际起着生产熔融合成低磷废钢的作用。

在英国，贝塞麦转炉的衰落降低了发展双联炼钢法的必要性，尽管曾经用两座平炉做了多次试验，在第一座炉中用氧化铁和石灰处理铁水，然后在第二座炉中精炼并把初渣排出。1889年，塔尔博特发明的可倾炉被引进以后，得到了另一种令人满意的方法，这对于使用

图 19.7　多尔曼 · 朗的拉肯拜钢铁厂正在用砖砌底的 360 吨可倾平炉，1930 年。

国产的高磷生铁特别有利。1902 年，林肯郡的弗罗丁赫姆建成了欧洲第一座可倾平炉，容量是 110 吨，成效不凡。到年底，另外两个工厂建造了容量几乎多一倍的可倾平炉。和西欧及美国相比，英国用大型可倾炉炼出的钢的比例更大，这主要是由于它在平炉冶炼中更多地 484
使用了含磷生铁。可倾炉的内部如图 19.7 所示。

19.13　侧吹酸性转炉

1891 年，法国的特洛皮纳斯（Alexandre Tropenas）建造了一座小型侧吹酸性转炉，金属材料耗费很大。这种设计是 19 世纪 80 年代在美国和英国发展起来，经过了别人的改进。对于少量产钢的铸造厂来说，特洛皮纳斯转炉很有用处。到 20 世纪开始时，30 多座容量 1—2 吨的特洛皮纳斯转炉已经在欧洲投产。这种冶炼方法在半个世纪内基本没有变化，尽管它成为更常用的炉子，容量也逐步增大到 3 吨。特洛皮纳斯转炉的操作同贝塞麦转炉根本不同之处，在于用鼓风冲击金属熔池的表面，从而形成主要由氧化铁组成的复杂的炉渣覆盖层。因

此，反应是在金属和炉渣之间进行，而不是像贝塞麦转炉那样在金属
485 和空气之间进行。在贝塞麦转炉中，空气从炉底鼓进炉内。另一个主要区别是特洛皮纳斯转炉每单位的碳能产生更多的热量，因为一氧化碳能在炉膛内更有效地燃烧。

20 世纪 40 年代，人们在侧吹转炉中进行了增氧试验，然后又在贝塞麦转炉和平炉中进行了吹氧试验。这些试验预示了 50 年代后期和 60 年代将要发生的一场技术革命，氧气炼钢法必将取代贝塞麦转炉和平炉成为未来钢铁生产的主要方法。

19.14　平炉炼钢法

19 世纪末，英国平炉年产钢约 300 万吨，比任何国家都多。直到 1901 年，美国才赶上并超过英国。1909 年是美国贝塞麦转炉钢产量开始低于平炉钢产量的第一年，美国平炉钢年产量 1450 万吨，是英国产量的 3.5 倍以上，当时英国年产量略多于 400 万吨。1910 年，德国的钢产量第一次超过英国，此后多年勉强保持着领先地位。就平炉钢在钢总产量中的比
486 例而言，英国仍然比大多数其他国家大得多（1900 年，英国的比例约为 2/3，其他国家约 1/3；30 年代英国占 90% 以上，而德国约占一半，法国约占 1/4，虽然那时美国也提高了平炉钢的比例，超过了钢总产量的 80%）。在这方面的主要发展是大型炉子

图 19.8　匹兹堡卡内基钢铁公司一座用手工装料的高炉，1900 年（见边码 472）。

图 19.9　克利夫兰钢铁厂的平炉电动装料机，1920 年。

的采用、设计的改进和更好的耐火材料的使用，以及冷料的机械装运、熔融金属的装运与双联冶炼结合、其他燃料代替发生炉煤气以及仪表与控制方面的进步。

美国早就使用机械装运冷料代替以前的手工装料（图 19.8）。1888 年，韦尔曼（Wellman）在奥蒂斯钢铁公司使用一种液压操纵的机械，把冷铁、矿石和废钢送进平炉里去，大大节省了时间，每座炉子每周可以多炼一炉钢。它还可以防止炉顶过冷，并改善劳动条件。1894 年，韦尔曼用电动装料机代替液压装料机，从而使劳动力成本减少了一半。不过，英国许多生产能力很小或厂房狭窄的老厂变化却很缓慢。尽管机械装料可以节省劳力，手工装料耗费时间（装满一座 40 吨的炉子要花 3.5 小时），但是英国的操作者依然认为手工装料具有不可忽视的优点，能把废钢、石灰石和生铁逐层堆放，比起堆放的机械装料加热速度快得多，而且机械装料容易使炉料堆积在炉门前面。因此，直到大约 1910 年以前，英国仍在沿用手工装料，甚至采用手工装料的工厂还有所增加。后来，机械装料才得到广泛应用（图 19.9），这多半是因为让人们从事艰苦炙热的手工装料越来越困难。

最初，平炉是按照用来搅炼的反射炉的样式设计出来的，所用燃料是发生炉煤气。然而，如何确保这种贫煤气有效地燃烧，并使火焰的方向向下集中在待熔化的炉料上，是一个需要解决的问题。人们对多种炉形进行试验，并尝试变更煤气和空气喷孔的大小和数目。当逐

渐明白有效燃烧的原理后，人们发现采用单个煤气喷口具有明显的好
487 处，能让煤气以较高的速度喷入，空气则能通过风口的整个宽度自由进入。第一次世界大战以后，这种方法被普遍采用。

20 世纪初，许多炼钢厂中用一种钢壳的发生炉生产平炉所用的煤气。这种煤气发生炉高约 12 英尺，内径 10 英尺，内衬耐火砖并封顶，用人工装入煤块，点火并向炉内鼓入空气水蒸气，1 小时可以气化约 6 英担煤。供应一座 20 吨的平炉（这是 19 世纪 90 年代极普遍的平炉）所用的煤气，需要两座这样的发生炉。这是一种低效的方法，因为这种发生炉每天必须用人工清除几次炉渣，格外艰苦且令人讨厌。同时，这种处理方法也降低了煤气的质量。此后，机械化和设计
488 方面逐步有所改进，20 世纪初采用了一种灰渣收集机，另一项革新是从 1910 年起采用一种自动装煤机。1924 年开始，一种设计随着直接连接鼓风机的小型蒸汽涡轮机的发展产生出来，排列成行的一组煤气发生炉通过砖衬的大型总管，将生产出来的煤气输送到每一座平炉中去。到 1926 年，由于可以把集气总管的煤气压力控制在预定的水平上，这套系统得到了改进。多方面的革新提高了 10 英尺内径的发生炉的气化速率，每小时气化煤的量从 19 世纪 90 年代的 6 英担提高到 20 世纪 40 年代的 32 英担，既节省了燃料和人力，又提高了产品质量。但是，与美国后来广泛使用的其他燃料相比，发生炉煤气还是有缺点的。

20 世纪 30 年代初期，当一种石油工业产品——重油残渣开始用于平炉的时候，美国的平炉炼钢法有了显著的发展。这种新燃料（有时候它同天然气、焦炉煤气或焦油结合使用）带来的直接好处超过了发生炉煤气，它价格比较便宜、热值高、清洁，由于是高速进入炉内，可以直接吹到金属熔池，从而减少炉衬和炉顶的损耗，甚至最终不必使用长长的水冷式喷口。实际上，对于 20 世纪 30 年代的美国和第二次世界大战后的英国的大多数炼钢炉而言，喷口设计一

直是平炉炼钢的一个主要问题，它们正是由于使用了重油残渣才得以解决的。

平炉也许没有什么方面比冶炼中所使用的耐火材料更加引起人们的注意（第25章）。1895年，宾夕法尼亚州费耶特公司首先制成镁砖，1896年又第一次制成铬砖。1913年，麦卡勒姆（N. E. McCullum）在菲尼克斯炼铁厂安装了镁砖，但硅砖直到1930年才成为主要的耐火材料。1936年，奥地利的制砖者在炉顶和喷口处使用了铬镁砖。在欧洲大陆，它们应用在较小的炉子里时效果显著。但是，铬镁砖的价格是硅砖的3倍以上，用到较大炉子上便成效不大。它们还需要吊挂式炉顶，安装费用也更高。第二次世界大战曾使镁铬砖在英国、美国的供应和应用中断，直到40年代后期才恢复试验。

英国的一个显著进展是发明了从海水中提炼氧化镁的方法。不过，直到50年代后期，无论是英国还是美国，应用强氧气喷枪时都没有广泛使用铬镁砖。那时，美国也使用吊挂式的碱性炉顶。

19.15 氧气炼钢 489

氧气炼钢是整整半个世纪中最重要的成就，大部分在我们讨论的时段范围外。它出现于20世纪40年代后期，二三十年内在各国纷纷取代了平炉炼钢法。然而，利用氧气的设想并非首创。早在1856年，贝塞麦已经得到在转炉中使用富氧空气的专利权。从20世纪30年代起，林德（C. von Linde）和弗伦克尔（M. Fränkl）能够大量生产廉价的工业用纯氧（工业用氧），这使人们提高了兴趣，并在平炉和电炉中进行尝试。杜雷尔（R. Durrer）和施瓦茨（C. V. Schwarz）从1937年起在德国利用氧气作为唯一的精炼剂进行的试验，以及战后杜雷尔和黑尔布吕格（H. Hellbrügge）在瑞士进一步的工作，导致1949年在奥地利林茨建立了小型试验厂。在这个试验厂中，熔融金属和废钢装进实底的桶形炉中，并用通过炉口插入的水冷式喷枪把高纯度的氧气向下吹入熔池，效果不错。1950年，在奥地利的林茨和多纳维茨，许多商业工厂开始投产，这种方法遂被命名为L—D法。

19.16　电炉熔炼和炼钢

1879年，史蒂文斯爵士（Sir William Stevens）建造了第一座炼钢用的试验性电弧炉，它的原理在现代设计中仍在沿用。1881年，他在查尔顿工厂向钢铁学会的参观者演示了这种炉子的有效性，在他们面前用20分钟熔炼了5磅铁。不久，欧洲大陆各国和美国纷纷建造了其他类型的电炉。1883年，美国的福尔（C. A. Faure）获得“电阻”炉的专利，使用的热源由电流通过固体导电杆产生，导电杆则是美国的考尔斯兄弟（E. H. Cowles and A. H. Cowles）在1884年发明的。另一种电炉利用感应电热效应加热，由西门子公司工作的费兰蒂（S. Z. de Ferranti）1887年在英国发明。但是，直到20世纪初，这种方法被瑞典的谢林（F. A. Kjellin）和20世纪20年代美国的诺思拉普（E. Northrup）相继成功发展后，才在商业上得到应用。此外，斯塔萨诺（E. Stassano）1898年在意大利开辟了另一条发展路线，试图在类似高炉那样的还原炉中熔炼铁，用电极代替风口。

在斯塔萨诺的发明之后，随之而来的是直接还原方面的其他试
490 验，最有成效的是高低炉的结合，著名的有1901年到1905年间法国的凯勒（C. Keller）做的那些试验，以及格伦瓦尔（E. A. A. Grönwall）、林德布拉德（A. R. Lindblad）和斯托尔哈内（O. Stalhane）在富铁矿与廉价水电动力都丰富的瑞典做的那些试验。瑞典人的试验发展成一种高炉身的“电弧熔化”炉，上部类似高炉，用木炭作还原剂，下部炉室内装有8根电极。到1918年，瑞典用电弧熔化炉炼铁的生铁总量已达每年10万吨，占全国生铁总产量的1/8。1928年以后，这种冶炼法为挪威的矮炉身电冶炼炉所取代，后者因其发明者蒂斯兰德（G. Tysland）和霍尔（I. Hole）而命名为蒂斯兰德—霍尔炉。它用焦炭、焦

屑，有时又用无烟煤甚至褐煤作还原剂，成为世界上应用最广的炼铁电炉。50 年代，最大的炉子每天能熔炼约 250 吨铁。

在 19 世纪，西门子就曾指出电力的主要应用是在另一方面。第一座成功的商用电弧炉是由法国的埃鲁（P. Héroult）建造的。19 世纪 80 年代，埃鲁多次进行有色金属冶炼的试验后，在 1900 年用电弧炉炼出第一炉热熔钢水。1906 年，纽约州锡拉丘兹的哈尔科姆公司安装了埃鲁炉。它有碱性炉衬和两个电极，由 500 千瓦单相发电机供电，容量为 3 吨。它起初是冷装料，不久便与平炉结合成双联炼钢炉。直到第一次世界大战爆发时，这方面的进展依然缓慢。最大的进展发生在德国，德国电炉钢产量在 1908 年就接近 2 万吨，当时美国的产量还不到 7000 吨。第一次世界大战爆发时，德国钢产量增加到近 9 万吨，仍然是美国产量的 3 倍左右，与碱性转炉结合进行双联炼钢作业的电炉容量也增大到 30 吨。大战期间，美国对电炉冶炼法兴趣大增，1916 年以后一跃成为最大的生产国，并在 1918 年首次突破 50 万吨大关。由于这种炼钢法具有明显的经济效益，产量大大超过坩埚钢，世界各地纷纷用它取代了坩埚炼钢。

比较丰富廉价的电力供应和电极的改进，促进了电炉炼钢的应用和发展。这种炼钢法的灵活性很适用于双联炼钢作业，这是它所具有 491
的另一个优点。第一次世界大战期间以及战后，电炉炼钢在美国的迅速发展，与废钢的增加以及对不含杂质的特种钢需求的增长密切相关，特种钢被用于日益增长的汽车、飞机和工程工业。1927 年，美国桥梁公司安装了当时世界上最大的电炉，容量超过 100 吨。1950 年，美国电炉钢年产量超过了 600 万吨，有 80—100 座电炉在运转。最重大的技术变革发生在炉子的体积和圆筒形可倾炉壳的研制，也发生在三相设备、装料方法和电极及电力控制。变化的最大原动力来自炉顶装料，在发展的早期阶段，许多设计都是模仿平炉的构造，包括炉门的机械装料。1920 年，美国设计出可以使电极和炉顶上移和后移的斯奈德“咖啡壶盖”式炉子，标志着装料方面的决定性变革。1924年，在斯奈德炉之后，出现了斯温德尔—德雷斯勒炉，它的炉顶被提高和移至旁边时，仍能保持水平位置。欧洲广泛采用了另一种方法，即当炉体由于装料而被移动时，炉顶便被升起。这种顶装法在装料时间和操作上具有显著优点，20世纪30年代中期得到了普遍的应用。

早期操作人员面临的电力方面的主要问题，是需要保证冶炼期间电压的稳定性，在熔炼的最初阶段要求用数千伏安的大功率电流，以后则降低电流强度改用较低电压。进一步的问题是电弧的任何中断或电极与炉料的直接接触，都会引起电力输入的减少，电弧的电阻（取决于它的长度）要求提供电压控制以保持稳定的能量输入。早期的调节是使用手轮或曲柄，通过升高电极而增加电弧的长度，降低电极而减小电弧的长度。不久，出现了电动机驱动的绞盘，使用开关升降电极，在电极和地面之间接上电灯，用灯光亮度指示电压。随后，20世纪30年代在欧洲和1940年在美国使用了第一代旋转调节器，它是根据沃德—伦纳德原理制成的，对炉内的情况基本上是瞬时响应，用电动机—发电机组迅速移动电极。第二次世界大战即将结束时，接通
492 和切断电路由气压制动器取代了原来的油压断路器，从而能够进行更频繁而有效的电力转换。

19.17 合金钢

感应式电炉和电弧式电炉能够得到应用，主要是由于冶炼特种钢或合金钢的需要。过去，这样的钢用坩埚炉冶炼，在美国采用燃烧煤气的坩埚，但英国直到第一次世界大战为止，几乎像在狩猎时代一样用的是传统的渗碳和焦炭坩埚冶炼法。1890年，炼出了含18%的钨和4%的铬的合金钢，使得高速机床（第Ⅶ卷第42章）在19世纪最后10年里得到了改进。

1895年，伯利恒炼铁公司的泰勒（F. Taylor）和怀特（M. White）

做出一项重大贡献，发明了一种热处理工具钢的方法，把钢加热到接近熔点后快速冷却。这种新型钢能够以每分钟150英尺的速度持续切削几个小时，比以前使用的碳素钢的速度大约快5倍。不久，切削速度达到每分钟500英尺，这对于机床工业具有深远的意义。

19世纪90年代，哈德菲尔德爵士（Sir Robert Hadfield）在设菲尔德的家族炼钢厂中开发了锰钢，结果生产出著名的"哈德菲尔德钢"。它具有耐磨的优良特性，作为能够承受剧烈磨损的材料在全世界得到应用，1914年以前开挖巴拿马运河使用的动力铲齿就是一例。哈德菲尔德也开发了硅钢，又称"电工钢"。虽然他最初把这种硅钢作为一种在淬火后具有特别硬化性能的工具钢在市场上出售，但因为它具有极好的磁性和高电阻（因而能量损耗低），成为变压器和发电机的一种必不可少的材料。19世纪90年代，吉耶（L. Guillet）在法国、阿诺德（J. O. Arnold）在英国的试验和著述，对于钒钢的发展做出重大贡献，使它在20世纪早期的汽车制造方面得到应用，它的抗冲击和抗疲劳的特性特别适宜于制造曲轴、齿轮和弹簧。在19世纪最后10年，有关铬镍钢（起初用于军械上）的研究工作导致了不锈钢的发明，铬是不锈钢中主要的合金元素。发明不锈钢的荣誉，属于英国的布里尔利（H. Brearley）、德国的斯特劳斯（B. Strauss）和莫勒（E. Maurer），他们在1912—1915年研究了这个问题。不过，荣誉必须同其他人分享，因为从1903年到1910年，法国的吉耶、波特万（A. M. Portevin）、蒙纳扎（P. Monnartz）和英格兰的吉森（W. Giesen）已经研究了这种合金钢。布里尔利是发现不锈钢商业用途的第一人。1912年，当他试验高铬钢对来复枪管的适应性时，偶然发现了这种用途。由于认识到这种钢特殊的耐腐蚀性，他提议把它用在刀具制造上，后来成为设菲尔德的优势行业之一。 493

19.18 轧机

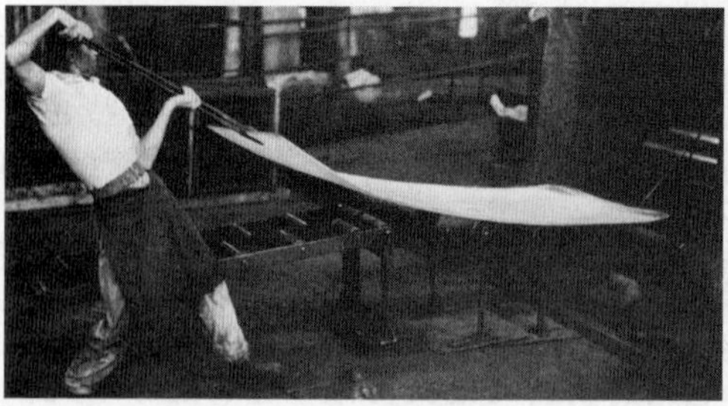

图 19.10 20 世纪 40 年代，工人正在操作一台手工薄板轧机。轧制 1 吨钢约需 8 个工时。

20 世纪初，美国在轧钢方面处于世界领先地位，巨大而快速增长的内需使它达到了在欧洲不能达到的专业化程度。在欧洲，直到 20 世纪中叶，手工轧制在欧洲仍然保留下来（图 19.10）。在轧制速度、连轧机、电力驱动设备和维修方面，美国都远远超过了它的竞争对手。为了生产钢坯、钢轨、钢板和型钢，美国具有同每个专用精轧机相配合的各种开坯机。在英国，单独的初轧机为

494

图 19.11 美国克利夫兰钢铁厂的初轧机，1900 年。
初轧是轧制过程的第一道工序，图右边所示的钢锭正在进行第一次轧制。

495 所有的精轧机服务（图 19.11）。19 世纪 90 年代，美国采用了由英国工程师贝德森（J. P. Bedson）在 19 世纪 60 年代为轧制线材和棒材钢设计的连续轧机。但是直到 1907 年，英国才安装了第一台半连续摩根轧机，主要用于轧制薄带钢。据报道，美国 20 世纪初的轧机产量是英国最

图 19.12　在肯塔基州的阿什兰安装的第一台现代化的半连续式带钢热轧机，1924 年。

好的轧机产量的 3 倍。然而，英国在重型轧机方面却名列前茅。1902 年，多尔曼·朗（Dorman Long）生产出世界上最大的槽钢，英国的装甲钢板轧机也闻名于世（图 19.12）。到 1914 年，科尔维尔斯（Colvilles）安装了声称是当时最大的板坯初轧机，能够把 30 吨的钢锭轧制成厚钢板坯。但是，它在 4 年后就被赶超，一台更大的厚板轧机在美国卢肯斯公司的科茨维尔厂安装起来，从而开辟了可逆式四辊轧机的新时代。

1924 年，当第一台能够轧制宽 58 英寸、长 30 英尺的薄钢板的半连续式带钢热轧机在肯塔基州的阿什兰运转时，轧钢方面取得了最重要的进展（图 19.13）。1892 年至 1907 年，在后归属捷克斯洛伐克的特普利采对连续轧制带钢做了较早的尝试，但没有取得多大成绩。蒂图斯（J. B. Tytus）在美国轧钢公司（后来的阿姆科）围绕轧制材料的组成和温度的效应有了重要发现，同时发现先用稍凸的轧辊再用凸起更少的轧辊，能够轧制比原来想象的宽得多的（相对于厚度而言）带钢。自 1922 年以来，用作秘密试验设备的阿什兰轧机有很多缺点，而且不是连轧机。1926 年，汤森（A. J. Townsend）和诺格尔（H. M. Naugle）为宾夕法尼亚州巴特勒 496

图 19.13　英国钢铁公司唐河工厂的 1.2 万马力发动机驱动的轧机正在轧制装甲钢板，1940 年。

的哥伦比亚钢铁公司制造了一台轧机，克服了这些缺点。根据连续原理，它轧出 48 英寸宽的带钢，而且不同于阿什兰轧机，没有使用中间加热。不久，阿姆科收购了巴特勒轧机，使两种互补的轧制方法合二为一。两种轧机的主要发展综合体现在新的带钢轧机中，应用四辊式轧机提供了必要的刚度和在连轧机架上相应的轧制速度。

美国汽车工业的发展，使得全钢车体在 20 世纪 20 年代得到迅速的发展，这就要求钢材具有更好的物理性能，特别是在表面光洁度和深冲压性能方面。当时需要的更多和更高质量的钢材，新型连轧机已经能够提供。1928 年，美国车轮钢有限公司迈出了重要一步，采用的串联冷轧机能够从热轧带钢卷生产出用于镀锡的合适材料。在美国，手工轧机架被迅速取代，到第二次世界大战爆发时，耗资 5 亿美元建造了 28 座带钢轧机。据计算，20 世纪 30 年代中期，美国新型轧机每天轧制 400—600 吨钢所使用的劳动力，并不比每天轧制 25 吨钢材的手工轧机多。1938 年，英国在埃布韦尔制造了第一台宽带钢热轧机，它能轧制 56 英寸宽的薄板。1939 年，肖顿的萨默斯（John Summers）轧钢机问世。到第二次世界大战开始时，英国几乎有 2/3 的薄板或镀锡薄板仍然不是用带钢轧机生产出来的。直到英国的第一个战后发展计划完成时，情况才根本改变。1951 年，在新的地点建造的托尔伯特港厂的带钢轧机投产。

497 19.19 连续浇铸

由于省略了传统炼钢中把金属倒进铸模再用轧机初轧的许多工序，连续铸钢具有重要的经济意义，20 世纪 50 年代开始应用于商业性生产，大部分在我们讨论的时段范围外。1856 年，贝塞麦爵士（Sir Henry Bessemer）为能在轧辊中间连续浇铸薄钢板的机器申请了专利，这一方法最终却未能转变为生产技术。虽然有些发明预示了未来的发展方向，然而，在 19 世纪余下的时期内，几乎没有取得什么进步。能够提及一下的包括 1872 年威尔金森（W. Wilkinson）和泰勒

(G. E. Taylor)在英国申请的传送式铸模机的专利，1885年马瑟斯(A. Matthes)和拉希(H. W. Lash)以及1993年梅林(G. Mellen)在美国申请的带式铸模机的专利。1897年，英国的伍德(F. W. Wood)再度提出贝塞麦在轧辊中间连续浇铸的设想。1886年阿萨(B. Atha)在英国、德伦(R. M. Daelen)在德国，以及1897年伊林沃斯(J. Illingworth)、1898年特罗茨(J. O. E. Trotz)在美国发展了立式水冷模的设想。

20世纪30年代，有色金属连铸的采用提供了有益的经验，并引发了人们将其用于钢的新的兴趣。然而，由于铁具有相当高的熔点和低导热性等物理特性，对钢进行连续浇铸相当复杂和困难。自1931年以来，苏联进行了许多试验，一台贝塞麦式直接轧制铸件的机器从1952年起开始生产铁板。德国的容汉斯(S. Junghans)用1933年研制的铜合金连铸机，在1939年开始试验铸钢。他的工作由于战争一度停顿下来，最终在1943年获得成功，沙伦多夫小型酸性转炉生产的钢可以在立式铸模机上连铸。在战争期间和战后，美国的共和钢铁公司也进行了试验，结果同巴布科克和威尔科克斯公司达成协议，1948年在比弗福尔斯建立了一个小规模试验厂。翌年，卢德拉姆(Allegheny Ludlum)在纽约州沃特弗利特使用由罗西(I. Rossi)研制的往复式铜模安装了一台连铸机，这一改进导致了容汉斯—罗西机的问世。1952年，在英国，巴罗联合钢铁公司建造了容汉斯—罗西试验工厂，在快速浇铸法方面获得了许多重要的发现，铸模下移的速度略快于熔融金属流入的速度。

19世纪50年代初期，各地钢厂对新方法予以很大关注，不过许 498
多技术问题仍有待解决。战后，苏联在巴丁(I. P. Bardin)领导下加强了研究工作。1951年，红十月村工厂安装了使用整个垂直铸模的第一台工业规模的立式机。接着，世界上最大的连铸机1955年在克拉斯诺耶—索尔莫沃开始投产，每小时能够浇铸50吨厚板。在西方，这种方法的应用起初比较缓慢，虽然加拿大的阿特拉斯钢铁公司在50年代初已经开始应用，但美国最早的较大的商用机直到1962年才开始运转。

参考书目

Archibald, W. A. History of the all-basic open hearth furnace. *In The all-basic open hearth furnace* (Iron and Steel Institute Special Report 46), London. 1952.

Burn, D. L. *The economic history of steelmaking*. Cambridge University Press. 1940.

——. *The steel industry 1939–1959*. Cambridge University Press. 1961.

Burnham, T. H., and Hoskins, G. O. *Iron and steel in Britain. 1870–1930*. Allen and Unwin, London. 1943.

Carr, J. C., and Taplin, W. *History of the British steel Industry*. Blackwell, Oxford. 1962.

Davis, E. W. *Pioneering with taconite*. Minnesota Historical Society, St Paul, Minn. 1964.

Durrer, R. Elektrische Ausscheidung von festen und flussigen Teilchen aus Gasen, *Stahl und Eisen*, 1377–85, 1423–30, 1511–18, 1546–54, 1919.

——. *History of iron and steelmaking in the United States*. American Institute of Mining, Metallurgical and Petroleum Engineers, New York. 1961.

Hogan, W. T. *Economic history of the iron and steel industry of the United States*. 5 Vols. D. C. Heath, Lexington, Mass. 1971.

King, C. D. Seventy-five years of progress in iron and steel, in *Seventy-five years of progress in the mineral industry 1871–1946* (ed. A. B. Parsons), pp. 162–98. American Institute of Mining, Metallurgical and Petroleum Engineers, New York. 1947.

Johannsen, O. *Geschichte des eisens* (3rd edn.). Verlag Stahleisen, Dusseldorf. 1953.

Leckie, A. H. Faber fabrum adjuvet 1869–1973. Primary iron and steelmaking. *Journal of the Iron and Steel Institute*, 823–34, December, 1973.

McCloskey, D. N. *Economic maturity and entrepreneurial decline. British iron and steel. 1870–1913*. Harvard University Press, Cambridge, Mass. 1973.

Petit, D. A Century of Cowper Stoves. *Journal of the Iron and Steel Institute*, 501–9, April 1957.

Pounds, N. G., and Parker, W. N. *Coal and steel in western Europe*. Faber and Faber, London. 1957.

Schmidt, G. Hundert Jahre Roheisenmischer, *Stahl und Eisen*, 733–9, 2 August 1973.

Shedden, C. T. (ed.) Diamond Jubilee Number. A Record of Sixty Years Progress in the Coal, Iron and Steel Industries, 1867–1927. *Iron & Coal Trades Review*. 1927.

Talbot, B. Presidential Address, *Journal of the Iron and Steel Institute*, 1, 33–49, 1928.

Warren, K. *The American steel industry 1850–1970. A geographical interpretation*. Clarendon Press, Oxford. 1973.

——. *The British iron and steel sheet industry since 1840*. G. Bell, London. 1970.

衷心感谢莱基（A. H. Leckie）博士和沃伊斯（E. W. Voice）博士提供非常有用的信息。

第 20 章

化学工业：概况

L. F. 哈伯（L. F. HABER）

化学工业是不断发展的工业，这早已是老生常谈了。但是，在 499 20 世纪上半叶也是如此吗？如果是的话，哪些特征把化学工业和其他同样是新的、技术先进的工业区别开来？在回答这些问题之前，首先必须明确化学工业的正确含义。不同国家采用了以相同的产品群或独特的工艺过程为基础的各种定义，但是由于定义动辄修改，以致产生了混乱。通常的化学工业分类包括有机化合物和无机化合物、肥料及农药、塑料、肥皂、油漆涂料和药物等的生产，一些有明显区别的相关分支部门也往往被包括进来，其中有木材和煤的碳化，动物、植物和矿物油的精炼，以及人造纤维和合成橡胶。直到 20 世纪 50 年代，化学工业的定义问题仍未得到解决。因此，这里使用的术语“化学工业”难免存在不精确性。在描绘化学工业的发展时，还会遇到进一步的困难，为数众多的分支部门的范围会明显变化，如果缺少系统的数据统计，量度整个部门生产的标准本身也会变化。在 1900 年，硫酸、碳酸钠、过磷酸钙和染料完全足以标志整个化学工业的范围，但在二三十年后就是不完善的了，到 20 世纪中叶则完全会把人们引入歧途。

在主要工业国家，化学制造业的绝对增量与其他工业相比增长迅速。1914 年以前，英国的年产量增长是 4%，德国和美国是 7%。从

1921 年的低谷到 1929 年达到高峰的恢复期，则显示出更高的增长速
500 率。然后，到了不景气和重新恢复时期，英国和美国的化学工业平均每年增长 3%—3.5%，德国约为 6.5%。最后，从 20 世纪 40 年代末到 50 年代中，又开始迅速增长，英国和美国年增长率达 5%—6%，基础相当低的德国以约 17% 的速率增长。这 3 个国家化学生产比整个工业生产发展得更快，比例通常为 3∶2，有时甚至达到 2∶1[1]。这些数据支持了广泛认可的化学制品具有发展潜力的观点，但有的现代工业增速更高。例如，除了 20 世纪 30 年代，汽车产量的指数都超过了美国化学工业的指数。另外，电力工业发展更为迅速。

构成增长机理的确切因果关系通常不能确定，一个部门发展的结果常常是其他部门发展的开始。纯化学方面取得的进展，往往要相隔很长一段时间，才对化学技术产生不可预料的影响。19 世纪 90 年代和 20 世纪头 10 年，发展的主要动力是对人们熟知的含化学制品产品的需求日益增长，例如肥皂、玻璃、纸张和织物。对化学制品的需求是间接的，它源于人口增长和对生活标准持续改善的期望。消费者所要求的基本上不是新产品，更多的倒是老产品。例如，英国肥皂产量从 1891 年的 26 万吨上升到 1907 年的 35.3 万吨[2]，反映了对碱有较大的需求。除了传统企业增加，甚至在那时也出现了多种经营的迹象，并在以后多年成为整个化学工业十分重要的特征。在较早的阶段，炸药和农业化学药品作为重要的化学工业分支出现了。前者使巨大的土木工程成为可能，并导致建立大量制造甘油炸药和类似化合物的工厂；后者是在数量上重要得多的农业化学药品，属于对农业和葡萄栽培之需求的一种工业响应。用过磷酸钙和硫酸铵施肥的状况，促使许多制造或合成肥料的工厂得以建立。这一工业在 1900 年已经达到能够制造 460 万吨磷肥的规模，在以后的 10 年内更是产量增加了一倍[3]。在美国，磷肥的主要买主是棉花和烟草种植者，欧洲却通常是甜菜栽培者，德国则是小麦农场主。葡萄栽培业是另一个大市场。

在有害于葡萄的木虱传播后，葡萄园需要重新种植，并要不断喷洒硫酸铜溶液加以防护。这种简单化合物的供应，成了法国化学制造业的支柱之一。 501

两次大战之间，化学工业的发展是诸多不同因素的反映。由于战争的需要而促成的合成法和代用品，无疑是最引人瞩目和最直接的结果。固氮作用是二者的例证，并具有显著的经济效益。代用品的一个例子是采纳新的工艺，以便获得用于表面涂料以及除油和干洗作业的溶剂。由木材干馏制得的产品，被发酵过程和经乙醛生成的乙炔等产品所代替。在美国，商业重要性不仅在于可以解除物资紧缺，而且在于与耐用消费品的畅销同步增长。汽车出现了供不应求的情况，从1920年生产920万辆上升到10年后的2600万辆，到1940年上升至3200万辆。汽车生产需要配备不同方式生产的化学制品，特别是快干纤维素漆，还有用于轮胎的橡胶化学制品，没有前者的话，汽车车身就会阻塞装配线。20世纪20年代中期，一旦汽车在公路上行驶，驾驶员在冬季就需要甲醇或乙二醇防冻剂，还需要四乙铅去改善汽油的质量。即使在汽车生产量下降的20世纪30年代，公路上行驶的汽车仍然为化学制品提供了销路。类似的还有电子产品，特别是收音机。欧洲也分享到了为酚醛树脂的发展提供原动力的繁荣，当电话听筒的搪瓷金属管在20世纪30年代被塑料电话壳代替时，这些新材料的销路得到了更大拓展。

当化学工业的这些分支以及其他分支（其中有人造纤维、药物、感光剂和安全胶片）取得成功的同时，肥料的销路却在减少。由资本密集的合成法生产的氮的产量，从1929年的210万吨下降到1932年的160万吨，以后两年仍然未超过200万吨的记录[4]。这种萧条始终持续，直到各种保障制度导致农业购买力逐渐恢复的时期。1939年以后，过剩生产能力逐渐消失，整个20世纪40年代出现了氮肥料供应不足的现象。

战后的年代，人们还目击了另一种比过去任何发展更广、更持久的发展模式，这就是姗姗来迟的高分子化学。它的用途极为广泛，人们在战前就已经有所了解。包括尼龙、聚乙烯、聚氯乙烯、聚苯乙烯和丁苯橡胶在内，当时进步十分缓慢的5种主要类型的高聚合物，在
502 1940年以后发展得相当迅速，聚酯和丙烯腈纤维也在50年代加入了这一行列。这些产业同氮一起，被证明是化学制造业的领头羊。所有最新的发展情况都有完整的文献记载，可以供人们了解发展规模。1954年，比较可靠的世界塑料产量统计资料首次被整理出来的第一年，塑料销售量总计已达210万吨，足以与铝的240万吨和铜的270万吨相比。但是，这种比较并不能作为这些新材料替代有色金属的量度，尽管这种替代已经开始，塑料管、塑料片和塑料板在那个时代已经应用到工业之中。

塑料成为独立代用品，相当程度上归因于它在战后的迅速发展。由于传统材料的匮乏，1945年以后对塑料和合成材料进行了大量供货，最初被贬称为“代用品”，但人们很快就发现它们可与其替代的材料相媲美。后来，消费品经济又为包装用塑料提供了新的出路。20世纪50年代，在一个复杂的、互为补充的系统工程中，它们加入了纸和纸板、玻璃、白铁罐的行列，塑料最后成了不可替代的商品。改进产品虽有必要，但不是促进发展的充分条件。通过改进工艺可以增加产量，单位成本迅速下降，并导致价格降低，从而打开更为广阔的市场，这些市场又得到不断增加的销售额的支撑。这种因果关系体现了化学产品销售的最合适条件，也是对它们在1945年以来高速增长的合理解释。

如同其他建立在科学基础上的工业一样，我们可以在化学生产中明确那些主要新发明的来龙去脉，这些新发明已经给一些特殊行业某种非同寻常的动力。此外，第一次世界大战、重整军备和第二次世界大战，对化学工业许多领域的发展起到了总加速器作用。科学研究显

然是一个关键因素，不过那些显著的新发展，则取决于研究、发现、开发和工业应用之间的直接因果联系。经验表明，这4个方面的每一个都有它自己的发展速度，而机会对发展速度起着重要作用，虽然化学发明的创造力不可预测。不容怀疑的是，某些工业部门对研究与开发的系统支持提供了使新发现转化成市场产品的适当环境[5]。不少德国染料公司所属大型研究部门的工作取得了一系列的专利，这些专
利中最有开发价值的部分被引入中间试验阶段，其中少数取得了显著 503
的商业成就。确立有效的工业研究要花费数年时间，提供资助的厂商常以最低限度的资金用于筹建必要的实验室和实验工厂，一旦取得突破，这些出资者就会把发明转为生产，从而凌驾于其他不占有发明优势的公司之上。对塑料所颁发的专利将足以说明这个过程，统计显示出个人发明者逐渐绝迹，举足轻重的专利都被极少数大财团所拥有。

由法本（I. G. Farben）所代表的德国公司早就领导着这一领域，它们的地位一直到大战结束才被美国最大的化学企业——杜邦公司（Du Pont）超过。美国的其他制造商、英国的帝国化学工业公司（ICI）和瑞士的汽巴化学公司（CIBA），成为1945年以后重要的塑料专利权所有者。

一直到1914年，某些领域甚至到20世纪30年代，德国人才总体上定出研究和开发的步调。其他公司不能仿效它们，原因是实验室研究和小规模试验只是许多费用支出中的两项，扩大研发工作需要不
同级别的费用以及伴随而来的工业开发费用，离不开大量的经费来源。 504
此外，最终成功还需要化学工程的“技术秘密”和来自客户的“反馈”两个要素，它们都不可能取得专利。但是，第一次世界大战的经历表明，这两者都是最重要的。专利常常可以被发给许可证，它在法律上有强制执行的条款，“技术秘密”则由于增加了专利的价值而被小心地保护起来，除非付费或从其他途径取得。“技术秘密”必须通

过专利拥有者自身的经验才能形成，这需要花费时间。例如，英国在第一次世界大战后，军需部以及布伦纳、蒙德等公司需要大约8年时间建设一个大的固氮厂，基础则是最早的开发者巴斯夫公司（BASF）花了4年时间所做的工作。最后，超出化学技术范围的，还有商品市场。德国以及后来的美国擅长于处理好与用户的关系，英国和法国的制造商则几乎无一例外在这方面都非常差劲。这些习惯使然的差别早被指出，英国和法国却一直未能加强制造者和使用者之间的双向交流，造成了对制造商的损害，因为它延误了产品质量的改进。

表 20.1　1791—1955 年的塑料专利[6]

	1791—1930 年		1931—1945 年		1946—1955 年	
	数量	**百分数**	**数量**	**百分数**	**数量**	**百分数**
个人获得的专利	1803	43	791	15	489	8
厂商获得的专利	2436	57	4341	85	5749	92
总计	4239	100	5132	100	6238	100
获得专利的主要厂商：						
法本工业托拉斯 *	564	13	978	19	325	5
杜邦公司	78	2	321	6	637	10
孟山都化学公司	—	—	37	1	283	5
美国氰胺公司	—	—	60	1	266	4
帝国化学工业公司	25	1	90	2	253	4
通用化学公司	—	—	115	2	187	3
伊斯曼·柯达公司 +	169	4	235	5	187	3
汽巴化学公司	42	1	56	1	101	2
上述 8 家厂商的总和	878	21	1892	37	2239	36

注：百分数已四舍五入。

* 直到 1925 年，以及 1946 年后，法本工业托拉斯的先驱公司和后继公司，包括瓦克尔化学公司和赫斯化学公司。

+ 包括美国本土外的有关公司。

无论公司处于顺境或者逆境，研究工作都要有稳定的经费支持。一旦研究同开发相结合能够开辟出一个新的领域，往往可以得到非常大的利润。大多数大公司把染料研究扩展到有机化学的另一个领域时，或早或晚总会取得一些显著成就。20 世纪头 10 年的德国人，20 年代的杜邦公司和其他几家美国公司，30 年代的帝国化学工业公司，都下了这个决心。就帝国化学工业公司而言，染料同盟的存在实际上促进了“竞争性研究”，导致不受染料同盟限制影响的有关产品群的技术和质量改进，例如橡胶化学制品、涂料树脂以及中间体[7]。一旦已经发生方向性的变化，有计划的多种经营会给企业自身带来强有力的动力，从而加速这一工业的整体发展。

两次世界大战之间，特别是 1945 年以后，技术和工业开发常常耗资巨大，无论是专利许可证的交叉申请还是交换技术秘密，都变得可以接受了，因为它们节省了金钱。化学技术的另一个传播途径得益于顾问的出现，特别是在美国。后来，专业化学工程公司也出现了，它们收费为客户建造成套工厂。在 20 世纪 20 年代，这种情况十分少 505
见，30 年代渐渐流行，40 年代以来已经建造了许多工厂。

两次世界大战都引起了交战国和中立国的不同产品群的相对重要性和化学工业的相对地位的变化。第一次世界大战的爆发在德国和协约国都诱发了危机，前者缺氮，因为进口硝酸盐和硫酸铵的渠道被中断了，后者则缺乏染料，缺乏炸药、纺织品、医药所必需的许多有机化合物。通过代价昂贵的临时应对之策，这些问题得以解决。1913 年，德国主要靠进口耗用了 22.5 万吨氮，1918 年则总共耗用了 18.5 万吨氮。当然，应用的模式完全被打乱畸变了。战前，4/5 以上的氮气用于农业，1918 年以后却大部分转用于军需品的生产。最初的时候，协约国不得不在各处聚敛原料，甚至同敌国进行贸易。瑞士的许多小厂商填补了一些缺口，以染料交换煤焦油馏出物，并很快增加了它们的生产量。于是，英国、法国和美国赢得了自己建设制造厂的时间。

所有这些活动造成的结果是货源的重大转移。1913年，德国提供了世界染料产量的85%，1924年——战争和通货膨胀后贸易正常化的第一年，它只供应了45%。就贸易额来说，缩减还不是很大。但是，其他国家积累了经验和知识，质量差异实际上在30年代就消失了。

这些化学公司都没有能力独立地实现这种变革，不过第一次世界大战成为一个转折点，因为当时由政府援助甚至直接介入成了必需和可接受的事情。英国染料有限公司得到国家的支持，而在政府压力下（因为用户们对此并无充分的兴趣），导致了1918—1919年英国染料公司的创立。在德国，巴斯夫公司要求并获得了帮助在洛伊纳建了一个大型固氮工厂。在法国和美国，国家也支持建立氮工厂。在英国、法国和俄国，国家还支持建设氯工厂。

在所有国家，政府都乐意倾听保护“关键”化学工业的要求。在英国、法国和美国，对有机化学制品征收的关税高得惊人。英国采用了一种完善的、比较成功的进口许可证制度，德国人也在贸易协定中
506 寻求补偿。到20世纪20年代和30年代初期，染料制造能力到处都超过了需求。尽管如此，在极端保护主义庇护下，新的化学制造商还是能开发足够多样化的产品，以增强他们所在国家在战争中的地位。不同国家采取不同的形式来追求化学制品自给自足，这始终是一个强有力的发展动力。德国和苏联竭力维护它们的橡胶供应源，德国还寻求用煤或褐煤加氢的国内产品代替进口的油料。20世纪40年代，这两个国家都取得了相当大的成功。在西方没有发生过类似的困难，在英国和美国都能充分获得战争的材料，包括液体氯、氨、染料、丙酮和醋酸。1942年，日本侵占了东南亚，橡胶供应突然中断让西方国家始料未及。这一事件成了化学工业史上的另一转折点。当时，以丁苯橡胶（GR-S）的用途为基础，制订了合成橡胶的研制计划，早期的研究在德国进行。但是，由于美国的条件优越，这些研究后来完全成为美国的项目，不到3年（1941—1944年）就取得了成功，政府投入

的总费用为 7 亿美元。下面的图表说明了这一计划的速度和规模。战后，天然橡胶可以重新买到时，人造橡胶仍在发展。

表 20.2　美国橡胶消费量，不包括再生胶（千英吨）[8]

	1941 年	1943 年	1944 年	1947 年	1949 年
天然橡胶和胶乳	775	318	144	563	575
丁苯橡胶	—	132	496	449	321
其他合成橡胶	6	39	71	111	93
总消费量	781	489	711	1123	989
合成橡胶所占百分比	1	35	80	50	42

用于合成橡胶的丁二烯的生产能力约占石油化学产品的 2/3，这一简单的统计数据有力地说明了一种新原料突然出现的价值。尽管石油和天然气在 20 世纪 20 年代已经用于化学合成，但是经济条件不适于它们的发展。在溶剂行业中，即使只以燃料的价值来衡量，那些用石油化学方法制造的脂肪族化合物，要同糖蜜发酵制得的产品竞争也很困难。第二次世界大战改变了这种局面，发现了玉米和糖蜜的其他用途，它们的价格上升得很快。选用迄今用途较小的材料，则为化学 507
制造业创造了全新的机会。1941 年，从石油和天然气中制取的有机和无机化合物还无足轻重，4 年后产量增加到大约 400 万吨，1955 年差不多已经达到 1500 万吨[9]。欧洲当时没有这些资源，直到 50 年代仍然有赖于煤和乙炔化学。但是，石油化学发展的趋势即使在欧洲也是不可阻挡的，尤其是与其他材料相比较而言，价格在不断下降。化学原料的改变是化学工业史上的又一个转折点，它深刻影响着供应、费用、布局以及结构，时间长达 15 年到 20 年。

在英国，吕布兰碱厂需要盐、煤以及可航行的航道（当时的原料体积很大）和铁路，这些因素决定了纯碱贸易最初在兰开夏郡南部的地位，后来则是柴郡北部。在克莱德河畔和泰恩河畔有较少的中心，东部的郡县和泰晤士河口地区是肥料行业的代表性地区。在染料工厂纷纷利用莱茵河与美因河排放污水时，法国与德国的碱厂也在大陆上采用了类似的布局模式，把肥料工厂散布在法国北部、比利时和德国，并且建立在港口附近或者靠近内陆航道的地方。

1900 年前后，其他个别的化学领域也有了一些显著发展。巴塞尔的化学企业最初以染料为主，后来扩大到医药，从而克服了地域的不利因素。俄国也有一些生产增长点，特别是在南乌克兰，那里靠外国资本和技术建设煤矿、盐井和碱厂。20 世纪伊始，人们也看到了电化学加工应用和工厂建设方面早期发展的步伐，制造碳化钙、电解氢氧化物和氯气的工厂常常设立在靠近水电站的偏僻地区。不过，美国的发展模式不同，制碱行业的发展比欧洲更迟，并且以工厂建在好地点为特征。这些工厂较其在英国的竞争对手具有更大的规模，主要建在锡拉丘兹（纽约州）的产盐区、怀恩多特（在底特律附近）和索尔特维尔（西弗吉尼亚），其他化学工业主要出现在东海岸，特别是纽约和费城周围。

第一次世界大战打乱了地域传统，并使化学工业得以广泛分布。在法国的北部、东部以及俄国的部分地区，工厂被德国人破坏或者占
508 领。因此，当务之急是替换受到破坏的工厂，在其他地方另行设厂以生产必需的化学产品。战后，法国里昂、格勒诺布尔和比利牛斯山脉中的一些地区出现了化学制造业中心。在德国中部，由于褐煤和土地便宜，在 1915 年到 1917 年建设了一些大工厂。在美国，协约国负担了建设庞大的军需品工业的费用。例如，杜邦公司建设了霍普韦尔（弗吉尼亚州）、卡尼斯波因特（Carney's Point）、哈斯克尔和帕林（都在新泽西州），后三家工厂加上德普沃特（新泽西州）的染料工厂成为杜邦公司战后发展的集中地。还有一些国家受到这次战争的影响，它们与化学产品供应国的联系被突然截断，不得不开始自己制造化学产品。在斯堪的纳维亚、荷兰、西班牙、意大利、加拿大，特别

是在日本，通常被忽视或者不存在的化学生产突然变得重要起来。然而，进一步的转移是1919年到1920年重新划分版图造成的，这影响了东欧的生产。

20世纪30年代后期和40年代初期，进一步的地域改变发生在中欧。德国把新的石油和橡胶工厂分散在1919年确定的国界以外，不让敌方轰炸机找到。在第二次世界大战中，波兰、奥地利和捷克斯洛伐克的许多工厂被严重破坏，1945年以后被重建甚至扩大，结果成为主要的化学企业。苏联也从扩展国界和瓜分中获得了好处，它的化学工业更加广泛分散。在美国，这些变化甚至比欧洲更为深刻。选择石油衍生物去建造合成橡胶厂，必然导致得克萨斯州南部和东部以及路易斯安那州成为新工业的中心。这些地区丰富的能源、盐和硫与石油化学原料相结合，橡胶厂的建立宛如一块强大的磁铁，必然有化学制造商的分工厂立刻紧随其后。50年代中期，向私人企业销售丁苯橡胶生产装置的结果，把许多石油和橡胶公司带到了这个地区从事多种经营的化学活动。到了1958年，石油衍生化学产品已占美国化学产品价值的55%，且大部分是在得克萨斯海湾地区生产的[9]。

这一系列以技术改进为先导的地域性活动的结果，突出了美国在化学工业中的主导作用。据估计，从1913年到1951年，美国的化学工业占世界产量的份额从34%增长到43%，德国的份额从24%下降到6%（这反映了新的边界以及战争的破坏），英国从11%下降到9%。 509
在1914年以前占世界产量4%到5%的日本和俄国，份额分别上升到4%和11%[10]。从那时起，德国和日本已经取得了很大的进展。

大公司一直是化学制造业的特征，20世纪头10年中，它们通常控制着碱和染料行业，现在又代表了塑料和合成纤维行业。技术原因和利润都有利于生产和销售全过程的集约化，这促成了大财团的产生。在美国，大企业并不一定会产生垄断集团，生产商借助市场相互竞争。

除了在30年代萧条时期，市场价格通常是上涨的。相比之下，“有序市场”的原则在欧洲根深蒂固，单个厂商倾向于联合，以稳定价格和销售环境。许多协定扩展到国界以外（某些美国厂商在两次世界大战之间甚至加入这些协定），而且持续了许多年。这些企业集团加强了行业联系并规定了各个公司之间的分界线，即使在法院已经否决它们或战争已经使它们终结以后很久，影响依然可见。

然而，这种共享市场的办法不可能无限期地支撑那些依赖于行将淘汰的生产工艺的厂商。靠吕布兰碱、木材干馏和氰胺为生的公司不得不采用新技术，否则只能破产。在一些较新的部门，染料研究和开发的伴生结果特别有价值。公司常常通过合并去加强那些取得进展的子公司的业务基础，使它们有更好的机会把资金投到利润回报最有希望的地方。德国的染料制造商早就认识到，所有的利益都来自经济势力的集中。20世纪头10年间，它们自身分成了两个松散的联盟。但是，为了避免倒闭和在战后相互支持，它们到1916年时建立了更紧密的联系。9年后，它们又合并成法本工业托拉斯，垄断了几种产品并且成为许多其他产品（不全是化工产品）的主要生产者。技术能力加上常常肆无忌惮的销售手法，法本工业托拉斯控制了化学世界，一直到1939年。

许多其他企业也出现了，1926年形成的帝国化学工业公司是英国对法本工业托拉斯的回应。不过，这个新的财团许多年来在财政上承担了过多的义务。在美国，联合化学公司、联合碳化物和碳公司由
510 过去一些自主的公司合并而成，小的化学厂商中产生了许多联合企业。通过吞并和购买人造革公司、油漆公司和通用化学企业，杜邦公司发展起来，拓宽了它的产品范围。法国的合理化运动导致出现了少数几个大企业，在它们周围通常都有一批受其约束的附属小企业。

企业集团和联合企业不可能把化学制造商和萧条隔离开来，在氮肥生产方面具有较大利润的法本工业托拉斯和英国帝国化学工业公

司，1930年至1934年之间都遭受了严重打击。尽管有完善的管理制度，染料行业也进入衰落的行列。战争取消了企业集团，以后它们再也无法重整旗鼓。

战后主要的结构变化，是法本工业托拉斯瓦解和大约6家后继公司的成立，这当然花费了数年时间。新的厂商重新登记了1925年以前的名字，不再受法本工业托拉斯官僚制度和联合控制委员会的约束，因而发展相当迅速。它们的实力是多样性，相互之间很少有重复，因此几乎没有竞争，各自都有某些可以获利的特殊化学产品。在欧洲大陆的其他地方，直到20世纪60年代，战前的结构模式仍然未变。但是，石油化学产品的增长以及在1952年终止长期存在的帝国化学公司和杜邦公司的联系，在英国和美国展现了一个新局面。较新的应用化学部门的厂商迅速发展，石油公司开始在化学制造业中起更加积极的作用。在两次大战之间通过联合企业发展起来的那些老厂商，相对重要性明显减小了，因为它们缺乏适应能力。帝国化学工业公司和杜邦公司也不再理会对方的生产领地，开创了在大西洋彼岸设立子公司的先例，接着又建立了许多其他的子公司，加速了从40年代后期以来发生的结构模式变化。

最初，化学生产不是资本密集型的，而是设备简单的典型间歇生产，其中的手工操作不可避免，固定成本相对来说较小，可变成本根据原材料价格和工作量在较宽范围内波动。肥料行业有较大的季节性，在阿尔卑斯山脉和俄国的气候条件下经常造成生产中断。在企业集团能够有效运营以及没有竞争者或代用品的那些地方，制造商可能要收较高的运费。因此，尽管受到陈旧的技术束缚，以及为了商业信誉接受了不现实的昂贵合同，这些企业许多年来获得的利润相当令人满意。 511

第一次世界大战后，这种情况随着高压生产工艺的引入而发生了改变。合成氨厂出现了许多财政困难，单位产量的资本投入比过去所遇到的任何情况都要高得多，如果没有电站、贮仓和贮罐等附属工厂的话，昂贵的设备一无用处。流动资金的透支以及用于建设和购买设备的贷款金额巨大，债务负担在工厂接近其生产能力水平连续运转时还能够接受，但是一旦销售量下降，收益就会陡然减少，因为产品降价不一定会带来需求，资本费用便成为沉重的负担。这种情况发生在法本工业托拉斯、帝国化学工业公司以及对肥料行业投资的其他公司。它们在 20 世纪 30 年代初期，只好通过关闭某些工厂和依靠对较低价格反应积极的那些部门，才得以幸存下来。

对美国化学公司 1925 年以来净利润进行的统计，反映了获利能力的大幅变化。1929 年达到最高峰值，为 18%（制造业平均只有 13% 左右），1932 年落到极小值 5%，4 年后利润率回到 15%，尽管再次下降，但仍比一般工业的水平高很多[11]。这类波动反作用于投资，基建投资最优化变得必不可少了。回顾过去，不难发现在分配资源时造成的那些错误。在英国，塑料被忽视；在法国，设备陈旧的小厂不能产生规模经济；在德国，不经济的肥料厂继续在运转。财政上的困难无法全部解决，主要问题是未能为大型化学企业集团研究出一种有效的管理体系，不足以把最优化的财政控制方法提供给决策层。第一流的管理必须在职权范围内具有足够的灵活性，以鼓励对技术进步和市场作出灵敏反应。

对权力划分的实际解决办法并未发现，但这些问题在 1939 年以后不再突出。许多年里，那些把重点转移到塑料、纤维和医药的厂商利润相当可观。战后 25 年内，由于持续增长、产品多样化、经济规
512 模以及价格降低等因素的综合作用，普遍成功成为化学工业的特点。

化学工业在 20 世纪前半叶最显著的成就是什么呢？毫无疑问，技术进步非常大，但这并不是化学工业发展的充分根据，人们需要考虑促进化学工业增长的其他重要因素，在这里，只有少数可以挑选出来。

化学制造商是环境破坏者，他们直到现在依然忽视城市烟尘和水污染的问题。在法律及法规予以制止以前，废料堆和残渣早就造成了多方面的危害。相比之下，企业内部的生产条件已经大为改善，副产品综合利用、提高燃烧效率和良好的工作环境成了公认的做法，化学工业已经不再像以前那样危险、肮脏和劳作繁重。以稳定的职业（除了 20 世纪 30 年代）状况为保障的，有时由雇主的家长式管理或遥控管理的良好劳资关系，使化学工业摆脱了工业车间常常遇到的紧张状态和摩擦，尽管工资实际上往往较低。

在新技术方面投资的扩大效应，拓宽了人们的理想目标。一方面，在大多数时期内，尽管竞争从未完全消除过，但是受到了谨慎的约束；另一方面，研究和开发受到鼓励，而且充足的资源提供了更多的职业。所有这些，都促进了应用化学的发展。当人们回顾化学工业的历史时，可以说“改善人们生活的大多数用品都是通过化学工业生产的”[12]。这句话不是无根据的自夸，新的产品在许多方面使生活更加舒适、更加健康和更加安全，在 50 年前根本无法预料。

相关文献

[1] Feinstein, C. H. *National income, expenditure and output of the U.K. 1855–1965*, Table 51. Cambridge University Press. 1972.
Hoffmann, W. G. *Das Wachstum der Deutschen Wirtschaft seit der Mitte des* 19. *Jahrhundert,* pp. 359–63. Springer, Berlin. 1965.
U.S. Dept. of Commerce. *Historical statistics of the U.S. to 1957*, pp. 413–4. Government Printing Office, Washington. 1960.

[2] Wilson, C. *The history of Unilever*, Vol. 1, p. 116. Cassell, London. 1954.

[3] Lambert, E., and Lambert, M. *Annuaire statistique*, p. 298. Librairie Agricole, Paris. 1912.

513 [4] Stocking, G. W., and Watkins, M. W. *Cartels in action*, p. 126. Twentieth Century Fund, New York. 1946.

[5] There is now a large literature on the subject; cf. Freeman, C. *The economics of industrial innovation*. Penguin Books, Harmondsworth. 1974.

[6] Freeman, C. The plastics industry：A comparative study of research and innovation. *National Institute Economic Review*, 36–7, November 1963.

[7] Reader, W. J. *I. C. I.: A history*, Vol. 2, p. 330 ff. Oxford University Press, London. 1975.

[8] *Industrial and Engineering Chemistry*, 42, 997 (1950). S. T. Crossland. *Report on the rubber program 1940–1945*, p. 58. Rubber Reserve Co., Washington. 1950.

[9] Bateman, R. L. Petrochemicals on the move. *Oil and Gas Journal*, 126–7, 1 September 1958.

[10] *Chemische Industrie Düsseldorf*, 4, 890, 1952. The proportions are based on values, corrected for exchange rate changes; they are orders of magnitude rather than precise statistics.

[11] Backman, J. *The economics of the chemical industry*, pp. 222, 350. Manufacturing Chemists Association, Washington. 1970.

[12] The slogan was coined by Du Pont in 1935.

参考书目

Baud, P. *L'Industrie chimique en France.* Masson, Paris. 1932.

Haber, L. F. *The chemical industry 1900–1930.* Clarendon Press, Oxford. 1971.

Haynes, Williams. *American chemical industry*. 6 vols. D. van Nostrand, New York. 1945–1954.

第21章

化学工业

弗兰克·格里纳韦(FRANK GREENAWAY)
R. G. W. 安德森(R. G. W. ANDERSON)
苏珊·E. 梅萨姆(SUSAN E. MESSHAM)
安·M. 纽马克(ANN M. NEWMARK)
D. A. 鲁滨逊(D. A. ROBINSON)

第1篇 无机重化工

20世纪前半叶，无机重化工的生产、产量、用途和种类出现显著变化。在20世纪初，这一工业大部分局限在西欧和美国。但是到1950年，生产无机重化学品的工厂相当广泛地分布到全世界，并作为主要工业在苏联和日本崛起。1900年，英国拥有世界上规模最大的化学工业，德国和美国则紧随其后。及至20世纪中期，对大多数无机重化工产品来说，美国的产量最多，所占世界生产总量的比重也在提升，英国、德国和法国的产量相比要少得多。衡量化学工业状况的一个传统标志是硫酸的产量，1900年，俄国和日本分别生产了相当于英国11%和4%的硫酸，到了1958年，相应的数字分别为215%和167%。这两个年份中，美国所占的世界份额分别为23%和29%。 514

20世纪前25年对于新技术的发展较为重要。这一时期奠定了固氮工业和电化学工业的基础，德国化学家完成了许多开拓性的工作。另一种新工业——肥料生产也发展起来，它取决于对现有氨的固氮作用以及发现的新矿藏，包括美国南部各州用于硫酸工业的硫和北非用于制造过磷酸盐的过磷酸钙。无机重化学品的传统生产方法在变化，用途也在相应地变化。19世纪的大部分时期，氯气是通过氯化氢的

氧化制得的。然而，一旦生产碱金属的电解槽开发成功，人们就可以
515 通过电解过程来获得氯气。20 世纪初生产的大部分氯气都被用于漂白，到了 20 世纪中期，则大部分用于制造有机溶剂。

21.1 硫酸

全世界硫酸的产量持续增长，从 1900 年的 405 万吨（100% 的 H_2SO_4）到 1920 年的 949 万吨，再到 1948 年的 2130 万吨。在这一时期，两种生产流程——铅室法和接触法（第 V 卷，边码 244—248）都在使用。1952 年美国生产的硫酸是第二大硫酸生产国苏联的 3 倍到 4 倍。在 1920 年和 1950 年，美国硫酸产量约 1/3 由铅室法制造，但在 20 世纪 30 年代中期的一段短时期内，两种工艺的产品产量大致相同[1]。

无论是铅室法还是接触法，初始原料都是二氧化硫。20 世纪之前，这种气体的主要来源是焙烧天然硫（主要在西西里开采）、焙烧黄铁矿、氧化硫化氢，或者从硫酸钙（“废碱”——吕布兰制碱法的一种副产物）获得，或者由制造煤气时产生的“废氧化物”来制取。英国和德国在 20 世纪初拥有自己的废碱和废氧化物来源，美国则被迫进口大部分硫原料。1901 年，美国用于生产硫酸的 96% 的元素硫和

图 21.1　一个典型的英国战前“阴影（指工厂上空有排放物）”工厂。

66% 的黄铁矿都是进口的。

但是，这种情况很快就从根本上发生了变化。1894 年至 1897 年 516
间，弗拉施（Herman Frasch）研究出一种开采大型天然硫矿的廉价方法。在与得克萨斯州和路易斯安那州海湾的盐丘共生的天然硫矿，将三根共轴管插入硫层内，在压力下将 160 摄氏度的水灌入外管以溶化井底的硫，压缩空气通过中心管泵入，被溶化的硫通过夹层的管道流出，然后在容器中固化。这种产品具有相当高的纯度（99.5%）[2]。截至 1950 年，世界范围内硫总产量（每年 1040 万吨）的一半以上都是用弗拉施法开采。10 年以后，法国成为第二个最大硫生产国，从天然气纯化中获得了 75 万吨硫。4 年后，由这种新来源所得到的硫产量已经翻了一番。

在使用铅室法生产时，二氧化硫溶液在格洛弗塔中被过氧化氮氧化成硫酸，在盖吕萨克塔中回收氮气。1930 年，法国的卡克卡洛夫（Pierre Kachkaroff）进一步发展了这一传统的方法。新的方法可以同时生产硫酸和硝酸，差别在于二氧化硫和空气被送入填料塔，溶解于硫酸中的氧化氮浓溶液通过填料塔进行循环。这一方法的理论为硫酸
在液相中生成，硫酸生产速率在高浓度的氧化氮中显著增加[3]。它 517
的生产效率很高，通过注入水蒸气与硫酸中所含的大量氧化氮发生反应，再分离就能制得只含很少量的水的硝酸。直到 20 世纪 50 年代早期，这种生产方法还在法国、意大利和英国被使用。

通过传统的铅室法生产发烟硫酸（三氧化硫溶于硫酸中的溶液）费用十分昂贵，相比之下采用接触法则合算得多，这正是接触法优于铅室法的地方。发烟硫酸用途越来越广，可以用于跟硝酸混合制造硝化炸药，生产塑料用硝化纤维，以及用纯硫酸来炼制石油，生产方法要求二氧化硫经催化转化成三氧化硫，三氧化硫再被吸收在浓硫酸溶液中。尽管仍有一些技术困难尚待克服，德国依然在 20 世纪初就采用了这种生产方法，在英国采用的范围则较小，主要问题是催化剂

图 21.2　除了技术变革，化工厂采用了更先进的设备。上图是 20 世纪 30 年代（左）和 70 年代（右）的两个硫酸厂的对比。

中毒。人们发现，从 1831 年以来就已经被使用的昂贵金属铂会因为气体杂质“中毒”，并迅速失去效力（砷氧化物特别有害）。1852 年，氧化铁开始被使用，体现出它比较稳定的优点，尽管它在二氧化物转化成三氧化物时催化效率较低。德国巴登苯胺纯碱公司——巴斯夫公司对接触法进行了广泛的研究，尼奇（R. Knietch）1901 年在德国化学公司的一次演讲中展示了一些结果。在各种温度和反应物流量条件下，研究了铂和其他催化剂的行为，以及由黄铁矿转化成二氧化硫引起的催化剂中毒问题。1875 年，温克勒（Clemens Winkler）声称实现最大生产率的前提是二氧化硫和氧必须按化学计量比混合，这个当时被广泛接受的观点其实是错误的。不过，他还揭示出为得到最佳结果，接触器需要冷却而不是加热。与此同时，另一家德国厂商曼海姆的联合工厂研究了氧化铁催化剂，并在 1898 年取得的一项专利[4]中描述了这项技术（曼海姆法），利用它去使用三氧化二铁和铂双催化剂，氧化作用分两步发生，气体达到催化剂前通过多孔材料、粒状材料或纤维材料过滤而净化。20 世纪初还发明了其他生产方法，包括在德国和美国运转的施罗德和格里洛法（使用浸渍铂的硫酸镁）[5]，以及圣彼得堡坦特洛夫化学公司采用的生产方法。在这些方法中，二氧化硫被预热，催化剂被分段安排在转化器中[6]。截至1911年，24个坦特洛夫型的工厂还在运转。在英国，接触法到第一次世界大战前还未被广泛使用。在1915年以前，20%发烟硫酸工厂的生产能力约为每年2.5万吨，到1918年已上升至45万吨。

钒作为接触法的催化剂由德国的黑恩（Ede Haen）在1900年首先取得专利[7]。然而，它被证明是一种低活性的催化剂，直到1915年，巴斯夫公司才在工业规模中使用五氧化二钒和碳酸钾跟粉状浮石或硅藻土混合作为催化剂[8]。到了1928年，巴斯夫公司使用这种催化剂取代了其他所有方法。然而，美国直到1927年才第一次使用。从那时到20世纪40年代末，它一直被作为最广泛使用的催化剂材料。

21.2 电化学工业

虽然戴维爵士（Sir Humphry Davy）在1807年就利用电解法制得了钠，但由于电力工业处于不发达状态，制备化学制品的电解法直到19世纪末还没有显示出重要性。此后，廉价电力的供应得以实现了。1890年，在英国工作的美国人卡斯特纳（Hamilton Castner）开发了一种工业上可行的生产钠的方法，采用铁阳极和镍阴极来电解熔融在铁坩埚中的苛性钠，他的工作目的是在将氯化铝还原成金属时生产钠（几年前他已发明一种通过用炭和铁做电极还原苛性钠来生产钠的新方法）。不过，在1886年，霍尔（C. M. Hall）和埃鲁（P. L. T. Héroult）独立地取得了电解法制铝的专利，这使卡斯特纳的廉价钠成为冗余产品。然而，对碱金属的氰化物的需求仍旧处于不断增长中，金和银的提取都需要它们。卡斯特纳的铝有限公司开始借助于使氨通过熔化的钠以生成氨基钠的方法来生产氰化钠，用赤热的木炭把氨基钠还原成氰化物，这一产业随着金产量增加而得到惊人的发展。直到1892年，世界消耗量（不包括美国）每年还不超过100吨，1899年的年产量为

6500吨，1915年达到了2.2万—2.4万吨[9]。1891年，这家公司同
519 意向德国精炼公司——德国金银提炼厂供应钠，用来同亚铁氰化钾熔合以生产氰化钾。

随后，卡斯特纳又开发了一种电解槽用来生产高纯度的苛性钠。这种电解槽装有一个汞阴极和多个碳阳极，盐水被电解生成钠汞齐，通过振动电解槽，钠汞齐在中心室与水接触，并同它进行反应生成苛性钠。此外，还开发了大量类似的电解槽，包括比利时苏尔维公司所用的由克尔纳（Carl Kellner）发明的电解槽。卡斯特纳和克尔纳的发明专利是交叉的。此后，这种电解槽被称为卡斯特纳—克尔纳电解槽。

按照略为不同的方法得到的一种新产品是隔膜电解槽。从1884年开始，德国的格里希姆化工厂用布鲁尔电解槽进行了实验。这种电解槽由安装有充当隔膜的多孔水泥箱和外铁室（也起到阴极的作用）组成，多孔水泥箱中浸有磁铁矿阳极[10]。这家化工厂生产苛性钾，也生产用以制造漂白粉的氯气。截至1900年，法国和俄国以及其他德国厂商获得许可，用同样的方法来制造这些产品。对这种电解槽进行了各种改进，其中之一是装有一种
520 石棉隔膜，由美国的勒叙厄尔（Ernest LeSueur）获得专利[11]。1892年，他在缅因州的拉姆福德瀑布建立了第一家有工业规模且运转成功的美国工厂。面对进口漂白剂时期带来的降价损失，

图21.3 从海水中生产镁化合物的工厂。

图 21.4（a） 英格兰奥尔德伯里最初装有汞阴极的振动电解槽，演示了制造苛性钠的卡斯特纳电化学法。

图 21.4（b） 后来用来制造氯气和过氧化氢的卧式电解槽。

他的电化学公司设法继续顺利运转，美国的碱—漂白剂工业由此建立起来。1903 年，发展和储备公司（后来更名为胡克电化学公司）在尼亚加拉建立了一家工厂，开发由汤森（C. P. Townsend）获准专利的电解槽，更多的公司和电解槽随之而起。到了 1944 年，已经取得了大约 250 项有关隔膜电解槽的美国专利[12]，其中 32 项得到了工业规模验证，并在 47 家工厂使用。1952 年，美国生产了 236.6 万吨氯气，是英国的 8 倍，成为新崛起的最大生产国。

20 世纪前 25 年内，对卡斯特纳电解槽进行了各种小型改进。1924 年，美国的唐斯（J. C. Downs）取得了由熔融氯化钠生产钠的电解槽专利[13]。这种电解槽由衬砌耐火砖的钢槽组成，钢槽内有一个巨大的圆筒，石墨电极从筒底伸入，石墨电极外包裹着同轴的铁丝网阴极。通过把氯化钙添加到氯化钠中，电解液的熔点从 800 摄氏度降到 505 摄氏度。相比卡斯特内电解槽先在汞电解槽中生产氯化钠，随后进一步电解复合，唐斯电解槽法使从氯化钠到钠所产生的能效提高了 3 倍左右。1950 年，这两种生产方法仍在同时使用。美国钠的价格从 1890 年每磅 2 美元，下降至 1946 年的 0.15 美元[14]。 521

其他的重化学品是在19世纪末发展的电解槽中制造的。1887年，加尔（H. Gall）和德蒙洛尔（A. de. Montlaur）发明了一种生产氯酸钠的电解槽[15]，25%的盐水溶液在一个用隔膜把铂铱阳极同铂或镍阴极分开的电解槽中电解。5年后，一种可以电解氯化镁或氯化钙和铬酸钾溶液的无隔膜电解槽获得了专利。1900年时，法国阿尔卑斯山脉的科宾公司每年生产4500吨氯酸盐，这种工业扩展到美国和德国，采用石墨或磁铁矿（特别是在欧洲）作阳极的电解槽[16]得以发展。1950年，世界氯酸钠年产量达到2万吨，其中一半左右被用作除草剂，其余的主要用于转化成氯酸钾。大约和氯酸盐电解槽相同的时期，采用了生产次氯酸钠溶液的电解槽[17]。这类溶液由电解盐水制取，产品中氯化钠含量高，然而成本大约为在苛性钠溶液中吸收由电解得到的氯气来制造次氯酸盐的两倍。次氯酸盐溶液被广泛用作纺织和造纸工业的漂白剂。从1925年到1937年，美国4%—6%的次氯酸盐溶液的产量由1.5万吨上升至7.5万吨，据估计1948年的产量为10万吨。

21.3 固氮

20世纪初，硝酸钠和硫酸铵是两个主要的“固”氮（亦即化学结合状态氮）肥料。随着氮肥需求的迅速增长，人们普遍认识到需要新的氮肥来源[18]。智利的硝酸钠是以大型沉积矿藏形式存在的，被大量地出口。19世纪后半叶，这个国家的氮肥产量占世界总量的70%左右，1902年出口了130万吨，50年后产量为140万吨（尽管1913
522 年已达280万吨，但1933年下降至43.3万吨）。然而，随着需求量的增加和高效固氮技术的出现，到了20世纪60年代中期，智利的硝酸盐只占世界氮肥供应量的1%—2%。硫酸铵作为一种副产物从煤气厂和炼焦炉中获得，煤的干馏产生了大约1.5%的游离氨，“氨液”被集中起来并用硫酸吸收。1913年，德国生产了55万吨硫酸铵，英国则生产了 44 万吨，美国为 16.6 万吨，全世界总产量约为 130 万吨[19]。

固氮不只作为一种肥料而被需要，它在炸药生产中也是很重要的（边码 547）。生产炸药需要硝酸，研究力量集中在发明一种化学结合大气氮的方法上。人们在 18 世纪末已经知道，当电火花经过氮和氧的混合物时会生成氧化氮。早在 1859 年，一种基于这一反应制取硝酸的方法，由法国的勒菲布尔（L. J. P. B. Lefêbvre）夫人获得了专利[20]。不过，尽管这一方法在化学上是可行的，效率却非常低。它的反应是可逆的，化合气体必须迅速冷却，反应物化合时只有 3% 的电能转变成化学能，必须要有廉价的电力供应才能具有经济上的可行性，还需要能够提供稳定电弧的电气设备和有效分离低比例产物的吸收剂等。采用布拉德利（C. S. Bradley）和洛夫乔伊（R. Lovejoy）所获得专利[21]的第一家工厂，在 1902 年由纽约州泽西城的大气产品公司开始运行。然而，由于得到的硝酸始终含有亚硝酸和硝酸盐，这些杂质不可能轻易地被除去，这种方法在 1904 年被停止实施了。

第一个取得商业成功的是挪威的伯克兰（Christian Birkeland）和艾德（Samuel Eyde）[22]设计的工厂。这种生产工艺通过把磁场施加于由交流电生成的电弧，电弧被变形成一种振荡圆盘形状，电极在从内部用水冷却的铜管内形成。1903 年，挪威电车股份公司在靠近奥斯陆的安凯尔勒肯建造了一些小电炉，1905 年在诺托登（Notodden）开始大规模生产[23]。与此同时，能斯特（Walther Nernst）和哈伯（Fritz Haber）正在德国研究氮的氧化物的热力学平衡，结果引发了巴斯夫公司的兴趣，在 1897 年雇用了舍恩赫尔（O. Schönherr）来研究 523
这种反应。1904 年，他取得了一种方法的专利，产生的电弧比伯克兰和艾德曾经获得的电弧更加稳定[24]。1906 年，德国和挪威的厂商采用舍恩赫尔电炉在挪威的诺托登联合生产，但巴斯夫公司在 5 年后退出了，因为在哈伯所进行的研究中可望得到更为有效的固氮方法。

不过，由挪威的电弧法制硝酸生产的硝酸钙产量增长相当稳定，从1907年的1600吨增加到1919年的10.9万吨[25]。随着20世纪20年代广泛引入哈伯制氨法，电弧法进入衰退状态。1916年在英国，由军需部设立的氮产品委员会的1920年报告指出，10万千瓦的持续动力用电弧法和哈伯法分别能够生产1.19万吨以硝酸形式存在的氮或23万吨以氨形式存在的氮。

尽管哈伯法最终被证明具有非凡的重要性，但另一种重要的固氮方法在20世纪之初也被开发出来。这种方法把维勒（Friedrich Wöhler）[26] 1862年首先制得的碳化钙作为原料，碳化钙同水反应生成乙炔。1892年，美国的威尔森（T. L. Willson）与法国的穆瓦桑（H. Moissan）采用一个电弧炉，在2000—2200摄氏度条件下加热石灰和焦炭的混合物，由此开发了一种商业加工技术。最初，产品几乎完全用于照明。特殊的灯具被设计出来，里面的水滴到碳化钙上，生成的气体在一个喷嘴上被点燃。这种照明方式的发展虽然没有预料的那样迅速，碳化钙的一种新用途却立即被发现了。在德国，弗兰克（Adolph Frank）和卡罗（Nikodem Caro）在1898年发现，当碳化钡在氮气中被加热时，会生成氰化钡和氰氨化钡的混合物[27]。这一研究试图发现制取氰氨化钠的新方法，卡斯特纳的方法在当时申请了专利。有人发现，碳化钙也可以被氮化，产物仅有氰氨化钙，它能用苏打灰转化成氰化钠[28]。1900年，弗兰克发现可以通过热蒸汽水解氰氨化钙来产生氨[29]，他［其后弗罗伊登伯格（Hermann Freudenberg）又独立地］建议氰氨化钙应当作为肥料来使用[30]。一年后，波尔扎尼乌斯（F. E. Polzenius）发现，通过把氯化钙添加到碳化钙中去，氮化作用发生的温度会从1100摄氏度下降到700—800摄氏度，涉及反应炉衬料的技术问题由此得到缓解。1904年，在德国的韦斯特雷根（Westeregeln）
524 建立了第一家商业化的工厂，但它在经济上未获成功。1905年，弗兰克和卡罗的氰化物公司在意大利皮亚诺—德奥尔托（Piano d’Orto）

图 21.5　250 个大气压下运转的氨压缩机。

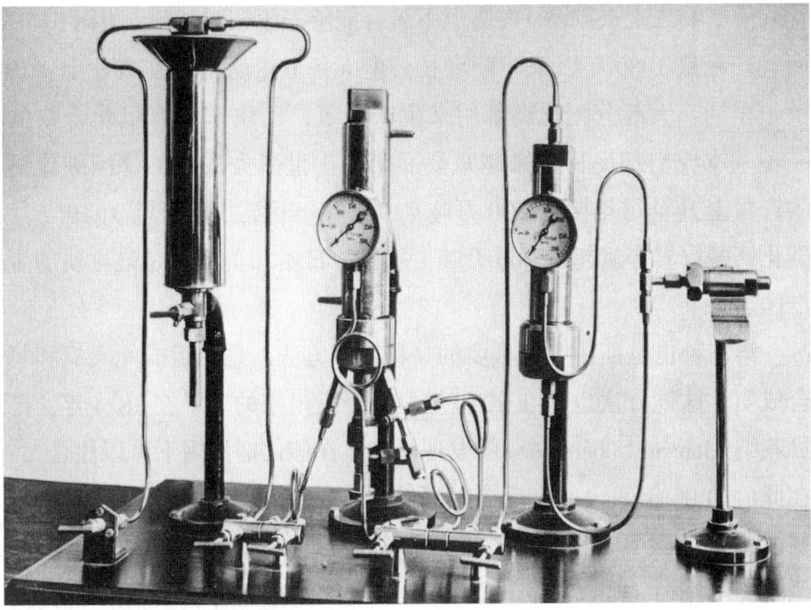

图 21.6　F. 哈伯用于合成氨的实验装置，1908 年。

536 建造的一家工厂开始生产，但在一年后由于火蒸馏罐的寿命短而被废弃，这些罐也被弗兰克在1906年开发的装有碳电极的电炉所代替。1910年，在德国、意大利、加拿大、法国和日本，有些工厂一年大约能够生产2万吨氰氨。到了1913年，氰氨产量增加了10倍。截至1918年，对肥料和军需品的战时需要促使产量达到60万吨。1934年，在德国的克纳普萨克安装了一台新型的窑炉，可以代替间歇式炉而连续生产氰氨，它由衬有耐火砖的带蝶形底的碳钢圆筒组成，当窑炉慢慢转动时，通过一个密封装置引入碳化钙，并在10个大气压的作用下喷射氮气。这种窑炉只适用于粉状碳化钙，使用了处理碳化钙粉的隧道式窑，平板车上的碳化钙沿着窑炉的轨道逆着氮气流移动。由于效率低、成本高，它的用途受到了限制[31]。

截至1947年，在17个国家有49家氰氨厂，年产量为75万吨（约为设备最大生产能力的一半）。尽管二聚氨基氰（通过使氰氨化钙酸化并使产物二聚来制备）在高温下聚合能够产生密胺塑料（边码555），而且产量从1939年以来不断增长，但大部分氰氨都用在农业上。20世纪早期，大部分碳化钙都用来生产氰氨，乙炔作为有机化合物的一种基本原料却变得越来越重要。第二次世界大战时，德国碳化钙的产量上升至每年接近300万吨（1937年已达到100万吨）。1962年，碳化钙的世界产量超过900万吨。德国、日本和美国都是最主要的生产国。

第三种也是期望中最重要的一种固氮方法，是用组成元素氮和氢合成氨，这种方法也是在20世纪早期开发出来的。早在1823年，德贝赖纳（Johann Döbereiner）就发现氮和氢在催化剂作用下可以化合[32]。在此后的80年间，这个反应断断续续地被研究，人们认识到它是可逆的，在高压下有助于继续进行。1903年，哈伯开始研究这一反应，他同奥尔托（G. van Oordt）一起用一系列的实验证明，在1000摄氏度的条件下使用铁和其他金属催化剂可以让氮和氢合成氨。不过，由于当时未使用高压（据认为这会产生很大的技术困难），导致产率甚小[33]。1906年，能斯特研究了提高压力和700摄氏度条件下的平衡问题，但产率甚至更小。哈伯同意重新验证相关的平衡问题，并在1907年到1910年之间，成功地发展了使用约200个大气压的某种商用技术的基础。巴斯夫公司对这项工作十分感兴趣，进行广泛研究以寻找最有效的催化剂。1910年，在路德维希港进行了较大规模的试验，尽管工程问题是复杂的，但一种商业上成功的合成方法得到发明，越来越大的合成塔建立起来。到了1913年，在奥堡建造了一个8.5吨的合成塔装置。

在这个合成塔中，发生合成反应的容器是一个高质量的钢制炸弹型容器。因为高压下氢会腐蚀钢并使它发脆，于是安装了低碳钢的内衬，这种内衬会吸附氢，衬里上的小孔确保压力在两侧保持同一水平。衬里用石棉纸缠绕，加热导线环绕在周围，催化剂装在一根石英管内，反应气体循环使用，产物既可以液化，也可通过溶解分离出来。与此同时，还进行了一项较为深刻的研究工作，试图寻找最经济的反应物来源。最初，氮通过空气液化、氢通过水煤气（用蒸汽处理炭制得的含有氢和一氧化碳的混合物）液化制取。1915年，开发出一种制取所需要的气体混合物的方法，发生炉煤气（使空气通过焦炭而制得的氮和一氧化碳的混合物）、水煤气和蒸汽混合，氢被暂时除去，一氧化碳同蒸汽反应得到更多的氢和二氧化碳，再除去二氧化碳，洗涤气体以除去杂质，从而得到氢和氮的标准气体混合物[34]。当时还发明了其他一些方法（但都要利用水煤气），并取得了许多专利。1914年，奥堡的氨产量达6000吨（折合成氮），1915年上升至1.2万吨，1916年达到4.3万吨。1916年，巴斯夫公司在靠近莱比锡的洛伊纳开办了第二家工厂，两家工厂的产量合计达9.5万吨，相当于德国氮化合物产量的一半左右。 527

早在1918年，通用化学公司就在亚拉巴马州的谢菲尔建过一

图 21.7　采用哈伯法合成氨的第一个大规模工厂，奥堡。1914 年。

家并不成功的工厂。不过，直到 20 世纪 20 年代，哈伯法还没有被其他国家所采用。尽管采用同一种方法，但是生产中采用的压力、气体速度、温度和催化剂（原始的专利文献由巴斯夫公司控制且技术细节被严密地保护起来）等方面都被不断改进。其中，最广泛采用的方法是卡扎里法和克劳德法，它们分别采用 600 个大气压和 900—1000 个大气压，以及 500 摄氏度和 500—650 摄氏度温度。1928 年至 1929 年，采用哈伯法、卡扎里法和克劳德法生产的合成氨，分别占到世界总产量的 75%、11% 和 5%。虽然对催化剂的配制进行了许多实验，但对基本的哈伯法仍未能作出根本的改进。大量实验表明，把铁精细地跟碱金属氧化物和两性氧化物（如氧化铝、二氧化硅和氧化钛）混合，对反应的影响甚为明显。这些氧化物在反应中作为“助催化剂”发生作用，能够提高催化剂的活性。到了 1930 年，世界固定氮产量的一半左右是用氨合成法生产的，第二次世界大战前夕上升为 2/3，到 1950 年已经接近 4/5。

哈伯法的一个重要结果是开发了一种把氨氧化成硝酸的工业方法。20 世纪初，实验室规模的氨氧化反应早已为人们所知[35]，但直到 1900 年才由奥斯特瓦尔德（W. Ostwald）重新进行这方面的研究。他发现，铂能促进生成一氧化氮、二氧化氮和硝酸的反应，同时发生
528 副反应产生游离氮[36]。1908 年，在波鸿附近的盖尔特建立了第一家用这种方法进行工业化生产的工厂，使用处理过的焦炉氨。1912 年，又在比利时的维尔福德和英格兰的达根哈姆建立了两家工厂，但它

们很快就停止了生产。开始，这种方法无法被大规模应用的重要原因在于传统的硝酸源（用硫酸来处理硝酸钠）相对来说更便宜。哈伯法制氨的成本降低改变了这种情形。第一次世界大战时期对硝酸的需求增加，盖尔特的装置因此得到扩展。尽管在 20 世纪 20 年代就已经有了在高压下运行的氮化工厂，德国建造的生产装置的结构细节却直到 20 世纪中叶都没有明显的改变。反应在一个锥形的铬钢转化器中进行，横跨转化器的是水平铺设的层状铂铑合金网，反应温度升至 900 摄氏度，冷却后的过氧化氮被吸收在稀硝酸溶液中。到了 1950 年，这种工业生产的方法已经代替了所有其他的方法。1954 年，硝酸的最大生产国是美国（276 万吨 100% 的酸），接着是法国、意大利和英国。1937 年，美国生产的全部硝酸中，65% 被用来制造炸药，10 年后下降至 18%。

21.4　肥料

除了碳、氢、氧，有 13 种元素都是植物营养所必需的，其中氮、磷、钾的需要量当然相对多一些。在 20 世纪前半叶，化学工业稳定地发展，供应含有这三种元素的化合物。1900 年，美国消费了 220 万吨人造肥料。到 1950 年，这个数字已经增加了 8 倍，达到 1800 万吨。1965 年，达到 3100 万吨[37]。全世界的数据显示了类似的增长速度，1900 年到 1965 年这段时间内，大约增长了 15 倍。20 世纪初以来呈现了两种趋势，混合肥料（含有两种至三种重要元素）的使用在增加，混合肥料中按这些元素重量计算的比例增长较大。1900 年，美国的混合肥料平均含 13.9% 的 $N+P_2O_5+K_2O$（按重量计），到 1949 年上升至 22.6%。

20 世纪初，最重要的氮资源来自天然有机原料。然而，随着硫酸铵、硝酸铵以及氨本身直接施加给土壤，天然有机原料的相对重要性减小了。硫酸盐和硝酸盐都是通过氨同适当的酸反应制得的。20 529

世纪60年代中期，世界氨产量约85%都被用作肥料生产。

直到19世纪末，最大的磷肥来源是碾碎了的骨骼或骨粉以及鸟粪（第V卷，边码254）。然而，北非发现了巨大的磷酸钙矿藏，从1889年起，开始在阿尔及利亚开采。第一次世界大战后，在俄国和太平洋的瑙鲁岛上发现了更多的资源。到1938年，世界磷酸钙年产量已达1300万吨。美国约占1/3，其他的主要生产国为苏联、突尼斯、摩洛哥和瑙鲁。磷酸钙不易溶于水，大部分被转化成“过磷酸盐”，由劳斯（John Bennet Lawes）在19世纪首先大规模地制得[38]。他用硫酸处理磷酸盐，生成一种由磷酸一钙、磷酸二钙和磷酸钙的混合物组成的固体块状物，然后研磨成所希望的大小来制造过磷酸钙。最初，
530 反应物在一个容器（“窖”）中混合发生反应，生成物从容器里倒出来，然后再放置3个星期左右进行“熟化”。人们研制出了大批量的机械窖，最广泛使用的有两种，一种是贝斯科夫窖（Beskov，在该设备中，一个生铁反应容器下装有轮子，挖掘机把挖出来的磷酸盐直接装入反

图21.8　与其他工业一样，贮存季节性需要的产品也是化学工业的难题，此图展示了贮存合成肥料的一个大型贮仓的内部。

应器[39]），另一种是 1921 年首先在美国使用的斯图特温特窖（Sturtevant，在该设备中，挖掘机向一个固定窖里移动[40]）。1936 年，一种连续生产法——布罗德菲尔德窖被开发出来[41]。

作为一种更为浓缩的磷肥类型，重过磷酸钙最初在 1872 年被生产出来。20 世纪中期，特别是在美国，这种磷肥的重要性不断增长。1956 年至 1957 年，它的产量占世界总产量的 12%。1964 年，美国所用的过磷酸钙和重过磷酸钙的量大约相等。重过磷酸钙是用 75% 的酸处理矿物磷酸盐制得的磷酸一钙，具有不会被硫酸钙稀释的优点，生产它的工厂类似于用连续法生产过磷酸钙的工厂。作为肥料的磷更多来源于熔炼磷矿石的炼钢厂的炉渣，1885 年炉渣作为一种肥料首先在德国销售。1956 年至 1957 年，它仍占世界磷酸盐肥料市场的 16%。

与固定氮和磷酸盐不同，钾肥（钾碱）——主要是氯化钾——可以在开采出来后被直接施用。由于 19 世纪 50 年代后期在萨克森的施塔斯富特发现了矿藏，钾碱一直被德国垄断到第一次世界大战。1952 年，德国（西部和东部一起）生产了 280 万吨（以 K_2O 计），是竞争对手美国（148 万吨）的 2 倍。

从 20 世纪初开始，混合肥料的重要性开始提升。直到 20 世纪 20 年代后期，多养分肥料仅是简单地机械混合。在廉价的哈伯法氨出现后，用过磷酸盐氨化生成磷酸二钙、磷酸铵和硫酸铵混合物，已经成为通用的生产方法。

相关文献

[1] *Chemical economics handbook.* Stanford Research Institute, Menlo Park, Calif.(1951–).

[2] Haynes, W. *'Brimstone: The stone that burns'*, pp. 40–62. Van Nostrand, Princeton.1959.

[3] Snelling, F. C. *Chemistry and industry*, p. 300, 1958.

[4] British Patent No. 17 255, 1898.

[5] British Patent No. 10 412, 1901.

531 [6] British Patent No. 11 969, 1902.

[7] British Patent No. 8545, 1901.

[8] British Patent Nos. 23 541, 1913; 8462, 1914.

[9] Muhlert, F, F. *'Die Industrie der Ammoniak und Cyanverbindungen'*, Vol. 2, pp. 171–6, 223–7, 267. O. H. O. Spamer, Leipzig (1915). Williams, H. E. 'Cyanogen Compounds' , p. 98. Arnold, London 1948; *Fifty years ofprogress, 1895–1945*: *The story of the Castner-Kellner Alkali Company*, p. 20. I.C.I., London.1945.

[10] Hale, A. J. *The applications of electrolysis in chemical industry*, p. 92. Longmans, London.1918.

[11] United States Patent 723 398 (1903); Hale, *op. cit.* [10], p. 101.

[12] Vorce, L. D. *Transactions of the Electrochemical Society*, 86, 69, 1945.

[13] United States Patent No. 1 501 756, 1924.

[14] *Kirk-Othmer encyclopaedia of chemical technology*, Vol. 1, p. 442. Interscience, New York.1947.

[15] Hale, *op. cit.* [10], p. 123; British Patent No. 4686, 1887.

[16] White, N. C. *Transactions of the Electrochemical Society*, 92, 15, 1947; James, M. *Ibid.*, 92, 23, 1947.

[17] Escard, J. *Les industries electrochimiques*, p. 176. Béranger, Paris.1907.

[18] Crookes, W. Report for British Association for the Advancement of Science, pp. 3–38, 1898.

[19] Partington, J. R., and Parker, L. H. *The nitrogen industry*, p. 124. Constable, London.1922.

[20] British Patent No. 1045, 1859.

[21] British Patent No. 8230, 1901.

[22] British Patent No. 20 003, 1904.

[23] Waeser, B. *The atmospheric nitrogen industry*, Vol. 2, pp. 565f. Churchill, London.1926.

[24] British Patent No. 26 602, 1904.

[25] Partington, and Parker, *op. cit.* [19], p. 240.

[26] Wohler, F. *Annalen der Chemie und Pharmacie*, 124, 226, 1862.

[27] Waeser, B. *op. cit.* [23], Vol. 1, p. 26.

[28] British Patent No. 25 475, 1898.

[29] Waeser, B. *op. cit.*[23], Vol. 1, p. 27; German Patent No. 134 289.

[30] Waeser, B. *op. cit.*[23], Vol. 1, p. 26.

[31] Kastens, M. L., and McBurney, W. G. *Industrial and Engineering Chemistry*, 43, 1020, 1951.

[32] Dobereiner, J. W. *Journal für Chemie und Physik*, 38, 321, 1823.

[33] Haber, F., and van Oordt, G. *Zeitschrift für Anorganische Chemie,* 43, 111, 1905.

[34] Waeser, B. *op. cit.*[23], Vol. 2, p. 524.

[35] Mittasch, A. *'Salpetersäure aus Ammoniak'*, p. 17. Verlag Chemie, Weinheim.1953.

[36] British Patents Nos. 698 and 8300, 1902.

[37] *Kirk-Othmer encyclopaedia of chemical technology,* Vol. 9, p. 37. Interscience, New York.1966.

[38] British Patent No. 9353, 1842.

[39] Schucht, L. *Die Fabrikation des Superphosphats,* p. 155. Friedrich Vieweg & Sohn, Braunschweig.1926.

[40] Waggaman, W. H. *Phosphoric acid, phosphates and phosphoric fertilizers*, p. 260. Reinhold, New York.1952.

[41] Waggaman, *op. cit.* p. 263.

Haber, L. F. *The chemical industry during the nineteenth century*. Clarendon Press, Oxford. 1958.

——. *The chemical industry 1900–1930*. Clarendon Press, Oxford. 1971.

Hardie, D. W. F., and Pratt, J. Davidson. *A history of the modern British chemical industry*. Pergamon Press, Oxford. 1966.

Haynes, W. *American chemical industry, 6* vols. Van Nostrand, New York. 1945–54.

Kirk, R. E., and Othmer, D. F. *Encyclopaedia of chemical technology*, 15 vols and 2 supplements. Interscience Encyclopaedia, New York. 1947–60.

——, and ——. *Encyclopaedia of chemical technology* (2nd edn.), 22 vols and 2 supplements, Interscience Publishers, New York. 1963–72.

Materials and technology. 9 vols. Longmans and J. H. de Bussy, London and Amsterdam. 1968–75.

Metzner, A. Die chemische Industrie der welt, 2 vols. Econ-Verlag, Dusseldorf. 1955.

Reader, W. J. *Imperial Chemical Industries: a history*, 2 vols. Oxford University Press, London, 1970 and 1975.

Williams, T. I. *The chemical industry past and present*. Penguin Books, Harmondsworth. 1953.

第2篇　有机化工原料（包括炸药）

21.5　总论

从开发之初起，有机化学工业主要有两大功能，一是从多种天然资源中提取和提纯化工原料及其衍生物，二是用这些化工原料制造高级产品，例如染料、炸药、树脂等。本章这部分涉及的是从化工原料到化工产品的生产过程，此外还研究1900—1950年炸药的发展历程。

20世纪前半叶，在有机化工产品的生产过程中，原料的获得和利用方面发生了惊人的变化。到了1900年，煤焦油成为工业化大生产的有机化合物（主要是芳香烃）的主要原料。由于要为炼钢（焦炭）工业和煤气工业提供原料，采煤业也蓬勃发展起来。在英国，直到20世纪60年代，在北海发现和开发天然气之前，煤气一直保持着它原来的重要地位。然而，随着大量天然气储地的发现，截至20世纪的第二个25年，很多国家都减少了对煤气的利用。第二次世界大战

后，在几个欧洲国家（意大利、法国、荷兰和联邦德国），天然气逐渐取代了煤气。到了1970年，天然气（美国在20世纪初开始开采）在美国的可燃气体中占了95%，主要由加拿大供应。在欧洲，苏联是东欧国家天然气的主要供应国。因此，到了1950年，煤焦油的重要来源已经从煤气生产转到冶金炼焦的生产，这样就跟钢铁工业对

焦炭的需求紧紧联系在一起。20 世纪，尽管钢铁工业总体稳步发展，煤焦油的产量却没有以同样的速度增加。由于冶炼技术的改进，炼 1 吨生铁所需的焦炭量已经从 1913 年的约 2200 磅降至 1950 年的 1850 磅。然而，煤焦油一直是芳香族化合物的主要来源，特别是在欧洲，因为它能增加收入并补偿焦炭的亏空。

19 世纪和 20 世纪之交，德国拥有高速发展的煤焦油制品的生产优势。第一次世界大战的爆发，暴露了英美化学工业的严重缺陷，药品、染料、炸药以及制造它们的原料短缺，刺激了这些国家——特别是美国去加强它们的工业。美国不仅开始利用煤焦油产品，而且开始初步研究石油化学产品。战争结束时，美国已经在化学工业中占领导地位。由于没有像欧洲那样遭受战后 10 年的经济危机，美国的化学工业在 20 世纪 20 年代实现了迅速的发展。

在第一次世界大战期间，英国和法国为了生产炸药，从婆罗洲的原油中提取了苯和甲苯，但石化工业的根基还是在美国。20 世纪初期，小汽车的大量生产使得汽油销路剧增。为了提高汽油的产量和质量，石化业引入了改变石油及其常见的伴生物天然气（它已广泛用作工业和民用热源）化学组成的方法。后来，这种工艺特别适用于有机化工产品的生产。1918 年，石化业采用卡尔顿—埃利斯法（先用硫酸处理后水解），用丙烯来制造异丙醇（丙烯存在于炼油厂的精炼油汽中，而异丙醇是一种有用的有机溶剂）。1920 年，新泽西标准油公司大量 534
生产石油衍生物异丙醇，又用异丙醇来生产丙酮和其他溶剂。1925 年，上年成立的碳化物及碳化工产品公司开始生产乙二醇，这是一种重要的阻冻剂。1926 年，沙普尔斯公司开始生产从天然气中提取的珍贵溶剂——戊醇。于是，20 世纪 20 年代诞生了煤焦油化工的主要竞争者——石油化学工业，它的发展基础是从石油中提炼和利用简单的烯烃。石油化学工业的第二阶段开始于第二次世界大战之后。第一次世界大战导致了石油化学的产生，第二次世界大战促进了它的广泛发展，更先进的技术和更多种类的烃原料，满足了飞速增长的聚合物工业需求（边码551）。这种聚合物工业利用脂族化合物做原料，脂族化合物则主要由石油中更易挥发的成分组成。此外，从石油中提取几乎不挥发的芳香烃的方法也开发出来。美国石化工业的飞速发展可以由油基化工产品的产量来说明：1925年生产了100吨，1930年增加至4.5万吨，1940年为100万吨，1950年为500万吨，1967年增至4900万吨。

第二次世界大战以前，只有美国真正在生产石油化工产品，即便是苏联也只是计划发展石化工业而已。20世纪40年代，西欧的石油化学工业开始沿着美国的老路发展，仅限于生产低级烃及其化合物。1950年，英国壳牌石油化学有限公司生产出了石油化工产品，帝国化学工业公司为同样的目的正在威尔顿建厂，英国石油公司刚刚开始进入石化产品生产领域。1950年，西欧油基化工产品年产量为10万吨。大型的蒙特卡蒂尼—爱迪生公司战前控制了意大利的化肥和染料工业，战后飞速发展成一家能用石化产品生产树脂的公司。1955年，日本的三井公司和住友公司开始生产聚乙烯，其后成立的三菱石油化学公司主要生产树脂和有机化工产品。苏联只有很小规模的化学工业，直到20世纪50年代后期，仍然以煤焦油为基础，因为斯大林不准备
535 鼓励石油化学工业的发展，他希望把更多精力放在采煤业上。斯大林死后，直到20世纪60年代中期，政策有所改变，苏联的石化工业才飞速发展，产量增长的速度达到每年15%。

其他国家的石化工业落后于美国，原因多种多样。首先，没有什么地方能有美国那样的小汽车年增长量。1950年，美国平均每1000人就拥有270多辆小汽车，欧洲每1000人则只有23辆。除了需要大量汽油，汽车工业还为防冻剂（用作防冻剂的乙二醇，是在1927年由碳化物及碳化工产品公司首先推出的）、快干漆、硝基漆、抗震剂（发动机中耐高压汽油的添加剂）开辟了市场。其次，美国的石油化

学工业不但建立在便宜的天然气基础上，而且也建立在石油气的催化裂化基础上。相形之下，欧洲在 20 世纪初期还没有探明天然气的藏量，加上几乎没有催化裂化工厂，单烯烃的生产主要以重石油脑为原料。直到第二次世界大战后，欧洲还是以煤作为主要能源。由于工业争夺煤源，当时的煤价开始上涨。直到新的聚合物工业发展起来后，才产生了对于脂族化学产品的需求。

事实上，石油化学工业发展得很快。截至 1950 年，美国大约有 1/3 的有机化工产品是石油衍生物，到了 1968 年，这个比例按重量计算上升至 90%，英国相应的数字是 85%。然而，石油化学产品并没有取代煤化工产品，倒是新的聚合工业随着石油化工的发展而发展。直到 20 世纪 40 年代，用石油来提取芳香烃的技术才在美国得到应用。正如前面所提到的，当时已经注意到煤焦油的生产大部分依赖于钢铁工业，但不能满足对于芳香烃日益增长的需求。

21.6 煤焦油化工产品

泥炭是植物残骸在隔绝空气的状况下分解而形成的。它在较晚累积的沉积物的压力作用下，受热后慢慢地变态，先变成褐煤或叫棕色煤，然后变成烟煤。在隔绝空气的情况下，受热到 400 摄氏度以上时，煤就变得黏滞，挥发性的物质被馏出，剩下的不挥发物质凝结，膨胀固化而形成焦炭。能从挥发性的物质中分离出来的 4 种主要成分，分别是煤气、煤焦油、粗苯或轻油，还有氨液。最后得到的产品氨液是通过硫酸吸收从气流中分离出来，卖给硫酸铵的生产厂家，煤焦油和粗苯则用来做筑路材料、屋顶材料以及防腐油，也用作有机化工原料。事实上，18 世纪首次生产的煤焦油是为了用来处理木材。在 19 世纪初，先是在英国，后来又扩展至欧洲和其他地区，采用干馏煤的方法给城市供应煤气，煤焦油只被当作一种无用的副产品。直到 1845 年，煤焦油作为有机化工产品的潜力丰富的源泉才得到开发利用。霍夫曼 536

(A. W. Hofmann)在这一年从煤焦油中提取出了苯——首次提取苯是法拉第(Michael Faraday)在1825年实现的。后来，他把苯经硝基苯转化成苯胺，成为19世纪染料工业的几大支柱产品之一，这样就使得煤焦油在20世纪初期的化学工业中占据了主要地位。

产品相对的经济价值随时间的流逝而发生了变化。最初，中温焦
537 化放出的可燃气体是利润的主要来源，焦炭和焦油则在其次。后来，随着有机化学工业的发展，特别是由芳香化合物发展起来的那些领域，煤焦油的蒸馏产品越来越有利可图。当从煤以外的其他来源的“煤气”出现以后，加上天然气的大量开采，中温焦化生产就绝迹了。钢铁工业需要焦炭，煤焦油却成了获得最大利润的副产品。由于钢铁工业的存在，才使吡啶和很多芳香烃——例如甲酚、萘和其他多环化合物，依然可从煤焦油中被很方便地获取。

图21.9 在欧洲，直到20世纪中叶，煤焦油还是有机化工产品的主要原料，图中所示的是煤气灯和焦炭公司贝克顿厂的煤焦油蒸馏厂。

在天然气出现以前，煤的焦化是民用和工业加热用煤气的主要来源。1880年以前，英国用一种水平式发生炉来生产煤气。20世纪50年代，英国1/4的煤气还是用这种老方法来制取的。在1890年至1930年间，倾斜式发生炉曾经风行一时。1902年，立式发生炉在德国首次

应用成功。这几种发生炉都是间歇式的，更有效的连续立式发生炉在1920年后才普遍采用，在英国成为最重要的工艺方法。截至20世纪50年代中期，大约60%的英国煤气工厂都采用了这种立式连续炉。除英国外，其他国家的煤气工业更充分地利用了炼焦炉，从而获得冶炼金属用的焦炭。然而，油气田开发后不久，北海气田得到了广泛的开发，使得这一切都发生了戏剧性的变化。

用于钢铁工业的冶金焦炭原来是在蜂窝式炼焦炉中生产的，这种炼焦炉把一切副产品都放到大气中损失掉了。由于从煤气工业生产的煤焦油中提取的化工产品日益重要，专用的化工回收炉便应运而生。1881年，许泽内（A. Hüssener）在德国采用回收炉。此前，法国就已经建成了几座纳布—卡维斯炉。在英国，曼彻斯特的西蒙（H. Simon）建起了3座西蒙—卡维斯厂。然而，人们对蜂窝炉以外的其他炼焦炉生产的焦炭怀有偏见，这样就阻碍了新技术的进一步发展。直到1892年，美国才建立了第一台回收炉，但这并不是专门为了生产煤焦油，而是为了生产冶金焦炭并使用苏尔维法来提供氨。20世纪初，德国控制了煤焦油工业，正如表21.1所示。在第一次世界大战期间及战后，美国的煤焦油工业大大地发展起来，到了20世纪40年代时，在煤焦油化工产品方面已经取得领先地位，虽然它在美国的石化工业 538
中仅占第二位。俄国在1910年首次采用了副产品回收炉，煤焦油产品的发展与乌克兰钢铁工业采用这种炉子密切相关。

煤的焦化温度取决于所需要的产品，并且温度直接影响煤焦油的产量和化学成分。在冶金焦炉和工业煤气发生炉中进行的是高温焦化（900—1200摄氏度）。截至1950年，几乎所有煤焦油都从炼焦炉中获取，只有英国例外。在英国，煤气发生炉生产的城市煤气仍然处于重要地位，尽管在此后的20年内，城市煤气几乎完全被天然气所代替。在美国，采用中温法（700—900摄氏度）生产民用焦炭，低温焦化法（低于700摄氏度）生产无烟燃料（例如英国科莱特化学公司生产的科莱特无烟燃料）。低温焦化法是在欧洲发展起来的，1927年英国也采用了这种方法，它的价值随着无烟燃料需求的增长而相应提高。在第二次世界大战期间，德国和日本低温焦化法的产品产量是高温法的3倍至5倍，也是生产航空燃料的最重要的方法，因为这两个国家能够得到的石油相当有限。在美国，低温焦化法甚至到了1950年还发展甚微，1920年至1930年间，多方面的投资都失败了，估计损失了5000万美元。

表21.1　化学回收炉生产的冶金焦炭占冶金焦炭总量的百分比

国家	1900年	1909年	1914年
德国	30	82	100
英国	10	18	—*
美国	5	16	30

* 表示缺统计数据。

20世纪早期，未经加工的煤油主要用来铺筑路面。道路交通的改革证实了煤焦油黏结碎石铺筑的路面能够防止尘土，1907年在英国首次被小规模采用，后来才大规模地推广开来。在近代，以沥青或石油沥青为基材的新式路面材料已经取代了煤焦油。此外，煤焦油也用来蒸馏出木材防腐油和杂酚沥青燃料（用于炼钢厂）。20世纪上半期，煤焦油蒸馏已经成为制造一系列化工产品的重要工业。煤焦油中
539 的大部分水用倾注法滗去之后，蒸馏得到一种沥青沉淀物和5种主要分馏物，分别是轻油（沸点低于170摄氏度）、酚油（沸点170—200摄氏度）、萘油（沸点200—230摄氏度）、杂酚油（沸点230—270摄氏度）和蒽油（沸点270—350摄氏度）。把从煤干馏得到的粗苯与煤焦油中的低沸点轻油馏分混合在一起，再进一步分馏就可以得到表21.2所列出的产品。轻油只需经简单的分馏就可得到芳香烃，几种酚都是通过氢氧化钠从酚油和萘油中萃取出来的，然后用硫酸除去吡啶碱类，留下的是溶剂石脑精，萘油一经冷却就结晶出萘，剩下杂酚油

沉淀物。

同样，蒽和菲从蒽油馏分中获得。干馏方法会影响所产焦油的成分，炼焦炉生产的焦油所含的芳香烃百分比较高，煤气工厂生产的焦油则所含的酸（酚类）百分比较高，低温干馏生产的焦油所含的烷烃和烯烃百分比更高（大约30%）。

煤焦油化工产品用来合成各种各样的化合物，这些化合物又被 540
用于多种工业，各种基本反应到1900年已经为人们所知，我们这里只能概述几种基本的适用于原料生产的合成工艺。氧化反应通常是在加入催化剂的条件下加热，把甲苯转化成苯甲醛，把萘转化成苯二甲酸，把蒽转化成蒽醌。硝化反应是利用硝酸和发烟硫酸的作用把苯转化成硝基苯，硝基苯可以还原成苯胺。同样，甲苯经硝化反应得到硝基甲苯，这样就为多步反应生产染料提供了起始反应物。芳香烃磺化后再水

表21.2　焦油馏分及后续产品

	沸点（近似值）	分馏物	产品
煤焦油 →	低于170摄氏度 →	轻油+粗苯 →	苯 甲苯 二甲苯 石脑油
	170—200摄氏度 →	酚油 →	酚、甲酚和二甲苯酚 吡啶 溶剂石脑油
	200—230摄氏度 →	萘油 →	萘 酚 杂酚油
	230—270摄氏度 →	杂酚油 →	以此为产品
	270—350摄氏度 →	蒽油 →	蒽 菲 杂酚油

解是生产苯酚的途径。这样从萘就可以制得 β 萘酚，再进一步磺化可以制得染料工业所需要的萘酚磺酸。研究证明，这些化合物中，有些是烈性炸药。三硝基苯酚（苦味酸）被首先开发和广泛应用，蒂尔潘（E. Turpin）在 1885 年取得了用它来制作炸药的专利（法国专利 167512 号），后被法国政府购买，命名为麦宁炸药。三硝基甲苯（TNT）在 1900 年为人所知，1904 年由德国人开始使用。第一次世界大战期间，它得到了广泛应用，需求量超过了煤气工业所能提供的甲苯量，促使人们利用蒸馏石油的设备来生产甲苯。1867 年，利斯特（Joseph Lister）首先发现了酚的杀菌作用，但酚类本身还是被其他杀菌剂取代了，现在来看是因为氯的衍生物更有效，特别是氯化二甲酚杀菌剂在 1927 年取得了第一个德国专利以后。另一种氯的衍生物是苯的六氯化物的 λ - 异构体，也称六六六杀虫剂，是在 1942 年研制成功的。这方面的研究仍在继续，不过在煤焦油衍生物和石油衍生物的研究之间，已经不再存在区别。

21.7 脂族化合物

芳香烃族是煤焦油化工产品，脂族化合物也可以通过多种方法从煤中提取。1875 年以后采用的一种燃料——水煤气，就是利用蒸汽和热焦炭之间的反应产生的，主要由一氧化碳和氢组成。1913 年，巴斯夫公司开始研究用水煤气合成甲醇，9 年后开始生产。20 世纪 20 年代，费希尔（Franz Fischer）和特罗普什（Hans Tropsch）发现，当
541 水煤气在大约 200 摄氏度，并在适当的压力下，通过布满相应的金属氧化催化剂层时，就生成了相当于汽油成分的烃类。1890 年，贝特洛（P. E. M. Berthelot）用初生氢将煤转化成了油。1913 年，柏基乌斯（F. Bergius）在催化条件下用分子氢使煤氢化。巴斯夫公司发展了这种方法，使它成了第二次世界大战期间德国极为重要的公司。

乙炔是用焦炭和石灰制造的，通过碳化钙生成。1892 年，这种

方法的商业开发由美国的威尔森（T. L. Willson）和法国的穆瓦桑（H. Moissan）同时发现（边码 523），反应所需的高温（约 2000 摄氏度）靠巨大电流通过混合物来达到。它的经济性取决于所使用的电力成本。起初，开发乙炔的目的是利用气体照明。但在 1904 年以后，氧炔焊接为乙炔找到了巨大出路（边码 459），后来又成为一种重要的合成原料。德国里普（Walter Reppe）的成果大大地促进了乙炔衍生物的工业利用，并在第二次世界大战期间用于大量生产乙炔。1943—1944 年生产达到顶峰时，仅德国就生产了 4.4 亿立方米的乙炔，其中 86% 是用碳化钙生产的。当时，欧洲主要依靠乙炔来提供乙烯及其聚合工业所需的化工原料。然而，到了 20 世纪中叶，来自石油的乙烯很快取代了用作原料的乙炔，特别是像英国这样电能较昂贵的国家。在挪威、瑞典和日本这些水电便宜的国家，乙炔仍然是一种重要的合成原料。

除了上面提及的原料，某些农林产品也可以用作特殊的有机化工原料。乙醇一直是最重要的脂族化工产品之一，自从 14 世纪蒸馏出酒精以来，就被公认是一种优良的溶剂。尤其是在 20 世纪早期，它成了很多合成化工产品的起始原料，例如乙烯、乙醛等。通过发酵来生产酒精饮料是众所周知的最古老的工业之一，一直到 1900 年，几乎都是只靠碳水化合物发酵来进行乙醇生产，低浓度的含水乙醇经过蒸馏就可得到乙醇。从甘蔗和甜菜糖提取结晶糖后，剩下的糖浆和糖糊残渣是乙醇的主要原料，然而，在德国却并非如此。德国优先 542
选用的是马铃薯，其次为谷物和木材，这些原料在发酵前要先水解。乙醇的生产仍然以发酵为主，但在像美国和英国这样一些具备石化工业的国家，大多数工业酒精仍在沿用石油衍生的乙烯来进行合成（边码 535）。

木醋酸（一种含有甲醇和醋酸的复杂混合物）是木材干馏生产木炭的一种副产品，长久以来用于生产甲醇、醋酸等化工产品，也用来生产丙酮。20世纪初，美国的木材利用从顶峰逐渐下行。一部分原因是森林减少，还有一部分原因是用了其他原料来代替。由于需要作为防毒面具特殊需要的吸附剂，木炭还在继续生产。1950年，用木材生产的乙醇只是1920年的1/4。20世纪20年代，巴斯夫公司把水煤气合成的甲醇出口到美国，与美国的木材乙醇制造商相竞争。为了报复，甲醇的关税上涨了一半（涨到每美制加仑18美分），这样便有效地杜绝了德国的甲醇输入美国，但美国的甲醇出口在1923年至1929年间也减少了一半。1950年，石油衍生的综合煤气（一氧化碳和氢气）已经取代了水煤气，用作甲醇的主要原料。

第一次世界大战前，丙酮的主要用途是制造炸药用的无烟火药。截至那时，大多数丙酮都是由醋酸钙来制取的，醋酸钙由醋酸衍生而来，醋酸又存在于木醋酸中。战争爆发带来炸药需求量猛增，丙酮供应严重不足，甚至到了用糖的发酵（乙醇和醋）来生产醋酸的地步。美国和英国试图模仿德国的工艺，通过催化作用把乙炔转变成醋酸。不过，美国了解到的专利文献中，关于乙炔变成乙醛的初始水合作用却只字未提。最终，丙酮的问题还是用了完全不同的方法来解决。为了制造合成橡胶，魏茨曼（Chaim Weizmann）对丁二烯及其衍生物进行了研究，分离出一种细菌，它能使谷物发酵，按2∶1的比例关系生成丁醇和丙酮。1915年初，英国的海军动力部对这种方法很感兴
543 趣。到了1916年，英国就有大量的丙酮可供制造无烟火药。由于魏茨曼选择了一项以英国政府支持在巴勒斯坦的犹太复国主义的协议作为对他的报答，这项工作的整个历史便充满了政治色彩。后来，他当了以色列第一任总统。

第一次世界大战期间，对合成橡胶的关注有所减弱，对魏茨曼发酵法产生的较为无用的副产品丁醇的兴趣却有所提高。战后，对丙酮的需求显著下降，丁醇及其衍生物很快找到了新的出路。20世纪20年代，醋酸丁酯成了汽车工业用的快干硝基漆最好的溶剂（边

码 601）。此前，车身漆面工艺是整个生产流程的一个瓶颈。1923 年，新成立的美国工业溶剂有限公司生产了大约 2000 吨丁醇，1924 年的产量上升至近 6500 吨。到了 1969 年，发酵法已被石油产品所压倒，美国的丁醇产量每年都保持在 10 万吨以上。

21.8 石油化工产品

石油化工产品包括了用天然气和石油所制造的化学产品。天然气也许和石油共生，更常见的是各自独立存在。原油被认为是来源于生物，这种难闻的绿色或棕色液体黏度很高，由大量的脂肪烃组成。与石油共生的天然气（“湿”天然气）除了甲烷，还含有大量易液化的烃类（每个分子有 7 个以上的碳原子），大多数（“干的”）天然气几乎全由甲烷组成。

1859 年，美国首次进行了商业化炼油，分馏出来的主要产品是照明用的烷烃（煤油）。19 世纪后期，各地所用的机器数量增大，机器的运转速度也加快了，以前用来润滑机器的动植物油已经不再适用，矿物油取代了动植物油，同时成为重要的石化产品。

随着新兴汽车工业的发展，汽油越来越贵重，石油勘探业日趋兴盛。自此以后，石油的主要产品是燃料油（汽油、煤油、柴油等），石油化工产品作为一种有价值的副产品也跟着发展起来。尽
管美国的石油衍生化工产品曾经在 1950 年占到有机化工产品总量的 544
1/3，如今在美国天然气和石油总消耗量中，用作化工原料的比例却不超过 0.7%。

起初，汽油靠直馏法获得（表 21.3），但汽车工业无止境的需求促进了汽油增产工艺的产生。1913 年，印第安纳州的标准油公司采用热裂化开拓了液相裂化的新路（伯顿法），用这种方法使长链烃的分子裂解成为适用于发动机汽油的小分子烃。不过，碳化物石油公司又采用了达布斯裂化法。直到 1925 年，气相裂化才能进行工业化生

产。新的工艺包括加氢法（1927 年）、重整法（这种方法提高了汽油馏分中辛烷的含量）和催化裂化法（用氧化铝和氧化硅催化剂），这些方法后来又用来生产化工原料。化工原料是从精炼石油中最易挥发的分馏物中得到的，重油馏分成了有机溶剂的源泉。

表 21.3　原油蒸馏及分馏物的用途

	沸点（近似值）	分馏物		产品
原油 →	40 摄氏度以下	液化石油气（C_1—C_5 石蜡烃）	→	燃料；化工原料
	40—180 摄氏度	轻质油（直馏汽油）	→	汽油；化工原料
	130—220 摄氏度	重油馏分	→	溶剂
	160—250 摄氏度	石蜡烃（煤油）	→	民用燃油
	220—350 摄氏度	粗柴油	→	柴油；工业燃料油
	—	残油	→	润滑油；石蜡；沥青

545

图 21.10　20 世纪中叶典型的化工厂。
帝国化学工业公司威尔顿工厂的这幅照片中有一套烯烃设备、两套丙烯设备和一座发电站（1956 年）。

图 21.11　到了 20 世纪中叶，化学工业从劳动密集型转为资本密集型，间歇式的生产被高度自动化的连续生产所代替。
这张照片是威尔顿的帝国化学工业公司的第三烯烃厂的控制室，1959 年。

第一次世界大战前，石化工业主要是生产单烯及其衍生物，乙烯是通过热裂液化石油气来制造的。后来，可以直接裂化制取丙烯和丁烯，也可以用炼油厂重整法和催化裂化法所得的副产品来制取，在一定压力下，低温分馏也可以达到分离的目的。最初，大多数石油化学 546
产品都是乙烯的衍生物，靠两种基本反应中的某一种来制取。用浓硫酸脱水，就生成了硫酸二乙酯，接着再进行水解，乙烯就生成了乙醇，这是不需要发酵用来生产乙醇的一种方法（边码 542）。1930 年，美国约 90% 的工业乙醇都是用发酵来制取的。到了 1939 年，占总产量 24% 的乙醇通过硫酸二乙酯制取，达 4800 万美制加仑。1949 年，这个数字达到 1.65 亿美制加仑（占 44%）。第二次世界大战后，乙烯在高压下直接水解的方法在工业上获得成功，当时已经可以利用好几种新的催化剂。1942 年，英国也开始通过硫酸二乙酯来制造乙醇，1951 年就采用了直接水解法。乙烯衍生的乙醇为多种酯类化学产品的合成提供了原料，此前这类合成工业只能依靠其他原料。

通过与次氯酸反应生产环氧乙烷的转换反应，可以得到一系列全新的化学产品。通过水解环氧乙烷制造的乙二醇，大概要耗去乙烯总产量的一半以上。最初，乙二醇用来防止冬天发生的意外炸药爆炸（这种爆炸是液态组分晶化引起的）。1927 年，联合碳化物公司把它作为一种汽车散热器的永久性防冻剂在市场上出售。利用醇的水解得到的乙二醇醚通常用来作为高沸点溶剂和表面涂料。乙烯的有用衍生物的数量增加得很快，碳化物及碳化工产品公司在 1926 年生产了大约 5 种不同的乙烯衍生物，到了 1939 年就上升至 41 种。丙烯的衍生物在 1926 年是 2 种，1939 年发展至 27 种。1930 年以后，丁烯衍生物也开始被投入生产。

1940 年以来，合成工业迅猛发展，用作原料的烃类品种数目大增，原先相当有限的产品用途变得多样化，分离的方法也得到了改进。在单烯烃的利用不断上升的同时，芳香烃的化合物、二烯烃、乙炔也都被合成，这样就有可能生产出更多的衍生物。战后，人们又采用好几种重要的新型烯烃反应法，其中有些早就被发现，烯烃的直接氧化和醇的直接水解也投入了工业化生产。1938 年，德国人发现与一氧化碳和氢反应能生产出多含一个碳原子的伯醇，例如与乙烯反应就能生成正丙醇。高温下的氯代反应能生成合成甘油，还能为塑料工业提供多种新的中间产品。

547 由于甲烷能和水反应（甲烷—水蒸气反应）而生成合成气（一氧化碳和氢气），或者与氧反应（甲烷氧化反应）去掉二氧化碳就得到氢气，天然气中的甲烷就被广泛地用作石油化学产品的原料。这样，美国基本就用甲烷来合成甲醇，不再用煤来生产甲醇。在 20 世纪前半叶结束时，已经用甲烷通过 1200 摄氏度以上的高温反应而生成石油衍生物。在欧洲，利用煤衍生的甲烷使这些反应方法得到了开发利用。

低级烷烃特别是丙烷和丁烷的氧化反应，可以有效制得一系列的氧化物（甲醛、甲醇、乙醛等）。第二次世界大战期间，用石油中的环烷烃制出了甲苯和二甲苯，苯也在不久以后成了芳香烃化工产品，这样就弥补了煤焦油所衍生的苯的不足，因为这种不足根本应对不了美国化学工业的需求。在此期间，聚合物工业的增长为石油化学工业开辟了巨大的市场。合成橡胶开发研究工作的目的是用石油衍生的丁烷和丁烯来生产丁二烯，或用苯和乙烯来生产苯乙烯。尼龙为环己烷及其研究工作开辟了市场，这样又导致了涤纶配方的产生，这种配方能使对二甲苯产生分离。腈纤维需要用乙烯或乙炔来合成丙烯腈。塑料制品依靠多种化工产品为原料，例如苯乙烯、氯乙烯、乙烯衍生的聚乙烯、甲醇衍生的甲醛等。此外，洗涤剂从一开始就是以石油的化学产品为原料的。1968 年，西方国家对洗涤剂的需求超过了对肥皂的需求。当时，世界销售的肥皂数量为 700 万吨，洗涤剂则是 1500 万吨。

21.9　炸药

大多数的炸药都含有氮—氧键，例如硝酸盐类或硝基化合物类。炸药可以分为两大类：烈性炸药不受一般震动的影响，但需要一个雷管；慢性炸药易燃而不易爆炸，爆炸时产生大量气体。硝化甘油和硝化纤维烈性炸药（甘油炸药、胶质炸药、石油脂炸药）在 19 世纪的发展，为 20 世纪的炸药工业奠定了基础。到了 1900 年，苦味酸炸药——例如立德炸药（英国）、麦宁炸药（法国）和下关炸药（日本）——在军事用途上已经代替了黑色炸药（第Ⅴ卷第 13 章）。德国的巴斯夫公司试验过多种硝化有机化合物，最后还是选取了三硝基甲苯（TNT）。引爆剂的研究工作也朝着比原来的雷管型引爆剂性能更好的方向发展。柯歇斯（T. Curtius）在 1890 年至 1891 年间研究了重氮铅化物，重氮铅化物在 20 世纪初逐渐代替了雷汞。1922 年，美国的德恩（W. M. Dehn）取得了重氮硝基苯酚的专利。20 世纪早期，电引爆得到采用。1940—1950 年，又开创了炸药新纪元——原子弹时代（第 11 章）。 548

第一次世界大战的爆发对炸药工业产生了深远的影响，TNT和苦味酸炸药被广泛采用。在德国，蓬勃发展的煤焦油工业提供了芳香烃原料，哈伯法又提供了最重要的硝酸。英国和法国起初毫无准备，严重缺乏这两种原料。到了1916年，以恢复起来的煤焦油工业供给的苯酚和甲苯辅及婆罗洲原油中的芳香烃衍生物作为原料，曼彻斯特的汽巴化学公司所属的克莱顿苯胺公司TNT炸药的产量，一下子就从战前年产200吨提高至年产3000吨。从1915年10月至1918年12月，英国共计生产了70万吨炸药。诺贝尔炸药有限公司是英国最大的炸药制造公司，属于诺贝尔甘油炸药托拉斯的一部分，它在欧洲炸药工业界具有压倒性优势。在美国，1913年前只有杜邦公司独家经
549 营军用炸药。就在这一年，赫克勒斯火药公司和阿特拉斯火药公司宣布成立。杜邦公司把资金投放在专门收购生产硝化纤维的厂家，像赛璐珞、金属漆和人造革的生产厂家。在20年代和30年代，这种改变投资方向的办法收到了效益。

图21.12（a） 苏格兰邓弗里斯的硝化纤维制造厂，1940年。

图21.12（b） 在同一家工厂里，向硝化器中放入棉花。注意工人戴着防护面罩。

工业用炸药对采矿业和筑路业是很重要的。例如，加拿大的矿用爆破促进了炸药的大规模生产。第一次世界大战前就在南非开工经营的大型炸药厂，像他们的英国总公司诺贝尔公司和基诺希公司一样，在1918年联合起来成立了新公司。这家新公司吞并了德比尔斯公司，在1924年组成了非洲炸药化工有限公司。尽管以硝酸铵为基础的炸药在这段时间受到重视，胶质炸药（含92%的硝化甘油、8%的硝化纤维素）却仍然是工业使用的最烈性炸药。

氧平衡（即能供100克炸药完全燃烧的氧的当量不足或多余的克数，完全燃烧时炸药中所有的碳和氢完全转化成二氧化碳和水）对采矿业十分重要。例如，硝基芳香烃是负平衡炸药，它不能生成二氧化碳，而是产生一氧化碳。由于矿里可能发生意外爆炸，用于矿业的炸药必须增加含氧物质（氯酸盐、硝酸盐等）。1890年，法国首先提出了炸药的安全规程。1897年，英国也采用了“安全”炸药，美国随后也列出了“安全”炸药表。1912年，这张“安全”炸药表重新制定，以后又定期予以修正。

在第二次世界大战爆发时，TNT和苦味酸炸药仍然还是优先被选用的军用炸药。人们从1899年开始就知道六甲撑四胺（RDX，或叫旋风炸药），但由于它的敏感性和造价高而没有普遍采用。当需要威力更大的炸药时，英国开发了制造这种炸药的生产技术，并由田纳西伊斯门公司率先大规模地用甲醛和硝酸铵来制造。硝酸季戊四醇（PETN）的爆炸力与RDX几乎相当，并且利用季戊四醇的硝化来制造。RDX、PETN通常和TNT配合起来制造炸弹、地雷和水雷。第二次世界大战使炸药的生产规模扩大，美国在1939年至1944年就新建了73家炸药工厂。战争期间，美国制造了3000万吨军用炸药。1912年至1951年，商品炸药总共生产了900万吨左右。 550

参考书目

Ayres, E. Raw materials for organic chemicals. *Chemical and Engineering News,* 32, 2876–82, 1954.

Coles, K. F., Kerner, H., and Porges, J. W. Chemicals from petroleum. *Review of Petroleum Technology*, 12, 337–53, 1952.

Cooke, M. A. *The science of high explosives.* American Chemical Society Monograph. 1958.

Goldstein, R. F. History of the petroleum chemicals industry in *Literature resources for chemical process industries.* American Chemical Society. 1954.

Haber, L. F. *The chemical industry 1900–1930.* Clarendon Press, Oxford. 1971.

Hibben, J. H. Organic chemicals, productions and value. *Industrial and Engineering Chemistry,* 42, 990–7, 1950.

Hoiberg, A. J. *Bituminous materials: asphalts, tars and pitches*. Vol. III. Interscience, New York. 1966.

Ihde, A. J. *The development of modern chemistry*. Harper and Row, New York. 1964.

Kirk, R. E., and Othmer, D. F. *Encyclopaedia of Chemical Technology* (1st edn.), Vols. 1–15. Interscience, New York. 1947–56.

Klar, M. *The technology of wood distillation*. Chapman and Hall, London. 1925.

Lunge, G. *Coal-tar and ammonia* (5th edn.). Gurney and Jackson, London. 1916.

McAdam, R., and Westwater, R. *Mining explosives.* Oliver and Boyd, Edinburgh and London. 1958.

Marshall, A. *Explosives* (2nd edn.). Churchill, London. 1917.

Petroleum: 25 years retrospect 1910–1935. Institute of Petroleum Technologists, London. 1935.

Reuben, B. G., and Burstall, M. L. *The chemical economy*. Longman, London. 1973.

Urbanski, T. *Chemistry and technology of explosives*, Vol. III. Pergamon Press, Oxford. 1967.

Waddams, A. L. *Chemicals from petroleum* (3rd edn.). John Murray, London. 1972.

Williams, T. I. *The chemical industry: past and present.* Penguin Books, Harmondsworth. 1953.

Wilson, P. J., and Wells, J. H. *Coal, coke and coal chemicals*. McGraw-Hill, New York. 1950.

第 3 篇　聚合物、染料和颜料

20 世纪个人生活和工业技术经历的最大变化，是由电加工材料的变革所造成。这个结论几乎对所有材料来说都是正确的，这些材料包括整个文明时期所知道的材料，例如金属或玻璃。由于加深了对它们本质的化学理解，新型材料层出不穷。但是，最大的变革是采用了性质完全新颖的笼统称为聚合物的材料，这类材料通常具有特殊类型的复杂化学结构。某些天然存在的材料也具有由相同或相似的成分结合产生的这种结构，它们包括活性机体的组合材料（纤维素、蛋白质）。后面将要介绍的这个新材料家族的某些早期成员，事实上就是天然材料的改性产物。然而，自从 20 世纪 20 年代开始研究由许多小分子顺序连接组成大分子的聚合作用以来，化学已经取得了巨大进步。 551

为了准确评价聚合物带来的变化，我们可以把 1860 年家用厨房的条件同 1960 年进行比较。1860 年，操作台、墙壁和地板的覆盖层、容器、烹调器皿和用品都是由很早就知道的材料制造的。1960 年，几乎没有什么厨房中使用的东西（至少其部分设施）不含在化学实验室中发现或发明的材料，这些材料还有洁净、多彩、抗热、透明以及任何传统材料都不具备的其他许多特性。这些新合成材料的发展将在下面加以叙述，紧接着将介绍染料和颜料。两者并非互不相关，因为新聚合物特别是用作织物的那些聚合物，都存在一个染色问题。

21.10 使用天然材料的聚合物

硝化纤维(CN) 塑料工业的开端是在19世纪，由于本书前面各卷均没有提到它们，因而适宜在这里加以叙述。舍恩拜因(Christian Frederick Schönbein)是巴塞尔大学的一位教授，早在1846年最先从
552 纸与浓硝酸和浓硫酸混合物的反应中分离出一种物质(硝化纤维)，这种物质能被塑造成人们感兴趣的容器。舍恩拜因的专利代理人泰勒(John Taylor)对英国冶金学家帕克斯(Alexander Parkes)提及这一研究工作，从而得到了第一种新塑料材料的独有配方。帕克斯认识到新生的电力工业需要一种绝缘材料来代替紫胶、角质物和杜仲胶，他用大量可以用作硝化纤维的增塑剂或溶剂的化合物进行实验，期望找到一种正确的配法制造出符合要求的新材料。帕克斯在1862年的万国博览会上展出了“硝化纤维塑料”，并在1865年12月皇家工艺学会的一次会议上展出了增塑硝化纤维(用樟脑作增塑剂)，然而这并不意味着塑料工业的诞生。1868年，帕克斯最早的硝化纤维公司停业，他留下的助手斯皮尔(Daniel Spill)最初以赛罗耐特公司(该公司于1872年倒闭)为名、后来又采用商业名称“艾沃里德”单独继续经营。

与此同时，美国正在为寻找一种象牙的替代物而悬赏1万美元的奖金，因为人们发现用象牙来制造台球有严重的缺陷。海厄特(John Wesley Hyatt)试图获得这笔奖金，他用各种各样的材料进行试验，并从1869年中期开始验证一系列专利文献所描述的硝化纤维。经过悉心研究，他得到了一项极其重要的新发现，即一种樟脑的乙醇溶液既是理想的增塑剂又是最好的溶剂，能使硝酸纤维——他的兄弟以赛亚(Isaiah Hyatt)将其命名为“赛璐珞”——被加工成适合市场销售的产品。直到20世纪70年代，樟脑仍然起着同样重要的作用，没有发现优良的代用品。海厄特兄弟在商业上开拓了这些材料的广泛用途，赛璐珞不仅用于台球、可拆卸的各种接头和衬衣袖口，也作为假牙的

橡胶替代物以及各种各样的装饰品，这些产品立即在美国得到使用。1878 年，海厄特为用赛璐珞制造的各种接头取得了注塑技术的专利权。在英国，斯皮尔与梅里安（L. P. Merriam）和海厄特赛璐珞制造公司的代表梅森（Amasa Mason）合作，1877 年建立了英国赛罗耐特公司（一个世纪后仍在英国工业塑料组织的范围内从事贸易活动）。许多年后，海厄特自己的组织最终形成了美国醋酯纤维股份有限公司的塑料部。

硝化纤维是第一种热性塑料，这种材料在加热和加压下能变成特 553
殊形状或造型，并且在这种压力除去后能够继续保持下来，整个操作过程可以被无限重复。利用具有良好力学特性的薄膜状硝化纤维，使得 19 世纪后期电影摄影术的发展成为可能（第Ⅶ卷第 53 章）。硝化纤维的全盛时期是 20 世纪 20 年代，它作为片基使用，涉及照相术和电影摄影术的整个范围。当时，英国的硝化纤维年产量达到了 4 万吨的峰值，到了 1963 年，则下降到只有这个峰值的一半，这种下降代表了采用比较不易燃烧的可成膜材料醋酸丁酸纤维（CAB）、醋酸丙酸纤维（CAP）、三醋酸纤维素（CTA）作片基材料后，世界范围内出现的一种趋势。只有第二次世界大战后专业电影胶片广泛使用的三醋酸纤维素（CTA），才能以其突出的尺寸稳定性敌得过硝酸纤维，最终还在精密的航空照相与航空摄影测量制图领域中，把仍在使用的这种较老的材料排挤出去。

酪蛋白（CS） 20 世纪初期，另一种半合成材料登上历史舞台。根据德国对一种白色“黑板”的需求，克里舍（W. Krische）和斯皮特勒（A. Spitteler）分别在 1899 年和 1900 年取得了一种加工方法的德国专利和美国专利。使用这种方法制取一种硬的、白色防水抗酸材料时，可以先用酪蛋白（脱脂牛奶中的主要蛋白质）处理纸板，接着同甲醛反应而涂覆在纸板上。第一次世界大战前，国际酪素塑胶公司就在德国生产酪蛋白产品。在英国，早期的制造业与希洛利特公司有关，它在20世纪60年代仍以酸纤维素塑料有限公司为名开展贸易。许多制造厂同美国的产品连在一起，它们的商品在不同的时期分别叫阿拉迪尼特（Aladdinite）、基洛伊德（Kyloid）和阿梅洛伊德（Ameroid）。酪蛋白的主要用途一直是在按钮和装饰艺术上，它在这些行业中击败了更新的合成材料，从而保住了自己的地位。它的吸引力在于可以用废弃的天然产物来制造，采用机械方法加工，并且具有接受几乎所有色彩和色泽的能力。

醋酸纤维素（CA和CTA） 纤维素完全乙酰化便可以得到三醋酸纤维素。这种材料是早期实验者的产品，1865年由舒岑贝格尔（P.Schutzenberger）在最剧烈的反应条件下首先制得。当然，它也是1889年至
554 1894年克罗斯（C. F. Cross）和贝文（E. J. Bevan）所做的工作和他们在1894年取得的专利。他们采用较温和的反应条件从氯化锌或铜氨溶液中沉淀出纤维素水合物，接着在结晶乙酸锌存在的条件下同乙酰氯一起加热，从而为工业生产三醋酸纤维素奠定了基础。不过，这种三醋酸纤维只溶于像氯仿、四氯化碳这类相对来说价格高且有毒的溶剂中。只有到了1954年，这种聚合物才以薄膜和纤维两种形式进行商业生产，此时二氯甲烷可以廉价买到并作为一种替代溶剂而大量制造。

1905年，迈尔斯（G. W. Miles）发现克罗斯和贝文的初次产物在适度含水的条件下可以部分脱去乙酰基，从而得到通常叫作醋酸纤维素（CA）的另一种聚合物。醋酸纤维素可溶于丙酮，能够被加工成纤维或具有较好清晰度的薄膜。1910年，瑞士的德雷富斯兄弟（Henri Dreyfus和Camille Dreyfus）制成了不易燃的醋酸纤维素薄膜，不过，这种双醋酸酯薄膜的力学性能不如硝酸纤维。直到采用薄膜状混合纤维素酯和三醋酸纤维素以前，电影胶片的片基还是优先选用硝酸纤维素。第一次世界大战中，人们用醋酸纤维素生产了一种被称为“蒙布漆”的机翼蒙布。大战结束时，德雷富斯兄弟成立了不列颠醋酯纤维公司（英国），纤维市场的发展导致了生产能力的过度增长。1921年，

乙酸人造丝可以在英国买到，3 年后也可以在美国买到。通过克利夫尔（Alexander Clevel）在 1922 年发现一种全新类型的染料，它的发展前景进一步得到了保证。这是一种分散染料，特别适合于这种纤维。1921 年，艾肯格林（Arthur Eichengrün）设计了现代注塑机的原型机，醋酸纤维成了主要的热塑性模压原料，直到第二次世界大战后被聚苯乙烯和聚乙烯所取代。

由甲醛和苯酚、尿素以及三聚氰胺制得的热固性塑料 1872 年，拜耳（Adolf von Baeyer）在德国化学公司的报告中，最先描述了由苯酚与醛反应得到的树脂产物。在美国工作的比利时人贝克兰（Leo Hendrik Baekeland）开始关注这些树脂产品，并试图用它们来替代诸如紫胶、硬质胶、橡胶和沥青等天然材料。他凭借自己的辉煌成就，成为载入聚合物史册的巨人之一。1899 年，他把“维洛克司”（Velox）印相纸的专利权卖给伊斯曼—科达公司，理所应当地发了财。他仔细 555
评价了所有以前的工作，并以他自己系统而卓越的实验获得了 100 多项专利，这些专利涉及用苯酚和甲醛制造一种稳定并且是第一种完全合成的全新材料——酚醛塑料（其中最著名的是 1907 年的“热压”专利）。与热塑性材料相反，对于这种材料来说，施加热和压力赋予聚合物最终的结构细节，从模具中脱出的材料把这种结构细节表现为一种坚硬的、不可能进一步改变形状或形态的固体。因此，这一特性被命名为热固性。

电气工程师斯温伯恩（James Swinburne，即后来的詹姆斯爵士）致力于寻找一种改进的电缆绝缘材料。1902 年，勒夫特（Adolf Luft）制造的酚醛树脂引起了他的注意。在不知道美国正进行着这项工作的情况下，他改进了制造这种热固性材料的方法，在 1907 年单独提出了他的专利申请书，这个时间刚好比贝克兰晚一天。1910 年，通用酚醛塑料公司在美国成立，立即在电力工业和汽车工业领域为产品开辟了市场。在英国，商品化的成功来得较晚。战后，斯温伯恩和贝克兰达成协议，斯温伯恩的德马硝化纤维公司（伯明翰）与大不列颠酚醛树脂公司连同其他一些较小的企业一起融合股份，在1926年至1927年组建了酚醛树脂有限公司。截至1944年贝克兰逝世时，世界的酚醛树脂产量已达每年12.5万吨，应用范围覆盖了用热固性模压塑粉、层压制件、胶黏剂、黏合剂和表面涂料制造的电气设备和家庭用品。

用酚醛树脂（PE）模压的产品具有色暗黑、单调的缺点，但用酚醛树脂铸塑可以随意着色，从而让产品更有吸引力。这种获得较明亮产品的愿望，刺激了人们用类似材料进行实验的研究工作。1928年，由英国氰化物公司作为“脲醛树脂”首先投放市场的脲甲醛—硫甲醛模塑粉是这类材料中的一种，虽然它们具有易吸水的缺点。防水性和耐热性得到改善的另一类树脂，是1935年由德国的亨克尔（Henkel）以及很快又由瑞士的汽巴公司开发的，它们以三聚氰胺和甲醛为原料制得。跟这些树脂成功一样重要的是，同时开发了三聚氰胺切实可行的制造方法，三聚氰胺则是由汽巴公司以及在美国由孟山都和美国氰氨公司发现的。上述这两组树脂的应用范围，如今仍然与酚醛聚合物相同。

556

聚氯乙烯（PVC）和聚乙酸乙烯酯（PVAC） 1912年，克拉特（F. Klatte）用乙炔合成了单体乙酸乙烯酯和氯乙烯，随后又对这种化合物的聚合作用进行了研究。截至1920年，在布格豪森的瓦克尔的厂商已经在生产漆用聚乙酸乙烯酯，它在与氯乙烯聚合时会得到一种易于加工而不分解的新材料。正如在一些独立专利中所描述的那样，美国碳化物—碳化学公司和德国法本工业托拉斯在1928年所申请的这些专利，代表了他们对于塑料发展的最重要的贡献。聚乙酸乙烯酯不能用于成形制品，它的主要销路是胶黏剂、乳化漆和制造有关的聚合物，例如聚乙烯醇。

1872年，鲍曼（E. Baumann）观察到氯乙烯在太阳光作用下得到一种粉末状固体，即勒尼奥（H. V. Regnault）1835年首次报道的一种烯烃化合物。奥斯特洛米斯仑斯基（I. Ostromislensky）在他的专利（英国专利 6299 号，1912）中描述了氯乙烯聚合后的各种形式，但它们只能在熔体（及某些伴生的分解物）中加工，制取硬质橡胶、杜仲胶和赛璐珞等坚固的替代物。它与乙酸乙烯酯的共聚物为美国 B. F. 古特立公司的西蒙（W. L. Semon）在 1930 年的极其重要的发现奠定了基础，即聚氯乙烯（PVC）可以用磷酸三甲苯酯那样的高沸点液体塑化，从而得到一种橡胶状物质。这种聚合物在 160 摄氏度时的后续加工，就如同加工塑料一样，根本不需用传统的橡胶加工方法。截至 1933 年，它在美国和德国路德维希港开始了工业化生产，这使得德国在第二次世界大战开始前在橡胶的许多应用范围中找到了一种橡胶替代品。英国在这一领域的研究计划因战争需要而加速，截至 1943 年，蒸馏器有限公司已经在生产糊状聚合物，同时帝国化学工业公司在运行一个乳液聚合装置，并生产出粒状聚氯乙烯供电力设备使用。战后，聚氯乙烯的民用市场迅速扩展（在某些情况下并不适宜的扩展），电缆绝缘材料、人造革、化工厂和包装材料均属其内。在撰写本书的时候，它与聚乙烯和聚苯乙烯一样，是以重量（吨）计的 3 种最重要的塑料。

聚苯乙烯（PS）和某些共聚物　聚苯乙烯的发明应归功于德国药剂师西蒙（E. Simon）在 1989 年所开展的工作。另一位德国人施陶丁格（Hermann P. Staudinger）怀疑橡胶结构的胶体［格雷厄姆（T. Graham），1861 年］和胶束［哈里斯（C. D. Harries），约 1910 年）］理论，通过对橡胶、聚苯乙烯（他重新给予命名）和聚甲醛的实验，在 20 世纪 20 年代提出了聚合物的大分子理论。这种理论体现于一批聚合物分子量分布的概念，以及（1935 年）由不饱和前体形成加成聚合物的链式反应机理。由于对聚合物本质理解的这些不朽贡献，施陶丁格在 1953 年获得了诺贝尔化学奖。 557

聚苯乙烯是一种透明的玻璃状材料，同时也是一种非常好的电绝缘体。在对合成橡胶兴趣明显增长的同时，这些性质足以促进德国法本工业托拉斯从1930年以来对它进行商品化开发。最后的障碍在于实现大规模地生产单体（将近战争结束时，单体年产量为10万吨），不过最近已经由巴斯夫有限公司克服。美国在战前已经出现了由道化学公司生产的聚苯乙烯，英国在卡林顿的第一个大规模工业化生产厂（从前叫石油化学有限公司，现在叫壳牌化学公司）也在1950年10月开办。毫无疑问，战后的生产必须重新面向民用。截至1962年，以消费量计算，聚苯乙烯是第三种最重要的塑料。它的应用范围在诸如家用器具、食物容器、玩具、包装材料以及品种多样的绝热材料等，进而扩展到需要具有更加耐用性质的领域。这方面受到1948年（美国）引入的在聚合物基质中含有丁苯橡胶的增韧（或高抗冲）聚苯乙烯的影响，同时，在20世纪50年代还受到了丙烯腈—丁二烯—苯乙烯（ABS）共聚物的影响。

其他一些共聚物具有弹性（类似橡胶的）性质。在两次世界大战之间，巴斯夫公司（后来作为法本工业托拉斯联合企业的成员）对合成橡胶进行了广泛研究，并以工业化的形式开发了以Buna-N和Buna-S著称的两种新产品，后者是一种丁二烯和苯乙烯的共聚物，其合成以钠作催化剂（因此简称“布纳-S”）。在德国，截至1938年，这种通用合成橡胶的年产量为5000吨。日本在1941年占领了大量的橡胶种植园，迫使美国急切发展类似的急需材料。在此情况下，GR-S（Government Rubber-Styrene）——后来命名为SBR，即丁二烯—苯乙烯橡胶——的产量从1939年的几千吨上升至1945年的82万吨。
558

聚甲基丙烯酸甲酯（PMMA）和聚丙烯酸酯 1877年，菲蒂希（R. Fittig）描述了聚丙烯酸酯是一种玻璃状聚合物，克尔鲍姆（G. W. A. Kahlbaum）在3年后也做了同样的描述。1901年，罗姆（Otto Rohm）发表了一篇论述丙烯酸酯聚合物的博士论文，提到这种软质聚合物有可能成为制造清漆或安全玻璃内层的材料。1927年，德国的罗姆和哈斯公司生产了聚丙烯酸甲酯——第一种商品化的丙烯酸聚合物。20

世纪 30 年代初期，德国的鲍尔（W. Bauer）和英国帝国化学工业公司的希尔（Rowland Hill）开始研究甲基丙烯酸的酯类及其聚合物。1931 年，希尔发现这种酸的甲酯聚合物可以铸塑成一种浅色、不易破碎和耐气候变化的透明玻璃状材料。然而，一直到帝国化学工业公司的第二位化学家克劳福德（John W. C. Crawford）开发出一种廉价的工业化合成法，它的巨大潜力才被人们所认识，这已经是 1932 年至 1933 年的事情了。这种合成法的单体是用丙酮、氰化氢、甲醇和硫酸等原料制造的，至少在大约 44 年后，这种合成法实际上仍未被修改过。1934 年，帝国化学工业公司开始商业化生产聚甲基丙烯酸甲酯——珀斯佩克斯，一直到 1945 年，片材产量几乎全都由皇家空军用来制作飞机窗口的玻璃。自那时起，这种聚合物的光学性质已经被用于显示标志和照明装置，其他的用途则是牙齿修补和汽车表面涂层。

聚乙烯（PE）和聚丙烯（PP） 哈伯法的重要价值，高压化学专家、阿姆斯特丹的米歇尔斯（A. M. J. F. Michels）同帝国化学工业公司的一次讨论，共同激发了设在温宁顿的帝国化学工业公司制碱部实验室从 1932 年开始把研究计划转向高压化学反应的影响。福西特

图 21.13 虽然聚乙烯影响到了 20 世纪下半叶才被充分认识，但它是 20 世纪 30 年代伟大的化学发现之一，这些图从左到右展示了早期的高压反应器（1937—1938 年）、水银密封的自动气体压缩机（米歇尔斯，1937—1938 年）、一个非常早（战前）的聚乙烯样品。

(E. W. Fawcett)和吉布森(R. O. Gibson)期望，在苯甲醛、苯胺以及苯存在下用乙烯实现加成反应。他们注意到，1933 年 3 月 27 日用苯醛在 170 摄氏度、1000—2000 个大气压下进行的一次反应后，有一种白色的蜡状固体涂覆在反应器的壁上，分析结果揭示出这种固体是一种乙烯聚合物。直到 1935 年 12 月，当乙烯单独被压缩时，才由佩林(M. W. Perrin)、佩顿(J. G. Paton)和威廉斯(E. G. Williams)获得了多达 8 克的聚乙烯。这种聚合物具有突出的性能，它是一种非常好的电绝缘体，具有良好的耐腐蚀性，并可以被模制成型或制成薄膜和纤维。1938 年年末，在着手进一步的开发工作后，为了评价海底电缆技术，使用了
559 第一吨聚乙烯，大规模生产则是在德国侵入波兰的那一天(1939 年 8 月 31 日)开始的。雷达的发明者瓦特爵士(Sir Robert Watson Watt，第Ⅶ卷，边码 844)指出，聚乙烯作为一种绝缘材料的实用性，使同盟国在这一领域的任务从不可能变得易于处置了。在战争时期，帝国化学工业公司允许美国拥有生产权。直到 1941 年，杜邦公司以及联合碳化物和碳公司已经建立了生产厂家。在战后，聚乙烯仍然是最主要的商业聚合物之一，应用范围包括从家用品到化工厂、从包装薄膜到玩具等。

当用于生产这种聚合物新品种的 3 种不同的低压合成法，几乎同时由联邦德国米尔海姆的马克斯·普朗克研究所的齐格勒(Karl Ziegler)、美国菲利浦石油公司和印第安纳标准油公司进行研究时，另一种聚乙烯即高密度聚乙烯(HDPE)在 1953 年至 1954 年间问世了。与纳塔(Giulio Natta)一起荣获 1963 年诺贝尔化学奖的齐格勒，长期以来在有机金属化学领域的研究兴趣不减。在研究用烷基铝做催化剂的乙烯聚合作用时，他系统地探索了一种他自己认为抑制聚合物链增长(超过约 100 个链节)的杂质。探索过程中，他发现四氯化钛具有相反的效应，能够加速聚合作用并得到实际上无支链的
560 分子量超过 10 万的聚合物。这一过程不要求高压，密度较高且较硬的聚乙烯的用途可与高压类聚乙烯相互补充。德国赫司特公司从

1955 年以来就生产齐格勒乙烯，菲利浦石油公司和美孚石油公司的工厂分别在 1956 年和 1961 年投产。

直到 1954 年，米兰工学院的纳塔及其同事采用齐格勒型催化剂把丙烯成功地聚合成高分子量的固体聚合物以前，丙烯从没有被有效地聚合过。但是，纳塔的贡献在于发现了通过改变所选用的催化剂，可以生产性质相应变化的不同立体定向型聚丙烯，连续的链节被添加到催化剂表面增长的聚合物链上。1957 年，意大利的蒙特卡蒂尼公司正式开始工业生产。聚丙烯（PP）可用于纤维、薄膜和各种各样产物的注塑。1962 年，高密度聚乙烯和聚丙烯的世界产量约为 25 万吨。

聚酰胺（PA） 1928 年，卡罗瑟斯（Wallace Hume Carothers）离开哈佛大学，随后加入了特拉华州威尔明顿的杜邦公司，着手进行目标为合成高分子物质的研究计划。他对生产可能形成纤维的聚合物特别感兴趣，提出了缩聚（正好同加聚相反）的概念，并在 1929 年用这一概念描述了从二元和二元醇反应得到的 18 种微晶聚酯，即潜在的新纤维材料。在他的著作中，对于一种聚合物的重复结构单元同其物理和化学性质之间关系的理解可谓高人一等。1931 年，他发现氯丁二烯（2- 氯代 -1，3- 丁二烯）聚合速度可以比天然橡胶的单体异戊二烯快 100 多倍，得到一种超级合成橡胶聚氯丁二烯，即人们所熟悉的“氯丁橡胶”，并在 1932 年开始进行了商品化的生产。卡罗瑟斯发表了许多有关新缩聚物的著作和论文，在 1935 年 1 月 2 日申请的一份

图 21.14 人造纤维的出现是化学工业最重要的发展之一。

此图展示了能成功地用于针织的聚酰胺的第一个样品（由杜邦公司制造）。

这种聚酰胺后来以“尼龙”的名字问世，它最初是制作长筒袜的理想材料，后来还有许多其他用途，很快便风靡全球。

专利中对各种新聚酰胺提出权利要求（在其专利范围内），包括从己二酸和六亚甲基二胺制得聚酰胺。经过近4年的开发工作后，这种聚酰胺——尼龙66（第27章）在1938年10月28日开始生产。230位化学家和工程师参与了这项开发工作，杜邦公司为此斥资2700万美元。
561 1939年，尼龙长筒袜问世，第一年就销售了6400万双。紧随较早化学纤维的畅销，尼龙压塑粉在1941年问世，但在1950年以前并不为人们所熟知。到了1962年，尼龙66、尼龙610、尼龙6和尼龙11等4种聚酰胺，已经具备了进行工业化生产的前景。

聚对苯二甲酸乙二酯（PETP） 早在1931年，卡罗瑟斯和希尔就描述了一种可以被挤出后冷拉成强力纤维的脂肪族聚酯，不过由于熔点低和太容易水解，它被证明进行工业化生产是徒劳无益的。1939年至1941年，在卡利科印花机联合有限公司实验室工作的英国研究者温费尔德（J. R. Whinfield）和迪克森（J. T. Dickson）更充分地研究了聚酯，奠定了现在命名为聚对苯二甲酸乙二酯（一种芳香族聚酯）的强力纤维和有光薄膜的基础。当时的英国军需部进一步研究后，由帝国化学工业公司在1943年鉴定了这种新合成纤维，它被称为“涤纶”并和尼龙居于同样的地位。1955年1月，帝国化学工业公司开始在威尔顿生产他们自己的“的确良”，不过杜邦公司在美国一年前便开始了这种生产。目前，聚对苯二甲酸乙二酯以纤维形式被服装制造厂广泛使用，这种聚合物的强力极高的透明薄膜同时也被大量生产。

聚氨酯（PU） （德国的法本托拉斯以及后来拜尔公司的）拜尔（Otto Bayer）在1937年至1939年间的研究成果，为卡罗瑟斯的研究提供了进一步的帮助。他发现如果另一组双功能团化合物二异氰酸酯
562 与二元醇反应，会得到具有塑料和纤维性能的聚氨酯（PU）。后来的研究表明，它们的用途可以扩展到黏合剂、表面涂料和硬质泡沫等方面。1941年，聚氨酯在德国开始工业化生产。战后，拜尔公司加紧对聚氨酯进行研究，1950年开发了弹性体，1952年又开发了软质泡沫。

尽管在战争期间曾经通过情报工作对这些情况有所了解，美国对聚氨酯泡沫的研究工作却是始于1946年，英国（帝国化学工业公司）用国产原料进行生产则要等到下一个10年。1955年，大多数工业国家已经大量生产了聚酯型泡沫。1957年，一些美国公司引入聚醚型改性体，进一步扩大了泡沫料的生产。

聚四氟乙烯（PTFE） 前文展示了很多因战争需要而加速发展的聚合物的例子，这些聚合物已经为大家所知。1941年，美国以凯内蒂克化学公司的普伦基特（R. J. Plunkett）的名字公布一份专利，第一次声称一种全新的材料为其所有。1933年，德国的拉夫（O. Ruff）和布雷施奈德（O. Bretschneider）合成了四氟乙烯。由于与铀同位素的分离（第10章第2篇）有关，氟化学在第二次世界大战中成为一个活跃的研究领域。普伦基特发现，在一个已经充满四氟乙烯的钢瓶中，尽管阀门没被打开，也没有发生任何泄漏，却没有气体被剩下，但是切割开后的钢瓶壁上涂覆了一层白色固体。在1938年偶然发现的聚四氟乙烯揭示出一种具有惊人性质的新聚合物，它对几乎每一种化学物质都是惰性的，经电弧而不炭化，完全耐阳光和潮湿，并具有超低摩擦系数等特点。这种聚合物是如此耐热，以至于它的加工方法更类似于粉末冶金技术而非通常的塑料加工。它在一个宽阔的频率范围内具有非常低的功率因子，同它的耐化学腐蚀性一起，预示了对于高腐蚀条件下的重要电气设备的潜在用途。1943年，杜邦公司开始在一个试验工厂进行生产，并在1950年开始大规模生产。1947年，帝国化学工业公司在英国开始进行正式生产，产品的早期成本为每磅5英镑，到1962年以前下降到这一价格的1/3。不过，聚四氟乙烯仍然是一种相对昂贵的特殊聚合物。

其他聚合物 20世纪30年代初，美国瑟奥柯公司宣布了一种叫作“瑟奥柯”（Thiokol）的聚硫橡胶问世。它一直是一种低产量的产品，563
由于具有特殊的抗溶剂性，它最为人们熟悉的用途是作为油泵软管使用。另一种叫作异丁橡胶的合成橡胶由标准油公司（现埃克森公司）在 1937 年第一个开发，这种最成功的共聚物混合体是异丁烯 -2- 甲基丁二烯共聚物，其中有少量的二烯以确保产品能够硫化。但是，它在 1941 年前还未开始被大规模生产，只用来满足军队需要，一直到战后才有了进一步的进展，得益于当时那些对气体只有很低渗透力的聚合物保证，能够成功地用作汽车内胎材料。后来出现的另一个进展是符合底特律 1955 型标准的无内胎轮胎，使异丁橡胶在两年内失去了 40% 的市场。然而，它独有的特性保障了它在工业中仍有广泛的用途。

早在 20 世纪 30 年代，聚丙烯腈作为一种纺织纤维的潜力就被开始熟知，但是它的继续发展受到这种聚合物既不溶解也不熔化性质的阻碍。1938 年，法本工业托拉斯纺出了第一批丙烯腈纤维，不过所用的溶剂还不能满足工业生产。1942 年，杜邦公司用二甲基甲酰胺作溶剂干纺聚丙烯腈获得成功，人们此后普遍认识到，丙烯腈同乙酸乙烯酯或氯乙烯的共聚物才是最适宜于进行工业开发的理想材料。1949 年，联合碳化物公司把含 35%—85% 丙烯腈的改性聚丙烯腈纤维用于单体混合物中。1950 年，杜邦公司又引进了丙烯腈纤维，其中改性聚丙烯腈的含量超过了 85%。除了用于纺织，把聚丙烯腈作为碳纤维产物的母体是值得注意的。

硅的研究源自基平（F. S. Kipping）1899 年至 1944 年之间在诺丁汉大学所从事的工作，以及康宁玻璃公司（美国）的海德（J. F. Hyde）在 20 世纪 40 年代的研究。海德了解基平研究情况，探索了制备其性质介于有机和全无机聚合物之间的新材料。1943 年，康宁公司第一个开始工业生产具有很宽范围的耐温性、拒水性和防黏性的有机硅聚合物，奥尔布赖特（Albrihgt）和威尔逊（Wilson）则从 1954 年起在英国采用道氏法进行生产。有机硅聚合物仍然是一种高价的特殊产品，1962 年全世界的产量总计仅有 2 万吨。

21.11 染料和颜料

化学在很大程度上提升了生活的舒适度，同时也为生活增添亮色，没有什么比眼见为实更可靠。20 世纪的历史必然充满五光十色，这种色彩大变革的基础在 19 世纪中期就奠定了，以珀金（W. H. Perkin） 564 为带头人的有机化学家们所取得的染料化学的发明如前所述（第Ⅴ卷第 12 章）。20 世纪前半叶，特别是在德国、英国和美国，致力于染料和化学制造业的工业组织机构的复杂情况和发展也在其他章节作了介绍（第 20 章）。需要指出的是，这里只能对某些有明显进展和创新的领域加以强调，其余不再赘述。越来越严格的染色度要求，特别是耐光牢度要求，成为在染料制造厂实验室中进行研究的不竭动力。

在一个几乎完全依赖德国供应染料的世界，爆发了第一次世界大战，这首先激励了英国的生产，接着是其他国家开始学习怎样制造这些现有的染料，并在后来成为染料的重要创新者。莫顿—森德纺织品有限公司是一个纺织品制造业财团，在战争爆发后仅几周，它就在英格兰的坎维岛建立了索尔韦染料公司。1914 年 11 月，在没有染料制造经验的情况下，这家公司生产了少量的阴丹士林黄 G（卡利登黄），并从 1915 年 2 月就开始大量生产。截至 1917 年 8 月，仅这家公司就在英国生产了 8 种阴丹士林还原染料和两种茜素染料。战前已经从事染料制造的其他英国公司，也在战争压力下取得了引人瞩目的结果。在英属印度，没落的靛蓝种植业复活了（第Ⅴ卷，边码 261—263），1916 年至 1917 年种植了 60 万英亩以上，约为 1913 年至 1914 年间的 4 倍。在美国，1915 年至 1919 年期间投资了 4.66 亿美元，用来建立染料制造工业。截至 1920 年，美国从最大的染料进口国变成了重要的染料出口国。1919 年，法国已经能够制造自己需要的 70% 的染料，这一比例在 1913 年只有 20%。在战争年代，瑞士的汽巴—嘉基公司和山道士公司只能借道莱茵河到达巴塞尔的航道来获得基本原料（煤）的供应，但它们在染料的生产上仍然取得了显著的进展。

565 

图 21.15　染料工业的出现是 19 世纪末期 20 世纪初期的主要发展之一。
此图展示了曼彻斯特市布莱克利的莱文斯坦厂染坊，约 1912 年。

另一个主要的发明领域是开发新类型的染料及其应用技术，以提供范围广泛的现有化学纺织纤维染色的方法。显然，在对染色机理的理解方面取得了重大进展。现在，染料和颜料不仅有传统的用途，还
566 用在塑料和橡胶着色、食品着色、印刷、显像和复制工艺以及彩色摄影技术等。

牢度　人们在查阅普卢塔克（Plutarch）著的《亚历山大的生活》（*Life of Alexander*）时发现，把耐光牢度作为一种染料是否合乎需要的质量等级来鉴定，至少可以追溯到 1 世纪。及至 19 世纪末，人们不仅认识到许多新合成染料具有易褪色的性质，而且评价了被染纤维的类型对染色牢度的影响。大约在 20 世纪开始时，一些公司拟定和出版了染色牢度的评价标准和方法，特别是拜尔公司（1898 年）和柏林苯胺公司（1904 年），他们断言“绝对坚牢的染料并不存在，阳光和雨水最终将使它们完全褪色”。大约从 1911 年起，人们对于以数字表示的染料牢度等级进行了系统的测试和校准。莫顿（James Morton）在展览橱窗里看到，自己公司（卡莱尔的莫顿—森杜尔公司）的染色纤维短时间内就

开始褪色，不仅深感震惊，而且从1902年至1903年开始对当时能到手的染料进行耐光牢度的系统评价。他决定只使用经他评估后准备投放市场的、有质量保证的那些染料，这无疑需要巨大的魄力。在1906年采取上述决定后，几乎没有发生过任何不利于森杜尔公司不褪色织物的投诉事件。许多国家（1911年在德国，1922年在美国，1927年在英国）成立了全国性的专门委员会，用来推进牢度试验方法和牢度标度的标准化，除了原来的耐光牢度，还提出了耐洗度、耐汗度和耐大量其他要求的牢度试验方法。同时，包括醋酸纤维、尼龙、聚酯纤维和丙烯腈纤维在内，一大批新的纤维品种的染色问题也都予以评价。截至1956年，超过20种染色牢度试验已经在国际范围内标准化。

图 21.16　虽然化学工业在两次世界大战之间经历了一个迅速现代化的过程，但原始条件是缓慢消失的，这张战时的图片展示了在布莱克利帝国化学工业公司染料厂的女工正在清洗容器，1943 年。

还原染料　以突出的耐光牢度为特征的一组染料是还原染料。第一种合成还原染料是由博恩（René Bohn）研制开发的，并在1901年作为阴丹士林而被采用，这是一种蒽醌衍生物。适于制作还原染料的另一类化学品是靛蓝染料，例如天然染料靛蓝和泰尔红紫。还原染料的特点在于它能以两种形式存在：一种是还原、无色、可溶形式，在染缸里被织物吸收；另一种是氧化、有色、不溶形式，织物从染缸取出后暴露在空气中，染料遂牢固地保持在纤维内重新生成。截至1910年，人们已经知道大约100种还原染料。在1920年至1930年这段时期，更多的有价值的染料加入还原染料的系列，特别是第一个确实坚 567

牢的绿色染料——加里东翡翠绿，这种染料是由苏格兰染料有限公司的莫顿在1920年发现的。1924年，能溶解的还原染料开始被采用，它不要求常规还原染料的碱性条件，因此动物纤维也可以这样染色，加里东系列染料就此成为苏格兰染料化学家取得的一项重要成就。

人造纤维染色 直到采用新合成纤维以前，染色工艺几乎只以水溶性染料为基础，这些染料通过纤维和染料间表现出某种亲和力的吸附过程而染色。这种亲和力的化学本性，或是引发染料离子和离子化的纤维之间的氯化结构（如羊毛染色），或是分子间的缔合（如氢键），例如棉花之染色。人造纤维的厌水性质，让普通种类的染料变得无效，第一种人造纤维——醋酸纤维的工业化进程，就是因为难于染色而非常明显地被推迟。不过，人们发现如果在细碎分散的状态下使用，某些不溶的氨基偶氮染料能使醋酸纤维染色。1922年，英国染料公司使用了第一种特别为这种新织物开发的所谓分散染料。这些具有可溶性的离胺染料并不稳定，在染溶过程中会分解释放出一种易为醋酸纤维吸收的不溶染料的化合物。一年后，英国醋酸纤维公司和英国染料公司同时取得一项发明，为醋酸纤维提供了又一类染料。它的工艺过程里，使用了与分散剂配合使用的某些蒽醌染料，从而扩大了染色范围，加强了染色牢度。

随着这些初期研究结果的运用，逐渐形成了使用分散蒽醌染料的聚酰胺（尼龙）、聚丙烯腈和聚酯纤维染色的技术。现在已经很清楚，这些纤维是通过一种可逆过程来染色，这一过程包括染料溶解在纤维中。由于染色是一种纤维与染色溶剂竞争的过程，优质的染料应该是它在纤维中的溶解性高于它在水中的溶解性，且对这些性质的选择比对生色基（显色的分子单元）的选择更重要。丙烯腈纤维染色的另一种途径，是设法在聚合物基体中嵌入特定的阳离子位点。有两种方法被证明是有效的：第一种是丙烯腈同少量乙烯基吡啶共聚得到可以先接受一个质子，然后再同染料分子相互作用的碱基团；第二种是用亚

568

铜离子处理聚丙烯腈纤维，前者造成的对阴离子染料的吸收力则几乎是无限的。

酞菁染料：一种全新的生色团 1927年，狄斯巴赫（H. de Diesbach）和韦德（E. von der Weid）首先报道了铜的一种深蓝色的有机化合物，这是他们研究工作中得到的一种比较麻烦的副产品。对这种化合物的说明显示，他们已经在自己的论文中提到了铜酞菁，并为此申请了专利，以保证他们的独家开发权。1928年，人们对苏格兰染料公司（后来同帝国化学工业公司合并）的一桩索赔案进行调查，它们制造的酞酰亚胺中含有一种浅蓝色污染物。酞酰亚胺生产过程要求在一个衬玻璃的壶中使酞酸酐和氨发生反应，正是这一缺陷导致了生成某种浓蓝色的含铁化合物。此外，含铜和镍的相似产物也会通过系统合成过程而产生。在1934年至1938年这一时期内，以一系列论文的形式报道了伦敦帝国理工学院的林斯特德（R. P. Linstead）及其同事所进行的卓越研究工作，这些研究表明了对大量金属酞菁衍生物的制造、性质和结构的十分有用的理解。1935年至1937年，帝国化学工业公司开始有限制地生产商品名称为酞花菁B.S.（单星坚固蓝B.S.）的铜化合物。金属酞菁染料是近于理想的颜料，光泽、稳定性和牢度都超过了所有其他颜料。尽管第二次世界大战延迟了这种颜料的市场扩展，但两种酞菁染料还是在1956年获得了巨大的商业价值，即最初的蓝色铜化合物及其绿色的十六烷氯代衍生物。这一时期世界的最大销售量在1953年达到了约750万美元，几乎为1945年的10倍。

显然，最理想的方法是设法把酞菁染料转化成适用于纺织品染色的形式。第一个成功的例子是直接用于棉花染色的一种绿松石染料，即一种在1938年取得专利（美国专利2135633号）的双磺化铜酞菁染料。后来的成功开发包括经季铵反应的铜化合物，即一种对纤维素有高度亲和力的可溶性染料（1947年英国帝国化学公司染料部），以及一种在类似于使用还原染料的条件下应用的钴酞菁染料（美国专利2613128号，1952）。

569 **参考书目**

Abrahart, E. N. *Dyes and their intermediates*. Pergamon Press, Oxford.1968.

American Chemical society. *Chemistry in the economy*. Washington, D. C.1973.

Bawn, C. E. H. *Plastics: a centenary and an outlook.* Sir Jesse Boot Foundation lecture, University of Nottingham.1962.

Beer, J. J. *The emergence of the German dye industry.* University of Illinois Press.1959.

Bradley, W. *Recent progress in the chemistry of dyes and pigments.* Royal Institute of Chemistry, London.1958.

British Dyestuffs Corporation.*The British dyestuffs industry 1856–1924.*Manchester.*c.*1924.

Campbell, W. A. *The chemical industry*. Longman, London.1971.

Forrester, S. D. The history of the development of the light fastness testing of dyed fabrics up to 1902. *Textile History,* 6, 52-88, 1975.

Greenhalgh, C. W. Aspects of anthraquinone dyestuff chemistry. *Endeavour*, 35, 134–40, 1976.

Haber, L. F. *The chemical industry 1900–1930*. Clarendon Press, Oxford.1971.

Hardie, D. W. F., and Davidson Pratt, J. *A history of the modern British chemical industry.* Pergamon Press, Oxford.1966.

I.C.I. Mond Division, *A hundred years of alkali in Cheshire,* by W. F. L. Dick, Kynoch Press, Birmingham.1973.

I.C.I. Plastics Division. *Landmarks of the plastics industry.* Kynoch Press, Birmingham.1962.

I.C.I. Publications for Schools. *Colour chemistry*. Kynoch Press, Birmingham.1972.

Kaufman, M. *The first century of plastics–celluloid and its sequel.* The Plastics Institute.c.1962.

Merriam, J. *Pioneering in plastics–the story of Xylonite*. East Anglian Magazine.1976.

Miall, S. *A history of the British chemical industry.* Ernest Benn Ltd, London.1931.

Morton, J. *Dyes and textiles in Britain: 1930.* Lecture to the British Association Meeting, Bristol, September 1930, published privately.

——.*A history of the development of fast dyeing and dyes.* Lecture to the Royal Society of Arts, 20 February 1929, published privately.

Morton, J. W. F. *Three generations in a family textile firm.*Routledge & Kegan Paul, London.1971.

Reuben, B. G., and Burstall, M. L. *The chemical economy.*Longman, London.1973.

Robinson, S. *A history of dyed textiles*. Studio Vista, London.1969.

Saunders, K. J. *Organic polymer chemistry.* Chapman and Hall, London.1973.

Schools Council, Project Technology Handbook. *Design with plastics.* Heinemann, London.1974.

Schools Council, Project Technology. *Fibres in chemistry.* English Universities Press, London.1974.

Sherwood Taylor, F. *A history of industrial chemistry.* Heinemann, London.1957.

The Focal Encyclopaedia of Photography, Vol. 2. Focal Press, London.1965.

White, H. J., Junior (ed.). *Proceedings of the Perkin Centennial 1856–1950,* American Association of Textile Chemists and Colorists.*c.* 1956.

Williams, T. I. *The chemical industry.* Penguin Books, Harmondsworth.1953.

第 22 章　玻璃制造业

R. W. 道格拉斯（R. W. DOUGLAS）

19 世纪后半叶玻璃工业的发展情况，在本书的其他部分（第Ⅴ卷第 28 章）已经作了介绍。19 世纪末，由于化学科学的进展，用于玻璃生产的混合原料（配合料）开始变得与今天人们所使用的非常相似了。虽然建造起蓄热式熔炉，玻璃制品的成型仍然需由熟练技术工人进行大量的手工操作。1903 年，鲁伯斯圆筒工艺开始用于生产平板玻璃，欧文斯制瓶机也很快研制成功。1927 年，I. S. 这种新型的制瓶机投入使用，在长达 20 年的时间里几乎完全取代了欧文斯制瓶机。到了 1930 年，平拉板玻璃和玻璃板的连续滚压、研磨和抛光等工艺相继出现并广泛应用，直到 1960—1970 年的 11 年间，才被新的浮法工艺逐步取代。引起这些快速变革的原因，一方面固然是受到经济与社会需要的推动，另一方面则是由于人们使用了更好的燃料和耐火材料（第 25 章），以及物理科学与技术方面的进步，尤其是提高了配料混合和熔化的控制与效率。 570

尽管由于光学玻璃新配方的发展，人们已经能够为市场提供几十种新型的玻璃，但是在 19 世纪末，大量生产的只是用来制作玻璃瓶和窗玻璃的钠钙玻璃以及制作高级餐具的钾铅玻璃。

1915 年，一种主要成分是氧化硼和氧化铝的新玻璃问世，它的热膨胀系数很低，不久就被用来制造各种化学仪器和家用烤炉盘。在新兴的电气工业中，生产阴极电子管和新的金属蒸气放电灯需要用到多种特殊的玻璃。照相机行业、摄影事业以及航空摄影的发展，导致对更高质量的新型光学玻璃的市场需求。此外，汽车工业对高质量平板
571 玻璃的需求量增大。到了 1950 年，玻璃工业已经成为一个建立在工程技术与化学工艺基础上的现代机械化行业。在有限的篇幅内，我们只能通过一些个别的事例来说明这种巨大的变化。附在本章后面的文献目录给大家提供了进一步的参考线索。

22.1 玻璃配合料与原料

化学仪器和烹饪器皿玻璃 在 20 世纪的最初几年间，越来越多的玻璃公司开始聘用化学家，这种情况在美国尤为突出。1915 年，康宁玻璃公司从变更玻璃原料成分的计划开始，已经能够大批生产一种热膨胀系数很小的硼硅酸盐玻璃。与热膨胀系数为 9×10^{-6}/ 摄氏度的典型钠钙玻璃相比，这种玻璃的热膨胀系数仅约 3×10^{-6}/ 摄氏度。表 22.1 列出了这种和即将提到的几种玻璃成分的近似数据。

一个物体抗温度急变的能力与它的热膨胀系数成反比。例如，假若一件由钠钙玻璃制成的物件可以承受从 80 摄氏度的水中取出后立即放入 20 摄氏度的水中，那么一只同样形状和尺寸的新型玻璃器皿则能够经受住由 200 摄氏度的初温骤然放入 20 摄氏度水中的温度变化。事实上，200 摄氏度的初温相当于一台家用炉子的中等温度。虽然玻璃器皿的尺寸大小并未规定，但它显然在通常情况下可以从炉子中取出后再进行自然冷却而不会损坏。毫无疑问，硼硅酸盐玻璃已经成为制作化学仪器的一种极为重要的材料。

电气工业用玻璃 电气工业广泛而又迅速的发展提升了对于新型玻璃的需求，电流通过密封在玻璃管中的导线流入灯泡里的灯丝中。在制造灯泡时，人们把玻璃加热软化，使它能够将导线紧紧地夹在其中，并在玻璃与金属之间形成一个真空的封口。虽然钠钙玻璃的价格

表 22.1　某些商业玻璃的近似成分*(重量 %)

	SiO_2	Al_2O_3	CaO	Na_2O	MgO	PbO	K_2O	B_2O_3	BaO	ZnO	F	La_2O_3	ThO_2
容器玻璃													
1925	73	0.5	9	17									
1935	73	1.0	10	16									
1950	73	2.0	10	15									
1970	74	2.0	10	14									
平板玻璃													
19 世纪	71.5	1.5	13	14									
圆筒式加工	72.5	1.5	13	13									
傅科工艺	72	0.5	10	14	3.0								
铅重晶玻璃	56	1.5		4		30.0	7						
烹饪器皿用硼硅玻璃	80	3			4			12					
抗纳气侵蚀玻璃	23	23	10	6				37					
抗汞气侵蚀玻璃及“E”玻璃	55	22	14					7	3				
乳色灯具玻璃	60	10	5	8.5			2.5	1.5		9	4		
光学玻璃													
专用钡冕牌玻璃	10.5							24.5	27.0	4		18	13.5
专用钡火石玻璃	15					9		15	32	2		13	11
普通灯用火石玻璃	53			5	35	8							
钡火石玻璃	43			1.0		33	7.5		10	5.0			

* 除另有说明者，其余数据均取自 1950 年。

最为便宜，但当它紧夹导线时会在导线周围出现脱色，产生气泡甚至破裂。不久，人们便证实了这是极微弱的电流通过两条导线间的玻璃而引起的。钠离子在电场作用下运动，发生电解而导电，这种情形同钠离子在水溶液中的运动一样。自从 17 世纪末在英国使用了铅质水晶餐具以后，人们发现钾铅玻璃比钠钙玻璃的电阻大得多，用它来夹
573 金属导线就避免了由于电解造成的破损。

幸运的是，这两种玻璃的热膨胀系数十分接近，用钠玻璃做成的灯泡外壳能够很好地熔化并粘接在包住金属导线的铅玻璃管上。最初密封在玻璃管内的金属导线是用铂制作的，很快便被有较厚镀铜层的铁—镍导线所取代。这样，金属导线和玻璃管的净径向热膨胀一致，受热时也不致脱开或破损。在制造大功率的灯泡和阴极电子管时，还用硼硅玻璃来做外壳。随后，人们又对这种玻璃的成分作出进一步改进，使之与钼或钨丝的热膨胀系数相适应。

1930 年前后发明的金属蒸气放电灯，即现在广泛用于街道照明的汞灯和钠灯，又提出了一系列新的问题。人们发现这些热金属蒸汽的活性很强，几乎不含二氧化硅的玻璃适合于做钠灯，汞灯则需要用一种不含钠的玻璃。比起普通玻璃来，这种可以抵抗钠蒸汽侵蚀的玻璃的黏滞性要低得多，因此必须在钠钙玻璃管的内壁涂上一层薄膜来加固。这种镀层是通过一种被称为“玻璃套料”的传统工艺来完成的，加工时，这种软玻璃聚集在烙铁上，随着进一步加热涂覆在承载玻璃上面，然后再把这种复合玻璃材料拉制成泡壳。人们还发现不含钠的玻璃特别能够阻挡潮气的腐蚀，另外一种成分相似的玻璃则被大量地用来生产玻璃纤维。

光学玻璃　为了满足制造高质量透镜的要求，设计师们需要有折射率不同的一系列玻璃，它们的折射率随光波波长变化（折射率随波长变化的现象称为“色散”）的方式也各不相同。对于现有的许多玻璃而言，在折射率与色散度之间有着相同的一般对应关系。但是，人

们还发现了一些新型玻璃，特别是某些含有大量稀土的镧系氧化物的玻璃，具有我们所需要的这种性质。

容器玻璃和窗玻璃 由于玻璃熔炉的改进和机械化成型加工技术的采用，常规钠钙玻璃的成分亦有改变。在减少其中的苏打含量并添加少量氧化铝之后，生产出的玻璃容器有了更好的稳定性，增强了它们在潮湿环境中的抗腐蚀能力。这些变化还导致一种速凝玻璃的出现，从而使生产率得以提高。随着耐火材料和熔炉的改进，更高的熔融温度使得玻璃中的钠含量进一步减少。在平板玻璃生产中，人们发现最 574
佳操作温度与最快反玻璃化（反玻璃化意即在玻璃中产生了晶体）温度恰好能够吻合。用氧化镁来取代玻璃中的部分石灰，解决了这一棘手的问题。

22.2 配合料原料

用白云石来取代石灰石，可以很方便地把氧化镁加入平板玻璃中。此外，许多其他的新原料可以用来做助熔剂。如果要想得到具有鲜艳颜色的玻璃，所有的原料必须最大限度减少铁杂质的含量。因此，生产玻璃用的砂石都要经过严格的挑选。欧洲的某些沉积岩只需要用水冲洗，就能够达到所需的纯度标准。在英国，采用浮选技术来清除重质矿物在经济上是可行的，当然可能还要经过破碎、磨细、筛分等工序。

当前，人们把各种原料贮存起来，以便输送到自动的配合料称重与混合装置中，这样就能保证供给一定数量经准确称重而又充分混合的配合料。与迟至 1940 年还可以偶然看到的用铁锹对堆在地面的原料进行手工混合的方式相比，这无疑是一种巨大的进步。

苏打粉和石灰石 到了 1900 年，生产纯碱的索尔维工艺在工业生产中站稳脚跟，用这种技术生产的纯碱达到很高的纯度，成分十分稳定。大多数国家都蕴藏有不含铁的石灰石。在美国，纯碱产量的增长与玻璃工业的发展密切相关。1867 年的《科学美国人》(*Scientific American*) 报道，美国还不能生产出哪怕是一磅纯碱。但在 1869 年，就建立了一家显然是用老式的勒布朗工艺来生产纯碱的公司，随后在 1881 年又引进了索尔维工艺。1899 年，通过匹兹堡板玻璃公司的创始人之一皮特凯恩 (John Pitcairn) 的努力，建立了哥伦比亚化学公司。到了 1920 年，匹兹堡板玻璃公司终于把它吸收为自己的一个生产部门。1935 年，美国的五大企业组织生产的苏打粉就有 60 万吨用于玻璃工业。1949 年，纯碱的消耗量已经猛增至 110 万吨。

575 22.3 熔炉与耐火材料

由西门子 (Siemens) 发明的蓄热原理 (第 V 卷，边码 58) 引起了在熔炉中玻璃连续熔化技术的发展。这种熔炉主要由一个长方形的耐火容器和它上面的一个半圆拱顶构成，这个拱顶给玻璃上面的燃料提供了一个燃烧空间。一种为薄板玻璃制造机供料的最大的熔炉可以容纳多达约 2000 吨的玻璃，一些大型的容器制造厂的熔炉也能装下 500 吨左右。熔炉中，玻璃的最大深度大约是 1.5 米。一座容量为 500 吨的熔炉，玻璃液面的面积约为 220 平方米，即 11 米 ×20 米。

从熔炉的一端不断加入混合均匀的原料，熔融的玻璃从远离进口的另一端引出，源源不断地输送到加工机械中。这一通过熔炉的玻璃流，即所谓炉子的“出料量”，其实是在玻璃受热扩散过程中因存在热梯度而与热流同时产生的。在大批原料熔化的过程中，不可避免地要出现各种成分混合不匀的现象，只能通过一批原料熔融时的扩散过程而消除，但扩散只在局部范围内才有效。这一扩散过程的范围必须扩大，以使不均匀程度有所减弱。在生产光学玻璃的时候，一般通过搅拌来达到这一目的，在常规的熔炉中则由熔体的对流来实现。当炉温升高时，对流和扩散的速度加快。在用燃油取代了发生炉煤气后，蓄热炉的高度增加，体积扩大，熔炉可达到的最高温度值也相应提高了。然而，在高温条件下，玻璃熔体的活性很强，因而只有在出现更能耐高温的耐火材料后，操作温度才可能得到进一步提高（第 25 章）。容器玻璃槽炉的操作温度从 1929 年的 1300 摄氏度提高至 1950 年的约 1470 摄氏度，到 70 年代则达到了 1550 摄氏度左右。

1920 年，人们已经把耐火土砌块或天然砂石用在熔炉的炉底和炉壁上。通过化学分析发现，所谓耐火土其实就是那些氧化铝含量高的黏土，天然的硅线石、蓝晶石及红柱石（所有这些矿物都含有 $SiO_2 \cdot Al_2O_3$ 的成分）都能够被用作耐火材料。加热时，这些耐火材料分解成为莫来石（$3Al_2O_3 \cdot 2SiO_2$）及方石英（SiO_2）。华盛顿的地球物理实验室研究后证实，莫来石是一种熔点最高的二氧化硅与氧化铝的化合物。1925 年，康宁玻璃厂的富尔彻（G. S. Fulcher）获得了一项由一定配料熔融后浇铸为耐火材料块的技术专利。人们原先以为熔体冷凝时形成的是莫来石，后来发现刚玉（Al_2O_3）首先以一种亚稳态凝结出来，剩下的是一种含硅量较高的液体，莫来石从里面以块状大 576 量析出。这样，耐火块中除了含有刚玉和莫来石，还有一种玻璃物质，这种物质可以减缓冷却压力，使耐火块在冷却过程中不致裂碎。为了减少裂碎，富尔彻尝试在熔融液中加进了氧化锆（ZrO_2），于是在 1926 年取得了一项生产含有 10%—60% 氧化锆耐火砖的技术专利。1942 年，使用含有 31%—42% 氧化锆的耐火砖，有效地解决了熔炉的耐热问题。此外，熔炉的炉顶采用了硅砖。人们对各种氧化硅混合物二元系统的平衡研究，导致了对这种混合物最佳组成和胶接材料使用的认识。

大约在 1885 年，美国开始使用天然气，工业生产部门首先把注意力转向这一领域。随着最初获得的天然气的枯竭，许多工厂开始使用发生炉煤气。但是，更多的天然气很快从得克萨斯州通过管道输出。由于各种生产过程中的运输费用上涨，使得天然气行业迅速扩展到全美国。

欧洲首先使用的是发生炉煤气。每逢周末，工厂都不得不停工，用燃烧的办法来除去烟囱中积存下来的煤灰。这样，在下星期一的早晨就可以重新开始正常生产。采用燃油后，免除了使用发生炉煤气带来的种种问题，提高了生产效率，因而受到广泛欢迎。

表 22.2 可以说明熔炉的发展情况。表中列举了英国在使用熔炉方面的一些有关数据，显示出蓄热炉的高度、炉温和炉效率的演变情况。其中，所谓炉效率即 24 小时内从炉中获得每吨熔融玻璃所需要的炉底面积，熔炉的使用寿命是它在一次停工大修前的连续运行时间。如前所述，最先促使蓄热炉高度增加的动因是所谓第二代吹瓶机的发
577 明，这种吹瓶机要求把熔融玻璃直接注入模具。此后，为了使熔炉排出的废气与进入的助燃空气有效地进行热交换，人们又设计了更好的蓄热炉。

表 22.2　1929—1970 年间熔炉发展情况

年份	炉温（摄氏度）	蓄热炉高度（米）	炉效率（平方米 / 吨）	寿命（月）
1929	1300	3	2	8
1950	1470	10	1	24
1970	1550	10*	0.5	48

* 此处系指用燃油作燃料。

在玻璃容器制造方面，用电能来熔化玻璃的加工手段得到了日益广泛的应用，人们把钼或石墨电极直接插入炉壁或炉底，这一强大的能源或者说增强器，使得熔炉有可能获得更多的玻璃。由电加热产生的附加循环现象增加了玻璃的均质性，相对便宜地获得了高质量的玻璃。

与此同时，全电熔炉也很快得到了普遍推广。在瑞士，夏季廉价的水电可以充分地供给电熔炉，在冬天枯水季节，这些炉子可以用油来加热。为了生产膨胀率极低的硼硅玻璃，有人还设计了一种有趣

图 22.1　一台在电熔炉的熔融玻璃表面铺开配合料的设备。

的加热炉，每一批原料都可直接添加到熔融物的上面。这种炉子不再需要炉顶，厚厚的配合料结壳足以保持熔炉内的热量。未来，根据这一原理设计的高温熔炉有可能会越来越多，尤其是随着环保意识的增加，人们将更多地关注各种形式的工业废物的控制问题。

22.4　平板玻璃 578

前面已作过介绍（第Ⅴ卷，边码 678）的鲁伯斯圆筒工艺一直使用到 1933 年，才被一种从熔炉中连续拉出平板玻璃的工艺所取代。这种工艺是在 1857 年由匹兹堡的克拉克（William Clark）最先发明并取得专利，它发展为商业化生产的过程也在第Ⅴ卷中作过描述。然而，直到 1913 年，它才开始大规模的商业生产。

薄板玻璃是从槽炉直接拉制而成的。当玻璃还处于柔软状态而仅与空气有接触时，它的表面就已经形成了，这种情况常被描述为“火抛光”。从拉制机械中拉出来的连续薄板玻璃先要通过一个退火室，随后再按一定的长度进行切割，切出的玻璃便可以被使用。相比之下，玻璃板的生产则是将熔融玻璃从炉内引出，再流向滚筒之间压制成连续的扁“带”，宽度可达数米。压制的作用使玻璃形成粗糙的表面，随后必须进行研磨和抛光。这样生产出来的玻璃板的质量要优于薄板玻璃，薄板玻璃一般仅限于安装玻璃窗，玻璃板则用在汽车上，制作各种镜子以及安装商店的橱窗。

1900年，玻璃板制造业仍然沿用早在1687年便由法国人发明的非连续加工技术。在这个加工过程中，池中的熔融玻璃被浇注在一个铁制平台上，再经滚压成薄板，随后进行研磨抛光。汽车工业的发展对玻璃提出了日益增大的需求，同时刺激了玻璃板连续加工技术的出现。1920年，福特汽车公司发明了带状玻璃的连续生产技术，随后与英格兰圣海伦斯的皮尔金顿兄弟公司合作，把这项发明投入了商业化生产。这个老牌的玻璃制造公司发挥熔炉操作上的丰富经验，让这项技术发明很快转化为商业生产中的巨大成就。为了研磨抛光玻璃板，首先把粗糙的带状玻璃按一定尺寸切开，安置在一块大而平整的抛光台上，一面一面地分别进行加工。1925年，皮尔金顿兄弟公司又发明了一项连续研磨抛光的技术。到了1937年，这项技术已经改进到这样的地步，待抛光的玻璃连续不断地从机器上推出并从研磨头之间通过，从而实现对两个面同时进行研磨。这种连续研磨设备的长度是652.5米，新式的双面研磨抛光机则有406米长。现在，这两种机器
579 都遭到淘汰，几乎完全被皮尔金顿公司在1952年发明的浮法工艺所取代，这一技术所用设备的长度为197米。

1913年，浇铸玻璃的工效只有每人每小时0.093平方米。1923年，早期连续研磨的抛光机把效率提高到每人每小时0.42平方米。1956年，双面研磨抛光机把这一效率提高到每人每小时1平方米。1970年，浮法生产设备又把人均生产效率提高了一倍以上。与生产率的不断提高相适应，对玻璃板的需求量也在不断增长，新的就业机会也增加了。

以皮尔金顿兄弟公司为例，雇用的工人数从 1854 年的 1350 名增加到 1923 年的 1 万名，1953 则达到了 1.9 万名。

直到 1959 年年初，浮法技术在商业上的成功才完全公开。及至 1970 年，许多国家的企业都已经获得用浮法技术来生产玻璃的许可。这是一项相当重要的革新，有必要在此简要介绍，虽然它略微超出了我们所直接关注的时期。

连续玻璃带从熔炉中流出，沿着熔融状态的锡液表面通过，为防止氧化，锡液盛在一个充满气体的密封容器内。由于液态金属的表面十分平整，仍处于流体状的玻璃沿其上面通过时，便形成了平板玻璃的一个面。在周围的热作用下，玻璃板的上表面也形成了一个火抛光平面。玻璃的比重和表面张力决定了浮动玻璃带的自然厚度约为 7 毫米，但是通过对这条玻璃带从长度方向上的拉展和两侧的限制，目前可以生产出的浮法玻璃的厚度为 2—7 毫米。图 22.2 是浮法玻璃制造工艺的示意图。由计算机控制的切割装置与这一流程相连，它按最佳的尺寸把玻璃带切割成块，使得最终剩余的玻璃损耗最小。 580

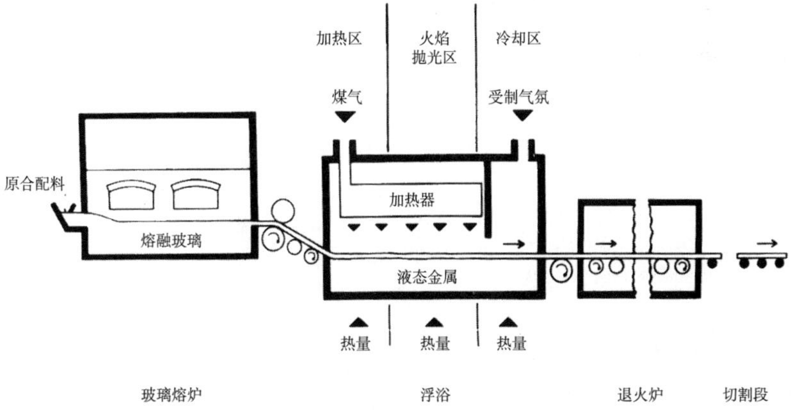

图 22.2 浮法玻璃工艺流程。

22.5 玻璃容器

欧文斯制瓶机 阿什利半自动制瓶机（第Ⅴ卷，边码 674）首次确立了制作瓶口和瓶颈的基本原理，以后的各种制瓶机都沿用了这一工艺规程。由于在手工操作过程中瓶口部分总是最后完成，因此对瓶颈和瓶口还要进行打磨（图 22.3）。当其余的玻璃完成瓶子的最终造型后，机器就将瓶颈和瓶口握住进行打磨。所有的制瓶机都需要喂进一块与制成的玻璃瓶等重的熔融玻璃，这一难题最早由欧文斯用他的吸取装置来解决。吸取装置中安装了一些操作杆来推进模具，于是便能够从安装在炉口的旋转罐中不断地吸出适量的熔融玻璃，模具操作杆在旋转罐的某一个点处移动，这个点正好对着炉口，熔料便从炉中源源不断地流进模具中。这种机器的直径大约是 4.5—5.5 米，其外部每分钟旋转 2—7 转。熔融玻璃被吸到

581

图 22.3 袋形瓶的手工打磨。

形成“毛坯”的模具中以后，首先形成待制物件的大致形状，然后再把毛坯移入吹模中吹制成预定的形状。一般来说，生产340克啤酒瓶的机器大约有10个冲头，每一冲头又可同时制造两个瓶子，一台这样的制瓶机每分钟大约生产60个这样的啤酒瓶。

图22.4　一台欧文斯制瓶机，其直径大约有16英尺，吹制铸模位于机器的底部。

早在1898年，欧文斯（M. J. Owens）就在美国研制出第一台试验性的制瓶机，但直到1904年才开始成功地投入生产。1907年4月，英格兰曼彻斯特附近的一个模型工厂安装了一台欧文斯制瓶机（图22.4）并投入运行。欧洲大陆的玻璃制造商们应邀前来参观这台机器，直接面对购买这一专利在欧洲使用的机会。即便这一宣传未见成效，欧文斯公司可能也会继续推行促进欧洲玻璃业发展的雄心勃勃的计划。欧洲的厂家们被迫联合起来，集资60万英镑购买了这项专利。截至1913年，有164台欧文斯制瓶机在运行，其中德国24台，加拿大6台，奥地利6台，英国5台，法国、荷兰、墨西哥和瑞典各有1台。

进料机：I. S. 机　不久以后，出现了一种不同的加工方式，玻璃“料滴”（重量和形状都正确的玻璃块）从进料器中生产出来。这是一段长长的管道（约为0.5米×0.5米×3米），玻璃熔料从熔 582
炉流到管道中，因重力的作用再加上活塞的帮助经管嘴流出（图

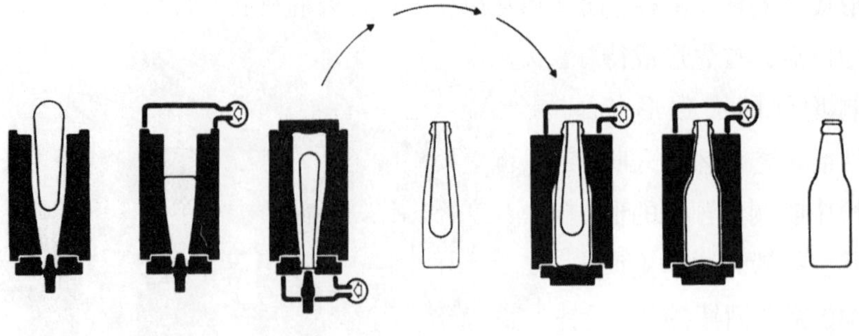

图 22.5 “单胚”进料器。

22.6）。图 22.5 说明了由玻璃块到玻璃瓶的加工过程。

人们设计出各种不同的机器来制造玻璃瓶，其中有的是吸入机，大多数则是加料馈送机。1925 年最早采用的单个 I. S. 机，现在已经广泛地应用于生产，用这种机器生产的玻璃瓶已经占总产量的 90% 以上。它改变了欧文斯发明的旋转盘方法，代之以一个滑槽系统，其

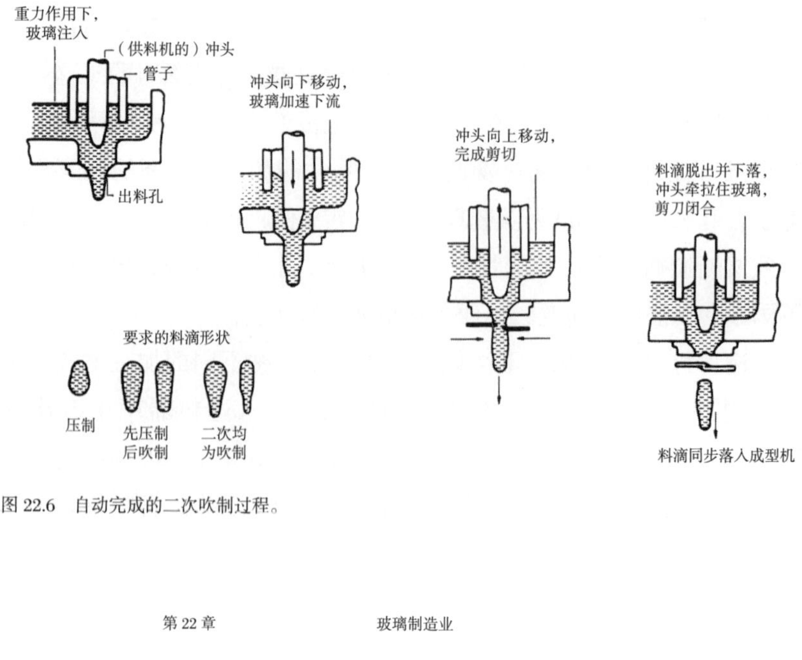

图 22.6 自动完成的二次吹制过程。

中有若干个排列整齐而又相互独立的传送玻璃料滴的转台。这种机器的发明具有十分重大的意义，因为它避免了早期制瓶机中旋转盘运转 583
的沉重负荷。另一方面，更大优点还在于，它的每一部分实际上是一件便于维修保养的完整的机械单元。毛坯被传递给吹模时，成型的瓶颈就立刻被送回到毛坯模中，这样机器就能够在把一个瓶子吹成其最后形状的同时，又形成下一个毛坯。同那种在旋转台上大部分时间都空置着的模具不同，这种机器中的每个模具几乎都没有闲置时间。I. S.
机生产过程的重叠周期增加了每个模具的生产率，因而每一模具都比 584
在旋转机上生产出更多的产品。现在，排列着多达 8 个工位的制瓶机已经生产出来，可由能同时制出 3 个玻璃胚的进料器供料。当两个或三个玻璃料滴送入机器中时，它们分别由几个带有两个或三个内腔的模具进行加工。一台由双料滴送料器供料的八工段 I. S. 机，每分钟可以生产出 84 个重量为 300 克的玻璃瓶。

目前通用的包括注流孔、活塞和剪刀的进料器如图 22.5 所示，早在 1922 年，便由美国的哈特福德·费尔蒙特尔公司研制成功并用于生产。1920 年，欧文斯式吸入机生产了 30 亿个玻璃瓶，料滴馈送机则生产了 20 亿个。1927 年，两种形式的机器各自制造了大约 30 亿个瓶子。此后，用欧文斯机生产的玻璃瓶数越来越少，用 I. S. 机生产的数量越来越多。1950 年，美国制造了 150 亿个玻璃瓶，英国大约为 25 亿个。可以对比的是，美国 1905 年的玻璃瓶总产量——包括手工、半自动和机械化生产的——大约是 17 亿个。

伴随着容器制造业的发展，新兴市场得以开拓。1918 年，牛奶不是被盛在奶瓶里递送的，甚至在伦敦，牛奶还是从装在手推车上的大奶罐中舀出沿街售卖。但是，到 1950 年的时候，英国就生产出了 2 亿多个牛奶瓶。越来越多的食物、饮料、药品和化妆品，都是由玻璃容器来盛装。表 22.3 列出了英国在 1918 年和 1950 年生产的用于各种不同产品的玻璃容器的数量。

表 22.3　各种玻璃容器的产量

	容器的产量（百万）		
	1918 年	1950 年	1970 年
啤酒瓶、果酒瓶等	88	288	
葡萄酒、烈酒、矿泉水瓶	88	417	
果酱瓶、水果瓶	63	504	
化学品、药物及化妆品	174	911	
肉罐头、鱼糊	22	81	
其他	126	958	
总产量	561	3159	6000

1950 年，特种玻璃容器的产量已经无足轻重。然而，甚至到 20 世纪 70 年代中期，在少数地方仍有小批量半自动化生产这种玻璃的
585 情况。机器制作的玻璃容器是按照固定的重量和大小来复制的。例如，1960 年 1 品脱的牛奶瓶按照高 21.336 ± 0.114 厘米、直径 7.62 ± 0.101 厘米的尺寸来加工。这样，机制玻璃瓶的容积便得到严格的控制，一些特殊类型的瓶子尺寸误差限制在 ± 0.2% 的范围之内。各种型号玻璃瓶的凸缘与瓶口的重现性使瓶子的密封十分方便，一定的尺寸、形状和容量又使人们有可能设计出能够很快把容器注满的机器。一台这样的机器每分钟可以装满约 300 瓶自动注入的液体，例如牛奶或威士忌酒等。

玻璃容器的造型　由于自动化机器生产的玻璃瓶规格统一，人们就有可能在设计时努力使它们获得最大的强度。例如，一只玻璃瓶在受到外部压力或碰撞时，应力的增大往往出现在瓶底和瓶壁交界处。如果增大容器的曲率半径，去掉急剧弯曲的部分，容器的强度也会随之增大。通过修改玻璃瓶的外形，可以减少发生在这一点上的外部碰撞。这样，就能大大增强容器的强度。

一些专用玻璃瓶的重量也在逐步减轻。1920 年，英国 1 品脱的

牛奶瓶的重量为 560 克，1960 年就减轻至 400 克。在美国，1 夸脱的牛奶瓶也从 1932 年的 700 克减至 1940 年的 500 克。

现在，玻璃瓶的表面防护问题已经受到充分的关注，因为人们发现玻璃的强度由表面状态所决定，表面撞伤与擦伤的程度对强度也有很大的影响。因此，把玻璃瓶送入退火炉之前，需要先涂上一层氧化锡，并在冷端再涂上各种有机涂料，这些有机涂料使得玻璃容器表面相互之间更易滑动，强度有了很大的提高。在某些地方，热端加工工艺被称为镀钛，这是因为在这里最先使用了钛和锡的化合物。现在，人们经常使用的几乎全都是氯化锡，它们受热分解在玻璃表面形成了氧化锡涂层。

劳资关系　玻璃制造业在工艺技术上的许多改进，最初总要受到行业工会的抵制（第 5 章），因为人们总是担心这会带来失业的后果，但是最后出现的是截然相反的情况。

在 1903—1909 年这段时间，美国的玻璃工会同意用三班工作制来取代传统的两班工作制，因为三班工作制能为更多的吹玻璃工人提
供就业机会。但是，在玻璃行业中引进半自动机械时，却出现了劳资 586
双方的首次对抗，机器操作人员要求较高的计件工资，以图延缓这些机器的使用。最后，为了同这些新式机器展开竞争，工会不得不逐步降低在手工作坊中的协议计件工价。

在这之前，还有过在使用熔炉问题上的劳资对抗。尽管如此，在 1948 年，美国吹玻璃工人协会主席还是宣称，在玻璃制造行业中刚刚使用自动化机械时，协会仅有 1 万名会员，但在玻璃生产已经完全实现机械化后，有会员资格的人数却达到 3.8 万名，并且还在继续增加。在英国，产量从 1920 年到 1950 年增长 6 倍，雇用的工人数则增加了约 50%。自 1950 年以来，玻璃制造行业在产值和效益方面的增长相当惊人。1970 年，英国共生产了 60 亿件玻璃容器，美国则生产了 380 亿件，几乎达到平均每人每天有 1 件的程度。

22.6 电气工业

韦斯特莱克和康宁带式玻璃成型机 在电气工业中，为生产电灯和电子管，需要把玻璃制成玻璃泡，并制成导管来把引线箍紧（第18章，边码448）。20世纪初才出现的这一新兴产业迅速地发展起来，到了1950年，一台机器每分钟能够生产出1800个玻璃泡，这些机器由美国康宁公司研制生产。1950年，在英国唐克斯特附近也安装了一台这样的机器，采用焦炉煤气作燃料，当时它生产出来的玻璃泡能够满足整个欧洲电灯工业的需要。

第一台韦斯特莱克玻璃泡制造机采用吸入式进料，它是人工吹玻璃动作的某种机械化。机器的转盘与一系列吹管相连，顶部则装有两个进料臂，吸出玻璃料滴并使之坠落到吹管上，用机械的方式固定起来。随后，吹管转动，对玻璃料滴吹气，一直转动到垂直向下的位置，在已经形成的玻璃毛坯外面套上一个模子，这样就吹出了一个玻璃泡壳。制出的玻璃泡坠落在一条传送带上，输送给另一台机器加工。在这台机器上，用环状的火焰把与吹管相连一端的那些起固定作用的玻
587 璃烧化。这类机器的出现缩短了吹管的长度，并且马上使那些直接使用吹玻璃铁管的工人明显减少了。

康宁带式玻璃成型机以一种全新的原理为基础，依靠从炉中流出的大约2英寸宽的一条连续的熔融玻璃带，而不是一个个玻璃料滴。这条玻璃带先从两个模压块之间通过，压成适当尺寸，玻璃带上的压痕像装在上面的一排煎蛋锅。接下来，这条玻璃带从两个履带输送机之间通过，底部的输送机配有模具，上部的输送机带有吹气装置，这样在对它们吹气之后便可制成许多泡壳。在传输履带的末端，经过足够的距离使泡壳冷却后，便可将它们从玻璃带上取下，玻璃带上的残留部分则作为碎玻璃与废品一道送回炉中重新熔化。这种机器只要稍加照管即可正常运行，一个四五人的班组就足够管理两三台机器了。这是玻璃泡由手工吹制以来的一项重大革新。当时，手工生产的危险

情景曾经让每个参观者惊异不已。吹制平台的周围是一台 5 个出料罐的熔炉，每个出料罐旁又有多达 4 个工人同时工作，每人每分钟要吹出好几个玻璃泡，红热状态的玻璃泡还要在每位工人的吹管端部不停地摇晃。

制管机　灯泡行业还需要的另外一种产品是玻璃管。20 世纪初，玻璃管的生产仍然采用传统的方法。玻璃工人先把一大滴熔融玻璃聚在吹管的末端，从吹管的另一头吹气促使玻璃膨胀，生成一个厚壁的大玻璃壳，再把一根铁杆（一种预热后的工具）附着在玻璃壳的底部，然后一个工人握住铁杆并不断转动，另一个工人手握铁吹管不时向里吹气，使拉成的玻璃管的直径恰到好处。用这种方法，一次可以制出长达 50 英尺的玻璃管，但每次总有很多玻璃粘在吹管和铁杆上，只有不到 25% 的材料能够制成有用的成品。

丹纳制管机让熔融玻璃形成一条约 2 英寸宽的带，使制管过程连续进行。熔炉中流出的玻璃注入一根热的空心耐热芯管上，空气可往下吹，这样就让玻璃带形成了一根覆盖在芯管上的厚玻璃管壁。从芯管的一端把玻璃拉取出来，制出的玻璃管由传送带送走。随后，玻璃带重新形成玻璃壁，传送带又再拉出玻璃管，如此接连不断地进行。在维洛垂直拉管法中，玻璃带注入空心耐热芯管的内壁而不是外壁上。

电视显像管用玻璃　电视机工业提出了生产大批含有特殊成分的 588
质量相当于光学玻璃的产品要求，为此，玻璃制造业不仅要把着眼点放在密封金属丝的玻璃方面，还要考虑到防止电子束撞击在荧光屏上产生的 X 射线通过，以及荧光屏的支承玻璃等问题。为此，人们发明了一种制作电视机显像管体的全新技术。在制造过程中，先把一大块熔融玻璃送入一个模具中高速旋转，管身就在离心力的作用下形成。大型的电视屏幕大都是压制出来的，它们在一种“玻璃机床”上与管身连接起来。在这种机床的同一轴线上装有两个旋转头，当管身与屏幕一起在喷灯火焰的包围下旋转时，它们互相嵌套并密封连接起来。

为了加速玻璃的熔化，还可以在火焰中通以电流，通过这种附加的能量来大大加快这一融合过程。

22.7 综合概况

从1900年至1950年，玻璃器皿的制作从依靠手工操作——其中有的部分还需要用一些专门的技能——转变成为一种高度机械化的产业。前面所述的这些变化之所以成为可能，在一定程度上来说是得益于科学的发展和控制设备有效性的提高，从而加强了在高温技术中的控制能力。1920年，亚当斯（L. H. Adams）和威廉森（E. D. Williamson）给出了传统退火工艺的可靠数学解释，虽然早在19世纪中叶麦克斯韦（Maxwell）就已经指出了解决途径。在玻璃生产的控制过程中还使用了一批探测仪器，例如热电偶、辐射高温计以及用以指示熔炉中玻璃液面高度的仪表等。到1950年，这一机械化的产业已经扩展到世界各地，其范围超过了20个国家。

一些手工作坊幸存下来，但也出现了一系列变化。为了生产质量更为稳定的玻璃，熔炉和生产原料都有很大的改进。在许多国家中，由熟练技术工人制作的产品都有现成的市场。玻璃行业的这一分支还在进一步发展，一些工艺学校为这些作坊培养着设计师，1950年的瑞典大约有40个玻璃作坊，其中大多数都专门聘用了设计师。

1938年11月，美国最大的两个玻璃制造厂欧文斯—伊利诺伊公司和康宁公司都寻求通过新产品扩大市场。出于共同的目的，它们最后合并成欧文斯—康宁玻璃纤维公司。一种新兴的产业建立起来了，在许多国家的其他公司纷纷投身这一领域，从而进一步促进了它的发
589 展。1939年，美国玻璃纤维的年度销售额为400万美元，到1950年便增长到8200万美元。

纺织用的玻璃钢纤维一般用“E”玻璃球（表22.1）来生产，这种玻璃球是用一个小型槽炉里的熔融玻璃制成的，把球放在一个通电

的白金漏板中重新熔化。这种漏板的长度大约为150毫米或更长，上面开着200个直径约为1毫米的小孔，玻璃液通过这些小孔被不断地抽拉成长丝。然后，这些长丝再绞在一起，卷绕在一些快速旋转的圆筒上。在另一种工艺过程中，最先向流出的玻璃液鼓风，形成许多股极细的玻璃丝，再把它们收集、卷绕在一个大圆筒上，然后绞在一起成为玻璃纤维纱。上述两种产品都可以通过任何标准的制造过程生产出纺织品来，还可以收集在传送带上由吹塑纤维形成的玻璃棉，以供绝热之用。

另外一类专门产品是用在汽车上的坚韧的层压玻璃。为了生产用途广泛的玻璃杯、酒杯等，一些机器已经被改装，另一些机器则被设计成专门进行这些物品的机械化生产。

和许多其他技术分支一样，玻璃工业的发展导致了相应的学术性学会组织的建立，其中值得一提的是美国陶瓷学会（1899年）和英国玻璃技术学会（1916年）。这些学会出版了相应的刊物，搜集登载了全世界玻璃制造方面专业文献的内容提要。

参考书目

Busby, T. *Tank blocks for glass furnaces*. Society of Glass Technology, Sheffield.1951.

Douglas, R. W., and Frank, S. *A history of glass making*. Foulis, Henley-on-Thames.1972.

Garstang, A. Fifty years of furnace building. *Glass Technology*, 12, 1, 1971.

Maloney, F. J. Terence. *Glass in the modern world*. Aldus Books, London.1967.

Meigh, E. The automatic glass bottle machine. *Glass Technology,* 1, 25, 1960.

——, and Gooding, E. J. *Glass and W. E. S. Turner*. Society of Glass Technology, Sheffield.1951.

Moody, B. E. *Packaging in glass*. Hutchinson, London.1963.

Norton, L. E. Some furnace developments, 1928–68. *Glass Technology*, 10, 1, 1969.

Scholes, S., and Greene, C. H. *Modern glass practice*. Cahners Books, Boston, Mass.1974.

Taylor, W. C. The effect on glass of half-a-century of technical development.*Bulletin of the American Ceramic Society*, 34, 328, 1951.

Tooley, F. *Handbook of glass manufacture*. Ogden Publishing Co., New York.1960.

Turner, W. E. S. Twentyone years. A professor looks out on the glass industry. *Journal of the Society of Glass Technology*, 42, 99, 1938.

第 23 章　油　漆

亨利·布鲁纳（HENRY BRUNNER）

虽然在很久以前，人们就已经制造和使用了油漆和清漆，但是直到 20 世纪，油漆技术——从制造、用途直到使用方法——才逐步发展成熟，一方面是工业应用的需要推动了各种涂覆材料的发展，另一方面是工业技术本身的进步又为油漆生产提供了高效率的技术设备。世界性的贸易发展，使得用来制造油漆和清漆的原材料产量迅速增长，同样也在相当大的程度上推动着油漆工业不断前行。还有一个更为重要的因素是有机化学领域的发展，导致了塑料工业的出现（第 21 章）。在塑料行业中应用的许多化学制品、合成树脂以及各种聚合物，都成了生产现代油漆与清漆的基本原料。由于清漆的生产技术与油漆十分相近，在这里也把它包括在油漆类中。实际上，除了一些次要的技术性问题，清漆其实就是一种不含颜料的油漆，它为油漆中的颜料提供了一种借以扩散的溶剂，从而使油漆干燥，形成一种附着在物体表面的致密薄膜或覆盖层。 590

在美国和西欧那些工业发展极为迅速的国家中，油漆技术一直处于快速进步的状态。在俄国，油漆工业以 1917 年十月革命作为起点，后来一直发展得很迅速，尽管它和西方几乎没有什么交流。1945 年，随着战争的结束，美英两国才对苏联油漆生产技术的发展具有明显的影响。由于用来生产油漆的各种原材料——例如树脂类半成品、纤维素衍生物以及多种化学溶剂等——都属于化工类产品，像杜邦公司和帝国化学工业公司等许多第一流的大企业，都十分自然地将它的经营渠道打入油漆制造业中。此外，这些大公司都与其他许多企业保持着千丝万缕的联系，而且还掌握着遍及世界各地的经营权。这样，一旦在油漆行业中出现了新品种，或者在技术上有所创新，就会迅速传播到世界上每一个油漆生产基地。

591 23.1 油漆制造

在过去数百年中，油漆工人通常用各种颜料和油类（主要是亚麻油）自行配制各种油漆。20 世纪以前，制造调和漆方面的进展还很缓慢。到了 20 世纪，“由于油漆制造厂建立得如此之多，以至于许多厂商不得不在一二十年内去寻找更为广阔的市场。这样，便开始了一个极为剧烈的竞争时期”[1]。

在油漆制造中，起主要作用的三个因素是：(1)颜料，它决定着油漆的色彩及不透明特性；(2)溶剂（载色剂），它决定了油漆的特性、类型以及油漆是否因暴露在空气中、受热（烘烤）、冷凝（催化）或仅仅因为溶剂的挥发而变干（固化）；(3)颜料在溶剂中的有效扩散，使得大块颜料碎开，并被溶剂彻底浸湿。这是为了保证油漆悬浮液稳定，并且能产生一层外观均一的光滑薄膜。因此，颜料的扩散过程决定着油漆的绝大多数品质。

颜料 在战争年代，汽车工业的发展以及铅白的毒性逐渐为人们认识，都对颜料的发展起了一定的作用。20 世纪早期，油漆行业中使用过许多种新颜色，后来仅选择剩下的三种。

1914 年以前在油漆业中很少使用锌铬酸盐（锌黄），但在第二次世界大战期间，这种原料在配备防锈漆方面的作用相当明显。当时，每年有数以百万磅计的防锈漆用来保护各种金属制成的战争设施。

20 世纪 30 年代，帝国化学工业公司也作出了关于酞菁蓝（单星蓝）及其卤代衍生物即单星绿等一系列突出的重要发现。林斯特德（R. P. Linstead）[2] 曾经把制造肽亚氨中所出现的一种有色杂质称为铁肽菁，这种杂质导致各种深蓝色的铜钛菁的产生。同时，人们陆续发现了各种具有耐久性、抗酸碱腐蚀性以及在油类及溶剂中“不渗色”的颜料。

在所有的颜料成分中，最重要的大概是二氧化钛了。1918 年以后，人们曾经在很短的一段时期内使用过它，但它过于昂贵的价格成为一
个相当大的难题。尽管如此，由于这种颜料的化学惰性很强，洁白 592
度也很高，具有极为优异的覆盖性能（这在所有的白色颜料中算是最好的），加上没有毒性，它还是不久就在白色油漆生产中占据了显著的地位。1900 年到 1945 年期间，白色颜料中的铅白由早期的接近 100% 降到 10% 以下。早在第一次世界大战以前，与硫化锌和硫酸钡一同沉淀下来的锌钡白就已经用来制作白色颜料，大约在 1928

593

图 23.1　20 世纪早期的油漆制造：混合、“研磨”、填料等加工工艺均在同一车间内进行。

年，锌钡白的使用比例曾经上升到60%，但在1945年又下降到了15%。相比之下，二氧化钛最引人瞩目，在1945年已经占有80%的白色颜料市场。这种情况导致油漆业及相关行业的铅中毒事故大为减少。在向英国工厂督察署提交的事故报告中，死亡事故由1910年的38例减少到1950年的零例。

颜料扩散 1900年以前，在建设大多数油漆厂时，劳动力成本还不是这些企业首要考虑的问题。生产每一加仑油漆耗费的工时要比现在多得多。此后，特别是自20年代中期以后的25年中，油漆生产过程中使用的机械设备越来越多，混合搅拌、“研磨”、填料、合成等工序消耗的劳动力成本便逐步减少，这些都是当时油漆制造技术进步的显著标志（图23.1）。

前面我们已经指出颜料扩散的重要性，用溶剂把颜料浸湿是制备优质油漆的基本方法。通过充分的扩散作用，使附着在颜料表面的水分和潮湿气体因溶剂的浸润而排出。在油漆加工过程中，所谓“研磨”其实是“扩散”的误称。最佳的扩散通常需要两道工序，首先由一种简单的搅拌器将几种材料混合，然后再把这些混合材料放入研磨机中以进一步扩散。实际上，颜料颗粒与媒质分子是在一起由研磨机压碎磨匀的。

人们还发明了各式各样的研磨机，每一种机器都有各自的特性，并可用于不同油漆的生产过程。因此，各种新型的研磨机只是补充和完善而不是取代原有的机械，从而使油漆生产厂家在扩充设备方面有更大的选择余地。这些机械设备种类繁多，包括浓膏捏土磨机、轮碾机或碾磨盘（图23.2），以及辊筒数目为单辊、双辊、三辊甚至四辊的研磨机。美国人习惯用三辊至五辊的研磨机，欧洲人通常则用单辊再加上一把刮刀。在“单辊”研磨机中，油漆在单辊与叶片杆间受到挤压，叶片杆则由液压装置来精确控制它与辊筒的反向咬合。

图 23.2　第二次世界大战前使用的轮碾机或碾磨盘。

较为重要的研磨机械还有石磨机或球磨机，它们装有一个放置着卵石或钢球的旋转圆筒，在圆筒内占约 45% 的体积。白色和浅色的油漆一般都由衬有托盘的石磨机来加工，深色油漆则使用安装有钢球的球磨机来生产。采用球磨机加工生产油漆，可以省去预先混合搅拌原料的过程，维持运行也只需极少的操作人员。此外，生产过程并不存在蒸发产生的溶剂损失，燃烧事故大为减少。因此，球磨机用于生产纤维素喷漆十分理想。 594

23.2　油漆分类

油漆有两种基本的用途，分别是装饰和防护。此外，它还可以用在其他方面。例如，把不同的管道和导线涂成不同的色彩以便区别，也可以用同样的方法表示温度的高低。

用于装饰的油漆大多使用在室内和各种建筑物上。在20世纪的前半叶，这类油漆的生产技术取得了相当大的进步。当然，在生产工业用的特殊油漆方面也出现了革命。对于木制门窗、石砌建筑以及墙壁涂层，这些主要用来装饰的油漆也起到明显的防护作用，但它们对工业中使用的大量金属制品所起的主要作用已经是防护了。例如，油漆和相关产品用于生铁和钢的防护，就使数百万吨钢和铁免于锈蚀成为氧化铁。此外，各种天然形态的氧化铁又为油漆的生产提供了黄色、红色和棕色的颜料。

油漆分类更主要的是由配制成分来决定，大致包括普通的风干漆和清漆、烤漆、挥发性漆和含水涂料、（由两种组分构成的）复合冷凝固化材料。

风干漆 这类油漆主要以所谓风干性油类作为原料来制造。它们干燥的原因，一方面是把油漆稀释到涂刷或喷洒浓度的溶剂产生的蒸
595 发，另一方面还因为在空气的作用下，风干油的氧化也会使油漆呈固体状态。为了加快这一氧化过程，人们还在油漆中添加干燥剂。这些干燥剂大多是含有某些金属的各种皂液，其中值得提到的金属有钴、铅和锰。干燥剂的研制已经取得显著的成效，特别是在选择配料成分增加优异性能方面。当然，干燥剂太多会延缓风干过程。另外，人们还较为清楚地认识到风干漆与氧作用后形成薄膜组织的作用机理。从很早时期起，各种各样的天然树脂就被用于改善亚麻籽油和其他风干油的品质，因为仅仅以颜料和油为基础的油漆只会形成非常柔软的薄膜。在生产风干漆时使用过一种叫作贝壳松脂的树脂，这种由南方贝壳松形成的化石树脂产于新西兰森林中。但到20世纪初，这种树脂的使用便日渐减少，既是因为原料的供应日趋匮乏，也是由于开发了产于东非的质量更好的化石树脂，即刚果珂玶脂。后者是一种相当坚硬的固体，使用前需要进行称为“树胶熔炼”的长时间的热加工过程（图23.3）。另外一种很有用的树脂就是松香（松脂），这是

从松树的含油树脂中提炼出松节油后剩下的固态物质。出于技术上的考虑，还需要对松脂作进一步的处理，使它和甘油（丙三醇）反应，生成所谓的“松脂胶”。 596

化学工业的迅速发展给清漆技术带来了重大的影响，完全由人工合成的树脂不久便问世了。在所有各类较为重要的可溶于油脂的合成树脂中，最早生成的是酚醛树脂，也就是苯酚—甲醛（电木）经凝聚后所形成的产品。通常，当苯酚（石炭酸）与甲醛发生反应后，便得到一种难熔的油溶树脂。但是，通过各式各样的化学方法（这些方法都是许多专利申请的项目），酚醛树脂便可以完全溶解在油类当中。上述的化学方法中，包括通过诸如甲苯基酸（一种煤焦油产品）、

图 23.3　诺布尔斯与霍尔公司康沃尔路工厂的一个清漆生产车间，该车间位于伦敦的北兰贝斯，于 1940 年毁于战火，以后又在莱瑟黑德重建。
注意图中的转动吊架，这是用来搬动待炼树胶和清漆罐的。
图的前景是一些油罐。

丁基酚及辛基酚（后两种是人工合成物）等高价酚类来替换普通的酚类，使用不同的催化剂，以及在存在风干油分子的组分脂肪酸的情况下将酚类物质与甲醛一起加热等。到目前为止，最重要的一些可溶于油脂中的酚醛树脂，都是在有天然树脂的情况下由苯酚与甲醛反应而制得的。在各种人造树脂中，德国的“阿尔贝特树脂”居于领先地位，它以有独创精神的发明家阿尔贝特（Kurt Albert）的名字命名。还有一种可以与“阿尔贝特树脂”相媲美的美国树脂被称为“琥珀树脂”，外观形态与天然琥珀十分相似。此后，人们常把阿尔贝特树脂和琥珀树脂通称为“还原酚醛塑料”，以使它们与100% 的“酚醛塑料”相区别。对于生产风干油漆的厂家而言，事实证明 100% 的酚醛塑料几乎没有什么实用价值。虽然派生的各类油漆具备许多有用的特性，例如改善了油漆制品的防水性能等，但它们的风干特性明显不足，实际上在制造白色或浅色油漆时就几乎毫无价值，因为这些油漆极易在露天中褪色。所有这些缺陷，均可以归咎于人造树脂中存在未曾反应的苯酚。相比起来，还原酚醛塑料树脂
597 重要得多，多年来一直是含油脂清漆以及由此派生出来的各种传统油漆的重要成分。

醇酸树脂这种聚酯的问世，或许可以视为现代油漆技术的首次重大突破。人们曾经常见的大多数醇酸，都是由酞酐与含植物油（或与其相当的脂肪酸）的甘油进行化学反应所得的产品。1918 年前后，从煤焦油产品萘烧制出了价格便宜的酞酐，大大地推动了醇酸树脂的生产。1928 年，美国制成了改良型醇酸树脂，使得油漆制造厂有可能按照需要配制出易于风干而又有着鲜艳色彩与耐久性能的高质量油漆。20 世纪的第二个 25 年里，在一些用于内涂层的油漆中，油性树脂溶剂仍然占有相当大的比重，因为它们造价低廉的优点还未被不尽如人意的技术性能所抵消。但是，以醇酸树脂为原料的油漆最终超过这种传统的油漆，这是注定的趋势。

表 23.1　美国用在防腐涂料 * 中的各种树脂（单位：百万磅）

年份	醇酸树脂	松香	脂树胶	100% 酚醛树脂	苯酚树脂	天然树脂
1926	—	40.1	42.7	—	11.4	41.0
1936	46.7	18.6	18.8	1.4	72.1	27.7
1941	131.7	42.5	22.5	33.7	97.7	43.0

* 防腐涂料不仅包括各种风干性涂料，也包括各类烘干型以及挥发性油漆。表中所列的数据说明 100% 酚醛树脂（烘干型）的使用量在不断增加，也表明对天然树脂（挥发型）的需求并未中断。

在表中所列的这段时期内，也同前几个世纪一样，在油漆业中仍然以使用亚麻油为主，其用量远超过其他各种风干油类的总和（表 23.2）。

资料来源：相关文献［3］。

20 世纪上半叶，受到两次世界大战的影响，油漆产量持续增长。然而，亚麻作物的产量受制于多变的气候条件，迫使人们一直努力研制各种能够替代亚麻籽油的产品。

亚麻籽油最早的替代品之一是桐油（中国的一种树木种子所产的油），它的风干性能很好，但在风干后略微起皱，因此大多与亚麻籽油混合使用。还有两种用来替代的植物油，分别是巴西的奥气油和亚洲的紫苏籽油。此外，人们甚至使用了鱼油。但在用鱼油制造油漆的 598
过程中，特别是在使用初期碰到了不少障碍，因为腥味非常明显。蓖麻油是另一种非风干的油类，人们悉心研究如何使它变得易于风干，有的研究获得了专利。总的来说，这一目的是通过催化脱水作用实现的，脱水蓖麻油从此成为油漆与清漆加工技术中的一种重要的风干型油类。人们还使用了豆油，但它作为一种油漆配料的开发就慢得多了。首先是因为这种可以食用的油类与亚麻籽油和蓖麻油完全不同，第二次世界大战及其所造成的后果使大部分的豆油都作烹饪。其次，虽然在油漆和清漆中加进豆油后，在防止老化发黄性能方面优于亚麻籽油，风干性能却不如亚麻籽油。因此，豆油获得声誉起初是由于白色烤漆涂料的需求量不断增加，后来则由于豆油在改进型醇酸树脂及油漆中替代了亚麻籽油。

表 23.2　美国的油漆、清漆及喷漆业对各种风干性油类的消耗量（单位：百万磅）

年份	亚麻油	桐油	紫苏籽油	鱼油	大豆油	蓖麻油*	奥气油	除亚麻籽油，其他油类总量	风干油总量
1904	357.1	9.2	—	—	—	—	—	9.2	366.3
1914	410.8	27.0	—	—	—	—	—	27.0	437.8
1919	385.8	46.2	4.7	—	20.0	—	—	70.9	456.7
1931	411.6	81.7	10.5	12.1	6.3	1.8	0.3	112.7	524.3
1935	409.0	116.7	49.8	18.3	13.0	3.5	1.9	203.2	612.2
1941	650.5	64.9	7.0	40.7	41.6	44.2	35.2	234.2	884.7

* 蓖麻油并不属于风干性油类，这是本表中的一个特例。其统计数据或指其换算为脱水蓖麻油，或指其作为挥发性油漆的塑化剂使用。

资料来源：相关文献［3］。

战后初期，制造油漆所需的植物油供应严重不足，这种情况导致一个重要的结果，原先用途十分有限的烃苯乙烯的使用范围大大扩展了。1945 年战争结束时，美国就已经拥有制造烃苯乙烯的大量原料和工业生产能力，这种产品是合成丁二烯橡胶时不可缺少的重要成分。许多第一流的美国公司，特别是阿彻—丹尼尔斯—米德兰公司、美国氨腈公司、树脂工业公司以及斯潘塞—凯洛格公司，不久以后都在树脂和油漆溶剂中使用了烃苯乙烯。1947 年，刘易斯·白杰父子公司在英国采用了白杰系列搪瓷漆。当各种风干性油类再次变得更为通用时，这些搪瓷漆最终都被各种更为耐久的常规改进的油漆树脂所取代，使用苯乙烯制造出各种苯乙烯树脂，并以它为基本原料生产出各类烤漆。

烤漆　第二种重要油漆种类是烘干型（美国的术语则是“焙烤”）。及至 1929 年，烤漆开始用于像金属实验台那样的制品，30 年代则可以在工业设备及汽车行业中看到它的广泛应用。

无论是用低温焙烤系统还是高温焙烤工艺，烘干都是通过烤炉中的热空气对流来实现的，所不同的只是高温焙烤的物体在炉中停留的时间要短得多。最早使用低温烤漆设备的是美国的福特汽车公司。在英国，这项技术由布里格斯汽车车身装配公司在1936—1937年首次使用。1935年，福特汽车公司开始尝试使用红外烤炉，通过辐射来加热。为此，他们在反射器中使用了碳丝灯泡，以后改进为在石英管内使用电池组的钨丝灯。

无论是酚醛类的还是醇酸类的合成树脂，化学结构决定了它们都适于在烤漆中使用，烘烤的时间可短至几分钟，长至1小时乃至更久，这完全取决于烘烤时的温度。烘烤的工艺适合于那些成批生产的工业部件，特别适合汽车外壳、电气设备以及各种家用金属器皿等制造业。

不论是100%的“纯”酚醛组成的酚醛类树脂，还是经特殊处理后增强了可塑性的树脂，很快都得到了广泛的应用。尽管酚醛类树脂的色彩过于单调，依然引起了人们的兴趣，这是因为它的造价低廉，用它制成的油漆涂层对于各种化学制剂、酸类、汽油、润滑油和水都有很好的抗蚀性。第二次世界大战期间，酚醛烤漆被用来涂覆在螺旋桨、飞机发动机、弹药箱、汽油箱及手提水桶等的表面。战后，凡是在不需要鲜艳色彩的地方，都继续使用着酚醛烤漆，例如漆包线瓷漆和绝缘清漆等。还有一类在色彩基调以及耐光性方面远远优于酚醛烤漆的油漆，那就是醇酸树脂烤漆。但是，这两种漆都还不能形成工业上经常需要的既坚硬又抗腐蚀的漆膜。

有时，为了增强烤漆的硬度特性，要在里面添加一些诸如松香这样的天然树脂，或者诸如还原酚醛脂一类的人造树脂。然而，只有在引进了诸如尿素甲醛和密胺甲醛等含氮树脂后，才为烤漆提供了它所需的辅助添加剂。

早在20世纪30年代初，就已经能以低廉的成本在高压下使二氧化碳与氨相互反应以合成人工尿素。只要把纯净的尿素甲醛加到热熔状态的无色树脂中，便会使树脂变得又硬又脆。这证明尿素甲醛可以硬化经油性改进的醇酸树脂，两者是可配伍的，或者说醇酸树脂是尿素甲醛树脂的一种优良的增塑剂。醇酸尿素甲醛类烘漆很快便广泛用于那些需要具有硬度、可塑性以及艳丽色彩的地方，例如汽车工业以及白色家具的烤漆等。第二次世界大战后不久，多数的英国汽车制造
600 厂家便从纤维涂料转为使用醇酸尿素甲醛烤漆。

大约在1939—1940年，密胺已经成为商业产品。同尿素的情况一样，密胺在与甲醛反应之后，便生成了对于生产硬质的油性改进型醇酸树脂极为有用的无色树脂。尽管密胺的价格比尿素昂贵，但用密胺甲醛制出的胶片要比尿素甲醛坚硬得多，能够经受高温而不褪色。

清漆　第三类比较常用的油漆品种是清漆。“清漆”最初专指用来溶解各种天然树胶与树脂的凡立水，后来还包括含染料和色素颜料的有色合成物。清漆变干仅仅是因为溶剂的挥发，因而也很容易溶解在稀薄的油漆中加以清除。

有时，人们把各种清漆甚至一些较为常用的油漆通称为“搪瓷漆”。这样，搪瓷漆逐步演变成油漆业中所有既坚固耐用又有光泽的覆盖涂料的名称，陶瓷业中透明的玻璃状釉料恰好同样具有这两种特征。

清漆的颜色通常可以从配置时所用的天然树脂成分来推断，主要的挥发性溶剂是酒精。把虫胶（第Ⅱ卷，边码362）、马尼拉麻及山达脂等溶于酒精，便可配制出黄颜色的清漆。有人曾经把一种取自白藤树（菖蒲龙旗）的树脂——龙血放入清漆中，清漆的颜色便呈现出鲜红色。大约在1900年，有人尝试把一种出产在东方的具有特殊光泽的清漆往英国引进，但是因为它对人的皮肤有强烈的刺激作用而最终放弃了。这种清漆取自一种生长在中国的树木——漆树的树液，后

来日本人进行了改进。从漆树上流出的黏稠的乳状液，经炼制加工后就变得稀薄，涂刷风干后的颜色会变暗甚至发黑，形成光泽极好、坚硬耐久的涂层。

自从使用了硝化纤维（美国称之为硝化棉）以后，清漆生产有了很大改观，一种加进不同颜料会呈现出不同色彩并且经久耐晒的无色清漆出现。硝化纤维是炸药工业的产品（第V卷第13章）。早在1855年，帕克斯（Alexander Parkes）就已经取得关于硝化纤维保护涂层的专利[4]。但直到跨入20世纪，硝化纤维的重要价值还远未为人们所认识，缺少合适的溶剂阻碍了它的应用，后来采用酯类溶剂特别是醋酸丁酯才解决了这一难题。此外，第一次世界大战结束以后，人 601
们也急于为硝化纤维寻求一种制造炸药以外的新用途，这也是硝基清漆行业在20年代中期发展的一个重要原因。

上面的这些发展情况与汽车行业的进步相一致（第Ⅶ卷第30章）。在美国，杜邦公司大幅投资了通用汽车公司，这既是出自金融方面的考虑，也是为了确保硝基清漆的销路。英国诺贝尔工业公司（后并入帝国化学工业公司）也对通用汽车公司进行投资，以保证自己在广泛的国际性组织中的优势。在美国，紧跟着一场反托拉斯诉讼之后，杜邦公司不得不与赫克勒斯火药公司展开了竞争。在德国，甘油炸药股份公司同样要同科隆—罗斯威勒炸药厂之类的企业进行竞争。在英国，诺贝尔工业集团几乎完全垄断了硝基清漆行业。对于硝化纤维生产上的政治和商业方面的内部斗争情况，里德（W. J. Reader）早已在关于帝国化学工业公司的历史中作了极好的描述[5]。

硝化纤维是用短绒棉（即棉籽表面的纤维丝）或者木浆跟硝酸和硫酸的混合物进行硝化反应来生产的。通过使用各种不同硝化等级与不同韧度的硝化纤维，同时针对树脂的硬度与附着性能的改善，人们研制出各种增塑剂、溶剂、稀释剂（也就是较为便宜的树脂溶剂）、染料和颜料。另外，规格品种齐全的硝基清漆纷纷出现了。便于使用的优点加上具有快干的特性，各种类型的清漆都有了许多重要的工业应用，例如油漆汽车、家具以及皮革和纸张的上光等。举例来说，在20世纪头几年，漆完一台汽车需要花费7—10天的时间，安装了烘烤设备后，缩短到2—3天，硝基清漆的采用更将汽车全部油漆一遍的时间缩短到大约30分钟，尽管以后还陆续出现了各种新型的非纤维素油漆，清漆类涂料依然在油漆行业中占有突出地位。这些清漆类涂料并不仅仅使用硝化纤维，其他一些纤维——诸如酯类醋酸纤维（以及后来的丁酸盐纤维）和乙醚乙基纤维都在里面起着特殊的作用。一般来说，与硝化纤维相比，醋酸纤维的可溶性要稍逊一筹，乙基纤维则较易溶解在水中。

含水涂料　一种新颖的涂料逐渐吸引了油漆配方师们的注意力，
602 它可以与水混合，晾干水分后能够牢靠地覆盖在物体表面。这种涂料的另一个好处是，油漆工们可以用水把漆刷洗干净，而不必再用酒精来清洗。

1900年以前，含水涂料还仅仅限于石灰浆——一种石灰、油脂与水的混合物，但在跨入20世纪以后，水浆涂料便问世了。在相当长的一段时期内，人们使用牛奶作为溶剂与生石灰混合。油漆厂先把酪蛋白分离，使牛奶中蛋白质的含量达到大约3%，然后再把它与石灰、颜料及防腐剂混合，这样便制出了粉刷墙壁用的水浆涂料。这种涂料曾经流行了多年，在美国尤其如此。英国的厂家喜欢用胶类而不是酪蛋白来生产水浆涂料，以后又研制出一种由水状胶质与油状的干性聚合物一起生成的改进型水浆涂料。

制作含水涂料的历史，其实就是一个不断克服涂料本身各种缺陷的过程，这些缺陷包括耐洗刷性能差，在罐装容器中易受细菌和霉菌感染等，最终导致各种乳胶状的涂料的开发。早期的乳状漆是把各种颜料扩散在干性油与水混合的乳状液中制成的，有时又用各种含油树脂的混合物来代替干性油，后来用的是改进型的油性醇酸树脂。

第二次世界大战期间，为了替代以干性油类为原材料的油漆，德国采用了醋酸聚乙烯（PVA），并成为第一个生产醋酸聚乙烯乳胶涂料的国家。早在1935年，德国就由法本公司提出了用苯乙烯—丁二烯聚合物来生产合成橡胶（丁钠橡胶）的技术。但是，美国凭借在战时加紧生产而余留下来的大量苯乙烯和丁二烯原料，在苯乙烯—丁二烯乳胶涂料生产方面迅速赶上，这是1948年的事情。在合成橡胶制造中采用的苯乙烯—丁二烯的比率得到了修正，更适合于生产乳胶涂料。此外，在英国、法国、瑞士以及美国等国家，醋酸聚乙烯乳胶涂料的生产都很快得以恢复和发展。

混合漆 直到20世纪后半叶，油漆行业才稍作努力试图生产含有两种成分的混合漆。其中一种成分是在油漆中加进树脂媒液，另一种含量较少的成分则是催化剂。把两种材料混合后，就可以使全部油漆经催化作用在常温下凝固硬化。例如，借助于酸性催化剂的作用，酚醛类的尿素甲醛及密胺甲醛树脂均能改变原有性质，全部成为可凝固硬化的材料。

第二次世界大战的爆发，导致用于制造飞机的环氧化合物或环氧 603
树脂等各种新型胶剂的发展。这些粘胶剂借助于各种各样既非强酸又非强碱的媒剂作用，能够凝固粘接。由于环氧树脂具有优异的黏附性能、较高的强度和较快的硬化速度，很快便用于油漆与清漆行业。不过，它还需要成功解决有关两种成分混合漆的一系列机理问题，例如油漆的密封、标签和铭牌的粘贴、粘胶剂的充分溶解等。

战争期间含水涂料的进一步发展，在德国还与人们使用各种二异氰酸盐有关。这种物质可以同干性油类甘油二酸酯发生反应，生成各种尿烷油，也能与各种聚酸羟反应，形成各种聚氨酯树脂。异氰酸盐树脂可以用到单一成分或两种成分的混合物中，也可以用来作为固化剂或调配在风干型油漆中。尽管它们在老化后都会泛黄，但所有的聚氨酯类油漆都有一个重要的特性，能够形成极为坚硬的涂层和光亮的清漆膜。

几个世纪以来，直到第二次世界大战为止，人们一直在大量使用各种沥青油漆，这一方面是因为容易制取，另一方面则是由于价格便宜。某些沥青油漆只不过是沥青的溶液，产于美国的硬质沥青是其中最重要的一种。其他一些涂料则是把植物性树脂（例如硬脂酸）或矿物树脂（例如煤焦油）溶于干性油中来制备的，用来制造烤搪瓷漆的有用材料。然而，沥青不能在白色或浅色油漆中使用，它们最终让位于质量较好的醇酸树脂，尽管这种让位不够彻底。

随着世界范围内商业运输吨位的增长，各种船用油漆涂料的产量也随之增加。一般来讲，涂在轮船上部的油漆需要考虑增强抵抗含盐波浪飞沫侵蚀的性能，涂覆在轮船吃水线以下部分的油漆则应着重于防污性能来进行配制，以便防止航海过程中水生生物依附船体繁殖。较早的防污型油漆就是通过把有毒物质加进快干媒液中来制造的，例如加进铜和汞的氧化物等。这些油漆中的毒素逐步释放，从而起到防止生物附着在船体上的作用。

辅助产品 迄今为止还没有专门提到其他产品，例如现在已经逐渐流行的专门用于装饰的各种涂料，以及在家具业、汽车制造业、造船业和其他许多行业中使用的各种油漆。通常，人们总是会为一些特
604 殊的需要来专门配制油漆涂料，以使它们能够作为系列产品配合使用，保护层涂覆在最表面。所以，这一系列涂料就包括了打底剂、底层漆、表层漆、染色剂、封闭剂、油灰及填充剂等。其中，某些产品很快就成了油漆业中的主要产品。

在油漆业中，还有一批用漆对金属制品进行预加工的系列重要产品，主要用于汽车工业及其他加工业。在这些产品里，有一些产品仅仅用于黑色金属制品的表面除锈，大多含有磷酸这一重要成分，另一些产品的作用则是通过其他手段来使油层更好地附着在金属（无论是

黑色金属还是有色金属）的表面。

23.3　油漆使用方法

从远古开始，人们就一直用刷子来涂刷颜料，这种涂刷方式似乎还要无限延续下去，尤其在家庭里多半是这样去做。造成这种现象有多方面的原因，不只是成本低廉的因素。

20 世纪初在油漆技术领域中最显著的进步，恐怕是 1907 年首次出现的喷雾器[6]被引入油漆行业，它预示着油漆业一次小小的技术革命的到来。家具业、汽车业和其他行业都使用了油漆喷枪，以喷洒各种油漆涂料。1922 年，在美国生产的奥克兰汽车就开始用油漆喷枪来油漆车身。此前一年，一种克兰科纤维素搪瓷喷漆已经应用在奥

图 23.4　查士威克的第一个喷漆培训中心，1926 年。
图中所示为汽车车间内日常准备喷漆时的情况，前面有一位工人正在打磨挡泥板的边缘。

斯汀 -7 型汽车上，它是由英国的弗雷德里克起重机公司生产的。

1926 年，为了使英国能够在喷漆技术方面与美国竞争，诺贝尔化学涂料公司对外开放了位于伦敦查士威克公路的实验中心（图 23.4）。这是一幢由分隔成若干小间的喷雾实验室构成的建筑物，配备空调和最先进的喷洒设备，由一组受过训练的喷漆工人开出一些免费课程。据估计，英国汽车制造厂家油漆车间里大约 80% 的技术骨干，起初都接受过这家实验中心的培训，尽管它在 1928 年关闭了。此外，木制家具的油漆喷涂技术也以同样的方式传授。

喷漆枪的最大优点是喷洒速度很快，这种喷漆工具还推动了硝基清漆的广泛使用，因为硝基清漆的溶剂挥发性很强，并不适用于涂刷。尽管在喷洒过程中需要借助大量气体的喷射，因而要损失一部分油漆，但这种快速喷洒使得油漆一辆车身的费用节省了 100 美元以上，汽车
605 生产厂家还大大减少了为涂漆工艺预留的停车场所。喷漆的另一个优点是效果比刷漆好，没有刷痕。到 40 年代末，美国几乎有一半的油漆要用喷漆枪来喷洒（主要是在工业生产中，但在一定程度上也用于装饰）。另外，估计有 85%—90% 的工业用外壳涂漆（最后一道工序）也是用的喷漆。

随着喷漆技术的出现，用于工业涂漆过程的其他方法也产生了。人们发明了容量很大的浸涂槽，油漆的耗损与劳动量的花费减少到最小程度，但同时必须密切注意油漆的黏滞度、油漆中固体物质的浓度以及油漆温度等许多关键技术问题。此外，还发明了一种装有循环系统的油漆罐，装在里面的油漆能够不断地流动，最终经过胶皮管导向待喷漆的物件。第二次世界大战期间，这种循环流动漆曾经广泛用来为当时极为普遍的一种汽油罐喷漆，而浸涂槽则可能产生气孔。

20 世纪 40 年代初，还发明了一种新的油漆喷洒方法——静电喷漆。这种被称为美国兰斯贝格静电喷漆工艺的技术，发明几年后便由

取得技术特许权的 H. W. 皮博迪（工业）公司引入英国。带高电位的 606
雾状油漆微粒，通过静电喷漆工艺极为巧妙地被喷洒在由低电位传送装置携载的待喷漆物件上，牢固地附着在物件表面。使用这种方法，喷漆过程中消耗的劳动量和压缩空气大为减少，而且节约了油漆。

相关文献

[1] Mattiello, J. J. *Protective and decorative coatings,* Vol. III, p. 271. Chapman and Hall, London. 1943.

[2] Linstead, R. P. *Journal of the Chemical Society*, 1016, 1934.

[3] Schulte, E. In W. von Fischer (ed.), *Paint and varnish technology,* p. 7. Reinhold, New York. 1948.

[4] Parkes, A. British Patent No. 2359, 1855.

[5] Reader, W. J. *Imperial Chemical Industries–a history*, Vol. I. Oxford University Press, London. 1970.

[6] O' Reilly, J. T. *Transactions of the Institute of Metal Finishing*, 31, 314, 1954.

参考书目

Chatfield, H. W. *Paint trade manual of raw materials and plant.* Croydon. 1956.

Drummond, A. A. *Introduction to paint technology.* Oil and Colour Chemists' Association, London. 1967.

Ellis, C. *The chemistry of synthetic resins.* Rheinhold, New York. 1935.

Fischer, W. von *Paint and varnish technology*. Rheinhold, New York. 1948.

Heaton, N. *Outlines of paint technology*. Griffin, London. 1947.

Industrial nitrocellulose. Imperial Chemical Industries Ltd. (Nobel Division), Glasgow. 1952.

Journal of the Oil and Colour Chemists' Association, 1–32, 1918–49.

Khrumbaar, W. *The chemistry of synthetic surface coating*. Rheinhold, New York. 1937.

Mattiello, J. J. *Protective and decorative coatings*. United States Government Printing Office, Washington. 1945.

Morgans, W. M. *Outlines of paint technology*. Griffin, London. 1969.

Official Digest of the Federation of Paint and Varnish Clubs. Philadelphia. 1920–49.

Paint Manufacture, 1–19, 1931–49.

Paint, Oil and Colour Journal, 116, 1949.

Paint Technology, 1–14, 1936–49.

Reader, W. J. *Imperial Chemical Industries–a history*. Two Vols. Oxford University Press, London. 1970 and 1975.

Review of current literature relating to the paint, colour, varnish, and allied industries. Paint Research Station. 1928–49.

第24章　造　纸

埃里克·海洛克（E. HAYLOCK）

在本书的前面几卷中，已经详尽地介绍了1800年以前造纸业发展的历史（第Ⅲ卷，边码411—416）。为了保持叙述的连贯性，有必要对这一行业在19世纪的发展情况作某些说明，并且已经简略提及（第Ⅴ卷，边码73）。事实上，这是叙述20世纪造纸业历史的必要前奏，因为无论是采用的原材料还是纸张和纸板的制造，都是在19世纪全面地确立了现代生产的技术工艺。虽然后来使用的设备更复杂也更庞大，造纸的基本原理却没有根本性的变化。 607

24.1　原材料

从15世纪后期在英格兰建立起第一个造纸作坊开始，一直到19世纪中叶，手工造纸使用的原材料都是破布。随着纸制品的需求量不断增加，人们不仅迫切地需要寻求新的造纸原料，而且需要设计出生产效率更高的新的造纸方法。一般来说，本地的造纸原料总是供不应求的，例如英国在19世纪60年代就从许多国家进口破布。图24.1说明了这种纸浆的生产过程。后来，随着北非和西班牙一带出产的茅草的开发利用，原料问题得到一定程度的缓解。事实上，这种茅草作为制造纸浆的一种成分一直使用，到20世纪50年代达到鼎盛期，特别是在一些专门生产精致纸张的工厂里（图24.2）。人们刚开始使

图24.1 1900年前后用破布制造纸浆的过程(牛津的伍尔弗科特)。(a)首先是破布分类拣选,除去纽扣之类的异物。

(b)随后,再把破布切成易于蒸或熬的碎片。

(c)切碎的破布送入旋转蒸煮锅中,其中有时还要加进化学品并密闭加压,再经“蒸煮”而成纸浆。

609

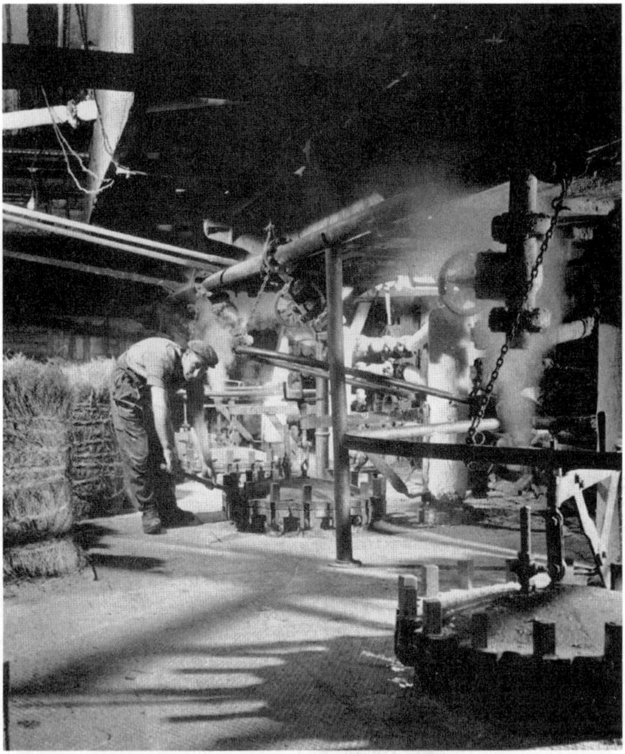

图 24.2　用茅草制造纸浆，在完成除去泥沙、污垢等除杂过程后，茅草也像破布屑那样送到蒸煮锅中，加入化学制剂在高压蒸汽下蒸煮变成纸浆。
本图为 1950 年前后拍摄的一个典型的茅草熬炼车间顶层的实况。
图中可以看到地面上三个熬炼茅草的浸煮锅，其顶部均被牢牢地紧固着。

用这种茅草，就发现它在加工过程中能够满足各种技术要求。它既坚韧又适于清洗和漂白，纤维长度也相当一致，可以成功地用来生产高质量的印刷纸。这种纸能够很快地吸收油墨，很适合当时的铅字和排版。有关英国的一组数据，反映了这种新型造纸原料的使用情况。19 世纪 80 年代后期，英国进口的茅草约 25 万吨，同期进口的破布只有 4 万吨。到 1937 年，英国进口的茅草数量超过了 36 万吨。 610

在原材料方面，19 世纪有两项重大突破。一项是实现了把木

611 图 24.3　准备造纸的木浆。用于此目的的两台主要机器是磨木机和打浆机。

（a）图中所看到的部分用来制造木浆的薄板被送到装有水的磨木机中，使板材变成木浆。

（b）在外形上与磨木机相似的打浆机用来使纤维产生某些变化，使这些纤维在造纸机的网线上相互缠绕，出现纸的特征。

材用作造纸原料，木浆的生产由此而发展起来。随着木浆的出现，人们不得不使用一些新的方法来为造纸机准备原料（图 24.3）。另一项突破则是在 19 世纪末成熟起来的漂白加工技术用来生产颜色很白的纸浆。自从 19 世纪 40 年代在德国发明了木浆的机械化生产技术以后，人们便加紧研究如何开发利用木材资源，尤其是斯堪的纳维亚、芬兰和北美洲丰富的木材资源。在这一生产工艺中，原木在与水相伴的情况下由磨木机（一块巨型的旋转砂磨）研磨成木质纤维，最终产品的质量一般都比较低劣，特别是在纸的强度和耐久性方面。

1854 年，瓦特（Watt）和伯吉斯（Burgess）在蒸汽压力下直接加入苛性碱蒸煮制造木浆的方法取得了专利。这种碱性方法生产出了质量较好的纸浆，在 19 世纪 60 年代获得极为广泛的应用。这种加工设备很像一口巨大的家用高压锅，加工原理是在高压下将木屑与某些化学品一起蒸煮，它至今仍然是世界上生产化学纸浆的主要方法。下一项重要的发展是亚硫酸法的出现，使用酸液来生产清洁且相当白净的纸浆。这项技术的发明者是费城的蒂尔曼（B. C. Tilghmann），他在 1866 年建立了一家生产亚硫酸纸浆的工厂，但由于当时还没有必需的耐酸设备，这一大胆的尝试未获成功。1872 年，埃克曼（C. D. Ekman）继续了蒂尔曼的事业，克服重重困难，终于在瑞典建成了一座亚硫酸纸浆厂。直到今天，亚硫酸纸浆仍然是造纸工业使用的一种主要的原材料。

造纸业中常用的另一种化学纸浆是硫酸盐纸浆或称牛皮纸浆，在 19 世纪 80 年代初由达尔（C. F. Dahl）发明的。虽然生产这种纸浆时的加工方法与碱性法十分类似，只是用不同的化学品作蒸煮液，但所得到的纸浆完全不同。由牛皮纸浆经漂白或不漂白制出的各种纸张，可以用作各种包装纸。

几乎在研制出各种木浆的同时，也出现了多种漂白的方法，只是没有留下什么资料来确定这些漂白技术的发明者，可能是因为这些不
同的漂白方法和工艺都是由纸浆制作者和造纸者共同逐步形成。最古 612
老而又最简单的方法大概就是次氯酸盐漂白的一步法，但是除了用于诸如茅草和稻草之类的非木质纤维，这种漂白方法多年来几乎已经不再使用。漂白液是用把氯气通入石灰水中形成次氯酸钙的方法制成的。

在 20 世纪上半叶，使用得最为广泛的工艺是分段漂白。在这个加工过程中，纸浆用限量氯气进行处理，通常在反应塔中进行，氯原子迅速与木质素相化合，形成氯化木质素和盐酸。不过，盐酸在开始腐蚀纤维素前必须清除掉，纸浆中所剩下的氯化木质素不溶于水，但易溶于强碱中，因此还需要加进烧碱，然后将纸浆再次过滤和漂洗。

这样处理后的纸浆几乎不含木质素和其他杂质，可以像在一步漂白的工艺中那样，只用少量漂白液就漂洗得非常白净。

在这里用最简要的语言描述的分段漂白能够多次或反复地进行，漂白顺序可以用每项工序的首个字母来表示。例如，CEHEDA就表示氯化处理（chlorination）、碱抽提（extraction）、次氯酸盐处理（hypochlorite）、碱抽提（extraction）、二氧化氯处理（chlorine dioxide）和酸化（acidification）工序。通常最后一道工序是用二氧化硫来完成的，它可以除去残存的氯，并使纸浆增白。采用这种方法，亚硫酸盐和硫酸盐纸浆都可以漂洗成十分纯净的白色。

在漂白技术发展的同时，欧洲和北美的原始机械式（也称磨木式）纸浆制作技术也有了重大改进。到20世纪50年代末，机制纸浆已经成为生产新闻纸的主要材料。

到1950年，生产纸浆的方法已经演变为机械方法和化学方法两种主要的类型，生产系统的发展使纸浆的批量化生产得以实现。然而，用连续方法生产化学纸浆的新设想是由瑞典的卡米尔AB公司在20世纪30年代提出来的。此前，含纤维材料的连续蒸煮问题一直为发明者所关注，虽然出现了一些专利，但几乎没有任何实质性的成果。

1938年，卡米尔公司开始着手研究这一课题，花费了6年时间在一个连续的实验工厂中生产标准的硫酸盐纸浆，随后又用了2年时间实现了标准化操作。在这段为时颇久的研制过程中，他们与瑞典皇家森林工业公司合作，在后者的卡尔斯堡牛皮纸厂建立了一个试验车
613 间。这家牛皮纸厂不仅派遣操作人员，还向这个车间供应木屑原料、蒸煮液、蒸汽、动力等，并得到合作期间生产的纸浆和使用的加工液。在卡米尔公司最后按照设计的尺寸建造大规模的生产线以前，这个试验车间不得不扩建了两次。

有关的数据反映出这种连续纸浆生产系统的重要作用。当时，一

台蒸煮锅可以每24小时用1000立方英尺木材生产出大约10吨的纸浆。在同样条件下，一台连续蒸煮锅每24小时用1000立方英尺木材生产出的纸浆达到15—20吨。

尽管由于机械化生产的发展，硫酸盐和亚硫酸盐纸浆已经成为赖以建立现代造纸工业的基础，但是仍有一些纤维材料用于特殊用途或某些领域，甚至还用得十分普遍，例如亚麻、稻草、黄麻、大麻、马尼拉麻和甘蔗渣等。此外，废纸更是被一些主要的纸张生产国作为造纸原料的重要来源。早在1695年，丹麦就有将印刷过的纸张重新回收造纸的记载。1800年，库普斯（Matthias Koops）在英国取得一项废纸再生的技术专利。从19世纪中叶起，工业上就大批回收废纸来生产纸张和纸板。1939年，英国的废纸总消耗量终于有了可靠的统计数据。这一年，纸张和纸板共生产了263.1万吨，废纸消耗量为66.56万吨。到1950年，尽管纸张和纸板的产量微降至261.7万吨，废纸消耗量却增长到88.79万吨。

把废纸重新变成纸浆的原理不过是把废纸纤维重新降解，当时所有的加工机械都是首先是清洗原料，然后再把纤维加工成适宜于造纸机的状态。最初，废纸加工系统使用轮碾机把废纸揉皱后变成纸浆，这种由装有两个旋转滚筒的大盘组成的机器与磨粉机十分相似。此后，人们又发明了各种各样的加工机械，用来处理净化后的不同品级的废纸，包括沥青纸、新闻纸、家庭废纸等纸张和纸板。20世纪50年代，出现了20种左右不同式样的装备，根据不同的需要组装使用，生产出适合多种用途的不同纸浆。

废纸是一种可以就地搜集的原材料，作为造纸生产原料具有重要
价值，但50多年来遇到的主要问题是如何达成供需平衡。在使用废 614
纸原料的国家，纸张和纸板的社会需求量增大时，废纸往往供不应求，一旦造纸工厂的需要减少，废纸又会造成过剩。此外，每一次将废纸重新制浆时，它们的纤维长度都在不断缩短，作为原料的质

量都会有所下降。这样来看，废纸只是一种不断降级的材料。

与19世纪后半期出现巨大变革的情况相比，20世纪前半期造纸工业所使用的原材料以及原材料的加工方法并没有重大变化。尽管如此，化学工业的进步以及多种化工产品的应用，依然十分明显地影响着制作纸浆的生产过程。化学工业使造纸技术有了长足的进步，主要体现在填充和涂覆的添加剂的改进，对水的更为有效的利用，以及对排出的废水和废纤维的处理。树脂、明胶和明矾一直是用得最多的上胶剂，机器上胶已经成为平常之事。

24.2 造纸机

前一节介绍了从造纸原材料到造纸业的显著增长情况，这种变化也体现在各种造纸机上。与19世纪相比，20世纪使用纸浆槽的数量减少了，在英国就从1861年的130个减少到1900年的104个，纸张和纸板的产量却由9.6万吨增长到64.8万吨。1939年，英国纸张和纸板的总产量达到了263.1万吨。不过，由于第二次世界大战的影响，1950年的总产量仍未达到1939年的水平。

1798年，世界上第一台长网造纸机出现，一般认为它的发明应当归功于法国人罗贝尔（Louis-Nicolas Robert），但这台稍显粗糙的机器肯定是短命的。1816年，长网造纸机在法国使用，时间同样短暂。首次成功地用于大规模生产的造纸机由唐金（Bryan Donkin）在英格兰制造，第一项专利由甘布尔（John Gamble）在1801年获得，他的发明与罗贝尔在法国的发明实质上是一样的。甘布尔还与富德里尼耶（Fourdrinier）兄弟建立了联系，亨利·富德里尼耶（Henry Fourdrinier）和西利·富德里尼耶（Sealy Fourdrinier）对这种造纸机产生了浓厚的兴趣。1807年，兄弟俩与甘布尔共同得到了体现唐金等
615 人的许多技术改进的专利权。就湿性加工部分和切压部分而言，这种机器与今天使用的富德里尼耶机是完全相同的。

图 24.4　一台 1856 年制造的早期造纸机。
由图中可看到在停机时机器所用的毡垫晾挂在车间的房梁上。

图 24.5　一台安装于 1900 年的造纸机。
它比图 24.4 中的造纸机要复杂些，图的下部是抄纸网，或称湿性加工区，其后是挤压和被挡板遮住的干性加工区。注意，在干性加工区旋转热滚筒数目明显多了。

图 24.6　1914 年在加拿大西部首批生产新闻纸的造纸机，这两台造纸机安装在鲍威尔河上的麦克米伦 · 布洛德尔河段。
照片上还可看到该机组的操作班组人员。
这些造纸机到 20 世纪 70 年代初仍在使用。

富德里尼耶家族的显赫名声，几乎成了全世界造纸业的代名词。这个家族是来自法国大陆的胡格诺派教徒，在南特赦令废除以后经由荷兰迁居英国。富德里尼耶兄弟在伦敦经营文具生意，亨利对造纸机的研制表现出浓厚的兴趣，并投入了大量资金。事实上，在最初几年内，兄弟俩就耗费了大约 6 万英镑。尽管亨利 · 富德里尼耶并未亲自发明造纸机，但正是因为有了他的决心，才导致长网造纸机在工业上的成功，这一点毫无疑问。在这方面，他幸运地得到了唐金的帮助。唐金是一位杰出的工程师，曾在达特福德主管富德里尼耶公司工作，1838 年成为皇家学会会员，曾与《诺里奇信使报》(*Norwich Mercury*)的印刷商培根(R. M. Bacon)一道研制过印刷机(第Ⅴ卷，边码 698），还参加了其他许多工程项目。多年以后，特别是在 19 世纪的最后 25 年中，富德里尼耶长网造纸机逐步发展成为一种大型的复杂机器。

从开始研制直到取得成功，造纸机一直在不断改进，但是总体上看，它的用途和操作过程还是比较简单的。它的设计基本上遵循这样的原理，使用按照 99 份水和 1 份纤维配制的原材料（木浆、废纸或农作物纤维等，通常是它们的混合物）混合液，设法把相互缠绕的纤维逐步形成一个薄纸层，分段脱水使纤维层变干后，压紧形成一筒纸卷。

在造纸机的湿性加工区，这种稀薄的纸浆被喷洒在一条可以控制速度的均匀旋转的循环网带上。随着网带不断朝前运动，这些纤维便相互缠绕结成网状，并通过丝网格板筛去大量的水分。进到湿性加工区的尾端，纸网还要通过吸水箱去除更多的水分。在丝网的末端，这条湿纸浆带（纸网层）经过一个叫作挤压辊的滚筒，安装在一块环形可移动的毡垫上，由毡垫带着再通过一系列被称为“紧压件”的加压滚筒。这套加工设备的作用是把丝网定型并挤出多余的水分，取出的纸网层含有约 33% 的纸浆和 66% 左右的水分，可能还有少量的化学添加剂。在最后一道工序，纸网层被传送到造纸机的干性加工区，由 618
这里的许多旋转热金属筒除去剩下的水分，最后再被卷裹成筒状。这些加工成型后的纸张中，只含有 3%—6% 的水分。

从富德里尼耶兄弟和唐金奠定的基础起步，长网造纸机以较快的速度不断发展，到了 19 世纪 80 年代已经形成一种规范性结构。这种结构几乎没有经过什么改进，一直延续使用到 20 世纪 50 年代。当然，不同厂家生产的机器肯定会有一些细微的差别，但不管它们是在英国生产还是在美国或欧洲大陆生产，设计都是相同的。随着更宽和更长的机器纷纷出现，加上新闻纸、书写纸和包装纸等产品的生产领域的造纸工人开始专业化，生产速度大大加快。在这段时期，这些机器还不断获得一些质量又好又易于加工的原料，从而导致了19世纪后期造纸工业的巨大发展。

19世纪末，造纸业中还采用了另一种造纸机，这就是由迪金森（John Dickinson）在1812年研制成功的圆网机。这种机器主要用来生产纸板，工作原理其实并无实质性的改变。它的加工系统中有一个内装旋转滚筒的大槽，稀薄的含水纸浆由泵抽吸到槽中，纤维便黏附在覆盖滚筒表面的丝网上，形成一个纸筒。这时，用一根压辊把纸板中多余的水分挤干，纸网立即同压辊下的一块湿毡垫接触，并与覆盖在模具表面的丝网脱离，置放在毡垫上，然后由压辊送入烘箱，上述过程与富德里尼耶机完全相似。由于制作纸板的滚筒直径以及丝网表面的尺寸是有限的，厚纸板不可能在这种机器上制造出来。但是，假若能同时从两个或多个滚筒外的湿毡垫上取出纸网，重叠起来压制烘干，那么便可以得到坚固的厚纸板。

若要制造正反两面颜色不同或质量不同的特殊纸板，可以让每一个滚筒分别使用不同的吸出槽，提供不同的纸浆。为了生产超厚型纸板，在最新式的造纸机上最多把六个滚筒并列使用。19世纪末，在英格兰引进安装了两台最早的多滚筒式纸板机，由美国的布莱克—克劳森公司制造。

哈珀（James Harper）是康涅狄格州纽黑文的造纸商，他设计制造了一种综合了富德里尼耶机和圆网机特点的造纸机并取得了专利。在
619 这台机器上，纸张采用通常的方法在富德里尼耶机的网线上制造出来，网线又把纸张传送到伏辊上，湿毡垫从上伏辊绕过，将进入下伏辊网线上的纸带卷走，下伏辊建造得和圆网机的工作滚筒一模一样。虽然第一台“舔卷”式的造纸机并不成功，它的设计思想却产生了深远的影响。今天，许多生产薄型纸的机器仍在使用这种毡垫绕过上伏辊使纸网层从网线上分离出来的方法。

到19世纪末，富德里尼耶机和圆网机在大多数国家中已经得到

一致公认，成为标准设计式样。事实上，虽然此后出现了许多适用于造纸业的技术改进，使得大多数新生产的造纸机不断地用现代方式加以改装，而不再拘泥于最初的设计思想，但是，不少那个年代的造纸机还是继续使用到1950年左右。

24.3 高速造纸机

在20世纪前半叶，不仅造纸机的生产速度有了进一步提高，纸张的加工宽度在很多情况下也大大超过了19世纪末100英寸的普通尺寸。此外，造纸机的设计和制造还有一个十分明显的趋势，人们更多地考虑到各种专门用途和特殊纸型的需要，而不是像过去那样只考虑一般用途。以按照莱尔专利（the Lysle patent）的描述制造的湿性皱纹薄纸生产机为例，这种1890年的造纸机是一台轻机框的低速机器，由辊筒与套筒轴承上的干燥器械装配在一起构成。无论以水轮机为动力还是以蒸汽机为动力，通过一系列皮带和滑轮来传动，它都以100—200英尺/分的速度运转。这种机器并未配备除去水分的吸水装置，它的起皱操作工艺即使再好也是很简陋的，安装在压床端的起皱刮刀只能在成品纸张上留下很少的一点褶皱。在这里，一个垂直杆拉动卷皱刮刀，最后再通过一些非驱动的纸滚筒，把皱纹纸送入第一台干燥箱中。由于套筒及筒顶材料的质量较差，干燥滚筒所承受的蒸汽压强受到一定的限制，在滚筒上也没有钻孔，只是通过干燥滚筒的外壳来获得均匀的热传递。在此期间，虽然扬基式干燥机或MG滚筒干燥器在欧洲已经为人们所知，但仍未用于薄型皱纹纸的生产。事实上，扬基式干燥机早在1880年已经用来生产高质量的蜡光纸。和1800年依靠手工操作式的人力驱动、速度仅约15英尺/分的罗贝尔机相比，这种以200英尺/分的最大速度运转的机器无疑有了巨大的进步。

早在20世纪初，人们就在造纸业中使用了电动机，并把提高造 620

纸机运转速度的希望寄托在这种高效率的动力能源上。然而，套筒轴承在高速运转时的摩擦阻力，严重限制了纸网宽度的增加和机器运转速度的提高。由于这种摩擦阻力耗费了大量动力，致使纸网的宽度一般只能保持在 100—132 英寸的范围以内，造纸机的最快运转速度经常也被限制在约 700 英尺 / 分。这种影响造纸业进一步发展的严重障碍，直到 1922 年才得到解决。这一年，一项具有重大价值的研究课题完成，有人推出了减摩轴承，世界上第一台在转动部件上装有这种减摩轴承的造纸机开始运转，并且很快就试车成功。这是一台生产薄型纸的机器，由于减摩轴承的阻力比套筒轴承明显降低，驱动机器所需的动力相应大为减少。

时隔不久，其他各种造纸机也纷纷安装了减摩轴承，或者将原有的轴承加以改装。从此，不但加工纸网的宽度增加了，机器的运转速度也有所提高。1922 年到 1942 年，造纸机的运转速度由 700 英尺 / 分提高到 1500 英尺 / 分，纸网的宽度从 132 英寸增加到 190 英寸。第二次世界大战后，造纸工业重新开始了提高机器运转速度与纸张产量的探索。其实，这样的探索在战时也未停止，战后不久便显现出来结果。一些公司公布了许多成型设备的新设想，机器制造业的专家们在改进铸造技术之后，已经能够生产出可以经受更大挤压负载的辊筒，以及可以承受高压蒸汽的滚筒干燥器。

随着制造技术的发展，研制或改进的各种制作材料也变得更加符合需要，机器运转的速度提高到 1800—1900 英尺 / 分，这一速度成了十几年内造纸机发展的极限速度。但有两家公司属于例外，因为它们掌握着一项独特的专利技术，可以制造出一种运行速度高达 2500 英尺 / 分的造纸机。

造纸机运转速度的逐步提高，导致开式进料斗的高度也在不断增高，最后在 1950 年左右发明了气垫进料器。无论是重量、外观还是纤维分布的均匀程度，所有这些演变过程使得机制纸张质量逐步有了一些局部改善。但是，在用富德里尼耶造纸机生产高质量的纸张时，不可避免地要使用大量的水，在纸网中必然会残留一定量的水分，如何除去这些水分成了一个极为突出的困难。在纸张的干燥成型以及水处理等方面出现的这些棘手问题，最终都在1950年后的10年中得到了解决。

621 **参考书目**

Clapperton, R. H. *The paper machine, its invention, evolution and development*. Pergamon Press, London. 1967.

Haylock, E. W. (ed.). *Paper–Its making, merchanting and usage* (3rd edn.). Longman, London, for the National Association of Paper Merchants. 1974.

Hunter, D. *Paper-making through eighteen centuries*. 1930.

Shorter, A. H. *Paper making in the British Isles. An historic and geographical study*. David and Charles, Newton Abbott. 1971.

Wyatt, J. W. The art of making paper by machine. *Proceedings of the Institution of Civil Engineers*, 79, 251, 1884–5.

第25章 陶 瓷

W. F. 福特（W. F. FORD）

由于本章的内容只涉及陶瓷业的主要生产领域，并未完全包括陶瓷的所有应用范围，因而考虑工业需求的影响必然受到限制。然而，在人们的日常生活中，陶瓷的用途却是非常广泛的，最为明显的是各种陶器、卫生器具、房屋建筑用砖以及用来装饰墙壁和地板的瓷砖。在电气领域里，最重要的应用大概是电缆塔上用来支撑高压输电线的陶瓷绝缘子。但是，还有其他一些并不显而易见的用途。例如，家用电炉需要有一个缠绕电阻丝的耐火绝缘线圈架。现在，石英玻璃的出现满足了这一需要，它具有热胀系数很低的优点，极少因急热和急冷而破裂。所有的汽车点火系统都离不开火花塞上的陶瓷绝缘子，有趣的是，这里使用的氧化铝是在不列颠之战中开发出来的，它及时地应用在装备英国战斗机的罗尔斯—罗伊斯·默林发动机的点火装置上。收音机、电视机中有许多以电阻、绝缘子和电容器电介质形式出现的陶瓷元件，它们在超高频波段工作时，只有极低的损耗。印刷电路是现代电视机和收音机的心脏，它们都以陶瓷作为基片。许多唱机拾音器里含有钛酸钡晶体，可以将唱针的机械运动转化为电压波动。此外，现代的气体点火器也同样应用了传感器原理。第二次世界大战中一项最为杰出的成果是荷兰人对陶质磁体作出的开拓性研究，现在的收音机中就装有这种呈“软”磁体形式的铁氧体棒形天线。作为“硬”磁 622

铁，这种陶瓷可以起到录音磁带的作用，可以用于厨房用搅拌器、玩具等的微型电动机，还可以用作磁性制动装置。

现在，制陶这门最古老的技术（第Ⅰ卷第15章、第Ⅱ卷第8章、第Ⅳ卷第11章和第Ⅴ卷第27章）才真正形成了一门与科学技术知识密切相关的行业。在20世纪前半叶，这种相关性进一步加强，部分原因是成立了一些必要的组织，1899年建立了美国陶瓷学会，1901
623 年诞生了英国陶瓷学会，这些学会的出版物传播了陶瓷研究与开发方面的信息。这些信息最初主要来自工业生产，它的广泛传播在美国由地质研究所、国家标准局以及大学的有关系科（俄亥俄州大学在1894年就创立了相应的系）来进行，在英国则通过特伦河畔斯托克的梅勒（J. W. Mellor）的研究所来完成。第一次世界大战结束时，英国成立了英国耐火材料研究协会。

在两次世界大战之间的年代，与陶瓷有关的院校数量在全世界不断增加。例如，1939年美国就有16所陶瓷学院。在英国，虽然大学里有少量的研究生活动，但制陶业的文献主要来自工业部门和研究协会。1948年，这些研究协会合并为英国陶瓷研究协会。1955年建立了陶瓷学院，它是整个行业中唯一有正式资格的教育实体。

25.1 陶瓷学

1900年，现代的材料研究技术当然还没有发展完善。被认为奠定了陶瓷科学基础的梅勒（J. W. Mellor）虽然已经使用了岩相显微镜，但他使用的其他仪器在当时还必须自行制造。从1906年起，梅勒便开始致力于陶瓷方面的多种研究，特别关注加热过程对黏土产生的影响。1922年，他把当时新颖的X射线衍射技术用于研究时，在一定程度上证实了关于黏土矿物高岭石在500摄氏度时会断裂并形成某种氧化铝与二氧化硅混合物的理论，不过后来的研究又进一步修正了这些理论。值得关注的是，作为二氧化硅天然形态的石英晶体，是布拉

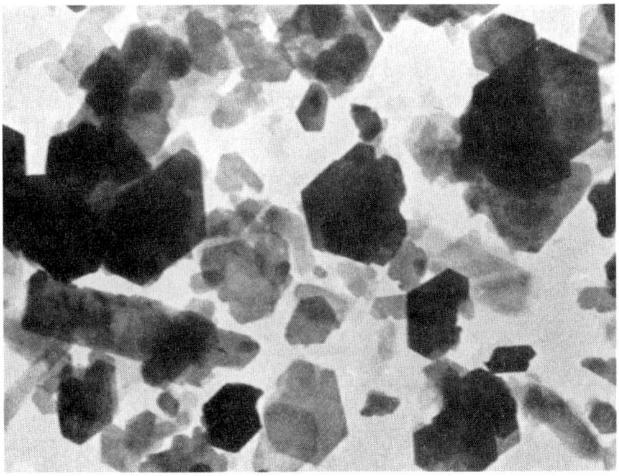

图 25.1　电子显微镜下的瓷土。（2.5 万倍）

格（W. H. Bragg）在 1914 年用 X 射线进行研究的最早的矿物之一，一年后芬纳（C. N. Fenner）便阐明了二氧化硅的同质多晶现象的基本性质。在陶瓷学中，光学显微镜与 X 射线衍射仍然是两种重要的研究手段，后者更有助于我们对硅酸盐化学的进一步了解。在这一阶段将近结束时，这一学科终于形成了对黏土性矿物及其相应结构的准确分类。迟至 1950 年，电子显微镜才用于提供黏土颗粒形状的证据，以检验早先由黏土结构与性质推断出来的结论（图 25.1）。

许多专业人员都对黏土—水体系作过十分重要的研究，当水的含量增加时，这些可塑性黏土就变成“泥釉”。由于可塑性没有一个可以被接受的定义，这阻碍了对可塑性黏土的分析，但是关于黏土颗粒巨大的表面积及其周围稠密水膜的概念等方面的研究却取得了重要的进展。人们还引进了“电偶极子层”和“ZETA 电位”的概念，试图解释胶状悬浮体的特性，还确定了黏土干燥过程的机理。 624

在此期间，非黏土陶瓷科学的重要性迅速上升，在适当的章节中介绍这方面的内容更为合适。

虽然对接近平衡的速率运动学研究极少采纳陶瓷学领域中的科学论述，但人们认识到平衡状态在烧成过程中并不经常存在，尤其在硅酸盐中更是这样，梅勒还为此创造了一个被称为“析制反应化学”的专门术语。这种研究方式忽视了相平衡原理，尽管罗泽博姆（H. W. B.

625 Roozeboom）似乎早在 1899 年就已经认识到这一原理在实际应用中的重要性。然而，从这一阶段的中期开始，美国地球物理学院绘制出一些相平衡图，并通过应用取得了一系列重要的技术成果。在这一阶段将近结束的时候，这种忽视相平衡原理的情况正在得到纠正。

25.2 白瓷

传统的骨灰瓷配方是 50% 的骨灰、25% 的瓷土和 25% 的科尼什石，后者是英国采用的长石助熔剂的代用物。在这一时期内，由这种成分制作的半透明瓷器的产量不断增加，而且因为加入了不到 2% 的诸如膨润土之类的高塑性黏土，这些瓷器实现了机械化生产。由黏土、长石和二氧化硅组
626 成的“三元”混合原料，一直是制作土器、玻化瓷和硬质（欧洲大陆的）瓷的原料，美国的饭店瓷器则添加了一些辅助助熔剂。在主要的三种成分变动不大时，瓷器的密度和半透明度取决于烧成温度，诱人的浅蓝色瓷器正是通过降低烧成温度才得到的。由于第一次世界大战的爆发，英国无法继

图 25.2 技术进步带来的社会效益；朗顿陶器厂，上图为 1910 年的情况，下图为 1970 年的情况。

续得到实验室用的德国硬质陶瓷的供应，这促使了伍斯特皇家瓷器公司的建立，并在20世纪30年代早期开始生产炉具、餐具和饭店设备等硬质瓷器。虽然在美国用叶蜡石和滑石来制作高强度瓷砖，但在通常情况下，瓷砖的生产仍然以“三元”混合配料作为原料，天然的、自玻化的各种炻器黏土还是被用来生产家用陶瓷。

在英国，虽然人们仍然沿用湿法来混合三种制陶原料（以避免粉尘的危害），但也逐渐采用称量大批泥浆的方法来控制成分，同时开始用泵抽取每一份泥浆，以求达到恰当的配料比。在美国也有干粉混合加工的实例，用空气浮选法和干燥法生产出标准黏土。到了20世纪中叶以后，这些符合标准的瓷土和块状黏土才被引入英国。研究表明，用以取代磨碎二氧化硅的煅烧燧石是由隐晶石英、水和有机物质组成的，这项成果使人们对煅烧燧石的控制得以改善。直到1950年以后，才实现了用其他长石质矿物来取代除氟后的科尼什石。

20世纪40年代，真空练泥机的采用增强了塑性黏土的可塑性，从而推动了黏土制品成型加工机械化的长足发展，一个机器操作工人
有可能在1小时内生产出1000件以上的陶板、陶杯和陶碟。由于早 627
些时候采用了碱性浇注用泥，有效地控制了浇注过程，也使这一工艺实现了机械化。

通常，泥釉浇注后的陶坯是通过空气的自然对流来干燥的，但以较高的速度进行机械化生产必然要求加快烘干速度。作为机械化制坯的一个重要特点，陶坯在石膏模具中加工成型后，必须小心地加热烘烤，以免从模具中取出时出现破裂。随后，大部分陶坯的薄壁便可由热辐射或快速热气流在短时间内烘干备用。

20世纪前半叶，陶瓷烧成方法与技术发生了重大的变化，这种变化超过了陶瓷工业在以往各个时期的发展。到1950年，那种燃烧效率很低、以煤为燃料并造成大气污染（图25.2）的间歇式瓶状窑炉（第Ⅴ卷，边码667），基本上被以煤气或电力为能源的隧道窑（图25.3）

图 25.3　一台烧成陶器的电热隧道窑。

所取代，热效率明显提高。使用电力虽然价格昂贵，却让为素烧和釉烧建造双路隧道窑成为可能，同时可以省掉用以防止火焰直接烧628 瓷器的匣钵（耐火泥箱），并且缩短了烧成时间，从而提高了生产效率。烧制过程中，为防止瓷器与“窑具”粘连，在英国总是习惯使用一种碾碎的燧石作为铺垫材料。1928 年，为了消除人们在弥漫的二氧化硅粉尘中患硅肺（肺尘病）的危险，开始了用矾土来替代燧石的一系列实验。1947 年，《陶瓷生产（健康）特别法规》确定了这一变革。

1949 年，英国作出了禁止使用含铅釉料的规定，当年报道的铅中毒只有一例，这与 19 世纪末一年内 400 例铅中毒的情况形成鲜明对比。无铅釉料及低溶性二硅酸铅熔块的出现，逐步减少了工人们给陶坯上釉时发生中毒的危险性。然而，某些国家至今仍然允许在采取防护措施的条件下使用含铅的化合物。对各种釉料的控制，既要考虑到釉料的消耗量和经济合理性，又要考虑到对釉料缺陷的预防，这可以通过测量颗粒大小及黏度来达到。针对各种釉的“纹裂”，也就是随着时间推移瓷器表面出现裂纹的问题，人们开展了大量的研究工作，最后终于认识到胎与釉的相对收缩早就决定了釉中的残余应力。当胎的收缩程度大于釉时，后者就处于一种压缩状态而不会开裂，除非应力过大才会导致釉层的“剥落”。人们还进一步发现，随着时间的推移，胎还会逐步吸收大气中的水分，出现“湿胀”而在釉上产生一种应力，只有开裂才能缓解。

1950 年，各种洗涤剂和洗碟机的出现显示出它们对釉上彩的影响。为了改进陶瓷颜料的耐碱抗磨性能，开展了多方面的研究。由于缺少大规模生产釉下彩陶坯时所需的熟练彩绘工人，人们采用了平版陶瓷转印技术。

25.3 重黏土制品

在英国以及其他地方，建筑用砖、屋面盖瓦以及卫生管道设施的重黏土陶器的生产总是受到需求量剧烈波动的影响，部分原因是受到两次世界大战的干扰。1918 年以后，为满足住房的需求，建筑砖的产量迅速增长，1938 年就达到了 80 亿块。然而，从 1945 年到 1949 年，产量仅仅从 12 亿块恢复到 52 亿块。在 40 年代，砖瓦工业面临着来自非黏土产品日益激烈的竞争，需要降低劳动强度和减少燃料消耗。 629

各种建筑材料大多由那些不适合用于精细陶瓷的普通黏土制成，它们如此复杂甚至成了科学研究的难题。因此，在 20 世纪开始的数十年中，解决实际问题和产品试验工作往往占据着突出的地位。早在 1886 年，欧洲大陆许多必要的试验已经达到国际标准，但英国和美国在 20 世纪 20 年代才逐步开始系统试验。1922 年，英国建筑研究所建立，推动了这一工作的开展。

尽管需要大量的原料，但开采黏土直到 1950 年仍然没有完全脱离手工劳动，部分原因是需要对不同的岩层进行剥层与混合。机械化开采的时间可以追溯到1904年，它的广泛应用则与战争中发展起来的内燃机密切相关。这样，人们便可以根据黏土的物理特性来选用合适的机械设备——斗式挖掘机、吊铲或页岩刨床，现代的传输设备则解决了把黏土输送到制砖工场的问题。

人们在19世纪就采用了粉碎和碾磨黏土的机械（第Ⅴ卷，边码670），这些都是批量生产机制砖前必要的准备工作。在此期间，这类机械的设计有了许多改进，同时还使用电力作为动力。1926年，真空练泥机首先在美国发明出来，广泛用于生活污水管的挤压成形。不过，这种真空技术并未用于通过丝切和硬塑压制法大批量生产砖块的练泥机。在采用了高压铸模的方式强化黏土的可塑性后，这种半干压坯法就一直作为三种主要制砖方式之一延续下来。上述所有生产方式的着眼点都放在机器的设计上，目的是获得越来越高的生产效率。

隧道式干燥室（第Ⅴ卷，边码667）并不是20世纪的发明，但是
在20世纪才逐渐采用，并增加容量以提高大批量生产的处理能力。此
后，人们还逐渐注意到温度与湿度的控制，以及废热的有效利用等问
题，由此产生了一种从烧成过程引出余热加以利用的趋势，连续窑的
应用大大地提高了余热使用效率。人们努力对原来的霍夫曼窑进行重
630 新设计，使煤在窑顶燃烧，还建造了许多具有80多个室、可容纳约
3.3万块砖的大型砖窑。在欧洲，机械加煤法得到发展。在美国，人们
发现用石油和天然气来代替煤炭以及使用隧道窑来烧制重黏土制品在经
济上是有利的。所有这些方面的进步都相当明显，燃料消耗量大大降低，
烟尘排放减少。由于广泛使用了各种检测仪表，产品质量也得到了保证，
产品的机械装卸对提高生产率的作用十分重要。1945年以后，叉车开始
用于陶器生产过程。

建筑砖与陶器的用途迥然不同，用砖块可以建造出各种建筑物，但这些建筑物的性质并不完全取决于单块砖的性质，后者本身就有足

够的承压强度。在这段时期，人们对“承载砖”的力学性质始终抱着浓厚的兴趣，直到50年代后期开始进行深入细致的研究，以确定这类砌砖结构最为经济合理的使用方式。

目前，大多数国家都有检验建筑用砖相关性质的标准。人们在用X射线进行研究后发现，只要把烧制温度保持在适当范围内，也就是说既要达到足以维持化学反应合成所需化合物的温度，但又不能太高导致产生过多的液态相，这样可以避免出现导致石灰胀裂的水化作用。此外，通过对杂质特别是铁所产生的作用以及大气状态的测定，人们在燃烧火焰色调的控制上也取得了进展。还有一个最重要的问题是砖块中存在着无数孔隙，可溶性盐类可以通过这些微孔析出而沉淀在砖块表面，产生难看的“盐霜”，微孔中的水分还可能在冬天冻结，体积膨胀造成砖体破坏。从20世纪初，人们就对这些问题的机理以及影响耐久性的其他因素进行了大量研究，但直到1950年仍未找到彻底解决的办法。

25.4 耐火材料

几乎没有哪个国家拥有包括所有耐火材料的足够的本土资源，进口原料对于许多耐火材料生产基地来说极为平常。将近20世纪中叶，美国和法国发明了经过熔化和浇铸生产“电铸”低孔隙度耐火材料的方法，但大量耐火材料仍然沿用传统的工艺过程来生产。由于孔隙度是影响耐火砖使用寿命的重要因素，韦斯特曼（A. E. R. Westman）和 631
赫吉尔（H. R. Hugill）在1930年首先提出的通过控制粒度分布以达到微粒最佳填充的方法，就成了研究和实现减小孔隙度的一条基本途径。除了制造复杂形状的耐火材料，这一时期逐渐采用了半干压坯法，使用的压制机性能也在不断提高。这些措施都使耐火材料的孔隙度减小，达到了更高精度的规格，尺寸要求大大超过了重黏土制品。从一定程度上讲，生产上的灵活性有必要继续使用间歇窑，这类窑的效率也随着在“近热面”使用隔热材料而有所提高。不过，人们最终还是为了节约燃料逐渐引进了连续窑。直到1950年，最高燃烧温度可能尚未超过1500摄氏度。特别值得一提的是，在随后的10年中，当采用高得多的燃烧温度以后，情况有了显著的改进，特别是在基本的耐火材料方面。

250多年来，硅石一直用作耐火材料。在英格兰，人们从1859年起就使用较纯的致密硅岩，直到开采这些岩石的成本过高时才停止，石英岩成为生产耐火砖的主要原料，其他许多国家的情况也同样如此。致密硅岩具有更适合湿法碾磨的优点，但并未消除制砖工人中的硅肺病。不过，1919年颁布的《工人硅肺病赔偿法》规定了一系列严格的操作规程，以求尽力减少这种危险。

1906年，德国首先在碳化工业领域颁布了制造硅砖的技术规范。考虑到当时在高温条件下进行试验极为困难，这应当是一项引人瞩目的成就。在英格兰，20世纪20年代对燃烧过程的控制进行了系统研究，这通常要求除去原有的石英，以使耐火砖的尺寸稳定。虽然1926年就发表了氧化钙—氧化铝—二氧化硅相图，但是人们直到40年代才知道氧化铝含量对氧化钙结合的硅砖性质的影响，氧化铝的含量每下降0.1%，耐火砖的最高工作温度就能提高10摄氏度。这个时期的一项美国专利介绍了一种“优质”耐火砖，其中的氧化铝、碱金属和二氧化钛的含量不得超过0.5%。后来的经验和研究表明，二氧化物钛的含量不需要如此限制。这些认识促使硅砖的质量得到显著改进，“优质”耐火砖一直被用在碱性平炉的炉顶上，直到采用吹氧熔炼使工作温度上升到高于硅石的熔点（1725摄氏度）时为止。

632 1900年，人们用土法生产含有30%—44%氧化铝的耐火砖，这是唯一具有代表性的氧化铝硅酸盐耐火材料。到1950年，氧化铝含量的区间已经大幅扩展。此外，高硅质黏土、煅烧瓷土、一水硬铝石及硬质黏土、硅线石、铝土和氧化铝也被用来生产耐火材料。在德国，人们通常只用少量的黏土结合耐火土（经预先煅烧的耐火黏土）生产耐火砖，保证微粒的有效压缩，这样才可能不再含有塑性黏土的水化颗粒。这种用轻微干燥和加热收缩方法来提高尺寸精度的技术在欧洲得到普遍应用，但在其他地方则仅用于以塑性很低或毫无塑性的物质为原料的生产上。在英国，成批生产的耐火黏土配合料中，仅有少量来自残次产品的非塑性“熟料”。

第一次世界大战期间，英国在生产耐火材料时，采用了产于印度的硅线石、蓝晶石和产于加利福尼亚的红柱石。先前曾对硅线石的天然资源进行过一番勘探，因为人们把在显微镜下观察到的耐火砖结渣误认作硅线石（$Al_2O_3 \cdot SiO_2$，是这三种矿物的通用分子式）。1924 年，美国的鲍恩（N. L. Bowen）和格雷格（J. W. Greig）发表了最早版本的氧化铝—氧化硅相平衡图，证实假如把氧化铝的含量增加到 5.5% 以上将会增强耐热性能，同时证实生成的唯一化合物不是硅线石，而是莫来石（$3Al_2O_3 \cdot 2SiO_2$），它是以离苏格兰海岸不远的莫尔岛命名的，岛上产有这种罕见的矿石。在这一时期的最后阶段，人们还逐步认识到，虽然实际上很难达到平衡，但这个相图为提高耐火材料的质量提供了可靠的依据，特别是在人们注意到了原料中的天然杂质所产生的影响以后。第二次世界大战期间，人们还将铁杂质含量远低于耐火土的瓷土进行煅烧，用来作为制作耐火砖的材料。比起普通的耐火砖来，这种材料耐高温的特性更优越，而且可以取代稀少的硅线石。

1900 年，白云石、菱镁土和铬矿石都成为生产碱性耐火材料的原料。特别是炼钢厂不断要求耐火材料能够适应日趋严酷的工作条件，导致这一时期出现一系列重大技术改进。1878 年，吉尔克里斯特（P. C. Gilchrist）发现，在一个由白云石衬里的贝塞麦转炉内（以后是在白云石炉床中），可以从熔融的钢水中把磷除去。他的发现对英国尤其重要，因为白云石在英国是碱性耐火材料的唯一来源。由于白云石是一种复碳酸盐，只有在高温煅烧后才能产生含有氧化镁和石灰的充分收缩的团块。虽然石灰与大气中的水分发生反应导致“水化膨胀”和团块破碎是无法避免的，但是后来人们发现可以通过精心控制颗粒大小，用刚煅烧的白云石来“涂补”炼钢炉的炉床。在安装整体炉床或是需要用白云石砖作炉衬时，水化作用是极为严重的一个问题，后来通过用焦油来密封耐火材料的颗粒才得以解决。第二次世界大战期间，这种耐火砖在英格兰首次制造出来，其中的碳明显提高了白云石对炉渣的抗蚀能力，从而获得了经济实用的工作性能，而且优于用“稳定白云石”——一种经高温反应除去游离氧化钙的昂贵耐火材料——制成的耐火砖。

生产抗渣性比白云石还强的菱镁土耐火材料始于1880年，这种菱镁土是从奥地利的一种含铁量较高的岩石中开采出来的。当时，全世界的工业生产在很大程度上都依赖这一资源，它可以很容易地通过“死烧”消除氧化物的“水化膨胀”现象。两次世界大战期间，可供英国和美国选用的较纯的菱镁土资源受到了限制，冶炼过程所需的较高煅烧温度便导致了严重的水化问题。然而，英国在1937年出现了惊人突破，氧化镁从白云石和海水中被成功提炼出来。到1948年，一家工厂生产了4万吨氧

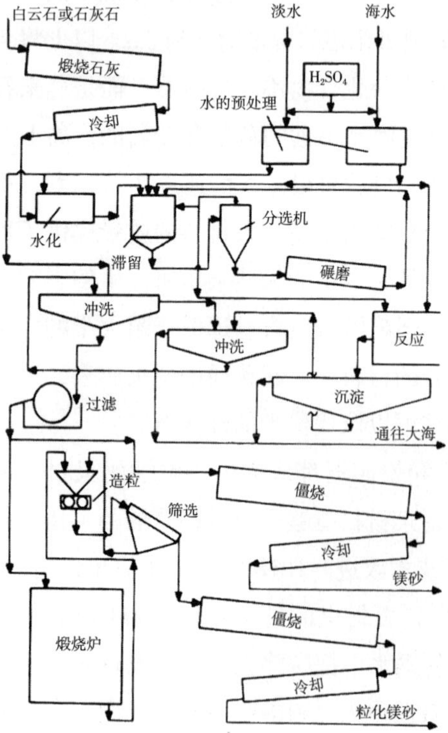

图25.4 用哈特尔普尔的海水生产氧化镁的流程图。

化镁，1976年的生产能力则达到了30万吨。从海水中制备成分可控的氧化镁的现代工艺流程如图25.4所示。目前，造粒法已经用于生产纯度更高的产品，以供炼钢业之需。用燃油来加热回转窑可以使死烧温度逐步上升到1900摄氏度左右，从而彻底消除水化问题，这一工艺则是1950年以后才发展起来的。

到1930年，铬砖的使用仍然进展甚微，主要用途是作为介于酸性的硅石和碱性的菱镁土之间的一种中性材料。虽然作为炼钢炉和水泥窑衬里的菱镁土的用量有了相当大的增长，但它的耐温度变化的性能较差，加上由“镶块”铺成的工作面减小，导致故障层出不穷。1931年，人们发现菱镁土与铬矿石混合物的抗张强度比其中任何一种材料都要大。在英国、德国和美国，第一批铬镁砖几乎同时出现。到1935年，制定出燃烧与化学结合来生产耐火砖的方法，这种砖一 634
般由70%的粗铬矿石与30%的精菱镁土构成，抗热冲击能力强，和在平炉中已经被取代的菱镁土耐火砖相比，在高温下尺寸更不易改变。于是，炉顶用新型耐火砖代替硅石耐火砖的“全碱性平炉”受到人们的重视，并为了改善它的高温强度和减少板块化造成的机械损耗做了许多工作（图25.5）。1939年，奥地利广泛使用一种可以将耐火砖悬挂起来的钢架炉顶，同时能够控制炉顶的活动，使得这一问题部分解

图25.5　在一个炼钢平炉顶上的碱性耐火“板块”。

图 25.6　用于建造炼铁炉炉膛的波纹碳精块。

决。在其他地区，与这种“超优质”的硅砖相比，碱性砖成本高昂，人们直到 1950 年才找到经济的解决方案，在接下
635 来的 10 年中才得以成功实施。

在碱性耐火材料领域所取得的这些巨大进步，部分要归功于 20 世纪 40 年代新科学数据的出现。与炼钢的物理化学过程密切相关的相平衡图的研究和对所用炉衬的测试，使“相组合”生产成为可能，从中可以根据化学成分计算出固态下各种矿物的比例。X 射线和光学显微镜的应用，揭示了铬矿结构的奥秘以及加热对其产生的影响。

最后，在耐火材料领域内较为重要的进展是在冶炼生铁的高炉炉膛中使用碳砖块来代替耐火砖（图 25.6）。德国首先采用这一实用性变革，主要是为了消除熔融铁水“穿炉”而造成的巨大危害。多年以来，通常被称为石墨的由黏土胶合的碳用来制造坩埚，但用于建造炉膛的制品不能含有黏土，不得不发展一种用焦炭制造碳砖块的新型生产技术，熔融的铁水阻止了碳的氧化。早期的经验是如此成功，致使人们认为修建“全碳高炉”似乎是可能的。然而，这种愿望并未实现，因为后来的实践表明，炉子上部有着充足的氧气使碳氧化，因而碳在这里不能使用。

636

25.5　绝热材料

20 世纪前半叶，冶金、玻璃、焦化和陶瓷工业的迅速发展，带来了节约燃料的问题。人们通过采用绝热手段，使这一问题得到部分解决。1900 年，由于开始在高炉的构造中使用现在称为“衬里绝热”

的绝热层，热量的损失有所减少。为了达到绝热目的，最早使用的是德国的硅藻土，这是一种主要由植物残骸化石组成的天然材料，矿物颗粒有一个很高的闭口气孔，在形成“疏松充填”或制成耐火砖时可以大大减少通过它的热流量。大约到1920年，产于德国和其他地区的较纯的硅藻土仍然是标准的绝热材料。炉温的升高显然要求绝热砖在超过800摄氏度（这是硅藻土所承受的极限温度）的高温下保持稳定，这样“实心”炉砖的厚度才有可能减小。在40年代，人们将天然硅石迅速加热，使它“分层”产生高孔隙度的颗粒，这样就会出现一种适合在1100摄氏度的高温下工作的绝热物质。从20年代以来，人们通常在黏土和其他硅铝酸盐配合料中加入可燃物，从而批量生产出多孔的绝热砖。在适用范围内广泛地选择不同的氧化铝含量，使人们有可能根据绝热砖的工作温度来实现分级生产，保证绝热砖在工作温度下呈现最小的收缩性。在美国，这方面的工作已经大量开展起来，人们以华氏温标每100度表示一个等级，例如23号绝热砖可承受2300华氏度（1260摄氏度）的温度。 637

在连续窑内使用衬里绝热后，节省了大量燃料。正确选择衬里/绝热厚度的比值，避免因较高的平均温度引起的衬砖收缩率增大，可以得到长期令人满意的生产运行，使绝热层的附加成本迅速地得到补偿。由于节约燃料与耐火材料的损耗率之间存在着某种平衡，人们不得不对充满“污秽”的连续炉的绝热层加以谨慎的防护，这主要是因为液态融熔流体在温差作用下会更深地渗透到绝热衬里中。平炉的硅炉顶是一个例外，那里不能使用绝热材料。事实上，人们不得不经常把累积的尘埃从“冷”表面上吹除。

计算表明，当间歇窑或熔炉在最高温度下工作时，节省下来的热量会被使设备达到所需温度而耗费的更多热量所抵销，冷却周期也会极为不利地延长。可以取代复合衬里的质量更高的“近热面绝热材料”的出现，起到了很好的补救作用，被用于间歇窑和热处理炉。

参考书目

Chandler, M. *Ceramics in the modern world*. Aldus Books, London. 1967.

Green, A. T., and Stewart, G. H. *Ceramics, a symposium*. British Ceramic Society, Stoke-on-Trent. 1953.

第 26 章　纺织工业：概况

D. T. 詹金斯（D. T. JENKINS）

20 世纪前半期，纺织工业的大部分历史源于变化中的世界贸易规模和格局，这是新兴工业化国家自给自足经济的发展和参与世界市场竞争的结果。正因为纺织工业曾经处在发达经济工业化的最前沿，不仅促进了高水平的工艺研究和革新，还开辟了企业家的活动范围，使生产组织发生了根本变化，所以这个行业在后来发展起来的那些国家中成为重要的经济生长领域。这种趋向 19 世纪中叶正在出现，到 19 世纪末则变得极为明显。不过，总的来讲，尽管发达国家的纺织工业一直在增长，它在国民经济中的地位却在下降。由于欧洲爆发的战争破坏了生产和扰乱了贸易，导致其他经济竞争暂时中止，那些国家不得不转向发展本国工业，以求自给自足，并去占领中立地带的市场。这种变化的结果体现在战争间歇的年份时，便是世界贸易萧条，对较小市场的竞争加剧，更多的国家出现了纺织制造业，贸易保护法的作用愈加突出。第二次世界大战再一次破坏了生产和贸易，随着从战争的混乱局面中艰难恢复，竞争压力再次出现。 638

19 世纪初期，技术因素对纺织工业的繁荣是非常关键的。到了 20 世纪初期，这一因素对传统工业已经不是很重要。然而，在人造纤维和合成染料制造业两个主要领域，技术因素产生了根本性的变革，整个纺织制造业都直接或间接地受到了这一变革的冲击。

639 26.1　世界竞争的到来

尽管世界棉纺织工业出现了激烈的竞争，但 1900 年英国仍然控制着棉纺织业及其贸易，棉纺锭子几乎占世界总锭数的一半，棉织品贸易约占世界的 3/4。英国的工业显著增长，原棉消耗量超过了 19 世纪 50 年代初，到 1913 年增长了 3 倍。但是，19 世纪 60 年代的情况却不是这样。由于美国南北战争使原棉供不应求，英国纺织工业出现了开工不足的局面。接着，周期性的贸易波动、国际竞争的加剧又使英国对发展纺织业失去信心。由于美国以及其他国家增加了粗支棉纱的生产，英国被迫转向生产高支棉纱及其织物。

第一次世界大战以前，美国是英国的主要竞争对手。当时，英国仍然依赖 19 世纪早期发展起来的机械设备，美国则在纺纱和机织方面都进行了一系列重要革新。劳动力不足促进人们探求节约劳力的机器，导致后来广泛采用环锭纺纱机（表 26.1）和诺思罗普自动织布机（第Ⅴ卷，边码 585）。1909 年，美国拥有 20 万台这种自动织布机，英国则只有 8000 台。尽管有人指责英国棉纺织业技术陈旧，企业家们却几乎不使用新的机械设备，当然其中似乎也有一定的技术原因和商业原因。在英国，走锭纺纱机（第Ⅴ卷，边码 577）对于中高支棉纱比较适合，用环锭纺纱机纺制短绒棉粗支纱时很容易拉断，自动织布机则对于用优质纱线长期织造粗织品较为合适。新出现的机器对操作技巧的要求都不高，但适用面窄，价格也较为昂贵[2]。

640 棉纺织业也扩展到法国、德国、印度和巴西，但根据世界棉花贸易的近代历史来看，发展最显著的是日本。19 世纪 90 年代，日本传统的农民棉纺织业开始实行现代化。在 20 年内，日本不再是一个大量输入棉纱和棉布的国家，而是转变为国内市场自给自足的一个净输出国家，首先在中国和印度找到了主要的出口市场。日本大量出口的是粗支纱，它用从中国、美国和印度进口的纤维纺成。不过，即便到了 1913 年，日本在世界棉纺织业中还只占很小的比例。当时，国际市场上有

80%的棉纺织品仍然来自欧洲，尽管30年前这一比例曾经高达95%。

表 26.1　1913 年在棉纺工业中使用的走锭纺纱机和环锭纺纱机[1]

国家	走锭纺纱机（百万锭）	环锭纺纱机（百万锭）	总数（百万锭）	环锭的百分比（%）
英国	45.2	10.4	55.7	18.7
美国	4.1	27.4	31.5	87.0
德国	5.1	6.1	11.2	54.5
法国	4.0	3.4	7.4	45.9
日本	0.1	2.2	2.3	95.7
全世界	71.3	72.2	143.5	50.3

世界棉纺织工业的发展对其他纺织工业产生重要影响，特别是毛纺织业。作为传统的毛纺织工业产品输出国，英国和法国不得不对自己的很多市场加以调整，增加本国的需求量。在英国，粗毛纺和精毛纺的发展情况有很大差异。19世纪60年代，由于棉花短缺，增加了精毛织物的需求，全毛精纺制品的式样也开始改变。英国集中生产用棉经毛纬交织的精纺毛织品，法国则致力于全毛精纺，从而在纺织、染色、设计和对时装变化反应的灵活性方面获得了优势。19世纪最后20年，英国混纺精毛织物的出口量一路下跌到只及原来的一半，全毛精纺制品贸易受到的影响更为严重，出口量从19世纪60年代中期的大约4300万米/年，减少到了90年代后期的约1270万米/年。这时，法国每年约向英国出口6800万米[3]。

第一次世界大战前，尽管价格和利润在下降，服装样式在改观，国内外市场竞争在日趋加剧，英国的精毛纺工业仍然在向前发展。纺锭和并线的数量增加了，就业率上升，出口的毛纱、毛条、落毛、回丝和精纺衣料都有所增加。与此同时，随着价格下降和实际收入上升，国内市场也在不断扩大。英国毛纺工业中，呢绒在竞争中相当成功，出口量几乎比第一次世界大战前翻了一番，加上它受服装样式频繁变化的影响不大，国内市场也呈现出一派兴旺景象。同时，由于更多地采用再生羊毛（硬再生毛和软再生毛）和进口原毛，加工生产羊毛织品的成本也降低了。

641 欧洲毛纺工业中的这两个分支，不得不与日益复杂和严格的贸易限制作斗争，这种限制包括从改变禁令直到按商品重量或价值计的各种关税等级。由于一些国家力求发展自己的工业，贸易限制影响了大部分海外市场。以日本为例，毛纺工业不过是在19世纪后期才起步的，但借助关税的作用，生产总额从1899年到1903年间的年均436万日元，迅速上升至1909年到1913年间的年均2166万日元[4]。

26.2 第一次世界大战及其后果

1914年的战争破坏了直接参与国的生产和贸易，对另一些国家来说却是渔翁得利，特别是日本。由于没有卷入敌对活动，也不存在受到战争带来的破坏和劳动力不足的影响，日本纺织业的供应市场集中在印度、中国和其他一些邻国。战争以前，这些地区很大一部分是英国的市场。1913年，英国向印度出口的棉布占印度棉布总进口量的97%，超过英国棉布总出口量的1/3。到20世纪30年代初，英国和日本几乎平分了大大缩小的印度进口市场，印度的国产棉布则增加到近3倍。

战争期间，英国棉纺织业的生产能力停滞不前。原棉和劳动力短缺，纺织品产量下降，海运吨位不足以及其他输出困难，这些问题都妨碍了对所有国外市场的连续供应。战后的和平恢复了短期的繁荣，棉织品短缺导致国内外需求量迅速加大，价格、利润的上升以及繁荣兴旺的假象促进了企业家投资兴建新工厂。1920年后期，经济状况开始不景气，价格迅速下跌，棉纺织业这才突然意识到世界贸易形势的变化，生产能力过剩的情况持续了20年。面对如此状况，英国力图依靠国内市场来调整降低了的贸易额。一战爆发前夕，英国几乎占有世界棉纱和布匹贸易的2/3，为英国出口商品总值的1/4左右。1913年，英国棉纺织业产量的3/4用于出口。但在1913年到1937年间，英国棉织品的国际贸易下降了1/3以上。第二次世界大战前夕，在已经减少的国际贸易中，英国所占的份额几乎下跌到1/4。由于各种贸易限制，英国的棉纺织品从国际市场加速转向国内市场，同时加剧了新的竞争，特别是来自日本方面的压力。在1929年世界贸易萧条的冲击下，英国的棉纺织业景况更加恶化。 642

在英国棉纺织业把一些困难归咎于印度、日本廉价的劳动力时，欧洲其他国家和美国则认为即使付出高额工资，只要使用先进的机器兼之很好地组织管理生产，仍然可以参与市场竞争。在20世纪20年代后期，法国、德国、意大利和瑞士的棉纺织业都超过战前的产量，英国却未能重新组织并削减过剩的生产能力。为了提高棉纺织业的工作效率，英国合并了一些企业，但大多数生产仍然在小厂商控制之下，劳动生产率虽然有所提高，但仍然赶不上美、日的发展。

1932年以后，由于国内对棉织品的需求量增加，而且高支纱部分的竞争并不激烈，加上在国内市场实行了一些贸易保护制度，英国的毛纺织业得到改善。第一次世界大战前，英国毛纺织业已经扩大了国内市场，因此在战争萧条期间受到变化莫测的世界贸易的影响较小。第一次世界大战期间，由于劳动力短缺和来自南半球的原毛供应不足，生产或多或少都遭到了一些破坏。战后的和平时期使毛纺织品的需求明显高涨起来，但避免了过分投资。商业繁荣的中断使人们意识到出口市场的缩小，这种局势在战时势将导致不同程度的进一步恶化。

在国外市场上，与英国竞争最激烈的是欧洲诸国，特别是德国、法国和捷克斯洛伐克。英国纱线和布匹之类的出口值，由1924年的战后峰值6460万英镑下降到1932年的最低值2170万英镑，1937年又慢慢恢复到3070万英镑。国内的需求量恢复得较好一些，20年间大约增加了1/3。在纺织业内部，某些部门比其他一些部门受到的影响更大。针织业的扩大以及时装偏好针织品的变化，反过来又影响了织造部门，毛纺业也因此同样受益。对轻薄织品的需求日益增长，冲击了专门生产粗厚纱线和织物的厂家。

643 26.3 人造纤维

20 世纪 30 年代，传统纺织工业逐渐关注人造纤维的发展动态。从 19 世纪后期法国开始研制人造纤维（起初叫作人造丝）到第一次世界大战这一时期，主要是处于试验阶段。20 世纪头 10 年，法国仍然是世界人造纤维的主要产地。但到了 1913 年，英国考陶尔兹公司的生产能力已经超过美、法、德，成为最大的人造纤维制造商。不过，这一年的人造纤维生产仅占世界纺织生产的很小比例。在战争期间，随着美国成为主要生产国以及包括日本在内的其他国家都自行建立了纤维工业，人造纤维的开发继续向前发展。早期主要采用硝化纤维素工艺来生产长丝，在 1909 年的世界产量中，大约有一半采用这种工艺，另有 1/3 的产品则采用铜铵工艺处理。但到第一次世界大战前夕，粘胶纤维工艺迅速取代了前面两种工艺。到 1927 年，英国有 80% 的人造纤维产品是采用粘胶法加工的。

直到 20 世纪 20 年代和 30 年代，人造纤维的生产才兴盛起来（表 26.2）。在 20 年代，高利润促进了高水平的研究和投资。从 20 年代末起，人造纤维的生产很快取得了重大发展。1939 年，欧洲的人造纤维行业由德国和意大利控制，分别占世界产量的 27% 和 14%。同一时期，日本占 25%，美国占 17%。

第一次世界大战前，人造纤维仅以有限规模应用于针织品的生产，
644 到了 20 世纪 20 年代则成为稳定的袜用纱源。第一次世界大战期间，由于价格一直高于棉花和羊毛，人造纤维的市场需求受到限制。到了 20 年代，人们开始把它同棉花混合，生产出各种各样的服饰和家用饰物。显然，对轻薄织物的需求成为发展的有利条件。1939 年，英

国 60% 的长丝产品被用于兰开夏的棉纺织工业，27% 用于针织行业中的制袜业，另有少量用于生产出口丝带和编织带。第二次世界大战前，毛纺织业几乎不使用人造纤维。

除了款式改变和薄织物的需求量增加外，世界人造纤维生产的迅速发展，还取决于各种其他因素。最重要的是技术的进步，它改进了生产方法和质量，降低了成本。但是，政府的支持也很重要。在包括德国、意大利、日本在内的许多国家中，政府以各种形式的财政资助或限制其他纺织品制造业来支持本国人造纤维生产。1938 年，日本国内消费的纺织品禁止使用原棉，以此来增加人造纤维的产量。

表 26.2　世界人造纤维产量（千吨）[5]

年份	英国	法国	意大利	德国	美国	日本	世界
1913	5.2	2.9	0.2	2.1	0.9	—	14
1924	10.0	6.0	10.5	10.5	16.3	0.5	62
1929	21.4	19.0	32.3	28.1	55.4	12.3	200
1934	40.5	27.9	48.7	46.2	95.4	71.4	374
1939	77.0	32.5	140.0	273.0	172.7	245.4	1022
951	174.0	106.8	133.0	185.0*	588.1	167.1	1833

* 联邦德国。

26.4　染料制造业

由于纺织业变革的影响和技术改进而广泛受益的还有染料制造业。正如人造纤维是化学研究的结果一样，人造染料同样也与化工密切相关（第 21 章）。第一次世界大战前，德国处于人造染料的支配地位，实际上几乎完全控制了供应，1913 年的产量占世界总产量的 85%。19 世纪 50 年代至 70 年代间，在多种因素作用下，随着一系列合成染料的发现，德国在这一领域中的领先优势得到更迅速的发展，德国工业出色的组织成为有科学训练和研究能力以及生气勃勃的销售策略的高水平同业联盟。为了防止其他国家在德国的化学发展中得益，德国颁行了强有力的专利限制，采取了不轻易对外商颁发许可证的做法，尽管德国工业经常采用外国的发明。

英国的合成染料工业几乎全部瘫痪，原因是基本原料不足、政府对工
645 业酒精的高额征税、企业组织严重分裂以及纯粹以小型企业为基础的染料工业无法为必要的研究提供方便条件。这些小企业既不能在生产中提高经济效益，也无法获得为产品设计和生产控制所需要的熟练技术工人。

第一次世界大战期间，德国霸主地位首次受到挑战。由于无法再从战时德国获得染料，瑞士开始发展自己的染料工业。1920 年，瑞士染料生产占到世界的 10%。其他国家同样意识到化学工业在整个工业以及战争中的作用越来越重要，并意识到受制于德国的危险性，开始开发建设自己的染料制造业，导致世界生产能力的严重过剩。大多数工业化国家都实行了进口征税和限制，从而成功地推动了化学研究。但在 20 世纪 20 年代，德国依然在没有进口禁令的市场上继续占有优势。面对这样的状况，英国政府作出了前所未有的回应。1915 年，英国染料有限公司在英国政府支持下成立。1918 年，英国染料有限公司名下的产品占英国总产量的 75%，进口限制条例使得染料工业能尽快满足国内人造染料的大量需求。1922 年，几乎有 80% 的消费是国内的工业。到 1928 年，这一比例超过 90%，同期进口量却下降到战前的 1/10。进口限制和科学进步——包括发明用于醋酸人造纤维的染料，为英国染料业建成一个高效率的庞大组织奠定了基础。从 1913 年到 1932 年，英国的产量占世界产量的比例从 3% 增加到 12%，在此期间的世界总产量则只增加了 50%。德国和美国仍然是主要生产国，瑞士也是重要的出口国。同时，合成染料工业也在荷兰和加拿大成功地发展起来。

26.5 第二次世界大战及其后果

第二次世界大战期间，欧洲和日本的纺织品生产和贸易被打乱了，

美国得以借机增加出口量和生产能力。欧洲纺织业普遍缺少原料，生产能力受到限制，无力顾及国外市场，从而导致产量下降。相比起来，英国所受的影响要小一些。人造纤维供不应求，同时也出现了某些有 646
意义的进展。尼龙在20世纪30年代中期发明出来以后，最初由于技术问题发展缓慢，但还是在1940年投入了商业生产。高强度的纱线则是另一项重要发明，特别适用于战争所需要的各种装备，包括车胎、降落伞等。

随着战争结束，世界上对纺织品的需求量开始增加，满足这些需求遇到了一些生产上的障碍。在英国，未来国际市场的不确定性和很多女工不再从事纺织行业，致使劳动力不足的问题进一步恶化。毛纺业争取的是稳定的恢复，只有毛精纺生产继续受惠于对轻薄织物和针织袜类日益增加的需求，英国的棉纺织业恢复得较为逊色，生产中的问题妨碍了出口。随着世界贸易下降，更多的国家既要满足自己的需求，又要面对国际市场的竞争。

染料和化学纤维生产不断发展，包括尼龙和涤纶。到1955年，尼龙和涤纶的产量接近世界化学纤维产量的10%，并且已经能够少量生产两种蛋白质纤维，分别是阿笛尔（Fibrolane）和菲帛罗纶（Ardil）。第二次世界大战以来，美国成为化学纤维的主要生产国，几乎占世界总产量的1/3。由于战争引起的所有权的变化，美国的大部分生产已经在自己的控制下进行。化学纤维更广泛地用在包括毛纺织业在内的纺织工业中，并在许多工业应用中变得日益重要。及至20世纪50年代，英国棉织物使用的纤维有1/4都是人造的。

进入20世纪50年代，合成染料和化学纤维的生产仍然兴旺发达。但是在1951年，战后天然纤维纺织业生产的恢复却突然中止了，因为需求量得到了满足，产品出现过剩。生产力过剩的现象在世界工业中再次出现，阻碍贸易的保护制重新建立起来。棉纺织业和毛纺织业的世界贸易规模开始缩小，世界进入了一个竞争激烈、市场变化不定的新时代。

6
6
6

647 **相关文献**

[1] Robson, R. *The cotton industry in Great Britain*, p. 355. Macmillan, London.1957.

[2] Sandberg, L. G. *Lancashire in decline: a study of entrepreneurship, technology and international trade*. Ohio State University Press, Columbus.1974.

[3] Sigsworth, E. M. *Black Dyke Mills: a history; with introductory chapters on the development of the worsted industry in the nineteenth century*, pp. 72–134. Liverpool University Press.1958.

[4] Allen, G. C. *A short economic history of modern Japan* (2nd edn.), pp. 71–8. Allen and Unwin, London.1962.

[5] Mitchell, B. R. *European historical statistics 1750–1970*, pp. 454–5. Macmillan, London.1975.

Robson, R. *The man-made fibre industry*. Macmillan, London.1958.

参考书目

Aldcroft, D. H. (ed.) *The development of British industry and foreign competition, 1875–1914: Studies in industrial enterprise*. Allen and Unwin, London.1968.

Allen, G. C. *British industries and their organization* (4th edn.). Longmans, London.1959.

Coleman, D. C. *Courtaulds: an economic and social history*. Oxford University Press, London.1969.

Ewing, A. F. *Planning and policies in the textile finishing industry*. Bradford University Press.1972.

Fabricant, S. The output of manufacturing industries, 1899–1937. National Bureau of Economic Research, New York.1940.

Hague, D. C. *The economics of man-made fibres*. Duckworth, London.1957.

Rainnie, G. F. (ed.) *The woollen and worsted industry: an economic analysis*. Clarendon Press, Oxford.1965.

Richardson, H. W. The development of the British dyestuffs industry before 1939. *S. J. P. E.*, 9, 110–29, 1962.

Robson, R. *The cotton industry in Britain*. Macmillan, London.1957.

——. *The man-made fibre industry*. Macmillan, London.1958.

Sandberg, L. G. *Lancashire in decline: a study in entrepreneurship, technology and international trade*. Ohio State University Press, Columbus.1974.

第 27 章　纺织业

C. S. 休厄尔（C. S. WHEWELL）

27.1　引言

19 世纪末，采用机械化方式将羊毛、棉、丝、亚麻、黄麻织成 648
各类织品的一般原则已经确立，不少国家的纺织业有了蓬勃的发展（第Ⅴ卷第 24 章）。自那时起，纺织技术就一直受到革新家们的青睐。现在，在纺织纤维生产和操作的所有方面，都已经有了大量的发明专利和技术文献，但仅有很少几项用于工业。也许令人们更为意外的是，一项发明构思要转化为商业生产往往要等很长时间，有时甚至要 40 年之久。这不完全归因于纺织业的保守性，也可能源于经济状况的不景气，或者是技术改进的“需求”并不强烈。 649

20 世纪中最深刻的变化是人造纤维工业的出现和发展。最初的人造纤维是从纤维素中提取的，最早出现的粘胶短纤维及其长丝最为重要，这是 1892 年克罗斯（C. F. Cross）和贝文（E. J. Bevan）的研究成果。他们制作纤维的方法是先用烧碱处理纤维素，再与二硫化碳作用生成纤维素黄酸酯，然后溶解在稀碱液中生成被称为粘胶的黏性液体。这种液体经老化后从喷丝头的细孔中挤出，并在稀酸溶液中凝固，以生成再生纤维素的连续长丝。1904 年，考陶尔兹有限公司买下了英国的这项技术专利，对粘胶纤维作了大量的研究和开发工作。特别值得一提的是，1900 年发明了托范式离心纺丝罐，这是一种在高速旋转的圆筒容器内壁收集挤出的长丝的装置。到1914年，粘胶丝主要以连续长丝的形式来生产，但在30年代和第二次世界大战期间，将丝束切成适当长度的短纤维的生产变得越来越重要。连续生产的方法取代了早期分批生产粘胶丝的方法，例如1934年英国的巴克（S. W. Barker）和纳尔逊（J. Nelson）以及1938年美国工业人造丝公司所开
650 发的方法（图27.1）。这些技术建立在使用多对运丝辊或斜面玻璃罗拉的基础上，可以利用化学药品处理单根长丝，避免了需要对在托范式离心罐中形成的人造丝“饼”的处理。有两个直径25厘米的玻璃导丝轮，其中一个比另一个要转得快些，当湿的长丝经过它们时就会被拉伸，再生纤维素的性能便得以提高。这种连续拉伸工艺加强了纤维素分子的取向度，也提高了长丝的强度。

对粘胶长丝的凝固和拉伸的深入研究，导致了高强度的粘胶（1935年由考陶尔兹公司投入市场，称为特纳斯科）和性质与棉花相似的高强度、高湿模量的富纤的问世。生产特纳斯科的过程是将粘胶丝放到高浓度的硫酸锌槽里凝固，然后再放到热水和热酸溶液中进行拉伸。在生产富纤时，纤维素的分解速度都保持在最低限度，以减慢再生和凝固过程，让它在每个过程中都能

图27.1　生产纺织纱线的连续型人造丝纺丝机的一部分。

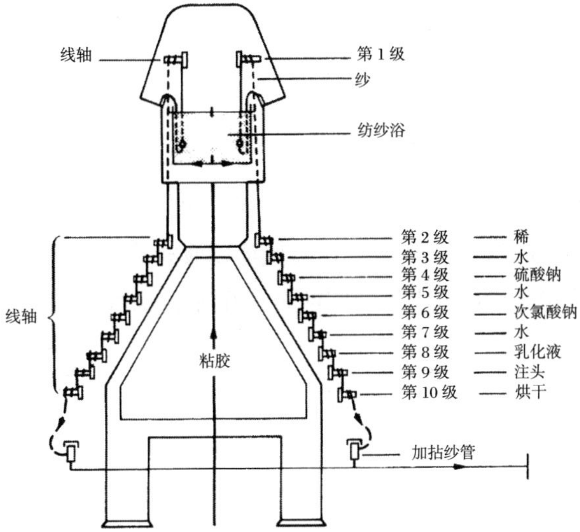

图 27.2　工业人造丝公司推出的生产人造丝的连续纺丝工艺，1938 年。
粘胶纤维被挤出并通过机器顶部的导丝辊。
生产工序的每一后续阶段在逐级下降的单独的前进式络丝框上完成。
最后纱线被烘干、卷绕。

得到轻缓的拉伸。第二代醋酸纤维素采用水解三醋酸纤维素来制作，它是迈尔斯（G. W. Miles）在 1904 年发明的（英国专利 19330 号，1905 年）。用挤压二代醋酸在丙酮中的溶液生成的长丝是德雷富斯兄弟（Dreyfus Brothers）的研究成果，在 1921 年定名为“塞拉尼斯”。由于缺少一种合适的溶剂，三醋酸纤维素纤维的生产被迫推迟，直到 1930 年后可以获得廉价的二氯甲烷时，它的商业生产才成为可能。自那时起，三醋酸纤维——例如特列赛尔（Tricel，考陶尔兹公司）和阿尼尔（Arnel，美国塞拉尼斯公司）——便稳固地奠定了自身作为纺织原料的地位。

尼龙 66 是卡罗瑟斯（W. H. Carothers）在 1937 年用己二酸和己二胺合成的一种聚酰胺，新的合成纤维工业随着这种发明诞生了。熔融的聚合物从喷丝头挤出，冷却的长丝被沿着分子方向拉伸约 400%，这种拉伸方法极大地提高了纤维的强度（4.6—5.8 克 / 旦）。另一种从己内酰胺中生成聚酰胺（尼龙 6）的方法，是施拉克（P. Schlak）在德国法本化学工业公司实验室研究的课题，虽然在 1929 年便可以投入商业性生产，但由于战争的缘故，直到 1948 年才真正实现。英国研究人员迪金森（J. T. Dickinson）和温费尔德（J. R. Whinfield）进一步
651 推动了尼龙的发展，在 1941 年利用从苯二酸和乙二醇衍生的聚酯制造出一种合成纤维。由于战争期间的各种困难，这种纤维先由美国杜邦公司进行开发，并以“的确良”的名称投入市场。后来，帝国化学工业公司将自己的聚酯定名为“涤纶”。大约与此同时，以聚丙烯腈为主的新型纤维也问世了，可能是杜邦公司从 1945 年起首先称其为“纤维 A”，后来叫作“奥纶”。1952 年，舍穆斯特兰德公司推出“阿克利纶”。1955 年到 1960 年间，大多数化学工业国家都建立了生产丙烯腈系纤维的工厂。第二次世界大战前，德国进行了富有成效的研究和实验性生产。

今天，这些种类的纤维仍然是合成短纤维及其长丝的主要来源。合成纤维最初在略加改进的传统纺织机械上进行加工，现在大规模的加工事实上也是如此。然而，纤维合成完全不同于天然纤维的性质已经得到了有效的利用，纤维加拈、热定型和丝束纺纱工艺都需要全新的机器。

化学工业的发展是 20 世纪的一个特征。除了为合成纤维提供原料，它还制造出应用于纺织纤维和纺织物加工生产的全新试剂，从而提高了产品质量，使消费者更加满意。此外，工业实验室、官方和其他一些研究机构、大学等开始为纺织工业进行系统的研究。第一次世界大战后，由企业和政府共同投资成立了英国研究协会（边码 130），美国农业部下属实验室也获得大量资助，这些都具有特别重大的意义。

27.2 纤维制成纱线

合成纤维不做任何预处理便可以进行加工，天然纤维则要事先进

行清洗，羊毛要去除羊毛脂、羊汗和污垢，原棉也要除去棉籽、污垢和其他一些外来脏物。直到较近的年代，原毛的清洗才由肥皂和苏打粉的温水溶液来完成。清洗时必须避免过分损伤羊毛，不过如果使用现代化的机器，例如20世纪50年代早期由羊毛工业研究协会的彼得里（Petri）改进的洗毛机，通过调整液体的流动和耙子的运动，可以使对羊毛的损伤减小到最低限度。羊毛的油脂可以通过酸化分离或离心分离从脏液中回收，成为羊毛脂和日益增多的有用化合物（如胆固醇）的原料。从40年代初开始，广泛用于洗毛的肥皂已经部分被合成洗涤剂所代替，后者是第一次世界大战期间德国针对肥皂短缺而研制出的产品。采用有机溶剂洗涤羊毛受到了相当的重视，1898年提出了梅尔顿系统，包括用轻汽油溶剂萃取大批量羊毛（2270公斤），美国的阿林顿工厂已经采用了大约35年。第二次世界大战结束后，澳大利亚研究人员开发了一种在石油精中进行两次萃取并在水中进行两次处理的方法，瑞典也研究出利用煤油萃取的另一种方法。从1900年开始，致力于溶剂萃取的索尔文特·贝尔盖公司实现了用己烷进行羊毛脱脂的成批处理工艺。最近，这家公司对索瓦法进行了大量宣传，它的生产过程是依次用水、异丙醇水溶液、己烷溶液喷洗羊毛。自1967年起，一家商业性工厂便开始采用这种方法。 652

原棉的除杂完全是机械化的。过去的几个世纪里，人们都是用手摘棉，现在大多数由机器完成。机器摘的棉花显然会脏一些，在轧棉厂需要进行除杂。现代化装备包括相当数量的辅助设备，例如烘干机。人们发现，轧棉时棉花最适宜的含水率是5%—10%，利用烘干机便可以随时轧棉，避免了由于棉花过湿造成的质量下降。

传统棉纱制造的工序里，第一道是从棉包中拉出成团的纤维，放在喂棉帘或传送带上送入开松机。把不同棉包中的棉花混合成生产原料，可以确保通过良好的加工工艺实现产品匀一，而且成本较为低廉。旧式的混棉工作主要依靠操作者的技术，近年来则主要依靠实验室对

653 纤维的长度、长度分布（例如用20世纪30年代早期推出的苏特—韦布梳片式分析器进行测定）、直径（用1946年推出的基于测定纤维透气性的马克隆尼法进行测定）以及强度（自1940年开始使用普雷斯利纤维束测定法）的测定结果。在20年代，人们便意识到有可能减少拆包以及混合过程中的劳动力。1924年，泰斯（J. T. Tice）在一份专利说明书中提到一种机器，棉包放入它的防火箱中，棉花则从底部抽出。尽管有人从根本上反对使用这些设备，但它们迟迟未获得采用的主要原因是缺乏动力，因为当时可以得到相当廉价的劳动力。直至40年后，特吕奇勒（Trützchler）和立特（Rieter）才推出了真正令人满意的机器[1]。

开松和清棉工作由多种类型的清棉机器来完成，棉花通过增压气流从一个机器传送到另一个机器上。在更为传统的系统中，机械化清棉是以棉卷的形式传输的，棉卷由一薄层纤维卷绕而成。为了保证稳定生产，严格控制棉卷重量很重要。将棉卷运向梳棉机可以采用人工，也可以采用特殊的传送机，例如特吕奇勒公司推出的S. M. C. A.清棉和成卷机上所使用的那种装置。许多开清机械是连接在一起的，只需很少的劳动力操作，还可以配备光电元件之类的装置，以控制机器中棉花的重量。最重大的进步是直接将棉花从开松机运送到梳理机。很多年来这一直都被认为是不可能的，因为成卷机输送纤维的速度比梳理机接收棉卷的速度大约快10倍。然而，这一难题现在已经解决，例如在立达“气流喂给系统”中，一台开松机可以向几台梳棉机供料[1]。

为了获得颜色均匀、价格合理的羊毛纤维混料，要把各种各样的羊毛掺和在一起（如果需要有色产品，还可以染色）。多年以前，堆混合、叠混合、层混合等老方法就已经被节省劳动力的系统取代，例如20世纪50年代推出的斯彭斯特德系统。

梳理　这是毛纱制造的关键工序，进一步将纤维从开松、混合组成网状纤维，以压缩成软绳或条子。在20世纪，梳理机得到了极大的改进。1930年以来，人们经过认真研究，对纤维在梳理机里的情况有了更清楚的认识。向梳理机供料时，一般是从料斗进入可靠性不 654
一的称量设备，合成纤维和一些粗羊毛则是由斜槽直接放在喂毛帘上。梳理机的中心部分——大锡林——连同工作辊和剥毛辊或风轮，可以根据纱线制造系统的不同而有所区别。特别是1940年以后，人们对针布给予了相当的重视，用普通针布包覆的梳理机的工作部件需要不时进行“抄针”，抄去充塞在金属丝之间的纤维或油脂。然而，“金属针布”在1959年开始使用，带锯齿的金属条或金属带被绕在一个锡林上的螺旋槽中，从而大大地减少了对抄针的需要。

旨在提高梳理机棉网质量的设备中，包括迪斯贝格·博松公司在1938年引入英国的珀拉尔塔式除草压辊和克罗斯罗尔毛网清洁器，它们由两个精确转动并可以施加液压（约4吨）的金属罗拉组成。当毛网从粗梳机的大锡林上剥取时，它们能够压碎毛网中的任何植物（如刺果）或表皮碎屑。把罗拉做成稍呈圆筒状，可以使四周的压力均匀。在克罗斯罗尔清洁器中，上面的罗拉略置倾斜，倾斜角可以调整，从而实现两个罗拉间的压力一致，这两个滚筒的直径为15厘米，比老式的珀拉尔塔式除草压辊要小一些，非常适合常规梳理机的内部结构。梳理机宽度的增加和速度的加快提高了生产率，同时也出现了一种简化趋势，1948年为制造地毯纱线而推出的麦基系统越来越受欢迎便是证明。仅有一只包覆金属针布的梳理锡林的设备，获得了令人满意的效果。

高速梳棉机是改进工程设计和采用立达专利罗拉剥棉器之类的设备代替剥棉斩刀的产物[1]。在克罗斯罗尔—瓦尔加设备中，棉花从道夫上（第V卷，边码572）移出，通过金属针布包覆的罗拉送入克罗斯罗尔装置。这种设备既可安装在多种新型梳理机上，也可以添加到老式梳理机上。

并条和纺纱 在棉花加工过程中，直至约1920年，通常的做法还是将条子穿过置于一定间隔的三对罗拉，下部带有纵向精细凹槽的金属罗拉作主动旋转，上部用皮革或合成橡胶包覆的罗拉靠与条子产655 生的摩擦力驱动。人们设计了几种向这些罗拉施加压力的方法，但在所有方法中，调整压力都会使纤维可以互相滑移，实现牵伸。卡萨布兰卡（Fernando Casablancas）取得了最为重大的进展，双皮圈并条系统在 1912 年获得了一系列专利，使这项研究工作达到顶峰。当他的系统用于三罗拉式装置时，前后两对罗拉与常规设备完全相同，只是将中间一对加以改进，以便每个罗拉带动一个几乎延伸到前罗拉的短的循环输送带（“皮圈”）。在这些皮圈中，底部的一个皮圈被积极驱动，由支撑前端的销子使其保持于适当位置。穿过装置的纤维不仅被后、中、前罗拉握持，而且还受到两个皮圈组成的弹性钳口的支撑，这样可以控制更多的纤维，并能得到比以前牵伸得更为充分的纤维。皮圈牵伸首先用在棉花并条和纺纱机上，后来在精纺毛纱制造业中也得到了应用。今天，数万台棉花纺纱机都配有牵伸皮圈。大牵伸装置是由卡萨布兰卡设想的，现在用于获取几百倍牵伸的卡萨布兰卡复合牵伸装置在 1920 年取得专利。两个小轻质辊置于单下皮圈上的系统是拉什顿（J. L. Rushton）在 1924 年获得的专利，现在为立达、普拉特和萨克—洛威并条机所采用。直到 50 年代，精纺并条在采用了雷伯式自调匀整器后，才实现了对条子匀整度的自动控制。然而，用乌斯特电子均匀度检验仪的原理测定纱线和棉条的均匀度的办法，1953 年已经开始在萨克—洛威并条机上使用。泽勒韦格公司和萨克—洛威工厂合作推出了萨克—洛威—乌斯特 ADC 并条机，字母 A、D、C 表示“自动牵伸控制”。

在毛精纺工业中，19 世纪末就确立了三种并条系统（第Ⅴ卷，边码 576）：（1）英式、开式或布雷德福系统；（2）铁炮式系统；（3）大陆式、法式或豪猪式系统。1929 年，有人试图推出综合英式和大陆式系统优点的英法混合式系统，但未能成功。第二次世界大战后，人们迫切需要在常规加工过程中，通过减少操作工序来减少劳动力和能源消耗。英式系统最为重要的发展是采用雷伯式自调匀整器，它可以减少精梳和纺纱之间的工序。这种机器主要包括一只放在沟槽罗拉中的轮子，可以在条子经过沟槽时“感觉”厚度。当与针梳机或成条箱的喂入端相连时，这种感应装置便能测量出条子的厚度。这种完全机械化的控制系统，可以根据条子厚度自动调节牵伸倍数。这套工艺的发明者（雷伯）还设计了加压牵伸机构，它是一只顶部可调整的长金属箱，位置可以根据被加工的棉条重量来改变。大约与此同时，安布勒（G. H. Ambler）发明了另一种牵伸方法，并且在安氏超大牵伸（ASD）纺纱机上得以应用，由于获得了100—150倍的牵伸，因而节省了劳动力、机械和电力。这套装置包括一件输入粗纱的导纱器，一对积极驱动的小直径罗拉，以及一只略倾向前端的长方形截面的通道状槽孔管。毫无疑问，如何给细纱机前罗拉钳口定位是非常重要的。超大牵伸纺纱系统广受瞩目，1958年应用在并条纺纱的“新型布雷德福系统”中，取得了显著的经济效益。 656

“美式”并条系统的建立主要归功于棉纺机的发展，很快用于加工羊毛毛条。这一系统最初只用于纺织比较粗支的短羊毛，后来由于采用了精心设计和精密制造的交叉式针梳机——例如沃纳和斯韦齐牵伸机，它的应用范围就更加广泛了。

19世纪末，传统纺纱技术完全确立，走锭纺纱机、翼锭纺纱机、帽锭细纱机和环锭细纱机都得到了高速发展（第V卷，边码577）。然而，尽管走锭机所生产的纱线性质优良，这种机器在若干年后却不再受欢迎。1932年美国发明的环锭纺纱机，代替了棉纺和毛精纺走锭纺纱机。1960年以来，甚至连粗纺走锭纺纱机也被粗纺环锭纺纱机所取代。

20世纪50年代末期开始，人们的注意力完全集中到新型纺纱方法上，其中有一种断裂纺纱大概是最重要的，它也被称为自由端纺纱。

虽然直到1960年，第一部捷克斯洛伐克的自由端纺纱机才投入商业生产，
657 但这种纺纱方法的构思并非全新的。1901年，梅特卡夫(A. W. Metcalf)申请了一项英国专利。1937年，丹麦工程师贝特尔森(S. Berthelsen)在他的专利中叙述的方法与今天非常相似。投入应用的最重要的自由端纺纱系统是转杯纺纱（图27.3）。纤维条被送入开松装置——通常是角钉罗拉，然后进行开松，以便使向前传送的纤维分布均匀。由气流传送的纤维被收集到一个速转为3万—6万转/分的转杯内壁，通过每一次旋转，位于内壁的凝聚槽便收集到一层薄薄的纤维。由于连续旋转，纤维越集越厚，形成纤维束，随后从凝聚槽中剥离，同时通过转杯旋转加捻成一根纱线。其他投入应用的自由端纺纱系统，都是利用空气涡流或静电场来处理纤维的。

在常规纺纱系统中，纤维靠加捻抱合在一起。在无捻纺纱系统中，纤维则由随后可以去除的黏合剂暂时粘在一起。1954年，第一台这样的机器在劳伦斯(B. Lawrence)的专利基础上制成。粗纱的牵伸按常规方式进行，然后压在涂有黏胶（淀粉液）薄膜的罗拉上。在与薄膜的接触中，纤维受到罗拉的摩擦而凝聚，纱线在卷绕到纱筒上之前便已被烘干。尽管生产率很高，但这种纱线只适合用作纬纱。代尔夫

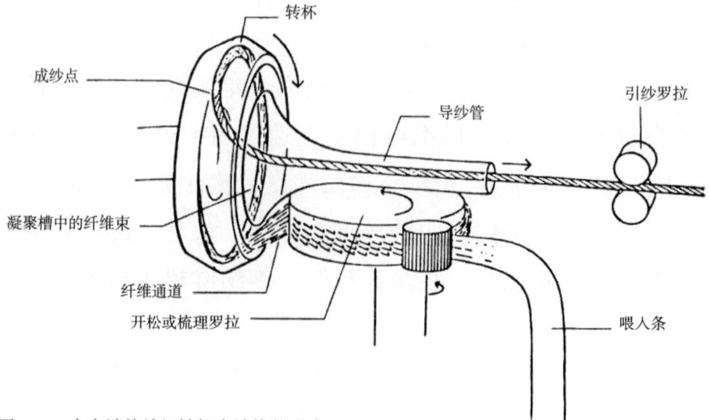

图27.3　自由端纺纱机转杯中纱线的形成。

特（Delft）的 T. N. O. 纤维研究所[2]最近的研究成果是，先对湿纱线进行假捻以获得暂时的强度，然后再绕到纱筒上汽蒸、烘干。马铃薯淀粉末的悬浮液被用作黏合剂，假捻器是空气涡流型的。 658

雷普科自捻纺纱机体现了一种纺纱新概念。这种工艺最初源自澳大利亚联邦科学与工业研究组织的实验室，它基于 1964 年授予亨肖（D. E. Henshaw）和澳大利亚联邦科学与工业研究组织的一些专利。一部典型的机器可以同时处理 8 根粗纱，先是通过改装过的皮圈牵伸装置把粗纱集成一股，然后由一对高速运转的往复搓捻辊沿其纵向交替加捻。成对的粗纱股可以按一定的控制方式互绕，当两股捻在一起时，便产生一种解捻的趋势，从而形成自捻。这时，纱线通过高速反捻卷绕到筒子纱纱管上，但在此之前尚需汽蒸以避免纱线缠结。这种机器产量极高，带有 8 条牵伸线和 4 个卷绕头，相当于 100 个常规纱锭生产中细支纱的产量。

丝束成条工艺 这些生产工艺是为直接把纤维束变成纤维条、棉条、纱线而设计的，已经推出了几种精巧的机器。其中，切断法和拉断法最为成功。

在派西菲克直接成条机中，第一种类型的机器是 1950 年由马萨诸塞州劳伦斯公司的派西菲克工厂发明的，俄亥俄州克利夫兰的沃纳和斯韦齐公司随后进行了发展改进。含有 10 万—20 万根连续长丝的丝束从大型卷筒送入喂料辊，以扁平的纤维网形式从中输出，被螺旋铣刀切割成斜条，然后向前送给两个有凹槽的罗拉，把受压粘连在一起的纤维头分开。接下来，纤维网在凹槽罗拉和皮圈之间穿过，以使网的上部比底部向前传输得快一些，这就引起滑移运动，同时得以牵伸，与传输带交叉倾斜放置的涡形辊将牵伸后的纤维网压成并丝条。在布雷德福系统中或沃纳—斯韦齐针梳机上，都可以加工这种纤维条。

1939 年，首先由考陶尔兹所属的格林菲尔德工厂生产出格林菲尔德纤维条。用一把角度在 5—15 度以内的螺旋铣刀把纤维条切割成需要的长度，然后用切割辊把切割好的纤维送到循环输送带上，进而送入一台常规的针梳机进行必要的牵伸和针梳，使其成为纤维条。

从 20 世纪 40 年代起，在采用拉断法直接成条工艺的赛德尔系
659 统中，无捻长丝束——例如 10 万旦（每根单丝 1.5 旦）的尼龙长丝条——是被逐级拉伸到恰好较短于断裂极限的程度，然后将拉紧的纤维条送入断裂区。在那里，长丝在两对罗拉间拉伸至断裂点，长度为 4—20 厘米的合成纤维在经过拈管卷曲后被集合起来。

另一种拉断法丝束直接成条机是 1929 年勒尔克（J. L. Lohrke）的专利构思发展的结果，并成为珀洛克（Pelok）直接成条工艺的基础。这种成条机的新样式在 1954 年推出，现在称为涡轮纤维切断机，特别适用于丙烯腈系长丝束。送入机器的长丝束在严格保持一定温度的加热板间通过，然后仍在压力下通风冷却，送进由两对罗拉组成的断裂区，其中输出罗拉比接收罗拉转得快。刀轮由碳化硅或其他坚硬的材料制成，置于两对罗拉之间，叶片互相啮合，对长丝束中的长丝施加断裂应力。机器的最后部分是填塞箱式的卷曲设备。

这种机器的一个重要特征是具有生产所谓的“高膨体”纱线的能力。涡轮纤维切断机生产的纤维条处于拉紧状态，但可以通过汽蒸或真空处理实现松弛和定形。用未定型的混合纤维生产的纱线，在热水处理时会松弛和收缩，定形的纤维则不会。收缩作用使定形的纤维弯曲或成线圈，从而增加了纱线的体积。

变形纱　围绕增加长丝纱体积并使其具备短纤维纱一些特点所进行的研究，开创出一个纺纱的全新领域，现在称为变形纱。主要工艺如下：

（1）对纱线进行高度加拈、热定形、反拈，或是连续进行，或是分三个阶段完成。实际上，这种非常成功的工序是 1932 年瑞士黑贝莱因公司和 A.G. 公司所获得的一项专利，但由于那时可利用的合成

纤维有限而未被采用。直到发明尼龙和聚酯后，这项生产工艺的所有潜力才得以发掘，因为这种织物具有耐洗的特性。1953 年和 1954 年的一些专利，进一步说明了膨体合成纤维的生产过程，并且把它称 660
为“海兰卡”纱线。这种基于假捻卷曲法的纱线能够成功地连续生产，取决于膨体机的复杂设计，它的假捻转子以 150 万转 / 分的高速加捻。这种纱线也非常有弹性，可以用于生产游泳衣、滑雪裤、室内装饰品等。纱线变形后，能够通过加热和拉伸降低纱线的弹性，“萨巴”“克林普纶”等商标的纱线便是典型产品。这种纱线最初采用全拉伸纤维蓬松法来生产，但在 60 年代末 70 年代初，人们的注意力集中到“生产过程的膨松”上，长丝在完全拉伸前先进行部分拉伸，并在最终的膨松作业中成形。

（2）长丝不断被塞入一个加热的楔形填塞箱，在里面折叠成蛇腹状。长丝可以在填塞箱中定形，也可以通过随后的独立工序来定形。这种工艺的第一项专利出现在 1951 年，但在商业上最为重要的那项专利则出现在两年以后，属于 1953 年美国威尔明顿的班克罗夫特父子公司。根据这种填塞箱原理生产出的产品，包括“班纶”“特克斯瑞斯”“斯潘尼斯”“特科莱”等。

（3）加热的纱线通过刃口的工序称为刀口卷曲法，这一增加纱线体积的方法就像用拇指指甲拉一根头发，头发便打卷或盘曲一样。纱线中的长丝受到刃口作用，单根长丝便形成环状、卷状，从而增大了纱线整体体积。用这种方法生产纱线的商标名为“阿吉纶”。

（4）热纱线在一对大齿轮间穿过两三次，略呈纵向放在各条流道上。

（5）将纱线热定形，织成针织物，保留其针织扭变，然后拆开。这就是编织拆散法。

（6）采用湍流吹抖过量喂入（超喂）长丝的方法，使各单丝形成环状。从 1952 年开始，这道工序的专利就一直为美国威尔明顿的杜邦公司所持有，产品的注册商标是“塔斯纶”。这一方法可以应用于最长的细长丝纱。

661 27.3 纱线织成织物

虽然老式针织和机织的生产方法仍旧居于主导地位，但有迹象表明，一些通常可以归入“非织造”生产织物的非常规方法，在经济上有足够的吸引力，必然会有进一步的发展。20 世纪中叶，对织造业不景气的一些预测被严重夸大，但针织的确变得越来越重要了。

机织 19 世纪是发明机织设备的黄金时代（第Ⅴ卷，边码 579）。到 1900 年，动力织机在大多数商业领域取代了手工织机。自动织机可以自动地提供纬纱，这是诺思罗普（J. H. Northrop）在 1889 年到 1894 年间的多项专利内容。1895 年，德雷珀公司制造出工业用机。从那时起，自动织机被大量推广，代替了非自动织机，除非后者另有特殊用途。

适当的纱线准备是所有成功的机织必不可少的，特别是自动机织。从细纱机上取下的管纱一般都不适于用作纬纱、经纱和针织，所以必须重绕。由于纱线穿过位于细纱管和络纱滚筒或卷绕芯子之间的清纱装置，卷绕也提供一次从纱线中清除纱疵的机会，包括去除粗节、大肚、结子、软回丝和双纱等。第二次世界大战结束以来，一些长期采用的清纱器已经被电子清纱器所代替，主要是光电式清纱器和电容式清纱器。

棉经纱和许多种用化学纤维制作的经纱通常都要上浆，以减少织造中因磨损引起的断裂。甚至迟至 1940 年，传统上浆仍然带有一种神秘的色彩。后来，主要由于开发化学纤维上浆新技术的需要，以及英国棉、丝、人造纤维研究协会（雪莉研究所）进行的艰辛研究，才逐渐揭开上浆的神秘面纱。虽然上浆操作的原理没有改变，但随着经化
662 学改性的淀粉、羧甲基纤维素和水溶性聚合物等新的上浆材料的采用，同时随着诸如雪莉自动浆箱（1942 年推出）之类控制上浆量设备的出

现，再加上对烘后纱线湿度和张力的控制，上浆效果变得更好。人们对棉纱仍然采用常规的上浆方式，但人造丝的上浆机器一般都是由7个或9个小直径烘筒合并而成。现在用不锈钢代替铜制造烘筒，用特氟隆这种氟化烃聚合物涂到烘筒表面，可以防止人造丝黏附。

织机的基本工作原理变化不大，织造技术却逐步提高，不仅大大提高了生产率，而且改善了工作条件。19世纪，织造车间的特征是大量的皮带和皮带轮。到了1920年到1940年期间，这些驱动单台织机的设施便被电动机代替，钨丝电灯泡和荧光管也先后取代了不能令人满意的汽油灯照明设备。至于织机本身，不仅机身加宽，外形和设计更有了显著改进，纬纱的引入速度不断加快。安装了新机器以后，高速喷水式或喷气式织机不间断的嘶嘶声，代替了传统织造车间的咔嚓声。送经和卷布是许多研究者的课题，从而使得断经自停从机械控制变成了电气控制，但人们更多的注意力还是在引纬的新方法上，目的在于取消梭子。 663

现代常规自动织机性能优良，效率高达90%—95%，也就是说织机的生产时间占运行时间的90%—95%。自动换纡（线轴）的诺思罗普织机一直受到欢迎。由于使用了液压或液压气动消震器，梭子制动器可以自动调节适应梭子的冲击变化，从而改善了这种织机的性能。1930年，瑞士舒拉机器制造公司改进推出的一种新机器（图27.4）投入市场。它不像其他

图27.4 用于粗纺和精纺毛织物的舒拉“100W”型多色自动换纡织机。

自动织机那样有两根主轴，而是由一根主轴来工作。此外，提经的轴由下部移至上部，从而取消了以往大部分织机相应的上部结构，大大改变了织机的外形和容纳这种织机的车间场景。1965 年，第 5 万台这种织机进行了安装。

制造适于织造多色织物的自动织机需要进行大量研究工作，才能确保颜色纯正的纬纱管插入梭子，换下用完的纬纱管。这类机器的主要制造商有鲁蒂机器制造公司、克朗普顿公司和诺尔斯公司等，它们直至今日仍在销售这些高效的机器[3]。

由沙夫豪森（Schaffhausen）的乔治·费希尔公司开发出的“ALV”大纡库，进一步降低了对劳动力的需求量。这种机器是 1912 年的一项专利，但直到 1959 年的米兰博览会才推向商业应用，以 24 个纬纱管为一组的纬纱库被一个能容纳 180 个纬纱管的容器所代替，容器底座有一个控制向纡子导槽传输纬纱管的活动操纵器，精心设计的气动控制系统将纬纱管送入梭子。1957 年，利森纳公司出品的车头卷纬机进入欧洲市场，但它在早些时候就已经在美国开始使用。这是另一种提高织造企业生产率的非常成功的设备，它的卷纬机并入织机中，纬纱从大卷装绕到纬纱管上，再按通常方法把纬纱管喂给梭子，从梭
664 子弹出的每个纬纱管送往剥筒脚辊，再返回卷纬机上。大约有 12 个纬纱管同时工作，只有六七个绕满纬纱，这与常规自动织造中每台织机需要 200—300 个纬纱管形成鲜明对比。在诺思罗普纬管库被普遍采用之日，自动换梭的方法便被淘汰。新的设施可以使用任何类型的梭子，尤其适于织造丝和丝类织品，所以流行一时。

虽然许多现代自动织机非常完备，但是无梭织机仍然具有明显优点，其中应用最广的是苏尔泽片梭织机。它用一个小片梭或“子弹”（9 厘米 ×1.4 厘米，重 38 克）从筒子上抽取纱线，再穿入由经纱形成的梭口（图 27.5）。将片梭和固定供纱设备合二为一的第一项专利，大约是克雷菲尔德的帕斯特（Carl Pastor）在 1911 年获得的，但直到

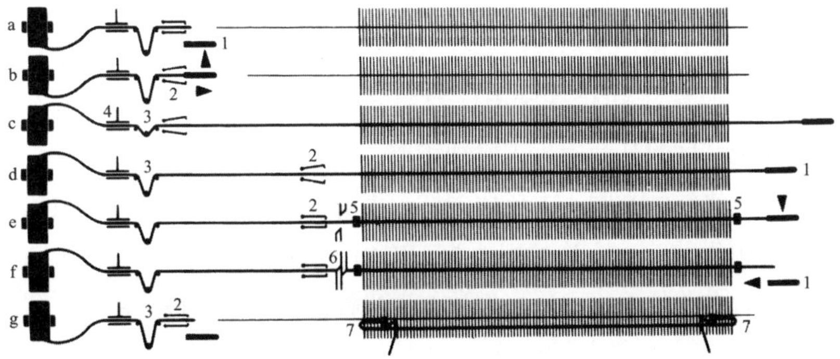

图 27.5 苏尔泽引纬系统的原理。

（a）片梭（1）进入投梭位置。

（b）片梭（1）夹住送来的纬纱尾后，片梭投射器（2）张开。

（c）片梭牵引纬纱穿过梭口。

其间，在投梭的时候，纬纱张力控制器（3）和可调纬纱制动器（4）使对纬纱的应力降到最低。

（d）当纬纱张力控制器（3）夹住纬纱轻轻拉伸时，片梭（1）停止工作，退入接收装置中。

同时，片梭投射器（2）移近布料的边缘。

（e）当布边纬纱钳（5）夹住布两边的纬纱时，投射器（2）也抓住纬纱。

（f）纬纱在投梭边被剪刀（6）剪断，又由片梭（1）在接收边松开。

然后把弹出的片梭（1）放在传送带上，从梭道外边返回投梭位置。

（g）这时的纬纱已被钢筘打过纬了。织针（7）将纬纱的两端缝入下一个织口（回边）。

由于片梭投射器（2）的返回，这段纬纱松弛下来，又被纬纱张力控制器（3）卷取。

下一个片梭被带到投梭位置。

1929 年，慕尼黑的罗斯曼（R. H. Rossman）才使这项重要的专利得以应用。1930 年，苏尔泽集团获得了一项专利，此后又在这方面包揽了 1933 年到 1950 年间的专利。1950 年，纺织单色纬纱的织机开始了商业生产。接着，1955 年推出了两色织机（“ZS”系列），1959 年又推出了四色织机（“US”系列）。

尽管苏尔泽织机比较昂贵，但它的生产率、可靠性、高效率和通用性保证了在商业生产中的成功，到 1969 年销售了超过 2 万台。这种机器的工作原理可以简要描述——纬纱从大卷装中被抽出喂入片梭，然后片梭被驱动通过梭道；纱线被绷紧，由两个线箍固定，将线箍外边的纱线切断打纬成布匹；每次打纬的两头自由端均被折入布身做成回边，纬纱在生产的全过程中都完全处于被控制之下。

另一种不用梭子引纬的机械方法是剑杆系统。这种构思并不是新产生的，但直到1945年才由德雷珀公司在商业上获得成功。两个传输器或剑杆同时从两边进入经纱梭道，其中一个传送纱线到经纱中点位置时，将纬纱交与一支反向剑杆，本身即行返回。由于纬纱只能从织机单边供纬，这一边的织边为一连串“发夹式环结”，另一边则为
665 割纱端。在其他织机中——例如艾沃机，只有一支剑杆。

1914年，布鲁克斯（J. C. Brooks）最早获得了利用喷气推动梭子穿过经纱的专利。在1929年取得的专利中，巴卢（E. H. Ballou）描述了一种不同的喷气引纬方法。但是，最重要的专利直到1954年才广为人知。这种织机以发明者马克斯·帕博（Max Paabo）的名字命名，称为马克斯博织机，高效的气动控制是它成功的主要因素。将供料筒中一定数量的纬纱投入经纱形成的梭口后，引入的纬纱在经纱两边被切断。这种织机有些局限性，不过纬纱引入时又轻又快。与这种织机有关的是喷水织机，它是捷克斯洛伐克工程师斯瓦蒂（Vladimir Svaty）的研究成果，特别适用于合成纤维纱线。虽然150台织机已经在捷克斯洛伐克投入运行，但直到1955年才在布鲁塞尔博览会上传入西欧。

666 至此，所有讨论过的织机均是通过往复工作方法穿经引纬产生织物的。在制造织机的早期，人们就意识到这种方法的局限性，试图通过圆形织机进行改善。这类机器在设计上有许多障碍，但圣·弗雷法机、多特里古机等圆形机取得了一些成功，特别适于编织黄麻和石棉，据称也可以用大多数其他常规纺织纱线生产比较普通的织物。在这类机器中，梭子在垂直经纱围成的圆形梭道上连续作圆周运动，主要困难在于怎样打纬。

地毯织造形成了织造工业的一个特殊分支。20世纪30年代，手织花毯和雪尼尔地毯的产量急剧下滑，前者更是因为有了夹片式阿克明斯特织机的产品而停产。1949年，新式簇绒地毯在美国问世。生

产这种地毯的机器工作原理类似于缝纫机，不同的是它装有一排稠密的织针，而不是只有一根针。锁缝线迹的长度可以控制，毛圈可剪可不剪。簇绒可以通过涂抹橡胶或其他黏合剂进行固定，一般用聚氨酯泡沫作簇绒地毯的底衬。簇绒地毯工业的迅速发展，主要缘于生产速度快和劳动力成本低。到 1963 年，美国簇绒地毯产量占地毯总产量的 70%。设计存在局限性是簇绒地毯的主要缺点，但现在可以通过印染机器和技术的提高加以克服。拉舍尔机生产出的经编结构既适用于毛圈绒头地毯，也适用于割绒地毯。

针织　在 20 世纪，经编、纬编的应用范围和重要意义都有惊人发展，部分是由于采用化学纤维的缘故[4]。针织工业最初主要限于生产袜类和内衣（第Ⅴ卷，边码 595），然而到 1900 年，数量众多的针织外套开始出现。由于可以采用“剪裁和缝纫”法制作针织服装，针织品的产量也随之增长（第 28 章）。丝袜首先部分地被醋酸纤维素取代，但随着尼龙在 1940 年被采用，针织工业进入了一个新时代，常规的全成形平机或柯登机也能生产出特殊强度的轻型剪毛长袜。1950 年， 667
“无缝袜头”的采用使生产工序得以简化，不再需要后面的缝合工序。

尼龙的定形性使人们能够更简单地生产出满意的长袜。在窄小的圆形缝袜头机上，纱线被织成长筒状，并套在一只人腿形的长管模子上永久定形，然后高温加热或蒸干。这种生产方式在商业上得到认可，主要归功于 20 世纪 40 年代以来发展了在一台机器上制造一系列完整的袜子并将其分离的方法。这些无缝长袜具有非常好的贴合性，同时拥有现成的市场。由于采用高弹性尼龙变形纱，可以省去定形和收放针的工序，并加上尼龙的弹性确保了良好的贴合，较少的尺寸便可满足顾客的要求。20 世纪 60 年代初，紧身裤逐渐代替了长袜。尽管很多机器仍然通过将两条“长袜”连接在一起进行制作，但改进的机器现在能够进行单件生产。

1900 年，斯特雷特姆（Stretham）和约翰逊（Johnson）建造了一种旋转式凸轮系统，这就是生产中统袜、短袜等产品的 XL 机。1912 年，施皮尔斯（Spiers）把它改装成旋转针筒式系统。不过，最重大的进展还是科美特双针筒针织机，由英国本特利工程集团的维尔特公司在 1921 年推出。

现在，更多织物是在大型圆形针织机上生产的[5]。这种发展趋势部分受到美国工业的影响，注重“剪裁和缝纫”行业，这与强调“成形针织”并推出多种直径机器的英国工业形成鲜明对比。提高产量的第一步是增加给纱器的数量，这一做法反映了当时观念的变化，因为以前通常认为采用少量给纱器具有技术上的优势，例如螺旋曲线度较小。大约在 1950 年，多重给纱器的工艺方法得到商业认可，显示出巨大的潜力。

对送入针织区的纱线进行张力控制是保证优良针织的重要因素。多年来，人们的注意力一直大多集中在针织机的设计上，当然其他因素也必须考虑。1953 年，线迹长度的重要性引起关注，英国针织品联合贸易研究协会（HATRA）的研究人员设计出控制这一参数的方法。他们研究开发了纱线测速仪和纱线长度计量器，使人们认识到不应像过去那样依赖张力控制，而是应当注意喂入针织区的纱线长度。现在，若干种这样的“主动性喂纱”设备仍然在使用。1959 年，在 HATRA 研制的第一台这种机器公布于世，从锥形管筒抽出的纱线同一个罗拉的强摩擦防滑表面相接触，罗拉的转速则与针织周期相适应。1961 年以后，罗森（I. K. Rosen）推出了现在已经广泛使用的简易“条带式”系统。

668

机器设计方面的进步导致了新式针织结构的生产。例如，斯科特（Scott）和威廉斯（Williams）在 1908—1909 年发明了双罗纹针织机，有图案的双罗纹针织物在 1936 年上市。英国本特利集团开发的 9RJ 圆盘式选择机显然是一个重要进步，它和它生产的单面和双面针织物都对织造业构成巨大冲击[5]。

包括相对新式的罗马针绣花边和复式凹凸组织在内的多种织物结构都可以在现代机器上制造。在1930—1950年，维尔特和梅勒·布罗姆利之类的公司推出许多纯机械式机器，大大拓展了设计范围，电子设备的应用则进一步增加了针织机的设计潜力。电子设备过去主要用于停机，以便及时探测纱线或针踵的损坏。1965年，莫拉特（F. Morat）第一次展出了他的一项发明，这种被称为“莫拉特罗尼克”的机器以电磁方式来挑选圆形针织机提花机头上的织针。针织横机在性能和用途上也作了类似的改进，从而生产出品种极其广泛的式样和结构。

随着尼龙和其他合成纤维的采用，经编日益完善。利巴、梅耶等公司生产的特里科经编机和拉舍尔经编机是现代工程技术良好的例子，极大地提高了生产速度。采用轻合金、重新设计传动经纱的梳栉以及减少运动部件的传输距离，都同样可以产生作用。特别引人瞩目的是，1940年前后在“管针经编机”（F. N. F.）中采用了复合针和管针（图27.6）。实际上，管针是1858年发明的，但由于无法克服技术困难一

图27.6　管针经编机。

直未能进行商业生产。这种针由一个在针筒中升降带动针钩的针舌构成，因为针舌和针筒的相向适当移动减少了针头的运动，使得针织周
669 期短于常规的钩针机。管针经编机在 1938 年设计完成，但直到 1946 年才得到采用，极大地促进了始于 1930 年的特里科经编产业，后者主要用纤维素人造丝生产女式内衣。这种高速机器的工作速度是同类机器的两倍以上，并且还有一些引人注意的特点，例如配备偏心驱动装置而不用凸轮，不论织轴直径大小，纱线均以恒速主动喂入针织区。不过，管针经编机后来不再那样受欢迎，主要因为铸成四个一组的金属针不能单个更换。然而，这种机器包含的多种理念被用于更为普遍且价格便宜的钩针织机，每根针都在针座的针槽里运动，针槽支撑着针尾。显然，更新的复合针机器已经克服了管针经编机固有的问题。

其他织物生产方法 通过机械的纤维缠结增加任何一种类型纤维网强度的设想一经提出，便有了开发新方法的可能性[6]，这要通过
670 钩针针刺纤维网从而牵引纤维穿过来实现。1900 年，这一方法首先用于废纤维网和椰子纤维、黄麻、苎麻之类的原料，用来生产垫料、小地毯、地毯衬。化学纤维的采用和针织机设计水平的提高，扩大了纺织品的生产品种。

在亨特公司（美国）自 1964 年开始制造的较新机器中，织针均与底板成锐角。查塔姆制造公司（美国）发展了这种机器，称为斜向对刺针刺系统，用以生产品种繁多的毛毯和其他“毛型”织物。在许多情况下，纤维网由编织或针织的纱罗样织物或纱线基体来支持或交缠。

通过混合热塑性纤维或使用胶黏剂，也可以提高纤维网的内聚力和强度。不过，缺乏合适的胶黏剂一直限制着这一技术的进步。直到第二次世界大战结束前，高分子化学的发展产生了新的胶黏剂，立即在生产非织造布上得到应用。特别值得注意的是，以丁二烯或丙烯酸衍生物为基础的合成胶乳，可以喷到或用舐液辊涂到由筛网支撑的纤

维网上。在以上所有方法中，纤维网的准备工作都是十分重要的，梳理机或加尼特机显然都是这一类加工设备。梳理好的纤维网层层叠加至一定厚度，梳理机的作用使它们的纵向强度大于横向强度。为了把这种影响减到最小，可以将纤维网交叉重叠，即放在一个前后运动的喂给帘上，运动方向与下面第二层的喂给帘的方向垂直。

也许最均匀的纤维网是用气流压平纤维来生产的，实现这种工艺最成功的方法是布雷斯（F. M. Buresh）在1948年获得的专利。基于这项专利，克莱特公司（美国）开发了颇受欢迎的机器，称为兰多—韦伯机。

采用缝编的方法时，一般每隔1厘米就缝一行，可以增加纤维网的内聚力。这种方法最初用于生产填料和其他类似材料，后来在苏联、东欧等地区得以发展，生产出更为高级的“织品”。特别重要的是在1961年布拉格专题讨论会上提出的阿拉赫涅缝编工艺，这种构想的建立和发展长达约20年，把纤维网喂入经编针织机后部，紧凑固定的经纱传给织针，由织针进行针织。民主德国发明了三种工艺，分别 671 是马利波尔（Malipol）、马利瓦特（Maliwatt）和马利莫（Malimo）。马利波尔可以认为是簇绒工艺，马利瓦特是对大片纱线进行缝编，马利莫则是在纤维网上进行缝编[6]。

作为主流生产方式，机织丝绒和机织长毛绒已经牢固确立多年，但是，合成纤维尤其是丙烯腈系纤维的采用，开辟了生产的新局面。这种有光泽的材料可以作为马海毛和棉花的良好替代品，加热到一定温度时，纤维便开始收缩。长期以来，聚氯乙烯类纤维的收缩特性极大限制了它的用途。1939年，利斯特公司的布雷德福工厂用于生产绒头织物的一项专利，使这一缺陷转化为有利条件。切下的织物绒头由收缩和不收缩的纤维混合构成，放在热水中或被汽蒸时，其中的收缩纤维收缩，从而产生“双层”绒头，类似于天然毛皮的表面，因为动物的毛皮通常也是由短细的底绒和粗长的枪毛组成。采用这种技术生产的仿动物毛皮的织物很快受到人们喜爱，主要原因在于价格较低。它们可以采用织造或针织的方法，在像怀尔德曼—贾卡这样的机器上生产出来，机器中的小梳理机梳出的条子直接并入针织机[4]。V 型卡爪设备将条子喂入适于针织平针织物的机器，精湛的织物整理技术把毛条编织针织品转变成五花八门的仿皮系列产品及其相关产品。

27.4 染色和织物整理

20 世纪染色和织物整理工业的面貌有了显著的变化，这是化工和染料业迅速增长以及对纺织纤维化学反应研究的结果。天然染料已经几乎被合成染料所代替，全新的化学品得到了广泛的应用，生产出的纺织物更适合人们的需求。

伴随着 20 世纪染料化学工业的进展，一大批染料生产出来，被
672 分门别类地列入《染料索引》(*Colour Index*)。这部著名的参考书 1924 年首次由印染者学会(布拉德福)出版，1956 年和 1971 年又相继再版。合成纤维对染料业提出的许多要求都得到了圆满的解决，这在本书的另一章节中有所讨论。一些显著的进步出现了[6]，包括靛蓝染料的合成(1894 年)、更广泛的蒽醌染料系列的使用(1901 年起)、由萘酚 AS 的发现而得以发展的棉织物的偶氮染料染色(1912—1913 年)、分散染料的发现(1923 年)——诸如单星蓝 BS 的铜酞菁上市(1934 年)、能与纤维化学结合的普施安活性染料的生产(1956 年)和干热(转移)印花法的发展(20 世纪 60 年代)。

19 世纪末，整理羊毛、棉花、亚麻织物的生产工序需要密集的劳动力，工作时间也长。人们先将棉花放入沸腾的石灰水或苛性钠溶液里漂白，然后再用漂白粉或次氯酸钠处理。若干年后，主要由于采用了不锈钢以及过氧化氢价格下跌，人们开始用过氧化氢代替次氯酸盐进行漂白。此外，布匹的绳状漂白方式让位于平幅漂白，用煮布锅和存布“箱”分批处理也被连续工序所取代。这些连续工序首先是用

苛性钠把布浸透，在J形箱中加热，然后浸入碱性过氧化氢，再在第二个J形箱中加热，最后在平幅式洗涤机中洗净化学试剂。早在1941年，杜邦公司就已经开始使用这套工序，并逐步更换了陈旧设备。第二次世界大战以后，"荧光增白剂"的采用建立了全新的白度标准。

合成纤维在洗后染色，尼龙和聚酯织物则还需要一道外加工序，以防止在热水或开水处理时出现不规则和无法预料的收缩。在染色之前必须进行的"热定型"中，尼龙和聚酯织物被加热到180—220摄氏度，再用展幅机拉至一定宽度。1939年，合成纤维得到商业认可，热定形的成功起到了相当重要的作用。

棉布易皱，需要经常洗熨。从1918年开始，曼彻斯特的土塔尔·布罗德赫斯特·李公司便开始研究生产抗皱棉布，并在1928年取得了织物整理新工艺的一项专利。生产抗皱棉布时，先将织物浸入合成树脂，例如脲甲醛树脂和诸如二氢磷酸铵之类的某种催化剂，然后在140—150摄氏度的温度下干燥、烘烤，此时纤维里形成一种缩聚物，接着进行洗涤，从而完成整个工序。经过这样的整理，织物的抗皱能力大大增强。这一过程的有效性最初被认为是纤维内聚合物沉积所致，后来的研究表明其实是纤维素链之间交联的缘故。在初始的土塔尔工艺后，又出现了许多使用其他化学试剂产生交联的方法。

聚合物或树脂的织物整理和交联处理还可以用于长久性织物整理，它被称为耐久定形效果，促进了棉花和人造丝加工的新发展。它的基本原理是把织物浸入交联剂，然后压平或轧光实现表面光整，最后加热产生交联，完成织物整理。同理，化学预处理材料也可以用于制作服装，例如裤子，折叠加热固定后，便可以在所需要的部位上长期留下皱褶。

第二次世界大战刺激了织物整理的发展，促进了防燃、拒水、防霉棉织品的生产。战争期间，人们集中关注织物的性能，要求符合严格的标准。使用乙酸铝蜡型试剂可以获得拒水效果，但试剂在干洗时会被洗掉。为了克服这种弱点，1947 年开始采用硬脂酰胺甲基吡啶季胺氯化物之类的试剂，品牌包括霏霖 PF（帝国化学工业公司）和泽伦（杜邦公司），后来所用的金属复合剂以及硅铜（1958 年）也是基于这样的原理。

第一次世界大战刚刚结束，科学家们就开始着手研究防火棉的生产。当时，用磷酸铵、硼砂和硼酸的混合物作为试剂进行暂时性织物整理曾经一度盛行。1913 年，珀金（A. G. Perkin）根据氧化锡沉淀不易洗掉的原理发明了一种处理方法。直到第二次世界大战后，基于 THPC（四羟甲基氯化磷）和基于氧化锑与氯代烃的混合物的长久性织物整理技术才得以发展。第二次世界大战以来，大量易燃织物导致的重大事故日益引起人们的关注，从而出台了要求制造防火棉织品和防火粘胶人造丝的规定。

使用水杨酸苯胺和铜盐之类的化合物——尤其是铜盐，人们实现了织品的防霉。

第二次世界大战期间，关于羊毛织物整理的一些特殊问题也很重要。为了避免洗涤后羊毛袜子和织物缩水，对它们进行了氯化处理，
674 一个特别成功的方法是将氯气作用于暴露的织物上（1933 年）。第二次世界大战以来，人们对生产防缩羊毛进行了大量研究，得到许多成功的方法，有些基于过一硫酸（1956 年），有些利用 DCCA（二氯异氰脲酸）（1955 年），还有些是将聚合物沉淀至羊毛纤维表面（1949 年起）[8]。1930 年以来，大量研究成果使当今的毛类织品能够抵御衣蛾和其他昆虫的蛀蚀，这应当归功于含氯化合物的广泛使用，包括欧兰防蛀剂（1928 年起）、DDT（1943 年）和灭丁 FF（1939 年）。

相关文献

[1] Honegger, E. *Ciba Review*, No. 3, 3, 1965.

[2] Selling, H. J. *Twistless yarns*. Merrow, Watford.1971.

[3] Honegger, E. *Ciba Review*, No. 2, 3, 1966.

[4] *Ciba Review*, No. 6, 5, 1964.

[5] Hurd, J. C. H., *Proceedings of the Thirteenth Canadian seminar,* 29, 1972.

[6] *Ciba Review*, No. 1, 10, 1965.

[7] Rowe, F. M. *The development of the chemistry of commercial synthetic dyes(1856–1938)*. Institute of Chemistry, London.1938.

[8] *Wool Science Review*, No. 36, 2, 1969.

参考书目

von Bergen, W. *American wool handbook* (3rd edn.). Wiley-Interscience, New York.1970.

Duxbury, V., and Wray, G. R. (eds.) *Modern developments in weaving machinery*. Columbine Press, Manchester.1962.

Hamby, D. (ed.) *American cotton handbook* (3rd edn.), Vols. 1 and 2. Interscience, New York.1966.

Lord, P. R. (ed.) *Spinning in the '70s*. Merrow, Watford.1970.

Marsh, J. T. *Introduction to textile finishing* (2nd edn.). Chapman and Hall, London.1966.

Moncrieff, R. W. *Man-made fibres (6th edn.)*. Heywood Books, London.1975.

Press, J. J. (ed.) *Man-made fibres encyclopedia*. Interscience, New York.1950.

Review of Textile Progress, 1–18, Textile Institute, Manchester, and Society of Dyers and Colourists, Bradford.1949–67.

Spibey, H. (ed.) *British wool manual* (2nd edn.). Columbine Press, Buxton.1969.

Textile Progress, 1–7. Textile Institute, Manchester.1969–75.

Textile terms and definitions. Textile Institute, Manchester.1975.

Trotman, E. R. *Dyeing and chemical technology of textile fibres* (5th edn.). Griffin, London.1975.

Wray, G. R. (ed.) *Modern yarn production from man-made fibres*. Columbine Press, Manchester.1960.

第28章 服装业

H. C. 卡尔(H. C. CARR)

675 1900—1950年，服装工业尽管在日趋精致和实用方面都有所改进，但总体来看并没有出现多少观念创新。有益的改进都集中发生在这一时期的开始或末期，例如1900—1920年熨烫机和裁剪设备的问世以及新线迹型式的演变，20世纪40年代和50年代初期进行的大规模的量体统计工作，以及高速缝纫机器和生产技术方面的发展等。

28.1 统计学在开发号型规格上的应用

对人体测量进行系统研究的目的，在于改进按平面裁剪纸样制作的成衣，使其更加合身。1900年，万彭(H. Wampen)声称他对为数众多的人体体型作过测量，但他的工作的统计学基础并不清晰，总是把这一工作与艺术家的人体模型混同起来。然而，正是他阐明了人体比例的概念，构成了纸样裁剪的基础。

1933年，西蒙斯(H. Simons)报道了更多的统计情况，其中主要是美国陆军医务部在1917年和1919年所收集的资料。他还报道了美国政府在第一次世界大战期间主持的调查工作，当时对1000名新兵的胸围和腰围进行了测量，确定出大量身体部位的平均值，用以拟制军装的裁剪样板。

后来的大规模测量工作所采用的技术，主要试图解决三个问题。

第一，如何选择关键项目作为号型系统的基础；第二，如何确定构成各个尺码的关键项目的那些特定数值；第三，在各类尺寸测量中，如何避免因个别反常量值的出现而引起的平均测定值失真。第一个问题可以借助相关性理论或测量组之间的相关程度来解决，复合相关系数高，意味着关键测量值包含着具体测量中的大多数变量。第二个问题 676
的解决要求关键测量值构成尺码组时，这一组中的个体值应尽可能相近，或者说关键测量值中的个别变量需被消除时，剩余标准偏差必须很小。第三个问题是采用回归系数来消除测样中的随机涨落。

第一次对女性作大规模人体测量是1939—1940年在美国进行的，一共测量了1万名妇女，于1941年公开发表了测量成果。1947—1950年，荷兰对5000名妇女进行了测量。当时正值“新面貌”的年代，腰身是评定穿着合体与否的重要部位，于是腰围和身高成为关键测量值。但是，这项调查并未被荷兰的制衣业所接受。1951年，英国也对5000名妇女进行了测量，6年后才公布调查结果，采用的方法和得出的结果在很大程度上与美国的调查相类似。英国的调查发现，大多数现用的号型表有两个方面显然是以错误的假设为出发点的，一个是把妇女的平均身高假定为5英尺6英寸，其实正确的平均身高应为5英尺3英寸，另一个是许多号型图表中臀围和胸围之间的关系也是错误的。美国的调查导致1952年公布了一个建议性的商业标准，英国的调查则到1963年才导出一个英国标准。

28.2 车间裁剪法

划样作业 改进划样作业旨在减少复制样板的工作量和控制衣料的消耗。在20世纪初期，材料费大约占服装制作成本的一半。

1897年发展起来的马司登穿孔样板是用轻质纸样卡片制成的。沿纸样轮廓线用与缝纫机相似的穿孔机在上面打孔，把穿孔样板放在铺好的布料上层，用滑石粉从穿孔漏过，穿孔样板拿开后，一条条由

粉点排成的点线就留在布料上。这一方法主要用在男装缝制工厂。标
677 准穿孔样板可以反复使用，尤其是在制作饰边和裤子时，比直接在料子上划样要快得多，当然覆粉过程确实比较麻烦。

在20世纪30年代，美国的服装工业采用了划样纸，用三张双面复写纸一次可得7张复样，然后覆在铺料上面使用。1929年，波普金（M. E. Popkin）介绍了一种照相复样法，需要使用一个带一大卷相纸的照相机[1]。波普金声称，对一切布料只需要三种宽度不同的划样就行了。今天，人们不再认为这一方法是适用的。1947年，从英国到美国进行考察的“厚重服装工作组代表团”，只看到一家工厂使用蓝图照相设备[2]。在1950年以前，酒精复制法和照相样板复制法尚未得到广泛的应用。与此类似，采用1/5比例缩图排料以对划样提供
678 总体考虑的方法也只是概念上的，当时还没有形成分析过程，直到20世纪50年代初期才被采用。只有到了这个时候，改善划样和用料的效率才得到认真尝试。

图28.1（a） 伊斯门的手提式直刀裁剪机最初发明于1888年，这是约1900年的产品实物。

铺料作业 直到现在，铺料机的来历还不清楚。1920年，普尔（B. W. Poole）介绍过一种装有一组布边导引器的铺料机[3]，上面有一个沿工作台边轨道运动的行车。当机器沿铺料台推动时，车子携带的布料便铺设开来，铺

叠的层数可以自动记数。到20世纪40年代，这种机器更加完善，改为电机驱动并设有操纵座。

图28.1（b）在英国一个裁剪车间中使用的改进型伊斯门直刀裁剪机，约1925年。

裁剪作业 1888年，布洛克(Jacob Bloch)制成了一台由直流电源作动力的便携式圆刀裁剪机。圆刀的问题是裁曲线时很慢，因为要把布料提起来才便于使曲裁部分抵达圆刀片的最前沿部位，不然铺料的底层就会裁得与顶层走样。这一年，伊斯门（G. P. Eastman）在美国发明了一种垂直往复运动的手提式直刀裁剪机［图28.1（a）和（b）］。1938年，在这一机器的基础上又作了重大改进，配上机械磨刀装置，取代了过去的手工操作[4]。进一步的发展是在20世
纪40年代，美国的一些制衣工厂把制鞋工业的冲裁技术移植进来，用 679
于诸如衣领这类小裁片的制作，虽然冲裁法多年前便已经为人们所知。

28.3 针尖工艺技术

基本的双线锁缝式缝纫机（第V卷，边码588）的设计，能够让缝纫机的各个元件准确地定时发生动作。压脚将布料压稳在送布牙上后，机针穿过各层布料抵达行程最低位置时，针眼也带着缝线到达针孔板下面。当机针开始上提时，上线从针孔离开而成圈，并被摆梭钩尖串入。摆梭钩使线圈扩大到可以完全包绕梭芯套。随着机针连续上提，挑线杆也一同上升，并将上线和底线形成的圈环提起。当针杆抵达顶点时，线已被锁紧在布料之间，又进入下一个循环。在机针下行前，送布牙将布向前送一个针距，压脚上提，以便布料向前移动。

上述所有元件都被1900年的缝纫机制造厂家采用。1850年，胜字（Isaac Singer）用带直槽线孔的尖头针，将针装在垂直往复运动的天心中，像挑线杆那样上下运动。威尔逊（A. B. Wilson）在1854年发明了四行程送布牙，尽管胜家也曾经用过一种与垂直弹簧压脚相配的送布装置，但效果较差。这两种元件的结合使用，使直线和曲线的连续缝纫都成为可能。1900年还曾使用过两种底线带动机构，一种是蒂蒙涅（B. Thimmonier）在1832年首先使用的水平面往复摆梭，后经威尔逊在1849年发展为双尖摆梭，另一种是威尔逊在1851年发明的带固定圆梭芯的旋梭［图28.2（a）和（b）］。

680

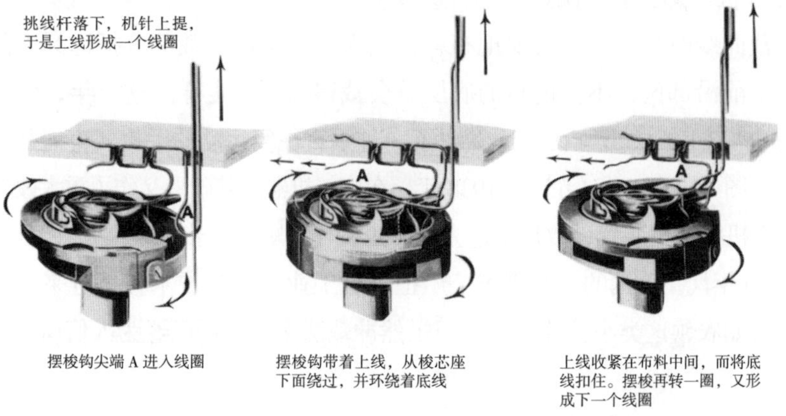
挑线杆落下，机针上提，
于是上线形成一个线圈
A
A
A
摆梭钩尖端A进入线圈
摆梭钩带着上线，从梭芯座
下面绕过，并环绕着底线
上线收紧在布料中间，而将底
线扣住。摆梭再转一圈，又形
成下一个线圈

图28.2（a） 胜家摆梭缝纫机线迹的成缝步骤，1908年。

图28.2（b） 该机部分机壳卸开的示意图。

图 28.3　20 世纪 30 年代前典型的缝纫车间，可以看到传送带和机台下的地轴。

正是胜家在 1850 年率先用脚踏板来带动缝纫机，1885 年用电池带动的马达来驱动家用缝纫机，1891 年在工业缝纫机（缝地毯用）上装了专用马达。根据英国 1907 年的生产普查统计，当时已经有 9 万多台电力驱动机器，但制衣工业仍然在使用 6 万多台脚踏缝纫机[5]。一直到 20 世纪 20 年代，还有相当数量的脚踏机在继续使用。大约从 1870 年起，缝纫机构件的制造更加精密，电动缝纫机比脚踏式具有更高的速度。到 1900 年，服装厂利用蒸汽、煤气作为动力进行天轴 681
传动，后来又使用了电力。20 世纪 20 年代的兰开夏衬衫厂，通常采用的布置是一长排双面工作台，用一台 5 马力的直流电机通过离开地面的传动轴用平皮带传动（图 28.3）[6]。

弗兰克（B. Frank）的记录声称，1900 年的缝纫机车速可以达到每分钟 4000 针[7]。不过，海伍德（R. Heywood）说早期的单机马达在 1/4 马力下运行只达到每分钟 1425 针[8]。20 世纪 30 年代，采用 1/3 或 1/2 马力的电动机，车速可以达到每分钟约 3000 针。在美国，40 年代生产的缝纫机达到了每分钟 5000 针左右。

1900—1950年的双线锁缝式缝纫机的历史，基本上是对当时已经发明的机械的应用和完善，目的是进一步提高产量。直到1938年，里奇斯（W. Riches）还认为他的“摆梭”缝纫机与“中心摆梭”缝纫机同等重要。后来开发的几代缝纫机都采用旋梭与固定梭相结合的原理，这样可以适应越来越快的缝纫速度。40年代，美国推出了带自动或
682 半自动润滑的其他类型缝纫机，它们在英国直到50年代才问世。

28.4　采用其他线迹的机器

英国标准3870：1965（线迹、针迹、线缝表）列出了8大类72种线迹型。8个大类分别是链式线迹（chain stitch）、手工线迹（hand-stitch）、锁式线迹（lock-stitch）、多线链式线迹（multi-thread chain-stitch）、包缝线迹（overedge-stitch）、绷缝线迹（flat-seam stitch）、单线锁式线迹（single-thread lock-stitch）和复合线迹（combination stitch）。

19世纪50年代，吉布斯（J. E. A. Gibbs）发明第一个链式线缝旋梭，使单线链式线迹（101）可以付诸实用。早先几年，格罗弗（W. O. Grover）在试图取消基本型双线锁式线缝中的梭芯再装时，发明了双线链式线迹（401）。到19世纪90年代，更复杂的线迹型也已经采用。单线和双线包缝线迹是在19世纪50年代后期和60年代开始出现的，归类为504和505的三线包缝线迹则分别在1897年和1903年由梅罗（J. Merrow）发明。这些机器用一个带孔的弧形针连同一个底线和覆盖线钩的弯针，使布边包覆得更加牢靠，更适用于布边易起毛头的梭织布料。这样的发明使服装工业生产厂家大受鼓舞，因为它为大厂成批生产中的布边处理提供了一种经济的办法，但对于家庭作业者来说就太费钱了。1914年，韦斯（J. P. Weis）和约翰逊（C. E. Johnson）推出一种包边机，它带有四个针、一个弯针和一个弯针与叉针的组合装置，线迹类似于现代的506型式，原本在机器下仅有一根附加针进入开口弯针的状况得到了改善。

1891 年，联合特种机器公司的费菲尔（H. H. Fefel）制出第一台绷缝线迹缝纫机（601），采用双针、一个叉针和一个弯针。同年，芒辛（G. Munsing）发明了 603 线迹型式，采用双针、两个机上叉针和一个机下弯针，后来增加了一个附加针，发展成 604 型。1906 年，威尔科克斯和吉布斯缝纫机公司的博顿（S. Borton）获得第一台四针绷缝线迹缝纫机的专利，它使用了 4 个弯针和一个叉针。1912 年，这一发明得以商业化，商标名为“Flatlock”。这种复杂线迹型适合于针织物结构，因为这类线迹至少可伸长到与针织物同样长。同时，两块布料复叠的形式不是像通常那样面对面地将布边缝成接缝，而是将两个毛边包覆起来。这种机器还很节省，因为过去的平缝生产承袭了缝合、修边和包缝等分开操作的方法。Flatlock 缝纫机最初的针速是每分钟 2800 针，后来的自动润滑车则达到了每分钟 3800 针[9]。 683

暗缝线迹的原理是，一个有眼弯针从布料的一面穿过，再由同一面穿出，在布料的另一面不露线迹。这种原理 1878 年在美国开始应用，第一个商品化实用的机器则是由狄尔波恩（C. A. Dearborn）在 1900 年研制的[10]，当时为了制作男孩短裤的裤脚缲边。1902 年，又有一种经过改进的制作夹克衣领和驳头衬垫的机器问世。

一般来说，缝纫机不是简单地用机械来做手工线缝，而是产生一种完全不同类型的线缝。在手工缝纫中，针要穿过布料并从布料的另一面再穿回来，这一过程在机械化时便成了问题，因为这样做就只能用一根短线缝出一条短的线缝。1933 年，用一种“浮动”式双尖针解决这一问题的机器获得了专利[11]。20 世纪 40 年代后期，这一原理的商品化在一种制作男式夹克衫“手缝式衣边”的机器上得以实现。

28.5 自动缝纫机的演变

基本形式的缝纫机只有连续缝线一种自动功能，任何其他形式的功能都取决于操作者的动作，主要有缝纫行线的形状、衣片的拼接和对准等。第一台按预定线迹样式缝纫的机器，是用来开纽孔和钉纽扣的。

1881 年，里斯（J. Reece）取得第一台自动开纽孔机的专利权，纽孔的开切和锁眼都由机器来完成。1908 年，越来越多的服装厂家促进了锁眼机的设计，尤其是男式西装的纽眼缝更接近手缝效果，当时曾将这种机器称为“手缝纽孔机”。1940 年，人们又制成一种新式的用来做衬衫和女装纽孔的高速锁眼机器。但在第二次世界大战期间，机器的改进中止了，直到 40 年代后期才得以恢复。

684 19 世纪 80 年代后期发展了钉扣机，接着又出现了套结缝纫机，这是最早用于加固纽孔线头的缝纫机，这些机器都是基于凸轮控制机构。现在回看可能感到意外的是，凸轮机构的思路没有进一步开拓，直到 20 世纪 50 年代中期才有大量用于小缝件仿型缝纫作业的由凸轮机构传动的机器问世。

然而，给缝纫机装配辅助装置却吸引了众多的工程师到缝纫机厂工作。有些精巧的构思涉及连续饰边的运用，例如窗帘的皱褶花边。1916 年，将裁剪、进料和缝纫联合操作的“韦斯式裁剪—缝纫联合机”出现，针织服装的袖子和裤脚等部段可以连续地裁剪与缝纫。大约 1930 年，美国一家工作服生产大工厂实现了由一根地轴传动 14 台制作肩带的双针链式线迹缝纫机，一个操作工便可以巡视所有机台，排除断线和更换布卷，另有一台机器将织带剪成肩带所需的长度。据称，这一生产线每天可以制作工作服 3000 打[12]。可惜的是，这些精巧的操作只适用于处理那些形式最简单的操作。至于夹具、夹持技术、液压和气动操作以及电子控制方面的深入研究，都是 1950 年以后的事情。在此之前，自动缝纫机尚未在服装生产中占有更重要的地位。

28.6 熨烫作业

1900 年曾经使用两种设备来熨烫，一种是传统的手推熨斗，另一种是“弹跳式”熨斗，后一种熨斗固定在工作台的一根控制杆上，用踏脚板加压操作。当时的熨斗用压缩的煤气 / 空气混合物进行加热，通过控制火焰的大小来调温，在服装上覆以湿布以保证熨烫所需的水分。

1898—1905 年，霍夫曼（Adon J. Hoffman）发明了蒸汽熨烫。他原是纽约的一个裁缝，由于断臂致残而失业，于是开始构想熨烫衣服的机器。他的机器有一个铸铁盒或铸铁斗，由脚踏板操纵它在木制工作台上进行上抬下压，工作台右方有一个小型蒸汽锅，蒸汽从熨斗喷到服装上。1909 年，当蒸汽熨烫传到英国后，这种机器又附加了一个加热托架，或称为熨衣板。到了 1919 年，所有的蒸汽熨烫机都带有熨头和熨衣板，两者将衣服夹住，蒸汽从熨头喷出。这个时期里， 685
在机器上增添的关键部件是真空装置，它通过熨衣板抽气，除去衣服上的热和湿气，消除早期熨烫作业中常常发生的鼓泡现象。此外，熨头与踏板之间的连接方式也得到改进，不仅更易于锁定，还增加了熨头和熨衣板之间的压力。这些变化影响到服装设计，因为可以在裤子上做出笔挺的裤缝，在衣裙上做出轮廓分明的褶皱。将现代服装与 19 世纪留下来的照片进行对照，可以看出蒸汽熨烫的优越性。

基本型蒸汽熨烫获得充分发展后，蒸汽和真空装置便立即应用到"弹跳式"熨斗上（图 28.4）。此外，这种带熨衣板的熨斗以及蒸汽熨斗本身有许多不同的形状，用来适应服装各部件在最后熨烫和中间熨烫加工中特殊形状的要求。这一发展导致服装工厂使用大得多的锅炉和真空马达，管道分布系统遍布整个工厂。

28.7 缝纫车间的生产工程

很难概括缝纫车间中生产工程问题（第Ⅶ卷第 43 章），因为整个服装业的历史显示出极大的多样性。做一件服装的时耗可以短至几分钟，也可以长至几个小时。从 1918 年至第二次世界大战之间，服装厂的雇员规模在几个人到几千人之间不等。1942 年，在英国开业的

686

图 28.4（a） 加工车间中 3500 名女工挤在一起干活的情景。
注意图前面的“弹跳式”熨斗，以及由若干台缝纫机构成并由地轴传动的工作台配置。

687

图 28.4（b） 定制成衣车间。大车间中的许多专业缝纫工在集中生产伯顿（Montague Burton）订货的成衣服装。注意图右边的“弹跳式”熨斗。

服装厂中，雇员超过100人的工厂只占总数的14%，却雇用了57%的劳动力[13]，这一情况反映了战争造成人员向大企业集中。缝纫机制造业建立之时，制衣业的基本工具就比较价廉而可靠。早在1898年，苏格兰基尔布韦的胜家缝纫机厂的每周产量就达到1万台[14]。从一开始，经营二手缝纫机的商业便应运而生，一些小商家只用很少的投资便可以进入这一领域，更重要的是找到市场和设计眼光。在这个劳动密集型行业里，劳动力成本大约占到总周转资金的一半，所以始终存在保持低廉人工的压力，以求在一个高度分散的竞争领域保持优势。因此，妇女和移民占了劳动力的很大比例，最早的贸易局里有几个为制衣工业设立的部门，有证据表明那里经常发生低报酬的情况。较大规模的服装工厂往往集中在市场需求较大的产品制造领域里，例如男子服装或像衬衫之类时尚因素不太重要的服装。 688

新机器从发明到广泛商品化之间有一段很长的滞后时间，这是制衣业的一个特点。原因显然多种多样，例如时尚对于增加制衣过程的多样化具有影响，两次大战之间存在着大量廉价劳动力，许多制衣厂规模都偏小，在经济上无力使用高级设备，许多工厂在管理上的眼光都比较保守。此外，还有两个根本的原因。第一，尽管缝纫机是一种灵巧而耐用的机动工具，但与其他工业的机器相比，它只产生非常低的附加值，因为典型的生产单元是一人一机，而且缝纫作业所占的比例很高。这意味着只能拿出很少的资金雇用专业技术人员，去研究和改进生产方法或更新生产机器。第二，由于原料特性的因素，改进基本缝纫设备需要很高的技术水平。例如，结构很柔软的织物在各个方向都容易弯曲，给设计夹具和自动化缝纫操作装置带来更大的困难。

1920年，普尔（B. W. Poole）在纽约的一家男装制衣厂构建了一个生产外衣的系统，把生产过程分成45个操作单元，采用了11种不同的缝纫机，尽管仍然有一半以上的作业还是由手工完成[15]。1929年，波普金（M. E. Popkin）描述了一个包括117项操作程序的外衣生产方法，使用了 15 种不同的缝纫机，只是仍然存在不到 1/4 的手工作业[16]。20 世纪 30 年代和 40 年代，英国和美国的生产实践方式开始
689 分道扬镳。在美国，最佳实践都针对生产中的操作问题，搞了许多精巧的自制导向器和附件，不再采用地轴传动线，而是装有单机电机传动的独立缝纫单元体系，并鼓励操作者为自己的生产任务储存足够的备件，从而让个人计件工资制有可能发挥充分的刺激作用。车间里半成品作业的运输问题用架空的电气分配系统来解决，使得半成品在独立单元的缝纫机组之间完全周转起来[17]。在英国，一些大工厂也采用基本相同的办法，但许多工厂都是传送带生产系统，只解决了作业间的递送问题，这往往只占总作业时间的一小部分。这种生产方式削弱了车间的各种监督任务，在简化工序的同时，也减少了采用计件工资制的机会。在可变性很大的工作环境中，这一方法往往会使注意力不再放在改进个别操作上，导致生产线受制于动作最缓慢的工人或费时最长的作业，从而使劳动生产率降低[18]。

相关文献

[1] Popkin, M. E. *Organisation, management and technology in the manufacture of men's clothing*. Pitman, London. 1929.

[2] *Board of Trade Working Party Reports: Heavy clothing*. H.M.S.O., London. 1947.

[3] Poole, B. W. *The clothing trades industry*. Pitman, London. 1947.

[4] Pransky, A. I. The history of the cloth cutting machine. *Bobbin*, 7, 23, 1965. and *Eastman 50th anniversary*. Eastman, London. 1971.

[5] Wray, M. *The women's outerwear industry*. Duckworth, London. 1957.

[6] Heywood, R. *Clothing Institute Journal*, 12, 431, 1964.

[7] Frank, B. *The progressive sewing room*. Fairchild Publications, New York. 1958.

[8] Heywood, R. *Clothing Institute Journal*, 12, 433, 1964.

[9] Scheines, J. (ed.) *Apparel engineering and needle trades handbook*. Kogos, New York. 1960.

[10] *Tailor and Cutter*, 21 June 1935.

[11] Gilbert, K. R. *Sewing-machines*. H.M.S.O., London. 1970.

[12] *Automatic equipment and work aids in the sewing room*. American Apparel Manufacturers' Association, New York. 1963.

[13] *Board of Trade Journal*, 151, 478, 1945.

[14] *Tailor and Cutter*. 31 March 1898.

[15] Poole, *op. cit.* [3].

[16] Popkin, *op. cit.* [1].

[17] *Board of Trade Working Party Reports: Heavy clothing* (Appendix III). H.M.S.O., London. 1947.

[18] Ibid.

参考书目 690

Barker, H. A. F. *The economics of the wholesale clothing industry of South Africa 1907–1957*. Pallas, Johannesburg. 1962.

Board of Trade Working Party Reports: Heavy clothing. H.M.S.O., London. 1947.

Board of Trade Working Party Reports: Light clothing. H.M.S.O., London. 1947.

Board of Trade Working Party Reports: Rubber proofed clothing. H.M.S.O., London. 1947.

Board of Trade (Kemsley, W. F. F.) *Women's measurements and sizes* H.M.S.O., London. 1957.

Dobbs, S. P. *The clothing workers of Great Britain*. Routledge, London. 1928.

Finlay, E. Trends in the men's tailoring industry of Great Britain. Thesis (unpublished) presented for the degree of Ph.D. in the University of London. 1947.

Gilbert, K. R. *Sewing-machines*. H.M.S.O., London. 1970.

Kalecki, E. Historical outline of developments in ironing and pressing. *Clothing Institute Journal*, 20, 387–94, 1972.

Lyons, L., Allen, T. W., and Vincent, W. D. F. *The sewing-machine: An historical and practical exposition of the sewing-machine from its inception to the present time*. John Williamson, London. *circa* 1930.

O'Brien, R., and Shelton, W. C. *Women's measurements for garment and pattern construction*. U. S. Department of Agriculture, Washington. 1941.

Poole, B. W. *The clothing trades industry*. Pitman, London. 1920.

Popkin, M. E. *Organisation, management and technology in the manufacture of men's clothing*. Pitman, London. 1929.

Riches, W. *Lock-stitch and chain-stitch sewing-machines*. Longmans, London. 1938.

Seidman, J. *Labour in twentieth century America: the needle trades*. Farrar and Rinehart, New York. 1942.

Simons, H. *The science of human proportions*. Clothing Designer Co. Inc., New York. 1933.

Sittig, J., and Freudenthal, H. *De juiste maat*. L. Stafleu, Leyden. 1951.
Wampen, H. *Anthropometry; or the geometry of the human figure*. John Williamson, London. 1900.
Wray, M. *The women's outerwear industry*. Duckworth, London. 1957.

第Ⅵ卷人名索引

以下数字为原著页码，本书边码

Ackerman, A. S. E. 阿克曼，221
Adams, L. H. 亚当斯，588
Albert, K. 阿尔贝特，596
Allen, B. T. 艾伦，B. T.，38
Allen, J. 艾伦，J.，195
Andersson, A. G. 安德森，474
Armsby, H. P. 阿姆斯比，309，310
Arnold, J. O. 阿诺德，492
Ashby, Lord 阿什比，146
Aston, F. W. 阿斯顿，230
Atha, B. 阿萨，497
Ayrton, W. E. 艾尔顿，140

Babbage, C. 巴比奇，78—80，86
Babbitt, I. 巴比特，436
Babcock S. M. 巴布科克，303
Bacon, R. M. 培根，617
Baekeland, L. H. 贝克兰，554
Baeyer, A. von 拜耳，554
Bain, J. S. 贝恩，50，54—55，57—59，75
Baker, D. 贝克，477
Ballou, E. H. 巴卢，665
Bardin, I. P. 巴丁，498

Barker, S. W.	巴克，649
Barth, C.	巴思，84
Bauer, W.	鲍尔，558
Baumann, E.	鲍曼，556
Baxter, J. P.	巴克斯特，263，265
Bayer, O.	拜尔，561—562
Beart, R.	贝亚尔，381
Bedson, J. P.	贝德森，495
Bell, Sir L.	贝尔，465
Ben-David, J.	本 - 戴维，151
Bergius, F.	柏基乌斯，541
Berthelot, P. E. M.	贝特洛，541
Berthelsen, S.	贝特尔森，657
Bessemer, Sir H.	贝塞麦，489，497
Bevan, E. J.	贝文，554，649
Biffen, R. H.	比芬，328
Birkeland, C.	伯克兰，522，523
Bismarck, Prince	俾斯麦，145，146
Biswas, A. K.	比斯瓦斯，A. K.，197
Biswas, M. R.	比斯瓦斯，M. R.，197
Blackett, P. M. S.	布莱克特，P. M. S.，161
Blackett, W. C.	布莱克特，W. C.，361
Blériot, L.	布莱里奥，32
Bloch, J.	布洛克，678
Bohn, R.	博恩，566
Bohr, N.	玻尔，225
Booth, H. C.	布思，294
Borton, S.	博顿，682
Bowen, N. L.	鲍恩，632
Boyle, S. E.	博伊尔，58
Brackelsberg, C. A.	布拉克尔斯伯格，475
Bradley, C. S.	布拉德利，522
Bragg, W. H.	布拉格，623
Brearley, H.	布里尔利，492—493
Breguet brothers	布雷盖兄弟，32
Bretschneider, O.	布雷施奈德，562
Brown, A. E.	布朗，472

Brooks, J. C. 布鲁克斯，665
Buresh, F. M. 布雷斯，670
Bush, V. 布什，121，169，271

Campbell, H. H. 坎贝尔，479
Caro, N. 卡罗，523，524
Carothers, W. H. 卡罗瑟斯，349，560，561，650
Casablancas, F. 卡萨布兰卡，655
Castner, H. Y. 卡斯特纳，518，519，523
Chadwick, J. 查德威克，224，269
Chandler, A. D. 钱德勒，86
Cherwell, Lord 彻韦尔，270
Churchill, Sir W. S. 丘吉尔，19，21，227，271，281，451
Clark, W. 克拉克，578
Clevel, A. 克利夫尔，554
Clifton, R. B. 克利夫顿，141
Compton, A. 康普顿，236，271
Conant, J. 科南特，236
Cook, Sir W. 库克，282
Cooke, M. L. 库克，84
Cooper, C. M. 库珀，260
Cottrell, F. G. 科特雷尔，471
Cowles, A. H. 考尔斯，A. H.，489
Cowles, E. H. 考尔斯，E. H.，489
Crawford, J. W. C. 克劳福德，558
Crewdson, E. 克鲁森，207
Cripps, Sir S. 克里普斯，169
Crompton, R. E. B. 克朗普顿，296
Crookes, Sir W. 克鲁克斯，325
Cross, C. F. 克罗斯，C. F.，554，649
Cross, Viscount 克罗斯，286
Crowther, C. 克劳瑟，311
Curie, I. 居里，224
Curtuis, T. 柯歇斯，548

Daelen, R. M. 德伦，497
Dahl, C. F. 达尔，347，611

Dalton, J. 道尔顿，223
Darwin, C. 达尔文，329
Davey, N. 戴维，217
Davis, E. W. 戴维斯，475
Davy, Sir H. 戴维，373，518
Dehn, W. M. 德恩，548
Denison, E. F. 丹尼森，116
Deriaz, P. 德里亚，206
Derry, T. K. 德里，48，57
Dickinson, J. 迪金森，618，650
Dickson, J. T. 迪克森，561
Diesbach, H. de 狄斯巴赫，568
Döbereiner, J. 德贝赖纳，524
Dobler, A. 多布勒，206
Donkin, B. 唐金，614，616—618
Downs, J. C. 唐斯，520
Dreyfus, C. 德雷富斯，C.，554，650
Dreyfus, H. 德雷富斯，H.，554，650
Duncan, O. E. 邓肯，254
Dunning, J. H. 邓宁，61
Durrer, R. 杜雷尔，489

Eastman, G. P. 伊斯门，678
Edison, T. A. 爱迪生，146, 285
Eichengrün, A. 艾肯格林，554
Eijkman, C. 艾克曼，301
Einstein, A. 爱因斯坦，118，164，268
Eisenhower, D. D. 艾森豪威尔，124
Ekman, C. D. 埃克曼，610
Emerson, H. 埃默森，84
Enos, J. L. 伊诺斯，32，51，52，55，56，70
Evely, R. 伊夫利，53，54
Eyde, S. 艾德，522，523

Faraday, M. 法拉第，65，117，444，536
Farman, H. 法尔芒，32
Farrer, W. 法勒，327

Faure, C. A. 福尔，489
Fawcett, E. W. 福西特，558
Fayol, H. 法约尔，77
Fefel, H. H. 费菲尔，682
Fenner, C. N. 芬纳，623
Fermi, E. 费米，224，237，239，240
Filenes, T. 法林，84
Fink, A. 芬克，79，82
Fischer, E. 费希尔，E.，301
Fischer, F. 费希尔，F.，540
Fisher, R. A. 费希尔，330
Fittig, R. 菲蒂希，558
Fleming, J. A. 弗莱明，448
Flexner, A. 弗莱克斯纳，161
Fokker, A. H. G. 福克，32
Forrest, R. 福里斯特，R.，424
Forrest, W. 福里斯特，W.，424
Fourdrinier, H. 富德里尼耶，H.，614，615，618
Fourdrinier, S. 富德里尼耶，S.，614，615，618
Fowler, Sir R. 福勒，161
Francis, J. B. 弗朗西斯，203
Frank, A. 弗兰克，A.，523，524
Frank, B. 弗兰克，B.，681
Fränkl, M. 弗伦克尔，489
Frasch, H. 弗拉施，516
Freeman, C. 弗里曼，52，55，56，62，63，64，66，72，114
Freudenberg, H. 弗罗伊登伯格，523
Frisch, O. R. 弗里施，225，226，227，232，269
Fuchs, K. 富克斯，243
Fulcher, G. S. 富尔彻，575，576

Galbraith, J. K. 加尔布雷思，40，50
Gall, H. 加尔，521
Gamble, J. 甘布尔，614
Gantt, H. L. 甘特，84
Gayley, J. 盖利，477
Gemmell, R. C. 格默尔，413

Gibbons, M.	吉本斯，52
Gibbs, J. E. A.	吉布斯，682
Gibson, R. O.	吉布森，558
Giesen, W.	吉森，493
Gilbreth, F.	吉尔布雷思，F.，84
Gilbreth, L.	吉尔布雷思，L.，84
Gilchrist, P. C.	吉尔克里斯特，632
Ginns, D. W.	金斯，241
Goldschmidt, B. L.	戈尔德施密特，260，262
Coss, N.	戈斯，446
Gosset, W. S.	戈塞特，330
Graham, T.	格雷厄姆，557
Green, W.	格林，103
Greenewalt, C. H.	格林沃尔特，239
Greig, J. W.	格雷格，632
Grönwall, E. A. A.	格伦瓦尔，490
Grover, W. O.	格罗弗，682
Groves, General	格罗夫斯，227，238，239，252
Haber, L. F.	哈伯，61，522—523，525—528
Hadfield, Sir R.	哈德菲尔德，428，455，492
Haen, E.	黑恩，518
Hagedorn, A. L.	哈格多恩，304
Hahn, O.	哈恩，118，224，268
Halban, H. von	哈尔班，226，241
Hall, C. M.	霍尔，518
Halsey, F. A.	哈尔西，80
Hamberg, D.	汉堡，35
Hammond, John	哈蒙德，306
Hansson, N.	汉松，310
Harper, J.	哈珀，618
Harries, C. D.	哈里斯，557
Hathaway, H. K.	哈撒韦，84
Heidegger, M.	海德格尔，163
Hellbrügge, H.	黑尔布吕格，489
Henshaw, D. E.	亨肖，658
Héroult, P.	埃鲁，490，518

Hertz, H. R.	赫兹，65
Hewlett, R. G.	休利特，254
Heywood, R.	海伍德，681
Hill, R.	希尔，558，561
Hinton, C.	欣顿，160，250，263，265
Hitler, A.	希特勒，16，17，18，19，20，21，22，23，164
Hoffman, A. J.	霍夫曼，684
Hofmann, A. W.	霍夫曼，536
Hole, I.	霍尔，490
Holley, A. L.	霍利，480
Hoover, W.	胡佛，295
Hopkins, F. G.	霍普金斯，301
Houdry, E. J.	霍德里，56
Howells, G. R.	豪厄尔斯，263
Hugill, H. R.	赫吉尔，631
Hulett, G. H.	休利特，464
Hüssener, A.	许泽内，537
Huxley, A.	赫胥黎，163
Hyatt, I.	海厄特，I.，552
Hyatt, J. W.	海厄特，J. W.，552
Hyde, J. F.	海德，563
Illingworth, J.	伊林沃斯，497
Ivanov, I. I.	伊万诺夫，306
Jackling, D. C.	杰克林，413
Jaspers, K.	雅斯贝斯，163
Jevons, F. R.	杰文斯，69
Jewkes, J.	朱克斯，34，66
Johnson, C. E.	约翰逊，682
Johnston, R. D.	约翰斯顿，52
Joliot, F.	约里奥，224
Junghans, S.	容汉斯，497
Junkers, H.	容克，32
Kachkaroff, P.	卡克卡洛夫，516
Kahlbaum, G. W. A.	克尔鲍姆，558

Kapitza, P.	卡皮查，243
Kaplan, V.	卡普兰，205
Keith, P. C.	基思，233
Keller, C.	凯勒，490
Kellner, C.	克尔纳，C.， 519
Kellner, O.	克尔纳，O.，309，310
Kennedy, J.	肯尼迪，476
Keynes, J. M.	凯恩斯，116
Kierkegaard, S.	克尔恺郭尔，163
Killeen, M.	基利恩，478
Kipping, F. S.	基平，563
Kjellin, F. A.	谢林，489
Klatte, F.	克拉特，556
Knietch, R.	尼奇，517
Koops, M.	库普斯，613
Kowarski, L.	科瓦尔斯基，226，241
Krische, W.	克里舍，553
Lankester, Sir R.	兰克斯特，154
Larsen, C. A.	拉森，C. A.，357
Larsen, R.	拉森，R.，348
Lash, H. W.	拉希，497
Lawes, J. B.	劳斯，529
Lawrence, B.	劳伦斯，657
Lefêbvre, L. J. P. B.	勒菲布尔，522
Lenin	列宁，10，12，14
Leschot, R.	莱肖，381
LeSueur, E.	勒叙厄尔，520
Lewis, J. L.	刘易斯，108
Lindbeck, A.	林德贝克，60
Lindblad, A. R.	林德布拉德，490
Linde, C. von	林德，489
Lindemann, F. A.	林德曼，230
Linstead, R. P.	林斯特德，568，591
Lippisch, A.	利皮施，32
Lister, J.	利斯特，540
Litterer, J.	利特雷尔，81

Little, I. M. D. 利特尔，53，54
Littlepage, J. D. 利特尔佩奇，416
Lloyd, R. 劳埃德，473，475
Lockyer, Sir N. 洛克耶，147，148
Lodge, Sir O. 洛奇，471
Lohrke, J. L. 勒尔克，659
Lovejoy, R. 洛夫乔伊，522
Ludlum, A. 卢德拉姆，497
Luft A. 勒夫特，555

McArthur, J. 麦克阿瑟，424
McCallum, D. C. 麦卡勒姆，79，82，89
McCullum, N. E. 麦卡勒姆，488
McGowan, H. 麦高恩，59，60，288
Maclaurin, W. R. 麦克劳林，38
McPhee, H. C. 麦克菲，305
Malthus, T. 马尔萨斯，26
Mansfield, E. 曼斯菲尔德，36，41，51，52，62，63，64，73
Mao Tse-Tung 毛泽东，16，25
Marconi, G. 马可尼，45，65
Marindin, F. A. 马林丁，285
Mason, A. 梅森，552
Massanez, J. 马萨内茨，478
Matthes, A. 马瑟斯，497
Maurer, E. 莫勒，492
Mayer, K. 梅耶，668
Mayo, E. 梅奥，85
Meitner, L. 迈特纳，224
Mellen, G. 梅林，497
Mellor, J. W. 梅勒，623，624
Mendel, G. 孟德尔，304，327—328
Merrow, J. 梅罗，682
Merz, C. 默茨，285
Metcalf, A. W. 梅特卡夫，657
Metcalfe, H. 梅特卡夫，80
Michels, A. M. J. F. 米歇尔斯，558
Michelson, A. A. 迈克耳孙，150

Miles, G. W.	迈尔斯，554，650
Mills, E. W.	米尔斯，252
Moissan, H.	穆瓦桑，523，541
Mond, A.	蒙德，59
Monnartz, P.	蒙纳扎，493
Montlaur, A. de	德蒙洛尔，521
Morant, R. L.	莫兰特，143—144
Morat, F.	莫拉特，668
Morphy, D. W.	莫菲，295
Morton, J.	莫顿，566，567
Mullen, B. F.	马伦，471
Müller, P.	米勒，324
Munsing, G.	芒辛，682
Munsterberg, H.	闵斯特贝尔格，85
Mussolini, B.	墨索里尼，12，17，20
Napoleon	拿破仑，1
Natta, G.	纳塔，559，560
Naugle, H. M.	诺格尔，496
Neddermayer, S. H.	内德迈耶，274
Nelson, J.	纳尔逊，649
Nernst, W.	能斯特，522，526
Newcomen, T.	纽科门，52，398
Newell, R. E.	纽厄尔，241
Nobel brothers	诺贝尔兄弟，408
Northrup, E.	诺思拉普，489
Northrop, J. H.	诺思罗普，J. H.，661
Northrop, J. K.	诺思罗普，J. K.，32
Odling, W.	奥德林，141
Oppenheimer, J. R.	奥本海默，271—272，277
Ostromislensky, I.	奥斯特洛米斯仑斯基，556
Ostwald, W.	奥斯特瓦尔德，527
Owens, M. J.	欧文斯，570，580，582
Paabo, M.	帕博，665
Parker, W.	帕克，49

Parkes, A. 帕克斯，552，600
Parry, G. 帕里，475
Pastor, C. 帕斯特，664
Paton, J. G. 佩顿，558
Patterson, J. H. 帕特森，84
Pattison, M. 珀蒂森，162
Peierls, R. E. 派尔斯，226—227，232，235，269
Pekelharing, C. A. 佩克尔哈林，301
Péligot, E. M. 佩利戈，257
Pelton, L. 佩尔顿，206
Penney, W. G. 彭尼，281—282
Percy, Lord E. 珀西，152，167
Perkin, A. G. 珀金，A. G.，673
Perkin, W. H. 珀金，W. H.，117
Perrin, M. W. 佩林，558
Pitcairn, J. 皮特凯恩，574
Plunkett, R. J. 普伦基特，562
Pollard, S. 波拉德，77
Polzenius, F. E. 波尔扎尼乌斯，523
Poole, B. W. 普尔，677，688
Popkin, M. E. 波普金，677，688
Portal, Lord 波塔尔，252
Portevin, A. M. 波特万，493

Ramsay, Sir W. 拉姆齐，147
Reader, W. J. 里德，59—61，601
Reddaway, W. B. 雷德韦，72
Reece, J. 里斯，683
Regnault, H. V. 勒尼奥，556
Reppe, W. 里普，541
Richards, C. F. 理查兹，295
Riches, W. 里奇斯，681
Rickover, H. G. 里科弗，244，252—254
Robert, L.-N. 罗贝尔，614
Rockefeller, J. D. 洛克菲勒，189
Rohm, O. 罗姆，558
Röntgen, W. K. 伦琴，223

Roosevelt, F. D. 罗斯福，F. D.，15，121，227，252，271，281
Roosevelt, T. 罗斯福，T.，4，6
Roozeboom, H. W. B. 罗泽博姆，625
Rosen, I. K. 罗森，668
Rossi, I. 罗西，497
Rossman, R. H. 罗斯曼，664
Rothery, W. H. 罗瑟里，460
Ruff, O. 拉夫，562
Rushton, J. L. 拉什顿，655
Rutherford, E. 卢瑟福，223

Salter, W. E. G. 索尔特，67—74
Saniter, E. H. 萨尼特，479
Saunders, C. E. 桑德斯，327
Sawers, D. 萨沃斯，34
Scherer, F. M. 谢勒，38
Schlak, P. 施拉克，650
Schlumberger, C. 施伦贝格尔，394
Schmookler, J. 施莫克勒，49，72
Schönbein, C. F. 舍恩拜因，551
Schönherr, O. 舍恩赫尔，522
Schumpeter, J. 熊彼特，49，65
Schutzenberger, P. 舒岑贝格尔，553
Schwarz, C. V. 施瓦茨，489
Scott, W. D. 斯科特，85
Seaborg, G. T. 西博格，260—262
Semon, W. L. 西蒙，556
Siemens, W. 西门子，462
Simon, E. 西蒙，557
Simons, H. 西蒙斯，675
Singer, I. 胜家，679
Slichter, S. H. 斯利克特，103
Smith, A. 斯密，78，80，86
Snow, C. P. 斯诺，268
Soddy, F. 索迪，223
Solow, R. M. 索洛，73
Spence, R. 斯彭斯，262，263，265

Spengler, O.	斯本格勒，163
Spill, D.	斯皮尔，552
Spitteler, A.	斯皮特勒，553
Stalhane, O.	斯托尔哈内，490
Stalin, J.	斯大林，14，15，18，22，280，415，416
Stapledon, Sir G.	斯特普尔顿，311
Stassano, E.	斯塔萨诺，489
Staudinger, H. P.	施陶丁格，557
Stevens, Sir W.	史蒂文斯，489
Stigler, G. J.	施蒂格勒，38
Stillerman, R.	斯蒂勒曼，34
Strassmann, F.	斯特拉斯曼，224，268
Strauss, B.	施特劳斯，492
Summers, J.	萨默斯，496
Sutcliffe, R.	萨克利夫，361
Svaty, V.	斯瓦蒂，665
Swan, J.	斯旺，285
Swinburne, J.	斯温伯恩，555
Talbot, B.	塔尔博特，479，483
Tawney, R. H.	托尼，167
Taylor, F. W.	泰勒，F. W.，81—82，453，492
Taylor, G. E.	泰勒，G. E.，497
Taylor, J.	泰勒，J.，552
Teller, E.	特勒，278，279
Tesla, N.	特斯拉，285
Thimmonier, B.	蒂蒙涅，679
Thomas, C. J.	托马斯，C. J.，61
Thomas, G.	托马斯，G.，462
Thompson, C. B.	汤普森，C. B.，84
Thomson, G. P.	汤姆孙，G. P.，269，270
Thomson, J. E.	汤姆森，J. E.，79，82，89
Thomson, Sir J. J.	汤姆森，J. J.，155，223
Tice, J. T.	泰斯，653
Tilghmann, B. C.	蒂尔曼，610
Tizard, H. T.	蒂泽德，162
Towne, H. R.	汤，80

Townsend, A. J. 汤森，A. J.，496
Townsend, C. P. 汤森，C. P.，519
Tropenas, A. 特洛皮纳斯，484
Tropsch, H. 特罗普什，540
Trotz, J. O. E. 特罗茨，497
Turner, C. J. 特纳，263，265
Turpin, E. 特平，540

Ueling, E. A. 乌埃林，480
Ulam, S. M. 乌拉姆，279
Utton, M. A. 厄顿，53，54，55，58

Vaughen, S. W. 沃恩，477
Vavilov, N. I. 瓦维洛夫，328，329
Villard, P. 维拉德，223

Wampen, H. 万彭，675
Watson-Watt, Sir R. 沃森—瓦特，449，559
Watt, J. 瓦特，52，450
Webb, B. 韦布，B.，97
Webb, S. 韦布，S.，97
Weid, E. von der 韦德，568
Weir, Lord 韦尔，287
Weis, J. P. 韦斯，682
Weizmann, C. 魏茨曼，542，543
Wellman, S. T. 韦尔曼，479，485
Westman, A. E. R. 韦斯特曼，631
Wharton, J. 沃顿，83
Wheeler, J. A. 惠勒，225
Whinfield, J. R. 温费尔德，561，650
White, M. 怀特，453，492
Whitehead, A. N. 怀特海，162
Wigner, E. P. 维格纳，252
Wilkinson, W. 威尔金森，497
Williams, E. G. 威廉斯，E. G.，558
Williams, T. I. 威廉斯，T. I.，48，57
Williamson, E. D. 威廉森，588

Willson, T. L. 威尔森，523，541
Wilm, A. 威尔姆，439
Wilson, A. B. 威尔逊，A. B.，679
Wilson, W. 威尔逊，W.，12，151
Winkler, C. 温克勒，517
Wöhler, F. 维勒，523
Wood, F. W. 伍德，497
Wright brothers 莱特兄弟，45

York, H. 约克，279，280
Young, A. 扬，114

Zeidler, O. 蔡德勒，324
Ziegler, K. 齐格勒，559
Zinn, W. H. 津恩，252

第Ⅵ卷译后记

本书是在上海科技教育出版社出版的牛津版《技术史》中文版基础上重新校译的，当时翻译出版了前七卷，到现在已经16年，早已售罄。随着国家科学文化事业的进步，科学技术史的教学和研究也呈现蓬勃发展的大好形势。在新的情况下，中国工人出版社的领导高瞻远瞩地决定出版牛津版《技术史》全八卷，即包括索引卷。这将使该书成为一套完整的、译名统一规整、使用方便的技术史巨著流行于世。

2002年，上海科技教育出版社组织了一批专家对本书进行翻译和审定，但是由于涉及的专业范围太广，刊印后发现了一些不尽如人意的地方。例如，因上海科技教育出版社未翻译索引卷，在翻译时各卷对专有名词各行其是，出现了各卷中个别人名、地名、术语名的汉译名不够统一、个别术语译名或内容翻译有误、西语人名与母语名书写不规范等现象。在这次新版译校前，中国工人出版社事先将索引卷中的西语人名、地名、术语名根据辛华编写、商务印书馆出版的各类译名手册初步译出，之后各卷按索引卷进行校核，并按原书进行各卷的校译，这都极大地增加了译文的准确性。

本卷（第Ⅵ卷）仍由哈尔滨工业大学组织校译，为了在较短的时间内高质量地完成这一工作，我们组织了张秀杰博士（1—7章）、张大勇博士（8—14章）、徐锋博士（15—20章）、刘贺博士生（21—22

章）、司铁岩博士（23—28 章，全书索引核对）分别按英文原版进行了认真校改，对英文内容不准确的地方和旧版翻译错误的内容查阅相关资料进行了改正，对语句又作了适当的润色，最后由我和张秀杰博士进行了全书的审阅订正。

虽然我们力争使全译本译著更加完美，但是受水平和知识所限，书中不足之处在所难免，敬请读者批评指正。

姜振寰

2019 年 8 月 31 日

图书在版编目（CIP）数据

技术史. 第Ⅵ卷，20世纪 上 /（英）特雷弗·I. 威廉斯主编；姜振寰，张秀杰，司铁岩主译. —北京：中国工人出版社，2020.9

（牛津《技术史》）

书名原文：A History of Technology

VolumeⅥ: The Twentieth Century Part I *c.* 1900 to *c.*1950

ISBN 978-7-5008-7161-3

Ⅰ. ①技… Ⅱ. ①特… ②姜… ③张… ④司… Ⅲ. ①科学技术—技术史—世界—20世纪 Ⅳ. ①N091

中国版本图书馆CIP数据核字（2020）第128682号

技术史 第Ⅵ卷：20世纪 上

出 版 人　王娇萍
责任编辑　习艳群
责任印制　栾征宇
出版发行　中国工人出版社
地　　址　北京市东城区鼓楼外大街45号　邮编：100120
网　　址　http://www.wp-china.com
电　　话　（010）62005043（总编室）（010）62005039（印制管理中心）
　　　　　（010）62004005（万川文化项目组）
发行热线　（010）62005996　82029051
经　　销　各地书店
印　　刷　北京盛通印刷股份有限公司
开　　本　880毫米×1230毫米　1/32
印　　张　23.875
字　　数　650千字
版　　次　2021年5月第1版　2022年2月第2次印刷
定　　价　208.00元